西方美学史教程

李醒尘｜著

人民出版社

出 版 前 言

1921 年 9 月,刚刚成立的中国共产党就创办了第一家自己的出版机构——人民出版社。一百年来,在党的领导下,人民出版社大力传播马克思主义及其中国化的最新理论成果,为弘扬真理、繁荣学术、传承文明、普及文化出版了一批又一批影响深远的精品力作,引领着时代思潮与学术方向。

2009 年,在庆祝新中国成立 60 周年之际,我社从历年出版精品中,选取了一百余种图书作为《人民文库》第一辑。文库出版后,广受好评,其中不少图书一印再印。为庆祝中国共产党建党一百周年,反映当代中国学术文化大发展大繁荣的巨大成就,在建社一百周年之际,我社决定推出《人民文库》第二辑。

《人民文库》第二辑继续坚持思想性、学术性、原创性与可读性标准,重点选取 20 世纪 90 年代以来出版的哲学社会科学研究著作,按学科分为马克思主义、哲学、政治、法律、经济、历史、文化七类,陆续出版。

习近平总书记指出:"人民群众多读书,我们的民族精神就会厚重起来、深邃起来。""为人民提供更多优秀精神文化产品,善莫大焉。"这既是对广大读者的殷切期望,也是对出版工作者提出的价值要求。

文化自信是一个国家、一个民族发展中更基本、更深沉、更持久的力量,没有文化的繁荣兴盛,就没有中华民族的伟大复兴。我们要始终坚持"为人民出好书"的宗旨,不断推出更多、更好的精品力作,筑牢中华民族文化自信的根基。

人民出版社

2021 年 1 月 2 日

目　　录

绪　　论

这里首先讲三个问题:什么是西方美学史? 为什么要学习西方美学史? 怎样学习西方美学史?

一　什么是西方美学史?

学习任何一门学科,都应当首先了解这门学科研究的对象和范围。对于西方美学史当然也不例外。

我们称作西方美学史的这门学科,在西方只称作美学史,并不称作西方美学史。严格说,美学史应当是世界美学史,它应当既包括西方美学史,又包括东方美学史。但时至今日,在我们这个星球上还没有出现一部世界美学史,这有赖全世界各国美学家们的通力合作,显然这不是短期所能完成的伟大而艰巨的工程。我们讲的西方美学史,只是世界美学史的一部分。

美学和美学史作为一门学科是在西方产生的。中国古代虽然有丰富的美学思想,但并没有形成美学和美学史这样的学科。西方美学大约是在19世纪末和20世纪初经由王国维、梁启超等人的介绍而传入中国的。新中国成立前,虽然有一些学者热心介绍和研究西方美学,但"西方美学史"作为一门在大学里系统讲授的课程,似乎并没有开设。① 直到新中国成立后,在

---

① 20世纪30年代,邓以蛰先生在清华大学和北京大学哲学系讲过《美学史》,但未称"西方美学史"。

20世纪60年代初期,北京大学哲学系在"美学原理"课之外,首次开设了"中国美学史"和"西方美学史"两门课程。著名美学家朱光潜教授主讲"西方美学史",并编写了两卷《西方美学史》教材,为西方美学史的教学和研究作出了重大贡献。这大概就是"西方美学史"这门课程名称的由来。它是与"中国美学史"并列提出的。在我国学术界,还有"外国美学史"这个更宽泛些的概念,西方美学史也只是外国美学史的一部分。此外,近些年来,也有人在研究"东方美学史"。所有这些情况表明,我国的西方美学史研究,其长远目标是要建设外国美学史、世界美学史。

美学史是美学研究或美学科学的重要组成部分,是一个专门的和独立的知识领域,实质上是一门学说史或思想史,也就是各种美学思想、美学学说或美学理论,以及美学流派发生发展的历史。从古代希腊罗马算起,西方美学已有2500多年的历史。但作为一门独立的、具有"美学"这一名称的学科,它产生于18世纪中叶的德国,距今只有200多年。美学史家通常都把1750年德国理性主义哲学家鲍姆嘉通出版第一卷 *Aesthetica*,看作美学成为正式学科的标志。此后,美学在康德、费希特、谢林和黑格尔等德国古典哲学家那里,成了哲学体系中不可缺少的一部分,达到了前所未有的高峰,标志着西方古典美学的完成和终结。19世纪中叶以后,西方美学的发展出现了重大的转折。叔本华、尼采提出了唯意志主义的美学,反对传统的古典美学,费希纳批评了"自上而下"的哲学美学,倡导"自下而上"的经验美学,开创了美学研究方法的多样与革新,各种心理学美学、社会学美学以及部门艺术的美学都发展起来,终于造成了传统的古典美学向现代美学的转变。到了20世纪,西方美学更进一步取得了现代形态,得到了空前蓬勃的发展,涌现出许许多多的美学流派,诸如表现主义美学、自然主义美学、形式主义美学、精神分析美学、符号论美学、分析美学、结构主义美学、现象学美学、存在主义美学、解释学美学、社会批判美学,等等。当今美学已发展成为广泛涉及哲学、各门文艺科学、心理学、社会学、数学和自然科学以及日常生产、生活各个方面的一门极为引人注目的科学。西方美学史的研究对象就是这2500多年西方美学发展的全部历史。

美学史具有双重性,它既是历史科学,又是理论科学。如果说美学原理讲的是今日的美学理论,那么,美学史讲的就是以往历史上的美学理论。从根本上说,美学史仍是哲学的一个部门。它不同于一般所谓"审美意识史",更不同于艺术史。经常有这样的误解,以为讲授美学史就是要在课堂上拿出许多考古发现、历史文物和大量艺术作品给学生欣赏,向学生讲述人类的美感和艺术如何起源和发展的历史。其实,这并不是美学史的任务。①美学史要讲授的是历史上美学家们的美学思想,适当运用形象化的手段组织教学有时是必要的,但仍应服从于美学史的目的。美学史作为一门理论科学的性质,是随着美学自身的发展而历史地形成。早在美学成为正式学科之前,对美学思想史的研究事实上已经开始了。不论在古希腊罗马时期,还是在中世纪、文艺复兴时期,17、18 世纪,许多美学家在提出自己的学说之前,都在自己著作的导论部分程度不同地回顾前人的美学观点,试图把前人的美学观点加以系统化,并给以批判性评价。例如,狄德罗的《论美》就是最突出的一个例子。后来,这种附带的研究随着对以往美学积累的浩瀚历史资料加以总结和系统化的必要性的增长,便开始独立出来,于是便产生了专门的美学史著作,逐渐形成了独立的知识领域。从现已把握的情况来看,最早的美学史专著有贝特尤斯的《艺术美的体系》(1747 年)、科莱尔的《美学史草稿》(1799 年),但它们都没有发生重大影响。真正有重大影响的是齐默尔曼的《作为哲学科学的美学史》(1858 年,维也纳)。美学史家通常把这部书看作是第一部开创美学史的著作,并把 19 世纪下半期看作美学史这一学科正式形成的时期。齐默尔曼的《美学史》共三卷:第一卷研

---

①　鲍桑葵在他的《美学史》前言中曾表示,他要"尽可能写出一部审美意识的历史来"。我以为,这个想法是好的,但事实上很难做到,他也并没有真正做到。审美意识是一个比美学理论宽泛得多的概念,举凡一切由审美对象所引起的主观意识,都可以说是审美意识。美学理论当然是审美意识,而且是审美意识的核心和集中表现。但是还有非理论形态的审美意识,如审美的感觉、感知、印象、直觉、兴趣爱好、欲望动机以至潜意识等等,这类非理论形态的审美意识深深扎根于各个时代的生活之中,融灌于人类的各种活动之中,不仅在艺术的创作和欣赏,而且在时尚追求、风俗习惯等社会生活的各个方面都有所表现,其情形是极其复杂多样的,很难把握,有些甚至是只能意会、感受、体验而根本无法言说的。我并不反对有人去写"审美意识史",但他必须在美学理论之外能写出非理论形态的审美意识,否则就会文不对题。其实,美学理论是审美意识的核心,把握了美学理论的历史对于把握审美意识的历史是大有帮助的。我之所以区分美学史和审美意识史,原因很简单:美学不等于审美意识,尽管它是审美意识的理论形态和最重要的部分。我认为,不同的学科理应有所分工,研究美学史没有必要包揽一切,在揭示生动具体的非理论形态的审美意识方面,艺术史是大有可为和十分重要的。美学史和艺术史可以相互合作,学习美学史的人也应当学习艺术史,但不可相互代替。

究了古希腊罗马美学,如智者派、苏格拉底、柏拉图、亚里士多德、普洛丁和奥古斯丁的美学;第二卷研究了18世纪的美学,主要是德国、英国和法国的美学思想;第三卷研究了德国古典唯心主义美学,包括康德、赫尔德、席勒、谢林、左尔格、黑格尔、卢格、费肖尔等人的美学思想。这部书的重大缺陷是没有论述中世纪、文艺复兴时代和17世纪的美学,因而是不连贯、不完整的。在齐默尔曼之后,19世纪后半期以来出现了一系列研究美学史的专著,其中较为著名的有:沙斯勒尔的《美学批评史》(1872年)、洛宰的《德国美学史》(1868年)、哈特曼的《自康德以来的德国美学史》(1886年)、鲍桑葵的《美学史》(1892年)、克罗齐的《作为表现的科学和一般语言学的美学的历史》(1910年)、施皮策尔的《美学和艺术哲学史》(1914年)、李斯托威尔的《近代美学史评述》(1933年)、库恩和吉尔伯特合著的《美学史》(1939年)、雷蒙·巴叶的《美学史》(1961年)、塔塔科维兹的三卷本《美学史》(1962—1967年)、比尔兹利的《从古希腊到今天的美学》(1977年)、奥夫相尼科夫的《美学思想史》(1978年)等等。此外,美学史的研究还采取了多种多样的形式,出现了许多断代史、国别史、专题史、范畴史等方面的著作。总之,西方美学史作为一门专门化的、独立的学科已有100多年的历史,它不像中国美学史才刚刚起步,要真正研究西方美学史应当了解这门学科的历史和现状,研究和熟悉上述各家各派的美学史著作。鲍桑葵、克罗齐、李斯托威尔、库恩和吉尔伯特、奥夫相尼科夫的著作,以及塔塔科维兹《美学史》的前两卷,都已有了中译本,我们在学习西方美学史的时候,也应作适当的参考。

二 为什么要学习西方美学史?

学习的目的首先是为了求得知识,而知识的获得最终可以导致实践。学习西方美学史具有重大的理论意义和实践意义。这可以从以下三个方面来看。

第一,从美学理论的学习来看,要学好美学,应当学习美学史,尤其是西方美学史。美学是关于美和艺术的哲学科学,它植根于人类的社会生活,是一种社会意识形态,它以人类的审美活动为对象,是人类审美活动的经验总结和理论概括,反转来又对人类的审美活动发生巨大的影响。任何美学理论都是在一定的历史条件下产生,并随着历史的发展而发展的。美学史就是历史上的美学理论,它在相当大的程度上决定着美学的现状和面貌,是今日各种美学理论的重要来源。因此,只学习当前流行的美学理论,不学习美学史,不掌握历史上的美学理论,就不可能对美学有全面、深刻的认识,不可能把握美学发展的方向。从世界范围看,西方美学史在美学科学的发展中占有极其重要的特殊地位。世界上的各个民族、各个国家都对美学科学的发展作出了自己的贡献,但是比较而言,西方美学的贡献和影响应当说是最大、最突出的。美学在西方取得了自己的名称和科学形态,得到了最系统、最全面、最典型的发展,西方美学在近现代产生了难以估量的世界性影响,它所提出的大量美学问题并不是狭隘的西方问题,一般都具有普遍的、全人类的意义,它所形成的概念、范畴、体系,是任何从事美学研究的人都必须借鉴和使用的。这是一个客观存在的事实。例如,我们要写"中国美学史",如果不借鉴西方美学史,完全不使用西方美学所形成的范畴概念,那是无法写出来的。学习西方美学史可以使我们了解西方的美学家,包括一些哲学家、艺术家以至自然科学家,他们在几千年漫长悠久的岁月中对美和艺术问题所做的艰苦的理论思考,他们碰到过哪些美学问题,提出了哪些美学观点、学说和理论,各种各样的美学问题和范畴概念是怎样提出、演变和解决的,有哪些积极的思想成果,又有哪些错误和迷惑。所有这一切都将丰富我们的头脑,培养和提高我们进行理论思维的能力,正确运用美学概念和美学范畴的能力,促进我们对审美问题和艺术问题的理解和思考,帮助我们创造性地评价、分析和处理当代各种复杂的美学问题。

　　第二,从美学科学的发展来看,要推动和发展美学,也应当学习西方美学史。恩格斯说:"历史思想家(历史在这里应当是政治、法律、哲学、神学,总之,一切属于社会而不是单纯属于自然界的领域的简单概括)——历史思想家在每一科学领域中都有一定的材料,这些材料是从以前的各代人的思维中独立形成的,并且在这些世代相继的人们的头脑中经过了自己的独立的发展道路。"①这就是说,任何科学的发展都要以前人留传下来的一定

————————

① 《马克思恩格斯选集》第4卷,人民出版社1995年版,第726—727页。

思想资料为前提。美学的发展也是这样。美学的发展还具有特殊的复杂性,作为一门正式的学科,它出现得较晚,至今仍被看作一门"既古老又年轻"的学科,甚至被看作并不成熟的学科,许许多多的美学问题都一直争论不休,甚至美学是否能够成为一门科学,即美学的生存权问题,也不时有人提出诘难。例如,美学究竟研究什么?它是关于美的哲学,还是艺术哲学或艺术理论?还是一门跨学科的边缘性科学?美学到底有什么用处?它与人类社会生活实践的关系如何?美学的主要内容,它的结构和体系应当是怎样的?所有这些对于一门学科的建立至关重要的所谓"元美学"问题,至今国内外学术界都没有一致意见。美学问题是热烈争论的领域。美学发展的现状表明,建设和发展美学科学已成为世界性的课题。在这种情形下,学习和研究西方美学史便显得更加迫切和重要。

第三,要把我国建设成为既具有高度物质文明,又具有高度精神文明的伟大国家,要自立于世界民族之林,要对人类作出更大的贡献,我们就必须学习西方美学史,以使我们正确认识和理解西方的审美文化和各种复杂的艺术现象,提高我们的审美能力,帮助我们树立正确的美学观和世界观。

三 怎样学习西方美学史?

西方美学史是一门艰深而又重要的社会科学。它的基本任务是要站在现时代的高度对历史上出现的各种美学理论进行批判的反思,以期作出科学的评价和总结。西方美学的发展经历过许多性质不同的时代,各种美学理论有精华也有糟粕,而且精华与糟粕往往混杂扭结在一起。美学的发展同特定时期的政治、经济、哲学、自然科学和文学艺术的发展有十分密切的联系。由于时代、阶级的不同,各种美学思潮、学说,经常是相互矛盾对立的,即便同一个美学家的思想也往往有自相矛盾之处。因此,学习和研究西方美学史必须要有正确的指导思想和方法,否则就难以把握浩如烟海的历史资料和错综复杂的美学现象。学习和研究西方美学史,应当坚持以马克思主义为指导,具体地分析、评价历史上的各种美学思想,"取其精华,弃其糟粕"。学习和研究西方美学史应当从事实出发,详尽地占有第一手资料,对资料进行辩证的分析,从中得出符合事实的科学结论。初学西方美学史的人应当在资料的掌握和分析上多下些功夫。我们经常看到有些人并没有弄清楚某个美学家的思想究竟是什么，便在那里热情赞扬或尖锐批判，这种主观主义的学风是要不得的。初学者首先不要急于评论，先弄清楚"是什么"，练习写一写"复述"，然后再问"为什么"，给以分析和评价，以至提出新的创见。不要看不起"复述"，许多美学家的思想都是很复杂的，要"复述"清楚就得尽力占有多方面的资料，反复进行思考，这并不是一件很简单的事，而这又是进一步研究的基础。总之，学习西方美学史应当有刻苦钻研、实事求是、追求真理的精神以及优良的学风。

由于美学同许多学科都有密切联系，我们学习和研究西方美学史，还应当具有哲学、各门艺术、心理学、历史学、社会学、自然科学和外语等方面广博的实际知识和历史知识。这些知识的获得同样需要刻苦努力，日积月累，在学习西方美学史的过程中，应当根据自己的情况，自觉地调整知识结构，增益"己之不足"，否则是"行而不远"的。

我们强调学习西方美学史要掌握知识，但并不主张"为知识而知识""为历史而历史"。西方美学史的学习和研究本质上总与现代各种迫切的美学和艺术问题相联系，它对新的美学理论的形成会发生重大的影响。因此，学习西方美学史还应当密切关心我国社会现实和文艺实践中的美学问题，注意外国美学与中国美学的比较研究，在总结中国审美活动的实践经验的基础上，把中外美学史上有益的东西熔于一炉，大胆创造，推陈出新。但要做到这一点，必须经过艰苦的学习过程。正如马克思所说："在科学上没有平坦的大道，只有不畏劳苦沿着陡峭山路攀登的人，才有希望达到光辉的顶点。"①

---

① 《马克思恩格斯文集》第5卷，人民出版社2009年版，第24页。

第　一　章

古希腊罗马美学

　　西方美学史的开端是古希腊罗马美学。古代的希腊罗马是欧洲文明的摇篮。黑格尔说,有教养的欧洲人,一提到希腊,都会有一种家园之感。恩格斯说:"在希腊哲学的多种多样的形式中,几乎可以发现以后的所有观点的胚胎、萌芽。"①的确如此,西方近现代文化的各种观念,包括美学在内,都能在古代希腊罗马找到它的源头。古希腊罗马美学对整个西方美学的历史发展有着巨大而深远的影响,是我们理解全部西方美学史的一把钥匙。

　　古代希腊罗马的历史包括原始氏族社会末期和整个奴隶制社会,大致指的是公元前 13 世纪至公元 5 世纪。希腊在公元前 8 世纪进入奴隶制社会,并于公元前 5 世纪达到鼎盛期。罗马进入奴隶制社会略晚一些,大约在公元前 6 世纪,其鼎盛期是公元 1 世纪。从文献记载看,古代希腊美学产生于公元前 6 世纪,极盛于公元前 5—前 4 世纪希腊奴隶制全盛期,古代罗马美学承袭并发展了古希腊美学,产生于公元前 1 世纪。整个古希腊罗马美学到公元前 4 世纪末所谓希腊化时期开始逐步衰落,直到公元 5 世纪随着古罗马奴隶制的灭亡而告终结。古希腊罗马美学统称西方的古代美学,这段美学史长达 1000 多年,一般可划分为 3 个阶段:(1)希腊古典早期的美学;(2)希腊古典盛期的美学;(3)"希腊化"和古罗马时期的美学。

----

　　①　《马克思恩格斯选集》第 4 卷,人民出版社 1995 年版,第 287 页。

第一节　古希腊美学产生的历史文化背景

古代希腊包括巴尔干半岛南部、爱琴海诸岛和小亚细亚沿岸。这里海域辽阔,交通便利,气候温和,大自然美丽而富于变化。古代希腊人很早就在这里休养生息,创造了很高的文化成就。现代考古发掘业已证明,希腊文化是欧洲最古老的爱琴文化的一部分,希腊的历史可以上溯到公元前3000—前2000年,或许还要更早一些。从世界范围看,希腊文化不是人类最早的文化,出现更早的古代东方文化,如埃及文化、苏美尔文化、巴比伦文化都对希腊文化产生过明显的影响。

一　神话与美学

爱琴文化到公元前13世纪就已衰落了,希腊文化则继爱琴文化发展起来。公元前13—前8世纪,是希腊从原始氏族公社向奴隶制社会过渡的时期。古希腊人在这一时期创造了许多神话传说和史诗,著名的荷马史诗《伊利亚特》和《奥德赛》,还有赫西俄德的《神谱》和他的教谕诗《农作与时日》都产生在这一时期,所以这一时期又称荷马时代或英雄时代。在19世纪下半叶以前,人们对希腊远古历史的认识是十分模糊的,那时由于没有任何其他文物可资考证,学者们普遍认为荷马史诗所描写的英雄时代和关于特洛伊战争的事迹都只是一种虚构。直到19世纪下半叶和20世纪初,由于德国考古学家施里曼(Heinrich Schliemann,1822—1890年)和英国学者伊文斯(Sir Arthur John Evans,1851—1941年)惊人的考古发掘和杰出贡献,荷马史诗描写的真实性才得以证实。现已证明,早在远古时代,古希腊人的审美活动就已经是丰富多彩的、相当成熟的,他们对美和艺术十分敏感和重视,具有高超的想象力和创造力。他们不但在有关衣食住行等物质文化的创造上表现出相当娴熟的技艺,而且创造了音乐、舞蹈、诗歌等各类精美的艺术作品。尤其是神话的创造,更是世界文化宝库中的瑰宝。

神话和美学有着十分密切的关系。如果说，美学是审美意识的理论形态，那么神话则是审美意识的形象的直观的表达。世界上许多古老的民族都有自己的神话，而古老的希腊神话可说是世界上流传至今保存得最完整的神话，它以幻想直观的形式艺术地概括了人类童年时代对自然和社会的认识，表达了希腊人最初的审美意识和思想感情，至今仍有巨大的艺术魅力，给人以美的艺术享受。正如马克思所说，希腊神话是"在人民幻想中经过不自觉的艺术方式所加工过的自然界和社会现象"，它"不仅是希腊艺术的宝库，而且是希腊艺术的土壤"①。在希腊神话中，我们已经可以看到美神阿佛洛狄忒（即古罗马神话中的维纳斯）、文艺之神阿波罗和他率领的九个缪斯（文艺女神）的美丽形象，还可以看到"美""美的""和谐""模仿"等这类后来在美学中惯用的术语。美在神话和史诗中指的是某种客观的，能显露出的光辉和威力，因而具有感性形象和魅力或吸引力，可以由感官直接感受到的本体。不仅如此，在荷马、赫西俄德以及稍后生活在希腊奴隶制初期（公元前8—前6世纪）的抒情诗人莎弗、品达那里，我们甚至还可以看到关于美和艺术的一些最初的言论。他们在自己的艺术作品里，提出了一些看来简单但对后来的美学却很重要的问题。例如，关于诗歌的起源，荷马史诗中认为，它来源于缪斯，来源于神。《奥德赛》中的歌手说："是神赐给你神妙的歌唱艺术。"②赫西俄德也说，是缪斯要求诗人吟唱"过去和未来"，告诉他唱神的歌。关于诗的目的和作用，荷马说："是为了带给人们欢乐"③；赫西俄德说，是为了使人忘记忧伤和痛苦，"使他欢乐"④；品达说："神赋予歌曲以魅力"，"把一切令人快乐的东西给予凡人"，"它唤起人们甜蜜的微笑"⑤。我们从这些言论似乎可以察觉到美学诞生的踪迹，可是它们毕竟还不具备理论形态，严格说，还不就是美学理论，但却为美学的产生提供了必要的前提。

---

① 《马克思恩格斯论艺术》第1卷，人民文学出版社1963年版，第194—195页。
② 转引自[波]沃拉德斯拉维·塔塔科维兹：《古代美学》，杨力等译，中国社会科学出版社1990年版，第45页。
③ 同上。
④ 同上书，第55页。
⑤ 同上书，第48页。

二　奴隶制和美学理论的产生

文化史家一般称公元前6—前4世纪为希腊古典主义时期。最早的希腊美学理论产生于公元前6世纪，即希腊古典早期，到公元前5—前4世纪，即柏拉图和亚里士多德生活的时代，则是希腊古典盛期。

公元前8—前6世纪是希腊奴隶制社会得以形成和确立的时期。奴隶制社会当然是野蛮的、残酷的，但比起原始公社来，则是历史的巨大进步。奴隶的使用造成了农业与工商业、城市和乡村、脑力劳动和体力劳动的分工，这不但极大地解放了生产力，而且为文艺、科学、哲学的繁荣创造了条件。到了公元前6世纪，希腊社会逐步完成了从农业经济到工商业经济的重大转变，由此在原有的贵族奴隶主和新兴的工商业奴隶主之间形成了两大对立的政党——贵族党和民主党。它们分别以雅典和斯巴达这两个最大的城邦为中心，经常展开各种形式的尖锐斗争。由于生产力的发展和政治斗争的需要，文艺、科学、哲学也蓬勃发展起来，特别是哲学的兴起带来了自由辩论和批判的风气，又造成了希腊文化由文艺时代到哲学时代的转变。及至公元前5世纪左右，即伯利克里统治雅典的时代，更出现了希腊文化全面高度繁荣的盛况。著名的三大悲剧家埃斯库罗斯、索福克勒斯、欧里庇得斯，喜剧家阿里斯多芬，画家宙克西斯和阿佩莱斯，雕刻家米隆和菲狄亚斯以及哲学家柏拉图和亚里士多德都出现在这一时期；流传至今、堪称典范的艺术珍品，如雕刻《荷矛者》《掷铁饼者》，雅典卫城的雅典娜神像，巴特农神庙，埃庇道尔露天剧场等，也都是在这一时期创作的。与古代东方国家高度集中统一和专制主义的奴隶制相比较，希腊的城邦奴隶制，特别是在雅典，相对来说是较为民主的（当然这只是奴隶主的民主）。雅典政府鼓励公民自由地参加各种政治活动和文艺活动，每年都要举办各种祭神节、文娱节，组织公民观看各种比赛和文艺演出，每四年还举办一次奥林匹克体育赛会，在观看悲剧演出时，不但不用买票，还能得到政府的戏剧津贴，因此希腊人都热衷于各种审美和文艺活动，这在他们的生活中不仅是一种娱乐，而且是教育、宗教生活和政治生活的有机部分。古希腊人对人体美似乎格外重视，他们十分懂得如何显示和欣赏人体的健美，以至可以赤身裸体参加体育比赛。他们还请最杰出的雕刻家为奥运会上三次冠军的获得者塑像,并将其安放在天神宙斯的旁边,敬若神明,顶礼膜拜。伯利克里曾自豪地说,"我们是爱美的人"。"我们的城邦是唯一不平凡的城市。其他城市都不能够提供这样多的精神娱乐活动——整年都有各种比赛和祭祀。我们的公共建筑之华美足以使我们每天赏心悦目。此外,我们的城邦大而强盛有力,致使世界各地的财富源源不断地涌到这里来……我们喜爱美妙的东西,但是没有因此而流于奢侈;我们爱好智慧,但是没有因此而流于柔弱。对我们来说,财富不仅是满足我们虚荣心的物质,而且是使我们有可能取得成就的工具。"[①]理论来源于实践。审美活动的空前活跃和文艺的高度繁荣,要求理论的概括和总结,并为美学理论的产生提供了坚实的基础。古希腊的美学理论最初就是企图从哲学上理解人类审美活动和文艺实践而产生的,它一开始就是哲学的一个组成部分,是包裹在哲学内部的,并不是独立的。

第二节　希腊古典早期美学

最早提出和研究美学问题的希腊哲学家,主要有毕达哥拉斯学派、赫拉克利特、德谟克利特、智者派和苏格拉底。作为最初的美学理论,早期希腊美学如同哲学一样,具有直观的、朴素的性质,存在着唯物主义与唯心主义,辩证法和形而上学的对立,同时也表现出一定的阶级意识。

一　毕达哥拉斯学派的美学思想

毕达哥拉斯学派是由毕达哥拉斯(Pythagoras,约前580—前500年)于公元前6世纪在意大利南部的克罗顿城创立的。这是一个集哲学、宗教、政治为一体的宗派,具有秘密结社的性质,其成员大多是数学家、天文学家和

---

① ［美］瓦勒钦斯基等编选:《史海逸闻录》,张莹等译,商务印书馆1987年版,第6—7页。

其他自然科学家,主要活动于公元前6—前4世纪。

在哲学上,毕达哥拉斯学派如同其他早期希腊哲学一样,首先注意的是宇宙万物的本原或本体问题。但与把世界的本原归结为地水火风等具体的感性物质不同,他们认为世界的本原是数。数虽然是无形的,但却能由心灵体会,数统治着一切,任何事物和现象都体现着某种数学关系,没有数便不能解释和认识一切。据亚里士多德在《形而上学》中说,毕达哥拉斯学派的基本哲学命题是:数是一切事物的本质,整个有规定的宇宙的组织,就是数以及数的关系的和谐系统。黑格尔在评论这一命题时指出:"这样一些话说得大胆得惊人,它把一切观念认为存在或真实的一切,都一下打倒了,把感性的实体取消了,把它造成了思想的实体。本质被描述成非感性的东西,于是一种与感性、与旧观念完全不同的东西被提升和说成本体和真实的存在。"①我们知道,数不是物,不是感性的物质,但又根源于物,是物的客观属性之一。恩格斯说:"数和形的概念不是从其他任何地方,而是从现实世界中得来的。"②但毕达哥拉斯学派却把数看作是先于物而存在的独立的精神实体,这样就把数和物割裂开来,颠倒了二者的关系,从而陷入了神秘的客观唯心主义。他们的美学思想正是以这种数的一元论哲学为基础的。

在美学上,毕达哥拉斯学派提出了美是和谐、美在对称和比例的命题,以及音乐理论问题和艺术的心理净化作用等问题,建立了最早的美学理论。其特点是从数的哲学出发对一切美学问题作出宇宙论的解释。

毕达哥拉斯学派认为,美是和谐。"和谐是许多混杂要素的统一,是不同要素的相互一致"③。这是一种数量关系,是对立面的协调一致。因此美是由一定数量关系造成的和谐。他们特别重视音乐的和谐,认为"音乐是对立因素的和谐的统一,把杂多导致统一,把不协调导致协调"④。据说,有一次毕达哥拉斯走过一个铁匠炉,打铁发出的某种悦耳的和声吸引了他的

---

① [德]黑格尔:《哲学史讲演录》第1卷,生活·读书·新知三联书店1956年版,第218页。

② 《马克思恩格斯选集》第3卷,人民出版社1972年版,第77页。

③ [波]沃拉德斯拉维·塔塔科维兹:《古代美学》,杨力等译,中国社会科学出版社1990年版,第106页。

④ 转引自北京大学哲学系美学教研室编:《西方美学家论美和美感》,商务印书馆1980年版,第14页。

注意,于是他把各种铁锤的重量加以比较,又在乐器的弦上进行试验,终于发现音调的特点是由音弦的长短决定的,从而建立了音程的数学原理:八度音程1∶2,四度音程3∶4,五度音程2∶3。他们不但认为音乐是和谐的,而且认为整个宇宙都是按照一定的数所构成的一个和谐的系统。因此美不限于艺术,任何事物和现象都有其和谐即美。

他们对天体运动作出了美学的解释,提出了著名的"天体音乐"或"宇宙和谐"的学说。他们认为10这个数字是最完满的,它包含了一切数的本性,因此天上的星球也必然符合10这个数字,可是人们当时只能看到9个星体,于是他们说还有一个看不见的星体叫"对地",是和地球相对的。这10个星球围绕着一个中心各按一定的轨道运行,由于大小与速度的不同,各自发出一种不同的音调,由于它们相互之间的距离是和谐的,因此它们发出的各种不同的音调就能构成一种和谐的音乐。据说这种"天体音乐"是比人间任何音乐都更和谐、更高级的。但是我们为什么都听不见呢?他们解释说,那是因为我们身临其境,完全生活在这种运动之内的缘故。这种解释有点类似我国老子所讲的"大音希声"。"美是和谐"这一观念原是很古老的,这是古希腊人对声音、色彩、天体运动和人体构造等自然现象合乎规律的相互联系的一种直观的反映。毕达哥拉斯学派接受了当时流行的这一朴素的看法,但却给了神秘唯心主义的解释。有关天体音乐的学说显然是神秘奇特的美丽幻想,但重要的是他们揭示和肯定了整个宇宙都具有美学的性质,并在西方一直影响到17世纪。

毕达哥拉斯学派还把数的关系进一步推广应用到雕刻、绘画、建筑等艺术。他们说,美在于"各部分之间的对称"和"适当的比例",艺术作品的成功"要依靠许多数的关系","细微的差错往往造成极大的错误"。对于雕刻家、画家这类创造最美形象的人来说,"要学会在一切种类动物以及其他事物中很轻便的就认出中心,这不能凭仗初次接触,而是要经过极勤奋的功夫,长久的经验以及对于一切细节的广泛的知识"①。据说希腊雕塑家波里克勒特就曾遵循毕达哥拉斯的学说,写过一本叫作《法规》的专著,其中规

---

① 转引自北京大学哲学系美学教研室编:《西方美学家论美和美感》,商务印书馆1980年版,第13—15页。

定了事物各部分之间精确的比例对称,并且还创作了一座也称《法规》的雕像,用来体现这些关系。毕达哥拉斯学派还认为:"一切立体图形中最美的是球形,一切平面图形中最美的是圆形"①,"身体美确实在于各部分之间的比例对称"②。所有这些都说明,他们十分注意审美现象的数学基础,力图为艺术家找出能产生最美效果的经验性规范。这对美和艺术的创造是十分必要和有益的,但把美的本质归结为比例、对称,还只侧重自然形式方面。这种形式主义的美学观点对后来的西方美学史有深远的影响。

毕达哥拉斯学派还注意到了艺术对人的影响和功用,揭示了艺术对人的心理净化作用,并涉及了审美教育的理论。他们把人看成"小宇宙",把自然看成"大宇宙",进而用"小宇宙"类似"大宇宙",二者碰到一起,同声相应、欣然契合的说法,来解释人为什么爱美和为什么能欣赏艺术。他们认为,音乐是灵魂的表现,并对灵魂产生影响,好的音乐可以完善灵魂,坏的音乐可能腐蚀灵魂。音乐有一种"引导灵魂"的力量,由此他们十分强调音乐的心理净化作用,主张用音乐来治病,改变人的心理和性格。他们认为,刚的乐调可使人由柔变刚,柔的乐调可使人由刚变柔,从而有益于健康。这种思想植根于古希腊奥菲斯教的神秘信仰。依据这种信仰,灵魂由于罪孽而被肉体束缚,经过净化才能得到解放。毕达哥拉斯学派认为,音乐之所以可以净化灵魂,是因为欣赏音乐时灵魂可以暂时离开肉体。这里虽然有神秘主义的色彩,但把艺术的作用理解为某种有积极意义的东西,仍是十分可贵的。随着现代心理学和医学的发展,用音乐治病早已不再稀奇,我们也许可以说,毕达哥拉斯学派也是现代"美疗"的始祖。

二　赫拉克利特的美学思想

赫拉克利特(Herakleitos,约前530—前470年)是古希腊卓越的唯物主义者。列宁称他是"辩证法的奠基人之一"③。他把火当作万物的本原,同

---

① 转引自北京大学哲学系美学教研室编:《西方美学家论美和美感》,商务印书馆1980年版,第15页。

② 同上书,第14页。

③ 《列宁全集》第55卷,人民出版社2017年版,第296页。

时认为一切皆流,万物常新,相反者相成。在他的残篇《论自然》里包含了一些美学思想。

赫拉克利特也主张美在和谐。但与毕达哥拉斯学派不同,首先,他认为和谐不是根源于非物质的神秘的数,而是作为"火"的各种变体的客观事物的属性,因此美是客观的。其次,和谐不是矛盾的调和,而是对立面斗争的结果。他说:"对立造成和谐"①,"互相排斥的东西结合在一起,不同的音调造成最美的和谐;一切都是斗争所产生的"②。自然"是用对立的东西制造出和谐,而不是用相同的东西"③。艺术是自然的模仿,也是"联合相反的东西造成协调,而不是联合一致的东西"④。例如,弓与弦相反相成产生音乐,"绘画在画面上混合着白色和黑色、黄色和红色的部分,从而造成与原物相似的形相。音乐混合不同音调的高音和低音、长音和短音,从而造成一支和谐的曲调。书法混合元音和辅音,从而构成整个这种艺术"⑤。总之,没有斗争就没有和谐,这是一种对立产生和谐的学说。

赫拉克利特还进一步区分了和谐的两种类型:一种是含蓄的或潜在的和谐,另一种是明显的和谐。他认为,含蓄的和谐比明显的和谐更有力,也就是说,其审美作用更强烈。

赫拉克利特最早提出了美的相对性问题。他说:"对于神,一切都是美的、善的和公正的;人们则认为一些东西公正,另一些东西不公正。"⑥"最智慧的人和神比起来,无论在智慧、美丽和其他方面,都像一只猴子。"⑦"最美丽的猴子与人类比起来也是丑陋的。"⑧

此外,赫拉克利特还说过:"太阳不能越出它的界限,否则正义之神的

---

① 转引自北京大学哲学系美学教研室编:《西方美学家论美和美感》,商务印书馆1980年版,第15页。

② 同上。

③ 转引自北京大学哲学系外国哲学史教研室编译:《西方哲学原著选读》上卷,商务印书馆1981年版,第23页。

④ 同上。

⑤ 转引自北京大学哲学系美学教研室编:《西方美学家论美和美感》,商务印书馆1980年版,第15页。

⑥ 同上书,第16页。

⑦ 同上。

⑧ 同上。

助手厄里倪厄斯将要惩罚它"①。这里似乎也可以看到"尺度"这个重要美学概念的影子。

总之,赫拉克利特比毕达哥拉斯学派有所前进,他既肯定了美的客观性,又肯定了美的相对性,这就丰富了对审美现象的辩证解释。

三　德谟克利特的美学思想

德谟克利特(Demokritos,约前460—前370年)是早期希腊最伟大的唯物主义哲学家。马克思、恩格斯称他是"经验的自然科学家和希腊人中第一个百科全书式的学者"②。据说他写过很多著作,其中有《节奏与和谐》《论音乐》《论绘画》《论诗的美》等美学专著,可惜已全部失传。从现有的断简残篇和同时代人的记述看,他比前人更多注意美和艺术现象的社会性质。他说:"动物只要求为它所必需的东西,反之,人则要求超过这个","身体的美,若不与聪明才智相结合,是某种动物的东西","只有天赋很好的人能够认识并热心追求美的事物","永远发明某种美的东西,是一个神圣的心灵的标志","大的快乐来自对美的作品的瞻仰","不应该追求一切种类的快乐,应当只追求高尚的快乐","追求美而不亵渎美,这种爱是正当的","那些偶象穿戴和装饰得看起来很华丽,但是,可惜!它们是没有心的","赞美好事是好的,但对坏事加以赞美则是一个骗子和奸诈的人的行为"。③从这些格言式的言论可以看出,他把追求美看作是人类的特点之一,热情肯定了美的创造和欣赏,认为审美判断关系到人的品质,要求快感必须高尚,这都是前人几乎没有接触到的。

德谟克利特是古代原子论的创始人。他认为万事万物包括人的灵魂都是由不可分割的物质粒子——原子构成的。他的原子论不但肯定了物质第一性、意识第二性的原则,而且区分了认识的两种形式:暗昧的认识和真理性的认识,正确指出了感性认识和理性认识的关系,这就为美学奠定了唯物

---

① 转引自[苏联]奥夫相尼科夫:《美学思想史》,吴安迪译,陕西人民出版社1986年版,第13页。

② 《马克思恩格斯全集》第3卷,人民出版社1960年版,第146页。

③ 转引自伍蠡甫主编:《西方文论选》上卷,上海译文出版社1979年版,第4—5页。

主义认识论的基础。正是在这个基础上,他主张艺术是对自然的模仿。他是最早表述模仿理论的人之一。他讲的模仿指的是对动物行为的模仿。他认为艺术就起源于这种模仿。他说:"在许多重要的事情上,我们是模仿禽兽,作禽兽的小学生的。从蜘蛛我们学会了织布和缝补;从燕子学会了造房子;从天鹅和黄莺等歌唱的鸟学会了唱歌。"①这可说是西方最古老的艺术起源论。特别应当注意的是,在艺术起源的问题上,他并没有停留在模仿禽兽上,而是更深刻地提出了艺术起源的社会历史条件问题。据第欧根尼的转述,他认为"艺术既不是起源于雅典娜,也不是起源于别的神:一切艺术都是逐渐地由需要和环境产生的"②。另据古代乐论家斐罗迭姆在《论音乐》中的记载,他还认为"音乐是最年轻的艺术",因为"音乐并不产生于需要,而是产生于正在发展的奢侈"。③

在美的问题上,德谟克利特继承了赫拉克利特的传统,他认为,美在于对称、合度、和谐等数量关系。他尤其重视尺度问题。他说:"适中是最完美的:我既不喜欢过分,也不喜欢不足","如果把尺度提高,那么就连最美的也会变成最丑的"。④

德谟克利特还最早讨论了诗的灵感问题。据西塞罗在《论演说》中说,他认为"不为激情所燃烧,不为一种疯狂一样的东西赋予灵感的人,就不可能成为一个优秀诗人"⑤。

另外,据说德谟克利特还最早研究过舞台美术问题。古希腊剧场的观众是从一定距离之外观看布景的,因此舞台上的布景往往会由于视差而变形,德谟克利特曾考虑如何纠正这些变形,使布景变得清晰、真实,他研究了光线对视觉的关系,利用自然规律使布景的二度图形显得像是立体的。

如果说,早期希腊美学主要是自然哲学的组成部分,那么从德谟克利特

---

① 转引自伍蠡甫主编:《西方文论选》上卷,上海译文出版社 1979 年版,第4—5 页。

② 转引自[苏联]奥夫相尼科夫:《美学思想史》,吴安迪译,陕西人民出版社 1986 年版,第 14 页。

③ 转引自伍蠡甫主编:《西方文论选》上卷,上海译文出版社 1979 年版,第 6 页。

④ 转引自[苏联]奥夫相尼科夫:《美学思想史》,吴安迪译,陕西人民出版社 1986 年版,第 14—15 页。

⑤ 转引自[波]沃拉德斯拉维·塔塔科维兹:《古代美学》,杨力等译,中国社会科学出版社 1990 年版,第 123 页。

和智者派开始,美学就从自然哲学逐渐解脱出来,更多地转向了社会问题,这是一个巨大的进步。

四 智者派的美学思想

公元前 5 世纪中叶,随着希腊奴隶主民主制的繁荣,在雅典等城邦出现了一批以传授知识和辩论术为业的哲学家,哲学史上称他们为智者派,又称诡辩派。其主要代表人物有普罗泰戈拉(Protagoras,约前 481—前 411 年)、高尔吉亚(Gorgias,约前 483—前 375 年)以及普罗蒂克、希庇阿斯等人。

智者派在哲学上的突出特点,首先在于反对自然哲学的存在论(本体论),鼓吹主观主义和相对主义。他们的根本出发点是肯定和强调感觉和知识的主观性和相对性。他们最早提出"显现"这个概念,认为存在只不过是"显现",一切都取决于人,因人而异,没有什么永恒、绝对、纯然客观的存在。普罗泰戈拉有一句名言:"人是万物的尺度,是存在的事物存在的尺度,也是不存在的事物不存在的尺度"①。高尔吉亚说:"如果存在不能达到显现,那么它就是某种无形的东西;如果显现不能达到存在,那么它也就是某种无力的东西。"②在他们看来,同样的风,你觉得冷,我觉得不冷,至于风是冷还是不冷,只能说风既冷又不冷,没有客观的标准。

与德谟克利特一样,智者派把哲学从对自然的研究转向了对人、对社会、政治、文化的研究。他们主要注意的是道德、法律和宗教方面的问题,同时也注意到了美和艺术的问题,对美学作出了一定的贡献。他们对美和艺术的看法是以他们哲学上的主观主义和相对主义为基础的。他们认为美和艺术完全是相对的,取决于人的主观感觉。在流传下来的有关智者派的著名文献《辩证法》的第二部分,专门论述了"美与丑"的问题。其中说:"人们对于美与丑有两种说法。一些人断言,美是一回事,丑是另一回事,对它们加以区别恰如名称本身(所要求的)那样;另外一些人则认为,美和丑是同一回事。而我则试图作出如下的论断……用香脂水粉浓妆美化自己而装饰

---

① 《柏拉图全集》第 2 卷,王晓朝译,人民出版社 2003 年版,第 664 页。
② 转引自[苏联]舍斯塔科夫:《美学史纲》,樊莘森等译,上海译文出版社 1986 年版,第 5 页。

得珠光宝气的男人是丑的,但在女人则是美的。对朋友乐善好施是美的,对敌人则是丑的。在敌人面前跑是丑的,而在运动场上在竞争对手前面跑则是美的。总之……我想,如果有某个人命令所有的人把各自认为是丑的东西集中到一起,再从这一堆丑的东西当中取走各自认为是美的东西,那么,什么东西也不会剩下来,而所有的人会把一切东西都分得精光,因为各人有各人的想法。"①从这段话可以看出,智者派既不赞成把美与丑决然对立,也不赞成把美与丑相互等同,他们强调的是美与丑之间辩证联系的相对性,揭示了美与丑在一定条件下的相互联系和相互转化,丰富了对美的辩证认识,但另一方面,他们讲的美与丑的辩证法,从根本上说带有主观的性质,因此往往也流于诡辩。

智者派还用愉悦或快感的概念给美下过一个有名的定义:"美是通过视听给人以愉悦的东西。"这是一种对美和艺术的感官主义、享乐主义的表达。这种把美和愉悦或快感等同的观点,在美学史上产生了长久的影响。

在谈到智者派的美学思想时,高尔吉亚提出的艺术幻觉论是应当特别注意的。在《海伦的辩护》一文中,他把艺术的本质归结为幻觉或欺骗。他认为,世上的一切事物都可以用语言来表达。语言可以使听者相信任何事物,包括不存在的事物。它具有一种非凡的魔力,能够迷惑或欺骗灵魂,把灵魂引入一种幻觉状态,即希腊人所谓 apate,从而使人产生快乐、悲伤、怜悯、恐惧等情感。他说:"语言是一种强大的力量,它可以通过最微不足道的可见形式创造出最非凡的作品。因为它可以制服恐惧,排解忧愁,引起欢乐和增添怜悯。……所有的诗都可以被称作为有韵律的语言。它的听者因恐惧而颤抖,洒下同情的泪水,并狂热地渴望着;为言词所左右的心灵,像感受自身情感一样,感受到其他人的行为和生活的泰否所激起的情感。"②他把悲剧看作有意制造幻觉的艺术,他说:"悲剧制造一种欺骗,在这种欺骗中骗人者比不骗人者更为诚实,而受骗者比未受骗者远要聪明。"③高尔吉亚的艺术幻觉论最早提出了艺术与幻觉的关系问题,这一理论涉及艺术与

① 转引自[苏联]舍斯塔科夫:《美学史纲》,樊莘森等译,上海译文出版社 1986 年版,第 6 页。

② 转引自[波]沃拉德斯拉维·塔塔科维兹:《古代美学》,杨力等译,中国社会科学出版社 1990 年版,第 142 页。

③ 同上。

现实、虚构与真实、创作与欣赏、体验与表现等许多重大的美学问题。在古代希腊，幻觉理论没能占据主导地位，直到 19 世纪后半叶以来，才为人们高度重视，并在现代美学中得到发展。波兰的美学史家塔塔科维兹说，高尔吉亚的艺术幻觉论"看起来是完全现代的。但却是古代人的创造"①。智者派最早试图从人、从主体和心理方面揭示美和艺术的本质，他们的美学成就是不可忽视的。

五　苏格拉底的美学思想

苏格拉底(Socrates，前 469—前 399 年)是早期希腊著名的唯心主义哲学家。他是石匠的儿子，幼年学过雕刻，对艺术有很好的了解。他一生都以神的使者自命，采用一问一答的对话方式在雅典街头教人道德和传授知识。在政治上，他反对民主政治，拥护贵族政治，后来被民主派处死。在西方，他的地位有如中国的孔子，没有留下任何著作。他的思想主要保存在他的弟子柏拉图的《对话集》和克塞诺封的《苏格拉底言行录》中。苏格拉底注意的中心，不再是自然哲学，而是道德问题，他明确地把美学问题和道德问题结合起来，实现了美学从自然哲学向社会科学的转变。他常被视为人类学美学的始祖。

苏格拉底道德哲学的基本概念是美德。他认为人有三种美德：节制、勇敢、正义，三者兼备才是完美的人、高尚的人，而这三种美德的基础则是关于善的知识或理性。因此他也是西方理性主义思潮的始作俑者，为此尼采曾说他是西方思想史上的"元凶"。

苏格拉底美学思想的中心是把美、善和有用混为一谈。从人的一切活动(包括审美活动)都要遵循一定的目的这个基本观点出发，他把功用或合目的性看作美的基本前提。在他看来，美有很多种类，作为事物与现象的绝对属性的美是不存在的，美存在于特定的关系之中，并与一定的目的相吻合，是由不同的目的产生的。他说："任何一件东西如果它能很好地实现它

---

① ［波］沃拉德斯拉维·塔塔科维兹：《古代美学》，杨力等译，中国社会科学出版社 1990 年版，第 132 页。

在功用方面的目的,它就同时是善的又是美的,否则它就同时是恶的又是丑的。"他在同自己的学生亚里斯提普斯的一段有趣的谈话中,特别强调了美的相对性。他说:"盾从防御看是美的,矛则从射击的敏捷和力量看是美的"。"就赛跑来说是美的,而就角斗来说却是丑的"。① 甚至说,"如果适用,粪筐也是美的,如果不适用,金盾也是丑的"②。因此,在他那里,一件东西美不美完全取决于功用。从这种功用看是美的,从另一种功用看是丑的,一件东西可以既是美的又是丑的。这就完全否定了美的客观标准。与赫拉克利特不同,苏格拉底虽然看到了美与善、与有用、与目的之间的联系,但却片面夸大了美的相对性,陷入了相对主义的泥坑。

在与制造胸甲的工匠皮斯提阿斯的对话中,苏格拉底谈到了比例和有用的关系问题:

苏:请告诉我,皮斯提阿斯。你的胸甲制造得并不比别人的更坚固和更华丽,你为什么要卖得比别人的贵呢?

皮:啊,苏格拉底,因为我造的胸甲更合乎比例。

苏:你是靠尺寸和重量显示出这种好的比例,因而要高价的吧?那么我想如果你要把它们造得合身,你就不能把它们造成一样大小或一样重吧?

皮:当然,不合身又有什么价值!

苏:那么,不是有些人的身体合比例,有人的不合比例吗?

皮:的确如此。

苏:那么你怎样才能为一个不合比例的身材造出一件合乎比例的胸甲呢?

皮:要做得合身。合身的胸甲总是合比例的。

苏:看来你的意思是合比例不是指自身,而是对穿胸甲的人而言……③

---

① 转引自[意大利]格拉吉:《古代美的理论》(德文版),杜蒙特出版社1962年版,第187—188页。

② 转引自北京大学哲学系美学教研室编:《西方美学家论美和美感》,商务印书馆1980年版,第19页。

③ [意大利]格拉吉:《古代美的理论》(德文版),杜蒙特出版社1962年版,第189页。

在这段对话中,苏格拉底表达了这样一种见解,即一件胸甲只有合身、有用才是有价值的,没有什么抽象的、绝对的比例,合比例总是因人而异的,外表的华丽和无用的美是毫无意义的。

苏格拉底关于艺术的见解应当特别给以注意。他发展了艺术模仿自然的传统看法,多方面地探讨了艺术的本质,尤其是绘画艺术的本质。苏格拉底对艺术有很深的造诣,他经常到画家、雕刻家的工作室去,同他们交谈各种美学问题。有一次他去访问画家帕哈秀斯,专门就绘画探讨了艺术的本质。他首先肯定,绘画是用颜色模仿或再现我们可以眼见的、实在的事物,比如模仿大自然,描绘出凹的和凸的、暗的和亮的、硬的和软的、粗糙的和光滑的各种物体,以及年轻的和年老的身体。但他并不认为绘画只是简单地模仿或再现事物。他接着说,由于现实中很难找到一个人全体各部分都很美,画家应当从许多人中进行选择,把每个人最美的部分集中起来,使全体中每一部分都美。这就是说,绘画不仅是可见对象的模仿,而且可以是理想对象的模仿。苏格拉底最早肯定了艺术概括、理想化和典型化的必要,这是很可贵的。不仅如此,他进一步在谈话中认为,绘画还可以模仿我们眼睛看不见的对象,这指的是绘画还应当模仿心灵,"描绘人的心境",表现"精神方面的特质,如面部和眼里的各种神色,各种性格特征和感情"。他指出,画家不应当只模仿外形,而要"通过形式表现心理活动"。例如,画家或雕刻家模仿搏斗,那就"应该把搏斗者威胁的眼色和胜利者兴高采烈的面容描绘出来",要"把活人的形象吸收到作品中去",使外形服从于表现心灵,达到逼真,使人看到"就像是活的"。[①] 最后,苏格拉底还强调,绘画和雕刻还应当是具有道德理想和完美心灵的形象的模仿。他把人提高成为艺术的主要对象。

总的说来,希腊古典早期的美学还只是人类对美和艺术的初步认识,许多美学观点都还比较简单,还没有形成系统的经过严密论证的美学思想体系。尽管如此,它已揭示出美学的一些重要问题,显示出了各种不同的美学方法和思想倾向。例如,这里已经可以看到宇宙论的(毕达哥拉斯学派)、

---

① 转引自北京大学哲学系美学教研室编:《西方美学家论美和美感》,商务印书馆 1980 年版,第 20—21 页。

心理学的（智者派）和人类学的（苏格拉底）美学方法；以及美在和谐、比例、对称（毕达哥拉斯学派、赫拉克利特），美在视听提供的快感（智者派），美在功用（苏格拉底）等美学学说。所有这些，都为美学的进一步发展准备了必要的条件，并对后世产生了深远的影响。希腊美学在经过古典早期之后，便进入了古典盛期。柏拉图和亚里士多德是这一时期美学思想最杰出的代表，美学在他们的手里形成了较为严密系统的思想体系，并在整个西方美学史上达到了第一次高峰。

第三节　柏拉图的美学思想

柏拉图（Plato，前427—前347年）是古希腊最伟大的唯心主义哲学家。严格说，他才是第一个自觉地从哲学高度提出和思考美学问题，并把美学造成思想体系的人。他出生于雅典的一个贵族家庭，从小受到有关哲学、数学和文艺的良好教育，青年时代十分崇拜苏格拉底。据说，公元前399年，苏格拉底被民主派处死以后，他愤然离开雅典去到麦加拉城，开始了长达10年之久的漫游生活，先后到过叙拉古、埃及、西西里岛等地考察，结识了当地的一些权贵和名流，后来回到雅典创办了一个学园，专心从事教育活动，以期实现自己的政治抱负。在政治上，他反对民主政治，维护贵族统治。在哲学上，他曾广泛接受爱利亚学派、毕达哥拉斯学派、赫拉克利特、智者派以及苏格拉底的影响。他的著作很多，流传下来的有30多篇对话和13封书信。经考证，比较公认的有一封被视为柏拉图自传的书信和26篇对话，其中包括他替苏格拉底写的《申辩》。这些著作广泛涉及哲学、政治、伦理、教育、文艺和美学等各个领域。有关美学的主要有《大希庇阿斯》、《伊安》、《会饮》、《斐多》、《斐德若》、《理想国》和《法律》诸篇。① 他的著作多采用对话体，他让对话人在相互诘难、反复论辩中一步步地探求真理，文辞优美，生动

---

① 参见［英］A.E.泰勒:《柏拉图——生平及其著作》,谢随知等译,山东人民出版社1990年版。

有趣。在这些对话录中,苏格拉底往往是主要的对话人,他所讲的一般可看作柏拉图本人的思想。在唯心主义理念论、灵魂回忆说和贵族国家论的基础上,柏拉图建立了西方最早的唯心主义美学和文艺理论体系,对后来美学的发展产生过极为深远的影响。

一 关于美的理论

关于美的理论是柏拉图美学思想的中心。在柏拉图以前,包括柏拉图本人,对美这一概念的理解和使用,与我们今天的情形有很大的不同。古希腊人讲的美,其含义往往非常丰富、宽泛,并不单指审美意义上的美。在柏拉图对话录中,不但谈到过各种物品器具的美、动物的美、妇女的美,而且谈到过正义的美、知识学问的美、风俗制度的美、心灵美,等等。在他那里,美和"真""善""好"这些概念往往也没有多大区别。他常把"真、善、美"并提,还用"真、善、美"三位一体来概括最高的人类价值。一般来说,他更强调的是真和善的美,而不是审美的美。这和中国古代先秦诸子的情形是相似的。不过,柏拉图已经感觉到"美"这个概念的混乱和模糊,自觉到有对"美"这个概念加以界说和规范的必要。

1. 给美下定义的最初尝试

在《大希庇阿斯》篇中,柏拉图作了给美下定义的最初尝试。这篇对话是柏拉图的早期著作,对话人苏格拉底和诡辩学家希庇阿斯,对"什么是美"这一中心问题展开了生动有趣的讨论。

一开始,苏格拉底请教希庇阿斯"什么是美"?希庇阿斯回答说:"美就是一位漂亮的小姐。"[①]苏格拉底反驳说,这种讲法不能成立,因为许多事物如一匹母马,一把竖琴,甚至一个汤罐也可以是美的。再说赫拉克利特讲过,最美的猴子比起人来还是丑的,最智慧的人比起神来也像一只猴子;那么年轻小姐比起神仙,最美的汤罐比起年轻小姐,不也就显得丑了吗?它们是不是又美又丑,好像美也可以,丑也可以呢?问题是要回答:使这许许多

――――――――

① [古希腊]柏拉图:《文艺对话集》,朱光潜译,人民文学出版社 1963 年版,第 180 页。

多具体的美的事物之所以美的那个"美本身"是什么,即找出"加到任何一件事物上面,就使那件事物成其为美"①的本质。这样,柏拉图就在历史上第一次区别了"美的东西"和"美本身",明确提出了美的本质问题。在他看来,美的东西是个别,是现象,而美或美本身则是一般,是本质。

接着,对话进一步对当时流行的一些有关美的定义和看法,作了批判性的考察,但却没能找到完满的美的定义,解决美是什么的问题。最后只好宣布:"美是难的"②。

柏拉图在这篇对话中虽然没有得出美或美本身究竟是什么的明确结论,但他批判地总结了前人对美的各种看法,指明了美不是"恰当",不是"有用",不是"有益",也不是"由视觉和听觉产生的快感",这就明确反对了早已流行的对美的功利主义和享乐主义的解释;而他提出"美本身"这一概念,区分美和美的东西,提出美的本质问题,这就把美的研究从感性经验领域推进到了概念和超验的领域。柏拉图要求建立的是一种本体论的美学,这是继宇宙论美学之后的新发展。

2."美是理念说"

柏拉图在《斐多》、《会饮》、《理想国》和《斐德若》诸篇里,对美的本质,即什么是美或美本身这一问题作了明确的回答。他提出了著名的美是理念说或分有说,建立了他的本体论美学。他的基本观点是:美是理念,个别事物之所以美,是因为"分有"或"模仿"了美的理念。他在《斐多》篇中说:"如果有人告诉我,一个东西之所以是美的,乃是因为它有美丽的色彩或形式等等,我将置之不理。因为这些只足以使我感觉混乱。我要简单明了地,或者简直是愚蠢地坚持这一点,那就是说,一个东西之所以是美的,乃是因为美本身出现于它之上或者为它所'分有',不管它是怎样出现的或者是怎样被'分有'的。……美的东西之所以是美的,乃是由于美本身。"③在柏拉图看来,具体的人世间的个别的美的事物,如美的花、美的人、美的画,是多

---

① [古希腊]柏拉图:《文艺对话集》,朱光潜译,人民文学出版社 1963 年版,第 188 页。
② 同上书,第 210 页。
③ 转引自北京大学哲学系外国哲学史教研室编译:《古希腊罗马哲学》,生活·读书·新知三联书店 1957 年版,第 177 页。

样的、易变的、相对的，它们又美又丑，不是真实的、绝对的，只有上界的美的理念才是美本身。对于美本身，《会饮》篇中著名的弟娥提玛的启示作了这样的描述："这种美是永恒的，无始无终，不生不灭，不增不减的。它不是在此点美，在另一点丑；在此时美，在另一时不美；在此方面美，在另一方面丑；它也不是随人而异，对某些人美，对另一些人就丑。还不仅此，这种美并不是表现于某一个面孔，某一双手，或是身体的某一其他部分；它也不是存在于某一篇文章，某一种学问，或是任何某一个别物体，例如动物、大地或天空之类；它只是永恒地自存自在，以形式的整一永与它自身同一；一切美的事物都以它为泉源，有了它那一切美的事物才成其为美，但是那些美的事物时而生，时而灭，而它却毫不因之有所增，有所减。"①柏拉图讲的"美本身"，实际上就是美的理念。在《理想国》卷十中，他说："我们经常用一个理念来统摄杂多的同名的个别事物，每一类杂多的个别事物各有一个理念。"②在他的哲学体系中，"理念"是精神性的实体，是万物的本原，真实的存在，是第一性的，具体事物是第二性的，是由"理念"派生的，只是"理念"的影像或摹本。

柏拉图的"美是理念说"，是建立在他对存在或本体的看法的基础之上的。在《理想国》卷七中，他讲过一个著名的"洞穴比喻"，把世界区分为虚幻的现实世界和真实的理念世界。他认为，人们生活的现实世界，好比一个黑暗的洞穴，人们在这洞穴里手脚都被束缚着，只能两眼前视，不能回头，根本看不见洞外阳光普照的真实世界，最多只能凭借射入洞内的阳光，在洞壁上看到一些"影像"。那真实世界即理念世界、本体世界，美作为一种理念就存在于这理念世界。因此，美本身是超感觉的，既看不见，也摸不着。要认识美，就不能凭感觉，也不能凭艺术的创造和欣赏，甚至不能凭理智，而只能凭所谓"灵魂回忆"或"迷狂"。在《斐德若》和《会饮》篇中，柏拉图反复地说，只有极少数哲学家，即所谓没有"习染尘世罪恶而忘掉上界伟大景象的灵魂"，才能通过"灵魂回忆"在一种迷狂状态下与美本身契合无间、浑然一体，凝神观照到那超凡神圣的美，而肉眼凡胎的普通人则不能认识美。若想认识美，就得经历一个类似参禅悟道的循序渐进、辛苦探求的过程。他

---

① ［古希腊］柏拉图：《文艺对话集》，朱光潜译，人民文学出版社1963年版，第272—273页。

② 同上书，第67页。

说,要"先从人世间个别的美的事物开始,逐渐提升到最高境界的美,好像升梯,逐步上进,从一个美的形体到两个美的形体,从两个美的形体到全体的美的形体;再从美的形体到美的行为制度,从美的行为制度到美的学问知识,最后再从各种美的学问知识一直到只以美本身为对象的那种学问,彻悟美的本体"。并且说:"只有循这条路径,一个人才能通过可由视觉见到的东西窥见美本身,所产生的不是幻相而是真实本体。"因此,柏拉图的美是理念说带有客观唯心主义本体论的性质和浓厚的神秘主义色彩。柏拉图十分轻视现实生活,他完全否认了客观现实世界中有真正的美,同时也否认了人对美的正常感知和认识,这些当然都是错误的。但他不把美简单地局限于感性直观,说明他看到了美的多层次性和美的认识的复杂性,这是很宝贵、很有价值的。他的名言:"对美本身的观照是最值得过的生活境界"①,一直为人们所称道,这显然也不是没有缘由的。

3. 论快感和形式美

柏拉图反对"美是视听引起的快感"这一智者派的观点,提出了美是理念的学说,认为现实世界里没有真正的美。但这并不是说他不承认具体的美的事物,也不意味着美的事物不能通过视听引起快感。相反,他有很多关于现实生活中美的事物和快感的言论。他肯定美的事物可以引起快感,不过这不是饮食色欲的快感,不是搔痒式的生理快感,而是以爱为基础的快感。在《斐利布斯》篇中,柏拉图区分出三种快感。第一种只是表面的而不是真实的快感,这指的是饮食色欲的快感。第二种是和痛感混合在一起的快感,如在悲剧艺术和喜剧艺术里,在哀悼里以及在许多人生悲喜剧的各种场合里。他认为,这种快感是很多的。有些人把快感和痛感决然对立,说"一切快感只是痛感的休止",柏拉图明确表示:"我不赞成这种看法"。②第三种是"真正的快感",这是来自美的几何图形,美的颜色、气味和声音等形式美的快感。他说:"我说的形式美,指的不是多数人所了解的关于动物或绘画的美,而是直线和圆以及用尺、规和矩来用直线和圆所形成的平面形

---

① [古希腊]柏拉图:《文艺对话集》,朱光潜译,人民文学出版社 1963 年版,第 273—274 页。

② 同上书,第 297 页。

和立体形。……我说,这些形状的美不像别的事物是相对的,而是按照它们的本质就永远是绝对美的;它们所特有的快感和搔痒所产生的那种快感是毫不相同的。"他认为,某些单整的、纯粹的音调、颜色、声音的美,也不是相对的,"而是绝对的,是从它们的本质来的"①。如果说"美是理念说"是柏拉图的创造,那么这里关于形式美是真正的美这一看法,则主要是采用和发展了毕达哥拉斯学派的思想,他在许多地方都把形式美的本质看作秩序、比例、和谐。在柏拉图的思想体系中的确存在着关于美的本质的这两种看法,越到晚年他似乎越倾向于美在形式的看法。不过这并不是转向了唯物主义。在《法律》篇中,他认为,美感同秩序感、尺寸感、比例感以及和谐感,都是人"和神的关系"的一种表现。黑格尔曾指出:"柏拉图是第一个对哲学研究提出更深刻的要求的人,他要求哲学对于对象(事物)应该认识的不是它们的特殊性而是它们的普遍性,它们的类性,它们的自在自为的本体。"②柏拉图在美学史上的重大贡献,就在于他最早创立了本体论的美学,揭示和肯定了美不同于平庸现实和感觉的高贵性的一面,从而使人对美有了更深刻的认识。

二 关于艺术的理论

"艺术"这个术语,如同"美"这个词一样,在古希腊人那里是理解得很广泛的。一般来说,它指的是技艺,并不单指我们今天所讲的艺术。柏拉图所讲的艺术,大体上也还是这样。

1. 艺术模仿论

柏拉图在理念论的基础上,对艺术模仿自然这一流行的古老看法作了新的解释。在柏拉图以前,模仿主要指行为的模仿,柏拉图则赋予模仿以认识论的意义,他注重的主要是原本和摹本之间的关系。他认为,理念是唯一真实的存在,自然只是理念的"影子",而模仿自然的艺术就是"影子的影

---

① [古希腊]柏拉图:《文艺对话集》,朱光潜译,人民文学出版社1963年版,第298页。
② [德]黑格尔:《美学》第1卷,朱光潜译,商务印书馆1979年版,第27页。

子"。在《理想国》卷十中,他举例说,有三种床:神造的床、木匠造的床,还有画家画的床。只有神造的床才是床的理念,是真实体,木匠只是根据床的理念制造出个别的床,它只近似真实体,而画家画的床,只是模仿个别的床的外形,它和真实体隔得更远,更不真实。木匠还可以叫床的制造者,画家则只能叫外形制造者或模仿者。他就像拿一面镜子四面八方旋转就能马上制造出太阳、星辰、大地、动物、植物和器具一样,无非是以制造影像骗人。由此,柏拉图贬低、轻视艺术家,认为艺术家没有专门知识,艺术作品也不会给人以真正的知识。他说,若论知识,诗人或诵诗人谈到御车不如御车人,谈到医药不如医生,谈到捕鱼不如渔夫。就连人人称颂的大诗人荷马也没有什么真本事,因为他虽然在诗里谈到过许多伟大高尚的事业,如战争、将略、政治、教育等,但他从来没有替哪个国家建立过较好的政府,成为立法者,也没有指挥过哪一次战争建立军功,他在各种技艺和事业上从来没有过任何贡献和发明,所以也没有人请他做过私人导师。柏拉图说,荷马"如果对于所模仿的事物有真知识,他就不愿模仿它们,宁愿制造它们,留下丰功伟绩,供后人纪念。他会宁愿做诗人所歌颂的英雄,不愿做歌颂英雄的诗人"①。

柏拉图的艺术模仿论,其错误是显而易见的。首先,他所谓文艺模仿自然,并不是模仿客观的现实世界,而是模仿理念的"影子"。他主张的是模仿理念,而不是模仿现实。这种观点从根本上否认了现实生活是文艺的泉源,因而是唯心主义的。其次,他认为自然不真实,文艺只是理念的"影子的影子",甚至是以影像骗人,艺术家没有真正的知识,这就否定了文艺的真实性和认识作用,贬低了艺术家的地位和作用。最后,他认为文艺比现实世界离现实更远,只能镜子般地制造事物的外形,因此文艺就必定低于现实,这既不符合文艺的实际,又抹杀了文艺的能动作用,因而又是片面的、形而上学的。

2. 灵感和迷狂

艺术不仅是现实的模仿,而且是艺术家的创造。柏拉图肯定了艺术是

① 〔古希腊〕柏拉图:《文艺对话集》,朱光潜译,人民文学出版社1963年版,第73页。

一种创造,并从创造主体和心理方面试图揭示艺术创造的实质,提出了著名的灵感论。

灵感是人类一切创造活动中普遍存在的精神现象。就文艺创造来说,它主要涉及以下一些问题:艺术创造的才能从何而来? 为什么诗人在进行创造时有超乎一般的热情、想象力和创造力? 诗人凭借什么写出他美丽的诗篇? 为什么最平庸的诗人有时也能唱出最美妙的诗歌? ……在柏拉图之前,德谟克利特已经注意到了灵感,后来苏格拉底把灵感神秘化了。他说:"诗人写诗并不是凭智慧,而是凭灵感。传神谕的先知们说出了很多美好的东西,却不明白自己说的是什么意思。我觉得很明显,诗人的情况也是这样。"①柏拉图进一步发展了苏格拉底的思想。

《伊安》篇专门讨论了诗人的灵感问题。伊安是一位善于解说荷马的诵诗人,柏拉图借苏格拉底之口问他诵诗和荷马写诗究竟凭的是什么技艺知识。伊安百般回答,自相矛盾,最后不得不承认,他们没有任何专门技艺知识,凭借的只是灵感和神力。柏拉图说:"凡是高明的诗人,无论在史诗或抒情诗方面,都不是凭技艺来做成他们的优美的诗歌,而是因为他们得到灵感,有神力凭附着……不得到灵感,不失去平常理智而陷入迷狂,就没有能力创造,就不能做诗或代神说话……神对于诗人们像对于占卜家和预言家一样夺去他们的平常理智,用他们作代言人。"②在《斐德若》篇里,柏拉图区分出四种迷狂:预言的、教仪的、诗歌的、爱情的。诗歌的迷狂即灵感的迷狂,它由天神缪斯姊妹们主宰。他描述说,这种迷狂"是由诗神凭附而来的。它凭附到一个温柔贞洁的心灵,感发它,引它到兴高采烈神飞色舞的境界,流露于各种诗歌,颂赞古代英雄的丰功伟绩,垂为后世的教训。若是没有这种诗神的迷狂,无论谁去敲诗歌的门,他和他的作品都永远站在诗歌的门外,尽管他自己妄想单凭诗的艺术就可以成为一个诗人。他的神智清醒的诗遇到迷狂的诗就黯然无光了"③。此外,他还把迷狂说和灵魂轮回说结合起来。

① 转引自北京大学哲学系外国哲学史教研室编译:《西方哲学原著选读》上卷,商务印书馆1981年版,第67页。

② [古希腊]柏拉图:《文艺对话集》,朱光潜译,人民文学出版社1963年版,第8—9页。

③ 同上书,第118页。

柏拉图灵感说的要点在于:第一,诗或一般艺术作品本质上不是人的产品,而是神的诏谕;第二,诗人只是神的代言人;第三,文艺创造不是健康合理的思维活动,而是一种丧失理智的迷狂状态。从这三点看,这种灵感说完全否定了科学地认识艺术创造,自觉地培养训练艺术才能和技巧的可能性,把艺术家的创作能力和创作过程都神秘化了,完全排斥了理性在艺术创造中的作用,取消了创作主体的能动作用,这显然是消极的、有害的。没有现实生活的根底,乞求诗神的降临,只能是一种幻想。柏拉图的灵感说的确产生过消极的影响。

但是,我们又必须看到,灵感毕竟是文艺、科学等人类创造活动中普遍存在的极为复杂的精神现象,柏拉图总的答案虽然错误,但他肯定了灵感现象的存在和必要,认为灵感比技艺优越,并最早对灵感进行了系统研究,生动地描绘和揭示了灵感现象的某些特征,这些不但不失其积极意义,而且可以说是在美学史上开启了有关艺术创造过程和创造主体以及心理学方面的美学研究,仍应给以充分的重视,不能简单地予以否定。

3. 文艺的社会作用

柏拉图对文艺社会作用的看法,是从他的贵族国家论出发的。他认为,人的灵魂有三个部分:理智、意志和情欲。理智使人聪慧,意志发为勇敢,情欲应加节制。只有让理智支配意志和情欲,使之各尽其性,才符合所谓"正义",才是理想的人。国家无非是个人的放大,相应地也就分成三个等级,相当于理智的是统治者即哲学王,相当于意志的是保卫者即武士,相当于情欲的是劳动者即农工商。只有应统治的统治,该服从的服从,三者各按其本分行动而各尽其天职,才能实现和谐的、符合正义的"理想国"。正如马克思一针见血所指出的,柏拉图的"理想国","只是埃及种姓制度在雅典的理想化"①。

在柏拉图看来,文艺只属于情欲,绝不属于理智,文艺不但不能给人真理,反而逢迎人的情欲,摧残人的理性,亵渎神明,伤风败俗,不利于培养未来"理想国"的统治者,因此必须对文艺实行严格的审查监督制度,对那些

①《马克思恩格斯全集》第 43 卷,人民出版社 2016 年版,第 383 页。

违背贵族伦理政治需要的作品无情地加以清洗,把诗人从"理想国"驱逐出去。经过他的检查,当时希腊的文艺作品,包括荷马和赫西俄德的史诗在内,大半受到猛烈的攻击和严厉的否定。他给诗人列有两大罪状:首先,荷马和悲剧诗人的作品最严重的毛病是说谎,歪曲了神和英雄的性格。本来"神不是一切事物的因,只是好的事物的因"①,而这些作品却把神写成随便就相争相斗,互相欺骗,陷害谋杀,既贪财又怕事,轻易就发笑,遇到灾祸就哀哭,甚至奸淫劫掠,无恶不作,造祸于人。这不但不能使青年学会聪慧、善良和节制,成为理想的统治者,反而会怂恿青年干坏事,以至借口神的榜样而自宽自解,原谅自己。他甚至认为,凡是说谎,都是"行了一个办法,可以颠覆国家,如同颠覆一只船一样"②。其次,为了讨好观众,诗人总是不让情欲接受理智的节制,这会"培养发育人性中低劣的部分,摧残理性的部分"③。例如,悲剧为使观众得到快感,总是尽量满足人们在碰到灾祸时要尽量哭一场、哀诉一番的自然倾向。他称这种自然倾向为"感伤癖"或"哀怜癖",说悲剧就是使人们"拿旁人的灾祸来滋养自己的哀怜癖",等到亲临灾祸时,哀怜癖就不受理智控制,就不能沉着、镇定和勇敢。喜剧也一样,平时引以为耻不肯说的话、不肯做的事,看喜剧时就不嫌它粗鄙,反而感到愉快,就是因为喜剧尽量满足了人的本性中的诙谐欲念,逢迎快感,结果就无意中感染上小丑习气。总之,一切欲念理应枯萎,而诗却灌溉它们,滋养它们。柏拉图就这样在《理想国》里为贵族奴隶主阶级制定了一套服从于政治的文艺政策,他从题材、内容到表现方式,从写什么到怎样写,提出了一系列政治标准和规范。

但是,不能由此得出结论,似乎柏拉图否定文艺的社会作用。恰恰相反,他十分重视文艺的社会作用。他认为,文艺直接关系到统治者的教育问题,对国家和人生具有重大的政治意义。他承认艺术具有强大的感染力,特别对儿童性格的形成有深刻的影响,因为一个人开始所受的教育的方向,将决定他未来的生活。为此,他提出了一种审美教育的主张。他说,图画和一切类似艺术,如纺织、刺绣、建筑、器具制作以及动植物形体,"这一切都各

---

① ［古希腊］柏拉图:《文艺对话集》,朱光潜译,人民文学出版社 1963 年版,第 28 页。
② 同上书,第 40 页。
③ 同上书,第 84 页。

有美与不美的分别"①,不只要"监督诗人们,强迫他们在诗里只描写善的东西和美的东西的影像,否则就不准他们在我们的城邦里做诗",而且"同时也要监督其他艺术家们,不准他们在生物图画、建筑物以及任何制作品之中,模仿罪恶、放荡、自鄙和淫秽,如果犯禁,也就不准他们在我们的城邦里开业",应使青年"天天耳濡目染于优美的作品,身处四周健康有益的环境,从小培养起对美的爱好,形成融美于心灵的习惯"②。另外,柏拉图也并不否定一切艺术,并非无条件地驱逐一切诗人。他说,只要诗"能找到理由,证明她在一个政治修明的国家里有合法地位,我们还是很乐意欢迎她回来,因为我们也很感觉到她的魔力。但是违背真理是在所不许的"③。他要求诗人证明,"诗不仅能引起快感,而且对于国家和人生有效用,诗不但是愉快的,而且是有益的"④。其实,这正是柏拉图对文艺的基本要求,即文艺必须服从哲学和政治。柏拉图可以说是最早提出文艺与政治相互关系的人,在这个问题上,他的观点是政治标准第一。他认为,政治思想不好的作品,"它们愈美,就愈不宜讲给要自由、宁死不做奴隶的青年人和成年人听"⑤。政治标准第一,这是阶级社会中任何统治阶级对待文艺的普遍要求。文艺离不开社会,离不开人群,因而也就离不开政治。柏拉图的错误不在强调政治标准,而在几乎取消了艺术标准。这种片面性不利于文艺的发展和繁荣。但从国家利益和人生的角度出发考察文艺,要求国家和社会关心艺术作品的性质和功用,要求文艺表现真、善、美的东西,要求文艺有益于国家和人生,禁止有害的文艺作品在社会上流传、腐蚀人心、败坏社会风气等等,这些都是合理的、深刻的,至今发人深省。车尔尼雪夫斯基曾经这样称赞柏拉图:"柏拉图从他的艺术概念引申出生动的、辉煌的、深刻的结论来。他依据他的原理断定艺术的意义在于人生及其对现实其他方面的关系。"⑥"他所思索的不是星辰的宇宙而是人间的大地,不是幻影而是人群。而且柏拉

---

① ［古希腊］柏拉图:《文艺对话集》,朱光潜译,人民文学出版社 1963 年版,第 61 页。
② 同上书,第 62 页。
③ 同上书,第 88 页。
④ 同上。
⑤ 同上书,第 36 页。
⑥ ［俄］车尔尼雪夫斯基:《美学论文选》,缪灵珠译,人民文学出版社 1957 年版,第 131 页。

图所想的首先是:人应该是国家公民,人不应梦想国家所不需要的事物,而应该生活得高尚而且有为,应该促进同胞物质上和精神上的福利"①。这种赞扬是有道理的,柏拉图也是配得上这种赞扬的。

第四节　亚里士多德的美学思想

亚里士多德(Aristoteles,前384—前322年)是柏拉图的学生,古希腊美学思想的集大成者,欧洲美学思想的奠基人。马克思和恩格斯称他是"古代最伟大的思想家"②,"最博学的人物"③。

亚里士多德生于斯塔吉拉城。父亲是马其顿王阿穆塔的宫廷医师。18岁时,亚里士多德进入柏拉图学园学习,后来在此担任教师。柏拉图死后,他离开雅典,前往亚洲的吕底亚,继续从事教学和科研活动。公元前342年,被聘为马其顿王子亚历山大的教师。公元前335年,重回雅典,并于城外吕克昂的阿波罗神庙附近创立吕克昂学园,逐渐形成自己的学派。因其教学时常采取在户外边走边讨论问题的方式,被人们称为逍遥学派。吕克昂学园树立了不同于柏拉图学园的新学风,更注重材料的收集和探索,力求把思辨和实际经验、自然科学方法与社会科学方法结合起来。公元前323年,亚历山大去世、雅典发生了反马其顿运动,他也被控以"亵神罪",成为政治打击的对象,因而逃往卡尔西斯避难,并于次年病逝,终年63岁。

亚里士多德一生写过大量著作,但历经战火浩劫,流传下来的只约占四分之一。这些著作广泛涉及哲学、政治学、伦理学、美学以及各门自然科学,内容丰富,思想深刻,言简意赅,是西方公认的各门学科的必读书,长期具有法典的权威。

在哲学上,亚里士多德动摇于唯物主义和唯心主义之间,没能完全克服唯心主义,但在美学和文艺理论上,基本倾向于唯物主义。他的主要美学著

---

① ［俄］车尔尼雪夫斯基:《美学论文选》,缪灵珠译,人民文学出版社1957年版,第131页。
② 《马克思恩格斯全集》第42卷,人民出版社2016年版,第421页。
③ 《马克思恩格斯选集》第3卷,人民出版社1995年版,第733页。

作是《诗学》和《修辞学》，尤以《诗学》影响最大，可惜流传至今已残缺不全了，其他如《形而上学》《政治学》《伦理学》《物理学》《气象学》等也涉及一些美学问题。他的《诗学》深刻总结了古代希腊文艺实践的光辉成就，第一次建立了严整的唯物主义美学和文艺理论体系，标志着古希腊美学思想的高峰，在西方美学史上具有巨大而深远的影响。车尔尼雪夫斯基曾说："《诗学》是第一篇最重要的美学论文，也是迄至前世纪末叶一切美学概念的根据。"①又说："亚里士多德是第一个以独立体系阐明美学概念的人，他的概念竟雄霸了两千余年。"②这个评价是不过分的。

一　对柏拉图"理念论"的批判

美学上的分歧，归根结底起于哲学基础的对立。柏拉图美学思想的哲学基础是客观唯心主义的"理念论"，其要害在于把理念看作脱离个别事物而独立存在的精神实体，并把它当作世界的本体。亚里士多德不同意这种"理念论"，他在《形而上学》等著作中批判了柏拉图的"理念论"，指出了"理念论"的谬误。他认为，从根本的意义上说，实体就是客观独立存在的、物质的、具体的个别事物。他称之为"第一实体"。他明确指出："人和马等等都是一个个地存在着，普遍的东西本身不是以单一实体的形式存在着，而只是作为一定概念和一定物质所构成的整体存在着。"③"同单一并列和离开单一的普遍是不存在的。"④这就是说，在亚里士多德看来，一般只存在于个别之中，除了个别事物之外，不存在什么一般的"理念"，人们只能看到个别的人，个别的马和个别的房屋，此外不存在什么一般的人、一般的马和一般的房屋。他认为柏拉图"理念论"的根本错误就在于把实体看成独立于个别事物之外的"理念"，这是割裂物质与精神、个别与一般的结果。柏拉图在每类事物之外都假设一个与之相应的理念，这完全是多余的，无助于人

---

① ［俄］车尔尼雪夫斯基：《美学论文选》，缪灵珠译，人民文学出版社 1957 年版，第124 页。
② 同上。
③ 转引自《列宁全集》第 38 卷，人民出版社 1959 年版，第 415 页。
④ 同上书，第 417 页。

们认识和说明事物,而且如果万事万物都有一个理念,理念就变得无穷多,这实际上也等于取消了"本体",消解了事物。至于用所谓"永恒不变"的理念试图说明千变万化的事物,这也是办不到的。同时,"理念论"还颠倒了人类认识的程序。人们认识事物是由感官经验开始,先认识个别事物,再抽象出一般原理。倘若只知道原理而无经验,只认识一般而不认识其所包含的个别,那就好像一个只懂得病理而不了解病人的医生,是永远也不会治好病的。

亚里士多德对柏拉图"理念论"的批判,不论在哲学史上还是在美学史上,都具有十分重大的意义。正如列宁所说:"亚里士多德对柏拉图的'理念'的批判,是对唯心主义,即一般唯心主义的批判:因为概念、抽象从什么地方来,'规律'和'必然性'等等也就从那里来。"①这个批判实际上也是对柏拉图唯心主义美学的批判。这可以从两个方面来看:首先,否定了作为"单一实体的形式存在着"的"理念",也就否定了那个脱离并先于美的具体事物而存在的"美的理念"或永恒绝对的"美本身",这就从根本上摧毁了柏拉图唯心主义美学的哲学基础,从而,那套现实世界是理念世界的"影子",艺术是"影子的影子"的艺术模仿论,也就根本站不住脚了;其次,既然柏拉图的"理念世界"完全是子虚乌有,那么现实世界就是唯一真实的存在,因而模仿现实的艺术也就是真实的,它和哲学一样,也能给人以真理。因此,模仿的艺术不但不应当受到攻击,而且是有益的高尚的活动,应当加以发扬。这样,亚里士多德就驳斥了柏拉图对文艺的否定,肯定了文艺的认识价值,为文艺的生存和发展争得了权利。

二　关于美的理论

一般来说,亚里士多德关于美的理论的论述是比较零散的。这是由于他抛弃了柏拉图的"理念论",充分肯定了现实世界的真实性,因而在研究方法上有了重大的转变。他不再从抽象的哲学思辨出发,转向了从具体事实和艺术实践出发。因此,他的美学主要表现为艺术理论。当然,由此认为他没有美的理论也是不符合事实的。相反,他的美的理论仍是他的艺术理

---

① 《列宁全集》第55卷,人民出版社2017年版,第243页。

论的基础和灵魂,在他的美学思想中仍占中心的地位。

与柏拉图不同,亚里士多德不是在超感性的理念世界,而是在客观的现实世界本身去寻求美和艺术的本质。在《形而上学》中,他指出每一事物的本身与其本质是"实际合一的","认识事物必须认识其本质","美合于美的本质",①"善与美正是许多事物所由以认识并由以动变的本原"②。因此,他认为美不是理念,美只存在于具体的美的事物之中,美首先取决于客观事物的属性。这主要就是体积的大小适中和各组成部分之间有机的和谐统一。他说:"美的主要形式是秩序、匀称和明确"③。美的事物有别于不美的事物,艺术作品有别于现实,原因就在于,在美的事物和艺术作品中,散乱的成分被综合在一起了。④ 在其他著作中,他还从体积、安排、规模、比例、整一等方面谈到美的形式。在《诗学》中,他说:"一个美的事物,——一个活东西或由某些部分组成之物——不但它的各部分应有一定的安排,而且它的体积也应有一定的大小,因为美要依靠体积与安排,一个非常小的活东西不能美,因为我们的观察处于不可感知的时间内,以致模糊不清;一个非常大的活东西,例如一个一万里长的活东西,也不能美,因为不能一览而尽,看不出它的整一性"⑤。这里应当特别注意的是,亚里士多德不但看到了美取决于客观事物的属性,而且看到了美同人对客观事物的感受有关,他认为,容易感受的对象才是美的。这种看法包含了美是主客观辩证统一思想的萌芽,同时也体现了亚里士多德美学思想"中庸之道"的特色。他很强调美的"适中""合度"。在《政治学》中,他以国家为例指出:美通常体现在量和空间里,因此把大小和良好秩序结合在一起的国家,应当说是最美的国家。从另一方面说,国家的大小也有一定的尺度,并和其他任何东西都一样,不论是动物、植物或矿物。事实上,其中任何一种,无论过大或过小,都不能显出它固有的属性,只不过在过小的情形下,它的自然属性会完全丧失,而在过

----

① [古希腊]亚里士多德:《形而上学》,吴寿彭译,商务印书馆1959年版,第134页。
② 同上书,第84页。
③ 同上书,第265—266页。
④ 参见[古希腊]亚里士多德:《政治学》,吴寿彭译,商务印书馆1965年版。
⑤ [古希腊]亚里士多德:《诗学》,罗念生译,人民文学出版社1962年版,第25—26页。

大的情形下——会处于不良的状态之中。①

亚里士多德还力图确定真、善、美的关系。他十分重视美与善的关系。在《修辞学》中，他把美看作自身就具有价值，并令人愉悦、向往和赞美的东西。他说："美是一种善，其所以引起快感，正因为它善。"②在他看来，美就是善，但并非所有的善都是美，只有既是善的又是愉悦的才是美的。另外，他也看到了美与善的区别，在《形而上学》中，他说："美与善是不同的（善常以行动为主，而美则在不活动的事物身上也可见到）。"③他还批评把数学排斥在美的范围之外的人，认为"那些人认为数理诸学全不涉及美或善是错误的"④。这也揭示了美与真的联系。

此外，亚里士多德虽然还没有提出审美经验或美感的概念，但却注意到了美的对象能引起极大的愉悦或快感，具有迷人的力量，以至令人感动。在《欧台谟伦理学》中，他把审美直观看作人的特点，他说，动物只能对味觉和触觉的对象特别敏感，并从中感到愉快或痛苦，而对于其他感觉如和谐的音响或美的全部愉悦，却明显是迟钝的。并说："除非是出现奇迹，它们是不会因对美的对象的单纯观看或因聆听音乐的声音而得到任何值得一提的感动的。"⑤他还认为，美和愉悦有关，但不同于功利，有些人类活动的目的是获取利益，而另一些则只为了美，美比必需的和有益的事情的位置要更高。他在《政治学》中说："教授绘画的目的……是给学习者一双善于观察形状美和体形美的眼睛。处处以功利为目的对于崇高的思想和自由的心灵来说都是不合宜的。"⑥

三 艺术模仿论的新发展

艺术模仿论本是古代希腊普遍流行的素朴唯物主义的见解，在苏格拉

---

① 参见［古希腊］亚里士多德：《政治学》，吴寿彭译，商务印书馆1965年版。
② 转引自朱光潜：《西方美学史》上卷，人民文学出版社1979年版，第84页。
③ ［古希腊］亚里士多德：《形而上学》，吴寿彭译，商务印书馆1959年版，第265页。
④ 同上。
⑤ 转引自［波］沃拉德斯拉维·塔塔科维兹：《古代美学》，杨力等译，中国社会科学出版社1990年版，第216页。
⑥ 同上书，第213—214页。

底和柏拉图的手中,它曾遭到唯心主义的解释。亚里士多德也主张艺术模仿论,但却与柏拉图根本不同,他在唯物主义的基础上大大地发展了这一传统理论,从而建立了系统完整的唯物主义美学和文艺理论。对此,我们从以下几点加以把握。

1. 艺术和技艺的区分

亚里士多德最早把艺术和技艺加以区分,明确肯定了艺术的本质是模仿。在古希腊,"艺术"一词不但包括诗歌、文学、戏剧、音乐、绘画等我们今天所讲的艺术,而且包括人类其他的各种技艺制作。亚里士多德最早把一般技艺称作实用的艺术,而把我们今天所讲的艺术称作模仿或模仿的艺术。在《诗学》一开头,他就说:"史诗和悲剧、喜剧和酒神颂以及大部分双管箫乐和竖琴乐——这一切实际上都是模仿,只是有三点差别,即模仿所用的媒介不同,所取的对象不同,所采的方式不同。"①例如,绘画和雕塑用颜色和姿态来制造形象,模仿许多事物,音乐用声音来模仿,舞蹈用节奏来模仿,这是媒介的不同;喜剧模仿比我们坏的人,悲剧模仿比我们好的人,这是对象的不同;史诗用叙述手法模仿,戏剧用演员的动作表演,这是方式的不同。而它们的共同本质都在于模仿。这样,亚里士多德就开始真正接触和提出了艺术的特殊本质、各门艺术的特性以及艺术的共性与特性的相互关系等重大美学问题。在他那里,模仿不是柏拉图所谓"代神立言",而是现实的反映。艺术的本质在于模仿,这是亚里士多德整个美学体系的基础。

2. 艺术与人生

亚里士多德认为,艺术与人生有密切的联系,艺术模仿的对象主要不是自然而是人生。他把艺术模仿社会生活提到了首位。在其他著作如《气象学》和《物理学》中,他沿用过"艺术模仿自然"这一古老的讲法,但在主要美学著作《诗学》中,却没有一字提及自然。他明确指出,艺术模仿的对象是事件、性格和思想,是"各种'性格'、感受和行动"②,是"在行动中的人"③。

---

① ［古希腊］亚里士多德:《诗学》,罗念生译,人民文学出版社1962年版,第3页。
② 同上书,第4页。
③ 同上书,第7页。

这就是说,艺术是社会生活的反映,艺术的主要内容不是描绘自然,而是模仿人、人的行为和遭遇,再现人生。对此,车尔尼雪夫斯基在《论亚里士多德的〈诗学〉》中,曾给予热烈的称赞和高度评价。车尔尼雪夫斯基说:"无论柏拉图或亚里士多德都认为艺术的尤其是诗的真正内容完全不是自然,而是人生。认为艺术的主要内容是人生——这伟大的光荣应该归于他们,在后世只有莱辛一人曾说过这种见解,而他们所有的弟子都不能了解。亚里士多德的《诗学》没有一字提及自然;他说人、人的行为、人的遭遇就是诗所模仿的对象。"①我们可以说,亚里士多德是主张"艺术反映生活"的最早的提倡者。

3. 史与诗

亚里士多德认为艺术不是简单地再现事物的外形,而是应当反映现实生活的内在本质和规律,因而艺术可以比现实生活更真实、更美、更带普遍性,从而在西方美学史上最早为典型说奠定了理论基础。

在《诗学》第九章中,亚里士多德把诗(即艺术)和历史加以比较。他写道:"诗人的职责不在于描述已发生的事,而在于描述可能发生的事,即按照可然律或必然律可能发生的事。历史家与诗人的差别不在于一用散文,一用'韵文';希罗多德的著作可以改写为'韵文',但仍是一种历史,有没有韵律都是一样;两者的差别在于一叙述已发生的事,一描述可能发生的事。因此,写诗这种活动比写历史更富于哲学意味,更被严肃的对待;因为诗所描述的事带有普遍性,历史则叙述个别的事。所谓'有普遍性的事',指某一种人,按照可然律或必然律,会说的话,会行的事,诗要首先追求这目的,然后才给人物起名字;至于'个别的事'则是指亚尔西巴德所作的事或所遭遇的事。"②这一大段话是十分著名的,它是亚里士多德全部美学思想的精华。为了理解这段话的丰富内涵,应当了解当时古希腊人所讲的历史指的是编年纪事史,即记述个别人物和个别事件的历史,不是我们今天所讲的包括揭示发展规律的历史。这段话的意思是说,诗的真实不同于历史的真实、

---

① ［俄］车尔尼雪夫斯基:《美学论文选》,缪灵珠译,人民文学出版社1957年版,第144页。
② ［古希腊］亚里士多德:《诗学》,罗念生译,人民文学出版社1962年版,第28—29页。

生活的真实,诗虽然要写个别的人物和事件,但诗的目的不在个别而在一般,它要对生活现象加以提炼、概括,抛掉不必要的、偶然的东西,透过现象深入本质,通过个别的描写揭示出现象的内在本质和规律,表现出事物的必然性和普遍性,做到个别与一般的统一。所以,诗和哲学一样也追求真理,而且比仅仅罗列现象的编年纪事式的历史更真实,更富于哲学意味,也更有价值。这个重要思想的提出,表明亚里士多德对艺术模仿有了崭新的深刻的理解。在他那里,模仿不仅具有"再现"的含义,而且包含"创造"的意义,艺术不是机械地复制、抄袭现实,而是要创造典型形象,揭示生活的本质。这实际上是提出了最早的典型理论,是对美学史的一个重大贡献。

在其他地方,亚里士多德也谈到了艺术真实的问题。他对艺术真实的见解是深刻的、辩证的。在《诗学》第二十五章中,他列举过艺术的三种模仿方式,即照事物本来的样子去模仿、照事物为人们所说所想的样子去模仿、照事物应当有的样子去模仿。他认为第三种方式最好。他还明确说过,艺术应当比现实更美:"画家所画的人物应比原来的人更美"①,画人的面貌应当"求其相似而又比原来的人更美",描写人物的性格应当"求其相似而又善良"。② 所有这些都说明,亚里士多德所理解的"艺术真实"并不要求对现实作绝对准确的、自然主义的再现,"艺术真实"是通过艺术家的主观创造达到的,它既要从事物的原型出发,又应对事物加以理想化和提高。

正是基于对艺术真实的这种深刻理解,亚里士多德要求对艺术中的缺点错误作具体分析。他指出:"衡量诗和衡量政治正确与否,标准不一样。"③他认为诗里出现的错误有两种,一是艺术本身的错误,一是偶然的错误。如果由于缺乏表现力没有把事物写得正确,这是艺术上的错误,如果出于艺术上的需要有意把事物写得不完全符合实际,例如写马的两条右腿同时并进,或者由于对科学(如医学)无知犯了错误,或者某种不可能发生的事(如传说、神话中的事)在诗里出现了,那就都不是艺术本身的错误。如果说是错误,也只是偶然的错误,不是本质的错误,因为艺术本质上是模仿,

---

① 〔古希腊〕亚里士多德:《诗学》,罗念生译,人民文学出版社 1962 年版,第 101 页。
② 同上书,第 50 页。
③ 同上书,第 92 页。

离不开想象和创造。亚里士多德反对用所谓不真实、不符合实际来胡乱指责艺术,并极力为艺术的真实辩护。他说:"不知母鹿无角而画出角来,这个错误并没有画鹿画得认不出是鹿那样严重。"①并说:"一般说来,写不可能发生的事,可用'为了诗的效果'、'比实际更理想'、'人们相信'这些话来辩护。为了获得诗的效果,一桩不可能发生而可能成为可信的事,比一桩可能发生而不能成为可信的事更为可取。"②传说画家宙克西斯画海伦时,用五个美女做模特儿,把各人的美集中到一人身上。亚里士多德说:"这样画更好,因为画家所画的人物应比原来的人物更美。"③以上关于诗与历史以及艺术真实的见解,既坚持了现实主义,又为艺术的虚构和想象的自由保留了广阔的空间,避免了流于狭隘的肤浅的现实主义,这是很高明的。

4. 艺术的根源

人何以从事艺术模仿活动?人的艺术模仿能力是从哪里来的?亚里士多德对这些问题是用人的天性或本能来解释的。他放弃了柏拉图的灵感说。虽然在《政治学》卷三中,他偶尔提到过"诗是一种灵感的东西",但却根本没有柏拉图所讲的神灵凭附和迷狂的意思;而在《诗学》中,他一次也没有用过这个词。这当然不是偶然的。在他看来,艺术不是神秘的反理性的活动,而是一种出于天赋本能的求知,是与理性相联系的。在《尼各马可伦理学》中,他指出,艺术恰是一种与真正的理性结合而运用的创造力特性。每一艺术的职责都是产生某些事物,而艺术实践就包括学习如何产生某些事物。这些事物能够具有这样的存在:事物存在的充足原因在其创造者身上而不是在其自身。这个条件必须加以提示,因为艺术与那些根据需要或根据自然而存在的或生成的东西无关。这里所讲的"理性"指的就是人的天性,是人不同于动物的特点,即中国人所说"人为万物之灵"的"灵"。在亚里士多德看来,艺术作品是人的理性创造的成果,不同于自然作品,一座雕像以如此这般的形态而存在,其根源就在其创造者雕刻家身上。在

---

① [古希腊]亚里士多德:《诗学》,罗念生译,人民文学出版社1962年版,第93页。
② 同上书,第101页。
③ 同上。

《诗学》中,他讲得更为清楚:"一般说来,诗的起源仿佛有两个原因,都是出于人的天性。人从孩提的时候起就有模仿的本能(人和禽兽的分别之一,就在于人最善于模仿,他们最初的知识就是从模仿得来的),人对于模仿的作品总是感到快感。经验证明了这样一点:事物本身看上去尽管引起痛感,但惟妙惟肖的图像看上去却能引起我们的快感,例如尸首或最可鄙的动物形象(其原因也是由于求知不仅对哲学家是最快乐的事,对一般人亦然,只是一般人求知的能力比较薄弱罢了。我们看见那些图像所以感到快感,就因为我们一面在看,一面在求知,断定每一事物是某一事物,比方说,'这就是那个事物'。假如我们从来没有见过所模仿的对象,那么我们的快感就不是由于模仿的作品,而是由于技巧或着色或类似的原因)。模仿出于我们的天性,而音调感和节奏感(至于'韵文'则显然是节奏的段落)也是出于我们的天性,起初那些天生最富于这种资质的人,使它一步步发展,后来就由临时口占而作出了诗歌。"[①]用人的天性解释艺术,把艺术创作活动归结为人的天性,显然不符合历史唯物主义。但是,把艺术创作或模仿看作人事,不是什么"代神立言",没有神秘莫测的性质,这比柏拉图宗教神秘主义的灵感说,无疑是一大进步。亚里士多德不仅仅讲人的天性,他在《形而上学》《修辞学》等著作中,还要求艺术家要有理智的头脑、丰富的知识,要从青年时代起就刻苦学习艺术创造的技巧,把握创造的规律。这也都是合理的、进步的。

5.艺术的审美作用

亚里士多德不但肯定了艺术的认识作用,而且肯定了艺术的审美作用。在上述引文中,他认为,艺术既能给人知识,同时也能引起人的快感。艺术之所以能引起快感,一方面是由于模仿的对象能够满足人们天生的求知本能,"我们一面在看,一面在求知",从中能得到快乐;另一方面也由于音调感、节奏感,以及艺术的其他形式因素如"技巧或着色或类似的原因",这也是出于人的天性,我们天生就能领悟音调、节奏、色彩、形式、技巧等的美。与柏拉图不同,柏拉图过分强调文艺的效用,几乎不讲文艺的审美作用,虽

---

① [古希腊]亚里士多德:《诗学》,罗念生译,人民文学出版社1962年版,第11—12页。

然他也讲到过艺术的快感和魔力,但却认为艺术逢迎人性中卑劣的情欲,它所引起的快感有伤风败俗的影响,从而对艺术持否定态度;而亚里士多德则为快感辩护,他的整部《诗学》也可说是一部审美快感的辩护词。在他看来,追求快感的满足是出于人的天性,是使人区别和高于禽兽的东西,快感是正常现象,不是一种恶,不应加以压制,文艺理应引起快感,使人喜爱,得到审美的满足,这对社会不但无害,而且有益,能促使人得到健康和谐全面的发展。因此,艺术是一项正当的有益的高尚的活动。亚里士多德的这种见解对于正确理解艺术的社会作用具有重要意义。

总之,亚里士多德从艺术的本质、艺术的对象、艺术与现实生活的关系、艺术的起源以及艺术的社会作用等各个方面,全面系统地发展了唯物主义的艺术模仿论。他的美学和文艺理论体系标志着古代希腊美学的最高成就。

四 悲 剧 理 论

西方的悲剧艺术最早诞生于古代希腊。它起源于"酒神颂",这是一种古希腊人每年秋季都要举行的酒神祭祀上的歌舞表演。祭祀者组成合唱队,身着羊皮,头戴羊角,高唱酒神颂歌,并由合唱队长在神坛前讲述酒神传说。后来增加了一个演员,与合唱队进行问答,表演内容也扩大到其他神话故事。再由"悲剧之父"埃斯库罗斯把演员增加到两个,减少了合唱队的抒情和叙事成分,改为以对话为主,用以表现人物性格和冲突。到了索福克勒斯又把演员增至三个,让合唱队也参与戏剧冲突,从而使悲剧艺术臻于完善。希腊悲剧主要是命运悲剧和英雄悲剧,大都取材于希腊神话,基本内容多是个人意志和命运(神的意志)的对抗,其结局往往是主人公的毁灭。同时,它也显示人生的价值和意义,肯定积极斗争、百折不挠、英勇献身的崇高精神,触及和揭示具有重大现实意义的社会问题。

在亚里士多德生活的年代,悲剧艺术十分繁荣。亚里士多德在《诗学》中系统地总结了古希腊悲剧艺术的实践经验,形成了最早的悲剧理论。它构成了亚里士多德美学思想的重要组成部分,对后来西方戏剧美学和艺术实践产生过深远的影响。

1.悲剧的定义和结构

亚里士多德给悲剧下了这样一个定义："悲剧是对于一个严肃、完整、有一定长度的行动的模仿；它的媒介是语言，具有各种悦耳之音，分别在剧的各部分使用；模仿方式是借人物的动作来表达，而不是采用叙述法；借引起怜悯与恐惧来使这种情感得到陶冶。"①这个定义规定了悲剧的性质、表现方式和教育作用，是亚里士多德悲剧理论的核心和总纲。

亚里士多德指出，悲剧有六个成分：情节、性格、言词、思想、形象和歌曲。其中最重要的，他认为是情节，即事件的安排。他说："情节乃悲剧的基础，有似悲剧的灵魂。"②在他看来，悲剧是行动的模仿，悲剧的目的不在于模仿人的品质和性格，而在于组织情节，模仿行动，只有通过行动才能表现人物的性格和思想。所以，他说："悲剧中没有行动，则不成为悲剧，但没有'性格'，仍然不失为悲剧。"③近代的一些批评家不同意亚里士多德的这个观点，认为性格在戏剧中比情节更重要。从戏剧史上看，古代戏剧多以情节为纲，近代戏剧多以性格为纲，这与不同时代的社会状况有关，主要是与近代比古代更突出个人有关。亚里士多德视情节比性格更根本，显然是以古代戏剧为依据的。但他强调行动和情节仍然是抓住了关键，因为任何戏剧都不可能没有行动，而且他也没有因强调情节而忽视性格。他说："悲剧是行动的模仿，而行动是由某些人物来表达的，这些人物必然在'性格'和'思想'两方面都具有某些特点"，而且，"性格是人物的品质的决定因素"，"性格和思想是行动的造因"，决定"行动的性质"。④

在谈情节安排时，亚里士多德提出了一个非常重要的美学思想，即有机整体观念。他反复强调，情节应当完整。他说："所谓'完整'，指事物之有头，有身，有尾。所谓'头'，指事之不必然上承他事，但自然引起他事发生者；所谓'尾'，恰与此相反，指事之按照必然律或常规自然的上承某事者，

---

① ［古希腊］亚里士多德：《诗学》，罗念生译，人民文学出版社1962年版，第19页。陶冶又译作"净化"。
② 同上书，第23页。
③ 同上书，第21页。
④ 同上书，第20页。

但无他事继其后;所谓'身',指事之承前启后者。所以结构完美的布局不能随便起讫,而必须遵照此处所说的方式。"①这就是说,戏剧必须排除偶然的、不合情理的东西,使头、身、尾三部分由内在的必然联系构成一个整体,这样才能表现出事物发展的必然性。由此出发,亚里士多德向剧作家提出了情节一致的要求:"在诗里,正如在别的模仿艺术里一样,一件作品只模仿一个对象;情节既然是行动的模仿,它所模仿的就只限于一个完整的行动,里面的事件要有紧密的组织,任何部分一经挪动或删削,就会使整体松动脱节。要是某一部分可有可无,并不引起显著的差异,那就不是整体中的有机部分。"②这个要求自然是合理的。事实上,亚里士多德在《诗学》里也只是向剧作家提出了情节一致律(表现一个单一的故事),但后来文艺复兴时期,特别是 17 世纪法国古典主义的一些文艺理论家,曲解了亚里士多德的思想。他们硬造出所谓时间一致律(故事发生在一天之内)和地点一致律(故事发生在一个地点),强加到他的头上,附会出著名的所谓"三一律",作为古典主义戏剧的信条,束缚了戏剧创作,对戏剧产生了不良影响。其实,这是不能归咎于亚里士多德的。

2. 过失说和净化说

亚里士多德悲剧理论的一个突出特点,是他非常重视悲剧的心理效果,要求悲剧达到伦理的教育的目的。这主要表现在他对悲剧人物和悲剧"净化"作用的看法上。

他认为,悲剧"应模仿足以引起恐惧和怜悯之情的事件"③,这样才能产生悲剧应有的心理效果。因此,在布局方面,第一,不应写好人由顺境转入逆境;第二,不应写坏人由逆境转入顺境;第三,不应写极恶的人由顺境转入逆境。因为这三种布局都不能引起怜悯与恐惧之情,好人转入逆境会使人厌恶,坏人转入顺境不能打动慈善之心,极恶的人转入逆境是罪有应得。"怜悯是由一个人遭受不应遭受的厄运而引起的,恐惧是由这个这样遭受

---

① ［古希腊］亚里士多德:《诗学》,罗念生译,人民文学出版社 1962 年版,第 25 页。
② 同上书,第 28 页。
③ 同上书,第 37 页。

厄运的人与我们相似引起的"①。因此,他主张理想的悲剧人物应当是介乎好人与坏人之间的人,即犯有过失的好人。他说:"这样的人不十分善良,也不十分公正,而他之所以陷于厄运,不是由于他为非作恶,而是由于他犯了错误,这种人名声显赫,生活幸福,例如俄狄浦斯、提厄斯忒斯以及出身于他们这样的家族的著名人物。"②这种人不为非作恶,却遭受不应有的厄运,所以当他们由顺境转入逆境就会引起我们怜悯,这种人"与我们相似",我们怕同他一样遭受厄运,所以又产生恐惧。这就是有名的悲剧主角过失说。应当指出,这种过失说的意义,首先在于把悲剧主人公规定为上层贵族阶级的著名人物,这虽然反映了古希腊悲剧的实际,但也表现了阶级和历史的局限。这一学说对后世产生过深远影响,长期被视为不可改变的规则。其次,过失说同时又是对悲剧人物不幸遭遇的一种解释。亚里士多德没有把悲剧归结为命运,他用过失说代替了传统的命运说,这是很大的进步,但他只限于从悲剧人物方面去寻求悲剧的成因,这还没能揭示出产生悲剧的社会原因,更不可能揭示悲剧的社会本质。

另一个更加有名、引起更多意见分歧的观点是关于悲剧效果的"净化"说。"净化"这个名词本是古希腊常见的概念,原有医疗上的"宣泄",宗教上的"涤罪"等含义。赫西俄德和毕达哥拉斯都曾借用这个词谈到过艺术的净化作用,亚里士多德进一步把"净化"变成了一个重要的美学范畴。他在《诗学》中专门讲过净化问题,可惜这部分章节已经失传了,现在我们看到的主要是悲剧定义的最后那句话:"借引起怜悯和恐惧来使这种情感得到净化。"对于什么是净化? 净化的究竟是什么情感? 是怜悯和恐惧的情感呢,还是与怜悯和恐惧相类似的情感(如愤怒、惊慌等等)呢? 净化与教育是什么关系呢? 自从 16 世纪以来,围绕这些问题在西方有过许多不同的注释和长久的争论。例如,有的对净化作伦理学的解释(如文艺复兴时期的美学,达西埃、莱辛),有的作医学的解释(贝尔纳斯),有的作宗教的解释(豪普特),等等。直到今天,在国内外学术界也还没有一致的看法。我国著名的希腊研究家、《诗学》的译者罗念生先生主张"陶冶说",他把"Kathar-

---

① ［古希腊］亚里士多德:《诗学》,罗念生译,人民文学出版社 1962 年版,第 38 页。
② 同上书,第 38—39 页。

sis"一词直接译成"陶冶",并写过《卡塔西斯笺释》一文加以考证。著名美学家朱光潜则主张"宣泄说",他说:"'净化'的要义在于通过音乐或其他艺术,使某种过分强烈的情绪因宣泄而达到平静,因此恢复和保持住心理的健康。"①他依据的主要是亚里士多德在《政治学》中涉及净化问题的一段话:"音乐应该学习,并不只是为着某一个目的,而是同时为着几个目的,那就是(1)教育,(2)净化(关于净化这一词的意义,我们在这里只约略提及,将来在《诗学》里还要详细说明),(3)精神享受,也就是紧张劳动后的安静和休息。从此可知,各种和谐的乐调虽然各有用处,但是特殊的目的,宜用特殊的乐调。要达到教育的目的,就应选用伦理的乐调;但是在集会中听旁人演奏时,我们就宜听行动的乐调和激昂的乐调。因为像哀怜和恐惧或是狂热之类情绪虽然只在一部分人心里是很强烈的,一般人也多少有一些。有些人受宗教狂热支配时,一听到宗教的乐调,就卷入迷狂状态,随后就安静下来,仿佛受到了一种治疗和净化。这种情形当然也适用于受哀怜恐惧以及其他类似情绪影响的人。某些人特别容易受某种情绪的影响,他们也可以在不同程度上受到音乐的激动,受到净化,因而心里感到一种轻松舒畅的快感。因此,具有净化作用的歌曲可以产生一种无害的快感。"②对"净化"的各种解释都有一定的道理,但又都不够完整和令人满意。这个问题在亚里士多德那里本来就语焉不详,没有必要过分拘泥于细节,而应从亚里士多德全部美学体系出发,作总体上的把握。

我们认为,亚里士多德关于净化的基本思想还是比较清楚的。他所谓净化,主要是指艺术经由审美欣赏给人一种"无害的快感",从而达到伦理教育的目的。他认为,悲剧不应给人任何一种偶然的快感,而应给它"特别能给的快感",这就是由悲剧唤起的怜悯与恐惧之情所造成的快感。这是一种复合的快感,其中包含有痛感,但并不对人有害,是一种"无害的快感"。它能使情感净化,陶冶性情,有益于人的心理健康,使人在这种充满快感的审美欣赏中,在受感动的同时潜移默化地提高道德水准,从而为社会培养具有一定道德品质的人。这也正是悲剧崇高的目的和作用。

---

① 朱光潜:《西方美学史》上卷,人民文学出版社1963年版,第88页。
② 同上书,第87—88页。

亚里士多德的悲剧理论含有丰富的辩证因素。首先,它把悲剧人物的塑造和观众的心理效果紧密联系起来,开创了悲剧乃至文艺研究的心理学方向;其次,它把悲剧的原因归结为悲剧主人公的性格和行为的内部而不是外部。古希腊以至后来西方的许多戏剧家都把悲剧的原因归结为命运,但亚里士多德却从来不谈命运,他还反对希腊戏剧常用"机械降神"的手法解决戏剧的矛盾冲突,这些都是极为宝贵的。当然,他把名声显赫、出身高贵的奴隶主作为悲剧的主角,流露了他的贵族意识,是有历史局限性的。他的悲剧理论的根本缺陷,是不理解悲剧是社会矛盾的反映,对决定人物性格的典型环境几乎毫无触及,因而没能更深刻揭示悲剧的本质和社会作用。

第五节　希腊化和古罗马时期美学

一　历史文化背景

公元前4世纪末,古希腊奴隶制开始出现危机。北方的马其顿王腓力二世于公元前338年征服了希腊的各个城邦,建立了一个君主专制的军事政权。公元前336年,他的儿子亚历山大继承王位,并于公元前334年率军东征。12年间,他先后征服了小亚细亚、叙利亚、埃及、巴比伦、波斯,并一直推进到印度,定都巴比伦,建立了一个横跨欧亚非三大洲的庞大帝国。亚历山大的东征是一场侵略战争,其目的是征服世界,他不仅凭借武力,还企图以希腊文化改造世界,使世界希腊化。公元前323年,亚历山大崩逝,庞大的帝国分裂为三:希腊的马其顿安提柯王朝、西亚的塞琉古王朝、埃及的托勒密王朝。这些王国的统治者都是希腊人,继续推行希腊化。但从公元前3世纪末起,这些王国就不断遭到罗马的侵略,并于公元前30年,最后被罗马全部征服。这些国家后来被西方历史学家称作"希腊化国家",而从公元前334年亚历山大东征开始,直到公元前30年罗马彻底战胜希腊为止这一时期,就被称作"希腊化时期"(Hellenistic),这一时期的文化又被称作

"希腊化文化"。此后,希腊作为独立国家的历史暂告中断,罗马代替了古希腊的统治地位,成为欧洲政治文化的中心。

罗马的历史一般分为三个时期。第一时期是王政时期(公元前753—前510年);第二时期是共和国时期(公元前510—前27年),这时王政被推翻,建立了贵族奴隶制共和国;第三时期是帝国时期(公元前27—476年)。公元前27年罗马变共和为帝制以后,从屋大维执政到公元193年的近二百年间,罗马帝国达到鼎盛,又称"罗马和平"时期。这时奴隶制得到充分发展,生产发达,经济繁荣,疆界扩展到最大范围,远远超过了昔日的亚历山大帝国。但由于国内外阶级斗争不断加剧,统治阶级奢侈腐化,奴隶不断起义,从公元3世纪起,罗马帝国就衰落了。公元395年,帝国分裂为西罗马和东罗马(建都君士坦丁堡)。公元476年,西罗马被日耳曼人灭亡。从此,欧洲奴隶制时代宣告结束。

希腊化和古罗马时期,前后大约6个世纪,这是西方古代奴隶制日益瓦解的时期,也是古代希腊文化逐步衰落,又为罗马文化继承和发展的时期。这一时期的重要性是毋庸置疑的。亚历山大帝国的建立沟通了东西方,对世界历史的演变和东西方物质文化的交流产生了十分重大的影响。在战争的推动下,交通、工商业、军事、科学和技术都得到了新的发展。在希腊化时期,文化中心已由雅典转到埃及的亚历山大里亚城,这里建立了当时最大的图书馆和博物馆,集聚了许多著名的学者,如几何学家欧几里得、力学家阿基米德、天文学家阿利斯塔克等。他们对各门科学(包括社会科学)都进行了整理、分类和专门化研究,把自然科学从哲学中分化出来,在各个领域都作出了许多成就和贡献,为近代科学的发展奠定了基础。但在哲学上,由于连年战乱,绝对君主专制国家的建立和加强,个人与社会日益脱节,有关人生和道德理想问题变得突出;斯多噶派、怀疑派、新柏拉图派等唯心主义哲学占据优势。它们一般都对改造世界缺乏信心,力求回避生活中的矛盾,提倡以个人为中心,追求清静无为、超脱尘寰的人生理想。正是经过亚历山大里亚的学者,罗马人才得以继承古代希腊文化,并在新的基础上有所发展。罗马文化也是欧洲文化的发源地。与古希腊比较,罗马文化的成就主要表现在物质文化领域,但在精神文化上,也作出了很多成就。早在公元前3—前2世纪,罗马文学就在希腊的影响下开始形成,到了公元1—2世纪的鼎盛期,更出现了文艺上的"黄金时代"。三大诗人维吉尔、贺拉斯、奥维德,演说家西塞罗,哲学家卢克莱修都活跃在这一时期。诗歌、戏剧(特别是喜剧)、雕刻和建筑都取得了很大成就。为了突出皇帝的武功,炫示国力的强威,罗马人兴建了很多凯旋门、纪功柱、大会场、竞技场、神殿、剧场、浴场以及石拱水道,其富丽堂皇,气魄雄伟,规模巨大,至今仍令人赞叹;同时他们还仿制了大量古希腊的雕像(现存许多希腊雕像都是罗马时期的仿制品),保留了现实主义的传统。这些当然都植根于罗马奴隶制的社会土壤,不能说成是古希腊文化的简单模仿。但总的来说,罗马文化远逊色于古希腊文化,缺乏古希腊时的那种创新精神和深刻内容,这也是事实。应当一提的是,随着对外扩张和奴隶制的充分发展,罗马奴隶主贵族积聚了大量财富,过着极端奢侈腐化的生活。这种情况严重败坏了人们的审美趣味和社会风尚。当时,追求物质财富和享乐,成了普遍的人生目标,艺术也只是作为财富和享乐而被收藏和欣赏;"吃和玩"成了普遍的口号和时尚,以至追求粗野的、血腥的(如斗兽)、色情淫乱的娱乐也发展起来。这一切都影响了艺术的正常发展,使得文艺日益脱离现实,讲究辞藻,雕琢形式,迎合庸俗趣味,日益成为宫廷贵族享乐的工具。

这一时期的美学和文艺理论较少独创的成就,没有提供像柏拉图和亚里士多德那样系统完整的美学体系。其原因主要也在于,这是一个实用功利的时代,轻浮而缺乏思辨的时代。但另一方面,我们也应当看到,这一时期的美学毕竟是西方美学发展史上的一个环节,也有相当的成就。亚历山大里亚的学者写过大量修辞学著作,其中往往涉及美学问题,斯多噶派、怀疑派、伊壁鸠鲁派(卢克莱修)、折中主义者西塞罗和新柏拉图派的许多哲学家,也都谈到过美学问题,他们扩大了美学研究的领域,提出了一些新的范畴和问题。这一时期对后世影响较大和有较高理论价值的美学代表人物,主要是贺拉斯、朗吉弩斯和普洛丁。

二　斯多噶派的美学思想

斯多噶派(又称"画廊派")是希腊化和古罗马时期最重要和最流行的哲学流派之一。斯多噶派哲学的历史,一般分三个时期。早期(公元前4—

前 2 世纪），主要代表人物有学派创始人芝诺、克雷安德、克吕西普；中期
（公元前 2—前 1 世纪），主要代表人物有斐隆、帕那丢斯、波西多尼阿斯；晚
期（公元前 1—2 世纪）又称"罗马斯多噶派"或"新斯多噶派"，主要代表人
物是塞内加和罗马帝国的皇帝马可·奥勒留等。这些代表人物对美学问题
一般都很重视。例如，克雷安德写过《论美的对象》，克吕西普写过《论美与
美感》，塞内加在书信体的《自述录》中探讨过许多艺术问题，特别是提出和
讨论了"艺术是否能使人更美好"的问题。

　　斯多噶派美学的哲学基础是其本体论和道德论。他们把自然看成渗透
了理性的宇宙本体，认为人若能顺应自然和理性而生活，就意味着德行和快
乐。因此，在美学上，他们十分注意在德行中，即在人身上去寻找美，探讨人
的美以及善和美的关系。一般来说，他们采用了传统的看法，认为人的美包
括精神美（道德美）和感官美（形体美）两个方面，道德美高于形体美。斐隆
说："形体美在于很匀称的各个部分，在于美丽的肤色和发达的肌体……而
心灵美在于信条的和谐和美德的一致。"[1]但是值得注意的是，他们比前人
更强调二者的分别，主张真正的美是道德美，因而时常把二者对立起来，以
致取消了形体美，作出一些自相矛盾和可笑的结论。例如，他们说，有智慧
的哲人"甚至在令人讨厌时也是最英俊的"，即使他形体上是丑的，在道德
上也是美的。伊壁特阿斯更明确地说："人的美不是形体的美。你的身体、
头发不是美的，但你的心灵和意志可能是美的。使心灵和意志变得美，你也
就变得美了。"[2]道德美无疑是重要的，但把人的美仅仅归结为道德美，完全
否定形体美，这种观点显然也是片面的。由于看不到善和美的辩证关系，斯
多噶派常常把善和美混为一谈，他们或者说，美就是美德，只有美的东西才
能称作美德，或者说，一切善的都是美的，善等于美。总之，斯多噶派美学的
基本主张是：审美价值完全从属于道德价值，一切与道德无关的美都是毫无
价值的。

　　斯多噶派美学注意的另一个中心，是关于自然和艺术的关系问题。一
般来说，他们接受了古希腊以来关于艺术模仿自然的学说，把艺术看作是对

----

　　① 转引自［波］沃拉德斯拉维·塔塔科维兹：《古代美学》，杨力等译，中国社会科学出版
社 1990 年版，第 255 页。
　　② 同上书，第 246 页。

大自然的模仿,但却对此作了新的阐释。

首先,他们肯定了世界的美。波西多尼阿斯说:"世界是美丽的。这从它的形状、色彩和满天繁星中显而易见。因为它有一个胜过所有其他形状的球形……它的色彩也是美丽的。而且也因为它巨大无比,它是美的。它包含着相互联系的各种事物,它就像一只动物或一棵树那般美丽。这些现象都给世界的美增添了光彩。"[1]在他们看来,即便世界上有丑的东西存在,也是为了与美对比,使美更加突出。

那么,世界的美从何而来呢? 他们认为,这是由于自然本身就具有艺术创造力,自然就是美的本原和创造者。他们反复讴歌"大自然是最伟大的艺术家"[2]。据西塞罗的记载,按照芝诺的看法,"创造和生产是艺术,我们的手所做的一切都是大自然更为艺术化地做成的;正如我已说过的,创造之火是其他各门艺术的老师。因此,大自然在它所有的显现中都是一个艺术家,因为它有各种它所保持的方法和手段"。马可·奥勒留说:"大自然为了美而创造了许多生物,因为它爱美并以色彩和形状的丰富多彩为乐。"他甚至说,葡萄树"正是由于自然神奇般的指引,才不仅结出了有用的果实,而且也能把自己的躯干打扮得漂漂亮亮","孔雀是因为它的尾巴,因为它的尾巴的美丽而被创造出来的"。[3]

其次,他们还认为,自然高于艺术,艺术只不过是对自然的模仿,自然拥有创造美的一切规则、手段和方法,拥有无与伦比的艺术创造力,这是任何艺术所不及的。马可·奥勒留说:"任何一种自然都不比艺术逊色,因为艺术只不过模仿某种自然罢了。如果是这样,那么与比所有其他东西更完善更包罗万象的自然相比较,哪怕是最精致的艺术也是望尘莫及的。"[4]

斯多噶派美学如此推崇自然,赞赏自然的美,那么美究竟是什么呢? 他们在自己的著作中反复地说,对称、适度、比例是美的基础与本质。这是自

---

① 转引自[波]沃拉德斯拉维·塔塔科维兹:《古代美学》,杨力等译,中国社会科学出版社1990年版,第246页。

② 同上。

③ 同上书,第256—257页。

④ 转引自[苏联]舍斯塔科夫:《美学史纲》,樊莘森等译,上海译文出版社1986年版,第30—31页。

然的合目的性和艺术创造力的表现,也应当是美的艺术的原则。克吕西普说:"美在于各部分之间的对称","人体的美就是构成相互间关系以及对整体关系的各部分之间的对称,而心灵的美则是智慧及其对整体关系和相互间关系的各种因素的对称"。① 他们还认为,美是纯然客观的,孤立自足的,理由是赞扬不能使事物更美。马可·奥勒留说:"一切美的东西,不管是什么都美在它自身;赞扬不应当成为美的组成部分。因此,它不可能通过赞扬使自己变得更坏或更好。这里我所指的是从通常的观点来看所谓美的东西,例如物质的东西和艺术作品。真正美的东西需要什么赞扬呢?……难道纯绿宝石会因为没有赞扬而变得更坏吗?而黄金、象牙、紫罗袍、大理石、鲜花、植物又怎么样呢?"②

由上可见,斯多噶派对艺术模仿自然的阐释是新鲜的、独特的,但这是一种消极的阐释。他们极力肯定和讴歌的是自然本身的创造力,热衷于在自然和艺术之间比高低,得出了自然高于艺术的结论,他们把美看作纯客观的、天然的,对审美的理解完全脱离了人的主观条件。所有这些虽然并非毫无道理,但却表明,他们丧失了对艺术本身的热情。

斯多噶派还经常使用一个后来在美学史上得到广泛应用的新的美学概念"decorm"。他们用这个词来表示美,但却不等同于前人用来表示美所使用的"比例""和谐""对称"等概念。这个词指的是"得体""合式""适当"。他们认为,"得体"涉及的是各个部分与整体的关系,"比例"等概念涉及的是各个部分与自身的关系;"比例"更多用于评价自然事物,而"得体"主要用于评价人工产品,包括艺术、生活方式和风俗习惯,等等。因此,"得体"不限于自然物的外部形式,还涉及内容,是审美与道德的统一。它特别适用于诗学和演讲术。在柏拉图和亚里士多德的著作中,我们也能找到这个概念,但他们都没有像斯多噶派这样强调"得体"和"比例""和谐""对称"的区别。这反映了美学概念不断分化和复杂化的趋势。给"得体"这个概念加上审美意义,这是斯多噶派对美学史的一大贡献。西塞罗、维特鲁威、贺拉斯后来都经常使用这个概念,并使之具有更丰富的含义。

---

① 转引自[苏联]舍斯塔科夫:《美学史纲》,樊莘森等译,上海译文出版社1986年版,第31页。
② 同上书,第32页。

三　伊壁鸠鲁派的美学思想

伊壁鸠鲁派是希腊化时期具有唯物主义倾向的一个学派。主要代表人物是学派创始人伊壁鸠鲁(Epikouros,前341—前270年)和卢克莱修(Lucretius,约前99—前55年)。

伊壁鸠鲁有关美学的言论很少,据说他写过《论音乐》和《论演说》,可惜均已失传。他继承和发挥了德谟克利特的原子论,并在此基础上提出了关于快乐的学说,从中我们可以看到他对美的一些理解。他说:"我们断言快乐是幸福生活的开端和终结,因为我们认为快乐是我们天生的最高的善。我们的一切取舍都从快乐出发;我们的最终目的乃是得到快乐,而以感触为标准来判断一切的善。……美与善等等只有在它们会给我们带来快乐时才值得尊重,如果它们不会给我们带来快乐,那就应当抛弃。"①在这段话里,首先值得注意的,是伊壁鸠鲁把快乐当作美的标准,认为只有给我们带来快乐的事物才是美的。在另一个地方,他说得更为明确:"即使你谈论的是美,你也是在谈论快乐;因为美如果不是令人快乐的就不会是美的。"这种以快乐为美的标准的看法是朴素的,但也很明显是主观主义和功利主义的。另一点值得注意的是,在伊壁鸠鲁看来有两种美,一种能给我们带来快乐,一种不能给我们带来快乐,这种讲法也是自相矛盾的。如果说带来快乐的是美,那么不能带来快乐的就是丑,至少是不美,不能把二者都称之为美。这种自相矛盾的表述反映了伊壁鸠鲁对待艺术和美的态度。根据同时代人的记载,他对美和艺术的态度是轻视、怀疑、否定的。他"敢于谈论'诗的噪音'和关于荷马的胡说","他不仅摒弃了荷马而且摒弃了所有的诗;他同诗断绝了一切往来,因为他认定诗只是一个为了引出各种神话的有毒的诱饵","在论述那种品质时,他们(伊壁鸠鲁和柏拉图)都把荷马逐出了他们的国家"。② 对于伊壁鸠鲁来说,艺术必须激起快乐才有价值,这是首要的

———————————

①　转引自[苏联]舍斯塔科夫:《美学史纲》,樊莘森等译,上海译文出版社1986年版,第37页。

②　转引自[波]沃拉德斯拉维·塔塔科维兹:《古代美学》,杨力等译,中国社会科学出版社1990年版,第234—235页。

原则,如果艺术不能激起快乐,那就是无用的,应当抛弃的。这与柏拉图对艺术的否定的确相似。

卢克莱修是罗马共和国时期伊壁鸠鲁派的重要诗人和思想家。他的长篇哲理诗《物性论》,被称作伊壁鸠鲁派的百科全书。该书共分6卷,长达4700行,主要阐述了他关于自然、人类和社会发展的学说,其中也包含了丰富的美学思想,主要有以下几个方面。

1. 世界和美是自然本身的创造

卢克莱修美学的根本出发点是唯物主义的原子论。他反对神造世界的观点,认为自然从来不受神的干扰,自然本质上是由原子和虚空构成的运动,具有永恒无限的创造力。宇宙最初只是一片混沌,正是在运动中才创造出充满秩序、和谐和美的世界。因此,自然是世界和美的创造者,美是客观的,并随自然的变化而变化。在《物性论》中,卢克莱修热情讴歌了大自然的创造力,多方面地揭示了大自然的美,在他看来,正是自然让大地生长出"发亮的谷实"和"万众所欢的葡萄",也是自然才把鸟儿的鸣啭和花儿的芳香送到人间。他的美学具有反神学的唯物主义特征,与斯多噶派美学形成了鲜明的对照。

2. 快感即美感

卢克莱修美学的另一特征是感觉主义。鲍桑葵称他的美学是"纯感觉主义的美学",这是很有见地的。卢克莱修从感觉主义出发,对人的感官、感觉、情欲,包括美感,都作了大量考察。神学目的论主张,人的感官是神为了某种目的创造的,如为了看创造了眼睛,为了听创造了耳朵。卢克莱修反对这种谬论,他指出感官先于目的或功用:"眼珠未产生出来以前没有视觉,舌头未被创造出来以前没有说话;正相反,舌头的发生远远地早于语言和谈吐,而耳朵之被创造也远比任何声音之被听见为早。"①他认为,感觉是物体的原子和身体器官接触的产物,因为物体能放射出一种"原子肖像",

---

① [古罗马]卢克莱修:《物性论》,方书春译,生活·读书·新知三联书店1958年版,第235页。

当它触及感官就产生了感觉。而愉快的感觉和痛苦的感觉之所以不同,则是由于原子的形状不同造成的,圆滑的原子引起快感,带钩带刺的原子造成痛感。在美感问题上,他接受和发挥了伊壁鸠鲁的快乐论。他认为,快感就是美感,美如果不能引起快乐,就不成其为美,快感既是善的,又是美的,追求快感是人的本性。他还分析了人的情欲(包括性爱),认为情欲也是人的本性,是对生命的肯定,并把美和爱等同起来。但他反对纵欲,主张追求适中的快感,认为这才是真正美的。把美和爱、美感和快感简单地等同起来,这在现代人看来自然是不科学的、粗糙的,但在当时却具有反神学的意义。

3. 艺术起源于模仿和需要

在《物性论》的第五章中,卢克莱修描绘了人类文明与社会的起源和发展,较多地涉及了美和艺术的历史生成问题。

他认为,人类的审美意识和各种艺术都是在社会文明进步中逐渐形成的。最原始的人像野兽一样,整天赤身裸体在丛林和大地上到处漫游,靠野果充饥。他们既不懂稼穑和饲养,也没有对偶婚和法律,更没有道德准则,表现得很粗野。后来人类学会了使用木棒、石头等原始工具,并发现了火,学会了穿兽皮,又开始建造房舍,产生了契约制家庭,逐步形成了氏族和部落。火的利用极大地改变了人类生活的面貌。熟食增强了人的体力,造就了健康的体魄,人类开始欣赏自身的美,这就产生了审美意识。当时人们唯一欣赏的美,就是健美,因为强健的体魄是赖以克服恶劣环境、维系生存的重要手段和标志。但是私有制的出现改变了人类的审美观念。

> 此后,财产出现了,黄金被发现了,
>
> 它们不久就把强者美者的荣誉剥掉;
>
> 因为人们不论相貌如何漂亮,
>
> 或如何勇敢,一般地都会听从富人的指挥。[1]

这就是说,人们不再以健和美来衡量一个人的价值,财富和奢侈压倒了健美,夺走了健美的荣誉。卢克莱修对私有制的态度是否定的。

---

① [古罗马]卢克莱修:《物性论》,方书春译,生活·读书·新知三联书店 1958 年版,第330 页。

卢克莱修认为,艺术也是在人类文明的进程中产生的。当人类学会了种植,向大自然索取到物质食粮,基本的生存需要得到保障之后,他们便向自然寻求精神上的快慰。于是,他们便从模仿自然中学会了歌唱、吹奏,并进而创造了舞蹈——这些最初的艺术。

> 人们用口模仿鸟类的流畅歌声,
> 远远早于他们能够唱出富于旋律
> 而合乎节拍的歌来愉悦耳朵。
> 风吹芦管而引起的鸣啸,
> 最先教会村民去吹毒芹的空管。
> 之后他们逐渐学会优美而凄惋的歌调,
> ……这些歌调会安慰人们的心灵,
> 在他们饱餐之后使他们快乐——
> 因为这种时候一切都受欢迎。
>
> 那种时候,古怪的快活会怂恿他们,
> 去把那用花朵和树叶编成的冠环,
> 戴在各人头上,围在各人脖子上,
> 去跳呀舞呀而不理会什么节拍,
> 四肢古怪地摇来摆去,用不雅观的脚,
> 笨重地击打着大地母亲——这样
> 就引起了一阵一阵快活的大声哄笑。①

卢克莱修认为,艺术既起源于人类对自然的模仿,又起源于人的需要。最初,艺术只是满足人类娱乐需要(快慰和游戏)的手段,但随着社会生活实践的伸展,理性、想象和创造能力的不断增强,后来,当发明了文字以后,诗歌、绘画、雕刻等各门艺术便相继产生,并成为满足人类更加丰富的精神需要——争取光明和自由的手段。

> 航海耕种筑城法律武备道路服装,
> 以及诸如此类的一切,所有的奖赏,

---

① 参见[古罗马]卢克莱修:《物性论》,方书春译,生活·读书·新知三联书店1958年版。

> 所有更好的生活享受,诗歌,绘画,
>
> 巧夺天工的雕像,——所有这些技艺,
>
> 实践和活跃的心灵的创造性逐渐地
>
> 教晓人们,当人们逐步向前走的时候。
>
> 这样,时间就把每一种东西
>
> 慢慢地逐一引进到人类面前,
>
> 而理性则把它升到光辉的境界。
>
> 因为人们在自己的心灵中看见
>
> 它们一件一件地形成起来,直至
>
> 他们已经借他们的技艺而登峰造极。①

应当说,卢克莱修在美学上超出了伊壁鸠鲁的快乐主义,他没有把艺术仅仅看作提供感官快乐的工具。他认为艺术不仅能引起快感,它还能传播"物性"的知识,还有许多其他的功能。这种看法与艺术发展的历史和实际是相一致的。卢克莱修没有像伊壁鸠鲁那样,对美和艺术采取轻视、怀疑和否定的态度,他对美和艺术的问题是重视的,态度是严肃的。马克思称赞卢克莱修是"真正的罗马史诗诗人"②,"朝气蓬勃的、大胆的、富有诗意的世界主宰者"③。鲍桑葵说:"卢克莱修的作品中到处贯穿着人类不断进步的观念和坚决恪守物理解释的精神,还有对于自然美的丰富感觉"④。这些评价是正确的。有的学者不顾历史事实,硬说卢克莱修只讲艺术具有感官快乐的功能。难道艺术除此之外就没有更高尚的功能了吗?

四　怀疑派的美学思想

怀疑派也是希腊化时期的重要流派之一。它的创始人是皮浪(Pyrrhon,约前360—前270年),故又常称"皮浪主义"。怀疑派哲学的基本特色是否

---

① ［古罗马］卢克莱修:《物性论》,方书春译,生活·读书·新知三联书店1958年版,第350页。

② 《马克思恩格斯全集》第40卷,人民出版社1982年版,第123页。

③ 同上书,第111页。

④ ［英］鲍桑葵:《美学史》,张今译,商务印书馆1986年版,第135页。

定知识的可能性,主张事物不可知,真理不可得,一切都可怀疑。他们想借此反对一切传统理论,达到所谓"不动心"、不受干扰的理想生活。其代表人物除皮浪外,最著名的是哲学家兼医生塞克斯都·恩披里柯(Sextus Empiricus,约160—210年),他是怀疑派晚期即罗马时期怀疑派的代表。

怀疑派创始人皮浪几乎没有谈到美学问题。据说他认为,美与丑的判断都只是建立在传统与习惯基础上的,因此与真理毫无关系。"他(皮浪)否认任何事物有美与丑,正当与不正当之分,并且断言没有任何事物是真正(实际上)存在着的,人们只是按照风俗习惯来进行一切活动,因为没有一件事物本身是这样而不是那样的"(《第欧根尼·拉尔修》)。

与皮浪不同,恩披里柯有很多关于美学的言论。他的著作《皮浪学说要旨》和《反对学者》两部巨著,都保存了下来。在《反对学者》中有两卷书,标题分别是《反对演说家》和《反对音乐家》,都是专门讨论艺术问题的。

恩披里柯认为,尽管美和艺术存在,但我们不能得到关于美和艺术的真正的知识。因为人们关于美和艺术的判断是矛盾的、主观的、毫无客观性的。可以说,他是最早提出美学不能成为一门科学的人,尽管人们当时并没有使用"美学"这个名称。

在《反对演说家》中,恩披里柯认为,演讲术不可能成为一门科学。他的理由是:(1)科学总是与真理有关的,而演讲术所采取的论据既可以是真的,又可以是假的;(2)科学总要追求某种目的,而演讲术既没有任何目的,也没有任何效益,它无助于国家,无益于演讲者,也无益于听众;(3)科学总要有科学的规则,而演讲术不包含任何科学的规则,也不可能提供美的语言。

他还反对文学理论。当时文学理论被称为"语法学",文学理论家被称为"语法学家"。他认为,文学理论是不可能的,理由是:文学理论或者是关于所有文学作品的知识,或者是关于一些文学作品的知识。如果是所有作品的知识,那就是无限作品的知识,这超越了我们的理解力,是谁也把握不了的,因此这样的科学是不存在的。如果它只是一些作品的知识,那就是片面的,更不可能成为一门科学。他又认为,文学理论是不必要的。它对国家可能有用,但"对国家有用是一回事,对我们有用则是另一回事。鞋匠和铜匠的技艺对国家是必要的,但我们去当铜匠和鞋匠对我们的愉悦来说,却不是必要的。因此语法学的艺术对国家也并不是必然有用的"①。他甚至认为,文学理论是有害的。因为有些作品伤风败俗,邪恶有害,因此阐明或宣传这些作品的文学理论一定是有害的。

在《反对音乐家》中,他又反对音乐。当时"音乐"这个词包含音乐理论,所以他也反对音乐理论。

首先,他反对关于音乐具有特殊心理效果的理论。自古希腊以来,毕达哥拉斯、柏拉图、斯多噶派都肯定音乐具有特殊的心理效果,把音乐看作一种有效和有用的力量。他们认为,音乐有一种魔力,能鼓舞士气,缓和愤怒,带来快乐,为病人提供慰藉和医疗。恩披里柯认为,所有这些都只是幻想,是高估了音乐的价值和潜力。其实,音乐并没有那么大的效力。他说,如果有人听音乐时不再愤怒、害怕或悲伤,那并不是音乐在他们心里唤起了美好的情感,而是分散了他们的注意力。只要音乐一终止,他们就会立即又陷入愤怒、害怕或悲伤中去。喇叭和鼓也不能提高士兵的勇气,只能暂时镇压住恐惧。如果说音乐对人确有效力,它和睡眠令人安静、酒令人兴奋并无二致。

其次,他反对关于音乐具有教育、净化作用的理论。他认为,培养乐感是不必要的,把音乐鉴赏力看作教育和精神完美的证明是不恰当的。他说,没受过教育的婴儿也能在催眠曲中入睡,甚至动物也屈服于长笛不可思议的魔力。无乐感的人并不失去音乐的快乐,相反训练有素的音乐家比门外汉能更好地评判一场音乐比赛,但他的快乐并不因此比别人更大。至于说音乐能净化情感,使人高尚化,更不值一驳,许多希腊人早就说过音乐可以使人"懒惰、痴迷、堕落"。

最后,他宣布:音乐是根本不存在的。毕达哥拉斯讲的宇宙和谐、天体音乐也是不存在的。他论证说,假如没有声音,也就没有音乐,而事实上的确没有声音,所以音乐根本不存在。为什么没有声音呢?他说,根据昔勒尼派的观点,感觉之外是没有任何存在的。那么声音不是感觉,而是引起感觉

---

① 转引自[波]沃拉德斯拉维·塔塔科维兹:《古代美学》,杨力等译,中国社会科学出版社1990年版,第242页。

的东西,所以没有声音,声音本不存在。我们知道,否认感觉之外的存在,这是一种典型的唯心论。恩披里柯这种观点的实质,是以否定的方式肯定音乐只是经验,认为音乐不能独立于人及其感觉而存在,没有客观的、确定的属性。怀疑派在这里提出了音乐的本性问题,这是一个重要的美学问题。

总之,怀疑派意在破坏,不在建设,没有自己的美学理论。他们怀疑、否定一切传统,是自觉地站在希腊古典美学的对立面。他们的言论时常很机智、很有趣,能给人启发,但思想方法是唯心的、诡辩的。

五 折中主义的美学思想

罗马征服希腊以后,主要接受的是希腊哲学,没有形成独立的思想体系。公元前 1 世纪末出现了试图调和各派哲学立场的折中主义思潮,它主要由柏拉图、亚里士多德和斯多噶三派哲学所形成。其主要代表人物是西塞罗(Marcus Tullius Cicero,前 106—前 43 年)。

西塞罗是罗马共和国末期著名的哲学家、政治家、演说家和作家,青年时代学习哲学,后来以杰出的辩才充当律师,活跃于政治舞台。他曾担任罗马元老院议员和罗马执政官,公元前 43 年,因支持屋大维,在统治集团的内部斗争中被杀。他最早用拉丁文进行创作,被誉为"拉丁文学的奠基人"。他还把希腊哲学的许多专门术语第一次译成拉丁文,后来被西方普遍采用。他的重要哲学著作都写于他生命的最后三年,其中没有一部专谈美学,但又都包含丰富的美学思想。主要有:《学院哲学论集》《卡斯塔南辩论集》《论职责》《论演说》《演说家》等。

西塞罗广泛研究了美的问题。

第一,美是"各部分的适当比例,再加上一种悦目的颜色"①,这个著名的美的定义据说是来自西塞罗的。这个定义的前半部,是希腊人的传统看法,后半部是西塞罗新加上去的。在希腊人的心目中,美指的只是部分和全体的适当的比例关系。流行的亚里士多德以来的美的定义,概括的只是物

---

① 转引自朱光潜:《西方美学史》上卷,人民文学出版社 1963 年版,第 129 页。

体的客观的形式因素。西塞罗对此作了重要的补充。由于"加上一种悦目的颜色",美就与光、与色彩联结起来,特别是与人的视觉联系起来;美不仅表现在客体方面,而且表现在主体的感受以及主体与客体的关系方面,西塞罗反复谈到的美"刺激眼睛""以外貌感人""显示出风貌"等特征,就被包括到定义中去。因此,西塞罗的这个新定义,在客观的形式因素之外,又加上了主观因素、人的因素,这是他的一个重大贡献。这个定义后来被许多美学家广泛采用了。但这个定义偏重的还是感性形式方面,仍是肤浅的。

第二,他对美作了多方面的分类。从理智和感觉的角度,他把美分为理智美和感觉美。他认为,理智美即道德美,表现在各种品格、习惯和行为上;感觉美即外貌美,"刺激眼睛的美"。从功利、目的的角度,他把美区分为有用的美和装饰的美。他吸收了苏格拉底美在效用的观点。他认为,自然界的植物和动物以及人类的各种建筑物和其他实用产品,都既有用又美。但并非任何有用的事物都美,例如孔雀或鸽子的羽毛就只是一种纯粹的装饰。从自然与艺术的角度,他把美又区分为自然美和艺术美。他认为,自然美是大自然的创造,而艺术美则是人造的。如果说这三种区分只不过是对前人惯常使用的术语作了梳理,那么他还提出了前人未曾有过的第四种区分,即把美区分为男性美和女性美,即尊严和秀美。他在《论职责》第一卷第一章第 36 节中说:"此外,还有两种美:在一种美中美貌占支配地位,在另一种美中是尊严占支配地位;在这两种美中,我们应该把美貌看作妇女的属性,而把尊严看作男人的属性。"①这一区分很类似中国古代阳刚之美和阴柔之美的区分。② 吉尔伯特和库恩在《美学史》中说,这是"西塞罗最为独创的美学见解之一"③。鲍桑葵说,这一区分"同恪守纯形式的希腊美学的态度是不相容的,因此是一种比较深入的分析的必要条件之一"④。这些评价都是应当重视的。我们认为,这一区分为西方把美区分为崇高和优美两种基

---

① 转引自[波]沃拉德斯拉维·塔塔科维兹:《古代美学》,杨力等译,中国社会科学出版社 1990 年版,第 272 页。

② 三千年前中国的《周易》就已提出有关阴阳的朴素辩证法思想,它一直影响着中国人对美和艺术基本类型的区分。明确作出这种区分,最著名的是清代文学家姚鼐。

③ [美]凯·埃·吉尔伯特、[联邦德国]赫·库恩:《美学史》上卷,夏乾丰译,上海译文出版社 1989 年版,第 136 页。

④ [英]鲍桑葵:《美学史》,张今译,商务印书馆 1986 年版,第 138 页。

本类型奠定了基础,尊严之美与崇高这一美学范畴的形成不无联系。西塞罗不但对美作了这些区分,而且讨论和揭示了各种类型的美的特征及其相互关系,从而使美学范畴变得更加细致和丰富了。据吉尔伯特和库恩说:"在西塞罗的时代,有三十三种新的美学术语问世,这使文体评论得以更加细致。西塞罗则是这些美学术语的主要创造人之一。"①应当说,对美的分类是西塞罗的又一个贡献。

第三,他提出了美感的内在感觉说。西塞罗认为,人与动物不同,人的感官(如眼睛和耳朵)胜过动物的感官,有更好的感受力;只有人才能感受美、欣赏美和评价美,并对美和艺术作出恰当的判断。这是因为人有一种与生俱来的内在感觉即判断力,它是"自然和理性"的表现,也就是说,它是人的本性。他说:"因为借助一种内在的感觉,所有不懂艺术或推理的人,都能对艺术和推理中什么是正确的和错误的东西做出判断"②。"人是唯一对语言和行为中的秩序、适宜和节制具有一种感受力的动物,这是自然和理性的一种良好表现形式。所以,任何别的动物对视觉世界里的美、可爱与和谐都不具有感受力,当自然和理性把这种表现形式从感觉世界类推到精神世界时,它们发现美、一致和秩序被更多地保留在思想和行为中"③。这个学说在西方美学史上是很重要的。后来英国经验派的美学家哈奇生等人提出过"内在感官"说,康德把美感也称作判断力。西塞罗认识到并强调审美是人类的特点这是正确的、重要的,也是积极的。但他把美感的根源归之于先天的"自然和理性"(即普遍人性),则是不科学的。这是因为他没有实践观点,他不可能像马克思那样,认识到"五官感觉的形成是迄今为止全部世界历史的产物"④。这是历史的局限,是不能苛责的。

在艺术问题上,西塞罗的基本观点介于斯多噶派和新柏拉图派之间。他追随斯多噶派,歌颂大自然的创造力,主张自然高于艺术。他认为,没有

---

① ［美］凯·埃·吉尔伯特、［联邦德国］赫·库恩:《美学史》上卷,夏乾丰译,上海译文出版社1989年版,第136页。
② 转引自［波］沃拉德斯拉维·塔塔科维兹:《古代美学》,杨力等译,中国社会科学出版社1990年版,第276页。
③ 同上。
④ 《马克思恩格斯文集》第1卷,人民出版社2009年版,第191页。

任何艺术能比大自然更美,"任何艺术都不可能模仿自然的创造力"①。因此,艺术应当遵循自然和模仿自然。但在具体谈到艺术创作时,他又远离了斯多噶派,更接近新柏拉图主义。他认为,艺术家模仿的不是自然的个别现象或过程,而是艺术家头脑中更美的理想的形象。他说:"可以肯定,伟大的雕塑家在创作朱庇特或智慧女神米涅瓦的形象时,并不去看他用作模特儿的人,而是在他自己的心里有着一个无比优越的美的幻象;在他凝神和专心致志于它时,它就指导他那双艺术家的手去创造神的肖像。"②他明确指出,艺术家头脑中关于事物的这种理想的形象或模式,就是柏拉图所称的"理念"。它们不能通过耳目感官"生产出来",但却永远存在,能通过心灵和想象把握住它。他十分强调想象,认为我们能想象出比眼前的事物——包括菲底阿斯的雕像和宙克西斯的绘画更美的东西,并能再现出并未呈现于眼前的事物。显然,这种观点与斯多噶派自然胜过艺术的观点是相矛盾的。为了替艺术创作中的想象和理想化做辩护,西塞罗找到了一个理由。他认为,自然虽然在整体上胜过艺术,但自然创造的个别事物并非完美无缺。他举希腊画家宙克西斯找五个姑娘做模特儿,把她们的美点集中起来,画了一幅海伦像为例,说:"肖像中的所有特征不可能在一个人身上发现,因为自然还不曾在一个单独事例中使事物变得完美无缺,并在各个部分都达到实现。"③总之,在西塞罗看来,模仿不等于真实,在一定意义上说,模仿即不真实,模仿是与真实对立的。假如艺术只是模仿,只包含真实,那就不必要创造艺术。他强调艺术是一种想象和虚构。他说:"什么东西能像诗,戏剧或者剧本那样不真实呢?"在他看来,艺术家可能再现他所见到的东西,但他是有选择地去再现的。更重要的是,艺术家模仿的原型是一种内在的形式或理想,即柏拉图讲的理念,只有再现出"理念"才是真正的真实,由此他有一句名言:"真实优于模仿"④。

---

① 转引自[苏联]舍斯塔科夫:《美学史纲》,樊莘森等译,上海译文出版社1986年版,第32页。

② 转引自[波]沃拉德斯拉维·塔塔科维兹:《古代美学》,杨力等译,中国社会科学出版社1990年版,第276页。

③ 同上书,第275页。

④ 同上。

西塞罗对艺术也进行了分类。他采用了一些传统的分类法,区别出创造事物的艺术(如雕塑)和研究事物的艺术(如几何学),自由的艺术和从属的艺术,生活中必要的艺术和引起愉悦的艺术。同时他又提出耳朵的艺术和眼睛的艺术,他又称之为有声的艺术和无声的艺术。这就是后来的听觉艺术和视觉艺术。作为演说家,他把诗、演说和音乐归入耳朵的艺术,并把演说置于诗歌之上,把有声艺术置于无声艺术之上,因为无声艺术只表现肉体,而有声艺术既表现肉体又表现心灵。

关于艺术创造的条件,西塞罗认为,艺术既需要规则技巧,又需要天才灵感,而伟大的艺术必需要灵感。艺术需要理性的指引,但具体创作要靠"无意识直觉"。例如声音和节奏的选择要靠耳朵,耳朵是声音和节奏的"法官"①。

此外,他还肯定了艺术形式和艺术风格的多样性,注意到艺术与公众的关系。他有一句名言:"公众的尊重是各门艺术的缪斯。"②

总之,西塞罗的美学思想是丰富的,在美学史上的贡献是不可低估的,应进一步加强研究。

六　普鲁塔克论丑

普鲁塔克(Plutarch,约46—127年)是罗马帝国时期的哲学家、传记作家、演说家和自然科学家。他生于希腊的克罗尼亚,青年时代移居罗马,据说在图拉真和哈德良时代曾短期参与朝政,担任要职。他有自己的学派,但思想折中,主要倾向柏拉图,也受到斯多噶派、毕达哥拉斯派和亚里士多德派的影响。据一份流传下来的不完整的目录记载,他写有277种著作,其代表作是《比较列传》,又称《希腊罗马名人比较列传》,记述了希腊罗马著名的政治家、立法者、军事家和演说家的生平事迹,共48篇。另有《道德论丛》60篇,广泛涉及政治、宗教、道德、教育、文艺等许多方面,其中最为后人重视、涉及美学的是《青年人应当怎样学习做诗?》。

---

① 转引自[波]沃拉德斯拉维·塔塔科维兹:《古代美学》,杨力等译,中国社会科学出版社1990年版,第277页。

② 同上书,第279页。

在这篇文章中,他从柏拉图的道德主义立场出发,认为诗人说谎,诗是有害道德的、危险的。因此,他提出了一个问题:怎样才能使青年人在阅读有害道德的诗歌时不受道德上的损害? 他把这个问题同亚里士多德《诗学》中的有关论断联系起来,进一步提出了一个"真正的美学问题"(鲍桑葵语):现实中丑的东西能否在艺术中变美? 他首先回答说:"从本质上来说,丑不可能变得美。……丑的东西的影像不可能是美的影像;如果它是美的影像的话,它就不可能适合于或符合于它的原型。"①显然,这一回答不能令人满意,不能说明人们为什么还会欣赏这样的艺术形象。对此他又作了进一步的解释。他认为,任何模仿品,不论其模仿的对象是美还是丑,只要模仿得逼真,酷肖原型,都会引起快感,受到人们的赞赏。但是,谈到丑的艺术形象,人们欣赏的并不是美,而只是艺术家的模仿和技巧。为什么人们会欣赏艺术家的模仿和技巧呢? 他和亚里士多德一样,将其归源于认知。他说:"我们理所应当对它产生快感,因为要认出这是一个肖像,就需要有智慧。"②他举了一些例子来说明自己的观点。例如,在现实生活中人们对真的猪叫和绞车的吱吱声十分厌恶,但对口技者模仿的猪叫和绞车的吱吱声却兴趣盎然。最后,他进一步指出:"模仿美的事物和美地模仿事物完全不是一回事。"③总之,他的基本思想是:第一,现实中的丑在艺术中不能变美;第二,艺术中的丑因模仿逼真也能给人快感和令人赞赏。

基于上述基本思想,普鲁塔克主张,我们不应当"用蜂蜡堵住青年人的耳朵",让青年完全避开诗,但却应当对青年人读诗给予理性的指导,"用理性限制他们的判断";只要事先告诉他们什么是道德上的典范,并应警惕邪恶的事例,就能防止他们由于愉悦的吸引而受到道德上的伤害。为此,他还主张把诗和哲学结合起来。他说:"诗贡献了智慧的美,它那愉快诱人的表现不是空洞的和无结果的,我们必须把哲学带到那里去,并使二者相互结合。……当诗的神话和哲学的学说被结合时,诗同样会给青年人一本轻松愉快的教材。"他还进一步指出:"未来的哲学家不可避开诗;他必须更多地

---

① 转引自[英]鲍桑葵:《美学史》,张今译,商务印书馆1986年版,第142页。

② 同上书,第144页。

③ 转引自[波]沃拉德斯拉维·塔塔科维兹:《古代美学》,杨力等译,中国社会科学出版社1990年版,第258页。

使哲学面向诗,并且习惯于在愉悦中渴望寻求有益的东西,哲学不情愿拒绝不是有益的东西,因为这是真正博学的开端。"①

　　普鲁塔克关于丑的论述,基本上没有超过亚里士多德的水平。但他从自己时代的需要和青年读诗的实际出发,把丑的问题提得更尖锐、更突出了。更重要的是,他把丑与艺术模仿联系起来,多方面揭示了丑的问题的复杂性,把丑的问题进一步展开了。应当说,这是他对美学史的一个贡献。我们知道,普鲁塔克提出的关于丑的问题,或者说怎样使青年人读诗时不受道德上的损害问题,用我们的话说,实际上也就是青年人能否欣赏和如何欣赏思想内容不好的文艺作品的问题。这是历代政治家、美学家和文艺理论家都十分重视的问题。这个问题直接涉及艺术作品中美与善、内容与形式以及文艺的道德政治标准和艺术标准的相互关系等问题。它既是重要的美学理论问题,又是实践问题。对此,历来有两种做法,一种是"堵",一种是"疏"。柏拉图驱赶诗人,严禁诗的流传,这是"堵"。普鲁塔克虽然也强调道德,但他没采用"堵"的办法,他的基本立场是疏而不堵。他说:"我们不能去掉诗或消灭诗。"②当然"疏"也有各种不同的疏法。普鲁塔克谈到过把"酒和水混合"的办法,这可说是缓和或减弱毒素的办法。他还谈到过"以任性发泄的厚颜无耻来提高神话和戏剧表演,剪掉淫荡好色的幼苗和防止进一步传播"③的办法,这可说是放任主义或"以毒攻毒"的办法。但他主要强调的是理性引导的办法,要求诗与哲学结合,情感与理智结合,诗人应善于以理智控制情感,使情感通过理智恰当地表现出来。总之,普鲁塔克提出的问题具有重大的理论价值和实践意义,至今仍能给人启发。应当指出,普鲁塔克的用语常常是不科学的,例如他没有内容与形式的概念,时而试图把二者加以区分,时而又把二者混淆起来,以致给人自相矛盾的印象。另外,他的审美趣味也是不高的,时常把生理快感和美感也混同了。

　　普鲁塔克还谈到过一些其他的美学问题。例如,关于诗和画的关系,他谈到过希腊诗人希门尼德的一句名言:"绘画是无声的诗,诗是有声的画。"

----

　　①　转引自[意大利]格拉吉:《古代美的理论》(德文版),杜蒙特出版社 1962 年版,第234页。

　　②　同上。

　　③　同上。

但他认为,诗和舞蹈的关系比诗和绘画的关系更紧密,古希腊人歌颂太阳神阿波罗和酒神狄俄尼索斯的歌舞,就是这两门艺术的结合,因此,人们也可以把希门尼德的话从绘画移到舞蹈,称舞蹈为无声的诗,诗是有声的舞蹈。在美感问题上,他认为味觉也是美的。他说:"另一方面,我不赞成阿里斯多芬的见解。他说'美'这个词只是指这些感官(即听觉和视觉)的快乐。人们把食物和香味都称为'美'的,他们说,他们享用了一顿令人愉快和奢侈的佳肴的那个时刻是美的。"①他的这些看法时常被后人引用。

七 维特鲁威的建筑美学

维特鲁威(Vitruvius,约公元前 1 世纪)是罗马恺撒时期著名的建筑学家。他的论著《建筑十书》是唯一幸存的关于古希腊罗马建筑理论的古代文献。在维特鲁威以前,西方曾产生过许多有关建筑的著作,但均已失传。《建筑十书》保留了以往建筑师的名单和丰富的思想资料,其中包括费奥多尔·萨莫斯(公元前 6 世纪)、建造雅典女神殿的伊克廷(公元前 5 世纪)和海尔莫根(公元前 3 世纪)等人。《建筑十书》共 10 卷 95 节,讨论和涉及的范围十分广泛,其中包括建筑师的条件和教育,建筑的特性和分类,建筑的结构、要素和原则,建筑的范畴和理论,以及与建筑相关的制图、材料、水文、地质、气象、天文、工具等问题,堪称古代建筑学的百科全书。维特鲁威虽然是从事实际建筑的建筑师,但对美学有浓厚的兴趣,常从美学角度观察建筑。《建筑十书》不仅是关于建筑的专著,而且是西方古代建筑美学的权威。

维特鲁威认为,任何建筑都有三个基本标准:效用、坚固和美。这就是说,建筑物不仅要牢固、实用,有目的性,而且还要美。因此,建筑物应当是实用和审美的统一。这是贯穿《建筑十书》的一个根本思想。

正是从这个根本思想出发,维特鲁威提出了建筑师的条件和教育问题,他指出,按照古代的传统,建筑不仅指业已完成的具体工程,不仅包括实践

---

① 转引自[波]沃拉德斯拉维·塔塔科维兹:《古代美学》,杨力等译,中国社会科学出版社 1990 年版,第 395 页。

知识,而且包括理论知识;从事建筑的人应具有天生的能力、知识和经验。他不否认先天的能力,但更强调后天的教育和训练。他认为,建筑师有两个必须具备的素质,一是实践,一是想象。这也是建筑师的教育必备的两个基本要素。通过实践可以实际完成作业,获得直接的知识和经验,通过想象可以达到理想的目标,产生迷人的艺术效果。他十分强调想象力的培养,他认为,只有通过理性和理论的培育,想象力才可能不断丰富和发达。因此,他要求建筑师不仅要掌握实践知识,而且要掌握广泛全面的理论知识。按照他的要求,建筑师不仅要掌握几何、制图、数学、力学、光学、天文学、地质学、气象学、医学等自然科学知识,而且还应当掌握历史、法律、音乐、抒情诗以至哲学等社会科学知识。他认为,这对于达到建筑的目的,正确地评价建筑形式,保证建筑的艺术效果和美,是十分重要的。他甚至要求建筑师必须进行哲学训练,通过哲学塑造出自己独特的个性。他说:"没有信念和纯正的目的,什么作品也创作不出来。"[1]

"美"是维特鲁威讨论建筑时经常使用的基本概念之一。他没有给美直接下过定义。但他说:"当作品的外观既优雅又令人愉悦,各构成部分被正确的计算而达到对称时,我们就获得了美。"[2]总的来说,他对美的看法是:美在于对称,而对称的基础在比例。他十分强调比例,认为建筑物的比例是以人体的比例为依据的。他把建筑物与人体相比,把建筑的风格与人的风貌相比,认为多利克式的建筑具有男性的比例,爱奥尼亚式的建筑具有女性的比例,而科林斯式的建筑具有处女的比例。他还进一步认为,自然是艺术的范本,不仅是绘画和雕塑的范本,而且是建筑的范本。人体各个部分都有固定的比例。建筑物的比例和对称,应当严格地按照健美的人体比例来制定。古人的神庙就是模仿人体的比例造成的。他写道:"神庙的设计要依靠对称的方式,建筑师必须努力领会这种方式。它来自比例。比例在于从建筑物的部分和整体两者中取得确定的模数。只有凭借比例才能获得对称。没有对称和比例,任何神庙都不可能有正规的设计,也就是说,它必须按照完美的人体形式而制定出精确的比例。因为造物主所设计的人体,

---

① 转引自[波]沃拉德斯拉维·塔塔科维兹:《古代美学》,杨力等译,中国社会科学出版社1990年版,第353页。

② 同上书,第364页。

使他面部从下颔到前额发根的长度是全身的十分之一;手掌从腕部到中指尖也同样长。从下颔到头顶是全身的八分之一;从胸上部脖子下部到发根是六分之一;从胸中部到头顶是四分之一;从下颔底到鼻孔底是脸长的三分之一;从鼻孔底到双眉的长度也是三分之一;从这条线到前额发根也是三分之一;双脚点长是身长的六分之一;肘长是四分之一;胸也是四分之一;其余四肢也有各自的比例尺度。古代的画家通过使用这些比例,使自己声名大震。同样,庙宇也应当使它们各自的部分尺度与整个建筑的数量总数相符合。……如果造物主如此设计了人体,使得各部分的比例和整个构造相符合,那么,古人就有理由做出决定,在建筑中准确地调整某些部分使之适合于所设计的总样式。"①总之,维特鲁威认为,美,或者说对称,是客观的,是由自然法则决定的,是可以精确测量和计算的;这种对称和比例从来就是建筑美的标准。

但是,有趣的是,维特鲁威在区分六种建筑要素时,在"对称"(symmetria)这个范畴之外,还提出了一个重要范畴"eurhythmy"。这个词很难翻译,找不到现代建筑理论的精确对应词。它指的也是对称,不过这是另一种对称,它不但不要求客观上精确的比例,相反还要故意偏离客观上的比例,以达到主观上看起来对称和美。我们可以根据这个词的特定内涵,把这个词称作"主观上的对称"或"不合比例的对称"。这样,我们就在维特鲁威那里看到了两种对称。对称就是美,我们也就看到了两种美:客观的美和主观的美,尽管他还没有使用这样的术语。应当说,这在美学上是一个很重要的思想。我们从《建筑十书》的记述得知,"eurhythmy"即主观的或不合比例的对称问题,是建筑实践中自古就已存在并热烈争论的问题,这个范畴在维特鲁威之前已有几个世纪的历史。古代的建筑家们早已发现,严格遵循客观上的比例,这样造成的对称,往往看起来并不对称,达不到美的效果。这是因为:在欣赏时,对象和欣赏者的距离远近,视觉误差或错觉,以及光线的反射和大气的浓度等因素,对建筑物的美与不美,有着明显的影响。因此,聪明的建筑师总要适当地偏离客观的对称,调整比例关系,使之增加一点、拿掉或

---

① 转引自[波]沃拉德斯拉维·塔塔科维兹:《古代美学》,杨力等译,中国社会科学出版社1990年版,第365—366页。

减少一点,借以消除透视产生的变形,以便适应欣赏者的视觉需要。维特鲁威说:"眼睛对我们的欺骗要通过计算来弥补。……眼睛所要看的是悦目的景物,我们必须运用适当的比例,在似乎缺少什么的地方加进一点东西,对模数做出附加的修正,以满足眼睛的要求。否则,我们只能使观赏者看到令人不悦的、缺少魅力的东西"。"在近处看到的东西是一种样子,在高楼上看到的东西又是一种样子;狭窄的地方是一种样子,开阔的地方又是一种样子。针对这些不同的情况而恰如其分地决定如何变动,这需要出色的判断力。"①从总体上说,在维特鲁威那里,客观的对称(symmetria)是建筑和艺术创作的基础,而主观的对称(eurhythmy)则是对客观上的对称的纠正和补充。在他看来,在创作实践中,追求主观上的对称是可以允许的、必要的,也是更高级的。

显然,主观对称这个范畴不仅适用于建筑,也适用于其他艺术;它还涉及美的客观性和主观性,模仿或再现,以及真实性等许多问题,因而具有普遍的美学意义。一些与维特鲁威持相同见解的数学家和建筑师对这一范畴也作了很好的阐释。例如,公元前2世纪的建筑学家海隆说:"雕像必须看上去美,不能因为坚持客观比例而破坏了这种美。作品如从远处看,会与它们实际样子不相同。既然对象在观赏者看来与真实面目不同,那么作品就必须根据计算好的与观赏者视觉相关的比例来创作,而不能按照其真实的比例。艺术大师的目的是让作品看上去美,并且尽最大可能发现导致视错觉的方法;归根结底,他关心的不是客观的恰当与和谐,而是视觉的恰当与和谐。"②数学家戈米那斯(公元前1世纪)说:"人们称之为透视的那部分视觉所涉及的是应该如何再现出相类似的建筑物这个问题。由于对象看上去的样子和实际并不一致,人们研究的不是如何再现出真实的比例,而是如何把它们再现为实际上看到的那个样子。建筑师的目的是展示作品,尽快发现抵制视错觉的方法。他所寻求的不是真实的相等与和谐,而是人们眼中的相等与和谐。因此他们设计了圆形柱子。因为柱子越到中间显得越细,不那样设计就显得要折断似的。有时建筑师也把圆画成椭圆,把正方形

---

① 转引自[波]沃拉德斯拉维·塔塔科维兹:《古代美学》,杨力等译,中国社会科学出版社1990年版,第366—367页。

② 同上书,第368页。

画成长方形。他根据柱子的数目和大小长度,随着柱子不同高度的变化而改变它们的比例。雕刻出巨像的雕塑家同样考虑其作品完成之时作品比例的实际样子,以便取悦于眼睛和耳朵。"①新柏拉图派哲学家普罗克勒斯(公元5世纪)也说:"至于视觉及其原则,它们产生于几何学和数学。前者包括严格意义的视觉,并揭示了像两条并行不悖的线合而为一或方形变为圆形这类遥远对象出现虚假现象的原因;但它也包括对于反射的全部研究,这种反射通过图像和认识发生联系;它也包括了所谓透视研究,这种研究揭示出,尽管绘画对象在远处或在高处,但它们可以真实地再现于作品中,不会扭曲对象匀称的比例和形象。"②

维特鲁威区分的六种建筑要素是:结构安排(ordination)、设计布局(disposition)、客观对称(symmetria)、主观对称(eurhythmy)、得体(decor)和节省。其中,结构安排和设计布局更多与实用有关;节省指花销少、造价低,与经济有关;客观对称、主观对称和得体,都与美有关。得体指建筑要适合自然、传统和习惯,涉及美的社会条件。这六种要素也包含了建筑的基本原则:实用、经济、美观。

总之,维特鲁威的《建筑十书》具有重大的美学价值。它在文艺复兴时期得到广泛传播,对后来建筑美学的发展有重大影响。

八 贺拉斯的《诗艺》

贺拉斯(Horatius,前65—前8年)是罗马帝国初期奥古斯都时代的著名诗人和文艺批评家。他出生于意大利南部的韦努西亚,其父为获释奴隶,青年时代曾在罗马和雅典求学,推崇古希腊文化。公元前44年,罗马独裁者恺撒被共和派刺死。不久,他参加了共和派军队,被委任为军团司令官,并于公元前42年在腓力浦战役中遭到失败。公元前40年,他遇大赦重回罗马,开始写诗。公元前39年,由于大诗人维吉尔的赏识,他被推荐加入了屋大维的亲信麦凯纳斯的官方文学组织。公元前33年,麦凯纳斯把罗马附

---

① 转引自[波]沃拉德斯拉维·塔塔科维兹:《古代美学》,杨力等译,中国社会科学出版社1990年版,第367页。

② 同上书,第367—368页。

近萨比尼山上的一座花园赏给他。从此他便转变为帝制的拥护者,专心写诗,一直到死。

贺拉斯的成就主要在讽刺诗和抒情诗。主要作品有:《讽刺诗集》二卷、《长短句集》、《歌集》四卷、《世纪之歌》和《书信集》二卷。《诗艺》是他的诗体《书信集》第二卷中的第三封信,是写给罗马贵族皮索父子的。书名是在大约一百年后由罗马修辞学家、演说家昆蒂良(约 35—95 年)加上去的。该信的内容有三个部分:第一部分总论文艺创作的一般原则;第二部分讨论诗的种类和规则,主要讲戏剧,尤其是悲剧;第三部分讨论诗的作用和诗人的天才以及批评的重要性。一般来说,《诗艺》主要谈的是一些创作经验和文艺规则,缺乏哲学的论证和深度,还不是一部体系精密的理论著作。但它是自亚里士多德以来,保留最完整的诗学文献,是理论联系实际,试图解决罗马文艺发展道路,因而提出古典主义美学理想的奠基之作。它不仅对罗马文艺的发展,而且对文艺复兴和 17 世纪法国古典主义都产生过重大影响。在美学和文艺理论史上,其地位和影响仅次于亚里士多德的《诗学》,常被称作"古典主义的第一部经典"。

贺拉斯的《诗艺》广泛讨论了诗,尤其是戏剧创作中的问题,结构松散,多是一些劝谕式的格言,要把握这部著作的古典主义精神,首先应当了解这部著作产生的历史背景、所要解决的问题,以及其基本立场和思想倾向。

规则和想象,传统与独创,理性与感性是《诗艺》贯彻始终的基本问题。这是当时罗马文艺发展中迫切需要解决的基本问题。自亚历山大里亚时期以来,古希腊文化就已明显走向衰落,文艺由单一性转向多样性,由客观型转向主观型,个人主义、感伤主义和形式主义日益抬头,对于重大社会事件和人类理想的激情日益淡薄。罗马文艺兴起于公元前 1 世纪,它虽然取得了一些成就,但远未能改变这种衰落局面。因此在贺拉斯所生活的罗马帝国初期,屋大维提出了重振道德和民族精神的要求。贺拉斯的《诗艺》适应了这种要求,其目标就是要扫除自亚历山大里亚时期以来的文艺颓风,改变罗马文艺的落后面貌,求得罗马文艺的繁荣。从《诗艺》中我们可以看到,当时在诗和戏剧的创作中,严重存在着一味讨好观众,制造笑料,追求新奇,随意虚构,随意乱写,胡乱拼凑艺术形象等不健康的风气。贺拉斯对此进行了尖锐的批评。他指出,罗马"过分地放纵了罗马诗人",有的喜剧表演甚至"发展得过于放肆和猖狂,需要用法律加以制裁"①。在他看来,当时罗马文艺的症结在于想象和独创的滥用,在于违背了文艺创作的规律和古代希腊文艺的传统。因此,他给罗马文艺指出了古典主义的方向,即向古代希腊文艺学习。他认为,古希腊文艺符合自然和理性,掌握了正确的规则,是最好的榜样。他虽然不反对想象、独创和感性,但却提倡节制,加以限制。他的总的思想倾向是,以规则约束想象,在传统中求独创,用理性统率感性。他要求文艺必须遵守前人的规则,符合传统,符合自然,符合理性。这就是古典主义的基本精神。提出古典主义并不是主张复古倒退。贺拉斯对罗马文艺的成就是肯定的,对其前途是充满期望和信心的。他说:"我们的诗人对于各种类型都曾尝试过,他们敢于不落希腊人的窠臼,并且(在作品中)歌颂本国的事迹,以本国的题材写成悲剧或喜剧,赢得了很大的荣誉。此外,我们罗马在文学方面(的成就)也决不会落在我们的光辉的军威和武功之后,只要我们每一个诗人都肯花工夫、花劳力去琢磨他的作品。"②从上可见,贺拉斯提出古典主义是积极的,在历史上是有进步意义的。

从文艺与自然的关系来看,贺拉斯接受了艺术模仿自然的看法。他强调文艺要真实,即使虚构也要"切近真实",诗人应当"到生活中到风俗习惯中去找模型,从那里汲取活生生的语言"。③ 但是,他对艺术模仿自然的理解同前人有很大的不同。他讲模仿不是模仿可然性的现实(如亚里士多德),也不是模仿理念(如柏拉图),而是模仿古典,模仿古典作品中的传统成规。这就造成了从亚里士多德式的模仿自然到模仿古典的重大转变。他有两句名言:一说"要写作成功,判断力是开端和源泉"④;一说"你们应当日日夜夜把玩希腊的范例"⑤。前一句讲的判断力即正确的思考,强调的是理性;后一句是说要以希腊为师,强调的是继承。这两句话集中体现了古典主义的精神,在美学史上产生过很大影响。在我们看来,文艺离不开理性,也应当继承历史的遗产,但是文艺的源泉是生活不是理性,过去的优秀文艺

---

① ［古罗马］贺拉斯:《诗艺》,杨周翰译,人民文学出版社 1962 年版,第 152 页。
② 同上。
③ 同上书,第 154 页。
④ 同上。
⑤ 同上书,第 151 页。

作品只是流而不是源。所以贺拉斯的古典主义,虽然也可以说是现实主义的,但却没能正确认识和解决好文艺的源和流的关系问题,因而只能是肤浅的、不彻底的现实主义。比起亚里士多德来,他的这种美学思想是有所退步的。

这种退步还突出表现在他对题材和人物性格的看法上。他虽然不反对新题材,但更强调古希腊的旧题材。他说:"用自己独特的办法处理普通题材是件难事;你与其别出心裁写些人所不知、人所不曾用过的题材,不如把特洛伊的诗篇改编成戏剧。"[1]在人物性格的描写上,他主张传统人物的传统写照,也就是照古人的样子去写。他认为,人有各种各样的类型,如儿童、青年、中年和老年,他们各有一类共同的性格,这是古往今来永不变易的。因此"我们不要把青年写成个老人的性格,也不要把儿童写成个成年人的性格,我们必须永远坚定不移地把年龄和特点恰当配合起来"[2]。在他看来,既然荷马等古代诗人已经很好地描写过这些性格,我们就应当谨遵这些典范照样去写。显然,这是一种人物性格的"类型说",和"典型说"是大不相同的。这种"类型说"很容易导致公式化和概念化。

最能体现贺拉斯古典主义精神的不是模仿这个概念,而是另一个基本概念,即合式(decorum)或"妥帖得体"。《诗艺》通篇都要求文艺创作要做到"统一""一致""适宜""适合""和谐""恰当""恰如其分""恰到好处""恰当配合""合情合理",这些提法实质上指的都是合式或得体。这个概念亚里士多德在《诗学》和《修辞学》中都使用过,后来斯多噶派、西塞罗等人又加以强调和发挥,到了贺拉斯这里,它已成为几乎涵盖一切的最高的美学原则。贺拉斯所讲的"合式"或"得体",其内涵极为丰富。它既涉及形式的整一,又涉及思想内容,既有审美意义又有道德意义。要做到合式或得体,当然就得有所限制或节制。根据这个概念,文艺就应当符合自然,符合理性,符合传统和习惯,符合规则,做到合情合理。在他那里,合式或得体成了文艺的最高标准。

从合式或得体这个根本原则出发,贺拉斯对文艺创作提出了许多要求。

---

① [古罗马]贺拉斯:《诗艺》,杨周翰译,人民文学出版社 1962 年版,第 144 页。
② 同上书,第 146 页。

主要有三个方面。

首先,文艺创作要符合自然,做到整一。贺拉斯说:"不论做什么,至少要做到统一、一致"①,"或则遵循传统,或则独创;但所创造的东西要自相一致"②。他举例说,如果画家画了一幅画,上面是美女的头,长在马的脖颈上,四肢由各种动物的肢体拼凑起来,上面覆盖着各色羽毛,下面长着一条又黑又丑的鱼尾巴,那么人们看了一定会捧腹大笑。因为这种缺乏整一、手和脚属于不同族类的形象是胡乱构成的,不符合自然和情理。画家和诗人虽有大胆创造的权利,"但是不能因此就允许把野性的和驯服的结合起来,把蟒蛇和飞鸟、羔羊和猛虎,交配在一起"③;"戏剧不可随意虚构,观众才能相信,你不能从吃过早餐的拉米亚的肚皮里取出个活生生的婴儿来"④。在他看来,艺术的美就在于整一,真正的艺术家必须懂得表现整体。不拘泥于细节,注意总的效果,否则只能像劣等的工匠,他们虽然能把铜像上的指甲、鬈发雕刻得纤微毕肖,但作品总不成功。艺术的整一还涉及作品的语言、性格、音韵等方面,艺术家应选择力能胜任的题材,加以恰当的取舍和安排,做到条理分明,文字流畅,首尾一贯,不自相矛盾。尤其要重视语言,考究字句,使之与人物的性格、年龄、遭遇相一致。他不反对创造新字,因为"创造出标志着本时代特点的字,自古已然,将来也永远如此"⑤,但这种自由用得不可过分,"这种新创造的字必须渊源于希腊"⑥,符合传统和习惯,才能为人所接受。他说:"'习惯'是语言的裁判,它给语言制定法律和标准。"⑦

其次,文艺创作必须要有魅力,要有真实情感,以情感人。他说:"一首诗仅仅具有美是不够的,还必须有魅力,必须能按作者愿望左右读者的心灵。你自己先要笑,才能引起别人脸上的笑,同样,你自己得哭,才能在别人

---

① [古罗马]贺拉斯:《诗艺》,杨周翰译,人民文学出版社 1962 年版,第 138 页。
② 同上书,第 143 页。
③ 同上书,第 137 页。
④ 同上书,第 155 页。
⑤ 同上书,第 140 页。
⑥ 同上书,第 139 页。
⑦ 同上书,第 141 页。

脸上引起哭的反应。你要我哭，首先你自己得感觉悲痛"①。他认为，要打动人的心灵，通过听觉比较缓慢，不如通过视觉来得迅速和直接，但在舞台演出中，有些情节只要叙述即可，不必让美狄亚当着观众屠杀自己的孩子，不必让罪恶的阿特柔斯公开地煮人肉吃，不必把普洛克涅当众变成一只鸟，也不必把卡德摩斯当众变成一条蛇。他说："你若把这些都表演给我看，我也不会相信，反而使我厌恶。"②

最后，最根本、最重要的是文艺创作要有光辉的思想。他说："时常，一出戏因为有许多光辉的思想，人物刻画又非常恰当，纵使它没有什么魅力，没有力量，没有技巧，但是比起内容贫乏、（在语言上）徒然响亮而毫无意义的诗作，更能使观众喜爱，更能使他们流连忘返。"③那么，这种"光辉的思想"是从哪里来的呢？他指出："判断力是开端和源泉。"艺术家必须具有良好的判断力，懂得他对于国家和朋友的责任，懂得怎样去爱父兄、爱宾客，懂得元老和法官的职务是什么，派往战场的将领的作用是什么，他才能把这些人物写得合情合理。他所谓"判断力"指的就是理性。文艺要有光辉的思想也就是要有符合理性的思想内容。

所有这些要求都是合式或得体这一原则的具体表现。这些要求包含了宝贵的创作经验，但是，也往往带有公式教条的味道。从根本上说，合式或得体是建立在普遍抽象的理性基础之上的。正如朱光潜先生所说："绝对普遍永恒的理性和'式'都是不存在的。贺拉斯的'合式'概念毕竟还是奴隶主阶级意识的表现，合式其实主要是合有教养的奴隶主的'式'。"④的确，贺拉斯把观众——文艺的接受者分为有教养的罗马贵族和没有教养的乡下人两类，他的合式或得体的理想主要反映了罗马贵族的审美趣味、传统习惯和生活理想。

关于文艺的社会功用问题，贺拉斯提出了著名的"寓教于乐"的思想。他说："诗人的愿望应该是给人益处和乐趣，他写的东西应该给人以快感，

---

① ［古罗马］贺拉斯：《诗艺》，杨周翰译，人民文学出版社1962年版，第142页。
② 同上书，第147页。
③ 同上书，第154页。
④ 朱光潜：《西方美学史》上卷，人民文学出版社1979年版，第106页。

同时对生活有帮助。……寓教于乐,既劝谕读者,又使他喜爱,才能符合众望。"①这个思想包含了理性与感性、内容与形式、思想性与艺术性的统一,既肯定了文艺的教育作用,又肯定了文艺的审美作用,是比较全面的,对后世有很大影响。不仅如此,他还提出了关于诗和诗人对人类文明的开创作用的思想。他认为,古代诗人的智慧就在于利用神话传说最早教导人们"放弃野蛮的生活","划分公私,划分敬渎,禁止淫乱,制定夫妇礼法,建立邦国,铭法于木"。② 诗可以传达神的旨意,可以指示人生的道路,可以激励将士奔赴战场,也可以给劳累的人们带来欢乐,它既受到帝王的恩宠,又受到大众的喜爱。因此,诗和诗人的事业是神圣的、光荣的。这一思想后来在意大利思想家维柯的《新科学》中得到了进一步的发挥。

在天才和艺术的关系问题上,贺拉斯基本上是主张天人并重的。他说:"有人问:写一首好诗,是靠天才呢,还是靠艺术? 我的看法是:苦学而没有丰富的天才,有天才而没有训练,都归无用;两者应该相互作用,相互结合。"③他对德谟克利特的天才论提出了批评。他说,由于德谟克利特相信天才比可怜的艺术要强得多,这就把头脑健全的诗人排除出了诗坛,在他的影响下,好大一部分诗人竟然连指甲也不愿意剪了,胡须也不愿意剃了,流连于人迹不到之处,回避着公共浴场。假如他们不肯把那三服安提库拉药剂(一种治精神病的毒药)都治不好的脑袋交给理发匠里奇努斯,那他们肯定是不会撞上诗人的尊荣和名誉的! 在《诗艺》最后一段,他还劝人们不要理睬那些不懂道理、处于"迷狂"状态的疯癫诗人。他们两眼朝天,口中吐出些不三不四的诗句,东游西荡,谁也不明白他们为什么要写诗,也许是因为他们在祖坟上撒过一泡尿,也许是因为他们惊动了"献牲地",亵渎了神明。谁若被他们捉住,他们就强迫你听他们朗诵歪诗,直念到你死为止。他不否认天才,但更强调社会环境,更强调后天的培养和训练。他说:"诗神把天才,把完美的表达能力,赐给了希腊人;他们别无所求,只求获得荣誉。而我们罗马人从幼就长期学习算术,学会怎样把一斤分成一百份。……当

---

① [古罗马]贺拉斯:《诗艺》,杨周翰译,人民文学出版社1962年版,第155页。
② 同上书,第158页。
③ 同上。

这种铜锈和贪得的欲望腐蚀了人的心灵,我们怎能希望创作出来的诗歌还值得涂上杉脂,保存在光洁的柏木匣里呢?"①他认为,从事诗歌和文艺创造的人,应当像体育或音乐赛会上渴望夺锦标的人,要经过长期的刻苦训练,出过汗,受过冻,戒酒戒色,才能取得成就。

总之,贺拉斯的美学思想基本上是唯物主义的、现实主义的。《诗艺》虽然缺乏创见,但是一本重要著作,有不少平凡的真理,在历史上产生巨大影响并不是偶然的。

九　朗吉弩斯的《论崇高》

罗马时代古典主义的另一重要著作是《论崇高》。这是一本长期被埋没,作者和成书年代尚无定论的书。起初人们有很多猜测,不少人认为它的作者是生活在公元前 3 世纪的修辞学家卡苏斯·朗吉弩斯。现在这种看法已被否定,多数学者认为,它写于公元 1 世纪,比《诗艺》出现要晚,作者是另一位朗吉弩斯,是一位住在罗马讲授雄辩术的希腊人,他对希腊古典文学很有研究,对罗马文学和犹太文学也很熟悉,他还写过一些其他的书,可惜均已失传。在政治上,他反对君主专制政体,主张民主政治,平生不大得志。② 我们姑且就叫他朗吉弩斯。有的美学史著作称他作"假朗吉弩斯",我们不取,因为人并不是假的。《论崇高》首次发现于 16 世纪。它自 1554 年由文艺复兴时期的意大利学者劳鲍特利(Robortella at Basel)刊印发行以来,得到广泛传播,很受重视,常与亚里士多德的《诗学》和贺拉斯的《诗艺》相提并论。布瓦洛在 1674 年曾把它译成法文,对法国古典主义影响很大。

《论崇高》是写给一位罗马贵族的信,原名 *Peri Hupsous* ,一部分已有散佚。主要内容是批评 1 世纪著名修辞学家凯雪立斯所写的一篇同名论文(已失传)。朗吉弩斯认为,凯雪立斯虽然"费力于罗列千百种例子来说明崇高的性质",实际上却"完全抓不住这问题的要害",无助于提高人们达到崇高的能力,因此他提出了自己的看法。《论崇高》在美学史上的突出贡

① ［古罗马］贺拉斯:《诗艺》,杨周翰译,人民文学出版社 1962 年版,第 154—155 页。
② 参见牛津版《朗吉弩斯论崇高》的导言,并参见郭家申等编选:《西欧美学史论集》,中国社会科学出版社 1989 年版,第 154 页。

献,是第一次把崇高作为一个美学范畴提出来加以研究,创立了最早的崇高学说。它对柏克、康德、车尔尼雪夫斯基都发生过影响。鲍桑葵说:"单是崇高一词成为美学批评或修辞批评的一个术语(这是希腊—罗马时代流行的同类术语之一)就是一个值得注意的事实。"①

早在朗吉弩斯之前,"崇高"这个词就已经出现在诗学和修辞学之中。朗吉弩斯的《论崇高》主要还是一部修辞学著作。他所讲的崇高,首先指的也是文章风格的崇高。它既适用于诗,也适用于散文和演讲辞。但他对崇高的理解和考察,已超出修辞学的范围,开始进入了美学领域。他还没能给崇高下一个明确严格的定义,但却作出很多生动的描绘和论断。在《论崇高》中,他还使用了很多与崇高相近的词用来描绘崇高的特性,如伟大、庄严、雄伟、壮丽、刚健、奇特、超凡、威严、遒劲,等等。这说明"崇高"这个美学范畴当时还正在形成之中。

朗吉弩斯首先把崇高看作是一切伟大作品共有的一种风格,是文学作品的最高价值,也是衡量文艺作品的最高标准。他说:"所谓崇高,不论它在何处出现,总是体现于一种措辞的高妙之中,而最伟大的诗人和散文家之得以高出侪辈并在荣誉之殿中获得永久的地位总是因为有这一点,而且也只是因为有这一点。"②根据朗吉弩斯的描述,崇高的文章风格有以下一些特征:它是高超的,"不必说服读者的理智,就会使之超出自己",提高人的精神境界。它是"使人惊叹的",能够"使理智惊诧而使仅仅合情合理的东西黯然失色"。它是"专横的、不可抗拒的",能够"操纵一切读者,不论其愿从与否""相信或不相信",令人不由自主。它不是表现为文章的总体,而是使整体生辉的画龙点睛之笔,它有如闪电,能在刹那间"照彻整个问题",显出全部威力。有真正的崇高和虚假的崇高。真正的崇高不在文辞的华美、雕琢和虚假的感情,而在思想感情的高超、强烈和庄严,它能提高我们的灵魂,产生一种激昂慷慨的喜悦,使我们充满快乐与自豪。一段崇高的文辞,使我们觉得好像自己开创了所读到的思想,并且超出了它所直接讲到的思想,它使我们喜爱,顽强而持久地占住我们的记忆,令人不能忘怀。从这些

---

① [英]鲍桑葵:《美学史》,张今译,商务印书馆1986年版,第139页。

② [古罗马]朗吉弩斯:《论崇高》,载文艺理论译丛编辑委员会编:《文艺理论译丛》第2期,人民文学出版社1958年版,第34页。

描述可以看出,朗吉弩斯讲的"崇高"是一种强大的精神力量,是一种具有高超的思想感情,能产生强烈的感染力、诱导力和征服力的文章风格。它与贺拉斯所讲的合式或得体明显不同。合式或得体要求的是符合理性、合情合理,而崇高则要求超出一般的理性和常规。

这种崇高的风格从何而来呢? 朗吉弩斯认为,"除了掌握语言的能力"这个前提条件之外,崇高有五个来源:第一,"庄严伟大的思想";第二,"强烈而激动的感情";第三,"运用藻饰的技术";第四,"高雅的措辞";第五,"整个结构的堂皇卓越"。这五个来源也就是构成崇高风格的五种要素。其中前两种依靠自然或天赋,后三种依靠艺术和人力。第五种是前四种因素的综合。而最重要的是第一种,即庄严伟大的思想。他说:"这是一种高尚的心型","是一个天生而非学来的能力",[1]有了崇高的思想才有崇高的言语,而崇高的思想只属于崇高的心灵,因此"崇高可以说就是灵魂伟大的反映"[2]。这也就是说,要创造出具有崇高风格的伟大作品,首先要有思想庄严伟大、高尚的人。在朗吉弩斯看来,这种人对财富、名誉、光荣、势力或为荣华富贵所围绕着的一切所谓幸福,"是鄙视它而决不赞美它"[3],而"在生活中为一切高尚心灵所鄙弃的东西,决不会是真正伟大的"[4]。把这一原则应用到诗文中的崇高上来,真正的崇高也就不能是"乏味的浮夸"、"无谓的雕琢"和无病呻吟的"假情感",而是为高尚心灵所赞美,并能使心灵趋向高尚的东西。显然,朗吉弩斯在这里强调的是艺术作品的内容和思想性,他看到了艺术作品的内容是经过艺术家的主观意识改造过的,审美主体在艺术创造中有着巨大的作用。但是,一般来说,他往往夸大了这种作用,是站在唯心主义立场解释崇高的,有时还带有某些神秘主义的成分。

朗吉弩斯不只讲到文学作品的崇高,而且讲到了社会政治生活和自然界的崇高。他讲的"崇高"不仅仅是修辞学的概念,而且是一个美学范畴。在第九章,他引《旧约·创世记》中"上帝说要有光,于是就有了光"作为崇

---

① ［古罗马］朗吉弩斯:《论崇高》,载文艺理论译丛编辑委员会编:《文艺理论译丛》第2期,人民文学出版社1958年版,第38页。
② 同上。
③ 同上书,第37页。
④ 同上。

高的例子。在第十章,他还举出荷马描写大风暴的一段诗。在第三十五章,他更认为,向往崇高是人的天性和使命。他说,大自然把人放到宇宙这个生命大会场里,让他不仅来观赏这全部宇宙壮观,而且还热烈地参加其中的竞赛,它就不是把人当作一种卑微的动物;从生命一开始,大自然就向我们人类心灵里灌注进去一种不可克服的永恒的爱,即对于凡是真正伟大的,比我们自己更神圣的东西的爱。因此,这整个宇宙还不够满足人的观赏和思索的要求,人往往还要游心骋思于八极之外。一个人如果四面八方把生命谛视一番,看出一切事物中凡是不平凡的,伟大的和优美的都巍然高耸着,他就会马上体会到我们人是为什么生在世间的。因此,仿佛是按照一种自然规律,我们所赞赏的不是小溪小涧,尽管溪涧也很明媚而且有用,而是尼罗河,多瑙河,莱茵河,尤其是海洋。我们对于自己所生的火不会感到奇怪,虽然它放出了纯净的光,能使我们惊异的是天上的明星,尽管它们时常被黑暗吞没。最使我们赞叹的莫过于埃特纳火山了,在它爆发的时候,从山底里喷出石头和整座峭壁的岩石,有时甚至还喷射出地底下所产生的火来,形成火的河。① 这是一段人性和生命的颂歌,从中可以看出,超出常规的庞大、不平凡、威严甚至可怕,都是崇高事物的属性。朗吉弩斯并不否认自然界客观存在着崇高的东西,他的唯心主义并不彻底。崇高和优美是有区别的。这里已经有了后来柏克、康德等人关于美和崇高学说的萌芽。

在文艺与现实的关系问题上,朗吉弩斯和贺拉斯一样,都是古典主义者,他们不否认文艺模仿自然,应当反映现实生活,也都强调模仿古典。但二人对模仿的理解和对待古典的态度又是很不相同的。贺拉斯强调的主要是技巧性的模仿,他从古典作品中汲取的是规则、技巧、形式,他要模仿的是古典作品中合情合理的传统成规,主要是一般的东西。而朗吉弩斯强调的则是创造性的模仿,他要求艺术家从古典作品中汲取古人思想感情的高超、深刻,从中得到灵感,着重表现作者的灵魂和人格,更侧重于个别,更强调天才、想象、激情和灵感,具有浪漫主义的倾向。他指出,模仿不是剽窃,而是"从他人的灵魂得到灵感",并且是同古人争胜。他十分推崇柏拉图,认为

---

① 参见[古罗马]朗吉弩斯:《论崇高》,载文艺理论译丛编辑委员会编:《文艺理论译丛》第2期,人民文学出版社1958年版。

柏拉图对荷马的模仿显示了一条达到崇高的道路,"这就是模仿过去伟大的诗人和作家,并且同他们竞赛"①。当我们"用竞赛的目光注视这些卓越的榜样,它们就会像灯塔那样放光来指导我们,而且会提高我们的灵魂使充分达到我们所设想的高度"②。他要求诗人在创作时要经常想到古人和无穷的后代在读了自己的作品时会有什么感受。他说:"永远使人喜爱而且使一切读者喜爱的文词就是真正高尚和崇高的。"③这就是说,只有经过一切时代和一切人的考验,能够持久远行的作品才是好的。这仍然是贺拉斯所提出的普遍永恒的文艺标准。这种看法当然是缺乏历史发展观点的。但他要求和古人竞赛,有所创新,胜过古人,显然比贺拉斯更积极、更进步。

在天资和人力的关系上,朗吉弩斯认为二者都是不可缺少的。在第二章,他批评了只讲天才,否定规则技巧的观点。有人说:"崇高是天生的,并非依靠传授所能获得的,天才是唯一能够教授它的老师"。他认为,这种观点是错误的。因为天才应受规则技巧的约束,巨大激烈的感情应受理智控制,只有学到了技巧才能知道"什么时候必须把自己交给天才的指挥"④,从而避免错误,技术上不精益求精,才能就要枯萎。但总的说来,他认为天才更根本、更重要,"艺术应该做自然的助手"⑤。与这一观点相联系,朗吉弩斯还提出了一个有关评价艺术作品的重要问题,即没有毛病的平庸的作品和真正有才气但有某些缺点的作品究竟哪一种更好? 他明确肯定了后者,认为"始终一致的正确只靠艺术就能办到,而突出的崇高风格,尽管不是通体一致的,却来自心灵的伟大"⑥。平庸的人从来不会往高处爬,所以决不会碰到危险;伟大的人正因为本身伟大才会倾向于下滑。因此他要求从作品的整体和总的倾向评价作品,反对单凭个别的疏忽或优点就对一部作品肯定或否定。他认为,艺术家成就的标准应当是其优点的质量而不是数量。

在文艺的社会作用问题上,朗吉弩斯还提出了"狂喜"这一新的概念。

---

① 转引自伍蠡甫主编:《西方文论选》上卷,上海译文出版社 1979 年版,第 127 页。
② [古罗马]朗吉弩斯:《论崇高》,载文艺理论译丛编辑委员会编:《文艺理论译丛》第 2 期,人民文学出版社 1958 年版,第 40 页。
③ 同上。
④ 同上书,第 35 页。
⑤ 转引自朱光潜:《西方美学史》上卷,人民文学出版社 1979 年版,第 111 页。
⑥ 同上。

文艺的作用不只在教育、娱乐和说服,而且还要能产生"狂喜"的效果,即有强烈的感情和感染力。他说:"强烈感情在一般文学里有重大作用,尤其在有关崇高的这一方面。"①在他那里,强烈的感情是崇高不可缺少的要素。他强调并非任何激情都与崇高有关,有些激情,如怜悯、烦恼、恐惧之类是卑微的,只有高贵的激情,才具有崇高的性质。他十分重视情感问题,曾谈到要另写专著讨论,可惜人们没能见到这一专著。

在《论崇高》的最后一章,朗吉弩斯提出了民主政体与文艺繁荣的关系问题。他猛烈抨击了罗马的专制政体和追求财富、享乐和虚荣对文艺的败坏作用。他借一位哲人之口说:"民主是天才的好保姆。"他认为,奴隶之中所以没有演说家,是因为"他的灵魂上挂着锁链",专制政治是"人的监牢""灵魂的笼子"。②《论崇高》长期被冷淡、埋没,也许正因为它的作者是政治上不得志的人。然而他的书无疑是重要的、有贡献的。朱光潜先生说:"朗吉弩斯的理论和批评实践都标志着风气的转变:文艺动力的重点由理智转到情感,学习古典的重点由规范法则转到精神实质的潜移默化,文艺批评的重点由抽象理论的探讨转到具体作品的分析和比较,文艺创作方法的重点由贺拉斯的平易清浅的现实主义倾向转到要求精神气魄宏伟的浪漫主义倾向。"③这个总结是正确的、深刻的。

十 普洛丁的美学思想

普洛丁(Plotinos,204—270 年)是站在古代和中世纪交界线上的人物。他是新柏拉图主义哲学的真正创立者,又是中世纪宗教神秘主义的始祖。普洛丁生于埃及的吕波科里,年轻时在亚历山大里亚师从萨卡斯学习哲学达 11 年之久。后来参加罗马皇帝组织的远征军,到过波斯,接触过东方的宗教。公元 243 年,他在远征失败后重回罗马,专心讲学,一直到去世;他的学说深受罗马皇帝和贵族的赏识。他是当时影响最大的哲学家。他 50 岁

---

① [古罗马]朗吉弩斯:《论崇高》,载文艺理论译丛编辑委员会编:《文艺理论译丛》第 2 期,人民文学出版社 1958 年版,第 51 页。

② 同上书,第 49 页。

③ 朱光潜:《西方美学史》上卷,人民文学出版社 1979 年版,第 115 页。

左右开始写作,留有著作54篇,死后由其高足波菲利编辑成书,共6集,每集9篇,故称《九章集》。其中第一集第六章《论美》和第五集第八章《论理性美》专门讨论了美学问题,集中反映了他的美学思想,对后世有深远影响。

普洛丁的哲学主要是柏拉图哲学的变种,其中还融合了毕达哥拉斯、亚里士多德、斯多噶派的哲学,以及东方宗教的神秘主义,其核心思想是他所谓"流溢说"。这是一套神造世界的理论。他认为,宇宙万物的本源是"太一"。它是"第一性的存在",它就是神,就是柏拉图讲的最高理念、纯粹理性,就是善,也就是真善美的统一体。由于神或太一是完满的、充溢的,流溢出来的东西能形成别的实体,所以万事万物都是由它流溢出来的。神或太一首先流溢出心智,即宇宙理性,然后依次流溢出灵魂和感性世界。在感性世界里最后碰到了与神或太一根本对立的万恶之源——物质。神是完善的,而流溢出来的东西愈来愈不完善,有如太阳光的辐射,离它越远光线越弱。但一切流溢出来的东西最后都要回归到神,只有物质因与神对立不能回归到神。人生的目的就是要回归到神,与神契合一体,也就是要追求绝对永恒的真善美。而这只有通过禁欲持戒摆脱物质、肉体的束缚,进入迷狂状态才能达到。总之,万物皆来自神,又都要回归于神,这就是普洛丁哲学的基本要点。他就是用这套神秘主义的哲学来解决美学问题的。

普洛丁首先讨论了美是什么这个基本问题。他指出,美主要是通过视觉来接受的,美也可以通过听觉来接受,如音乐的音调和节奏。比这些感性事物的美更高级的还有精神领域的美,如事业、行为、风度、学问、品德的美。他称这两种美为物体美和心灵美,也就是感性美和非感性美或理性美。这些都是此岸的美、尘世的美。所以,他不否认现实世界存在着美的事物。但他极力否认客观的现实世界是美的根源,否认美的本质在事物自身。他说:"同一物体,时而美,时而不美,仿佛物体的实质并不同于美的实质。"①他特别反对西塞罗关于美的定义,即美在各部分与全体的比例对称和悦目的颜

---

① 转引自北京大学哲学系美学教研室编:《西方美学家论美和美感》,商务印书馆1980年版,第53页。

色。这也是自古希腊以来广泛流行的传统定义。他的理由主要有以下三点:第一,如果美在比例对称,美的东西就只能是由各部分复合而成的统一体,这样,那些单纯的东西如日光、黄金、单纯的音就要被排斥在美的范围之外,而这些单纯的东西事实上是美的。第二,比例对称显然不适用于精神领域的事物,如美的事业和美的文辞。在法律、知识和学术的美里又怎能见出什么比例对称呢? 第三,同一张面孔,尽管比例对称前后没有变,却时而显得美,时而显得丑,这说明比例对称和比例对称中的美并非一回事,即便比例对称的面孔是美的,它之所以美,原因也不在比例对称而在别的方面。在他看来,如果美在比例对称,那就要承认美在事物自身,而他认为,虽然人们能在现实事物上看到美,但美不是事物自身的属性,其根源必另有所在。

那么,美的根源究竟何在呢? 他认为,除了此岸的美之外,还有一种先于这一切美的美,这就是彼岸的美,神的美。这是"最高的本质的美",是"完全真纯的美本身"。他说:"一切其他形式的美都是从本身以外得来的,掺杂的,不是原本的;它们这些美都是从完全真纯的美本身来的。"①并且说:"神才是美的来源,凡是和美同类的事物也都是从神那里来的。"②在他看来,此岸的美来源于神的美。一切现实事物的美都是低级的,与物质、肉体相掺杂的,是有如镜花水月般的幻影,并不真实;而神的美才是高级的、精纯的,是纯精神性的,是最高的纯理性的美、唯一真正的美。他的全部美学思想都是为神的美作论证的,美学在他手里开始走向了神学。

由于此岸的美来自彼岸的美,美根源于神,因此,在美的本质问题上,普洛丁认为,美的事物之所以美,就是由于分有了神的理念或理性,分有了神的光辉。他说,当理念来到一件东西上面,就会把它的各部分加以组织安排,化为一种凝聚的整体,创造出整一性。"一件东西既化为整一体了,美就安坐在那件东西上面,就使那东西各部分和全体都美。"③相反,任何没

---

① 转引自北京大学哲学系美学教研室编:《西方美学家论美和美感》,商务印书馆1980年版,第62页。

② 同上书,第57页。

③ 同上书,第54页。

有形式的东西,包括可以取得形式但仍处于理念和理性之外,还没有取得形式的东西,就都是丑的。由于理念本身是整一的,物质由理念赋予形式以后也就是整一的、美的,否则就是丑的。总之,"物体美是因分享了一种来自神明的理性而产生的"①。这就是所谓"分有说"。显然它主要来自柏拉图,同时它也吸收了亚里士多德的美在整一说。与柏拉图把"分有"看作模仿不同,普洛丁讲的"分有"是流溢的结果,他的分有说也就是流溢说。

　　普洛丁讨论的另一个重点是美的认识问题。他不否认人有识别美、判断美的能力,他也不否认对物体美的认识要通过感官,并说过天生失明的人无从察觉美、感觉美。但他认为,要把握物体美的本质,要认识更高级的美,如事业、行为、学问、品德之类心灵美,尤其是神的美,就不能凭感官,而要凭心灵和理性,凭所谓"内在的眼睛""灵魂的视觉"。在他看来,感官最多只能认识低级的物体美,而且只能认识其外表。他说:"当一个人观看具体的美时,不应使自己沉湎其中,他应该认识到,具体的美不过是一个形象、一个暗示和一片阴影。他应当超越它,飞升到美的本源那儿去。"②这本源指的是美本身,也就是神。因此,对美的认识也就是回归到神,与神契合为一。他称对美的认识为观照。他说:"观照不是观看,而是另一种视觉类型,即迷狂。"③如果一个人观照到神,与神契合为一体,就会在迷狂中惊喜交集,充满狂热和狂喜,就会为神的美而热爱他,就会鄙视过去那些僭称为美的事物。他把这种迷狂的神秘境界看作人生最高的理想境界。他说:"谁能达到这种观照谁就享幸福,谁达不到这种观照谁就是真正不幸的人。因为真正不幸的人不是没有见过美的颜色或物体,或是没有掌握过国家权势的人,而是没有见过唯一的美本身的人。"④怎样才能达到这种境界呢?怎样才能观照到神,达到美本身呢?他说:"为着它,心灵须经过最尖锐的最紧张的

————————

　　① ［古罗马］普洛丁:《九章集》,载《美学文献》编辑部编:《美学文献》第 1 辑,书目文献出版社 1984 年版,第 403 页。
　　② 转引自［波］沃拉德斯拉维·塔塔科维兹:《古代美学》,杨力等译,中国社会科学出版社 1990 年版,第 417 页。
　　③ 同上书,第 425 页。
　　④ 转引自北京大学哲学系美学教研室编:《西方美学家论美和美感》,商务印书馆 1980 年版,第 62 页。

斗争。在这斗争中它须作出一切的努力,才不至于分享不到最优美的观照。……如果要得到美本身,那就得抛弃尘世的王国以及对于整个大地、海和天的统治,如果能卑视这一切,也许就可以转向美本身,就可以观照到它。"①并且说,心灵"本身如果不美也就看不见美。所以一切人都须先变成神圣的和美的,才能观照神和美"②。这就是说,必须鄙视、抛弃、远离一切尘世生活,摆脱一切物质、利害、权力、感官和肉体的束缚,改善和洗涤自己的灵魂。他甚至说,要达到这个境界,双腿和车船都无济于事,应该闭起肉眼,抛开用肉眼去看的办法,采取另一种办法去看,要把人人都有而人人都不会用的那种收心内视的功能唤醒起来。③

从以上的分析可以看到:第一,普洛丁所谓"美的观照"并不是建立在感性认识基础上的。它不是观照外在的美的事物,而是"收心内视",深入自己的灵魂内部;它不依靠常人的感官,而是依靠假设的、至今未被科学证实的所谓灵魂内部的眼睛或视觉;它不是去认识事物自身的本质,而是在迷狂中去追求与神契合为一的神秘体验;它不但不要求接近外在对象,反而要求越远离越好。这样一种既无外在对象,又无正常感官的观照当然是十分神秘的。这种理论把美归之于神,完全否认了客观的现实世界是一切美的源泉。第二,普洛丁极端轻视感官和感性,他把理性抬高到了首位。他所谓"理性"实际上也就是所谓"先验的、纯粹的理性"。这种"理性"既然不以感性认识和社会实践为基础,那就违背了人类认识的正常秩序,就不是真正的理性,而恰恰是反理性,或者说必然通向反理性。他所提出的"美的观照"的理论,可以说是一种反理性主义的"先验理性的审美观照说"。第三,普洛丁的这套理论是来自柏拉图的,但比之更精致、更神秘。柏拉图讲美的认识毕竟还把它看作一个从感性到理性的发展过程,包含了辩证的因素,而普洛丁则抛弃了柏拉图的合理因素,发展了他的神秘唯心的方面。第四,普洛丁的这套理论不但是唯心主义、神秘主义、反理性主义的,而且是禁欲主

---

① 转引自北京大学哲学系美学教研室编:《西方美学家论美和美感》,商务印书馆1980年版,第62页。

② 同上书,第63页。

③ 参见[古罗马]普洛丁:《九章集》第1集第6章第8节,载《美学文献》编辑部编:《美学文献》第1辑,书目文献出版社1984年版。

义的,是适应宗教和贵族奴隶主的需要的。

当然,我们还应当看到,普洛丁关于美的认识的学说在西方美学史上是很重要的,其中也包含了不少合理的思想,对后世产生过重大的影响,不应当全盘否定。例如,普洛丁在谈到物体美的认识时,就有一些值得重视的见解。他说,物体美是"一眼就可以感觉到的一种特质",认识物体美不需要经过推理,这就揭示了审美的直接性的特征,这是后来不少美学家都津津乐道和认真探索的问题。他认为感官不能认识物体美的本质,原因在于美不是物体的体积、形状、颜色、比例对称等所引起的单纯的感觉。这表明他已看到美感比单纯的感觉要更复杂、更高级。正是由于这一点才引发了后世关于美感和快感的区分。他提出的"内在的眼睛""灵魂的视觉",后来在英国经验派美学家那里发展成了审美感官说。这个至今尚未被证实的美学假说之所以能够成立,并令人感到兴趣,也是因为它是以美感比单纯感觉更复杂这一事实为依据的。另外,普洛丁还谈到一个十分重要的思想,他说:"美是由一种专门为美而设的心灵的功能去领会的。这种功能对于评判特属于它的范围里的那类对象,比起其他功能都较适宜,尽管其他功能也同时参加这种评判。"①这种把审美看作各种心灵功能的共同合作的看法,显然和康德关于美是各种心理功能的综合游戏的看法是完全一致的。总之,在所有这些方面,普洛丁在美学史上都作出了开创性的贡献。

普洛丁的艺术观点是他哲学观点和美学观点的延伸,同时也是柏拉图唯心主义艺术模仿论的修正和发展,同样具有神学的、神秘的性质。他把艺术和艺术作品分割开来,认为在艺术家创造艺术作品之前就已经存在所谓"先验的艺术"。不是艺术家创造出艺术,而是艺术创造出艺术家。他说:"没有音乐就没有音乐家,是音乐创造出音乐家来,而且是先验的音乐创造出感性的音乐。"②在他的心目中,神是最高的美,是万事万物的创造者,当然也是艺术的创造者,而艺术家只能创造具体的艺术作品,他只不过是"参与艺术的创造",把来自神的理念和美纳入艺术作品。他认为,艺术美的本质就在于理念,在于美,而这归根到底都来源于神,不但与现实生活没有丝

---

　　①　转引自北京大学哲学系美学教研室编:《西方美学家论美和美感》,商务印书馆1980年版,第55页。

　　②　《美学文献》编辑部编:《美学文献》第1辑,书目文献出版社1984年版,第412页。

毫关系,而且本质上也不是艺术家的创造。在美学史上,他最早把"美"和"艺术"这两个概念等同起来,把艺术片面地归结为美的体现。他举例说,如果有两块石头,一块未经艺术点染,一块已经被艺术降伏,成为一座神或人的雕像,那么这座雕像之所以美,并不因为它是一块石头,否则另一块顽石也应该一样美,而是由于被灌注到石头里的理念或形式。这理念或形式在这之前就已经存在于艺术家的心里,而艺术家的心里之所以有这种理念或形式,也不是因为他有"眼睛和双手",也就是说不是来自艺术家的认识和实践,而是因为他"参与了艺术的创造"。普洛丁这种关于"先验艺术"和艺术创造的观点,其实质是把艺术的本原归结为神。按照这种观点,艺术作品无非是艺术家赋予物质以神的理念或形式的结果,艺术美既不来源于生活,又与物质材料无关,艺术家与其说是凭主观创造,不如说是在代神创造。这和柏拉图所谓诗人代神立言说实质上是完全一致的。

　　普洛丁关于艺术的观点是以他的神造世界的流溢说为基础的。流溢和模仿是两个显然不同的概念,照理说,普洛丁不能承认艺术模仿论。事实上他也的确反对以亚里士多德为代表的唯物主义的艺术模仿论,但他毕竟接受了柏拉图唯心主义的模仿论。二人在把艺术最终归结为模仿理念这一点上是共同的,但普洛丁改造了柏拉图的学说,二者又有区别。柏拉图认为艺术模仿的是感性世界,所以艺术低于现实,而普洛丁认为,艺术虽然也模仿具体可见的感性世界,但主要是直接模仿理念世界,由于艺术本身就包含理念和美,因此艺术高于现实,处于此岸世界和彼岸世界之间,能补充自然之不足,并且是通向彼岸世界的桥梁。所以他不像柏拉图那样鄙视艺术,相反却推崇艺术。他指出,虽然艺术是通过模仿自然物来进行创造的,但根据这一点并不应该藐视它们;因为,首先,那些自然物本身也只是模仿,其次,我们必须认识到艺术不是单纯地再现我们所见到的东西,而是返回到产生自然本身的那些理念。艺术是美的占有者,又补充自然之不足。因此费忌阿斯不是按照感性事物中的模型来塑造宙斯像的,而是按照宙斯假如立意要在我们面前呈现时所必须采取的形式来理解他的。① 在普洛丁那里,艺术

---

　　① 参见[古罗马]普洛丁:《九章集》第 5 集第 3 章第 1 节,载《美学文献》编辑部编:《美学文献》第 1 辑,书目文献出版社 1984 年版。

补充自然之不足的思想,是和他鄙视现实生活,返回彼岸世界的思想密切相关的。他认为,此岸世界是不完美的,生活在这个不完美世界中的人类,总希望返回由所从来的完美世界,艺术的使命就在于引导人类返回故乡,回归到神。普洛丁的艺术观点在历史上曾有重大的影响,它不但激发过唯美主义和反动浪漫主义的创作灵感,而且一直影响到当代西方美学,如海德格尔的存在主义美学、荣格的深层心理分析美学,等等。车尔尼雪夫斯基在《亚里士多德的诗学》一文中,把普洛丁的艺术观点称作艺术的"理想根源"说,称他是这一学说最先的创立者,并且针对这种观点流行的情况说:"我们如果称艺术根源说为'现代的'学说,就不见得是正确,因为这一学说所隶属的观念体系早已被人抛弃了。"①这些见解是应当重视的。

　　总的说来,普洛丁上承古希腊罗马美学,下启中世纪美学,在美学史上占有十分重要的地位。他第一次把美学问题置于哲学体系的中心,最早把美学转向神学,建立了较为系统的美学体系。他的美学体系虽然是唯心的、神秘的,但其中提出了许多重大的问题,一直引起人们的广泛论争直到今天,产生了极为深远的影响。

---

　　①　[俄]车尔尼雪夫斯基:《美学论文选》,缪灵珠译,人民文学出版社1957年版,第147页。

第 二 章

中世纪的美学

从公元5世纪末西罗马帝国灭亡(公元476年)至14世纪,是西欧封建社会形成、发展和繁荣的时期,历史上一般称作"中世纪"。西欧的封建制是在罗马帝国的废墟上建立起来的。日耳曼人的入侵,摧毁了罗马的奴隶制,造成了政治、经济、文化生活的巨大破坏。因此,中世纪在最初的数百年里,社会发展极为缓慢。正如恩格斯所说:"中世纪完全是从野蛮状态发展而来的。它把古代文明、古代哲学、政治和法学一扫而光,以便一切都从头做起。它从没落的古代世界接受的唯一事物就是基督教和一些残破不全而且丧失文明的城市。"①这种情况直到11世纪封建制开始走向繁荣才有所转变。

基督教是在公元1世纪罗马帝国初期产生的,最初流行于巴勒斯坦的下层犹太人民中间,后来传播到整个罗马帝国,到公元4世纪被定为罗马帝国的国教。罗马帝国灭亡后,它由奴隶主的宗教变为封建主的宗教,成为维护封建统治的工具。在中世纪的西欧,罗马的基督教会占据至高无上的地位,拥有巨大的财富和权力。在经济上,它本身就是最大的封建主,它利用土地残酷剥削广大农奴,向居民普遍征收什一税,并利用各种迷信活动敲诈勒索,僧侣们过着奢侈腐化的生活。在政治上,它利用"教阶制",把整个西欧联合成庞大的政治体系,成为封建统治的国际中心,并利用"神权说",代

---

① 《马克思恩格斯文集》第2卷,人民出版社2009年版,第235页。

上帝封王,给国王加冕,把各国帝王和世俗政权置于自己的控制之下。在文化思想领域,它实行神学统治,成为最高权威,残酷迫害异端,它把政治、法律、哲学、文学等意识形态都从属于神学,使之成为神学的分支,它把社会生活的各个方面都染上了宗教的色彩。

一般说来,中世纪的文化主要就是基督教的文化。基督教鼓吹君权神授、来世主义和禁欲主义,把世俗生活视为孽海,要人们抛弃尘世的享受和欢乐,禁欲苦行,祈求上帝的保佑,来世好升天堂。这种文化是与重视现实生活的古希腊罗马文化相对立的。例如,在中世纪早期,教会曾多次野蛮镇压文艺活动,大量毁掉古希腊罗马的庙宇、建筑、雕像、绘画等文物,开展过"销毁偶像运动"(反圣像运动),禁止人们画基督、圣徒和一切圣物的形象。它认为文艺只是满足肉体欲求、感官享乐的工具,挑动情欲,伤风败俗,不能给人以真理。但是,这只是问题的一个方面,我们还必须看到,宗教毕竟是现实在人们头脑中的虚幻的、歪曲的反映,神学只不过是改头换面的人学。事实上,在中世纪漫长的历史进程中,基督教文化也逐渐吸收了大量古希腊罗马的文化,包含了一定的人世内容。教会对待文艺的态度也有明显的变化,开初它反对文艺,后来又转而利用文艺宣传宗教教义,并且从感性世界只是隐寓极乐世界的宗教观念出发,形成和发展了以追求梦幻、寓意和象征为特点的官方教会文艺。中世纪在建筑、音乐、骑士文学、英雄史诗等方面也有很高的艺术成就,它对人类文化也作出了宝贵的贡献。因此,把中世纪视为"人类历史的简单中断"和"一片空白"或"黑暗时代"的看法是片面的,不符合事实的。当然,为中世纪辩护,提出"回到中世纪"的口号,把中世纪看作人类文化的顶峰,更是错误的。这两种错误倾向都不符合历史的事实。

从古代到中世纪,西方美学发展到了一个新的阶段。这一时期的美学已被纳入神学,其中心任务是论证"上帝至美"。就其思想内容来说,主要表现为柏拉图的学说、普洛丁的新柏拉图主义和基督教教义的相互融合。但中世纪美学不是古代美学的简单重复。它的突出特点是以神学的形式发展了古代的本体论美学,使之摆脱自然哲学的束缚进入了新的阶段。它所提出的一些基本概念和美学问题,对近现代美学的发展产生过重大的影响。因此,不应当忽视而应当充分重视中世纪的美学。

但是,对中世纪美学的研究一向是最薄弱的。一些著名的美学史著作如齐默尔曼的《美学史》、夏斯勒的《美学批评史》,完全没讲中世纪美学,鲍桑葵的《美学史》和克罗齐的《作为表现的科学和一般语言学的美学的历史》虽然注意到中世纪美学,但讲得也很不充分。直到近数十年,中世纪美学才开始得到认真的研究,并取得一些新的进展和成果,尤其在吉尔伯特和库恩、比尔兹利和塔塔科维兹的美学史著作中,中世纪美学已得到较详细的阐述。此外,还出现了许多有关中世纪美学的专著。有关中世纪美学的研究已成为当代美学论争的热点之一。限于篇幅,我们只简要介绍中世纪最重要的美学代表人物——奥古斯丁、托马斯和大诗人但丁。

第一节　奥古斯丁的美学思想

奥古斯丁(Augustinus,350—430 年)是中世纪初期西方教父学即基督教神学的主要代表,号称"教会之父",他也是中世纪早期最重要的美学家、官方教会艺术的理论家。他出生于北非的塔加斯特。父亲是异教徒,母亲是基督教徒。奥古斯丁 16 岁时,去迦太基学习修辞学。19 岁开始信仰波斯的摩尼教,384 年在米兰任修辞学教师期间,接受洗礼,改信基督教。两年后回到北非,不久获教会高级职位,396 年被提升为非洲希波城的主教,积极从事教会事务和反异端斗争,直到逝世。据他自己说,早年曾写过《论美与适宜》,但当时就已失传。他的主要著作是《上帝之城》《忏悔录》《三位一体》《论自由意志》《论音乐》《论激情》等,都涉及一些美学问题。

奥古斯丁的美学思想有一个形成、发展、变化的过程。在皈依基督教之前,他主要接受了亚里士多德的整一性和西塞罗关于美的定义,认为美是整一或和谐,物体美是"各部分的适当比例,再加上一种悦目的颜色"。这仍是美在形式的传统看法。当时,他承认、肯定、赞赏物质世界的美,很为具有"美丽动人之处"的金钱、荣华、权势、地位、物体的颜色、大小、线条、肉体接触的快乐、友谊的温柔甜蜜等人间事物所吸引。他说:"除了美,我们能爱什么？什么东西是美？美究竟是什么？什么会吸引我们对爱好的东西依依不舍？这些东西如果没有美丽动人之处，便绝不会吸引我们。"①他还在观察物质世界的基础上，对美的本质做过理性的思考，写过一本《论美与适宜》的书。他写道："我观察到一种是事物本身的和谐的美，另一种是配合其他事物的适宜，犹如物体的部分适合于整体，或如鞋子的适合于双足。"②"我的思想巡视了物质的形相，给美与适宜下了这样的定义：美是事物本身使人喜爱，而适宜是此一事物对另一事物的和谐，我从物质世界中举出例子来证明我的区分。"③依照这种看法，美是独立自足的、完满和谐的整体，美的价值就是事物本身，而适宜则依赖其他事物，是事物相互之间的一种关系，与目的、效用有关。奥古斯丁把适宜与美区分开，也就是要从美中排除效用、合目的性和相对性的因素。他的这个见解也是新鲜的，但他仍把美的根源摆在物质世界。

在皈依基督教之后，奥古斯丁的美学发生了重大的变化。在《忏悔录》中，奥古斯丁站在基督教神学的立场上，对自己早期写作《论美与适宜》时的美学思想进行了自我批判。他悔恨自己当时年轻，误信了亚里士多德和西塞罗的话，满脑子都是物质的幻象，完全陷入了"美的罗网"，因而看不见上帝的至美，面临深渊犯下了罪过，请求上帝的宽恕。他认为自己最大的错误就在于从物质世界的内部寻求美，而实际上美的根源只在上帝。只有上帝才是美的本体，才是美本身，一切物质世界的美都来源于上帝。上帝是独一不变的本体或本质。上帝是至美，绝对美，无限美，万美之美，是一切美的源泉和创造者，人间一切事物的美只是相对美、有限美，是低级的、卑下的。感性事物本来是杂多的，上帝赋予它和谐、秩序和整一，人们才能从事物的杂多中见出统一和美，而事物的美和上帝的美相比较不但微不足道，甚至根本就谈不上美。他说："是你，主，创造了天地；你是美，因为它们是美丽的；你善，因为它们是好的；你实在，因为它们存在，但它们的美、善、存在，并不和创造者一样；相形之下，它们并不美，并不善，并不存在。"④同时他还认

---

①　[古罗马]奥古斯丁：《忏悔录》，周士良译，商务印书馆1981年版，第64页。
②　同上。
③　同上书，第66页。
④　同上书，第235页。

为,美,不论上帝的美,还是万物的美,都是人的肉体感官所不能认识的,人要认识美只能依靠来自上帝的理性,他甚至根本否认人可以成为审美的主体。他向上帝说:"谁能通过你的'圣神'而观察这些事物,你便在他身上观看。因此,他看出万有的美好时,是由于你看见其美好。"①这就是说,并不是人而是上帝才能欣赏美,在事物中看出美。这种讲法当然是很神秘的。总之,在皈依基督教之后,奥古斯丁放弃和批判了美在形式的传统看法,完全割断了美与物质世界的联系,把美只归结为彼岸的上帝,把美学完全融合于基督教神学,创立了一套神学美学。

基督教神学是柏拉图的理念说、普洛丁新柏拉图主义的"太一"流溢说和基督教教义相互结合的产物,是由三位一体说、上帝创世说、原罪赎罪说、来世报应说等所构成的一整套宗教思想体系。它与新柏拉图主义有联系,但又有很大的不同。第一,神或上帝在新柏拉图主义那里只是抽象的"太一",而在奥古斯丁这里则变成所谓"三位一体",它具有"圣父""圣子""圣灵"三个"位格",三者共存在同一"本体",也就是说它已成为有意志、有情感、有智慧的人格化的神。第二,奥古斯丁放弃了流溢说,他认为世界不是"太一"的流溢,而是上帝按自己的意志设计和创造的。第三,新柏拉图派认为,灵魂是纯洁的,它有摆脱肉体束缚回归到神的自然倾向,可以通过净化在迷狂中回归到神,认识最高的美,而中世纪神学则认为人类因为其祖先亚当、夏娃在伊甸园偷吃禁果犯了"原罪",经过遗传,其子子孙孙都是有罪的。人在人间受苦受难是上帝的惩罚,此乃"天命",而且由于人类失去了"自由意志",人永远也无法自救,只能靠上帝派耶稣基督来教化人们接受天命,忍辱负重,一心热爱上帝,抛弃尘世的一切物质欲望,向上帝赎罪,求得上帝的宽恕和恩赐才能在来世得救,进入永恒存在的"上帝之城"即天国,否则就会落入"世俗之城"即地狱遭受永刑。第四,新柏拉图派认为艺术高于现实,是人通向神的途径之一,而奥古斯丁认为艺术只涉及情欲,人们创造艺术和美,不但不能净化自己的灵魂、回归到神,反而会被引向卑微的下界。所有这些差别都说明奥古斯丁已把哲学与美学纳入了神学。

奥古斯丁还受毕达哥拉斯学派的影响,把数加以绝对化和神秘化作为

---

① [古罗马]奥古斯丁:《忏悔录》,周士良译,商务印书馆1981年版,第320页。

美的基本要素。他认为上帝是按数学原则创造万物的。现实事物的美即和谐、秩序和整一，归根结底是一种数学关系。他说："数始于一，数以等同和类似而美，数与秩序不可分"，又说："理智转向眼所见境，转向天和地，见出这世界中悦目的是美，在美里见出图形，在图形里见出尺度，在尺度里见出数。"①他特别强调"数的相等"，他把圆看成最美的图形就因为圆的半径都是相等的。他认为，美在完善，而完善的程度取决于尺寸、形式和秩序。美不在部分而在整体。这些形式主义的看法对后来有很大的影响。

奥古斯丁还提出过丑的问题。感性世界是上帝创造的，因而是美的，那么在一个上帝所创造的世界里是否有丑存在？丑占什么地位呢？显然这是一个神学问题，在他那里丑的问题具有了在古代不曾有过的神学的意义。他认为，"世界美存在于对立事物的对比中"②。美与丑是相对应的，但丑不是实在的东西，只是美的特征的缺乏或不足，是较低级的美。因此丑是构成美的一个条件，是整体美的一个部分，丑不是消极的范畴，它在整体美中起烘托作用。美有绝对美，而丑却都是相对的。例如人的形体美高于猿猴的美，于是人们便称猿猴的美为丑，其实猿猴的形体也包含和谐、对称等美的要素。

对待艺术，奥古斯丁也做过许多思考，总的来说，他对艺术是厌恶和反对的。在《忏悔录》中，他指责杂技表演是"荒谬的游艺"，极力反对戏剧，认为喜剧表演过于卑鄙，悲剧让观众从旁人的悲痛中得到快感，而且使人养成说谎的习惯，都是不道德的。他追悔早年酷爱荷马和维吉尔的爱情描写，悲痛地说："我童年时爱这种荒诞不经的文字过于有用的知识，真是罪过。"③他甚至祈祷上帝，让他摆脱"淫欲之念"。在他看来，世俗艺术一味挑逗情欲，引导人到上帝之外找美，应当加以反对。他说："艺术家得心应手制成的尤物，无非来自那个超越我们灵魂，为我们的灵魂所日夜向往的至美。创造或追求外界的美，是从这至美取得审美的法则，但没有采纳利用美的法则。这法则就在至美之中，但他们视而不见，否则他们不会舍近求远，一定

———————

① 转引自朱光潜：《西方美学史》上卷，人民文学出版社 1979 年版，第 129 页。

② 转引自［波］沃拉德斯拉维·塔塔科维兹：《中世纪美学》，褚朔维等译，中国社会科学出版社 1991 年版，第 76 页。

③ ［古罗马］奥古斯丁：《忏悔录》，周士良译，商务印书馆 1981 年版，第 17 页。

能为你(上帝——笔者注)保留自己的力量,不会消耗力量于疲精劳神的乐趣。"①但是,另一方面,他并不反对一切艺术,他认为,艺术是人类独有的活动,鸟的歌唱并不就是音乐。他不否认艺术是模仿,但他认为模仿并非艺术的本质,艺术并不模仿事物的一切方面,而主要是发现事物的美,艺术是以认识为基础的。他肯定艺术的虚构和想象,他说,如果一幅画中的马不是虚构的马,就不成其为真正的绘画,如果一个演员不想成为虚构的角色,就不能成为一个真正的演员。他还注意到欣赏绘画和阅读文学作品有不同的方式,他说:"当你看到一幅画时,过程已经结束了;你已看见它,赞美它。当你看到一篇文字时,过程却没有完结,因为你还必须阅读。"②他要求艺术服从宗教,通过自然来歌颂神的理性、秩序和美。因此,他还有一些为美和艺术辩护的言论,这些言论也还是合理的。

第二节　托马斯·阿奎那的美学思想

托马斯·阿奎那(Thomas Aquinas,1226—1274 年)是中世纪末期最大的神学家,经院哲学体系的完成者。他出生于意大利那不勒斯一伯爵家庭,青年时代在那不勒斯、巴黎、科隆求学,是著名经院哲学家、神学家阿尔伯特的学生,曾获神学博士学位。后来在巴黎、科隆、罗马和那不勒斯等地教授哲学和神学。1274 年,他前往里昂参加宗教会议,死于途中。他的主要著作有《反异教大全》和《神学大全》,被奉为经院哲学的百科全书,其中包含他的美学思想。

与奥古斯丁一样,托马斯也是从神学出发论证美学问题的,他的美学也是神学美学。他认为,上帝是最高的美,一切感性事物的美都根源于上帝的美。但是,他所创立的经院哲学比奥古斯丁的教父神学已有很大进步,它突

---

① 　[古罗马]奥古斯丁:《忏悔录》,周士良译,商务印书馆 1981 年版,第 219 页。

② 　转引自[波]沃拉德斯拉维·塔塔科维兹:《中世纪美学》,褚朔维等译,中国社会科学出版社 1991 年版,第 79—80 页。

出表现在,其中吸收了亚里士多德以经验世界为基础的许多哲学观点,因此,较少有神秘主义的色彩,尤其在对人的看法上,他虽然仍从教义出发把人看作上帝的造物,但同时他又赞成亚里士多德的观点,认为人是自然的存在;人所具有的自然功能如情欲是人的一切实践活动的自然基础,并非全是罪恶,符合理性的情欲能引人向善,只有违背理性的情欲才引人向恶。所以,他并不像奥古斯丁那样鄙视尘世的生活和美,相反,他在上帝的美之外,对人的审美活动和感性事物的美有了更多的肯定和研究。

托马斯把审美活动看作人与动物相区别的特点之一。他认为,人的审美活动本质上是一种认识活动,这种认识活动不仅包含感性因素,还包含有理性因素,它满足的不是生存需要,而是更高级的精神需要。他说:"人分配到感官,不只是为获得生活的必需品,像感官在其他的动物身上那样,并且还为着知识本身。其他动物对感官对象不会引起快感,除非这些对象与食物和交配有关,但是人却可以单从对象本身的美得到乐趣。"①他举例说,一头狮子见到一只牡鹿感到愉悦,只是因为这预示了一顿佳肴,而人欣赏牡鹿所体验到的愉悦却不仅由于可以美餐一顿,主要还是由于各种感性印象的和谐。因此,他认为,审美的愉悦与生物性的愉悦,即美感与快感有本质的差异,美感不再与维持生存相联系,美感比快感更高级。

那么,什么是美呢? 他认为,美首先在于形式。人们通常都把善的东西称赞为美的,原因在于美与善不可分割,二者都以形式为基础。

托马斯的贡献在于,他还从美与善的区别,从审美主体的角度,对美的本质作了积极的探索,表现出有从客观唯心主义向主观唯心主义转变的倾向。他认为,善涉及欲念,是欲念的对象,有外在的目的,而美却只涉及认识功能,是认识的对象,只引起视听的快感。由此,他给美下了一个定义:"凡是一眼见到就使人愉快的东西才叫做美的。"②他进一步指出:"根据美的定义,见到美或认识到美,这见或认识本身就可以使人满足。因此,与美关系最密切的感官是视觉和听觉,都是与认识关系最密切的,为理智服务的感官。我们只说景象美或声音美,却不把美这个形容词加在其他感官(例如

---

① 转引自北京大学哲学系美学教研室编:《西方美学家论美和美感》,商务印书馆1980年版,第67—68页。

② 同上书,第66页。

味觉和嗅觉)的对象上去。从此可见,美向我们的认识功能所提供的是一种见出秩序的东西,一种在善之外和善之上的东西。总之,凡是只为满足欲念的东西叫做善,凡是单靠认识到就立刻使人愉快的东西就叫做美。"①托马斯关于美的这个定义是十分重要的。首先,美是通过感官使人愉快的东西。判断事物的美丑离不开可感的形式,更离不开感官和审美主体。因此,是否使人愉快就成了判断事物美丑的标准之一,显然,这是一种主观的标准。其次,并非所有使人愉快的东西都是美的,只有在观赏时立即直接使人愉快的才是美的,因此,美只涉及感性形式,不涉及内容、功利和目的,对美的欣赏是一种"理性观照"的认识能力,具有不假思索、无须推理等审美直接性的特点。他明确说:"美在本质上是不关欲念的。"②总之,美是可感的,是认识的对象,只涉及形式,不涉及内容;只引起快感,不涉及欲念,没有外在的实用目的。所有这些观点后来在康德的主观唯心主义美学中都得到了进一步的发展。

关于艺术,托马斯没有形成完整的艺术理论。艺术这个概念,在他那里,是在制造的一般含义上使用的,其外延十分宽泛。他也讲艺术模仿自然。但他对此作了独特的解释。他认为,上帝是自然万物的根源和制造者,上帝虽然不创造艺术作品,但它制造的自然产品却可以为艺术家的创造在一定程度上提供若干范例,准备好各种要素,而艺术家不能创造自然产品,他要创造艺术作品即人工产品,就必须以上帝创造的自然产品为范例,模仿上帝创造万物的活动方式。他说:"艺术的过程必须模仿自然的过程,艺术的产品必须仿照自然的产品。学生进行学习,必须细心观察老师怎样做成某种事物,自己才能以同样的技巧来工作。与此相同,人的心灵着手创造某种东西之前,也需要受到神的心灵的启发,也必须学习自然的过程,以求与之相一致。"③在他看来,艺术创作的过程是,艺术家在神的启示下首先在心里形成所要制造的东西的观念,然后仿照神造自然的技巧,从心灵"流出"

---

① 转引自北京大学哲学系美学教研室编:《西方美学家论美和美感》,商务印书馆1980年版,第67页。

② 同上。

③ 转引自伍蠡甫主编:《西方文论选》上卷,上海译文出版社1979年版,第154页。

艺术形式,使之"注入到外在的材料之中,从而构成艺术作品"①。他强调指出:"艺术作品起源于人的心灵"②,"艺术乃是制造者心里有关制造事物的思想"③。因此,他所谓艺术模仿自然,并不是反映自然或客观现实,而是表现艺术家的主观心灵。这是他以神学改造亚里士多德"艺术模仿说"的结果,是一种唯心主义的观点,但也包含了反对机械模仿自然,要求艺术把握自然实体和神韵的合理成分。

托马斯的美学思想是为维护教会统治服务的,19 世纪末罗马教皇宣布托马斯主义为天主教的官方哲学,由此形成了"新托马斯主义"。以马利坦《艺术与经院哲学》一书为代表的新托马斯主义美学在现代西方有广泛的影响。新托马斯主义是公然对抗马克思主义的。

第三节 但丁的美学思想

意大利著名诗人但丁(Dante Alighieri,1265—1321 年)是文艺复兴运动的先驱。马克思和恩格斯说:"封建的中世纪的终结和现代资本主义纪元的开端,是以一位大人物为标志的。这位人物就是意大利人但丁,他是中世纪的最后一位诗人,同时又是新时代的最初一位诗人。"④他出生于佛罗伦萨一个小贵族家庭。自幼好学深思,喜爱文学和修辞学。成年以后,他积极参加政治活动,加入了代表新兴市民利益的圭尔弗党,同代表封建贵族利益的吉伯林党作斗争,并于 1300 年当选为佛罗伦萨的行政官。后来圭尔弗党分裂为黑白两党,他接近拥护世俗君主专制的白党。1302 年,他被拥护教皇的黑党放逐,从此漂泊异乡,晚年定居拉凡纳,因染疟疾而逝。在政治上,他坚决反对教权,主张政教分离,拥护世俗君主专制,主张王权高于神权。他的代表作是长诗《神曲》,其中把教皇打入第十八层地狱。

---

① 转引自伍蠡甫主编:《西方文论选》上卷,上海译文出版社 1979 年版,第 151 页。
② 同上书,第 153 页。
③ 同上书,第 152 页。
④ 《马克思恩格斯选集》第 1 卷,人民出版社 1995 年版,第 269 页。

他的美学思想主要包含在《筵席》篇、《致斯加拉大亲王书》和《论俗语》等著作中。

但丁在神学和哲学上是托马斯·阿奎那的信徒。他也接受了神学美学的基本观点。他认为,上帝是美的本体,万物之美来源于上帝之美的光辉照耀,美在各部分的秩序、和谐和鲜明。在《神曲》中,他所描写的上帝,就是一个光辉不朽的至美形象。因此,但丁仍是中世纪美学的重要代表人物。但是另一方面,但丁对西方美学史的重要贡献却主要在于,他比托马斯对人和尘世生活有了更多的肯定,因而开始突破了神学美学。在《筵席》篇中,他认为,人与禽兽不同,人的本质在于天赋的理性和自由意志,这是上帝对人的恩赐,因此人是高贵的,自由的,人在爱上帝之外,还可以追求尘世之爱,追求尘世的快乐和幸福,人有追求真善美的自由和能力,艺术活动有益于人生,所有这些都符合人的本性。但丁对具体美学问题的论述,主要是从肯定人和现世生活的价值和意义出发的。在《筵席》篇中,他论及文艺作品中美与善的异同。他说:"每一部作品中的善与美是彼此不同,各自分立的。作品的善在于思想,美在于词章的雕饰。善与美都是可喜的,这首歌的善应该特别能引起快感。由于这首歌里出来说话的有几个人,所要找出的区分也很多,这首歌的善是不易了解的,我看一般人难免更多地注意到它的美,很少注意到它的善。"①这就是说,作品的内容要善,形式要美,二者都能引起快感,但内容更重要。这表明但丁承认文艺有功利目的,但并不否认形式的美。

《致斯加拉大亲王书》主要从主题、主角、形式、目的、名称和哲学六个方面对《神曲》作了分析。但丁特别强调了《神曲》的寓言意义。中世纪普遍流行一种诗的四义说,即诗具有字面的、寓言的、哲理的和奥秘的四种意义。但丁把这四种定义归并为两点,后三种统称为寓言的意义。他认为,要把握作品的主题,不但要从字面的意义,而且要从寓言的意义上去看。从字面意义看,《神曲》的主题是"亡灵的境遇"。而从寓言的意义看,《神曲》的主题是人,人们在运用其自由选择的意义时,由于他们的善行或恶行,将得

---

① 转引自北京大学哲学系美学教研室编:《西方美学家论美和美感》,商务印书馆1980年版,第68页。

到善报或恶报。他强调诗要体现惩恶扬善的寓言意义。但丁在这里所持的观点是一种"诗为寓言"说，这是中世纪相当流行的看法。按照这种看法，任何艺术表现和事物形象都是象征性的或寓言性的，背后都隐藏着一种奥秘的意义。中世纪的文艺的确是以追求象征和寓言为特征的，例如中世纪的造型艺术就时常用牧羊人象征基督或传教士，羊象征基督教徒，三角形象征三位一体，蛇象征恶魔，等等。但是，寓言思维是一种低级的形象思维，在寓言和象征中，感性形象和理性内容一般是相互脱节，没有必然联系的。作为一种艺术手法，寓言和象征在文艺创作中是可以而且经常出现的，但把寓言和象征当作艺术的本质就完全错误了。不过，从创作实际看，《神曲》有些章节采用的是脱离形象的讨论、答疑、对话的形式，与象征、寓言毫不相关，但丁用这种议论的方式触及了当时哲学、科学和神学上的重要问题和理论。对此，他辩护说，《神曲》是属于哲学，"属于道德活动或伦理那个范畴的，因为全诗和其中各部分都不是为思辨而设的，而是为可能的行动而设的。如果某些章节的讨论方式是思辨的方式，目的却不在思辨而在实际行动"①。这种辩护提高了议论在文艺创作中的地位，强调了诗属于伦理哲学，目的不在思辨而在行动，又可以说是开始打破了诗为寓言说，这在当时也应当说是一种进步。当然，议论不能代替形象思维，这里仍没有解决好内容和形式的相互关系。

　　但丁最重要的理论著作是《论俗语》。它的主要价值是解决用意大利民族语言进行文艺创作的问题。中世纪以来，拉丁语是教会指定的通用语言，只有享受过教育的上层僧侣阶级才懂。但丁对此提出挑战，要用俗语即意大利民族语言来代替拉丁语。他说，俗语是人类真正的元初的语言，是孩子从保姆那里学到的语言，它是一切文学语言的基础，它比文学语言更根本、更自然、更高贵。这表明但丁要求文艺更接近现实生活和人民群众。但丁十分强调语言的社会性质和功用，给予语言问题以重大的社会意义，他认为语言是人类区别于动物的特点之一，语言就它是声音而论是可感觉的，就它传达意义而论是理性的，因而它能成为人类互相传达思想的信号和工具。当时的意大利还没有统一的民族语言。但丁提出统一语言的必要，主张要

———————————

① 转引自朱光潜：《西方美学史》上卷，人民文学出版社 1979 年版，第 140 页。

从各地方的俗语中提炼出一种理想的、标准的、统一的民族语言。他形象地说,要把各地方的俗语"放在筛子里去筛",然后把"最好的字收集在一起"。他认为,这种统一的民族语言,其标准应当是"光辉的、基本的、宫廷的、法庭的俗语"。所谓"光辉的",是指"发光照亮别的,自己也被照亮的东西",是"因练习和力量而高贵的"。它表现为语言的优美、清楚、完整、流畅,具有激荡人心的力量,使用它的人会博得荣誉和光荣。所谓"基本的",就是核心的,它是所有各城市语言的核心,有如门枢,不论向里向外转都以它为核心,它是语言发展变化、新陈代谢的根基。所谓"宫廷的",是指权威的,是适用一切城市的,是宫廷应当使用的。可是现在还没有使用这种语言的宫廷,这种语言还暂住在陋室(民间)。所谓"法庭的",就是公平的,公正的,是最好的法庭使用的,可是现在还没有这样理想的法庭,但这样法庭的成员是有的,而且有一个分散在各地的这样的法庭(暗指人民法庭)。他指出,这种统一的标准的俗语,既"属于意大利的一切城市,而又不属于任何一个城市"[①]。

语言问题是中世纪末期和文艺复兴时期普遍关心的一个重要问题。但丁的《论俗语》不但较早提出这一问题,而且对以下两方面作了比较正确的解决。第一,俗语或民族语言能不能更好地表达思想情感?但丁给了肯定的答复,为俗语作了多方面的辩护。第二,使用俗语能不能更好地进行文艺创作?但丁肯定了对各地俗语加以提炼,建立统一民族语言的必要。他的看法是较为辩证的。《论俗语》不但对意大利而且对欧洲其他各国民族语言和民族文学的发展都有重大影响。

此外,《论俗语》还讲到诗的主题、题材、音律、风格等问题。但丁认为,文艺作品的主题是人。武士的英勇、爱情的热烈和意志的方向,即安全、爱情和才德应当是文艺最重大的题材。作家要比国王、侯爵、公爵以及其他王公大人更出名。总之,但丁虽然还没有摆脱中世纪神学观念的影响,但人文主义的新思想在他那里已见端倪,人们已可听到新时代即将来临的足音。

---

① 转引自伍蠡甫主编:《西方文论选》上卷,上海译文出版社 1979 年版,第 166 页。

第 三 章

文艺复兴时期的美学

欧洲从 14 世纪下半叶到 16 世纪末,是封建社会日益瓦解,资本主义生产方式逐渐形成的时期。历史上又称作"文艺复兴时期"。这是结束中世纪,开创资本主义新纪元的重大历史转变时期。当时欧洲各国仍处于封建制度的统治之下,但资本主义的生产关系已经萌芽,新兴的资产阶级开始登上历史舞台。他们一面在经济上进行原始资本积累,大力发展资本主义工商业,一面在思想文化上借助古希腊罗马文化鼓吹人文主义,反对教会神权和封建文化,从而造成了全面而巨大的社会变革。正如恩格斯所说:"这是人类以往从来没有经历过的一次最伟大的、进步的变革,是一个需要巨人而且产生了巨人——在思维能力、激情和性格方面,在多才多艺和学识渊博方面的巨人的时代。"[①]

文艺复兴运动起源于"资本主义生产发展最早"的意大利,而后又相继在欧洲各国发生。"文艺复兴"这个词最早是在意大利艺术史家 D.瓦萨里(1511—1574 年)的《绘画、雕刻、建筑的名人传记》(1550 年)里使用的,其本义是"古典学问的再生"。1453 年,东罗马帝国首都拜占庭陷落以后,大批希腊古典学者携带书籍逃亡到意大利,他们以讲授古典学说为业,促进了意大利对古典文化的研究。一般认为,这是文艺复兴产生的重要标志。但是这个名称并不准确。首先,这一时期的变革不仅仅表现在文化方面,更重

---

① 《马克思恩格斯选集》第 4 卷,人民出版社 1995 年版,第 261—262 页。

要的还表现在经济基础方面。其次,文艺复兴的产生不仅受到古希腊罗马文化的影响,还受到阿拉伯、印度和中国等东方文化的深刻影响。例如,被湮没1600多年的亚里士多德的《诗学》在文艺复兴时期才被发现和出版,就是由阿拉伯文本转译的。而从中国早已传入的火药、指南针、印刷术和造纸术等发明,对西方资本主义的兴起和发展也发挥了重大的作用。最后,它也不是古希腊罗马文化的简单再生,而是创造了崭新的资产阶级文化。我们仍然沿用"文艺复兴"这个名称,但应当有全面科学的理解。

文艺复兴产生的资产阶级新文化,一般称作人文主义,又称作人本主义或人道主义。它标志着世界观和价值观的根本转变,即从神学到人学,从神性到人性的转变。它主张以人为本,以人为中心,以人为万物的尺度和最高价值,反对神的权威,反对宗教神秘主义、蒙昧主义、禁欲主义和来世主义,它鼓吹以人性取代神性,以人权取代神权,赞美尘世生活的欢乐,歌颂人的伟大和理性的创造精神,提倡思想解放、个性自由、全面发展,反对封建特权和等级制度,要求打碎教会和封建统治的桎梏,为确立资本主义制度鸣锣开道,表现了新兴资产阶级的革命激情和乐观的战斗精神。

文艺复兴是一个人才辈出,群星灿烂的"巨人"时代。当时涌现了大批鼓吹人文主义的卓越代表,他们是学识渊博、思想解放、热情积极的知识精英,是反封建、反神学的先进战士,在各个文化领域都作出了重大的贡献。恩格斯说:"给资产阶级的现代统治打下基础的人物,决不是囿于小市民习气的人。相反地,成为时代特征的冒险精神,或多或少地感染了这些人物。那时,差不多没有一个著名人物不曾作过长途的旅行,不会说四五种语言,不在好几个专业上放射出光芒。……那时的英雄们还没有成为分工的奴隶,而分工所具有的限制人的、使人片面化的影响,在他们的后继者那里我们是常常看到的。但他们的特征是他们几乎全都处在时代运动中,在实际斗争中生活着和活动着,站在这一方面或那一方面进行斗争,有人用舌和笔,有人用剑,有些人则两者并用。"[1]人文主义或人道主义在当时也还是革命的、进步的。但是,恰如马克思所说,资产阶级初期的进步是"用血和火

---

① 《马克思恩格斯选集》第4卷,人民出版社1995年版,第262页。

的文字载入人类编年史的"①。人文主义毕竟是资产阶级的思想意识,其思想核心是资产阶级个人主义,他们虽然以"普遍人性"为口号,但并不真正代表劳动人民的利益,他们以普遍人性为基础的社会理想也还是不彻底的,当时还不可能找到实现真理和美的王国的实际途径。文艺复兴在社会生活各个方面所造成的巨大变革,有力地促进了哲学、科学和文艺的发展。当时唯物主义哲学日益抬头,自然科学有许多发现和发明,文学艺术打破了中世纪神秘主义和象征寓言的艺术手法,表现出生动活泼的现实主义精神,达到了古希腊以来的第二次高峰。就绘画而论,达·芬奇、米开朗琪罗、拉斐尔、提香等艺术大师的作品,如《蒙娜丽莎》《创世记》《西斯庭圣母》《圣母升天》等,都揭示了人世生活的欢乐和美,洋溢着反封建反宗教的人道主义激情,达到了前所未有的成就。所有这一切都影响了美学思想的发展。

这一时期的美学经过人文主义的洗礼,已经摆脱神学的束缚,把美从天国拉回到了人间。其主要特征首先在于重视现实生活的美,崇尚自然美和人的美,为美和艺术辩护,把文艺反映现实生活提到首位。其次,这一时期的美学同文艺实践和自然科学结合得十分紧密。当时的美学家大半是艺术家、科学家,他们一面研究、评注古希腊罗马时代的柏拉图、亚里士多德和朗吉弩斯等人的著作,研究自然科学,一面结合艺术实践,注意吸收和利用自然科学的成就,写下了大量有关雕刻、绘画和建筑的论著。他们的美学主要是文艺美学,还缺乏哲学的深度。由于这一时期美学上的代表人物很多,观点分歧、复杂,各自差异很大,我们仅就几个人物略加介绍。

第一节　薄伽丘的美学思想

薄伽丘(Boccaccio,1313—1375 年)是意大利文艺复兴时期杰出的作家和诗人。他和但丁、彼德拉克三人常被称为早期文艺复兴的先驱和意大利文学的奠基人。他出生于佛罗伦萨一个富商家庭,早年曾经商,学习法律,

---

① 《马克思恩格斯选集》第 2 卷,人民出版社 1995 年版,第 261 页。

后来参加政治活动,经常出入宫廷,拥护共和政体,反对贵族势力,和人文主义者有广泛的交往。他写过很多传奇、史诗、故事和诗篇,其中最脍炙人口的是《十日谈》,此外还写过《但丁传》和《异教诸神谱系》等论文。他的美学思想具有明显的反封建、反神学的性质。

《十日谈》是欧洲文学史上第一部现实主义巨著,描绘了意大利广阔的社会生活画面,开创了欧洲短篇小说这一独特的艺术形式。它通过 10 个青年男女在 10 天内每天每人讲一个故事,共 100 个故事,揭露、批判和讽刺了教会的伪善、奸诈和罪恶,反对禁欲主义,真实揭示了现实生活和人性的美,赞美爱情,歌颂青年男女冲破封建礼教和金钱关系,追求自由幸福的斗争。全书贯穿了人文主义思想,肯定了现实美和人性美。他认为,爱情是人类的天性。他讽刺有些人头脑过于简单,以为一个美丽的少女一旦做了修女就"不再思春",变得像一块石头,所以他们一听到出乎意料的事就怒气冲天,仿佛发生了什么逆天背理的罪恶。他认为,在所有的自然力量中,爱情的力量最大,最不受约束和阻拦。他还讲过一个"绿鹅"的故事,说有一位做父亲的带他的儿子到佛罗伦萨,看到许多美丽的女人,他不愿意让儿子知道什么是女人,生怕唤起他的肉欲,就告诉他:"它们是绿鹅",并且说,"它们是邪恶的东西"。儿子迷惑不解,于是说,他不懂这究竟是为什么,邪恶的东西原来是这样的呀!"我只觉得我还没有看见过这样美丽,这样可爱的东西。它们比你时常给我看的天使的画像好看得多呢。唉,要是你疼我的话,就让我带一头绿鹅回去吧,我要喂它。"父亲说,不行,你不知道怎样喂它。到这时他才明白,自然的力量比他的说教真是力量大得多了,深悔自己不该把儿子带到佛罗伦萨来。这样尖锐地批判禁欲主义,显然是对教会的挑战。据布克哈特在《意大利文艺复兴时期的文化》中说,在描写农村爱情故事的诗篇《爱弥多》里,他还描写了一个白面、金发、碧眼的女人和一个皮肤、眼睛、头发都带浅黑色的女人。他以古典式的笔触,描绘了后者宽广开阔的前额、波状的眉毛、略带钩形的鼻子、宽大饱满的前胸、长短适度的双臂、美丽动人的手。在其他描写里,他还提到平直的(不是中世纪那种弧形的)眉毛,细长的、热情的、棕色的眼睛,圆的没有颈窝的脖颈以及一个黑头发少女的"纤小的双足"和"两只淘气的小眼睛",等等,所有这些描写都预示了未来时代对美的理解,都可说是人性美的新发现。

薄伽丘不但发现和肯定了人性美,而且发现和肯定了自然美。他热爱自然,深切感受到自然对人类精神的深刻影响。他的充满浪漫气息的田园诗,大量描绘和歌颂了乡村景物的美,如丛林、牧场、溪流、牛羊群、牧舍等,他区分了自然美和自然的实用价值,认为自然美可以"陶冶性情",有使人"一志凝神"的功效。应当指出,自然美的发现在人类审美意识发展史上是一件大事,具有重大的进步意义。在古代,人们还不能把自然的实用价值和美区分开,加上宗教迷信,自然往往带有神秘的、恶魔的色彩,因此欣赏自然美在任何民族那里都是较晚的事,欣赏自然美的能力是长期复杂的历史发展的成果。自然美的发现恢复了自然的本来面貌,肯定了自然对人的深刻影响,表明了人类审美能力的提高。

薄伽丘美学思想的核心是为艺术和美辩护。这也是整个文艺复兴时期美学的基本方向和特色之一。中世纪神学曾认为文艺不能表现真理,它凭想象虚构故事,是说谎,诗人是骗子。针对这种诋毁文艺的观点,在文艺复兴的早期,但丁、彼德拉克和薄伽丘都提出过诗即寓言亦即神学说。在《但丁传》中,薄伽丘说:"诗是神学,而神学也就是诗"[1],因为它们都是寓言,都把真理隐藏在虚构这幅障面纱的后面。诗离不开想象和虚构,但诗人不是疯子和骗子,他们在作品里都运用了最深刻的思想。诗人之所以虚构故事,是因为"经过费力才得到的东西要比不费力就得到的东西较能令人喜爱。一目了然的真理不费力就可以懂,懂了也感到暂时的愉快,但是很快就被遗忘了。要使真理须经费力才可以获得,因而产生更大的愉快,记得更牢固,诗人才把真理隐藏到从表面看好像是不真实的东西后面。他们用虚构的故事而不用其他方式,因为这些虚构故事的美能吸引哲学证明和辞令说服所不能吸引的听众。"其实,"神学和诗可以说差不多就是一回事",神学和诗一样也离不开虚构,例如:"《圣经》里基督时而叫做狮,时而叫做羊,时而叫做虫,时而叫做龙,时而叫做岩石,这不是诗的虚构又是什么呢?"[2]既然神学能传播真理,那么诗也能传播真理,并不像教会攻击的那样是说谎。显然他的目的是提高诗的地位,使诗与神学平起平坐。但这种对文艺的辩

---

① 转引自伍蠡甫主编:《西方文论选》上卷,上海译文出版社 1979 年版,第 176 页。
② 同上。

护还没有彻底否定神学,仍是从宗教观点所做的辩护。在《异教诸神谱系》中,他还认为,诗出于神示,"导源于上帝的胸怀"①。诗的任务就是"要使人们时刻不忘上帝要实现的目的"②。所以,他并没有完全摆脱中世纪的神学观念。

薄伽丘还认为,诗是一种热情而又精细的创作。因此诗人须有天才,要有反映生活的热情,但是单有热情或冲动还不够,他还应有丰富的生活、渊博的知识,以及表达思想的手段和技巧。例如,他要懂得语法和修辞的规则,"至少还须懂得关于道德和自然的其他学问的一些原则,掌握丰富有力的词汇,观玩古人的纪念碑和遗物,熟记各民族的历史,熟悉各处的海、陆、河、山的地理情况"③。他强调:"假如缺乏这些条件,创造性天才所具有的能力时常会变得迟钝和呆板。"④他认为真正的诗人是极为罕见的。

总之,薄伽丘虽然没有完全摆脱神学的影响,但他肯定人性美、自然美,为文艺和美作了辩护,这为文艺复兴时期人文主义美学的形成和发展奠定了基础。

第二节　阿尔贝蒂的美学思想

阿尔贝蒂(Alberti,1404—1472 年)是意大利文艺复兴时期著名的建筑家,同时又是诗人、画家和科学家。他出生于佛罗伦萨,自幼聪明过人,喜爱各种技艺,善于向各类艺术家、学者和工匠以至补鞋匠学习。据说他学习音乐无师自通,谱写的曲调得到了专门家的称赞。他不但创造了许多教堂等建筑作品,还写了不少理论著作。主要有《论绘画》(1435 年)、《论建筑》(1450 年)、《论雕塑》(1464 年)、《论家庭》、《论心灵的安谧》等。其中最重

---

① 转引自伍蠡甫主编:《西方文论选》上卷,上海译文出版社 1979 年版,第 177 页。
② [美]凯·埃·吉尔伯特、[联邦德国]赫·库恩:《美学史》,夏乾丰译,上海译文出版社 1989 年版,第 221 页。
③ 转引自伍蠡甫主编:《西方文论选》上卷,上海译文出版社 1979 年版,第 178 页。
④ 同上。

要的是《论建筑》，共 10 卷，是模仿维特鲁威的著作而写成的。

　　像薄伽丘和其他人文主义者一样，阿尔贝蒂虽然没有完全否定神，但却热情肯定和颂扬人和现实生活的美，积极地为美和艺术进行辩护。他认为，爱美是人的天性，人有不可遏止的追求美、欣赏美的愿望。这是人不同于动物的特点之一，凡是不赞赏美的事物，不为美所感动，不因丑而感到羞耻的人，都是粗野落后的、不文明的。他说："眼睛最渴望美与和谐，它们对美与和谐的探索特别坚决，特别顽强……有时候它们甚至无法说明，除去不能完全满足看到美的无限渴望而外，还有什么东西能使它们感到委屈。"①在他看来，中世纪的教会压抑、贬斥人的审美活动是残酷的、野蛮的，爱美、追求美绝不是罪恶，而是正当健康的审美要求，应当给予满足，不应加以压制。这种对美的辩护是建立在对现世生活和人的肯定和自信基础上的。阿尔贝蒂坚决反对教会把人视为"易摧之舟""风中之烛"，他说："你要坚信，人生来不是为了过碌碌无为的凄凉生活，而是要从事伟大壮丽的事业。"②

　　阿尔贝蒂热爱自然，赞赏自然，对自然美特别敏感。据布克哈特说，他曾被参天大树和波浪起伏的麦田感动得落泪；当他生病时，不止一次因为欣赏美丽的自然风光而霍然痊愈。他还在建筑理论中要求师法自然、结合自然。他说："最好要使人们有时候看到海，有时候看到山，有时看到流动的湖水或泉水，有时看到不毛的山岩或平地，有时看到丛林和山谷。"③在阿尔贝蒂看来，美就存在于自然之中，是不以人的意志为转移的。

　　关于美的学说是阿尔贝蒂美学的中心。他广泛接受了毕达哥拉斯、亚里士多德、西塞罗和维特鲁威的影响。他主张美在和谐，但他反对把美只看作形式上的和谐。他认为美主要是本质的和谐，即事物本身和本质中所存在的和谐。他说："美是各个组成部分各在其位的一种和谐与协调，它们要符合和谐，即大自然的绝对要素和根本要素所要求的严格的数量、规定和布局。"④

---

　　① ［意］阿尔贝蒂:《论建筑》（俄文版）第 1 卷,（出版社不详）1935 年版,第 329 页。
　　② 转引自［苏联］奥夫相尼科夫:《美学思想史》,吴安迪译,陕西人民出版社 1986 年版,第 72 页。
　　③ ［瑞士］雅各布·布克哈特:《意大利文艺复兴时期的文化》,何新译,商务印书馆 1979 年版,第 134 页。
　　④ 转引自［苏联］奥夫相尼科夫:《美学思想史》,吴安迪译,陕西人民出版社 1986 年版,第 77 页。

他还说:"美是所有各部分之间的严格匀称的和谐,而这些部分又是被它们所属的那一事物结合在一起的;美是这样的,它既不会增加,也不会减少,更不会有任何的改变,它不会变得更坏些"①。这就是说,美是客观的,美根源于自然,"是物体本身固有的和天生的东西,是使整个物体变成美的东西"②。阿尔贝蒂对美的看法具有唯物主义的倾向。

阿尔贝蒂认为,美是可以通过感官认识的。每个人都具有感受美的能力。他说:"一个人,无论多么不幸和保守,多么野蛮和粗俗,他也不会不赞赏美的东西,不会不喜欢最漂亮的东西,不会不讨厌丑陋,不会不拒绝一切未经修饰的和有缺陷的东西。"③他特别强调,对美的认识和理解,"感觉胜于言词"。他的这种美感论是以感觉经验为基础的,但却失之于肤浅。

阿尔贝蒂还力图对美学范畴进行准确的区分。他区分了美和美化两个概念。他认为,美是事物内在本质固有的属性,它不增不减,具有绝对性,而美化则是外部形式的主观组合,是附加到事物上面的,因而具有相对的、偶然的性质。所以,美和美化是两种独立的类型。此外,他还追随西塞罗把"尊严""优雅"等概念与美的概念联系起来,并且依据斯多噶派关于美与效益相关的思想,把建筑的结构美与"必要和舒适"联系起来。

在艺术问题上,阿尔贝蒂把自然看作艺术的原型,主张艺术是自然的模仿。他和维特鲁威一样,把建筑物比作生物的有机体。他说:"建筑物像生物一样,建造它时也应当模仿自然。"④他还赞同把绘画当作捕捉艺术原型的镜子这一当时流行的观点。但他并没有停留在机械反映或再现自然的表面,他看到并强调了艺术不同于自然的主观能动的方面。他认为,高明的艺术不能简单地模仿自然,还应当表现理想的美。他认为,艺术应当表现美,美是艺术的绝对对象,应当把分散在个别物体中的美集中起来,加以理想化,这样艺术就要舍弃丑,遮蔽丑,避免丑在艺术中的出现。他说:"如果身

① 转引自[苏联]舍斯塔科夫:《美学史纲》,樊莘森等译,上海译文出版社1986年版,第96页。
② 转引自[苏联]奥夫相尼科夫:《美学思想史》,吴安迪译,陕西人民出版社1986年版,第77页。
③ 同上。
④ 转引自[苏联]舍斯塔科夫:《美学史纲》,樊莘森等译,上海译文出版社1986年版,第99页。

体的某些部分看上去不美,而其他类似部分也不特别雅观,那不妨用衣服、任何树枝或手把不美的那一部分遮盖起来。古代人画安提柯的肖像只是从他面部一只眼睛而没有从被打瞎的一面去描绘他的。据说,伯利克里的头长得很长,也很难看,所以他在画家和雕塑家的手下是以带头盔的形象出现的。"①阿尔贝蒂在美学史上的突出贡献,在于他继亚里士多德之后,较早重提了艺术典型化的问题。他说:"大自然赋予万物之间的那种各得其所的高度美,而在这一点上,我们是效法那个给克罗多尼人塑造了女神形象的人,他从一些姿色出众的少女那里汲取了其中每一个人身上最优美、最秀丽的东西,而将它移植于自己的作品中。同样,我们也选择了很多被鉴赏家们认为最美的形体,从这些形体中取得一定的尺度,然后把它们互相比较,抛弃在这一或那一方面过偏的东西,于是选出那些经过用淘汰法进行一系列测验一再证实了的大小适中的尺度。"②如果说阿尔贝蒂在这里所讲的典型化的方法还具有某种机械的性质,他所理解的理想美即所谓"大小适中的尺度",还只是"数学标准的平均化"。那么,在另一段话里,他却深刻揭示了艺术形象上个别与一般的辩证法。他说:"雕刻家要做到逼真,就要做到两方面的事:一方面,他们所刻画的形象归根到底须尽量像活的东西,就雕像来说,须尽量像人。至于他们是否把苏格拉底、柏拉图之类名人的本来形象再现出来,并不重要,只要作品能像一般的人——尽管本来是最著名的人——就够了。另一方面,他们须努力再现和刻画的人还不仅是一般的人,而是某一个别人的面貌和全体形状,例如恺撒、卡通之类名人处在一定情况中,坐在首长坛上或是向民众集会讲演。"③

在《论绘画》中,阿尔贝蒂广泛谈到了绘画艺术的数学基础,构图、透视、色彩配置、艺术家的培养等问题。他肯定虚构的美,反对传统的刻板临摹范本的主张,强调艺术家的使命是发掘新的形象和题材,反映生活现实的丰富多彩和特色。他说:"在菜肴中也和音乐中一样,新颖和丰富总能使我

---

① 转引自[苏联]舍斯塔科夫:《美学史纲》,樊莘森等译,上海译文出版社1986年版,第98页。

② 转引自苏联科学院哲学研究所、艺术史研究所编:《马克思列宁主义美学原理》上册,陆梅林等译,生活·读书·新知三联书店1961年版,第64页。

③ [意]阿尔贝蒂:《论建筑》(俄文版)第2卷,(出版社不详)1935年版,第14页。

们感到欢喜,它们越是不同于陈旧和习惯的东西就越使人喜欢,因为人们对于任何丰富的和有特色的东西总是高兴的,同样,图画中的丰富性和富有特色也总会使我们感到欢快。"①他主张,艺术应当以人民的快乐为目的。

阿尔贝蒂的美学具有唯物主义和现实主义的倾向,它一反中世纪的美学原则,继承和发展了古希腊罗马的美学,具有重大的影响和意义。布克哈特说,达·芬奇和阿尔贝蒂相比,"就像完成者和创始者,专长的大师和业余爱好者相比一样"②。

第三节　莱奥纳多·达·芬奇的美学思想

莱奥纳多·达·芬奇(Leonardo da Vinci,1452—1519 年)是意大利文艺复兴时期最重要的艺术家和科学家。恩格斯曾高度评价说:"莱奥纳多·达·芬奇不仅是大画家,而且也是大数学家、力学家和工程师,他在物理学的各种不同分支中都有重要的发现。"③他出生在佛罗伦萨,自幼热爱自然,早年在画坊学徒期间就绘制了《受胎告知》《德·边溪肖像》等作品,显示出杰出的绘画才能。1482—1499 年,他担任米兰大公洛多维克·斯福查的宫廷画家和军事工程师,曾研制过飞机和降落伞,为格拉齐修道院绘制了《最后的晚餐》,后来回到佛罗伦萨又绘制了《蒙娜丽莎》,这两幅名画是世界艺术宝库中的珍品,标志着莱奥纳多·达·芬奇艺术创作的高峰。1506—1519 年,他应法国驻米兰总督的邀请,再次前往米兰,主要从事解剖学和植物学研究,1516 年受法王弗朗索瓦一世之邀,定居法国克鲁城堡,安度晚年,直到逝世。他一生不但创作了大量绘画,而且从 30 岁左右开始,就自觉记录自己的创作心得,广泛研究与绘画相关的解剖学、光学、透视学、色

---

① 转引自[苏联]舍斯塔科夫:《美学史纲》,樊莘森等译,上海译文出版社 1986 年版,第 99 页。

② [瑞士]雅各布·布克哈特:《意大利文艺复兴时期的文化》,何新译,商务印书馆 1979 年版,第 135 页。

③ 《马克思恩格斯选集》第 4 卷,人民出版社 1995 年版,第 262 页。

彩学等自然科学。他的《笔记》和《画论》不仅是绘画理论，也包含了重要的美学思想。

　　莱奥纳多·达·芬奇在哲学上继承了古希腊以来的唯物主义认识论。他十分重视感觉经验和实践，他说："我们的一切知识都发源于感觉"，"经验才是真正的教师"，①"理论脱离实践是最大不幸"，"科学是将领，实践是士兵"。②　唯物主义是莱奥纳多·达·芬奇美学的基本出发点。在文艺与现实的关系问题上，他主张文艺模仿自然或再现现实这个唯物主义美学的基本纲领。他提出了著名的"镜子说"，把文艺比喻为反映现实的一面镜子。他说："画家的心应该像一面镜子，经常把反映的事物的色彩摄进来，面前摆着多少事物，就摄取多少形象。"③他称镜子为"画家之师"，劝画家拿一面镜子去照实物来检验画得是否与实物相符。这种镜子说在文艺复兴时期是很流行的。莎士比亚在《哈姆雷特》里也曾教导演员要"拿一面镜子去照自然"，说"戏剧的目的在一切时代都是而且将来也是自然面前的一面镜子"。把文艺比喻为镜子很容易给人以机械反映的印象，但文艺复兴时期的镜子说并不是后来的自然主义。它的基本精神是肯定自然或客观现实是文艺最根本的源泉，主张"师法自然"。莱奥纳多·达·芬奇十分推崇自然，他说："自然是一切可靠权威的最高向导"，画家应当是"自然的儿子"。④　在文艺的源流问题上，他坚决反对脱离自然单纯临摹他人作品的古典主义。他说："画家如果拿旁人的作品作为自己的典范，他的画就没有什么价值；如果努力从自然事物学习，他就会得到很好的效果。"⑤他回顾了罗马时代以后的绘画史，指出罗马时代以后绘画迅速衰颓，一代不如一代，原因就在于画家们"不断地互相模仿"，后来佛罗伦萨画家乔托出现，超过了前几百年所有的画师，则是由于直接模仿自然，而在乔托之后，由于大家全都模仿现成的作品，艺术又继续衰颓了几百年，直到15世纪初意大利画家

①　[意]列奥那多·达·芬奇：《笔记》，《世界文学》1961年第8期。
②　[意]列奥纳多·达·芬奇：《芬奇论绘画》，戴勉编译，人民美术出版社1979年版，第40页。
③　[意]列奥那多·达·芬奇：《笔记》，《世界文学》1961年第8期。
④　同上。
⑤　同上。

托马索出来,情况才有所转变。根据历史的经验,他认为,凡是抛开自然而到别处寻找标准或典范的人,都是白费心机,极端愚蠢的,那些只注重权威而不研究自然的人都只配做"自然的孙子",不配做"自然的儿子"。他提出了一句名言:"谁能到泉源去吸水,谁就不会从水罐里取点水喝。"①不仅如此,莱奥纳多·达·芬奇还明确提出了艺术是第二自然的学说。他说:"画家应当独身静处,思索所见的一切,亲自斟酌,从中提取精华。他的作为应当像镜子那样,如实反映安放在镜前的各物体的许多色彩。做到这一点,他仿佛就是第二自然。"②并且说画家应当"与自然竞赛,并胜过自然"③。这些观点说明,莱奥纳多·达·芬奇主张的是一种包含理想和创造的现实主义,他对文艺与现实关系的理解还是较为辩证的。这种现实主义在当时无疑是进步的。

莱奥纳多·达·芬奇既是艺术家,又是科学家。他十分重视艺术与自然科学的结合。他认为,文艺要模仿自然,应当对自然具有科学的认识,并借助自然科学不断提高和丰富艺术表达的形式技巧。他利用光学、解剖学和数学等知识,广泛研究过有关空间透视、线条、比例、明暗、色彩等绘画理论问题。在他看来,绘画就是一门科学。他说:"绘画是从哲学角度细致入微地审度海洋、陆地、树木、动物、花草等一切形式的本质,即审度被阴影和光明所笼罩的一切。实际上,绘画乃是科学和大自然的合法女儿,因为它是大自然所生。"④他还认为,绘画高于数学,因为数学"只限于研究连续量和不连续量,它们不关心质,不关心自然创造物的美和世界的装饰"⑤。而绘画则能"再现自然的作品和世界的美"⑥,能够把自然中转瞬即逝的美生动地保存下来。关于美,莱奥纳多·达·芬奇没有做抽象的哲学议论,也没有

---

① [意]列奥那多·达·芬奇:《笔记》,《世界文学》1961 年第 8 期。
② [意]列奥纳多·达·芬奇:《芬奇论绘画》,戴勉编译,人民美术出版社 1979 年版,第 41 页。
③ 同上书,第 42 页。
④ 转引自[苏联]奥夫相尼科夫:《美学思想史》,吴安迪译,陕西人民出版社 1986 年版,第 78 页。
⑤ [意]列奥纳多·达·芬奇:《芬奇论绘画》,戴勉编译,人民美术出版社 1979 年版,第 18 页。
⑥ 同上。

给美下一个明确的定义。但从他的许多具体描述中,可以看出他的基本观点。他认为,美是客观事物的和谐的比例。美是客观的,是事物的本质属性之一。美感来源于比例,是以美为基础的。他说:"美感完全建立在各部分之间神圣的比例关系上,各特征必须同时作用,才能产生使观者往往如醉如痴的和谐比例。"①他还认为,万事万物,从人体到动、植物,都各有不同的比例,因此美具有多样性,艺术家应当勤于观察各种事物的美,把各自分散的美集中起来,加以理想化,创造出高于自然的艺术美。例如要画一张美的面孔,就应当从许多美的面孔上选出最好的部分,而且在判断这些面孔的美时,"须根据公论而不是单凭你个人的私见"。在他那里,艺术美的创造,不但要求形似,而且要求神似。他说:"绘画里最重要的问题,就是每一个人物的动作都应当表现它的精神状态,例如欲望、嘲笑、愤怒、怜悯等。"②又说:"一个优秀的画家应描画两件主要的东西:——人和他的思想意图。"③他认为表现人的思想意图更难。他的这些观点虽然还较为零散,但却都是实践经验的总结,是十分宝贵的。

达·芬奇对美学的另一贡献,是开创了对各门具体艺术的审美特性的比较研究。他在《画论》中系统地分析了绘画与诗、绘画与音乐、绘画与雕塑的异同。自古希腊罗马以来,绘画的地位一向低微,在中世纪,诗和音乐被视为高尚的"自由艺术",而绘画则被归入"机械艺术"或手艺劳动。达·芬奇反对这种传统观念,竭力为绘画的地位和价值辩护。他指出,绘画与诗和音乐不但有很多相同之处,而且有很多胜过诗和音乐的特点,因此绘画也应当列入"自由艺术"。他得出的结论是:绘画是最高最有价值的艺术。从画与诗的比较来看,画胜于诗。画诉诸眼睛,诗诉诸耳朵。而"视觉比其他感官优越"④,眼睛是"心灵的窗子",是心灵最广泛最宏伟地观察一切事物的通道和工具。因此绘画借助眼睛就能描画自然的一切形态,创造出惟妙惟肖、栩栩如生、以假乱真的形象,并直接地确实

---

① [意]列奥纳多·达·芬奇:《芬奇论绘画》,戴勉编译,人民美术出版社1979年版,第28页。

② 同上。

③ 同上书,第169页。

④ 同上书,第25页。

地把物象陈列或展示在欣赏者的眼前。而诗只能通过语言文字表达事物的名称,把事物陈列在想象之前。而且诗不能像画那样完整地表现美。"诗人在描写人们的美或丑的时候,只能零零碎碎地告诉你,而画家则能同时而完整地表现它"①。所以,画比诗更真实、更感人、更易为公众接受。他说:"毫无疑问,绘画在效用和美方面都远远胜过诗,在所产生的快感方面也是如此。"②他举例说,有一位古代皇帝请诗人和画家描绘他的宠姬,结果画像比诗更博得皇帝的喜爱。试把描写同一战斗题材的诗与画同时展出,那么画肯定会吸引更多的观众。如果把上帝的名字写在一个地方,再把他的图像放到对面,那么图像一定比名字能引起人们更高的虔诚。在他看来,画比诗更受人喜爱,更符合人的天性。至于音乐和雕塑,那就更赶不上绘画。音乐诉诸听觉,它在节奏中旋生旋灭,方生即死,不像绘画具有永久性,能生动地保存昙花一现的美。雕塑虽然也诉诸视觉,但它耗费体力太多,使用心思和智巧较少,缺乏色彩美和透视,较为机械,缺乏创造,而"绘画需要更多的思想和更高的技巧,它是一门比雕塑更神奇的艺术"③。达·芬奇所做的这些比较,把绘画提到了至高无上的地位,其具体论述难免有矫枉过正之处,但其反对传统观念的基本精神和探索艺术审美特性的努力是应当肯定的。他对各门艺术的比较分析很多是精辟的、深刻的,他已揭示了后来所谓视觉艺术与听觉艺术,空间艺术与时间艺术的基本特点。他的许多论点在 18 世纪德国美学家莱辛的《拉奥孔》中,得到了进一步的论证和发挥。

第四节　卡斯特尔维屈罗的美学思想

卡斯特尔维屈罗(Castelvetro,1505—1571 年)是意大利文艺复兴时期

---

① [意]列奥纳多·达·芬奇:《芬奇论绘画》,戴勉编译,人民美术出版社 1979 年版,第 28 页。

② 转引自北京大学哲学系美学教研室编:《西方美学家论美和美感》,商务印书馆 1980 年版,第 71 页。

③ [意]列奥纳多·达·芬奇:《芬奇论绘画》,戴勉编译,人民美术出版社 1979 年版,第 35 页。

著名的文艺理论家,研究亚里士多德著作的权威。他出生于莫登纳的一个贵族家庭。早年在博洛尼亚、帕多瓦、锡耶那大学学习法律。1529 年在摩纳德大学讲授法学。1555 年因异端罪遭教会迫害,长期流亡国外。他写过许多著作,但多已失传。他的代表作《亚里士多德(诗学)诠释》(1570 年),其中讨论了不少美学问题,是一部影响很大的重要文献。

在解释亚里士多德关于诗与历史的区别时,卡斯特尔维屈罗谈到了诗的本质问题,他认为,诗是一种基于想象和虚构的创造。他指出诗与历史有两点不同。就题材说,历史叙述的是曾经发生过的事,历史家不能创造他的题材,而诗则描述从未发生或可能发生的事,诗人必须虚构故事,进行创造。"诗的题材是由诗人凭他的才能去找到或想象出来的"①。就语言说,历史家使用的是具有普遍性的推理的语言,而诗人则使用富有独创性的韵文。他说:"'诗人'这个名词的本义是'创造者',如果他希望担当这个称号的真正意义,他就应当创造一切,因为普通材料使他易于创造,他有可能做到。"②这就是说,诗人有创造一切的权利,可以自由地运用想象和虚构。但这种权利和自由并不是绝对的,仍要有现实生活为基础。他说,不能认为诗人"可以凭空捏造一些子虚乌有的城市、河流、山脉、国家、习俗、法律,并改变自然事物程序,在夏天下雪,在冬天收获,以及其他等等"③。一般来说,卡斯特尔维屈罗的美学思想依据的主要是亚里士多德的唯物主义和现实主义,但他对亚里士多德的思想也多有修正和独立的发挥。

卡斯特尔维屈罗在美学上关心的中心问题是诗的目的和功用。这在文艺复兴时期是人文主义者普遍关心和争论的问题。当时大多数人都受亚里士多德的净化说和贺拉斯"寓教于乐"说的影响,强调文艺的功利目的和教育功用。例如薄伽丘等人提出的诗即神学说便是如此。而卡斯特尔维屈罗却独树一帜,明确反对"寓教于乐"说,提出了诗的目的和功用只在娱乐,不在教育的反功利主义的主张。他说:"诗人的功能在于对人们从命运得来的遭遇,做出逼真的描绘,并且通过这种逼真的描绘,使读者得到娱乐。至

---

① 转引自伍蠡甫主编:《西方文论选》上卷,上海译文出版社 1979 年版,第 192 页。
② 古典文艺理论译丛编辑委员会编:《古典文艺理论译丛》第 6 辑,人民文学出版社 1963 年版,第 8—9 页。
③ 同上书,第 9 页。

于自然的或偶然的事物之中所隐藏的真理,诗人应该留给哲学家和科学家去发现;哲学家和科学家自有一种给人娱乐和教益的方法,这和诗人所用的是迥不相同的。"①在他看来,科学和哲学的目的在给人以真理,诗的目的只在给人以娱乐,因此他反对赋予诗以道德的教育的目的,认为诗的目的不在传授知识和培养美德。他还反对柏拉图的迷狂说,认为诗并不起于神灵凭附和"非理性的天才",诗有自觉的目的,但这目的不在教益,只在娱乐,而追求快乐是符合人的本性的。他明确说:"诗的发明原是专为娱乐和消遣的,而这娱乐和消遣的对象我说是一般没有文化教养的人民大众。"②他指出,普通的人民大众不懂得哲学家脱离实际经验很远的微妙的推理、分析和论证,听了叫人无法听懂的话就会不快和生气,因此,诗的题材"应该是一般人民大众所能懂的而且懂了就感到快乐的那种事物"③。同时,诗的题材要有新奇性,要独出心裁,不模仿古人。他的这些看法和主张显然有片面性,把人民大众说成文艺服务的对象是一种艺术民主化的思想,而强调娱乐是文艺的唯一目的的娱乐说,比起诗即神学说,在反对中世纪神学美学和为文艺辩护方面,显然更为激进、有力和彻底。吉尔伯特和库恩说:"他这种主张,反映了他整个诗歌理论中的异端倾向,是我们所看到的当时最激进的诗歌理论。"④这一评价是符合事实的。

卡斯特尔维屈罗对亚里士多德的悲剧净化说的解释,在历史上是很著名的。他的娱乐说也是以这一解释为理论根据的。他说:"有人认为诗歌被创作下来,主要是为了教益,或者为了教益也为快感,这些人应当考虑到自己的意见和亚里士多德的权威是相冲突的。"⑤按照他的理解,亚里士多德认为"快感是悲剧的唯一目的"⑥。他说:"悲剧特有的快感,来自一个由

---

① 转引自伍蠡甫主编:《西方文论选》上卷,上海译文出版社1979年版,第193页。
② 同上。
③ 同上书,第194页。
④ [美]凯·埃·吉尔伯特、[联邦德国]赫·库恩:《美学史》,夏乾丰译,上海译文出版社1989年版,第257页。
⑤ 古典文艺理论译丛编辑委员会编:《古典文艺理论译丛》第6辑,人民文学出版社1963年版,第24页。
⑥ 同上。

于过失,不善亦不恶的人由顺境转入逆境所引起的恐怖和怜悯。"①按理说,一个好人,偏偏遭殃,这应是不快,毫无快感可言。所谓悲剧的快感,实际上指的是"把恐惧从人心中清洗或驱逐出去"②。这类似于治病先吃很苦的药,然后得到健康所产生的快感。因此这是一种"间接的快感"。这种快感的产生是由于在怜悯中能认识到自己是善良的,在恐惧中能懂得世途艰险和人事无常的道理。他认为,这种清洗或驱除,"完全有资格被称为'黑多奈'(Hedone),亦即快感或者喜悦,同时也应当正确地称为实用,因为这是靠很苦的药剂得到的心情的健康"③。他认为,经常和唤起怜悯、恐惧与卑鄙的事物接触,并不使人过分怜悯、畏惧与下流,反而能把这些激情从人心中清除和驱逐出去。在他看来,柏拉图由于不懂得这个道理,担心悲剧污染道德,败坏公民,因此才主张禁演悲剧,相反,亚里士多德却认为有悲剧比没有悲剧更能使恐惧和怜悯在我们的心中减弱,"由于悲剧人物的榜样,并由于反复搬演,悲剧能使观众从下流变为高尚,从恐惧变为坚定,从过分怜悯变为严正"④。可以看出,卡斯特尔维屈罗虽然强调文艺的目的在娱乐,在快感,但他认为这娱乐和快感也就是实用,他并不像一些资产阶级学者所讲的是一个为艺术而艺术论者。

卡斯特尔维屈罗还对悲剧和史诗(戏剧体和叙事体)作过比较研究。他认为,悲剧和史诗在模仿方式和表现能力上有很大的不同。史诗比悲剧幅度更大,受限制较少,而悲剧必须考虑到实际的舞台演出和观众,因而在时间、地点等方面受局限较多。例如戏剧不能同时表现出几个相距很远的地方,它也不能表现过于历时长久的事。在作这种比较时,他说过,悲剧"只能表现发生在同一地点与时间不超过十二小时的行动"⑤。他的这种观点后来在 17 世纪的法国形成了所谓"三一律"。由于法国古典主义把"三一律"变成了僵死的规则,阻碍了戏剧的发展,卡斯特尔维屈罗长期被看作

---

① 古典文艺理论译丛编辑委员会编:《古典文艺理论译丛》第 6 辑,人民文学出版社 1963 年版,第 23 页。
② 同上。
③ 同上。
④ 同上书,第 4 页。
⑤ 同上书,第 25 页。

"三一律"的始作俑者而受到攻击。其实,他对悲剧和史诗的比较研究,包含了很多合理的、有独创性的见解,还是应当重视的。

卡斯特尔维屈罗的美学思想基本上是唯物主义的。他说:"在艺术问题上,只有经验能提出最颠扑不破的证据,我们探讨艺术,只应把经验奉为唯一的准则。"①他强调创造,张扬想象,提倡娱乐说,有力地反对了神学美学,推动了美学的发展。

第五节　锡德尼的美学思想

锡德尼(Sidney,1554—1586年)是文艺复兴后期英国诗人和文艺理论家。他出生于贵族家庭,父亲曾三度担任爱尔兰总督。他14岁入牛津大学,18岁游历欧洲,做过宫廷、外交、军事方面的官员,32岁时战死于左芬特战场。他一生虽很短促,但却很有成就。他的《为诗辩护》是一部重要的美学和文艺理论著作。该书写于1583年左右,当时有一位英国清教徒作家斯蒂芬·高森攻击"诗是罪恶的学堂",锡德尼对此予以回击,并对自古以来各种诋毁诗和诗人的言论,逐一进行批驳,为诗做了有力的辩护。该书在作者死后9年正式出版,产生过很大影响。

锡德尼主要从以下几个方面为诗做了辩护。

首先,他肯定了诗对人类文化开发的伟大历史贡献,高扬了诗在人类社会生活中的地位和价值。他指出,诗是人类文化"最初的保姆"。他说:"诗,在一切人所共知的高贵民族和语言里,曾经是'无知'的最初的光明给予者,是其最初的保姆,是它的奶逐渐喂得无知的人们以后能够食用较硬的知识。""诗是一切人类学问中最古老、最原始的;因为从它,别的学问曾经获得它们的开端;因为它是如此普遍,以致没有一个有学问的民族鄙弃它,也没有一个野蛮民族没有它"。② 他以大量的历史事实来说明,在远古的蒙

---

① 古典文艺理论译丛编辑委员会编:《古典文艺理论译丛》第6辑,人民文学出版社1963年版,第23页。

② [英]锡德尼:《为诗辩护》,钱学熙译,人民文学出版社1964年版,第2、40页。

昧时期只有诗和诗人,正是诗人以他们那怡悦性情的特长,开发了从前举世无所知晓的最高学术的各个方面。诗人是"学术之父"。诗人把知识带给人类,使顽钝的头脑变得柔和起来、敏锐起来,把心灵从身体的牢狱中解放出来,给人类指出光明的道路,使人类能享其神圣的本质,达到尽可能高的完美。因此,诗人自古以来便在各民族中间受到普遍的崇敬,以致哲学家和历史家都不得不先以诗人的面貌出现,只有先行取得诗的伟大护照,然后才能进入群众审定之门,"这种情况,在学术不发达的国家里,今天还是显然可见的"①。他还把诗人与哲学家和历史家加以比较。他认为,诗人"不但胜过历史家,亦胜过哲学家",历史家只提供特殊的实例,哲学家只提供一般的箴规,只有诗人才把一般的概念和特殊的实例结合起来。人们在历史里寻求真实,结果却满载谎言而归,最出色的历史家也赶不上诗人;哲学家固然教导,但他教导得难懂,只有有学问的人才能了解他,而"诗人其实是真正的群众哲学家"②,因为诗才是最适合大众柔弱脾胃的食物。锡德尼说,在一切学问中,"我们的诗人是君王"③。他还批评贬低诗的功效,把写诗看作浪费光阴的言论。他说,在大地上再也没有产生出来过比诗更有效的知识,纸和墨再也不能用在比诗更有益的地方了。他批评那些诋毁诗和诗人的人是数典忘祖、忘恩负义。

其次,他强调诗的本质在创造,诗的目的既在怡情又在教育,诗有"促使人去行善,感动人去行善的作用"。他认为,诗是模仿的艺术,它是一种再现,一种仿照,或是一种用形象的表现,一种说着话的图画,但同时这种模仿就是创造,它不是搬借过去、现在或将来实际存在的东西,而是模仿可然的和当然的事物,它能借助想象和虚构创造出比自然更好的、崭新的、自然中从来没有的形象,它使自然升入另一种自然,并胜过自然,自然的世界是铜的,而诗人创造的世界是金的。他指出罗马人和希腊人都曾给诗以神圣的名称,罗马人称诗为预言,希腊人称诗为创造,"而'创造'这一名词是对它很切合的"④。他说,诗人的"创作是为了模仿;模仿是既为了怡情,也为

---

① ［英］锡德尼:《为诗辩护》,钱学熙译,人民文学出版社 1964 年版,第 4 页。
② 同上书,第 23 页。
③ 同上书,第 30 页。
④ 同上书,第 40 页。

了教育;怡情是为了感动人们去实践他们本来会逃避的善行,教育则是为了使人们了解那个感动他们,使他们向往的善行"①。他的这些看法是对古希腊以来艺术模仿自然说的继承和发展。

第三,他批驳了自古以来关于诗人说谎的谬论。他说:"在白日之下的一切作者中,诗人最不是说谎者;即使他想说谎,作为诗人就难做说谎者"②。因为说谎就是肯定虚伪的为真实的。而诗人从不肯定什么,因此他是永不说谎的。当然,诗人离不开想象和虚构,但"事实上他努力来告诉你的不是什么存在着,什么不存在,而是什么应该或不应该存在。因此他虽然不叙述真实的事情,但是因为他并不当它真实的来叙述,所以他并不说谎"③。相反,天文学家和几何学家在确定恒星高度的时候,医生在断定什么有益于疾病的时候,历史家在断定历史真相的时候,都是难以逃避说谎的。

第四,他还批驳了说诗人是"腐化的保姆"的谬论。这也是自古以来对诗的一个重要的谴责。锡德尼认为,诗从本质上来说是引人向善、爱美的。他说:"只有人类而不是兽类,才有认识美的才能。"④因此诗并不注定导致腐化,应当把诗的滥用和诗的正当的功能区别清楚。他说:"诗不但可以被滥用,而且一经滥用,凭它的甜蜜醉人的力量,它能比其他成队的文字造成更多的损害。然而总不能就此得出结论说滥用应当使被滥用的受到责难。"⑤

最后,针对攻击诗的人常说柏拉图把诗人逐出了他的理想国,锡德尼对此也做了辩护。他说,把柏拉图说成诗的反对者是一种误解,"其实柏拉图所防范的也是诗的滥用,而不是诗","任何人只要去读一读柏拉图自己的书就可以知道他的意思;他在叫作《伊安》的对话录里,就给诗以崇高的和真正神妙的赞美。因此,由于柏拉图只是驱逐滥用而不是驱逐被滥用的东西,不但不驱逐而且给以应得的荣誉,他应当是我们的保护者而不是我们的敌人"。⑥

---

① [英]锡德尼:《为诗辩护》,钱学熙译,人民文学出版社1964年版,第13—14页。
② 同上书,第45页。
③ 同上书,第46页。
④ 同上书,第47页。
⑤ 同上书,第48页。
⑥ 同上书,第55页。

锡德尼对诗所做的这些辩护,主要是从诗的本质、目的和功用方面进行的,这比文艺复兴初期的"诗即神学"说显然更进步、更有力。在他那里,诗学已完全摆脱了神学的束缚。

第六节　美 的 理 论

美是文艺复兴时期美学的基本概念之一,15 世纪以来,许多艺术家都致力于探索美的理论。他们的观点各不相同,但主导倾向是唯物主义的。中世纪时认为,美在天国,上帝最美,现在却认为,美在人世,人最美。人文主义者恢复、继承了古代唯物主义的传统,坚决肯定了美的客观性。美是现实世界最深刻的本质,完全不是神的、超验的本质,它就存在于现实事物本身的性质和规律之中。

人文主义者大多把事物的外表形式看成美的基础或本质,这就是比例、对称、和谐、整一等等。他们普遍相信,可以用数学的方法找出最美的线、形,最美的比例,把它们定为公式供艺术家应用。达·芬奇认为,比例是事物中最美的。鲁德·巴契奥里奥认为"黄金分割"最美。楚卡罗规定画女神像应以头长为标准来定身长的比例,如天后和圣母头身之比是 1∶8,月神是 1∶9。西蒙兹在《米开朗琪罗传记》里说:"他往往把想象的身躯雕成头长的九倍、十倍乃至二十倍,目的只在把身体各部分组合在一起,寻找出一种在自然形象中找不到的美。"[1]德国画家丢勒曾到意大利留学,后来大部分时间留在意大利工作。他谈到威尼斯画家雅各波研究比例的工作说:"他让我看到他按照比例规律来画男女形象,我如果能把他所说的规律掌握住,我宁愿放弃看一个新王国的机会。"[2]他说,"美究竟是什么我不知道",但"如果通过数学方式,我们就可以把原已存在的美找出来,从而可以更接近完美这个目的"。[3] 阿尔贝蒂也感到难给美下定义。他说,我们"用

---

[1]　转引自朱光潜:《西方美学史》上卷,人民文学出版社 1979 年版,第 164 页。

[2]　同上。

[3]　同上书,第 164—165 页。

感觉来体会美"比用话来阐明美会更准确。但他还是为美下了一个定义："美就是一个整体中各部分之间的某种协调与一致,这种协调与一致符合于和谐所要求的那种严格数量、限度和布局,这也就是自然界绝对的和首要的原则。"①认为美在物体形式,这是一股自毕达哥拉斯以来很强大的美学思潮,至今仍有影响。

人文主义者还强调、重视美的具体可感性。他们认为,美可以通过人的感官来认识,并不是远离人寰不可把捉的神秘的抽象物。在诸感官中,尤其被推崇的是视觉。对于达·芬奇来说,美首先就是视觉的美。他说,眼睛"感受并矫正一切艺术的工艺,它把人引导到世界各国去,它是数学之王,是一切科学的创造者……它创造了建筑术和透视学,它创造了绝妙的绘画"②。对视觉的重视,也是人文主义者特别推崇绘画艺术的理由之一。

当时美的研究的另一个特点是重视人体美,特别是女性美。艺术家阿格斯齐诺·尼福宣称女人的身体是美的标准,并认为自己给塔里雅科超伯爵夫人所做的美的描写是美的典范。罗倍脱·克诺克斯和海依东这两位英国哲学家也把女人身体的美当作规范。费伦佐拉更专门写了一本《论妇女的美》,他认为,爱是美的基础,肉体美是精神美的标志,女性美是美的理想。他说:"漂亮女人是最美的对象,她只可能引起人们的喜爱,而美则是最大的幸福,这幸福上帝只恩赐给人类。"③他还十分细致地描绘了理想美女的人体细节,并力图对"漂亮""妩媚""美丽""迷人""优美""庄严"下定义。他坦率地承认,对美作出最后判断的终极的美的原则,对他仍是一个秘密。对人体美、女性美的重视和肯定,在当时具有与中世纪神学美学相对抗的反封建的意义。

关于美的标准问题,即美是绝对的还是相对的? 也就是说,美是一种普遍的永恒不变的价值,还是随历史情况和欣赏者的主观条件而异呢? 当时

---

① [意大利]阿尔贝蒂:《论建筑》(俄文版),(出版社不详)1935年版,第313页。
② 转引自中国科学院外国文学研究所现代文艺理论译丛编辑委员会编:《现代文艺理论译丛》第5辑,人民文学出版社1964年版,第89页。
③ 转引自[苏]舍斯塔科夫:《美学史纲》,樊莘森等译,上海译文出版社1986年版,第116页。

多数人把美与普遍人性的概念结合起来,认为人性是永恒不变的,所以美也是绝对的。例如塔索就认为,美不因时间、习俗而改变:"美是自然的一种作品,因为美在于四肢五官具有一定的比例,加上适当的身材和美好悦目的色泽,这些条件本身原来就是美的,也就会永远是美的,习俗不能使它们显得不美,正如习俗不能使尖头肿颈显得美,纵使是在多数男女都是尖头肿颈的国度里。自然的作品本身原来既是如此,直接模仿自然的艺术作品也就应如此。……普拉克利特和斐底阿斯的雕像经过时间的袭击而还流传下来,古希腊人觉得它们美,我们现在还是觉得它们美;许多时代的消逝和许多种习俗的更替都不能使它们减色。"①

同时,也有人主张相对美。例如丢勒说:"美是这样综合在人体上的,我们对它们的判断是这样没有把握的,以至我们可能发现两个人都美,都很好看,但是这两人彼此之间在尺度上或在种类上,乃至无论在哪一点或哪一部分上,都毫无类似之处。"②《太阳城》的作者康帕内拉也主张相对美,他认为美与鉴赏者的立场有关,他举过一个有名的例子,战士的伤痕在友人看是美的,它是勇敢的标志,但它同时也标志着敌人的残酷,因此又有丑的一面。他认为,事物本无美丑之分,分别是由事物对人的社会意义决定的。美或丑本身无非是一种"符号"或"标志",其意义是人从一定立场出发加上去的,一个对象从不同角度看可能美,也可能丑,完全是相对的。这个看法否认了美的客观性,但却肯定了立场对判断美丑的重要性。

总的说来,文艺复兴时期的美学逐渐摆脱了中世纪的神学美学,它恢复和发展了古希腊罗马以现世生活为内容的美学,其基调是唯物主义和现实主义的。虽然这一时期还没有出现成熟严密的美学理论体系,对于各种美学和艺术问题颇多争议,但却为美学提供了现实的基础,造成了西方美学史上从古代美学向近代美学的转变,这是不可磨灭的历史功绩。

16 世纪末,意大利的政治经济生活出现了衰退,文艺复兴运动发生了危机,人文主义者所鼓吹的和谐的全面发展的人的理想受到怀疑,反映到艺术上则是巴洛克艺术风格和表现手法的风行,出现了巴洛克美学,它抛弃了

---

① 转引自北京大学哲学系美学教研室编:《西方美学家论美和美感》,商务印书馆 1980 年版,第 73 页。

② 转引自朱光潜:《西方美学史》上卷,人民文学出版社 1979 年版,第 172 页。

和谐为美的原则,提出了"反常为美",追求机智、惊奇、隐寓,鼓吹违反和超越规则,打破美与丑、悲剧与喜剧的界限,形成了新的美学理论。就西欧的范围看,到 17 世纪,文艺复兴运动就基本结束了,代之而起的是法国古典主义(又称"新古典主义"),它以理性主义哲学为基础,揭开了近代美学的新篇章。

第 四 章

法国、德国理性主义的美学

从 17 世纪开始,西方美学步入了近代,随着资本主义经济的发展,自然科学的进步,特别是近代哲学的兴起,这一时期哲学美学的作用得到了加强。西方近代哲学在文艺复兴运动的基础上,进一步重视人的研究,强调理性和经验,形成了两大主要派别,即理性派和经验派,哲学研究的重点从本体论转向了认识论,这对美学的发展产生了深刻影响,并为美学逐步形成为哲学的独立分支做了理论上的准备。在 17 世纪,西方美学的发展主要受法国笛卡尔和德国莱布尼兹理性主义哲学的影响,基本上是理性主义美学。而就文化艺术运动来说,则表现为古典主义,法国成为古典主义的故乡和中心。

当时法国历史发展的总趋势是由封建社会向资本主义社会过渡。由于封建贵族阶级和新兴资产阶级暂时还势均力敌,因而产生了封建贵族阶级同上层资产阶级即所谓"穿袍贵族"相互妥协的君主专制国家。法王路易十四时代,君主专制已登峰造极。路易十四宣称"朕即国家",以太阳为王徽,对外连年作战,称霸欧洲,对内高度中央集权,强调公民义务,反对封建割据,推行重商主义,保护文学艺术的发展。这一切促进了民族国家、民族文化和民族文学的形成。马克思说,在法国,君主专制政体是"作为文明中心、作为社会统一的开创者而出现的"[1]。法国君主专制政体为使文化领域

---

① 《马克思恩格斯全集》第 13 卷,人民出版社 1998 年版,第 510 页。

隶属于皇权,还利用了学院这一组织形式。西方最早的艺术学院产生于文艺复兴时期,当时不隶属于国家,而这时在法国它已变成对文艺进行审查和管理的官方机构。红衣主教黎赛留于 1634 年建立的法兰西学院,具有最高的权威,1648 年又建立了绘画和建筑学院。古典主义体现了这一时期阶级矛盾和阶级妥协的特点,是这一特定历史时期政治经济在文化上的反映。古典主义一方面继承了文艺复兴开始的反对中世纪盲目信仰、禁欲主义和经院哲学的斗争,它把人的理性提高到首位,在当时具有进步意义;但另一方面,它又把"理性规则"教条化、绝对化,因而引起后来进步启蒙思想家的反对。

这一时期,出现了以笛卡尔为代表的二元论和理性主义哲学、文艺,特别是戏剧得到高度发展,产生了高乃依、拉辛、莫里哀等戏剧大师。笛卡尔的哲学一面提倡理性和科学;一面又与神学相妥协,集中表现了时代精神。"古典主义"一词的本义是第一流的、典范的。作为一种文艺思潮,它把古代希腊罗马的文艺作品当作典范,把亚里士多德和贺拉斯的美学和文艺理论视为金科玉律。在笛卡尔理性主义哲学的基础上,诗人布瓦洛成为古典主义的"立法者"和主要代表人物。

第一节　笛卡尔的理性主义美学

笛卡尔(Descartes,1596—1650 年)是 17 世纪法国著名哲学家。他出身于贵族家庭,幼年在教会学校接受过传统教育,但他不满意经院哲学,喜爱自然科学,毕业后曾游历欧洲各国,去读"世界这本大书",一度还参加过军队,1629 年定居荷兰,专心研讨哲学。1649 年应瑞典女王邀请去斯德哥尔摩讲学,次年病逝。笛卡尔时常被称为近代哲学的开山祖,这是因为他把认识论的问题提到首位,创立了理性主义哲学,在哲学史上造成了哲学研究重点由本体论向认识论的转移。他提倡理性,反对盲目信仰,以怀疑为武器反对经院哲学。他主张物质与精神并存,是二元论者,他的哲学既有唯物主义的方面,也有唯心主义的方面,在认识论上,他主要是唯心主义的唯理论者。他的《物理学》对 18 世纪唯物主义哲学有重大影响,但对美学的影响主要是他的唯理论。鲍桑葵和克罗齐都曾指出,笛卡尔的理性主义哲学对西方近代美学的发展有重大的影响。

　　笛卡尔的理性主义哲学的基本原则,是在他的主要著作《方法论》、《形而上学的沉思》和《哲学原理》中提出的。笛卡尔的名言"我思故我在",是他的哲学的第一条原理。他认为,感觉、想象、书本知识、科学教条,世界上的一切都是不真实的,可以怀疑的,但只有"我"是一个正在思维的存在,即理性的存在,是无可怀疑的、真实的。他把思维、理性看作存在唯一可靠的依据和标准。他认为,理性是一切知识的基础或源泉,是来自上帝的天赋能力,是人类普遍具有的判别是非、善恶、美丑的良知良能。据说,每个人的理性都先天地包含一些不言自明的公理(如数学上的公理),人类的全部知识体系都是由这些公理演绎出来的。因此,只有符合理性的知识才是真理,而真理必然是明晰的、清楚明白的。他对美和艺术的态度,正是从这种理性主义出发的。在《音乐提要》(1618 年)中,他认为音乐的目的在于激起人们的激情,而这种激情必须是有条理的,处于平衡状态的,和谐的。在《论激情》(1649 年)中,他也发表了类似见解,认为激情不应被压抑,而应使之和谐,处于温和状态。在《论巴尔扎克的书简》里,他极力称赞"文词的纯洁",认为艺术的美主要就在于合乎理性的文词、结构、整体与部分的和谐。在他看来,分辨美丑的能力来自先天的理性,文艺虽然离不开想象和感性,但本质上是理性活动,应当服从和遵循理性的规律。这种贬低感性、抬高理性的观点当然是机械的、片面的。

　　不过,笛卡尔的观点往往是自相矛盾的,在谈到具体的美学问题时,并没有严格遵循理性主义。他虽然片面抬高理性,但对感性也有研究。他较早提出人有六种原始情绪,即惊奇、爱悦、憎恶、欲望、欢乐、悲哀。他认为美和艺术与人的这些原始情绪有密切的关系。特别值得注意的是,他对美的本质和美的标准提出过一些重要的见解。早在《音乐提要》中,他就力图给美下一个定义。他的基本看法是,美就是愉快。他认为,美的事物应当是简单明了的、合乎比例的,在感受时既不使人疲倦,又能使人愉快。他说,愉快"需要在感官与客体之间有一定的比例。……在各种感觉客体中,最令人愉悦的,既非最易为感官所感受的客体,亦非最难为感官所感受的客体,而是这样一种客体:它不像本能需要(感官凭借这种需要被带到令其愉悦的客体中,但这种客体并没有使之得到完全满足)那样容易为感官所感受,但也不是难到使感官疲惫不堪"①。后来在1630年给麦尔生神父的信中,他认为,美之所以为美这个问题和为什么一个声音比另一个声音较愉快的问题是完全相同的。他指出:"一般地说,所谓美和愉快所指的都不过是我们的判断和对象之间的一种关系;人们的判断既然彼此悬殊,我们就不能说美和愉快能有一种确定的尺度。"②但是,他还是力图找出美的标准。他重申了《音乐提要》中的观点:"在感性事物之中,凡是令人愉快的既不是对感官过分容易的东西,也不是对感官过分难的东西。"同时,他又提出:"按理,凡是能使最多数人感到愉快的东西就可以说是最美的,但是正是这一点是无从确认的"。③笛卡尔对美的这些看法带有折中的性质,他没有简单地把美归之于审美客体的属性,而是把美看作客体和感官、判断和对象之间的一种关系,这就肯定了审美主体的作用和美的主观的心理的方面。他以感官接受的难易和多数人的快感为审美标准,把美归结为愉快,说明他强调的正是美的主观的心理的方面,在他那里,美实质上是主观的。他还看到了美很难找到一个确定的尺度和标准,说明他也承认美的相对性。

与上述观点相一致,他还把美看作是审美客体和审美主体之间"同声相应"的关系,刺激和反应的关系。在《音乐提要》中,他认为,在各种声音中,人的声音最令人愉快,"因为它与我们的精神最为一致"。而音乐中的激情与我们心灵中的激情相似,所以缓慢的节拍引起从容、呆滞、消沉或悲哀的情绪,灵活轻快的节拍引起活泼、敏捷、快乐或愤怒的情绪。在给麦尔生神父的信中,他也谈到由于观念不同,美感也不相同。他说:"同一件事物可以使这批人高兴得要跳舞,却使另一批人伤心得想流泪;这全要看我们记忆中哪些观念受到了刺激。例如某一批人过去当听到某种乐调时是在跳舞取乐,等到下次又听到这类乐调时,跳舞的欲望就会又起来;就反面来说,如果有人每逢听到欢乐的舞曲时都要碰到不幸的事,等他再次听到这种舞

---

① 转引自[美]凯·埃·吉尔伯特、[联邦德国]赫·库恩:《美学史》上卷,夏乾丰译,上海译文出版社1989年版,第253页。

② 转引自北京大学哲学系美学教研室编:《西方美学家论美和美感》,商务印书馆1980年版,第78—79页。

③ 同上书,第79页。

曲,就一定会感到伤心。这正如一条狗每逢听到小提琴的声音时就挨一顿恶打,五六次之后,它如果再听到小提琴的声音,它就一定号叫起来,扯脚逃跑。"①

笛卡尔主要是哲学家,他谈美并不很多,没有建立完整的美学体系,他对美学的贡献主要在于提供了理性主义的方法。他在总体上强调理性,贬低感性,但在具体美学问题上并不偏激,而他的后继者和崇拜者在把他的理性主义原则运用于美学时,往往把他的观点简单化,推向了极端。

第二节　布瓦洛的《诗的艺术》

布瓦洛(Nicolas Boileau-Despreaux,1636—1711年)是 17 世纪法国著名诗人和文艺批评家,法国古典主义美学的立法者和发言人。他出身官吏家庭,父亲是巴黎国会会员。早年在索邦即巴黎大学神学院学习神学,后改学法律。1657 年,在他父亲死后,他又献身文学,擅长写讽刺诗。1669—1674 年,他用五年时间仿照贺拉斯《诗艺》的范式写了《诗的艺术》,这是一部长达 1100 行的诗体理论著作。法王路易十四亲自审定过该书,宣布它为法国古典主义的文艺法典。三年后,布瓦洛被任命为王室法官,并当选为法兰西学院院士。《诗的艺术》在法国文坛,特别在戏剧领域专制了 100 多年,它一出版很快就被译成各种文字,在欧洲产生过巨大影响。此外,布瓦洛还著有《讽刺诗集》《诗简集》《朗吉弩斯(论崇高)读后感》《1770 年给贝洛勒的信》等著作。

《诗的艺术》共分四章。第一章总论文艺创作的一般原则;第二章论次要的诗体,如牧歌、悲歌、颂歌、讽刺诗等;第三章论主要的诗体,即悲剧、史诗、喜剧等;第四章讨论作家的思想修养。布瓦洛没有抽象地讨论美学问题,他的美学是以文艺创作问题为中心的。

---

①　转引自北京大学哲学系美学教研室编:《西方美学家论美和美感》,商务印书馆1980年版,第79页。

《诗的艺术》的哲学基础是笛卡尔的理性主义哲学,其根本出发点是理性。布瓦洛反复强调,诗人固然需要天才,但更需要理性,文艺创作应当遵循理性,以理性为最高标准:

> 首须爱理性:愿你的一切文章
> 永远只凭着理性获得价值和光芒。①

在他看来,文艺的美只能来源于理性,只有符合理性的东西才是美的。也就是说,文艺作品的音韵、音律等形式都应服从理性的内容,要有合乎逻辑的明确性和严整性,要在结构上、部分与整体的配合上见出理性的组织和指导作用。由于理性是普遍的、永恒的、绝对的,由它产生的美也就是普遍的、永恒的、绝对的。因此,美就是真:

> 只有真才美,只有真可爱,
> 真应统治一切,寓言也非例外;
> 一切虚构中的不折不扣的虚假,
> 也只为使真理显得格外显眼。②

而真又是自然:

> 虚假永远无聊乏味,令人生厌;
> 但自然就是真实,凡人都可体验:
> 在一切中人们喜爱的只有自然。③

因此,在布瓦洛那里,理性、美、真、自然实为一体,为了求美就要符合理性,就要求真,就要模仿自然。他告诫诗人:

> 你们唯一钻研的就该是自然人性,
> 谁能善于观察人,并且能鉴识精审,
> 对种种人情衷曲能一眼洞彻幽深,
> 谁能知道什么是风流浪子、守财奴,
> 什么是老实、荒唐,什么是糊涂、吃醋,
> 则他就能成功地把他们搬上剧场,

---

① 〔法〕布瓦洛:《诗的艺术》,范希衡译,人民文学出版社 1959 年版,第 4 页。
② 转引自北京大学哲学系美学教研室编:《西方美学家论美和美感》,商务印书馆 1980 年版,第 81 页。
③ 转引自朱光潜:《西方美学史》上卷,人民文学出版社 1979 年版,第 187 页。

使他们言、动、周旋,给我们妙呈色相。①

切不可乱开玩笑,损害着常情常理:
我们永远也不能和自然寸步相离。②

这里布瓦洛所谓"自然",不是指感性的客观的自然界或现实世界,而是指普遍理性的产物或表现,即"自然人性""常理常情",他还称之为由理性加工过的"美的自然"。因此,布瓦洛虽然也讲文艺模仿自然,但他并不主张反映客观的现实生活,而是主张表现普遍永恒的理性或人性。他继承的主要是贺拉斯以来的古典主义传统,同时又加上了笛卡尔的理性主义哲学。他强调的是理性、共性,否定的是感性、个性。他把文艺遵循理性、只表现理性当作了文艺创作的首要原则。例如,他反对写抒情诗,其理由就是认为抒情诗以个人感受为基础,表现的只是偶然的、个别的东西,不能表现理性。布瓦洛的这种文艺只表现理性的观点显然是片面的,必将导致文艺脱离生活,造成文艺的概念化和公式化。但在当时反对轻视思想内容的自然主义和过分琢雕形式的"典雅派"文学上,则有进步的历史意义。

从文艺只表现理性这一基本观点出发,布瓦洛提出了他的典型理论。他认为,文艺不应当描写真人真事,文艺的真实是"逼真""像真":
切莫演出一件事使观众难以置信:
有时候真实的事很可能不像真情。③

这就是说,文艺不应当自然主义地模仿"真实的事",而应当通过理性对自然的原型进行加工。他认为,文艺能化丑为美,创造出理想化的形象。他反对活人写生,主张凭理性创造概括的、典型的性格,乃至这个性格的活的原型见了也开颜大笑,认不出是他本人:
人人巧妙地被画在这新的明镜里,
不是看着无所谓,便以为不是自己:
对着忠实的肖像,守财奴笑守财奴,

① ［法］布瓦洛:《诗的艺术》,范希衡译,人民文学出版社1959年版,第54页。
② 同上书,第57页。
③ 同上书,第33页。

却不知道所笑的正是他依样葫芦；

常常诗人精妙地画出个糊涂大王，

大王却不识尊容,反问谁这般狂妄。①

布瓦洛肯定文艺应当创造典型形象,这是合理的。他看到了文艺不是现实的机械模仿,应当高于现实。但他所理解的典型实际上是类型,是体现普遍永恒理性的一种抽象的人性,基本上仍是贺拉斯的类型说。他认为,文艺,尤其是悲剧,应当把人物性格写得一成不变。他说:

你打算单凭自己创造出新的人物？

那么,你那人物要处处符合他自己,

从开始直到终场表现得始终如一。②

他在《诗的艺术》第三章还有一段著名的年龄诗,描绘和规定了青年人、中年人和老年人的性格特点:

青年人经常总是浮动中见其躁急,

他接受坏的影响既迅速而又容易,

说话则海阔天空、欲望则瞬息万变,

听批评不肯低头,乐起来有似疯癫。

中年人比较成熟,精神就比较平稳,

他经常想往上爬,好钻谋也能审慎,

他对于人世风波想法子居于不败,

把脚根抵住现实,远远地望着将来。

老年人经常抑郁,不断地贪财谋利;

他守住他的积蓄,却不是为着自己,

进行计划慢吞吞,脚步僵冷而连塞;

老是抱怨着现在,一味夸说着当年;

青年沉迷的乐事,对于他已不相宜,

他不怪老迈无能,反而骂行乐无谓。③

---

① ［法］布瓦洛:《诗的艺术》,范希衡译,人民文学出版社 1959 年版,第 54 页。

② 同上书,第 39 页。

③ 同上书,第 55 页。

他要求性格描写不能"使青年像个老者,使老者像个青年"①。法国古典主义戏剧的性格描写有些的确是符合布瓦洛的这种类型说的。例如,莫里哀笔下的阿巴贡自始至终是一个吝啬鬼,剧情的进展没有给他的性格增加新的特征。伪善人达尔丢失也始终是伪善的化身。在拉辛的悲剧中,费拉德一开始就是不满于爱情的女人,到终场她还是那个老样子。布瓦洛把典型理解为类型,这就使得典型形象脱离了具体的生活环境,丧失了个性特征和色彩,成为抽象概念的化身,只是吝啬、伪善、爱情、嫉妒之类抽象人性的表现,而不是个性与共性活生生的统一。因此,这种典型说是形而上学的、片面的。

布瓦洛美学的另一特点,是力图为文艺创作制定出一套合乎理性、万古不变的规则。他认为,文艺作品的美与不美,标准在于理性,在于能否博得大多数人的赞赏。古代作家如荷马、柏拉图、西塞罗等人的作品早已充分表现了自然人性,体现了理性标准,并在许多世纪博得大多数人的赞赏,成为文艺创作的典范。因此,他特别强调要向古典学习。他说:"如果你看不出他们作品的美,你不能因此就断定它们不美,应该说你瞎了眼睛,没有鉴赏力"②。他认为,古典就是自然,模仿古典也就是模仿自然。模仿古典不但要借用古典的题材和人物,而且更重要的是要遵循古典的规则,尤其是亚里士多德和贺拉斯所讲的那些规则。在《诗的艺术》的第二、三章两章,他详细列举了各种文艺种类和体裁的区别和规则。他对当时热烈讨论的"三一律"作了明确的规定:

> 要用一地、一天内完成的一个故事,
>
> 从开头直到末尾维持着舞台充实。③

他还规定悲剧主人公必须是上层人物,而第三等级只能在喜剧中出现。对于语言,他力主明晰、纯洁,强调字分雅俗。他还提出"好好地认识城市,好好地研究宫廷"的口号。

与强调学习古典相联系,布瓦洛在《诗的艺术》第四章还强调了艺术的社会功能和艺术家的思想修养。他认为作诗不可平庸,平庸即是恶劣,艺术

---

① 〔法〕布瓦洛:《诗的艺术》,范希衡译,人民文学出版社1959年版,第55页。
② 转引自伍蠡甫主编:《西方文论选》上卷,上海译文出版社1979年版,第304页。
③ 〔法〕布瓦洛:《诗的艺术》,范希衡译,人民文学出版社1959年版,第33页。

家要爱道德、有修养、能处处把善和真与趣味融成一片。他反对背叛道德、满纸海淫海盗、危害风化的作家,尤其反对把艺术变为商品。他指出,诗原本是高贵的,诗在人类早期文化开发和建立文明的社会秩序方面有伟大的历史功绩,但后来

> 丑恶的牟利欲望熏昏了作者神思,
> 粗劣的诡谀之辞玷污了一切文字,
> 于是到处产生出千百无聊的著作,
> 凭利害决定褒贬,为金钱出卖讴歌。①

他针对当时文坛的状况大声疾呼:

> 为光荣而努力啊! 一个卓越的作家
> 绝不能贪图金钱,把得利看成身价。
> 我知道,高尚之士凭着自家的笔杆
> 获得正当的收益,非罪恶、无可羞惭;
> 但是我不能容许那些显赫的诗人
> 不爱惜既得荣名,专在金钱上打滚,
> 拿着他的阿波罗向书贾进行典当,
> 把这神圣的艺术变成了牟利勾当。②

总的说来,布瓦洛的美学是理性主义的美学。他片面强调理性,迷信古典权威,他对典型、文艺标准和文艺规则的看法都缺乏历史发展的观点和辩证观点。但在当时这种理性主义美学是有进步意义的。布瓦洛把人类的理性置于至高无上的地位,是与中世纪的神学相对立的。他讲的理性就是人性,这也是文艺复兴时期人文主义美学的继承和发展。他强调文艺要学习古典,创造概括的、高于自然的、表现人性的形象,肯定文艺的社会的伦理的功能和价值,在反对自然主义和形式主义方面也是有贡献的、合理的。他的问题主要是把文艺遵循理性和规则绝对化和教条化了。他的美学是法国君主专制下的产物,有为封建贵族服务的一面,但主要反映了新兴资产阶级的理想和要求。某些封建贵族威胁要以棒击惩罚这位资产者,教会的黑暗势

---

① [法]布瓦洛:《诗的艺术》,范希衡译,人民文学出版社 1959 年版,第 68 页。
② 同上书,第 66 页。

力要求处他以火刑,都并不是偶然的。需要说明的是,布瓦洛的美学在当时虽然具有法典的权威,但古典主义戏剧家高乃依、拉辛,特别是莫里哀的文艺实践,并没有完全遵循布瓦洛的美学。他们往往借古人之口讲自己的话,主要表现的是新兴资产阶级的思想感情和要求。正如马克思所说:"毫无疑问,路易十四时期的法国剧作家从理论上构想的那种三一律,是建立在对希腊戏剧(及其解释者亚里士多德)的曲解上的。但是,另一方面,同样毫无疑问,他们正是依照他们自己艺术的需要来理解希腊人的,因而在达西埃和其他人向他们正确解释了亚里士多德以后,他们还是长时期地坚持这种所谓的'古典'戏剧。……被曲解了的形式正好是普遍的形式,并且在社会的一定发展阶段上是适于普遍应用的形式。"①

　　文艺复兴以来关于古今文艺孰优孰劣的争论,在 17 世纪的法国形成了有名的"古今之争"。布瓦洛是保守派的代表,贝洛勒是今派的代表,双方争论激烈。今派中最杰出的代表是圣·厄弗若蒙,他在《论古代和现代悲剧》和《论对古代作家的模仿》等著作中表现了历史发展的观点。他认为,亚里士多德的《诗学》"固然是一部好书,但也并未完善到可以指导一切民族和一切时代"②。他主张诗人应根据时代的变化进行创作。他说:"我们应该把脚移到一个新的制度上去站着,才能适应现时代的趋向和精神。"③随着时代的进步,布瓦洛的美学不再能满足资产阶级进一步发展的需要,受到了启蒙主义者和浪漫主义者的反对。一般文学史家认为,1830 年 2 月 25 日巴黎上演浪漫主义作家雨果的《欧尔那尼》获得成功,是古典主义终结的标志。

第三节　莱布尼兹的美学思想

　　17 世纪理性主义美学在德国的代表人物是莱布尼兹(Leibniz,1646—1716 年)。他出生于莱比锡,其父是莱比锡大学的道德哲学教授。他自幼

---

①　《马克思恩格斯全集》第 30 卷,人民出版社 1975 年版,第 608 页。
②　转引自朱光潜:《西方美学史》上卷,人民文学出版社 1979 年版,第 198 页。
③　同上书,第 198—199 页。

聪敏好学,自学过他父亲遗留的大量书籍,15 岁进入莱比锡大学,20 岁在纽伦堡附近的阿尔特多夫大学获法学博士学位。毕业后,最初追随博伊内堡男爵,在美因茨选帝侯门下任法律顾问的助手和陪审官。1672 年被派往巴黎做外交工作,结识了哲学家阿尔诺和马勒伯朗士,接触到大哲学家帕斯卡尔和笛卡尔未发表的著作,并做了仔细研究。次年访问伦敦,结识了著名科学家波义耳。回巴黎后潜心研究数学,于 1676 年创立了微积分。1676 年返回德国后,长期服务于汉诺威公爵,担任过汉诺威图书馆馆长、柏林科学院院长等职。他一生不但在自然科学上有许多创造发明,而且写了大量哲学著作,主要有《人类理智新论》(1765 年)、《神正论》(1710 年)和《单子论》(1714 年)等。他没有专门的美学著作,他的美学思想散见于哲学著作。和笛卡尔一样,他对美学史的贡献主要在于他的哲学直接影响了美学发展的方向。

在哲学上,莱布尼兹是客观唯心论者。他的哲学通常被称为"单子论"或"前定和谐论"。他认为,单子是万物的本质,是"自然的真正原子",万事万物都是单子组成的复合物。单子不是物质性的存在物,而是单纯的即没有部分的、不占空间的精神实体。单子的基本性质在于具有知觉和表象的能力,因此也可以称之为"灵魂"。他说:"单子并没有可供某物出入的窗户。"①也就是说,各种单子相互之间并不互相影响,每个单子都是孤立的封闭的系统;但另一方面,他又说,单子是由上帝创造的,"每个创造出来的单子都表象全宇宙"②,也就是说每个单子都像小宇宙,都能反映大宇宙,而单子之间的相互和谐,是由上帝预先谋划和规定的。从美学角度来看,莱布尼兹肯定了宇宙美,他认为,我们生活的这个世界,是上帝从无限的可能世界中挑选出来的最美最好的世界,因为上帝在创造这个世界时就预先给了它以秩序与和谐。也就是说,宇宙美的本质在和谐,宇宙美来源于上帝的创造。这种观点显然还具有神学的性质。

在认识论上,莱布尼兹和笛卡尔一样,也是一位理性主义者。他反对洛克的经验论的白板说,认为人心并不像洛克所说是一块白板,而是像一块有

---

① 转引自北京大学哲学系外国哲学史教研室编译:《西方哲学原著选读》上卷,商务印书馆 1981 年版,第 477 页。

② 同上书,第 487 页。

纹路的大理石,感觉经验不能向我们提供全部的知识,人的心灵先天地就包含了一些概念和学说的原则,外界的对象只是靠一定的机缘才把这些原则唤醒。因此,他肯定"天赋观念",把先验理性看作认识的根本来源。他还把认识分为两类,即朦胧的认识和明晰的认识。朦胧的认识不能提供有关对象的清晰的表象,是由感官察觉不到的"微小的知觉"组成的,而当这些微小的知觉积聚到一定数量,感官便能觉察到对象的表象,获得明晰的认识。而明晰的认识又分成"明确的认识"和"混乱的认识"。前者是理性的,能清楚分辨事物的各个部分及其相互关系;后者是感性的,它虽然不像理性那样清楚,却能把握事物的情状,得到生动的印象,只不过我们还不能明确说出这种生动印象的足够的标志。他对认识的这种分类,给美学带来了重大的影响。在他看来,审美趣味或鉴赏力实际上就是一种混乱的认识。他说:"鉴赏力和理解力的差别在于鉴赏力是由一些混乱的感觉组成的,对于这些混乱的感觉,我们不能充分说明道理。它(鉴赏力)和本能很近似"①。他还说过一句很俏皮、很有影响的话:"画家和其他艺术家对于什么好和什么不好,尽管很清楚地意识到,却往往不能替他们的这种审美趣味找出理由,如果有人问到他们,他们就会回答说,他们不欢喜的那种作品,缺乏一点'我说不出来的什么'。"②这个"我说不出来的什么",其实指的就是美。他认为,美的事物具有愉悦性,这是人所共知的,但"人们永远无法探明,事物的令人愉悦性是什么,或者,这种愉悦性为我们提供了哪一类完善。因为这种令人愉悦的事物被感知,是通过我们的情绪,而不是通过我们的理解力"③。莱布尼兹的这些言论表明,他已看到了审美活动不同于一般理性活动的特点,其中有感性的乃至直觉的因素的参与,因此,审美提供的是混乱的或模糊的认识,有一种"说不出来的什么";但另一方面,他毕竟把审美看作一种认识,虽然它是混乱的、比较低级的认识,但却包含或孕育一定的理性内容,因此,归根结底仍是趋向理性的一种认识形式。这样,他就把审美

---

① 转引自北京大学哲学系美学教研室编:《西方美学家论美和美感》,商务印书馆1980年版,第84—85页。

② 同上书,第85页。

③ 转引自[美]凯·埃·吉尔伯特、[联邦德国]赫·库恩:《美学史》上卷,夏乾丰译,上海译文出版社1987年版,第299页。

活动纳入了认识的范围,为美学在认识论的体系中确立了地位。他的这种观点直接启发了鲍姆嘉通,促成了作为一门低级认识论的"美学"学科的诞生。

关于艺术,莱布尼兹谈到过诗歌和音乐的感染力问题。他认为,诗歌和音乐具有"令人难以置信的感人力量"。通过诗歌和音乐,一个人可以"唤起狂热,平静下来,受到激励,激起发笑,激起痛哭,激起任何一种感情"[1]。这种感染力从何而来呢? 他认为可以作出两种解释。一种是机械论的解释,比如音乐,可以找出音乐的数学基础。他认为,音乐和谐的本质就在于数的比例。而另一种则是作出最终的形而上学的解释,即艺术的感染力归根到底来源于上帝创造宇宙和谐的直觉。因此,他指出:"音乐,就它的基础来说,是数学的;就它的出现来说,是直觉的。"[2]在1712年4月17日给霍尔巴赫的信中,莱布尼兹还给音乐下过一个定义。他说,音乐"就像不知计算的人的朦胧的数学练习"[3]。他认为,这种"数学练习"是以不自觉的形式进行的,是不知其所以然的。他的这些观点突出了艺术的直觉性,也是后来的美学家普遍重视的。

---

[1] 转引自[美]凯·埃·吉尔伯特、[联邦德国]赫·库恩:《美学史》上卷,夏乾丰译,上海译文出版社1987年版,第297页。

[2] 转引自北京大学哲学系美学教研室编:《西方美学家论美和美感》,商务印书馆1980年版,第86页。

[3] 转引自[意]贝内季托·克罗齐:《作为表现的科学和一般语言学的美学的历史》,中国社会科学出版社1984年版,第53页。

第 五 章

英国经验主义的美学

    18 世纪,欧洲资产阶级在政治上和思想上向封建专制制度展开了猛烈进攻,掀起了声势浩大的启蒙运动。这一运动发源于英国,在法国达到高潮,逐渐遍及欧洲各国,成为资产阶级革命的思想准备,其目标是要消灭封建专制制度,建立资产阶级共和国。启蒙运动深刻影响到了美学和文艺实践的发展。

    启蒙运动在英国主要表现为经验主义。早在 17 世纪中叶,英国资产阶级就进行了所谓"光荣革命",推翻了君主专制制度,18 世纪中叶又进行了产业革命,以机器工厂代替了手工业工场。随着政治、经济的发展,自然科学发展起来,在哲学上勃发了一股经验主义思潮。经验主义与理性主义是相对立的,它否认任何天赋观念,一切从经验出发,认为只有感性经验才是认识的唯一源泉。就其主流来说,英国是近代唯物主义的诞生地。但正如列宁所指出的,以经验为出发点,既可能达到唯物主义,也可能达到唯心主义。在培根、霍布斯、洛克那里,经验主义基本上是唯物主义的,而在贝克莱和休谟那里,则成为主观唯心主义、怀疑主义和不可知论。在文艺实践方面,自从伊丽莎白时代以来,戏剧在莎士比亚那里已冲破古典主义的束缚,达到了新的高峰。到 18 世纪,英国的文学艺术更进一步得到全面的发展。报刊文学、市民剧、诗歌、小说、绘画作品陆续出现,浪漫主义文学也开始萌芽。著名作家斯威夫特、菲尔丁、斯摩莱特,诗人彭斯,造型艺术家荷加斯、雷诺兹,风景画家康斯太勃,都产生在这一时期。他们的作品都适应了新兴资产阶级的需要,反映了资产阶级的生活、愿望和理想。英国经验主义的美学,就是建立在这一时期哲学和文艺实践基础之上的。

英国经验主义美学在西方美学史上占有重要的历史地位。它从经验主义的哲学出发,抛弃了神学美学的观念,把人的审美经验或审美意识作为美学研究的主要对象,提出了美感、想象和审美趣味等问题,力图从主体的生理和心理方面揭示审美意识的结构和特征,把握美的规律,开创了经验主义的美学研究方向,这是一个很大的进步。英国经验派的美学家很多,这里我们只介绍几个最重要的代表人物。

第一节　培根的美学思想

培根(Bacon,1561—1626年)是欧洲近代第一个唯物主义的大哲学家。马克思和恩格斯说:"英国唯物主义和整个现代实验科学的真正始祖是培根。"[①]他在《学术的促进》、《伟大的复兴》、《新工具》和《新大西洋》等著作中,奠定了英国经验主义的哲学基础。他的唯物主义在各方面都产生了深刻的影响,具有巨大的革命转变的意义。他强调科学知识的作用,突出了认识的实践功能。他有一句名言:"知识就是力量,要借服从自然去征服自然。"他看到了感性认识和理性认识的辩证关系。他认为,感性认识是知识的基础,由此反对经院哲学的教条和玄学思辨,同时他又指出,感性认识往往带有欺骗性,不完全可靠,还应当破除迷信、成见和偏见之类"偶像",通过不断的观察实验去证实和纠正感性认识。他说,理性主义者好比蜘蛛,只知从自己的腹中吐丝织网,经验主义者好像蚂蚁,只知收集材料,二者都是片面的,而真正的哲学家应当像蜜蜂,从花园和田野中广泛采集花粉,通过自己的消化来酿成蜜。由于重视观察和实验,培根创立了由个别事例上升到一般原则的归纳法,用以代替长期统治西方的亚里士多德的偏重演绎法的形式逻辑。培根的这些观点和方法为近代科学的发展指明了唯物主义的

---

① 《马克思恩格斯文集》第 1 卷,人民出版社 2009 年版,第 331 页。

方向,对美学也发生了巨大的影响。英国经验派的美学正是得力于培根的观点和方法,才得以从中世纪的玄学思辨中解放出来,跨入近代科学的领域。

培根主要是哲学家,但在美学上也有一些重要的看法。

首先,他把人类的学术活动分为记忆、想象和理智三类。他说:"历史涉及记忆,诗涉及想象,哲学涉及理智。"[①]这里不但揭示了文艺不同于抽象思维的特点,而且在美学上开创了文艺与想象的关系的研究。他指出:"想象既不受物质规律的拘束,可以把自然已分开的东西合在一起,也可以把自然已结合在一起的东西分开,这样就在许多自然事物中造成不合法的结婚和离婚"[②]。由此他区分了复现的想象(回忆)和创造的想象。他认为诗不是复现的想象,而是创造性想象的产品,诗可以通过想象在虚构中表现真实,所以诗又是一种"虚构的历史"。

其次,他阐明了为什么要有诗这种"虚构的历史",以及为什么诗比真实的历史更能引起人的美感。他的基本看法是,人有自然和真实的历史无法满足的更高的精神需要,而文艺由于想象和虚构可以比自然和真实的历史更高、更理想化,因此能够更好地满足人的精神需要。具体说有三点理由:其一,诗能虚构出更伟大、更英勇的行动和事迹;其二,诗比真实的历史在奖惩上更公平;其三,诗比历史的真实在描写上更奇特、更丰富多彩。他说:"这种虚构的历史的功用在于给人心提供一种阴影似的满足,这是在事物的自然本性本来不能使它满足的那些方面,因为世界在比例上没有心灵那么广阔,如果有比在事物自然本性中所能找到的更伟大的伟大,更精确的善和更绝对的变化多彩,那对于人的精神是愉快的。由于真正历史的行动或事迹没有能满足人心的那种宽度,所以诗就虚构出一些更伟大更英勇的行动和事迹;由于真正的历史所叙述的行动的结果和终局不很符合德行和罪恶理所应得的酬惩,所以诗把它们虚构成为酬惩上较公平、较符合启示出来的天理;由于真正的历史把行动和事迹写得较平凡,较少交互的变化,所以诗使它们显得较稀奇,有较多的超出预料的变化。因此诗好像是有助于

---

① 转引自朱光潜:《西方美学史》上卷,人民文学出版社 1979 年版,第 203 页。

② 同上。

弘远的气度、道德和享乐。"①

在培根的心目中,诗是神圣的,诗不但能给人愉快,而且能产生巨大的教育作用。他认为,我们受益于诗人比受益于历史家和哲学家更多,因为诗人在作品中能表现人类深刻的情感和追求,刻画出人们的风俗习惯和道德品行。他说:"过去人一向认为诗分享到几分神性,这是有理由的,因为诗通过使事物的现象服从人心的愿望,确实能提高心灵,而理智则约束心灵,使它屈从事物的自然本性。我们看到,通过这种对人的本性和快感的浸润和契合,再加上它和音乐的合作和协调,诗在未开化的时代和野蛮的地区就已得到欢迎和尊重,尽管其他学术还被排斥在门外。"②

在谈到文艺的欣赏时,培根还提出了"寓言(虚构)在先"的思想。他认为,后代读者对诗的解释和发挥往往是主观的。他说,就拿荷马来说,尽管晚期希腊各派把他的作品看成一种圣经,但我们却可以毫不费事地说明他的许多寓言在他自己的了解中并没有那种内在的含义。在培根看来,不能以读者的解释来代替作家本人的思想。

在一篇《论美》的短文里,培根对美也提出了自己的看法。他认为,美是自然的客观属性,主要表现为"比例的奇特",动态美胜于静态美。他说:"论起美来,状貌之美胜于颜色之美,而适宜并优雅的动作之美又胜于状貌之美。美中之最上者就是图画所不能表现,初睹所不能见及者。没有一种至上之美是在规模中没有奇异之处的。"③他还强调美的整体性,认为一张面孔,孤立地看它的各个部分,就看不出丝毫优点;"但是就整体看,它们却显得很美"④。谈到人的美,他不否认外在的容貌美,但更强调内在的心灵美。他说,老年人比青年人往往美得更多,就像拉丁谚语讲的"秋天的美才真正美"。他指出,美可以使德行放射出光辉,但它又是易逝的,"美就像夏天的果子,容易烂,留不住"。关于美的创造,他既反对希腊画家亚帕勒斯的做法,也反对德国画家丢勒的做法。前者"从好几个不同的脸面中采取其最

---

① 转引自伍蠡甫主编:《西方文论选》上卷,上海译文出版社 1979 年版,第 247—248 页。

② 同上。

③ 《培根论说文集》,水天同译,商务印书馆 1983 年版,第 157 页。

④ 转引自北京大学哲学系美学教研室编:《西方美学家论美和美感》,商务印书馆 1980 年版,第 78 页。

好的部分以合成一个至美的脸面",后者则"根据几何学上的比例来画人"。他说,他并不反对要画得比真人更美,但不应该凭借死板的公式,而应该凭一种"得心应手的轻巧"。他的这个见解有辩证的意味,可惜他没做更多发挥。

第二节　舍夫茨别利的美学思想

舍夫茨别利(Shaftesbury,1671—1713 年)出身于苏格兰的一个贵族家庭。他的主要著作《论人、习俗、意见、时代等的特征》(1711 年),是一部论述哲学、伦理学和美学问题的文集,其中《道德家们》、《给一位作家的忠告》等篇包含了丰富的美学思想,产生过广泛的影响。在哲学上,他接受了多方面的影响,早年曾受洛克哲学的熏陶,人们常称他是洛克的学生和当之无愧的继承人,由于他接近剑桥学派,又常被看作新柏拉图主义者,其实,他既不赞成洛克的白板说,也同新柏拉图派有重大分歧,他的观点既有经验主义的方面,又有理性主义的因素,主要是一位自然神论者。在美学上,有一些学者认为,"美学"作为一门独立学科的创立者是舍夫茨别利,不是鲍姆嘉通。这种讲法当然不符合事实,但也说明他在美学史上是有重大贡献的。

一　美与自然神

自然神论是反对宗教的一种特殊形式。舍夫茨别利是著名的自然神论者。他讲的神不是基督教的上帝,不是统治、支配世界的超验的人格力量,而是一种创造世界,听凭世界按照自然本身的规律存在和发展的非人格的理性力量。他认为,宇宙是一个复杂的、和谐的整体,是由三种不同等级的形式构成的。第一级是死形式,这是自然界或人所赋予的形式,其本身没有赋予形式的力量,没有行动,也没有理性。第二级是赋予形式的形式,它们有理性,有行动,有创造。第三级是最高级的形式,它不仅赋予形式于物质,而且"赋予形式于心本身",它是一切形式的基础和源泉。这指的其实就是自然神。在他看来,自然神是宇宙万物的创造者,也是美的创造者。美的本质就在于自然神所赋予自然的形式的和谐。他说:"凡是美的都是和谐的和比例合度的,凡是和谐的和比例合度的就是真的,凡是既美而又真的也就在结果上是愉快的和善的。"①与宇宙的三级存在形式相对应,他把美也分为三种。第一种是死形式的美。例如,金属、石头、木料等各种物体的美。这是美的最低级的形式。第二种是赋予形式的形式所产生的美,即由一种物质与一定的形式和构思相结合而形成的美,实际上也就是由有理智的人所创造的美。艺术美即属此列。他说:"美的、极好的和愉悦的都决不在于物质,而只永远在于艺术和构思之中;决不在于物体本身,而只永远在于形式和赋予形式的力量之中。……要知道只有智慧才赋予形式。凡是不体现智慧的东西,凡是空虚的和缺乏智慧的东西都是可怕的;没有形式的智慧本身就是无定形性——就是丑。"②第三种是最高级的美。"这种美不仅创造了我们称之为普通形式的那些形式,而且也创造了赋予形式的形式本身。……顺理成章地说,这就是一切美的基础、关键和源泉。"③在舍夫茨别利那里,这三种美的形式构成了由低到高的"美的阶梯",组成了和谐的宇宙整体,而自然神则是美的总根源。他称自然神是"至上的艺术家",把宇宙比喻为伟大的艺术作品,认为自然神创造了"第一性的美",而人是"小宇宙",可以反映"大宇宙",创造的是"第二性的美"。

舍夫茨别利把美的根源归结为自然神,试图用自然神的观点解释审美现象,这在当时具有反对宗教神学的进步意义。但他的自然神论还明显带有柏拉图和普洛丁的思想烙印,还不是唯物主义的。

二 审美与道德

审美与道德的关系问题是舍夫茨别利美学的中心问题。当时有一场关

---

① 转引自北京大学哲学系美学教研室编:《西方美学家论美和美感》,商务印书馆1980年版,第94页。

② 转引自[苏联]舍斯塔科夫:《美学史纲》,樊莘森等译,上海译文出版社1986年版,第170页。

③ 转引自[苏联]奥夫相尼科夫:《美学思想史》,吴安迪译,陕西人民出版社1986年版,第121—122页。

于人是否生来就有道德感和美感的争论。舍夫茨别利不赞成洛克的白板说，也不赞成霍布斯的性恶论。他认为，人先天地便具有"德行""秩序"这类理性观念和辨别善恶、美丑的能力，人性是善的，审美感和道德感在根本上是相通的。正是在这个基础上，他继普洛丁之后重新提出了"内在的眼睛""内在的形式""内在的节拍"等概念，后来形成了审美的"内在感官"说或"第六感官"说，在美学史上作出了贡献。

舍夫茨别利认为，审美是人区别于动物的特点之一。动物凭借视听嗅味触五种外在的感官与外界发生关系，它们不能认识到美而产生快乐，因为"它们所欢喜的并不是形式而是形式后面的实物"①。只有人才能认识美并产生美感，这是因为人不但有动物性的"外在感官"，而且有一种属于理性的"内在感官"，它先天地便具有审辨善恶美丑的能力。他说："如果动物因为是动物，只具有感官（动物性的部分），就不能认识美和欣赏美，当然的结论就会是：人也不能用这种感官或动物性的部分去体会美或欣赏美；他欣赏美，要通过一种较高尚的途径，要借助于最高尚的东西，这就是他的心和他的理性。"②从以上可以看出，舍夫茨别利反对把美感看成动物性的快感，认为美感比动物性的快感要高尚，不是单纯的五官感觉，他肯定了理性在审美活动中的作用。但另一方面还应当注意，舍夫茨别利也并没有把美感归结为纯粹的理性，他讲的美感和分辨美丑的能力虽然隶属于理性，但毕竟是一种感官能力，而不是理性的思辨能力，他并不认为审美活动是一种思考和推理，相反，他认为审美具有感受的直接性。他说："眼睛一看到形状，耳朵一听到声音，就立刻认识到美、秀雅与和谐。行动一经察觉，人类的感动和情欲一经辨认出（它们大半是一经感觉就可辨认出），也就由一种内在的眼睛分辨出什么是美好端正的，可爱可赏的，什么是丑陋恶劣的，可恶可鄙的。"③因此，从总体上说，舍夫茨别利的观点仍是经验主义的，但他已注意到经验主义的机械性和片面性，他强调理性在审美中的作用，正是对此所做的矫正。

与"内在感官"说紧密相关，舍夫茨别利还在美学史上较早提出了"审

---

① 转引自朱光潜：《西方美学史》上卷，人民文学出版社 1979 年版，第 213 页。
② 同上。
③ 同上书，第 212 页。

美无功利性"的思想,这对后来康德等美学家有重大的影响。他认为,美感和道德感都是无功利性的,都与任何利己之心和私人利益无关。在《道德家们》中,他指出,善和美是同一个东西,善就是美,恶就是丑,趋善避恶,爱美弃丑是人类的本性。他主张性善论,反对霍布斯的性恶论。在他看来,如果人生来就自私,一切行动都有利己的动机,那就和动物没有两样。而事实上,人天生地便具有辨别善恶美丑的道德感和美感,而这是适应人类群居的特性的。因此,他所讲的"无功利性"指的实为社会性。尽管他对"社会性"的认识是以普遍人性论为基础的,还不可能达到历史唯物主义的水平,但却肯定了人与动物的不同,仍然有合理的因素。

此外,舍夫茨别利还提出过画家在描写动作时应选择最富暗示性的顷刻,文艺的繁荣有赖于政治自由等看法。这些看法对莱辛、温克尔曼等都产生过积极的影响。

总之,舍夫茨别利在英国经验派美学家中,是一个思想独特的人物,他试图纠正经验派美学的片面性,提出了"内在感官"说和审美无功利性的思想,在美学史上有重大贡献和影响。

第三节　哈奇生的美学思想

哈奇生(Hutcheson,1694—1747年)是舍夫茨别利的学生。他的主要美学著作是《论美和德行两种观念的根源》(1725年),全书由两篇论文组成,第一篇《论美、和谐和合目的性》,第二篇《论道德上的善与恶》。当时舍夫茨别利的"性善论"已经遭到孟德维尔(1670—1733年)等人的批评。孟德维尔认为,人并非天生就是善的和美的,美和善往往随着风俗习惯的改变而变化,同时历史进步的动力也不是美和善,相反倒是肉体上和道德上的恶。哈奇生的著作就是在这种情况下为舍夫茨别利作辩护的。他在书中试图把舍夫茨别利的美学观点系统化,进一步论证了外在感官与内在感官的联系和区别,并且把美区分为绝对美和相对美。他的美学观点对狄德罗、康德发生过影响。

一　为"内在感官"说辩护

针对舍夫茨别利的反对者关于"美感是习惯和教育的结果"这种看法，哈奇生为舍夫茨别利的"内在感官"说作了辩护。

首先，他认为，"内在感官"是存在的，它不同于视听等外在感官。因为外在感官只能接受简单的观念，产生微弱的快感，而我们称作美、整齐、和谐的东西，例如乐曲、绘画、建筑等，所引起的却是复杂的观念，带有远较强大的快感。显然，这不是靠外在感官，而是靠更高级的"内在感官"去接受的。在他看来，"内在感官"不同于外在感官的特点，就在于它能接受复杂的观念，产生强烈的快感，是更高级的。

其次，"内在感官"这个名称也是恰当的。因为"内在感官"与外在感官在感觉的直接性上是类似的。他说："把这种较高级的接受观念的能力叫做一种'感官'是恰当的，因为它和其他感官在这一点上相类似：所得到的快感并不起于对有关对象的原则，原因或效用的知识，而是立刻就在我们心中唤起美的观念。"①他还说："事实显得很明白：有些事物立刻引起美的快感，我们具有适于感觉到这种美的快感的感官，而且美的快感和在见到时由自私心所产生的那种快乐是迥不相同的。"②这里，他和舍夫茨别利一样，看到了审美不是理性的思辨和推理，但又包含理性的因素，以及美感发生的直接性和无功利性等特点。

最后，他认为"内在感官"是自然神造就的，因此，人的审美能力或美感是天生的，是先于一切习俗、教育或典范的。他说："我们假定神所具有的那种智慧的恩典把我们的内在感官造成现在的那样是多么合式；这样就使得我们对于凡人心灵所能尽量圆满地掌握住而且记忆住印象的那些对象，一观照到就得到快感。"③并说："我们的审美感官好像是经过设计造出来，使我们享受到断然是愉快的感觉，而不是断然是苦痛或嫌厌的感觉，这种苦

---

①　转引自北京大学哲学系美学教研室编：《西方美学家论美和美感》，商务印书馆1980年版，第99页。

②　同上。

③　同上书，第99—100页。

痛或嫌厌的感觉不过是起于失望。"①按照这种看法,人的审美能力或美感应当是与后天的习俗和教育毫无关系的,美感既然是先天的就应当是普遍的、绝对的、必然令人愉快的。这也就是说,既然任何人都有共同的审美器官,那么人们对美的感受和理解也应当是相同的。显然,这与存在着美感差异性的事实是不相符的。哈奇生看到了美感差异性的存在,因此,他没有简单否定教育和习俗对美感的影响,他承认"教育和习俗可能影响我们的内在感官",但又说,"这一切都须先假定美感是天生的"。② 这种讲法当然是自相矛盾,不能自圆其说的。然而,重要的是,他毕竟肯定了美感差异性的存在,并力图回答产生美感差异的原因,提出了美感上的差异起于"观念联想"的思想。他说:"观念的联想使物体变成可爱的和令人神往的,这些物体本来并不具有使人获得这种快感的属性,同样地,观念的偶然的外部结合也可以引起对本来并不包含令人厌恶的形式产生厌恶。而这一点也是许多人毫无根据地对某些动物的形体和某些其他形式产生厌恶的理由。例如许多人由于联想到猪、各种各样的蛇和某些实际上非常美丽的昆虫而产生某种偶然观念,就会对这些东西表示厌恶。"③这种观念联想说虽然有合理的因素,但与他所坚持的美感的先天性、直接性仍不免是相矛盾的。

在西方美学史上,最早提出审美感官说的是普洛丁,经过舍夫茨别利的重新提出和哈奇生的进一步论证,这一学说才得以完善并对后世产生长久的影响。但从根本上说,人是否真的具有专门审美的"内在感官",至今还只能说是一个假说,尚未得到科学的证实。但这一假说是合理的,其积极的意义主要在于揭示了美感不是动物性的快感,不是单纯的感觉,美感既有感性因素,也包含理性因素,美感比一般快感要复杂、高级得多。历史上的各种审美感官说都是唯心主义的,但并不能因此而否认其价值。

---

① 转引自北京大学哲学系美学教研室编:《西方美学家论美和美感》,商务印书馆1980年版,第100页。

② 同上。

③ 转引自[苏联]奥夫相尼科夫:《美学思想史》,吴安迪译,陕西人民出版社1986年版,第126页。

二　绝对美和相对美

哈奇生把美分为两类,即绝对美(又称"本原美")和相对美(又称"比较美")。

绝对美,指的是从对象本身感受到的美。例如,人们从大自然的造物、人工制造的各种形式、人物形体、科学定理所感受到的美。他认为,绝对美不是对象固有的客观属性,而是对对象的一种主观认识,这种认识是就对象本身孤立来看的,不是与其他对象相比较的结果。他说:"本原美或绝对美并非假定美是对象所固有的一种属性,这对象单靠本身就美,对认识它的心毫无关系;因为美,像其它表示感性观念的名称一样,严格地只能指某个人的心所得到的一种认识。……我们所了解的绝对美是指我们从对象本身里所认识到的那种美,不把对象看作某种其他事物的摹本或影象,从而拿摹本和蓝本进行比较"[1]。应当注意的是,哈奇生虽然把绝对美的本质归结为一种主观认识,但他并不认为美和对象本身毫无关系。在他看来,绝对美的基础在于对象本身的统一性,具体点说,这是一种多样性的统一。他说:"在对象中的美,用数学的方式来说,仿佛在于一致和变化的复比例:如果诸物体在一致上是相等的,美就随变化而异;如果在变化上是相等的,美就随一致而异。"[2]他举一些几何图形为例,认为在等边图形中,边数愈多就愈显出变化和多样,也就会愈美,如五边形比正方形美,正方形比等边三角形美,等等,而在不等边几何图形中,如果变化和多样相等,愈有统一性者愈美,如等边三角形比不等边更美,正方形比斜方形、菱形更美。从这些例子可见,他讲的绝对美主要侧重的是形式方面。

所谓相对美,是指以摹本与蓝本之间的符合或一致为基础的美。这是把摹本与蓝本相比较而认识到的美,因此又叫比较美。他说:"比较美或相对美也是从对象中认识到的,但一般把这对象看作另一事物的摹本或与另

---

[1]　转引自北京大学哲学系美学教研室编:《西方美学家论美和美感》,商务印书馆1980年版,第97页。

[2]　同上书,第98页。

一事物相类似的"①。从他所举的例子看,相对美主要指的是诗歌、绘画、雕刻等模仿性的艺术美。在他关于相对美或艺术美的论述中,有三点值得注意。一是他认为,艺术美必不可少的要求是逼真或类似,摹本越接近蓝本,美的感染力越强,越能打动读者的心灵。二是他认为,艺术不等于自然,"并不一定要蓝本里原来就有美"。例如,肖像画中老年人的面貌、风景画中的荒山和顽石,蓝本都并不美,但却能模仿得很美。三是他认为,艺术可以想象和虚构,肯定象征、寓言、比喻的美。他说:"由于我们有一种奇怪的倾向,欢喜类似,自然中每一事物就被用来代表旁的事物,甚至于相差很远的事物,特别是用来代表我们最关心的人性中的情绪和情境。"②

哈奇生十分重视美的本源问题。在他那里,不论绝对美还是相对美,其基础都是多样性的统一,这被他视为美的普遍规律,其最终的根源都在于自然神。他说:"宇宙中各种形式的完全合于规矩、构造的完美、全部的相似之处,都是构思的推定。"③

总的来说,哈奇生的美学观点不是唯物主义的,而是唯心主义的。但他对审美感官说的辩护和关于绝对美和相对美的划分,都包含不少合理的因素,在美学史上有不可低估的影响。

第四节　荷加斯的美学思想

荷加斯(Hogarth,1697—1764年)是英国著名铜版画家和艺术理论家。主要作品有《妓女生涯》、《浪子生涯》和《时髦婚礼》。他的理论代表作《美的分析》,开创了对美的形式规律的专门研究,不仅是一部绘画理论著作,也是一部美学著作。在这本书中,荷加斯因提出最美的线条是蛇形线而颇为著名。

---

① 转引自北京大学哲学系美学教研室编:《西方美学家论美和美感》,商务印书馆 1980 年版,第 98 页。

② 同上。

③ 转引自[苏联]奥夫相尼科夫:《美学思想史》,吴安迪译,陕西人民出版社 1986 年版,第 129 页。

一　研究和观察的方法

在思想上,他倾向经验主义,反对新古典主义,强调经验观察,从自然出发。与哲学家多从概念出发研究美的方法不同,《美的分析》采用的是理论联系实际、从个别上升到一般的经验主义的方法。

在《美的分析》的"序言"中,荷加斯一开头便说:"虽然美是由视觉接受的,是人人都能感觉到的,可是,由于解释美的原因的大量尝试毫无结果,研究美的论著几乎完全被人置诸脑后了。一般认为美是一个崇高的和特性过于微妙的概念,是很难做明白浅显的论述的。"[1]并且说:"这部著作必然会同某些流行的和早已成为定论的观点相抵触,甚至可能会推翻这些观点。"[2]在他看来,要解决美的问题应当精通艺术,有丰富的审美经验,倾听"理解了美和吸引力的优秀的艺术家们"的意见,不能只靠书本,从概念出发。他指出,"美如此长久地被认为是不可解释的,这毫不奇怪,因为它的许多方面的本质不是光靠著作家所可能领悟的"。[3]

在考察了古希腊以来流行的美的观点和文艺复兴以来著名艺术家如米开朗琪罗等人有关美的言论之后,荷加斯把研究的重点放到了形式美方面。在"导言"中,他说:"究竟是什么促使我们认为某些东西的形式是美的、另一些东西的形式是丑的,某些东西的形式是有吸引力的、另一些东西的形式是没有吸引力的。我想比前人更详细些考察一下使我们可以形成形式的无限多样性的表象的线条的本质及其各种不同组合,从而说明这个问题"[4]。这就是《美的分析》一书的基本课题。为此,他特别提出了一种观察物体的方法,即把观察的对象想象为"被挖得只剩下一个薄薄的壳",这个"壳"由挨得非常紧密的很细的线所组成,其内外部都和这个对象的形状完全符合,而且不论我们从外面或里面观察,眼睛都同样能看见它们。这种方法的好处很多,它可以使我们"获得关于整个对象的更加确定的表象",更准确、更

---

[1]　[英]威廉·荷加斯:《美的分析》,杨成寅译,人民美术出版社1986年版,第1页。
[2]　同上。
[3]　同上。
[4]　同上书,第15页。

全面地把握形体的轮廓。与通常画家所使的在平面上把物体放大或缩小的观察方法不同,这种方法不仅可用于平面,还可用于立体,用于各种不规则的、复杂的形体。它还能增进想象力,使画家"学会当对象本身不在他眼前时也能想象出这些对象来"①。荷加斯的这种"壳"观察法可说是他的一大发明,是一种富有独创性的方法。这实际上就是把形式单独抽象出来进行观察、把握的方法。形式是有相对独立性的,把形式抽象出来观察的方法是合理的,在艺术实践上也是行之有效的,不能简单斥之为形式主义。

二 形式美的规则

关于形式美的规则的探讨,在《美的分析》中占有大量篇幅。荷加斯指出:"这些规则就是:适应、多样、统一、单纯、复杂和尺寸——所有这一切都参加美的创造,互相补充,有时互相制约。"②他对这些规则一一作了研究。

适应:指对象的局部与其总的意图(目的性)相符合,也就是对象的形式美要适应或符合目的。他认为,适应对整体的美具有最大的意义。只有适应或符合目的的形式才是美的形式,否则就会失其为美。例如造船时,船的每一个部分的尺寸都是有限度的,都要适于航行。其他如椅子、桌子、器皿、家具、建筑、人体、动物形体等,其体积大小和比例的美,也都取决于合目的性,否则就不美。即便一些很美的形式,如螺旋形圆柱,如果用来支撑某个威严沉重的东西,由于用得不当,也不会讨人喜欢。荷加斯在这里揭示了意图、目的、功能对形式美的决定意义,这也就是内容对形式的决定意义,他并没有因为主张抽象把握形式规律而忽视内容。

多样:指的是多样可以产生美。荷加斯指出,多样性在美的创造中具有重要的意义。自然界中各种植物、花卉、叶子、蝴蝶翅膀、贝壳等的形状和色彩,都因其多样性而悦人眼目,引起美感。人的全部感觉都喜欢多样,讨厌单调。因此,艺术美的创造应把多样作为规则,如递增或递减就是一种多样性,就可以产生美。他强调说:"我所指的是有组织的多样性,因为杂乱无

---

① [英]威廉·荷加斯:《美的分析》,杨成寅译,人民美术出版社 1986 年版,第 21 页。
② 同上书,第 22 页。

章的和没有意图的多样性,本身就是混乱和丑。"①

　　统一:指的是对象各部分的统一、整齐和对称。荷加斯认为,统一、整齐、对称可以产生美,但这条规则不是美的主要原因和基础,否则越显得整齐也就越会使眼睛得到快感,而实际上远非如此,统一、整齐、对称常常显得单调,不符合视觉美感的要求,人们更喜欢多样,只有打破单调,使之与多样变化相结合,符合特定的意图和目的,才能产生美。例如,"一位美妇把头稍微转动一点,从而打破面部两侧的完全对应,而面部微微的倾斜使得面部较之于完全正面的那种直的和平行的线条有更多的变化时,这样的面孔总是看来更令人喜欢。因此说,这是优美的头姿"②。又如,画家在不得不从正面描绘建筑物时,常常在建筑物前画上一棵树,或在建筑物上空加上几朵云,为的也就是要破一破单调的、令人不快的外貌,给建筑物以多样性。他指出,"整齐、统一或对称,只有能形成合乎目的性的观念时,才能使人喜欢"③。

　　单纯:荷加斯认为,单纯自身是平淡无味的,作为美的一个规则,单纯必须与多样结合,才能具有美学价值。例如,金字塔就是既单纯又多样的,它由直线构成,但从基部到顶端又不断改变形式,比从各个视角看都几乎同样的圆锥体优越。出于同样的理由,人们建造圆锥形的塔,为了使它不显得过于简单,往往不用圆锥形作基座,而代之以各种多角形。他指出:"单纯甚至可以赋予多样以美,使多样更加便于接受。艺术作品总是在追求单纯,因为它能使优雅的形状不显得混乱。"④

　　复杂:指的是形体的复杂性。荷加斯认为,复杂性适合人们爱活动、爱探索的天性,能增进智力,带来满意,把辛勤劳累的事变成娱乐和消遣。"它迫使眼睛以一种爱动的天性去追逐它们,这个过程给予意识的满足使这种形式堪称为美"⑤。复杂性这条规则直接决定着吸引力的概念,实际上包括在多样性的规则之中。迂回曲折的林间小径、蜿蜒曲折的河流、流行的装饰纹样、灵活多姿的舞蹈动作、卷曲的头发和各种花样的发型,它们都由

---

① 　[英]威廉·荷加斯:《美的分析》,杨成寅译,人民美术出版社 1986 年版,第 26 页。
② 　同上书,第 28—29 页。
③ 　同上书,第 30 页。
④ 　同上书,第 33 页。
⑤ 　同上书,第 35 页。

于能引导眼睛本身运动,追踪它们的形状,因而引起相应的美感。但是,也要避免过分复杂,比如把头发弄得很乱就不好看,因为眼睛将没有出路,不可能追寻这样多混乱的线条。

尺寸:指的是对象量的大小。荷加斯说:"尺寸能使优美增添雄伟。但是,要避免过大,否则尺寸就会变成笨拙、沉重,甚至可笑了"①。他认为,大的形体容易引人注意,令人赞美,能产生崇高感,如,层峦叠嶂、汪洋大海、高大的树林、雄伟的教堂和宫殿、温莎城堡、卢浮宫,它们之所以使人感到崇高,都根源于体积或数量的巨大。可是,"不恰当的和不可相容的过量,总会引人发笑"②,显得滑稽。

荷加斯关于形式美的规则的分析,是艺术实践经验的总结,虽然大多还带有经验描述的性质,但也提出了一些重要的见解,如美在合目的性,统一、单纯,要与多样性结合,美感依赖眼睛的运动,崇高感和滑稽感与对象大小的关系等,都能给人不少启发,是很宝贵的。

三 蛇形线是最美的线条

在分析了形式美的一般规则之后,荷加斯专门研究了线条。他认为,对象的形式、外壳是由紧密相连的线条组成的。他把线条分为直线、曲线、波状线、蛇形线等几个种类,认为正是这些线条的不同组合和变化,产生出无限多样的形式,帮助我们形成各种物体的表象。在这些线条中,他认为波状线、蛇形线都可以称作美的线条,尤其是蛇形线,不但是美的线条,而且是富有魅力或吸引力的线条,因此是最美的线条。他指出:"蛇形线灵活生动,同时朝着不同的方向旋转,能使眼睛得到满足,引导眼睛追逐其无限的多样性……由于这种线条具有如此多的不同转折,可以说(尽管它是一条线),它包含着各种不同的内容"③;它"不仅使想象得以自由,从而使眼睛看着舒服,而且说明着其中所包括的空间的容量和多样"④。这就是说,蛇形线之

————

① [英]威廉·荷加斯:《美的分析》,杨成寅译,人民美术出版社1986年版,第39页。
② 同上。
③ 同上书,第45页。
④ 同上书,第56页。

所以是最美的线条,主要在于它富有多样性和表现力。他得出结论说,在美和艺术的创造中,"主要应当关心的恰巧是这种线条"①,当然它还要依据形式美的规则与其他线条配合起来使用。

为了说明和证实自己的观点,荷加斯还分析了人体的美。他认为,人体的骨骼、肌肉、皮肤几乎都是由蛇形线构成的。尤其是女性的人体美比男性更显得突出,因为"女性的皮肤具有一定程度的诱人的丰满性,正如在指关节上一样,它在所有其他关节处形成富有魅力的漩涡,从而使之不同于甚至长得很标致的男子。这种丰满性在皮下肌肉的柔软形体作用下,把人体每一部分的多样性充分展现在眼前;这些部分互相之间结合得更为柔和,更加流畅,因而也具有一种优美的单纯,它使以维纳斯为代表的女性人体的轮廓总是高于阿波罗的轮廓"②。在他看来蛇形线是人体美高于自然的物体美的根据。他说:"人体较之于自然创造出来的任何形体具有更多的由蛇形线构成的部分,这就是它比所有其他形体更美的证据,也是它的美产生于这些线条的根据"③。

此外,荷加斯还考察了人的面部表情、姿态、动作、舞蹈、戏剧动作等方面的美,分析了蛇形线在其中所起的重要作用。在他的论述中,有几点是特别值得注意的。关于动作,他认为"通过动作,一个人可以充分地表现自己,在这种意义上说,形成美或丑的全部规则都与动作有关"④,并且说,"动作是一种语言,对这种语言将来也许可以借助于某种类似语法规则的东西来研究,但在目前,动作还只能通过学习和模仿来领会"⑤。他的这个预言是很深刻的,有启发性的。关于舞蹈,他说:"小步舞包含有大量符合蛇形线的,只能纳入一定大小限度的协调多样的动作,因此这种舞蹈无疑是一种美妙的安排。"⑥关于戏剧,他认为,舞台动作不同于日常生活中的动作,"一个在舞台以外可能显得得体和优美的普通举止风度,对于舞台动作来说可

①　［英］威廉·荷加斯:《美的分析》,杨成寅译,人民美术出版社1986年版,第55页。
②　同上书,第65页。
③　同上书,第59页。
④　同上书,第121页。
⑤　同上书,第121—122页。
⑥　同上书,第127页。

能不是很好的。正如一篇斯文的普通讲话对于戏剧来说可能不是很正确和生动的语言"①,"模仿性的动作在舞台上可能引起观众的不满。这种动作往往就是固定的一套手势,由于重复而使观众生厌,结果会成为嘲笑和出洋相的对象"②。他主张要把动作理解为线条,把握"撇开台词意义的动作",认为"每一场的舞台动作都应该尽可能地是多种多样动作的安排(从一般意义来说,即抽象地,从台词意义以外来看的动作)"③,要在表演中充分运用蛇形线这种美的和有吸引力的线条,同时"演员动作的间歇也是完全必要的"④。他的这些思想是合理的、宝贵的。

第五节　休谟的美学思想

　　休谟(David Hume,1711—1776 年)不但是著名的哲学家,而且是美学家。他出生于苏格兰的一个地主家庭,毕业于爱丁堡大学,曾担任英国驻法国大使馆的秘书和英国副国务大臣。他对美学和文艺问题十分关心,写过不少有关美学的著作,主要有《论人性》中的一部分、《论审美趣味的标准》、《论怀疑派》、《论悲剧》、《论辞辩》和《论趣味和欲望的奥妙》等等。

　　在哲学上,休谟继承并发展了贝克莱的主观唯心论,走到了怀疑论和不可知论。他称贝克莱的哲学是"最深刻的哲学"⑤,说贝克莱的著作是"古今哲学家中所能找到的最好的怀疑论的教本"⑥。他认为,"在心灵面前呈现的,除了知觉以外,是根本没有别的东西的,它决不能经验到知觉与对象的联系"⑦。这就是说,除了感觉之外,世界上是否存在客观真实的事物完全是不可知的。列宁说过:"贝克莱认为外部世界就是我的感觉,休谟则把

---

① 　[英]威廉·荷加斯:《美的分析》,杨成寅译,人民美术出版社 1986 年版,第 130 页。
② 　同上书,第 131 页。
③ 　同上书,第 130 页。
④ 　同上书,第 131 页。
⑤ 　[英]休谟:《人类理智研究》,关文运译,商务印书馆 1982 年版,第 154 页。
⑥ 　同上书,第 155 页。
⑦ 　[英]休谟:《论人性》(英文版),牛津大学出版社 1888 年版,第 16 页。

我的感觉之外是否有什么东西存在的问题取消了。"①又说:"不可知论者路线的本质是什么呢？就是他不超出感觉,他停留在现象的此岸,不承认在感觉的界限之外有任何'确实的'东西。"②休谟美学思想的哲学基础正是这种不可知论和主观唯心主义,在英国经验主义美学中,他是唯心主义路线的突出代表。

<h2 style="text-align:center">一　美　的　本　质</h2>

在美的本质问题上,休谟坚决反对美是事物的客观属性的观点。他明确说:"美就不是客观存在于任何事物中的内在属性,它只存在于鉴赏者的心里"③。并且说:"各种味和色以及其他一切凭感官接受的性质都不在事物本身,而是只在感觉里,美和丑的情形也是如此。"④在谈到艺术美时,他也说:"诗的美,恰当地说,并不在这部诗里,而在读者的情感和审美趣味。如果一个人没有能领会这种情感的敏感,他就一定不懂得诗的美,尽管他也许具有神仙般的学术知识和知解力"⑤。因此,他完全否认了美的客观性,认为美是纯然主观的东西。

由于否认了美的客观性,休谟也就取消了美的客观标准,陷入了相对主义。他说:"不同的心就会看到不同的美;每个人只应当承认自己的感受,不应当企图纠正他人的感受。想发现真正的美或丑,就和妄图发现真正的甜和苦一样,纯粹是徒劳无功的探讨。根据不同的感官,同一事物可以既是甜的,也是苦的;那句流行的谚语早就正确地教导我们:关于口味问题不必做无谓的争论"⑥。这就是说,事物本身无所谓美丑,一个对象,你认为美,

<hr>

① 《列宁选集》第 2 卷,人民出版社 1995 年版,第 63 页。
② 《列宁全集》第 18 卷,人民出版社 2017 年版,第 106 页。
③ 古典文艺理论译丛编辑委员会编:《古典文艺理论译丛》第 5 辑,人民文学出版社 1963 年版,第 4 页。
④ 转引自北京大学哲学系美学教研室编:《西方美学家论美和美感》,商务印书馆 1980 年版,第 108 页。
⑤ 同上书,第 111 页。
⑥ 古典文艺理论译丛编辑委员会编:《古典文艺理论译丛》第 5 辑,人民文学出版社 1963 年版,第 4 页。

我可以认为丑,美丑是由个人的主观感受决定的。

人们对美丑的看法不同,但人人都有判断美丑的能力,那么人们究竟把什么叫作美呢? 美的本质何在呢? 休谟在《人性论》中说:"美是一些部分的那样一种秩序和结构,它们由于我们天性的原始组织,或是由于习惯,或是由于爱好,适于使灵魂发生快乐和满意。这就是美的特征,并构成美与丑的全部差异,丑的自然倾向乃是产生不快。因此,快乐和痛苦不但是美和丑的必然伴随物,而且还构成它们的本质"①。他还在另一著作中以圆为例说:"欧几里得已经充分解释了圆的一切性质,但从未在任何命题中说到圆的美。理由是明显的。美不是圆的一种性质。美并不在圆周线的任何一个部分上(这圆周线的部分与圆心的距离是相等的)。美只是圆形在心灵上所产生的效果,心灵的特殊构造使它易于感受这种情感。如果你要在圆中找美,不管是用你的感官还是用数学推理在这圆形的一切属性中找美都是徒劳的"②。这里应当注意,首先,把快乐和痛苦说成美和丑的真正的本质,这表明休谟认为快感就是美感,也就是美,显然,这混淆了美、美感和快感三者的区别,是以快感或美感代替了美。这是休谟坚持主观唯心主义立场的表现,也是他的全部美学思想的实质和核心。其次,休谟既谈到了对象的"秩序和结构",又谈到了"心灵的特殊构造",在他那里,对象和心灵之间似乎有一种相互协调和适应的关系。那么,这是否既肯定了美的客观性,又肯定了美的主观性,主张的是美在主客观的统一呢? 其实,在他那里,不论对象还是心灵本身都还不就是美,而他所讲的"圆形在心灵上所产生的效果",或者对象与心灵二者相互协调的关系,也只不过是快感或美感的同义语。如果说这是一种主客观统一论,归根结底也是统一于主观方面。因此,他没有肯定美的客观性,主张的仍是美在快感或美感这个主观唯心主义的公式。

休谟虽然把美的本质归结为快感或美感,但他并没有否认客观对象和人的感官是产生美感的条件。不过,他主要还是从审美主体的生理、心理方面来揭示美或美感的起源的。他提出了两个密切相关的学说。一个是效用

---

① [英]休谟:《人性论》下册,关文运译,商务印书馆 1980 年版,第 334 页。
② [英]休谟:《人类理解研究和道德原则研究》(英文版),牛津大学出版社 1902 年版,第291—292 页。

说。他说："我们在动物或其他事物上面所欣赏的美,大部分都起于便利和效益的观念……在这个动物身上,强有力的形状才是美的,在另一个动物身上,轻巧的标志才是美的。就一座宫殿的美来说,秩序与便利的重要并不在于单纯的形状外观。由于同样的道理,建筑的规矩要求柱子上细下粗,因为这个形状才产生安全感,而安全感是愉快的;反之上粗下细的形状就产生对危险的畏惧,这是令人不安的"①。根据效用说,美并不在对象本身,而在对象适合人的效益或便利的观念。另一个是同情说或分享说。休谟认为,美感虽然起于利益与便利的观念,但并不一定就是自己的利益与便利,只要借助同情的想象能够分享到这种利益和便利,旁人觉得美的对象自己也会觉得美。例如,我们不是果园的业主,对于肥沃丰产的果园没有直接的利益,但我们也觉得这果园是美的,这究竟是为什么呢? 他说,这是因为"通过生动的幻想,我们仿佛置身局内,在某种程度上和业主分享这些"②。他还举过一个房主带领客人看房子的例子。他说:"很显然,房子之所以美,主要地就在这些细节。看到便利就起快感,因为便利就是一种美。但是它究竟怎样引起快感呢? 这当然牵涉不到我们自己的利益,但这又实在是一种来自利益而不是来自形式的美,那么,它之所以使我愉快,只能由于传达,以及由于我们对房主的同情。我们借助于想象,设身处地想到他的利益,因而也感到他对这些对象自然会感到的那种满足"③。根据同情说,美感不涉及个人的利害,没有利己的动机,这在美学史上是一个十分重要的看法,无论效用说,还是同情说,都不是从客观方面,而是单从主观方面来规定美,其唯心主义是显而易见的。但其中也的确揭示了美感的主观心理方面的特征,把握了一些重要的审美心理现象,包含了某些合理的因素。休谟关于美感产生的这些思想,对后来的康德美学,特别是 19 世纪下半叶的心理学派的美学如立普斯的移情说和谷鲁斯的内模仿说等,都是发生过很大影响的。

---

① 转引自北京大学哲学系美学教研室编:《西方美学家论美和美感》,商务印书馆 1980 年版,第 109—110 页。

② 同上书,第 110 页。

③ 同上。

二 想 象

想象涉及形象思维,在美学上是个重要问题。从西方美学史上看,在英国经验派以前,有关想象问题的研究并不是很多。英国经验派的美学家由于强调审美主体的心理、生理功能,一般对想象问题都很重视。休谟也不例外。

休谟把知觉区分为两类:一类是印象;一类是思想或观念。印象是较生动的知觉,"是指我们听见、看见、触到、爱好、厌恶或欲求时的知觉而言"[①];观念或思想则是指较不生动的知觉而言。休谟把想象和回忆都列入了观念或思想一类。他认为,从一个方面来看,想象是人的精神所具有的一种创造力量。想象可以形成怪物的观念,它能将各种离奇的形象或现象联系在一起,这就是说,"我们所没有见过的东西,所没有听到过的东西,都是可以想象出来的"[②],因而想象使得思想或观念似乎具有无边无涯的自由。例如,本来世上没有"黄金山",我们却可以想象出一座"黄金山"。但是,从另一方面来看,这种想象的自由实际上又是受限制的。我们想象出来的"黄金山",无非是把早已熟知的"黄金"和"山"这两个合理的观念加以混合或组合而已。因此,休谟认为,想象作为思想或观念只不过是印象的摹本。它不如印象生动有力,比印象微弱、暗淡,"不外乎是将感官和经验提供给我们的材料加以联系、置换、扩大或缩小而已"[③]。

休谟认为,文艺离不开想象,正是想象的产物。文艺可以创造出新奇的形象,但是,由于"印象比观念更强烈",艺术的美毕竟赶不上自然美和现实美。他说:"诗文不管怎样丰富多彩,总不能把自然事物描写得同真的景致一样。最生动活泼的思想还是抵不上最迟钝的感觉。"[④]可以看出,休谟是主张文艺低于现实的。

---

① 转引自北京大学哲学系外国哲学史教研室编译:《西方哲学原著选读》上卷,商务印书馆 1981 年版,第 518 页。

② 同上。

③ 同上。

④ 同上书,第 517 页。

尽管如此,休谟在谈及审美趣味和理智的区别时,对文艺的作用却有很高的估价。他的观点或许是有矛盾的。审美趣味,又称"鉴赏力",这是英国经验派美学普遍重视的新的美学范畴。休谟认为,审美趣味和理智都是先天的能力,但二者有很大的区别。他指出:"理智传达真和伪的知识,趣味产生美与丑的及善与恶的情感。前者照事物在自然中实在的情况去认识事物,不增也不减。后者却具有一种制造的功能,用从内在情感借来的色彩来渲染一切自然事物,在一种意义上形成了一种新的创造。理智是冷静的超脱的,所以不是行动的动力……趣味由于产生快感或痛感,因而就造成幸福或苦痛成为行动的动力。"[①]这里谈的理智和趣味的分别,实际上也就是逻辑思维和形象思维的区别。照休谟看来,趣味涉及情感,理智不涉及情感,趣味是新的创造,理智是如实反映,趣味是行动的动力,理智不是行动的动力。

三　审美趣味的标准

在西方美学史上,休谟较早提出和研究了审美趣味的标准问题,这是一个突出的贡献。下面仅就他的《论趣味的标准》一文,略加介绍。

休谟十分强调审美趣味的相对性。他说,人们的趣味是多种多样的,我们时常把与我们自己相反的别人的趣味斥为"野蛮",而别人也时常把我们的趣味斥为"野蛮"。每个人在谈到美丑的时候,似乎都是自以为是的,以至我们自己也不敢在这种趣味的争论面前肯定自己的趣味一定是正确的。似乎"趣味无争论"这个谚语已经得到了常识的认可。另一方面,人们对美丑的议论又往往是基本一致或相同的。例如,美总是众口交赞的,丑总是齐声申斥的,但一遇到具体的实例,这种貌似的一致就消失了,我们会发现,人们使用美丑这类概念时的具体感受和含义远不是相同的。这种情形同科学和理论问题的争论恰恰相反,在那里人们的分歧往往是在一般,而不在具体,往往看来悬殊很大,其实多为概念之争,只要把名词解说清楚就时常没有什么可争论的了,甚至争论的双方都会惊奇地发现,他们争执了半天,其

---

① 转引自北京大学哲学系美学教研室编:《西方美学家论美和美感》,商务印书馆1980年版,第111页。

实意见完全一致。休谟的这些看法，应当说是符合人们进行审美判断或审美评价的实际的。审美趣味的多样性、差异性、相对性是一个客观存在的事实，休谟很好地描述和思考了这个事实。

但是，休谟没有停留在审美趣味的相对性上，而是在正视这个事实的基础上提出了审美趣味的标准问题。他说："我们想找到一种'趣味的标准'，一种足以协调人们不同感受的规律，这是很自然的；至少，我们希望能有一个定论，可以使我们证实一种感受，否定另一种感受"①。

那么，是否有一种趣味的标准呢？有的哲学家认为，趣味没有标准，趣味的标准是永远找不到的。休谟不同意这种观点。他认为，这些哲学家依据的是"趣味无争论"的谚语，即"趣味天生平等"的原则，他们把趣味只看作感受，认为一切感受都是正确的，都以自己为准，这是把判断和感受截然对立了。在他看来，趣味不是理性，但也不只是感受，其中也包含判断、褒贬，这具体表现在写作规律或艺术规律上。他说："诗歌永远不能服从精确的真理，但它同时必须受到艺术规律的制约，这些规律是要靠艺术家的天才和观察力来发现的。"②在他看来，这些规律的基础是经验，是根据不同国家不同时代都能给人以快感的作品总结出来的。所以，他得出结论说："尽管趣味仿佛是变化多端，难以捉摸，终归还有某些普遍的褒贬原则；这些原则对一切人类的心灵感受所起的作用是经过仔细探索可以找到的。"③《论趣味的标准》一文，其主题就在探索趣味的普遍标准和解释审美趣味差异性的根源。

休谟肯定了人类的审美趣味有共同的标准，至于这标准究竟是什么，他没有给予直截了当的回答，而是探讨了达到这趣味标准的条件，揭示了妨碍达到这趣味标准，因而产生趣味多样性和差异性的根源。他是从审美主体的生理、心理结构的角度开始分析的。

首先，他指出："按照人类内心结构的原来条件，某些形式或品质应该能引起快感，其他一些引起反感；如果遇到某个场合没有能造成预期的效

① 古典文艺理论译丛编辑委员会编：《古典文艺理论译丛》第 5 辑，人民文学出版社 1963 年版，第 3 页。
② 同上书，第 5 页。
③ 同上书，第 6 页。

果,那就是因为器官本身有毛病或缺陷。"①例如,害黄疸病的人就不能正常感受颜色的美。这就是说,健全的生理器官是找到趣味标准的首要条件,只有在这一前提下,才能得到"一个趣味或感受的真实标准"和"至美"的概念。而人们的内心器官并非都很健全,有的生来就有毛病或缺陷,有的生来虽没毛病,但也会时常不断地发生毛病,这都会抑制或削弱人们分辨和感受美丑的能力,同时这也是造成趣味差异性的一个根源。

其次,要找到趣味标准的另一个主要条件是应当具有想象力的敏感。休谟指出:"多数人所以缺乏对美的正确感受,最显著的原因之一就是想象力不够敏感,而这种敏感正是传达较细致的情绪所必不可少的。"②在他看来,美属于感受范畴,是一种十分精细的情感,其中还包含有理性因素,因此,并不是任何只要具有正常感官的人都能感受得到的,为此就需要想象力的敏感。人和人之间敏感的程度可以有很大的差异,趣味有高有低,一个人的鉴赏能力比另一个人强,这是不可抹杀的事实。他指出:"理性尽管不是趣味的基本组成部分,对趣味的正确运用却是不可缺少的指导"③,"本文的宗旨就在对这个感受问题作出一定程度的理性解释,给所谓'敏感'下一个比历来各家所作出的更准确的定义应该说是必需的"④。休谟所讲的趣味、想象力的敏感,实际上就是审美判断力,即感受和分辨美丑的能力。他认为要提高和完善这种能力必须经过不断的训练,最好在一门特定的艺术领域不断观察和鉴赏特定类型的美。同时还必须发展卓越的智力,以高明的见识清除偏见,因为偏见对高尚的趣味有害,足以败坏我们的审美感。

那么,怎样才能找到趣味的标准呢?休谟讲了《堂吉诃德》中的一个故事:有一次桑科的两个亲戚被人叫去品尝一桶酒,据说是名牌的陈年好酒。头一个品尝后咂咂嘴思考说,酒倒不错,可惜有一股皮子味;第二个品尝后说,酒是好酒,美中不足的是有点铁味。他俩受到了大多数人的嘲笑,但最后把桶倒干,桶底果然有一把拴根皮条的钥匙。对艺术作品进行判断和这

---

① 古典文艺理论译丛编辑委员会编:《古典文艺理论译丛》第5辑,人民文学出版社1963年版,第10页。

② 同上书,第11页。

③ 同上。

④ 同上书,第7页。

个品酒的故事是类似的。趣味的原则虽然有普遍意义,可以说是人同此心,心同此理,但真正有资格对任何艺术作品进行判断并且把自己的感受树立为审美标准的人还是不多,只有当我们像拿出那把钥匙一样,拿出一条公认的艺术法则给人看,才能说服别人。而这条公认的艺术法则即美的一般规律,应当从已有定论的范例和观察一些集中突出体现快感和反感的对象里得出来。所以,要找出趣味的标准"最好的确定方法就是把不同国家不同时代的共同经验所承认的模范和准则当作衡量尺度"①。这也就是说,应当把公众舆论承认的、少数具有压倒其他人的权威的趣味,作为审美趣味的标准。显然休谟揭示的这个标准,仍是以少数权威的个人感受为标准,这不是客观的、绝对的标准,而是主观的、相对的标准。

休谟自己也说,我们虽然尽力找到了一个趣味的标准,但仍有两个造成趣味差异的根源是无法避免的。一是个人气质的不同,一是当代和本国的习俗与看法不同。他说:"在这种情况下,一定程度的看法不同就无法避免,硬要找一种共同标准来协调相反的感受是不会有结果的。"②

第六节　柏克的美学思想

柏克(Burke,1729—1797年)是英国著名的哲学家、美学家和政论家。在英国经验主义美学家中,他是唯物主义路线的杰出代表。他的美学著作《关于崇高与美的观念的根源的哲学探讨》(以下简称《论崇高与美》),是西方关于崇高和美这两个美学范畴最重要的文献。这是柏克早年的著作,约写于1747—1754年间,初版问世于1754年4月。当时他还站在启蒙运动的立场,具有鲜明的唯物主义倾向。后来,他参加政治活动,思想发生蜕变,特别是到了晚年,立场日趋保守,甚至著书和发表文章大肆攻击法国大革命。当然,作为美学家和作为政治家的柏克是应当加以区别的,他的美学

---

① 古典文艺理论译丛编辑委员会编:《古典文艺理论译丛》第5辑,人民文学出版社1963年版,第9页。

② 同上书,第14页。

观点在当时是具有进步意义的。柏克的美学著作对后来颇有影响,莱辛和赫尔德曾于1775年将其译成德文出版,对这本书作过很高评价。特别是他所采用的从生理学和心理学角度解释审美现象的方法,在美学史上的影响更是很深远的。

一　论审美趣味

柏克的《论崇高与美》是以《论趣味》一文作为全书的导论开始的。这篇导论是在1757年再版时增补进去的。在这篇导论中,他主要试图回答两个问题,即审美趣味是否有共同标准以及审美趣味的客观基础究竟是什么的问题。这是当时美学家们普遍关心的问题。

与休谟一样,柏克在解决审美趣味问题时也是从感觉主义出发的。但是他与休谟又有所不同。休谟从感觉、经验走向了主观唯心主义和怀疑论,他过分强调趣味的主观性和相对性,怀疑有任何共同的普遍适用的客观标准,他虽然也承认并寻找趣味的标准,最后还是把少数权威的主观趣味当作了标准,并且认为这种标准也只具有主观的相对的意义。相反,柏克则从感觉、经验出发走上了唯物主义的道路。他认为,审美趣味虽然受到各种主客观因素的影响,因而具有差异性和相对性,但却具有共同的客观基础,遵循一定的客观规律,因此可以找到普遍共同的客观标准。

那么,到哪里去找到审美趣味的客观规律和标准呢? 他认为,应当到人的感觉器官的生理结构中去找。他说:"所有人的器官的构造是差不多相同或完全相同的,同样地所有人感觉外部事物的方式也是相同的或只有很小的差别。"①他举出许多事例来加以说明。例如,只要器官没有毛病,某一个人看来是光亮的东西,另一个人看来也会是光亮的。人人都会同意,甜味是愉快的,苦味是不愉快的,光明比黑暗愉快,夏天比冬天舒服,等等。人们对美的事物的感觉也是这样:"任何一个美的事物,无论是人,是兽,是鸟,或是植物,尽管给一百个人去看,也无不立即众口交加同意它是美的……没

---

① 古典文艺理论译丛编辑委员会编:《古典文艺理论译丛》第5辑,人民文学出版社1963年版,第70页。

有一个人会认为一头鹅比一只天鹅更美"①。总之,柏克的基本观点是,由于生理构造人人相同,因而同一事物必然会对每一个人产生同样的感觉,审美活动的情形也是这样,一件美的事物必然会引起同样的美感。这种观点显然排除了人的社会性和阶级性,是单从人的感觉器官的生理结构方面寻找审美趣味的规律和标准。这是一种对审美趣味的生理学解释,是旧唯物主义局限性的表现。它把审美趣味简单化、片面化了,是不能令人满意的。但在当时对于反对美学上的主观唯心主义,无疑具有积极的进步的意义。

柏克还分析了审美趣味的结构。他认为,审美趣味是一个相当复杂的观念,是由感觉、想象力和判断力三者组成的,其基础是感觉,但不等同于感觉。因此,他不同意极端的感觉主义者把审美趣味仅仅同感觉联系起来。他认为,想象力是人的一种特殊的创造能力,这种能力也是人人大体相同的,若有不同,也只有程度上的不同。他特别强调了判断力即推理的重要性,认为审美趣味的差异往往是由判断力的不同造成的。如果缺乏感性,就会造成审美趣味的贫乏,如果判断力弱,就会产生不正确的或低劣的审美趣味。这说明他主张把感觉同判断力统一起来,试图越出感觉论的狭小圈子。

另外,柏克还反对理性主义者关于审美趣味或鉴赏力是天赋的和不变的错误看法。他认为,审美趣味是随着人类文化的进步和思维能力的发展而不断发展和完善的。例如,在人类初期,由于人的判断力还较弱,还只是以天真的态度对待周围的一切对象,那时诗歌和音乐对人的影响很强烈,人还没有看到艺术的缺点。随着人类社会的进步,人的判断力发展起来,人就发现了艺术中的缺点,向艺术提出了更高的要求,这说明人的审美趣味也得到了提高和改善。

总的来说,柏克关于审美趣味的观点是以感觉论的唯物主义为基础的。在他那里,美感归根到底是由实在的客观对象引起的,是由人的生理结构决定的,而不是主观任意的。肯定审美趣味有客观标准,反对了美学上的主观主义,而主张鉴赏力人人相同,则打击了区分高级鉴赏力与低级鉴赏力的封建等级观念。但另一方面,他的观点又是片面的、机械的,他没有认识到

---

① 古典文艺理论译丛编辑委员会编:《古典文艺理论译丛》第 5 辑,人民文学出版社 1963年版,第 70 页。

审美趣味与人的社会实践的内在联系,没有估计到产生美感的原因的全部复杂性。事实上,人类的审美趣味或鉴赏力是在社会实践的基础上产生和发展的,它不仅有生理结构方面的根源,而且有社会方面的根源。离开人的社会性,离开人类社会实践的共同性,不可能找到审美趣味的真正标准。

二　崇高和美的观念的起源

在西方美学史上,柏克是第一个明确区分崇高与美的人。在柏克以前,崇高与美这两个美学范畴虽然早已使用,但二者的界限并不是很明确,经常被人混淆。柏克力图纠正这种概念上的混乱。为此,他在自己的美学著作中花了很大力气来阐明崇高与美的区别。他的做法是,首先指出崇高与美这两个观念的起源完全不同,然后又进一步确定了崇高与美在客观性质上的差别。

从起源来说,柏克认为,崇高与美这两个观念分别起源于人类的两种基本情欲,即自我保全和社会交往。自我保全是崇高感的基础,社会交往是美感的基础。他说,人类大多数能使人心产生痛感或快感的观念,都可以归入这两大类。

为什么说自我保全是崇高感的基础呢?因为自我保全的观念主要是由痛苦和危险引起的。痛苦和危险使生命安全受到威胁,它们在情感上一般都表现为"最强烈的情欲"即痛感,使人产生恐怖和惊惧,而这种恐怖和惊惧就是崇高感的主要的心理内容。所以柏克说:"凡是能以某种方式适宜于引起苦痛或危险观念的事物,即凡是能以某种方式令人恐怖的,涉及可恐怖的对象的,或是类似恐怖那样发挥作用的事物,就是崇高的一个来源。"①不过,并不是任何痛苦和危险都能引起崇高感,只有那些事实上不会给人带来危害,离开人还有一段距离的痛苦和危险才能引起崇高感。"如果危险或苦痛太紧迫,它们就不能产生任何愉快,而只是可恐怖。但是如果处在某

---

① 转引自朱光潜:《西方美学史》上卷,人民文学出版社 1979 年版,第 237 页。

种距离以外,或是受到了某些缓和,危险和苦痛也可以变成愉快的。"①这就是说,实际的危险和痛苦只令人恐怖,产生痛感。而崇高感在柏克看来,却是夹杂着痛感的快感,它由痛感转化而来,是一种消极的快感,又称"喜悦的恐怖"。由此,柏克解释了为什么真正的危险令人畏避,而崇高的对象却因危险、恐怖而使人产生某种程度的快感,可持欣赏的态度。

在柏克看来,崇高感是很复杂的,具有丰富的心理内容,它不单包含恐怖和惊惧,还包含欣羡和崇敬。他对崇高感作过如下的心理分析:"自然界的伟大和崇高……所引起的情绪是惊惧。在惊惧这种心情中,心的一切活动都由某种程度的恐怖而停顿。这时心完全被对象占领住,不能同时注意到其他对象,因此不能就占领它的那个对象进行推理。所以崇高具有那样巨大的力量,不但不是由推理产生的,而且还使人来不及推理,就用它的不可抗拒的力量把人卷着走。惊惧是崇高的最高度效果,次要的效果是欣羡和崇敬。"②

为什么说"社会交往"是美感的基础呢?柏克所谓"社会交往",包括两性之间的交往和一般的交往。这类情欲主要与爱相联系,它引起的是一种积极的快感,而爱正是美感的主要心理内容。柏克对社会生活的了解基本上是从生物学观点出发的,人往往被看成生物性的人,但他也看到了人与动物的不同。他说,动物选择异性并不凭美感,人却不然,人可以"把一般性的性欲和某些社会性质的观念结合在一起,这种社会性质的观念指导而且提高人和其他动物所共有的性欲"③。因此,人爱异性固然因为对象是异性,但同时也因为异性的美引起了爱这种"复合的情欲",因而是有选择的。所以他说:"我把这美叫做一种社会的性质,因为每逢见到男人和女人以至动物而感到愉快或欢喜的时候……他们都在我们心中引起对他们人身的温柔友爱的情绪,我们愿他们和我们接近。"④柏克这里讲的"社会的性质",主要指的是满足群居和社交的要求,还是从生物学角度出发的,在我们今天

---

① 转引自朱光潜:《西方美学史》上卷,人民文学出版社 1979 年版,第 237 页。
② 同上书,第 242 页。
③ 转引自北京大学哲学系美学教研室编:《西方美学家论美和美感》,商务印书馆 1980 年版,第 119 页。
④ 同上。

看来,当然还是有局限性的。

总之,柏克认为,自我保全是崇高感的基础,社会交往是美感的基础,崇高感是危险或痛苦产生的消极的快感,美感则是爱所引起的积极的快感。

三　崇高与美的客观性质

在阐明崇高与美的不同起源之后,柏克详细地讨论了崇高与美所特有的客观性质。他把崇高与美的客观性质只限制在事物的可感觉性上,认为这些性质"机械地打动人心",立即引起崇高感与美感,理智和意志在这里都不能起作用。这是一种机械唯物主义观点,具有明显的简单化和庸俗化的倾向。

先谈崇高的客观性质。柏克认为,一切崇高的对象都有一个共同点,即可恐怖性。他说:"凡是可恐怖的也就是崇高的。"[1]因此,无论在自然界中,还是在现实生活中,凡是能令人恐怖,在人看来可怕的东西,便都是崇高的。崇高对象的感性性质,主要表现在体积的巨大、颜色的晦暗、力量的强大、无限、空无、突然性等等。例如,海洋、风暴、星空、瀑布、黑夜、毒蛇猛兽、电闪雷鸣、火山喷发等自然现象,神、国王、重大的社会震荡、革命、战争等社会现象,这一切都因为令人恐怖而成为崇高的对象。

在崇高的这些感性性质中,柏克特别强调的是力量。在他那里,没有一个崇高的事物不是某种力量的变形。体积的庞大和无限,显然是一种力量,而朦胧的、阴暗的、模糊不清的形象,它们之所以比明朗清晰的形象更崇高,也是因为它们具有更大的力量来激发人的想象。但是,并非任何力量都足以产生崇高感,只有那些尚未被人征服和控制,还能盲目自由地发生作用,有可能给人带来危害的力量,才具有崇高的性质。柏克举马为例,一匹驯服的、驾犁耕地的马,绝不会引起崇高感,但当马竖起脖颈,张开鼻孔,狂怒地以蹄刨地的时候,就会使围观的人感到恐怖,引起崇高的印象。他还认为,诗优于画,就在于诗的形象总是朦胧模糊的,因而具有更强的效果和激动人心的力量。

---

[1]　转引自朱光潜:《西方美学史》上卷,人民文学出版社 1979 年版,第 242 页。

柏克关于崇高的学说,广泛涉及自然和社会生活中极其多样的现象,大大地扩展了崇高的范围。他的观点更接近浪漫主义。他没有像古典主义者那样,把丑陋的现象排除在审美的范围之外。他认为崇高感来自非审美的痛感。这些都含有辩证的意味。

再谈美的客观性质。柏克从唯物主义出发,首先承认美的客观性,肯定美是客观事物本身的性质。他给美下了一个定义:"我们所谓美,是指物体中能引起爱或类似情感的某一性质或某些性质,我把这个定义只限于事物的单凭感官去接受的一些性质。"①并且说:"美大半是物体的一种性质,通过感官的中介,在人心上机械地起作用。所以我们应该仔细研究在我们经验中发现为美的那些可用感官察觉的性质,或是引起爱以及相应情感的那些事物究竟是如何安排的。"②那么,美的这些可用感官觉察的客观性质究竟是什么呢? 柏克首先批评了当时流行的三种关于美的学说,即美在比例说,美在效用说和美在完善说,然后才提出自己的看法。

首先,他认为,美不在比例。原因有二:(1)比例几乎完全涉及便利,是理解力的产品,而美并不要求推理,人们并非经过长久的注意和研究才发现对象的美。(2)比例是衡量相对数量的尺度,是靠测量的办法发现的,它是数学研究的对象,但美不属于测量的观念,它与计算和几何学毫不相干。他举出大量事例,证明比例既不是植物美的原因,也不是动物美的原因,更不是人类美的原因。在谈到植物美时,他强调美具有"形式的无限多样性"。例如,在植物中间没有比花卉更美的东西,但花卉却有各种各样的形状和各种各样的排列方式。"玫瑰花是一种大的花,但却长在小灌木上。苹果花很小,却长在大树上。然而玫瑰花和苹果花这两种花都是美丽的花,而开着这两种花的树木尽管存在这种比例不协调,却仍然非常可爱。"③动物的美,其比例也是多种多样的。"天鹅是众所公认的一种美丽的鸟,它的颈部就比它身体其余部分长,而它的尾巴却非常短。这是否是一种美的比例? 我

① 转引自北京大学哲学系美学教研室编:《西方美学家论美和美感》,商务印书馆1980年版,第118页。

② 同上书,第121页。

③ 古典文艺理论译丛编辑委员会编:《古典文艺理论译丛》第5辑,人民文学出版社1963年版,第41页。

们必须承认这是一种美的比例。但是另一方面关于孔雀我们将怎么说呢？孔雀的颈部是比较短的，而它的尾巴却比颈部和身体其余部分加在一起还要长。有多少种鸟都和这些标准以及你所规定的其他任何一个标准有着极大的不同，有着不同的而且往往正相反的比例！然而其中许多种鸟都是非常美的。"①因此，"美的产生不需要一种根据自然原理起作用的尺度"②。至于人体美，在比例上就更难一致了，就连比例美的拥护者其看法也大不相同，有人主张美的人体身长应当等于七个头，有人认为应该等于八个头，有人甚至把它延长到十个头。无论画像、雕刻，还是活人，尽管比例上相差很远，却都可以是美的。

其次，美不在适宜或效用。柏克讥讽主张美在效用的人说，如果这样，"猪的楔形大鼻子加上鼻尖强韧的软骨，它的深陷进去的小眼以及整个头部的形状，既然非常适合于用鼻子挖地、掘地找东西吃的职能，就该是非常美了"③。他还说："倘若我们人类本身的美是和效用有关的话，男人就该比女人更加可爱，强壮和敏捷就该被认为是唯一的美。但是用美这个名词去称呼强壮，只用一种名称去称呼几乎在一切方面都不同的女神维纳斯和大力士赫拉克里斯所具有的品质，这必然是一种不可思议的概念的混乱和名词的滥用。"④

最后，美也不在完善或圆满。因为"美这种品质在女性身上是最高级的，但它却几乎总是伴随着柔弱和不圆满的观念"⑤。

在指出美的原因不在比例、效用和完善之后，柏克把美的客观性质归结为七个方面的特征，并且认为这些性质或特征是不由主观任性而改变的。

他指出："就大体说，美的性质，因为只是些通过感官来接受的性质，有下列几种：第一，比较小；第二，光滑；第三，各部分见出变化；但是第四，这些部分不露棱角，彼此像熔成一片；第五，身材娇弱，不是突现出孔武有力的样

① 古典文艺理论译丛编辑委员会编：《古典文艺理论译丛》第5辑，人民文学出版社1963年版，第41页。
② 同上书，第42页。
③ 同上书，第49页。
④ 同上书，第50页。
⑤ 同上书，第53页。

子;第六,颜色鲜明,但不强烈刺眼;第七,如果有刺眼的颜色,也要配上其他颜色,使它在变化中得到冲淡。这些就是美所依存的特质,这些特质起作用是自然而然的,比起任何其他特质,都较不易由主观任性而改变,也不易由趣味分歧而混乱。"①在这些特质中,柏克特别强调的是小。他认为,美的对象是小的,小往往引起爱,在大多数民族的语言中,爱的对象都是用指小词来称呼的,如"小亲爱的"之类。人类倾向于喜爱各种小动物,如小猫、小狗、小鸟、小鱼之类。通常我们很少听人说"一个大美家伙",但是"一个大丑家伙"的讲法却很普遍。

柏克认为,美的这些感性性质能使人在生理上感到舒畅和轻松愉快。他说:"松弛舒畅却是美所特有的效果。"②他的立足点仍是生物学的。

柏克还把崇高与美作了如下的比较:"崇高的对象在它们的体积方面是巨大的,而美的对象则比较小;美必须是平滑光亮的,而伟大的东西则是凹凸不平的和奔放不羁的;美必须避开直线条,然而又必须缓慢地偏离直线,而伟大的东西则在许多情况下喜欢采用直线条,而当它偏离直线时也往往作强烈的偏离;美必须不是朦胧模糊的,而伟大的东西必须是阴暗朦胧的;美必须是轻巧而娇柔的,而伟大的东西则必须是坚实的,甚至是笨重的。它们确实是性质十分不同的观念,后者以痛感为基础,而前者则以快感为基础;尽管它们在以后可能发生变化,违背它们的起因的直接本性,可是这些起因却仍然使它们保持着永恒的区别,这种区别是任何一个以影响人们的情绪为职业的人所永远不能忘记的。"③这一比较是对崇高与美的观念的起源和客观性质的一个总结。

柏克的美学思想体现了英国经验主义美学的一般成就和缺陷。他从唯物主义的感觉论出发,采用经验归纳的方法,从主体的生理结构和对象的客观性质两个方面,对崇高与美作了系统的研究,提出了许多富有启发性的新鲜见解,在西方美学史上,具有开创的意义。但是,他的美学存在严重的缺

---

① 转引自北京大学哲学系美学教研室编:《西方美学家论美和美感》,商务印书馆1980年版,第122页。

② 古典文艺理论译丛编辑委员会编:《古典文艺理论译丛》第5辑,人民文学出版社1963年,第68页。

③ 同上书,第65页。

陷,他不了解人的社会性和历史发展,把社会的人几乎降低到动物的水平,他把崇高与美的根源归结为主体的生理结构,把美感等同于生理快感,片面强调感性而忽视理性。他所提供的主要还是对崇高与美的生理学解释,并没能达到真正科学的水平,这是旧唯物论的局限所致。当然,柏克的历史地位是重要的,其影响也是巨大的。狄德罗、莱辛特别是康德都受到他不可忽视的影响。康德早年的美学论文《关于美感和崇高感的考察》,就是经过门德尔松的介绍读过柏克美学著作后写成。晚年在《判断力批判》中,他虽然批评柏克的感觉论,但却赞赏和吸收了柏克的许多美学观点,尤其在有关崇高的学说方面。

第 六 章

法国启蒙运动的美学

　　欧洲的启蒙运动在法国达到高潮。法国成为欧洲启蒙运动的中心。法国启蒙运动是继文艺复兴以后欧洲最大的一次思想解放运动,同时又是法国资产阶级大革命的思想准备。"启蒙"一词的原义是"照亮"。法国启蒙运动的杰出代表伏尔泰、狄德罗、卢梭等人,认为社会制度腐败的根源是宗教迷信造成的思想混浊,要改革社会首先必须破除宗教迷信,以理性之光照亮人们的头脑。为此,他们通过编纂《百科全书》等活动,大力宣传唯物主义和无神论,鼓吹理性和科学,并在政治上提出自由、平等、博爱三大口号,向封建专制政权和教会神权展开了无情的斗争。恩格斯说:"在法国为行将到来的革命启发过人们头脑的那些伟大人物,本身都是非常革命的。他们不承认任何外界的权威,不管这种权威是什么样的。宗教、自然观、社会、国家制度,一切都受到了最无情的批判;一切都必须在理性的法庭面前为自己的存在作辩护或者放弃存在的权利。思维着的知性成了衡量一切的唯一尺度。……以往的一切社会形式和国家形式、一切传统观念,都被当作不合理性的东西扔到垃圾堆里去了"①。法国启蒙运动是一场伟大的思想文化上的革命运动,具有激进的反封建、反教会的性质,在历史上起过巨大的进步作用,这是应当肯定的。但是,法国启蒙运动又具有阶级的和历史的局限性。从哲学上说,他们的唯物主义是机械的、直观的和形而上学的,而历史

---

　　① 《马克思恩格斯选集》第3卷,人民出版社1995年版,第719—720页。

观更是唯心主义的。他们用以观察社会历史问题的出发点是抽象的理性和普遍人性。他们认为，单凭思想文化的启迪，就能铲除人间的不平，建立起符合正义的"理性王国"，实现普遍的幸福。事实上，这只不过是一种幻想。他们标榜自己是全人类的代表，实际上维护的仍是资产阶级的利益。历史已经证明，他们梦寐以求的"这个理性的王国不过是资产阶级的理想化的王国"，"按照这些启蒙学者的原则建立起来的资产阶级世界也是不合理性的和非正义的"。①

　　法国启蒙运动的美学是同整个启蒙运动的一般特征及其弱点相联系的。它一方面鲜明反对长期占统治地位的唯心主义美学，反对古典主义的陈腐教条，把唯物主义美学推进到一个新的阶段，因而具有革命性和进步性；另一方面，它又具有机械的、形而上学的性质，并以资产阶级人性论和人道主义为中心，反映了资产阶级的利益。

第一节　伏尔泰的美学思想

　　伏尔泰（Voltaire，1694—1778 年），真名弗·马·阿卢埃，著名作家、讽刺诗人、哲学家、史学家，法国启蒙运动的领袖之一。他生于巴黎，早在青少年时代就开始写讽刺诗，积极参加反对封建专制制度、天主教会和中世纪烦琐哲学的斗争，一生多次被关进巴士底狱。他的活动尚属于启蒙运动早期。在政治上，他主张开明君主制，不如晚期启蒙主义者激进；在哲学上，他不是无神论者，而是自然神论者；在文艺和美学上，他积极鼓吹启蒙主义思想，表现了一些新的时代精神和历史发展的观点，但仍未能完全摆脱旧的、古典主义的审美标准，他试图以古典主义的形式来体现新的资产阶级启蒙主义思想，往往表现出一些矛盾。他的美学思想主要散见于《哲学辞典》有关条目、《论史诗》和《哲学通信》等著作。

---

① 《马克思恩格斯选集》第 3 卷，人民出版社 1995 年版，第 720、721 页。

一　关于美的本质问题

伏尔泰没有从哲学上对美的本质问题进行系统的研究,他对抽象地谈论美的本质、给美下定义等做法不感兴趣,而且时常抱有怀疑和嘲讽的态度。他所关心的主要是艺术的审美问题。他倾向于从艺术和具体的经验事实来谈美。但是,他也发表了一些有关美的本质的零星见解,这些见解往往是十分机智、生动和深刻的。

伏尔泰认为,美是能够引起惊赞和快乐这两种情感的东西,不是某种符合功用或目的的抽象本质。在一篇《论美》的短文中,他十分风趣地说:"有一天我坐在一位哲学家身旁看演一部悲剧。他说:'这真美呀!'我问他,'美在哪里?'他回答说,'美在作者达到了他的目的'。第二天他吃了一剂药,药对他有效验。我就向他说:'药达到了它的目的,是一剂美药呀!'他这才懂得我们不能说药是美的,要用'美'这个词来称呼一件东西,这件东西就须引起你的惊赞和快乐。他才相信那部悲剧在他心里引起了这两种情感,这就是美。"①在《哲学通信》第25封信中,伏尔泰针对帕斯卡主张"应该说'几何的美'和'医学的美'"这一看法,尖锐指出:"这种看法是非常谬误的。人们既不应该说:'几何的美',也不应该说:'医学的美',因为一条定理和一服泻药并不引起惬意的感觉,而'美'这个名称只给予官能的事,如:音乐、绘画、辩才、诗歌、正规的建筑等等。"②可以看出,伏尔泰反对美在效用说,厌恶对美的理性思考,认为美无关利害,无关概念,他把美归结为惊赞和快乐,把美这一名称只限于艺术,反对美的滥用,其基本立场是经验主义的。

伏尔泰十分强调美的相对性。他认为,美并没有什么抽象的原型。他说:"美往往是非常相对的,在日本是文雅的在罗马就不文雅,在巴黎是时髦在北京就不时髦"③。"如果你问一个雄癞蛤蟆:美是什么? 它会回答说,

---

①　转引自北京大学哲学系美学教研室编:《西方美学家论美和美感》,商务印书馆1980年版,第124页。

②　[法]伏尔泰:《哲学通信》,高达观等译,上海人民出版社1961年版,第145页。

③　转引自北京大学哲学系美学教研室编:《西方美学家论美和美感》,商务印书馆1980年版,第125页。

美就是他的雌癞蛤蟆,两只大圆眼睛从小脑袋里突出来,颈项宽大而平滑,黄肚皮,褐色脊背。如果你问一位几内亚的黑人,他就认为美是皮肤漆黑发油光,两眼洼进去很深,鼻子短而宽。如果你问魔鬼,他会告诉你美就是头顶两角,四只蹄爪,连一个尾巴。最后,试请教哲学家们:他们会向你胡说八道一番,他们认为美须有某种符合美的本质原型的东西。"①在伏尔泰看来,美的观念往往取决于国家、种族和地理条件,"美对于英国人和对于法国人并不一样"②。他不赞成柏拉图以来关于美的本质的哲学探讨,认为"论美的著作是不足信的",不存在什么"美的本质原型",这个见解是值得重视的。

伏尔泰还对美作了分类。他认为,有两种类型的美。一种是只打动感官,想象和所谓"聪明劲儿"的美,一种是向人申诉的美。前一种美是"不定的","没有定准的",你认为美,我可能认为不美,没有普遍性,只有相对性;后一种美却"不是不定的",而是人人都会赞同的,具有普遍性,因为这种美是"向心肠申诉的美",也就是说,它是植根于普遍人性的。伏尔泰讲的这两种美,实际上前一种指的是外表美或形式美,后一种指的是道德美或行为美。他举例说:"黑人不会说法国宫廷里贵妇人美;却会毫不迟疑地说上述那些行为和格言美,就连恶人也会承认他所不敢仿效的德行是美的。"③

二 关于审美趣味

审美趣味在伏尔泰的美学思想中占有重要的地位。在《趣味》一文中,他把审美趣味解释为对艺术中的美和丑的感受性。他说:"精确的审美趣味在于能在许多毛病中发见出一点美,和在许多美点中发见出一点毛病的那种敏捷的感觉。"④这就是说,审美趣味是一种分辨美丑的敏捷的感受力。

伏尔泰认为,审美趣味有好坏高低之分,也就是说,审美趣味不仅仅是

---

① 转引自北京大学哲学系美学教研室编:《西方美学家论美和美感》,商务印书馆1980年版,第124—125页。
② 同上书,第125页。
③ 同上。
④ 同上书,第128页。

主观的素质,它还有客观的内容和标准。俗谚说"谈起趣味无争论",但这只适用于食物的品尝,并不适用于审美和艺术。他指出:"因为在艺术中存在着真正的美,所以既有辨别美的良好的审美趣味,也有不能辨别美的低劣的审美趣味。"①因此,能否辨别出真正的美,这就是审美趣味好坏的标准。"艺术中坏的审美趣味在于只知喜爱矫揉造作的雕饰,感觉不到美的自然……乖戾的审美趣味在于喜爱正常人一见到就要作呕的题材,把浮夸的看作比高尚的还好,纤巧的装腔作态的看作比简单自然的美还更好。"②这种低劣的审美趣味是愚昧、赶时髦和缺乏文化教养的结果,而良好的审美趣味则是文化修养的标志。培养良好的审美趣味,反对低劣的审美趣味,是健全社会的手段,这不仅是艺术的重要职能,而且是全民族的任务。审美趣味不是天生的,"审美趣味是逐渐地在以前没有审美趣味的民族中培养起来的,因为该民族是一点一滴地感受其优秀艺术家的精神的"③。审美趣味取决于各种不同的社会因素,只有以理性为基础的社会,审美趣味才能日趋完善,相反,当"社会生活气息奄奄、精神衰微及其锐气销蚀的时代,审美趣味就无从培养起来"④。伏尔泰十分重视审美趣味的培养和教育,表现了启蒙主义改造社会的革命精神。

伏尔泰认为,审美趣味虽然是有标准的,但这标准并不是绝对的,审美趣味没有绝对的规格。由于见解和风俗习惯的不同,各个民族对美的认识往往是不同的。"在任何国家里,人们都有着一个鼻子、两只眼睛和一张嘴;但是一个人的容貌在法国被认为美丽,在土耳其却不一定被认为美丽;在亚洲和欧洲算是最可爱迷人的,在几内亚却会被认为是丑八怪。"⑤那么,是否有全人类共同的美呢? 他写道:"但是,你也许会问我:审美趣味方面就没有一些种类的美能供一切民族喜爱吗? 当然有,而且很多。从文艺复

① 转引自[苏联]舍斯塔科夫:《美学史纲》,樊莘森等译,上海译文出版社 1986 年版,第 186 页。
② 转引自北京大学哲学系美学教研室编:《西方美学家论美和美感》,商务印书馆 1980 年版,第 128 页。
③ 转引自[苏联]舍斯塔科夫:《美学史纲》,樊莘森等译,上海译文出版社 1986 年版,第 186 页。
④ 同上。
⑤ 转引自伍蠡甫主编:《西方文论选》上卷,上海译文出版社 1979 年版,第 323 页。

兴以来，人们拿古代作家作为典范，荷马、德谟斯特尼斯、维吉尔、西塞罗，这些人仿佛已经把欧洲各民族都统一在他们的规则之下，把许多不同的民族组成一个单一的文艺共和国。但是在这一般性的协调一致之中，每个民族的风俗习惯仍然在每个国家也造成了一种特殊的审美趣味。"①"有些美是通行于一切时代和一切国家的，但是也有些美是地方性的。"②这里伏尔泰明确肯定了美的时代性、民族性和地方性，同时又肯定了存在着超越一切时代、一切民族、一切地方的全人类共同的美。他的这个看法是十分重要的。他认为，要透彻地了解一个民族的艺术，首先就要了解那个国家和民族。各民族之间不应当互相轻视，嘲笑别人，而应当相互尊重，相互学习，通过友好的交流和观察，就可以发展出共同的审美趣味。

三　艺 术 观 点

在艺术上，伏尔泰写过很多艺术作品，尤其擅长运用讽刺手法，同封建制度和天主教会进行斗争。他在自己的悲剧作品中大量宣传了启蒙主义的思想，主张不同宗教之间的互相宽容(《扎伊尔》)，反暴政(《布鲁图斯》)，批判宗教狂热，等等。他把文艺当作维护人性和文明的利器，十分强调文艺的教育作用。他认为，真正的悲剧是美德的学校。悲剧和劝善书之间的差别只在于悲剧用情节来教训人。同时，他又认为美与善毕竟是不完全相同的。

伏尔泰生活在古典主义向启蒙主义过渡的时代，他的文艺观点反映了这个时代的矛盾，他试图以古典主义的形式表现新的内容，即表现新的资产阶级的启蒙运动的思想。他的思想矛盾突出表现在对待古典主义和莎士比亚的态度上。他强调文艺应当是对自然的理想化的模仿，应当气派纯正，有高雅的趣味，体现理性原则，认为这是文艺成熟的标志。他曾为英国古典主义的支持者蒲柏辩护，认为法国的高乃依和拉辛是无可争议的权威，17世纪的法国文艺是真正文明的文艺，并在《俄狄浦斯王》"前言"中为古典主义的"三一律"辩护，从理论上论证了遵守"三一律"的必要性。他的思想的确

---

① 转引自北京大学哲学系美学教研室编：《西方美学家论美和美感》，商务印书馆1980年版，第127页。

② 同上书，第126页。

有保守的一面,但他并不主张复古,相反,在古今之争中,他主张今胜于古,反对古典主义所谓永恒、绝对的文艺标准,认为文艺创作应当适应时代和民族的理想、要求。在《论史诗》中,他指出:"我们应该赞美古人作品中被公认为美的那一部分,我们应该吸取他们语言和风俗习惯中一切美的东西。在任何方面都逐字逐句地学步古人是一个可笑的错误。"①"简而言之,我们可以赞美古人,但不要让我们的赞赏变成为盲从。"②尤其宝贵的是,他已经看到了文艺与历史发展的联系,认为文艺是不断发展、变化的,没有永恒不变的艺术规则。他指出:"几乎一切的艺术都受到法则的束缚,这些法则多半是无益而错误的。"③"不少批评家想从荷马的作品中找寻法则,实际上这种法则根本就不存在。"④他还说:"荷马、维吉尔、塔索和弥尔顿几乎全是凭自己的天才创作的。一大堆法则和限制只会束缚这些伟大人物的发展,而对那种缺乏才能的人,也不会有什么帮助。"⑤因此,他警告说,必须提防有关艺术的谬误的定义,因为"在纯粹依赖想象的各种艺术中,有着像在政治领域中一样多的变革。就在你试图给它们下定义的时候,它们却正在千变万化"⑥。在他看来,自然事物本身就是变化多端的、易变而不稳定的,因此,文艺也不应当受制于一种完全受习惯支配的共同的艺术法则。总之,伏尔泰对古典主义既有赞美,也有批评,他已具有某些历史发展的观点,他所讲的古典主义已不同于布瓦洛式的古典主义,宁可说这是一种启蒙的古典主义。

伏尔泰对待莎士比亚的态度也是矛盾的。在《哲学通信》第 18 封信中,伏尔泰对莎士比亚作了这样的评价:"他创造性地发展了戏剧。他具有充沛的活力和自然而卓绝的天才,但毫无高尚的趣味,也丝毫不懂戏剧艺术的规律。……这位作家的功绩断送了英国的戏剧;他那些通常被人们称为悲剧的怪异笑剧,穿插了一些美丽的场面和伟大而恐怖的片断,从而使这些

---

① 转引自伍蠡甫主编:《西方文论选》上卷,上海译文出版社 1986 年版,第 323 页。
② 同上书,第 324 页。
③ 同上书,第 318 页。
④ 同上书,第 319 页。
⑤ 同上。
⑥ 同上书,第 320 页。

剧本在演出中总是获得很大的成功。时间是人们声誉的唯一制造者,而最后竟把他们的缺点也变为可敬的了。"①伏尔泰的这个评价对莎士比亚有赞扬的方面也有不满乃至反对的方面,他赞扬的是莎士比亚的天才,不满和反对的是他的趣味。在伏尔泰看来,天才是一种创新的能力,在这方面莎士比亚的戏剧有很多优点,它情节生动,具有丰富的戏剧性,表现了强烈的自然情感和激情,提出了重大的社会历史问题,因此,他最早把莎士比亚的戏剧介绍到法国,他认为莎士比亚的优点足以掩盖他的缺点,并且说,莎士比亚就是"真实本身,就是用自己的语言来说话而没有一点艺术成分的大自然"②。但是,另一方面,伏尔泰认为,只有天才而缺乏审美趣味还不能成为艺术家的典范。他批评莎士比亚的戏剧主人公过于任性、放荡不羁、没有内在纪律,性格尚未开化,舞台上充满野蛮的厮杀,令人厌恶和恐怖。在他看来,莎士比亚的人物形象和法国古典主义悲剧的人物相比,简直是野蛮人和文明人的区别。他甚至骂莎士比亚是"野蛮人",而对高乃依和拉辛推崇备至。这清楚地说明,伏尔泰的审美趣味仍在古典主义方面,并没有完全摆脱古典主义。不过,应当注意的是,伏尔泰认为,莎士比亚的天才是属于他的,而他的许多错误是该归咎于他的时代的。伏尔泰还有要把英国莎士比亚的戏剧和法国古典主义戏剧结合起来的想法。他曾说:"我一向认为,伦敦和马德里的戏剧所洋溢的情节生动性同我国戏剧的合理性、优美和温文尔雅适当结合,会产生一种完美的东西。"③他的这种看法是很深刻的。

作为讽刺诗人,伏尔泰对喜剧也很重视。他说:"好的喜剧是一个国家的滑稽事件的有声绘画,要是你们不深入了解那个国家,你们绝不能评论那幅绘画。"④在谈到笑话时,他还说过:"笑话一加解释便不成其为笑话了:凡妙语的注解者总是个蠢人。"⑤

此外,伏尔泰还强调戏剧在培养高雅的审美趣味和美德方面具有重大

---

① 〔法〕伏尔泰:《哲学通信》,高达观等译,上海人民出版社 1961 年版,第 82 页。

② 转引自〔苏联〕特罗菲莫夫等:《近代美学思想史论丛》,汲自信、孟式钧译,商务印书馆 1966 年版,第 57 页。

③ 同上书,第 63 页。

④ 〔法〕伏尔泰:《哲学通信》,高达观等译,上海人民出版社 1961 年版,第 93 页。

⑤ 同上书,第 103 页。

的意义。他指出："我们这里所上演的戏剧，是能够给予青年的最美好的教育，是劳动之余的最好的休息，是对一切阶层公民的最好的教育，这大概是团结人们，使我们合群的唯一方式。"[1]

第二节　卢梭的美学思想

法国启蒙运动的另一个著名领袖是作家、思想家让·雅克·卢梭（Jean-Jacques Rousseau，1712—1778 年）。他生于瑞士日内瓦一个钟表匠家庭，祖籍法国，其先祖因参加新教受天主教会迫害而逃亡瑞士。卢梭的母亲在他出世后几天便患产褥热去世，在他 10 岁时，他的父亲又因与当地贵族发生冲突而出走，于是他便在舅父的帮助下开始读书、学徒。从 13 岁起，卢梭因生活贫困所迫开始了长达 13 年之久的流浪生活，他进过难民收养所，当过学徒、仆役、店员、家庭教师，尝尽人间疾苦。幸好他后来得到贵族华伦夫人的赏识，成了华伦夫人的情夫和管家，并得到钻研各门学术著作的机会。1741 年，卢梭定居巴黎，结识了许多百科全书派的先进思想家，如霍尔巴赫、孔狄亚克、伏尔泰、狄德罗、达兰贝等，在他们的影响下积极投入了启蒙运动。在法国启蒙主义者中间，卢梭的思想比较激进，常与狄德罗等同时代人的意见相左，代表的主要是第三等级中小资产阶级的利益和愿望。他的第一部重要著作是《论科学和艺术》（1749 年），这是应法国第戎科学院的征文而写的，这篇论文使他一举成名，并获得了奖金。他的其他主要著作还有：《论人类不平等的起源和基础》（1755 年）、长篇小说《新爱洛绮丝》（1761 年）、《社会契约论》（1762 年）、小说《爱弥儿，或论教育》（1762 年）、自传《忏悔录》（1770 年）以及《音乐辞典》等。这些著作尖锐地批判了封建制度，特别是《爱弥儿》的出版，引来了反动当局和教会的迫害，使得卢梭不得不逃离法国，其间曾受休谟邀请在英国住了一年左右，直到 1770 年才重

---

① 转引自［苏联］奥夫相尼科夫：《美学思想史》，吴安迪译，陕西人民出版社 1986 年版，第 176 页。

返巴黎,在清贫和孤独中度过了最后一段人生。

卢梭是一个敏感而独特的思想家。在近代欧洲,他最早发现和揭露了文明与社会进步之间的矛盾。在哲学上,他是自然神论者和二元论者,在社会历史观上,他从当时流行的"自然状态"的学说出发,反对私有制和封建专制制度,鼓吹和论证人生而自由平等和天赋人权,痛斥世俗的虚伪、贵族的奢侈腐化,并提出社会契约论,要求建立以"自然状态"为最高理想的新社会,恢复人的权利。他的美学思想是与他的社会政治思想以及伦理思想紧密结合在一起的,至今仍有不可低估的影响。

一　科学和艺术能否敦风化俗

1749 年,法国第戎科学院提出的征文题目是:科学和艺术的复兴能否敦风化俗?卢梭在《论科学和艺术》中对此做了明确果断的回答。一般来说,启蒙思想家对科学和艺术都采取肯定的态度,但卢梭却与众不同,独树一帜,他对科学和艺术持否定态度。他认为,科学和艺术不但不能敦风化俗,反而伤风败俗,科学和艺术给人类带来的不是幸福,而是灾难。

卢梭这一见解的根本出发点是原始社会与文明社会、野蛮人与文明人、斯巴达与雅典、自然性与社会性的对立。在卢梭看来,原始时代的风尚纯洁而质朴,野蛮人虽然粗犷,但却自然、真诚,他们能按照自己的天性生活,生活得自由、安全;而所谓文明时代的风尚却由于科学和艺术而越来越败坏了。在文明社会和文明人那里,流行和追求的是一种邪恶而虚伪的共同性即社会性,人们只听从习俗和礼节的摆布,追求虚荣华贵,不再听从自己的天性,不敢表现真正的自己,每个人的精神都仿佛是从同一个模子罩铸出来的,"再也没有诚恳的友情,再也没有真诚的尊敬,再也没有深厚的信心了!怀疑、猜忌、恐惧、冷酷、戒备、仇恨与背叛永远会隐藏在礼义那种虚伪一致的面幕下面"①。因此,文明人生活得并不自由、安全、幸福。他认为,科学和艺术只不过是社会的装饰,并不是健全的社会和人所必不可少的,相反,随着科学和艺术的臻于完美,我们的灵魂变得越发腐败了。他说:"我们可

---

① ［法］卢梭:《论科学和艺术》,何兆武译,商务印书馆 1963 年版,第 10 页。

以看到,随着科学与艺术的光芒在我们的天边上升起,德行也就消逝了。这种现象在各个时代和各个地方都可以观察到。"①

卢梭还从科学和艺术的产生、目的和后果等方面,进一步论证和发挥了他的上述思想。他认为,从起源说,科学和艺术并不诞生于美德,而是诞生于罪恶。他说:"天文学诞生于迷信;辩论术诞生于野心、仇恨、谄媚和撒谎;几何学诞生于贪婪;物理学诞生于虚荣的好奇心";"甚至于道德本身,都诞生于人类的骄傲。因此,科学和艺术都是从我们的罪恶诞生的"。② 从目的说,科学和艺术的目的都是虚幻的,不是真实的。在他看来,科学和艺术很难给人提供真理。例如,在科学研究的过程中,真理是很难发现的,但却充满了错误,而这些错误的危险要比真理的用处大千百倍。从后果说,科学和艺术不但对社会无用,而且是有害的、危险的,因为科学滋长闲逸,艺术培养奢侈,而奢侈闲逸的必然后果就是趣味的腐化、道德的堕落、勇敢的削弱、武德的消失,以致产生人间致命的不平等。卢梭反对"奢侈能使国家昌盛"的说法,他认为古代盛极一时的不少国家,如埃及、希腊、罗马、拜占庭,都是由于科学和艺术造成的奢侈而走向沉沦的。

卢梭对科学和艺术的否定与他的社会历史理论有着密切的联系。卢梭全部思想的中心是要探寻人类不平等的起源及其克服的途径。他接受了17世纪以来广为流行的"自然状态"说,断定私有制是万恶之源,对封建主义和早期资本主义的文明给以有力的抨击。他认为,现有的文化都是为贵族统治阶级服务的,他们的奢华生活是建立在大多数劳苦人民的贫穷灾难上的。他全盘否定科学和艺术,抹杀科学和艺术对于人类文明和社会进步的积极意义,显然是偏激的、片面的,但从实质上看,他反对的是贵族统治阶级的科学和艺术。在《给达兰贝论戏剧的信》和《新爱洛绮丝》中,他反对在日内瓦建立剧场,认为上演戏剧会伤风败俗,并且大量评述了古典的和当时的戏剧,证明戏剧起腐化作用。但另一方面他又提出"全民娱乐"的主张,赞赏人民大众的各种节庆、婚礼、联欢舞会、体育竞赛等娱乐方式。他指出:"没有全民的快乐就没有真正的快乐,真正的自然的感觉只生长在

---

① [法]卢梭:《论科学和艺术》,何兆武译,商务印书馆1963年版,第11页。
② 同上书,第21页。

人民中间。"①他的这个思想是应当特别重视的。它说明,卢梭的内心深处存在着矛盾,他虽然得出了否定艺术的错误结论,但并不想从根本上否定艺术,他希望有属于人民自己的艺术,能给人民以快乐和益处的艺术。与柏拉图不同,他不是为维护贵族统治而否定艺术,而是站在劳苦人民的立场为反对贵族统治而否定艺术。他对艺术的否定揭露了统治阶级的艺术有害人民与社会的方面,具有一定的合理性和进步性。他触及了在阶级对立条件下科学和艺术发展同社会文明进步之间的深刻矛盾,但却没能摆脱和正确解决这一矛盾。这主要是由于他的历史观还是唯心主义的,是以普遍人性论为基础的。他把文明与自然绝对地对立起来,认为人天生是善良的,只是文明把人教养坏了。在《爱弥儿》的开头,他说:"出自造物主之手的东西,都是好的,而一到了人的手里,就全变坏了。"②他的理想是返璞归真,返回太古的自然状态,他提出了一个著名的口号:"回到自然去"。这个口号当然是空想的和反历史主义的。它说明卢梭虽然对私有制和资本主义的现实进行了尖锐的批判,却没能找到一条正确的出路。席勒在谈到卢梭的思想矛盾时说:"他急于消除人的内心的斗争,他宁可把人降低到单调无味的原始状态,而不愿看到理智的和谐发展到尽善尽美,他宁可根本不让艺术产生,也不愿等待艺术的十全十美,总之,他宁可降低目标和理想,只求尽快地、准确无误地达到它。"③席勒的这段话对我们把握卢梭的思想矛盾是很有益的。由于时代和阶级的局限,卢梭无法避免思想上的矛盾,这是他所生活的时代和社会的矛盾之反映,从资产阶级人性论出发是无法解决这种文明进步的矛盾的。当然,这并不能否认卢梭的贡献。他的贡献不在问题的解决,而在问题的提出,他是欧洲第一个发现社会进步的矛盾的思想家。他的思想,特别是"回到自然去"这一口号,后来对浪漫主义文学和美学的发展有着很大的影响,在20世纪的现代美学中更激起了对现代资本主义的批判和反思。他虽然在理论上否定艺术,但在实践上也写过不少诗歌和小说,他的

---

① 文艺理论译丛编辑委员会编:《文艺理论译丛》第 2 辑,人民文学出版社 1959 年版,第 158 页。

② [法]卢梭:《爱弥儿》,李平沤译,商务印书馆 1978 年版,第 5 页。

③ 转引自[苏联]奥夫相尼科夫:《美学思想史》,吴安迪译,陕西人民出版社 1986 年版,第 201 页。

小说《新爱洛绮丝》在近代西方起了解放情感的作用,表现了浪漫主义的基本精神,所以他又常被称颂为"浪漫主义之父"。

二　关于美和审美力

在长篇小说《爱弥儿》中,卢梭提出了一整套自然教育的理论。他认为,一个人在从婴幼儿、儿童、少年到青年时代,在依次完成体格、感觉、智育、道德等教育之后,还应当接受审美教育,其主要任务是要培养审美力。因此,他对人类审美的原理作了哲学的研究,提出了关于美和审美力的学说。

卢梭的审美观仍是从他崇尚自然、反对文明的基本原则出发的,可以说,这是一套自然的审美观。作为自然神论者,卢梭认为"一切真正的美的典型是存在在大自然中的"①。他把这种"真正的美"又称作"永恒的美",认为它来自上帝,本于天然,是符合人性的。而一切人造的东西所表现的美则完全是模仿的,模仿应当以自然为原型或模特儿,尽量符合自然,只有这样才能得到真正的官能享受和真实的快乐。否则,我们愈是违背自然这个老师的指导,我们所做的东西便愈不成样子,越不美。因此,在真正的美和模仿的美之外,他还提出有一种"臆造的美"。他说:"至于臆造的美之所以为美,完全是由人的兴之所至和凭权威来断定的,因此,只不过是因为那些支配我们的人喜欢它,所以才说它是美。"②并且说:"世人所谓的美,不仅不酷似自然,而且硬要作得同自然相反。这就是为什么奢侈和不良风尚总是分不开的原因。哪里崇尚奢侈,哪里的风尚就很糟糕。"③在他看来,人应当追求真正的美,即自然美,这不仅包括自然物的美,也包括符合自然和人类本性的道德美,而不应当追求违背自然的"臆想的美"。

为了追求真正的美,就需要具备相应的审美力。他认为,"审美力是对大多数人喜欢或不喜欢的事物进行判断的能力"④。"审美力是人天生就有的"⑤,

---

①　[法]卢梭:《爱弥儿》,李平沤译,商务印书馆 1978 年版,第 502 页。

②　同上。

③　同上。

④　同上书,第 500 页。

⑤　同上书,第 501 页。

"审美力是听命于本能的"①。这就是说,审美力是一种天赋的感受力,是一种自然能力。但另一方面,他又认为,并不是人人的审美力都是相等的,它的发展程度也是不一样的;而且,每一个人的审美力都将因为种种不同的原因而有所变化。他特别强调审美力的培养和形成取决于一定的社会生活环境,他反对"说有审美力的人占多数"这种见解,不赞成以"多数人的看法"作为审美的标准,因为在风尚败坏的社会中,"大多数人的看法并不是他们自己的看法,而是他们认为比他们高明的人的看法;那些人怎样说,他们就跟着怎样说;他们之所以称道某一个东西,并不是因为它好,而是因为那些人在称道它"②。一般说来,卢梭是把自然视为审美的标准的,但他又不得不承认审美的后天差异性,他说:"审美的标准是有地方性的,许多事物的美或不美,要以一个地方的风土人情和政治制度为转移;而且有时候还要随人的年龄、性别和性格的不同而不同,在这方面,我们对审美的原理是无可争论的。"③

关于审美力,卢梭还有一个很重要的看法,这就是他认为审美应当是无功利的。他一再强调说:"我们的审美力是只用在一些不关紧要的东西上,或者顶多也只是用在一些有趣味的东西上,而不用在生活必需的东西上的,对于生活必需的东西是用不着审美的,只要我们有胃口就行了。"④并且说:"所谓审美,只不过就是鉴赏琐琐细细的东西的艺术。"⑤在他那里审美趣味和利害关系是对立的。他认为,利害关系一旦介入审美,就会败坏审美趣味,形成不良的社会风尚,支配那些著名艺术家、大人物和大富翁的往往是他们的利益和虚荣。他们或是为了炫耀财富,或是为了从中牟利,竞相寻求消费金钱的新奇手段,助长了奢侈的习气;使人们远离自然,反而喜欢那些很难得到和很昂贵的东西。所以他说:"审美观之所以败坏,是由于审美审得过于细腻。"⑥而过分细腻就会引起争论,以至"有多少人就会产生多少种

① [法]卢梭:《爱弥儿》,李平沤译,商务印书馆1978年版,第500页。
② 同上书,第501页。
③ 同上。
④ 同上书,第500页。
⑤ 同上书,第508页。
⑥ 同上书,第503页。

审美观"①。此外,卢梭还认为,审美力在精神领域的规律和它在物质领域的规律是不同的;在一切模仿的行为中,都包含精神的因素,因此,美在表面上好像是物质的,而实际上不是物质的。

卢梭关于美和审美力的学说包含了对剥削阶级的生活理想和生活方式的厌恶和批判,他崇尚自然,反对文明的污染,视"自然状态"为理想,要防止人们自然口味的改变,具有一定的民主性和进步性,但他不懂得社会实践在人类审美活动中的决定作用,不懂得辩证法,没能正确区分和把握自然与社会、物质与精神、主观与客观之间的界限和辩证关系,因此,在理论上又时常失之于偏,陷入自相矛盾。从他对衣、食、住、行、劳动、爱情等方面的审美追求的描述来看,卢梭所追求的只不过是一种田园式的小康生活,他的立场是小资产阶级的,其眼界也是十分狭小的。

除了美和审美力问题之外,卢梭的美学思想还有以下几点应当给予注意。

首先,在谈到近代资本主义的技术专业分工时,卢梭认为专业分工把完整的人变成了片面的人,从而造成了义务与爱好、处境与愿望、人与制度之间的矛盾。因此,他提出要"重新使人成为完整的人"。这个思想在美学上是极为重要的,后来席勒、黑格尔乃至马克思都十分重视这个问题,并从卢梭那里得到过启发。

其次,在谈论儿童教育问题时,卢梭曾把观念和形象加以区分。他认为,感性认识先于理性认识,人只有先感觉到外在事物的形象,然后才会产生思维和判断的能力;人的行动的动力不是判断和理论,而是感觉和情感。例如,儿童在达到有理智的年龄以前,不能接受观念,而只能接受形象。观念和形象不同,"形象只不过是可以感知的事物的绝对的图形,而观念是对事物的看法,是由一定的关系确定的。一个形象可以单独地存在于重现形象的心灵中,可是一个观念则要引起其他的观念。当你在心中想象的时候,你只不过是在看,而你思索的时候,你就要加以比较"②。这里实际上已涉及了形象思维和逻辑思维的区别。

此外,卢梭还为《百科全书》写过有关音乐方面的文章,出版过《音乐辞

---

① [法]卢梭:《爱弥儿》,李平沤译,商务印书馆 1978 年版,第 503 页。
② 同上书,第 120 页。

典》和《法国音乐书简》等著作。他认为,单纯的"声音美是自然现象"①,它可以引起快感,但不能给人高度的精神享受,音乐本质上是对自然和人的感情的模仿。他指出:"除绝少例外,音乐家的艺术绝不在于对象的直接模仿,而是在于能够使人们的心灵接近于(被描述的)对象存在本身所造成的意境。"②他对音乐美学问题也是有深刻研究的。

第三节　狄德罗的美学思想

狄德罗(Diderot,1713—1784 年)是法国启蒙运动最重要的领袖,最杰出的唯物主义哲学家,也是法国启蒙主义美学最主要的代表。他出生于香槟省朗格勒一个制刀匠家庭,少年时期在本地耶稣会学校读书,后入巴黎大路易耶稣学院深造,1732 年获学位毕业。1746 年匿名发表《哲学思想录》,1749 年出版《盲人书简》,因"冒犯上帝"被监禁 3 个多月。1750 年开始组织编纂著名的《百科全书》,亲自担任主编,并撰写 1000 多个条目,该辞书从 1751 年出版第一卷起,每隔一年出一卷,历经 21 年,直至 1772 年共 28 卷全部出齐。狄德罗把《百科全书》的编纂工作当作具有全民族意义的大事,为此克服了难以想象的艰难困苦,遭到官方和教会的仇视、攻击和迫害。恩格斯对他曾给以这样高度的评价:"如果说有谁为了'对真理和正义的热诚'(就这句话的正面的意思说)而献出了整个生命,那么,例如狄德罗就是这样的人。"③

在西方美学史上,狄德罗占有突出的地位。他把唯物主义运用于美学,创造了符合时代要求的崭新的现实主义美学和文艺理论体系,并且和后来德国的莱辛一起,粉碎了古典主义的长期统治,为进步资产阶级占领文艺阵地夺取了全面胜利。他写过剧本《私生子》和《一家之主》,小说《修女》《拉

---

① 转引自何乾三选编:《西方哲学家文学家音乐家论音乐》,人民音乐出版社 1983 年版,第 52 页。

② 同上书,第 50 页。

③ 《马克思恩格斯选集》第 4 卷,人民出版社 1995 年版,第 232 页。

摩的侄儿》《宿命论者雅克》,并担任过美术沙龙的评论员,对文艺有广泛精湛的研究。他的主要美学著作是:《关于美的根源及其本质的哲学探讨》(1751 年)、《关于"私生子"的谈话》(1757 年)、《论戏剧诗》(1758 年)、《演员奇谈》(1770 年)、《画论》(1765 年)和《沙龙随笔》(1759—1781 年)等。

一 "美在关系"说

《论美》即《关于美的根源及其本质的哲学探讨》(1751 年),是狄德罗为《百科全书》撰写的专题长文,也是他唯一论美的文章。在文章一开头,他就提出了美的本质问题。他指出:"人们谈论最多的事物,像命运安排似的,往往是人们最不熟悉的事物;许多事物如此,美的本质也是这样。大家都在议论美:在自然界的事物中欣赏美;在艺术作品中要求美;时刻都在品评这个美,那个不美;但是如果问一问那些最高雅最有鉴赏力的人,美的根源、它的本质、它的精确概念、真正的意思、确切的含义是什么? 美是绝对的还是相对的? 有没有一种永恒的、不变的、能作为起码的美的尺度和典范的美? 或者美是否也是一种类似时式的东西? 马上就可以看到这些人的看法是各不相同的,有的人承认自己一无所知,有的人则抱怀疑态度。为什么差不多所有人都同意世界上存在着美,其中许多人还强烈地感觉到美之所在,而知道什么是美的人又是那样少呢?"①接着,他从唯物主义出发,对历史上关于美的各种主要学说,如柏拉图、圣·奥古斯丁、沃尔夫、克鲁沙、哈奇生、舍夫茨别利等人的观点,一一作了回顾和批判。在他看来,美是一个十分复杂的问题,在历史上一直没有得到完满的解决。因而他提出了自己崭新的学说——美在关系。

狄德罗反对唯心主义者把美看成天赋观念,他力图用唯物主义原则来解释美的问题。他认为,我们的一切观念都来自感觉,美的观念也不例外。人们通常都把美归结为秩序、和谐、对称、结构、比例、统一之类概念,但这些概念正是通过感官才来到我们的心中。因此,美不是上帝的赐予,不是主观的判断,而是客观事物的一种性质,美的概念就是这种性质在我们头脑中的

---

① 《狄德罗美学论文选》,张冠尧、桂裕芳等译,人民文学出版社 1984 年版,第 1 页。

反映或抽象物。那么,美究竟是怎样的一种性质呢? 狄德罗说,美不可能是构成物体独特差异的性质,否则就只能有一个物体或一类物体是美的,而事实上,美是应用于无数存在物的名词,我们总是用这个概念来标记一切美的事物,因此美只能是我们称之为美的事物所共有的性质。它存在,事物就美,它存在得多些或少些,事物就美得多些或少些,它不存在,事物就不再美了。在狄德罗看来,"唯一能适用这一切物体的共同品质,只有关系这个概念"①。"美总是由关系构成的"②,离开关系,就无所谓美也无所谓丑。他举例说,高乃依的悲剧《贺拉斯》里有一句卓越的台词"让他死",如果不从关系着眼孤立地去看,人们就会觉得它既不美也不丑。如果告诉人们这是对另一个人应该如何进行战斗所作的回答,关系就较为明确,人们就能看出答话人具有一种勇气,并不认为活着总比死去好,于是就开始对这句话有点兴趣了。如果再进一步说明这场战斗关系到祖国的荣誉,而战士是被问的老人剩下的最后一个儿子,他正在抵挡杀死他两个弟兄的三个敌人,那老父亲是罗马人,他在回答自己女儿的问话,鼓励他的儿子抗敌报国,那么,这句原先既不美也不丑的"让他死",就会随着剧情和关系的进展逐渐变美,终于显得崇高伟大了。"因此,美总是随着关系而产生,而增长,而变化,而衰退,而消失。"③

狄德罗认为,关系是一种悟性的活动,"尽管从感觉上说,关系只存在于我们的悟性里,但它的基础则在客观事物之中"④。他把关系分为三种,即真实的关系、见到的关系和智力的或虚构的关系。他指出:"一个物体之所以美是由于人们觉察到它身上的各种关系,我指的不是由我们的想象力移植到物体上的智力的或虚构的关系,而是存在于事物本身的真实的关系,这些关系是我们的悟性借助我们的感官而觉察到的。"⑤"对关系的感觉就是美的基础。"⑥《论美》是狄德罗的早期著作,"关系"一词的含义还不甚明

---

① 《狄德罗美学论文选》,张冠尧、桂裕芳等译,人民文学出版社 1984 年版,第 32 页。
② 同上书,第 31 页。
③ 同上书,第 29 页。
④ 同上书,第 30 页。
⑤ 同上书,第 31 页。
⑥ 同上书,第 34 页。

确清晰,但他要从唯物主义认识论的立场去寻找美的客观基础和根源,是无可怀疑的。

狄德罗给美下了这样一个定义:"我把凡是本身含有某种因素,能够在我的悟性中唤起'关系'这个概念的,叫作外在于我的美;凡是唤起这个概念的一切,我称之为关系到我的美。"①这里狄德罗区分出两种美,一种是外在于我的美,即客观事物本身的美,一种是关系到我的美,即主观认识上的美。客观事物本身的美是不以人的主观感觉为转移的。他说:"我的悟性不往物体里加进任何东西,也不从它那里取走任何东西。不论我想到还是没想到卢浮宫的门面,其一切组成部分依然具有原来的这种或那种形状,其各部分之间依然是原有的这种或那种安排;不管有人还是没有人,它并不因此而减其美"②。但是,关系到我的美,主观认识上的美,却离不开审美主体——人,完全是相对的。卢浮宫门面的美,"只是对可能存在的、其身心构造一如我们的生物而言,因为,对别的生物来说,它可能既不美也不丑,或者甚至是丑的。由此得出结论,虽然没有绝对美,但从我们的角度来看,存在着两种美,真实的美和见到的美"③。从美在关系的角度说,真实的美是孤立地就客观事物本身各组成部分之间的关系来看的美,比如说这朵花是美的,那条鱼是美的,指的就是在它们的构成部分之间看到了秩序、安排、对称等关系。而见到的美则是我们把一物与他物的关系相比较而得到的美,如一朵马兰花可以在马兰花中是美的或丑的,也可以把它放到花类、植物以至全部大自然的产物中来看它是美的或丑的。狄德罗不仅承认美的客观性,承认有不依赖于"有没有人观察它"都依然存在的客观美,而且看到了美的认识的复杂性,承认美的概念的历史发展和相对性,他反对把美绝对化,并没有简单否定主观的作用。他清楚地知道,人们对美的看法是千差万别的,美的概念、判断总是受一定历史条件、社会条件和个人主观条件限制的,因此不同时代、不同民族、不同个人,例如野蛮人和文明人,儿童和老人,对美都会有不同的看法。他详细列举了造成人们对美的判断分歧的 12 种原因,认为"这一切分歧都来自人们在大自然或艺术的产品中所见到的或

---

① 《狄德罗美学论文选》,张冠尧、桂裕芳等译,人民文学出版社 1984 年版,第 25 页。

② 同上。

③ 同上。

引进的各种不同的关系"①。狄德罗之所以区分出两种美，又把它们纳入一个统一的定义，目的是试图以这种严格的区分更牢固地确立美的客观性，并且肯定和说明美的认识的复杂性和相对性。他的主导思想是，尽管美的认识千差万别，但仍然存在着客观的美。

在西方美学史上，狄德罗的这个著名的"美在关系"说，是一个崭新的看法。这个看法基本上是唯物主义的。狄德罗力图寻找美的客观基础和根源，强调要在关系中，即在事物和现象的相互联系中去把握美，并且肯定人的主观对美的认识的作用，这些都是十分宝贵的历史贡献。但是，由于机械唯物主义世界观，狄德罗还没能正确理解主观与客观、相对与绝对的辩证法，因而在具体论述中时常自相矛盾，陷入混乱。例如，他讲客观美与人全然无关，讲相对美又时常否定绝对美，有时甚至混淆了美和对美的感知，"关系"这个主要的范畴，不但外延过于宽泛，无所不包，而且含义不清，易生误解。他讲的客观美更多指的还是物体的一些形式因素，往往忽略了美的社会本质，讲到作为审美主体的人，又往往只从生理学角度强调一定的身心构造，还不了解人的审美能力是在社会实践过程中历史地形成的。总之，狄德罗还没有超出马克思主义以前旧唯物论的局限，他的"美在关系"说虽然是一大历史进步，但还没能提供美的科学定义，真正解决美的本质问题。

二　现实主义的文艺理论

狄德罗在恢复和发展古希腊以来唯物主义美学传统的基础上，提出了一套比较完整的现实主义的文艺理论，从而为近代资产阶级现实主义文艺的发展奠定了基础。这是他对美学史的又一重大贡献。

在文艺与现实的关系问题上，狄德罗坚持唯物主义原则，认为自然是文艺的源泉和基础，文艺的本质是对自然的模仿或再现。他明确指出，自然是艺术的第一个"模特儿"。在他看来，大自然的产物没有一样是不得当的，任何形式，不管是美的还是丑的，都有它形成的原因。因此，"我们最好是完全按照物体的原样把它们表现出来。模仿得愈周全，愈符合因果关系，我

---

① 《狄德罗美学论文选》，张冠尧、桂裕芳等译，人民文学出版社 1984 年版，第 34 页。

们就愈满意"①。例如,一个自青年时代就双目失明的妇女,一个鸡胸驼背的人,身体这部分的损伤必会引起其他部分的变形,在这些畸形中间自有一种隐秘的联系和必然的配合,画家应当精细地观察和领会其中的奥妙,把它如实地表现出来。你可能说,这是畸形,长得难看,但那只是拿我们人为的规则作标准的,而根据自然,那就是另一回事了,"一个天然的歪鼻子并不使人难受,因为一切都是相互制约的;附近器官的细微变化,导致这种畸形并且弥补了这种畸形"②。由此,狄德罗进一步提出了文艺的标准问题。从文艺模仿自然的原则出发,狄德罗极力强调文艺的真实性,他认为,文艺的规则和标准不应当是人为的、主观的,文艺应当全面地真实地反映真实,只有真实才是文艺优劣美丑的最高标准。他写道:"只有建立在和自然万物的关系上的美才是持久的美。……艺术中的美和哲学中的真理有着共同的基础。真理是什么? 就是我们的判断符合事物的实际。模仿的美是什么? 就是形象与实体相吻合。"③在狄德罗看来,自然的美是第一性的,艺术形象的美是第二性的,文艺应当说真话,如实地反映自然,文艺的力量就在于真实,艺术家应当服从自然。他强调指出:"自然! 自然! 人们是无法违抗它的。要么把它赶走,要么就服从它。"④他向艺术家呼吁:"切勿让旧习惯和偏见把您淹没。让您的趣味和天才指导您;把自然和真实表现给我们看。"⑤

文艺模仿自然本是古希腊素朴唯物主义美学的基本观点,狄德罗在新的历史条件下重申这一观点,提出文艺真实性问题,其矛头是针对法国古典主义的。法国古典主义者也讲模仿自然,但其理论基础是唯心主义的唯理论,他们讲的自然指的是自然人性,是理性加工过的自然,实际上是经过封建贵族趣味清洗过的自然,他们并不要求文艺如实反映客观世界的本来面目。狄德罗坚决反对这种对模仿自然的唯心主义歪曲,他讲的自然就是客观的物质世界,不只是自然界,还包括全部社会生活。模仿自然主要就是要

---

① 《狄德罗美学论文选》,张冠尧、桂裕芳等译,人民出版社 1984 年版,第 364 页。
② 同上。
③ 同上书,第 114 页。
④ 同上书,第 213 页。
⑤ 同上。

真实地反映或表现客观的现实生活。在他看来,生活是文艺的源泉,艺术家应当走出自己狭小的圈子,摆脱旧的文艺规则和审美趣味,深入生活,观察、体验社会各阶层的各式各样的人物,研究人生的幸福和苦难,把丰富生动的现实生活真实地描绘出来。他劝告艺术家不要只知师承旧法,在学院和博物馆里依样画葫芦,他把卢浮宫比作"出售格式的铺子",号召艺术家到教堂去,到乡间小酒店去,到街道、公园、市场等一切公共场所去。古典主义者布瓦洛也曾教导艺术家"好好地认识都市,好好地研究宫廷",但他注重的只是宫廷生活和贵族社会,狄德罗则要求艺术家冲破这种封建贵族趣味的束缚,到更广阔的社会生活中去,特别是要到下层人民中间去。狄德罗不但恢复了古希腊素朴唯物主义的美学,而且把它推进到了一个新阶段。狄德罗的美学显然具有重大的进步意义。

这里还应指出,狄德罗主张艺术要真实地反映生活,但并没有把艺术与生活混为一谈。他认为,艺术真实并不排斥想象和虚构,并不是自然主义地照抄现实,而是要求做到"逼真"。他指出:"诗里的真实是一回事,哲学里的真实又是一回事。为了真实,哲学家说的话应该符合事物的本质,诗人说的话则要求和他所塑造的人物性格一致。"[1]因为"诗人善于想象,哲学家长于推理"[2]。同时,他又指出,艺术的真实不同于历史真实,艺术的目的比历史的目的更一般,更广泛,它容许想象出一些事件和言词,对历史添枝加叶,重要的是不应失其为逼真,要使想象处于一定的范围。

在肯定文艺反映现实生活的基础上,狄德罗十分重视文艺的社会作用。他认为,文艺具有认识作用,它能帮助人们认识客观世界,认识社会生活,为人们指引"人生的重要目标"[3]。例如,对于周围发生的许多事情,人们常常视而不见,忽略过去了,文艺真实地描绘出这些事件,就可以使人们更好地认识生活,追求真理。作为启蒙主义者,狄德罗特别强调文艺对人的教育和改造作用。他认为,戏剧作品的目的"是引起人们对道德的爱和对恶行的恨"[4]。剧院应当而且可以成为改造坏人的学校。他说:"只有在戏院的池

---

① 《狄德罗美学论文选》,张冠尧、桂裕芳等译,人民出版社1984年版,第196页。
② 同上书,第163页。
③ 同上书,第250页。
④ 同上书,第106页。

座里,好人和坏人的眼泪才融汇在一起。在这里,坏人会对自己可能犯过的恶行感到不安,会对自己曾给别人造成的痛苦产生同情,会对一个正是具有他那种品性的人表示气愤。当我们有所感的时候,不管我们愿意不愿意,这个感触总是会铭刻在我们心头的;那个坏人走出包厢,已经比较不那么倾向作恶了,这比被一个严厉而生硬的说教者痛斥一顿要有效得多。"①因此,他把文艺看作改造社会、移风易俗的手段,要求艺术帮助法律,引导人们热爱道德而憎恨罪恶,培养高尚的趣味和习俗。

从文艺应起强大的教育和改造作用出发,狄德罗要求文艺必须具有鲜明的思想性和倾向性。艺术家不仅应当真实地反映生活,而且应当爱憎分明,主持正义,"为不幸人洒同情之泪",而对人民的压迫者作出"判决","使暴君丧胆"。为此,艺术家应当敢于正视社会矛盾,积极干预生活,触及重大的社会问题。他指出,真正优秀的作品应当"使全国人民因严肃地考虑问题而坐卧不安。那时人们的思想将激动起来,踌躇不决,摇摆不定,茫然不知所措;你的观众将和地震区的居民一样,看到房屋的墙壁在摇晃,觉得土地在他们的足下陷裂"②。狄德罗是主张人性善的,他对文艺的教育和改造作用的看法是以人性论为基础的,他讲的道德当然还是资产阶级的道德,但其矛头直指封建统治者,表现了新兴资产阶级的革命精神。

三 戏 剧 理 论

狄德罗不单是哲学家,而且是戏剧家。他写过剧本《私生子》和《一家之主》,作为这两个剧本的附录发表的《关于私生子的谈话》(1751 年)和《论戏剧诗》(1758 年),是两篇专谈戏剧理论的论文,集中反映了狄德罗的戏剧美学思想,并为近代西方资产阶级的戏剧理论奠定了基础。狄德罗广泛探讨了戏剧的体裁、布局、情节、人物性格、剧情安排和分幕以及服装、布景和演技等许多戏剧美学问题,发表了许多精辟独到的见解。而其主要贡献则是创立了以现实生活为题材的"市民剧"。

---

① 《狄德罗美学论文选》,张冠尧、桂裕芳等译,人民出版社 1984 年版,第 137 页。
② 同上书,第 139 页。

自古希腊以来,戏剧体裁一直被分为悲剧和喜剧两类,悲剧以上层贵族社会的大人物为主人公,描写他们的遭遇和美德,喜剧的主人公则是下层社会的小人物,专写他们的可笑和卑俗。16 世纪末以来,莎士比亚等戏剧家开始打破悲剧和喜剧的界限,创作出新的悲喜混合剧。但在 17 世纪的法国,古典主义者布瓦洛等人为使戏剧为宫廷服务,不但在古希腊传统的基础上进一步加强了悲剧和喜剧的严格划分,而且制定出许多清规戒律,使得上升的资产阶级在戏剧中没有自己的地位。在 18 世纪上半叶,法国出现了一些戏剧家,他们试图创造一种不同于古典主义戏剧及其等级限制的新戏剧,狄德罗就是其中之一。狄德罗不满意戏剧发展的状况。他认为,"一部作品,不论什么样的作品,都应该表现时代精神"①。因此,他不反对英国莎士比亚等人创造新剧种的努力。但他认为,"悲喜剧只能是个很坏的剧种。因为在这种戏剧里,人们把相互距离很远而且本质截然不同的两种戏剧混在一起了。想用不易看出的不同色调来把两种本质各异的东西调和起来是根本不可能的。每一步都会遇到矛盾,剧的统一性就消失了"②。他反对古典主义戏剧的等级限制和过分的清规戒律,但不简单抛弃"三一律"。他说:"三一律是不易遵循的,但却是合理的。"③作为启蒙主义者,为了给第三等级争得一席之地,在总结自己和同时代戏剧家创作经验的基础上,他提出了自己关于戏剧艺术的新的理论。

他说:"一切精神事物都有中间和两极之分。一切戏剧活动都是精神事物,因此似乎也应该有个中间类型和两个极端类型。两极我们有了,就是喜剧和悲剧。但是人不至于永远不是痛苦便是快乐的。因此喜剧和悲剧之间一定有个中心地带。"④这就是说,在悲剧和喜剧之间应当有一个新的剧种。他把这个新剧种总称为严肃剧,其中又分为严肃喜剧和家庭悲剧。这样,整个戏剧系统在他那里被分为四类:轻松喜剧(以人的缺点和可笑之处为对象)、严肃喜剧(以人的美德和责任为对象)、家庭悲剧(以日常家庭的不幸事件为对象)、历史悲剧(以大众的灾难和大人物的不幸为对象)。狄

① 《狄德罗美学论文选》,张冠尧、桂裕芳等译,人民出版社 1984 年版,第 85 页。
② 同上书,第 92 页。
③ 同上书,第 45 页。
④ 同上书,第 90 页。

德罗提出的这个包括严肃喜剧和家庭悲剧的严肃剧种,显然打破了悲剧和喜剧的界限,扩大了戏剧表现现实生活的范围。他要求这个新剧种要以普通人即第三等级的人物为主人公,描写和反映资产阶级的生活和理想,剧情要简单和带有家庭性质,要和现实生活很接近,并且应当在舞台上提出和讨论重要的社会道德问题。这种严肃剧,实际上就是市民剧,也就是近代西方的话剧。狄德罗多方面为严肃剧作了论证和辩护,认为它最真实,最感人,最有教益,最有普遍性。

为了使严肃剧接近生活的真实,狄德罗还提出了情境说和对比说。他认为,过去的戏剧都偏重人物性格的描写,而严肃剧应当以描写情境为主,因为性格是由情境决定的。在现实生活中,人物的性格总是千差万别的,因此不应当把人物性格写成正反对比、"截然对立"。他指出:"真正的对比是人物性格和情境之间的对比,是不同的利害之间的对比。"[1]这样,他就把戏剧的人物性格和矛盾冲突放到了特定情境和利害关系的基础上,这是符合唯物主义的、现实主义的。从亚里士多德强调性格到狄德罗强调情境,这是戏剧美学理论的一大进步。他的戏剧理论为近代西方话剧的兴起和发展奠定了理论基础,对新兴资产阶级占领文艺舞台起了鸣锣开道的作用。

狄德罗在《演员奇谈》一文中,专门探讨了戏剧表演艺术方面的问题,这应当给以特别的注意。他提出了一个问题:演员究竟应该凭情感还是应当凭理智进行表演? 这就是著名的所谓"演员矛盾"的问题。狄德罗认为,"易动感情不是伟大天才的长处"[2]。凭感情去表演的演员总是好坏无常,忽冷忽热,伟大的演员应当有丰富的想象力、高超的判断力,他必须是一个冷静的、安定的旁观者,他应当不动感情,只凭理智去适应剧本中的角色,在舞台上把他事先经过钻研而胸有成竹的"理想的范本"和各种情感的外部标志精确地表演出来。这样他才能把各种性格和角色表演得淋漓尽致,应付裕如,而且会越演越好。狄德罗声明说:"极易动感情的是平庸的演员;不怎么动感情的是为数众多的坏演员;唯有绝对不动感情,才能造就伟大的演员。"[3]狄德罗是从唯物主义出发的,他要求演员首先要深入认识生活,钻

---

① 《狄德罗美学论文选》,张冠尧、桂裕芳等译,人民出版社1984年版,第179页。

② 同上书,第285页。

③ 同上书,第287页。

研人性,精读剧本,反复模仿剧中的角色,然后再凭理智、想象和记忆登台表演。但他对舞台上和舞台下的工作往往没有明确区别,只是一味抬高理智,贬低情感,把理智和情感对立起来,这不免失之于偏激、片面。然而,他较早明确提出了演员表演中的矛盾问题,引起人们广泛的注意和探索,仍是一个重大贡献。他的观点至今仍是戏剧表演理论中表现派(如布莱希特)的重要支柱。

四　绘 画 理 论

狄德罗对绘画十分在行,具有很高的鉴赏力。他的理论著作《画论》,对绘画的色彩、明暗、表情、构图等都发表了很多有价值的观点,曾受到莱辛和歌德的称赞。他的《沙龙》是一部评介 1759—1781 年历届巴黎画展的评论集,开创了法国的美术批评,对绘画实践有很大影响。

狄德罗的绘画理论基本上是现实主义的。他要求绘画、雕塑首先要"师法自然",要真实。他说:"艺术家应该对他的题材深思熟虑。问题不在于把许多形象涂在画布上!问题是要这些形象像在自然界中一样,自然而然地安排在画幅之中。"[1]因此,他反对画家只在学院或博物馆里模仿古代作品,而要求他们到现实生活中去描绘第三等级。其次,他要求绘画和诗要合乎道德,具有积极的思想内容。他说:"使德行显得可爱,恶行显得可憎,荒唐事显得触目,这就是一切手持笔杆、画笔或雕刻刀的正派人的宗旨。"[2]基于上述要求,他猛烈抨击当时画坛上占统治地位的洛可可风格的浮华纤巧、矫揉造作、脱离实际,对它的代表人物法国艺术科学院院长和御前首席画师布歇作了尖锐批判。他指责布歇的作品纵欲放荡,低级趣味,不但人品堕落,而且色彩、构图、人物性格、表现力和线描也跟着堕落。相反,他高度称赞了沙尔丹、格勒兹等现实主义画家,因为他们的作品简朴、真实,表现了普通人应有的道德。狄德罗还认为,"画家只能画一瞬间的景象;他不能同时画两个时刻的景象,也不能同时画两个动作"。因此构图应当简单明了,

---

[1]　《狄德罗美学论文选》,张冠尧、桂裕芳等译,人民出版社 1984 年版,第 410 页。
[2]　同上书,第 411 页。

"不要任何多余的形象,无谓的点缀",绘画应当给人纯粹的、自然的快感,不应当成为"叫人猜不透的象征或字谜"①。他认为,"真、善、美是紧密结合在一起的。在真或善之上加上某种罕见的、令人注目的情景,真就变成美了,善也就变成美了"②。他给艺术鉴赏力下了一个定义:"艺术鉴赏力究竟是什么呢? 这就是通过掌握真或善(以及使真或善成为美的情景)的反复实践而取得的,能立即为美的事物所深深感动的那种气质。"③所有这些精辟的论点,在绘画理论和实践上都是十分重要的。狄德罗的绘画理论和评论起到了扭转画坛风气的作用,推动了法国现实主义绘画的发展。

总观狄德罗的美学思想,尽管它仍然具有马克思主义以前旧唯物论的各种弱点,但它的确反映了新的时代精神,它不但恢复了古希腊以来唯物主义美学的地位,而且把唯物主义美学提高到了一个新的阶段。

---

① 《狄德罗美学论文选》,张冠尧、桂裕芳等译,人民出版社 1984 年版,第 405 页。
② 同上书,第 429 页。
③ 同上书,第 430—431 页。

第 七 章

意大利启蒙运动的美学

　　意大利资产阶级在近代欧洲最早登上历史舞台,领导了文艺复兴运动,但从 15 世纪末开始,由于美洲新大陆的发现(1492 年)和印度新商路的开通(1498 年),商业中心由地中海移到大西洋东岸,这导致了意大利经济和政治的衰落。随着国内阶级矛盾的加剧,法国、西班牙、奥地利等外族的相继入侵和统治,以及天主教影响的日益加深,在长达 200 多年的时间里,意大利的文化和学术一直是处境艰难的。早在 16 世纪初产生的巴洛克艺术明显反映了人文主义理想的危机,不再强调人性中的和谐和公民激情,以马里诺、泰绍罗等人为代表的巴洛克美学主张"反常为美",强调非理性的直觉,认为统治世界的不是和谐而是不和谐,人是受盲目自然力控制的脆弱生物,艺术应当反映这种不和谐。在 17 世纪,法国古典主义虽然也影响到了意大利,但古典主义基本上是与巴洛克艺术并行发展的,直到 17 世纪末,才有较大的发展,而在 18 世纪上半叶占据重要地位。意大利古典主义的主要代表人物是格拉维拿(Gravina, 1664—1718 年)和穆拉托里(Muratori, 1672—1750 年)。格拉维拿反对巴洛克艺术,论证了古典主义的美学原则,对穆拉托里有较大影响,而穆拉托里虽然基本上还是古典主义者,但已开始具有启蒙主义的气息。意大利的启蒙主义是在 18 世纪上半叶古典主义尚占优势的情形下,在英、法等先进国家的影响下逐步形成的。意大利最重要的启蒙主义者则是维柯。

第一节　穆拉托里的美学思想

　　穆拉托里是意大利历史学家、美学家。他出生在摩德纳附近的一个贫苦农民家庭。1695 年当僧侣,后在米兰担任安布鲁西亚纳图书馆馆长,1700 年返回摩德纳,负责宫廷图书馆和档案馆。他的著名历史学著作是 12 卷《意大利编年史》(1744—1749 年),主要美学著作有《论意大利诗的完美化》(1706 年)、《关于良好趣味的沉思》、《彼特拉克诗歌研究》(1712 年)和《论想象》(1745 年)等。

　　穆拉托里主要是古典主义者。他把亚里士多德的《诗学》视为权威,拥护古典主义的规则和鉴赏力。他甚至批评莫里哀,认为"这位作者的作品有时违背了诗歌的戒律,由于他对亚里士多德和其他诗艺的导师们研究得不够"[1]。并且说莫里哀宣扬的生活方式有悖于"新约圣训"。他还强调亚里士多德关于诗比历史更一般、更真实的见解,认为诗给历史的叙述增添了道德评述。

　　穆拉托里对美有较多的注意。他认为,美是在人心中引起快感和喜爱的东西。他说:"我们一般把美了解为凡是一经看到,听到或懂得了就使我们愉快、高兴和狂喜,就在我们心中引起快感和喜爱的东西。在一切事物中上帝最美。"[2]在他看来,人的心灵具有求真求善的自然倾向,这是理智和意志的终极目的,理智要求知道我们向外的一切,意志要求得到由于善而使我们快乐的东西。但由于情欲,人犯了原罪,自此这种自然倾向遭到许多障碍,为了加强人的求真求美的自然倾向,上帝就"把美印到真与善上面"[3]。因此,在穆拉托里那里,美根源于上帝,美的本质就在于真

---

　　① 转引自[苏联]奥夫相尼科夫:《美学思想史》,吴安迪译,陕西人民出版社 1986 年版,第 434 页。

　　② 转引自北京大学哲学系美学教研室编:《西方美学家论美和美感》,商务印书馆 1980 年版,第 89—90 页。

　　③ 同上书,第 90 页。

和善。

穆拉托里认为,诗有两种美,一种是属于听觉的美的因素,即诗律的和谐与音乐性,这种美不过是表面的装饰,这实际上指的是诗的外在的形式美。另一种则是诗的真正的内在的美。这种美"凭它的和婉去怡悦和感动人的理解力","是真理所焕发的光辉","形成这种光辉的因素是简洁、明晰、证据确凿、力量气魄、新颖、高贵、有用、壮丽、比例匀称、布局妥帖、近情近理以及其他可能跟着真理走的一些优美品质"。[1] 只有这种美才能引起美感。诗的这两种美都是必要的,但内在美比外在美更重要。穆拉托里强调的是美在真,美诉诸理性,美感是一种理性的愉悦。

穆拉托里对想象的研究开始有了一些新时代的气息。他认为,美感产生于新奇,诗应以新奇引人入胜。他说:"诗人所描绘的事物或真实之所以能引起愉快,或是由于它们本身新奇,或是由于经过诗人的点染而显得惊奇。这种(发见新奇或制造新奇的)功能同时属于理智和想象。"[2]这就是说,诗的美不仅在题材本身,也在处理题材的艺术手段。他指出,想象不同于理智,它的"功能不在指出或认出事物的真或假,而只是领会它们"[3]。但对于形象的创造来说,想象还要与理智合作,想象提供感性材料,理智加以组织安排。形象的创造有三种情况:第一种情况是所造出的形象对想象和对理解都直接是真实的。这种形象表现出由感官供给想象的一种真相,而理解也承认它是真相。这强调的是理智单凭想象提供的材料造成形象,也就是如实地描绘。例如,把一道虹光、一次搏斗或一匹烈马生动妥帖地描绘出来。第二种情况是所造出的形象对于想象和理解都直接的只是逼真的或是近情近理的。这种形象并不完全是如实描绘,而是逼真,是由理智和想象的合作而产生的。它对于想象和理解都只是可能的,近情近理的。例如对特洛伊城的陷落和罗兰的疯狂之类假想事件的描写。第三种情况是所造出的形象只对想象才是直接地真实或近情近理,而对理解却间接地显得真实或近情近理。也就是说,这种形象只是凭想象造出的。例如,看到在一片

---

① 转引自北京大学哲学系美学教研室编:《西方美学家论美和美感》,商务印书馆1980年版,第90页。

② 同上书,第91页。

③ 转引自朱光潜:《西方美学史》上卷,人民文学出版社1979年版,第325页。

可爱的自然风景中有一条蜿蜒缓流的河,就想象出那条河爱上了那片花草缤纷的草地,这对想象是真实的,近情近理的,而对理解则只能领会其中的真理,即这地方可爱,令人流连不舍,但这种领会不是直接的而是间接的。这里讲的实际上已是一种移情现象,其他如梦中和迷狂状态中的形象,也属于这种情况。在这三种情况中,穆拉托里推崇第二种情况,即"理解力和想象力合作得很和谐,因而构思成并且表达出来的形象"①。他认为这样创造出的形象最为理想。在他看来,文艺主要不在如实模仿,诗人应当长于想象,想象能把两个单纯的自然形象结合在一起,"想象大半都把无生命的事物假想为有生命的"②。例如恋爱者的想象就往往这样。他们时常很自然地想到其他一切事物如花草,也在如饥似渴地追求那种幸福,以致产生出某种错觉。穆拉托里指出:"但是诗人就是要把在他的想象中所产生的这种错觉描绘给旁人看,让他也生动地领会到他自己的强烈的热情。"③

穆拉托里还论及审美判断。他指出,审美判断有各种名称,如"斟酌"、"直接的理智活动"、"好的趣味"或"精审的鉴赏力"等,总之,它是理解力的一个部分、品德或功能。这主要表现在它以对个别特殊事物的审辨为根据,其规律和法则如个别特殊事物一样不可胜数;而另一方面,它又能指导我们撇开对本题无关或有害的东西,选出适合本题的东西,它犹如一道亮光,可使我们看清介乎太过和不及两个极端中间的美。

穆拉托里对想象的重视和研究,说明他不再绝对地拘泥于古典主义的规则,有了一定的进步。他的思想引起了维柯的注意,但正如克罗齐所说,维柯并不满足于他的论述,正是维柯对想象这种能力,"赋予了极大的力量和非常的重要性"④。

---

① 转引自北京大学哲学系美学教研室编:《西方美学家论美和美感》,商务印书馆 1980 年版,第 91 页。

② 同上书,第 92 页。

③ 同上。

④ [意]贝内季托·克罗齐:《作为表现的科学和一般语言学的美学的历史》,王天清译,中国社会科学出版社 1984 年版,第 72 页。

第二节　维柯的美学思想

乔巴蒂斯达·维柯(Giambattista Vico,1668—1744 年)是意大利法学家、历史学家、语言学家、美学家,也是欧洲启蒙运动时期最杰出的大思想家之一。他出生在意大利南部的那不勒斯城,家境贫寒,学程艰苦,早年曾在那不勒斯大学听过法学课程,当过家庭教师,主要从事法学研究,后来转向历史、宗教、神话、哲学研究,曾担任那不勒斯大学修辞学教授和那不勒斯王室史官。在哲学上,他受柏拉图影响较大,对笛卡儿的理性主义持反对态度,他是虔诚的基督教徒,对天主教会勾结外族势力尽力回避。他的主要著作有《君士坦丁法学》和《新科学》,后者尤为著名,其中包含维柯丰富的美学思想。

维柯在西方美学史上占有重要的地位。他的弟子、美学家克罗齐称维柯是"美学科学的发见者",说"维柯的真正的新科学就是美学"。① 这种讲法虽然有一定理由,但并不准确。《新科学》出版于 1725 年,书名全称是《关于各民族共同性的新科学的一般原则》,从内容看,它并不是专门谈论美学的著作,维柯也没有像后来鲍姆嘉通那样提出和使用"美学"这一术语,建立一门独立的美学科学。《新科学》博及哲学、历史、法律、语言、民俗、心理以及各门自然科学,其总目标是要建立一门包罗万象的社会科学,探讨人类社会全部历史文化的发展规律,其最重要的成就在于提出了历史规律性的思想。所以,它主要是一部历史哲学。史家公认,维柯是历史哲学的始祖。但在《新科学》中,维柯对想象即形象思维的研究,的确为近代美学科学的诞生准备了条件,他虽然谈不上是近代美学科学的奠基人,却可以说是一个先驱者。

---

① ［意］贝内季托·克罗齐:《作为表现的科学和一般语言学的美学的历史》,王天清译,中国社会科学出版社 1984 年版,第 64、75 页。

一 人类世界是由人类自己创造的

要了解维柯的美学思想,首先需要了解他的历史观点,因为他的美学思想是包裹在他的历史哲学的框架之内的。

从总体上看,维柯是一个崇奉柏拉图的客观唯心主义者。在他生活的时代,基督教的上帝创世说或天意安排说占据统治地位,对此稍有触犯就会被视为异端遭到迫害。维柯没有完全摆脱神造世界的观点,他仍相信天神意旨,甚至表示他的《新科学》所揭示的原则有助于基督教《圣经》的真理。但是,在他那里,神造世界主要是指上帝创造了自然界,而人类世界则是由人类自己创造的。他明确说:"这个包括所有各民族的人类世界确实是由人类自己创造出来的。"[1]并且说,这是"本科学的第一条无可争辩的大原则"[2]。他还经常把人类世界称为"民政世界""民政社会的世界""各民族世界"。他说:"民政社会的世界确实是由人类创造出来的"[3],"过去哲学家们竟倾全力去研究自然世界,这个自然界既然是由上帝创造的,那就只有上帝才知道;过去哲学家们竟忽视对各民族世界或民政世界的研究。而这个民政世界既然是由人类创造的,人类就应该希望能认识它"[4]。他还进一步认为,人类世界不是永恒不变的,而是发展变化的,人类的历史发展有一定的规律性。这些思想在当时是大胆的、新颖的。马克思对此十分重视,在《资本论》的一个脚注中,他写道:"如维科所说的那样,人类史同自然史的区别在于,人类史是我们自己创造的,而自然史不是我们自己创造的"[5]。

那么,人类世界是怎样由人类自己创造出来的呢? 维柯根据古代埃及的传说,把人类历史划分为三个阶段:神的时代、英雄时代和人的时代。这三个时代相应地有着各不相同的语言、心理、宗教、艺术、政治和法律。维柯认为,人类的历史开始于最初的神的时代,也就是《圣经·创世记》所讲的

---

① [意]维柯:《新科学》,朱光潜译,人民文学出版社 1986 年版,第 573 页。
② 同上。
③ 同上书,第 134 页。
④ 同上书,第 135 页。
⑤ 《资本论》第 1 卷,人民出版社 2018 年版,第 429 页注(89)。

世界大洪水之后一百年至二百年间,当时在深山野林里浪游着一种野兽般的"巨人们",他们身躯高大,四肢发达,但头脑愚笨,不会说话和思考,野蛮残酷,只顾自己,男的任意追逐女的,公开杂交,死了就倒在地上任乌鸦狼狗吞食或任风吹雨打腐烂,他们野兽般的生活只靠本能和肉体方面的想象力。当他们第一次碰到天空中的电闪雷鸣,由于不知道原因,就感到无比恐惧和惊奇,于是内心唤起一种以己度物的想象,以为天空像人一样具有生命,是在发怒咆哮告诫什么,这样就把天空称作天神或雷神。由此便产生了宗教和占卜。世界各民族的第一位神都是天神或雷神,神本是人凭想象虚构出来的,但人却信以为真,对之敬畏虔诚。由于敬畏天神,巨人们开始感到公开杂交羞耻,于是每个男人就把一个女人拖进岩洞,在隐蔽中进行婚媾,开始定居,这样就产生了结婚仪式和家庭,同时为了不让死者的尸体污染环境,妨碍生者的生存,就开始收尸埋葬,并产生了灵魂不朽的观念。

维柯通过大量历史材料和各民族神话故事的比较研究断定,宗教、婚姻和埋葬这三种习俗或制度是世界一切民族所共有的。他指出:"我们观察到一切民族,无论是野蛮的还是文明的,尽管是各自分别创建起来的,彼此在时间和空间上都隔很远,却都保持住下列三种习俗:(1)它们都有某种宗教,(2)都举行隆重的结婚仪式,(3)都埋葬死者。"[1]维柯认为,这三种习俗的起源就是最初人类社会的诞生,也就是从动物到人,从野兽般的野蛮生活到社会性的人类生活的开始,后来的一切人类事物和制度,诸如政权、财权、法律、政治以及语言文字、艺术、哲学和科学等等,都是由此产生的。所以不但这三种习俗是人类自己创造的,而且整个人类世界都是人类自己创造的。他说,一切民族"都要从这三种制度开始去创建人类,所以都要最虔诚地遵守这三种制度,以免使世界又回到野蛮状态。因此,我们把这三种永恒的普遍的习俗当作本科学的三个头等重要的原则"[2]。

维柯的上述观点不但肯定了人是历史的创造者,而且肯定了神也是人凭想象创造出来的,这比后来费尔巴哈在《基督教的本质》一书中提出的类似观点要早得多。维柯还反对英雄创造历史的观点,实质上提出了人民历

---

[1]　[意]维柯:《新科学》,朱光潜译,人民文学出版社1986年版,第135页。

[2]　同上。

史本位和人民是历史创造者的光辉思想,这具有重大的历史进步意义。马克思在《路易·波拿巴的雾月十八日》一文中也说过:"人们自己创造自己的历史"①。他在给拉萨尔的一封信和《资本论》的一个脚注中,都给了维柯以肯定的评价。但是,应当指出,维柯的根本出发点是共同人性论,他时常把人性归结为天神意旨,他看不到马克思后来讲的生产方式诸因素(如生产劳动)在历史发展中的作用,他讲的人类历史实际上是制度史、习俗史、理念史,归根结底是人类心智和共同意识的历史。因此,他的历史观仍是唯心主义的,与唯物史观是有本质区别的。

二 诗性的智慧

"诗性的智慧"是维柯《新科学》特有的一个核心概念。它指的是"世界中最初的智慧",即原始人的智慧,神学诗人的智慧,又称"凡俗的智慧",是同后来才出现的哲学家和学者们所有的那种理性的抽象的玄奥智慧相区别的。在古希腊文里,诗即创造,诗人即创造者,因此诗性的智慧也就是创造性的智慧。它的特点在于想象、虚构和夸张。在我们今天看来,这种分别正是形象思维和逻辑思维的区别。所谓诗性的智慧也就是形象思维。

维柯认为,原始的人类还没有抽象思维,只有形象思维即诗性智慧。因此,他们也没有理性的抽象的玄学,而只有一种感觉到的想象出的玄学。他说:"原始人没有推理的能力,却浑身是强旺的感觉力和生动的想象力。这种玄学就是他们的诗,诗就是他们生而就有的一种功能(因为他们生而就有这些感官和想象力);他们生来就对各种原因无知。无知是惊奇之母,使一切事物对于一无所知的人们都是新奇的。……同时,他们还按照自己的观念,使自己感到惊奇的事物各有一种实体存在,正像儿童们把无生命的东西拿在手里跟它们游戏交谈,仿佛它们就是些活人。"②在维柯看来,原始人的心智还完全沉浸在感觉里,他们的诗性智慧是与他们的身体、情欲、感觉紧密结合在一起的,因此诗性智慧又称作"肉体方面的想象力"。原始人就

---

① 《马克思恩格斯选集》第 1 卷,人民出版社 1995 年版,第 585 页。
② [意]维柯:《新科学》,朱光潜译,人民文学出版社 1986 年版,第 161—162 页。

是凭这种诗性智慧或想象力来认识周围的一切,并把周围的一切事物都当作有生命的实体,从而创造了神、神话、诗以及一整个具有诗的性质的古代世界。在维柯那里,诗性智慧具有多方面的功能,它不仅是一种认识,也是一种创造,实际上就是原始人凭想象虚构来认识和创造世界的方式。他认为,要理解令我们大惑不解的古代世界,必须把握诗性智慧这把"万能钥匙",因为一切历史文化的构成因素都可以在古代的诗性智慧中找到起源。

从美学方面说,维柯的主要贡献在于,揭示了诗性智慧即形象思维的一些本质特征和基本规律。这主要有以下三点。

第一,形象思维在先,是抽象思维的基础。维柯说:"最初的各族人民都是些人类的儿童,首先创造出各种艺术世界,然后哲学家们在长期以后才来临,所以可以看作各民族的老人们,他们才创造了各种科学的世界,因此,使人类达到完备。"①"神学诗人们是人类智慧的感官,而哲学家们则是人类智慧的理智。"②因此,在人类的历史上,艺术产生在前,科学、哲学出现在后。这是维柯的一个重要发现,它已为现代人类学和心理学所证实,但维柯往往把形象思维和抽象思维简单对立起来,甚至否认荷马史诗和古希腊神话有任何抽象的哲学意蕴,断言诗(艺术)将被哲学代替,也未免失之于偏。

第二,形象思维的基本方式是以己度物的隐喻。维柯说:"人心由于它的不确定性,每逢它堕入无知中,它就会对它所不认识的一切,把自己当作衡量宇宙的标准。"③例如人们说:"磁石爱铁",就是由于还不了解磁石何以互相吸引,而把人由于爱而相互吸引的心理经验移到了磁石上去,这样本来无生命的事物就显得具有感觉和情欲,有了人的本性,这其实是一种隐喻。由此维柯解释了最初产生的诗和寓言故事。他说:"最初的诗人们就用这种隐喻,让一些物体成为具有生命实质的真事真物,并用以己度物的方式,使它们也有感觉和情欲,这样就用它们来造成一些寓言故事。"④维柯还用各民族语言中的大量实例来证实形象思维的存在。他指出:"在一切语种里大部分涉及无生命事物的表达方式都是用人体及其各部分以及用人的

---

① [意]维柯:《新科学》,朱光潜译,人民文学出版社1986年版,第231页。
② 同上书,第407页。
③ 同上书,第97页。
④ 同上书,第180页。

感觉和情欲的隐喻来形成的。例如用'首'(头)来表达顶或开始,用'额'或'肩'来表达一座山的部位,针和土豆都可以有'眼',杯或壶都可以有'嘴',耙、锯或梳都可以有'齿',任何空隙或洞都可以叫做'口',麦穗的'须',鞋的'舌',河的'咽喉',地的'颈',海的'手臂',钟的指针叫做'手','心'代表中央,船帆的'腹部','脚'代表终点或底,果实的'肉',岩石或矿的'脉','葡萄的血'代表酒,地的'腹部',天或海'微笑',风'吹',波浪'呜咽',物体在重压下'呻吟',拉丁地区农民们常说田地'干渴','生产果实','让粮食胀肿了',我们意大利乡下人说植物'在讲恋爱','葡萄长的欢',流脂的树在'哭泣',从任何语种里都可举出无数其他事例。"①维柯认为这种形象思维是一种创造性思维,是"人在不理解时却凭自己来造出事物,而且通过把自己变形成事物,也就变成了那些事物"②。这里维柯揭示的正是后来德国心理学派美学家立普斯所讲的审美的移情作用,也是人把自己对象化为万事万物。这在中国的语言和古代诗词中也可以找到无数的实例,所谓隐喻也正是中国古代诗论赋比兴三体中的"兴"。

第三,形象思维实质上是一种"想象性的类概念"。维柯说:"凡是最初的人民仿佛就是人类的儿童,还没有能力去形成事物可理解的类概念,就自然有必要去创造诗性人物性格,也就是想象的类概念,其办法就是制造出某些范例或理想的画像,于是把同类中一切和这些范例相似的个别具体人物都归纳到这种范例上去。"③这里讲的"想象的类概念"不同于抽象的类概念,它是形象思维所特有的,形象思维创造的是诗性的人物性格,理想的范例,不是现实中个别的人或事的镜子般的反映,而是有所概括和夸张的。他认为,各民族最初的创建人,如埃及的霍弥斯、希腊的奥弗斯、迦勒底的佐罗斯特,其实都是想象虚构的诗性人物。

三 神话和历史

维柯的《新科学》还广泛涉及神话的起源、本质、创作过程、流传异变、

---

① [意]维柯:《新科学》,朱光潜译,人民文学出版社 1986 年版,第 180—181 页。

② 同上书,第 181 页。

③ 同上书,第 103 页。

语言音律、创作主体与历史的关系等问题。他较早开辟了神话研究的道路，被后人视为西方神话学的开创人。他有关神话的见解，实际上也是他的美学思想的重要组成部分。这里有以下几点应当注意。

第一，神话即历史。维柯认为，神话是人类最初的艺术，各族人民的历史都是从神话故事开始的，而神话故事就是各族人民最古老的历史。他从语源学角度指出："神话故事在起源时都是些真实而严肃的叙述，因此mythos（神话故事）的定义就是'真实的叙述'。"①另外，他又从心理学角度指出，原始人的心理简单得就像儿童，他们的行为都很忠实，因此最初的神话故事不可能是伪造的。相反，原始人创造神话都是严肃认真的，感情真实的，自然而然的，不论神话的人物和内容在今天看来多么离奇难解，原始人总是信以为真，就像儿童往往和玩具的猫狗说话那样，他们甚至说亲眼见到过神，这实际上都植根于原始人特有的诗性智慧。他认为，原始的神话故事并不是随意创造的，神话的创造本身就是原始人社会生活的有机组成部分，如果用诗性智慧这把钥匙去理解，那么神话就包含着人的历史内容，或者说，神话就是历史，而且是真实可靠的历史。他指出："我们的各种神话和我们所要研究的各种制度符合一致，这种一致性并非来自牵强歪曲，而是直接的，轻而易举的，自然水到渠成。这些神话将会显出的就是最初各族人民的民政历史，最初各族人民到处都是些天生的诗人。"②

第二，对神话世俗内容的分析。维柯分析了大量古希腊罗马的神话故事。其中包括天神约夫的故事、大力神赫拉克勒斯的故事、卡德茂斯的故事、金枝的故事以及阿加门农的王杖、阿喀琉斯的盾牌、维纳斯的裸体，等等，他生动有趣地揭示了这些神话故事所包含的世俗的历史内容。例如，维柯认为，各民族都有自己的赫拉克勒斯，他被说成天帝约夫的儿子，这其实就是英雄时代起源的标志，赫拉克勒斯实际上就是各民族的始祖，而贵族统治平民的英雄政体就是建立在英雄们来源于天神的误解上面的。他还认为，阿喀琉斯的盾牌实际上描绘了一部世界史：从盾牌上可以看到天、地、海、日、月、星辰，这是创造世界的时代，接着描绘的是两座城市，一座城市里

① ［意］维柯：《新科学》，朱光潜译，人民文学出版社1986年版，第425页。
② 同上书，第147页。

有歌唱、颂婚歌和婚礼,另一座则没有,这表现了自然体制和接着而来的家族体制;在举行婚礼的城市里描绘了议会、法律、审判和刑罚,这是奉行严格贵族型体制的英雄城市的时代,另一座城市遭到武装围攻,表现了贵族与平民互相敌对的战争;最后盾牌上还描绘了从氏族时代就开始了的人类各种技艺的历史,依次反映出人类的各种制度,表现出首先发明的是些必需的技艺,例如农艺首先着眼于饭食,然后是酒,接着是畜牧、城市建筑,最后才是舞蹈等娱乐的技艺。维柯还给希腊神话中的 12 位天神列了一个神谱,标志着人类社会发展的 12 个阶段。如最初的天神约夫标志着宗教的产生,最后的海神内普敦标志着航海事业的开始。特别难能可贵的是,维柯在分析古希腊神话时,始终重视揭示反映在希腊神话内部的贵族与平民之间的阶级斗争。他指出,在古希腊神话中始终有 3 个意指英雄神的性格,另有 3 个意指平民神的性格(乌尔坎、马斯、维纳斯),这两类性格总表现得泾渭分明,彼此有别。他称这是一条重要的神话法规。

第三,神话的流传变异。维柯认为,由于人性相同,由于有一种通行于一切民族的"心头语言",各民族的神话虽然表现方式不同,其实质意义却是大致相同的。它们之所以得以流传就在于有着真实的和公众信仰的基础。但是"由于岁月的迁移以及语言和习俗的变化,流传到我们的原来的事实真相已被虚伪传说遮掩起来了"[1]。这就是说,神话在流传中会发生变异,有真有假,需要加以分辨。他认为,《新科学》的任务之一就是要重新找到原来的事实真相。为此他反对某些神话学家对古希腊神话所做的主观神秘的、非历史主义的解释。他还明确指出了神话疑难的 7 个来源:(1)大部分神话故事都很粗疏;(2)后来逐渐失去了原义;(3)往往遇到窜改;(4)变成不大可能;(5)暧昧不明;(6)惹笑话;(7)不可信。他的基本态度是去伪求真,历史主义的。

第四,神话的本质。维柯认为,神话本质上是诗性智慧即形象思维的产物,是些想象的类型,使用的是诗性文字和诗性词句,但又是真实的故事。从语义上看,神话故事的另一个定义是"不同的或另一种说法"[2],也就是

---

① ［意］维柯:《新科学》,朱光潜译,人民文学出版社 1986 年版,第 89 页。
② 同上书,第 179 页。

"把各种不同的人物、事迹或事物总括在一个相当于一般概念的一个具体形象里去的表达方式"①。因此,它是以个别表现共性、一般,创造的都是理想的、具有诗性性格的人物。他说:"希腊各族人民把凡是属于同一类的各种不同的个别具体事物都归到这类想象性的共性上去。例如阿喀琉斯原是《伊利亚特》这部史诗的主角,希腊人把英雄所有的一切勇敢属性以及这些属性所产生的一切情感和习俗,例如暴躁,拘泥繁文细节,易恼怒,顽强到底不饶人,狂暴,凭武力僭夺一切权力(……)这些特征都归到阿喀琉斯一人身上。再如攸里塞斯是《奥德赛》这部史诗的主角,希腊人也把来自英雄智慧的一切情感和习性,例如警惕性高,忍耐,好伪装,口是心非,诈骗,老是说漂亮话而不愿采取行动,诱旁人自堕圈套,自欺这些特性都归到攸里塞斯一人身上。"②维柯没有使用"典型"这一术语,他也很少谈到美,但他这里讲的正是典型,在他看来神话故事的美正在于创造了典型。他接着说:"这两种人物性格由于都是全民族所创造出来的,就只能被认为自然具有一致性(这种一致性对全民族的共同意识[常识]都是愉快的,只有它才形成一种神话故事的魔力和美);而且由于这些神话故事都是凭生动强烈的想象创造出来的,它们就必然是崇高的。从此就产生出诗的两种永恒特性,一种是诗的崇高性和诗的通俗性(人人喜闻乐见)是分不开的,另一种是各族人民既然首先为自己创造出这些英雄人物性格,后来就只凭由一些光辉范例使其著名的那些人物性格来理解人类习俗。"③这是对神话艺术的美及其作用的十分重要而深刻的见解。

四 人民是真正的荷马

维柯对美学的另一突出贡献,是他回答了荷马是否确有其人的问题,肯定了人民是真正的荷马,这是同他肯定人民是历史文化的创造者的观点相一致的。

荷马是欧洲最早的诗人,一向被尊为文化的创始者,一切技艺知识的大

---

① [意]维柯:《新科学》,朱光潜译,人民文学出版社1986年版,第104页。
② 同上书,第423—424页。
③ 同上书,第424页。

师和道德、宗教的导师,智者或哲学家,具有超人的玄奥智慧。但是早在贺拉斯的时代,对于荷马是否确有其人,他的出生地和年代,他的两部史诗是否出自一人之手,等等,就已产生了一些怀疑,引起过争论。直到维柯的时代,这些争论仍在语言学家等学者之间进行,许多希腊城市还在争夺"荷马故乡"的荣誉,甚至有人认为荷马是出生于意大利的希腊人。

维柯就这些争论一一进行了辨析和探索,他发现"荷马纯粹是一位仅存在于理想中的诗人,并不曾作为具体的个人在自然界存在过","荷马是希腊人民中的一个理想或英雄人物"。[①] 这就是说,荷马并不是希腊确有的某一个人,而是一个理想化的诗性人物,即希腊各族人民的总代表。维柯指出,从两部荷马史诗来看,它们都出现在英雄时代的末期,但有充分的证据说明《伊利亚特》在前,《奥德赛》在后,前后相距八百年之久;前者的作者应当生活在希腊东部偏北,后者的作者应当生活在希腊西部偏南;二者的诗风也悬殊很大,描绘的并不是同一时期的人物性格,而且野蛮习俗和文明习俗相互混杂;所以这两部史诗绝不可能出自一人之手。他认为,要寻找真正的荷马,就应当到"诗的本质即诗性人物性格中去找"[②]。荷马既然是最早的诗人,他就应当是民族创建人那样的诗性人物,他的智慧只能是凡俗的诗性智慧,决不是另外一种玄奥智慧,他决不可能是一个哲学家,他的两部作品所表现出的崇高风格、烈火般的想象力、个性化等无比才能,都证明只是诗性智慧的产品而不是玄奥智慧的产品。所以作为一个诗性人物,荷马只能是希腊全民族的代表、人民的代表、一切神话故事说唱诗人的代表,只有人民才是真正的荷马。这也正是荷马何以具有最崇高的地位、何以后来竟然没有一个诗人能远望荷马后尘而和他竞赛的原因。维柯高度评价荷马史诗是希腊习俗的两大宝库,是世界最早的历史,同时也就高度肯定了人民在创造历史文化中的作用。

维柯的美学思想在18世纪的意大利,由于政治、经济的落后,并没有受到应有的重视和产生广泛的影响。这种情况直到19世纪才有所改变。克罗齐曾大力介绍维柯,对他给以很高的评价,但正如朱光潜先生所说:"在

---

① ［意］维柯:《新科学》,朱光潜译,人民文学出版社1986年版,第442页。
② 同上书,第422页。

《人民文库》第二批书目

马克思主义

马克思传	［德］弗·梅林著　樊集译
恩格斯传	［德］海因里希·格姆科夫等著　易廷镇 / 侯焕良译
中国共产党思想理论发展史	张启华 / 张树军主编
社会主义通史（八卷本）	王伟光主编
马克思主义哲学的当代论域	陶德麟 / 汪信砚主编
资本论注释	［苏］卢森贝著　李延栋等译
唯物史观与中共党史学	张静如著
当代视域中的马克思主义哲学	汪信砚著
马克思主义哲学史教程	何萍著
辩证法与实践理性	贺来著
生态马克思主义经济学原理（修订版）	刘思华著
物与无：物化逻辑与虚无主义	刘森林著
市民社会论	王新生著
现代性论域及其中国话语	张曙光著

哲　学

境界与文化	张世英著
中西文化与自我	张世英著
新仁学构想	牟钟鉴著
逻辑经验主义	洪谦著
存在论——实际性的解释学	［德］海德格尔著　何卫平译
思的经验	［德］海德格尔著　陈春文译
智慧说三篇（简本）	冯契著 / 陈卫平缩编
维也纳学派哲学	洪谦著
克尔凯郭尔：审美对象的建构	［德］T.W. 阿多诺著　李理译
中庸洞见	杜维明著　段德智译
西方美学史教程	李醒尘著

历　史

中国古代社会	何兹全著
中国通史简本	蔡美彪主编
中国民俗史（六卷本）	钟敬文主编　萧放副主编
灾荒与饥馑：1840—1919	李文海 / 周源著
魏晋南北朝隋唐史三论	唐长孺著
中国史学思想史	吴怀祺著
中国近代海关史	陈诗启著
匈奴通史	林幹著
拉丁美洲史	林被甸著
东南亚史	梁英明著
中东史	彭树智主编

克罗齐的手里,维柯在受到推崇中也受到了歪曲"①。克罗齐夸张了维柯把形象思维和抽象思维绝对对立的弱点,硬说维柯的"想象"就是"直觉",没能真正看清维柯的贡献。维柯的《新科学》虽然是以人性论和历史唯心论为出发点的,但在他的唯心主义的思想体系中的确有很多合理的东西。维柯的贡献首先在于他给美学带来了历史发展观点,这比黑格尔要早一个世纪;其次,他对原始人的诗性智慧即形象思维的研究,更把想象的原则引入了美学,促进了有关神话、原始文化艺术、社会学美学以及心理学美学的发展;最后,他认为人民是真正的诗人,要求文艺表达民族的共同理想,为人民所喜闻乐见,并以此作为衡量美和崇高的标准。所有这些都是十分宝贵的。趁便指出,朱光潜先生十分重视维柯,他以 80 岁以上的高龄翻译了维柯的《新科学》,一直奋战到生命的最后一息。他认为,马克思高度评价维柯并不是偶然的。

---

① 朱光潜:《西方美学史》上卷,人民文学出版社 1979 年版,第 346 页。

第 八 章

德国启蒙运动的美学

与英国、法国相比,德国的启蒙运动发生较晚。16世纪马丁·路德的宗教改革以来,德国的发展就具有了完全的小资产阶级性质,旧的封建贵族绝大部分在托玛斯·闵采尔所领导的农民战争中被消灭了,反封建的斗争受到严重的挫折。17世纪的三十年战争(1618—1648年)更使德国遭受空前的摧残,所谓德意志民族的"神圣罗马帝国"已经名存实亡,全国分裂成300多个小公国和1000多个骑士领地。因此,18世纪的德国仍是一个封建农奴制的国家,封建势力占据统治地位,他们对外屈从外国势力,对内实行残暴统治,闹得经济凋敝,怨声载道,民不聊生,国家百孔千疮、残破不堪。而资产阶级当时还处于依附地位和形成阶段,政治上和思想上都十分软弱。总之,旧制度的崩溃之势已成,但建立新制度的社会力量还没有成熟。这是德国民族灾难深重的时代。

但是,随着资本主义生产和科学的逐渐发展,德国资产阶级反对封建割据,要求民族统一的情绪日益增长,在英、法等国先进思想的影响下,启蒙运动在德国终于开展起来,并取得了相当显著的成就。当时摆在德国启蒙主义者面前的迫切任务是要鼓吹资产阶级民主革命,推翻封建统治,实现民族统一。作为资产阶级的思想代表,德国启蒙主义者反映了历史的潮流和时代要求,他们高举理性和自由的旗帜对封建专制统治及其意识形态进行了尖锐的批判。但是,德国的启蒙运动主要还是局限于文艺和文化思想领域,不像法国启蒙运动那样激进。德国启蒙主义者往往回避政治问题,只谈文艺学术,还没有把进行资产阶级革命当作直接目标,而只是致力于建立统一的民族文学和民族文化去实现民族统一。因此,他们的思想往往带有抽象思辨的性质,隐晦曲折,脱离实际,并具有向往古代希腊文化的色调,这在德国启蒙运动的早期尤为明显。

德国启蒙运动的美学与德国资产阶级的一般政治特点是相一致的。主要的美学家有高特谢特、鲍姆嘉通、温克尔曼、莱辛、赫尔德、福斯特等人。在美学史上,德国启蒙运动的美学具有重要地位。美学作为一门独立的科学是在这个时期产生的,一系列重要美学问题的提出,为德国古典美学的产生准备了条件。

第一节　鲍姆嘉通的美学思想

通常人们都把高特谢特(Gottsched,1700—1766 年)当作德国启蒙运动早期的代表。他是莱比锡大学的教授,专讲修辞学、逻辑学和形而上学。他的理论著作《批判的诗学》,实际上是布瓦洛《诗的艺术》的翻版。在 18 世纪三四十年代,德国文学界发生一场苏黎士派和莱比锡派的大辩论,争论焦点是德国文学应当借鉴的是法国还是英国? 高特谢特是莱比锡派的领袖,主张借鉴法国,产生过很大影响,被奉为德国文学理论的最高权威。从思想和活动看,他主要是把法国古典主义引进了德国,缺少创新精神,领导的只是一种古典主义文学运动。

德国启蒙运动美学的真正创立者应当是鲍姆嘉通(Baumgarten,1714—1762 年)。他生于柏林,父亲是一位牧师,青年时代在哈列大学学习神学,深受莱布尼兹、沃尔夫理性主义哲学的熏陶,大学毕业后留校任教,后来长期担任哈列大学和奥得河畔法兰克福大学的哲学教授。鲍姆嘉通的突出贡献,是他在美学史上第一个采用"Aesthetica"这一术语,提出并建立了美学这一特殊的哲学学科,因而他享有"美学之父"的光荣称号。他的主要美学著作是博士论文《关于诗的哲学沉思录》(1735 年)和未完成的巨著《美学》(1750—1758 年)。此外,在《形而上学》(1739 年)、《"真理之友"的哲学书信》(1741 年)和《哲学百科全书纲要》(1769 年)中,也谈到了美学问题。他的美学思想对康德、谢林、黑格尔等德国古典唯心主义美学家发生过重大影响。

一　美学作为一门新学科的提出

18 世纪上半叶,莱布尼兹和沃尔夫的理性主义哲学在德国仍占统治地位。鲍姆嘉通基本上还是莱布尼兹和沃尔夫的信徒。但他已经不满意理性主义哲学对感性认识的贬低和轻视。在沃尔夫的哲学体系中,理性认识被看成高级的,感性认识是低级的,哲学只被归结为研究高级的理性认识的逻辑学,这样低级的感性认识就被排斥在哲学研究之外。鲍姆嘉通认为,以往的人类知识体系有一个重大缺陷,就是缺乏对于感性认识,主要是审美意识和艺术问题的严肃的哲学沉思。理性认识有逻辑学在研究,意志有伦理学在研究,感性认识还没有一门学科去研究。因此,他提出应当有一门新学科来专门研究感性认识。感性认识可以成为科学研究的对象,它和理性认识一样,也能通向真理,提供知识。

鲍姆嘉通的建议是在 1735 年提出的。他在博士论文《关于诗的哲学沉思录》中指出,以往逻辑学研究的范围太狭窄了,它只研究理性认识,忽略了感性认识,因而使得这个领域十分荒芜,人们往往认为诗只关乎感性认识,因而不值得哲学家注意,其实诗不但能供人欣赏,而且从诗的概念还可以得出许多有益的结论。在本书的最后部分,他写道,哲学应当研究低级的感性认识,以求"改进感性认识能力,增强它们,而且更成功地应用它们以造福于全世界。既然心理学提供了许多可靠的原理,我们不用怀疑也可以有一种有效的科学,它能够指导低级认识能力从感性方面认识事物"①。并且说:"理性事物应当凭高级认识能力作为逻辑学的对象去认识,而感性事物(应该凭低级认识能力去认识)则属于知觉的科学,或感性学。"②这里鲍姆嘉通特意从希腊文中找出了"埃斯特惕卡"(感性学)这个词来给这门学

---

① ［德］鲍姆嘉通:《关于诗的哲学沉思录》(德文版),费利克斯·迈纳出版社 1983 年版,第 85 页。

② 同上书,第 87 页。

科命名,这就是我们今天所讲的美学。他讲的"知觉的科学"也就是审美的科学。从博士论文来看,鲍姆嘉通是从研究诗学和认识论的角度提出建立美学这门新学科的,他把感性认识当作这门新学科的研究对象,而感性认识主要指的就是美或艺术中的美。在他看来,美学是与逻辑学相平行的学科,研究高级的理性认识的是逻辑学,研究低级的感性认识的美学相当于低级的逻辑学,美学是逻辑学的"小妹"。

鲍姆嘉通的贡献不仅表现在他提出了建立美学新学科的建议,也不只是为这门自古就已潜在的学科取了"美学"这个名字。早在 1725 年,就有一位名叫比芬尔格尔(Bilfinger/Bülfinger)的哲学家,也曾提出过类似的建议,他在《对上帝、人的灵魂、世界与事物一般特征的哲学说明》一书中提出,应当建立一门想象力的逻辑学,但是他并没有把这个建议付诸实现,同时他要建立的新学科只以想象力为研究对象,范围比鲍姆嘉通的美学要狭窄得多。鲍姆嘉通不仅提出了建议,而且为建立美学付出了毕生精力。1742 年,他在大学里开始讲授"美学"这门新课,他的学生格·弗·迈埃尔在 1748 年出版的三卷本《一切优美艺术和科学的基本原理》中,整理公布了他的讲稿,接着又在 1750 年和 1758 年正式出版《美学》第一、二卷。在《美学》中,他实现了博士论文中的建议,驳斥了 10 种反对设立美学的意见,初步规定了这门科学的对象、内容和任务,确定了它在哲学科学中的地位,使美学成为一门独立的近代学科。因此,1750 年常被看成美学成为正式学科的年代,鲍姆嘉通也由此获得"美学之父"的称号。

按照鲍姆嘉通在《美学》中的构想,美学应当包括两个部分,即理论的美学部分和实践的美学部分。理论美学又分三个方面,一是发现学(Heuristik)①,研究关于事物与思维的一般规则;二是方法学(Methodenlehre),研究关于条理分明的安排的一般规则;三是符号学(Semiotik),研究关于用美的方式表达的一般规则。可惜的是鲍姆嘉通只完成了发现学,他的《美学》只是一部尚未完成的著作,但他未完成部分的内容,可以在迈埃尔的上述著作中看到一些原则性的意见。趁便指出,鲍姆嘉通的《美学》是用当时科学

---

① 又译"研究法""启迪学",查 Heuristik 源于希腊文,本义为"发现",指发现的艺术,即发现新知识的全部方法上的途径之总和,似译"发现学"较妥。

通用的语言拉丁文写作的,文字艰深晦涩,直到1983年才有题名为《理论美学》的一本拉德对照本,而且也只是选译了《美学》中最重要的章节。这种情况自然妨碍了对鲍姆嘉通美学思想的了解和研究,以致与他同时代的一些著名学者如莱辛、温克尔曼、赫尔德、康德、黑格尔等人,也对他缺乏应有的理解,往往提出一些否定性意见。至于一般的美学史著作,更少对他的美学思想本身进行评述,而只限于肯定他是"美学"这门学科的创名人,似乎他并没有提出什么值得注意的美学问题。应当说,这不符合实际,降低了鲍姆嘉通的历史功绩。美学作为一门独立的哲学学科之建立,无疑是人类思想史上的一件大事。自从古希腊以来,有关美和艺术问题的研究虽然从未中断,但一般都是在哲学、修辞学、文艺学、心理学、政治学等内部零散进行的,没有受到应有的重视,基本上仍处于"附属"地位。鲍姆嘉通从根本上改变了这一状况。如果联系到自鲍姆嘉通以来美学的长足进步和发展,那么建立美学学科无疑是必要的、合理的,这是鲍姆嘉通不可磨灭的贡献。我们从鲍姆嘉通建立美学学科的事实可知,他提出建立美学学科并不是出于盲目创新的激情,而是他对莱布尼兹、沃尔夫理性主义哲学以及人类全部知识体系进行深刻反思的成果,同时这也是前此西方哲学发展的一个历史成果。

二 美学是感性认识的科学

为了进一步了解鲍姆嘉通的贡献,下面我们介绍一下他的《美学》的基本内容。

鲍姆嘉通《美学》的第一句话,就给美学下了一个定义:"美学(作为自由艺术的理论、低级认识论、美的思维的艺术和与理性类似的思维的艺术)是感性认识的科学。"[①]这里鲍姆嘉通从总体上把美学看作是感性认识的科学,这是美学的总定义;同时,他在括号里又从四个方面对美学作了具体的规定,这是四个解释性的定义。我们先来分析这四个解释性的定义。

———————

① [德]鲍姆嘉通:《理论美学》(德文版),梅诺尔出版社1983年版,第2页。

1. 美学是自由艺术的理论。在西方，"艺术"一词自古以来就包含技艺，到了18世纪，为了区别于一般技艺，人们已普遍把诗歌、文学、绘画、音乐、舞蹈、戏剧等称作"自由的艺术"或"美的艺术"，这也就是我们今日所说的艺术。鲍姆嘉通也是在这个意义上使用"自由艺术"一词的，因此，他所谓美学是自由艺术的理论，也就是说美学是一般的艺术理论。由此可以看出，鲍姆嘉通的美学并不像有人讲的那样只是一种抽象的脱离艺术实践的认识论。特别值得注意的是，鲍姆嘉通一面称美学是感性认识的科学；一面又称美学是艺术理论，他显然已把艺术看成是一种感性认识了。不仅如此，在他看来，艺术作为感性认识也包含真，能提供知识，上升为理论。这在18世纪理性主义占统治地位的时代，无疑是理论上的一个重大的突破。当时人们或者把文学艺术看作只受理性支配而与想象、幻想等无关的高尚的精神活动（如高特谢特），或者把文学艺术看作只受想象、幻想等感性支配，一味任性追求变异、非凡，而与真理无关的低下的行径（如波德默和布莱丁格）。鲍姆嘉通的观点有力地反对了这两种错误倾向，提高了艺术的地位，端正了艺术发展的方向。

2. 美学是低级认识论。在莱布尼兹和沃尔夫的哲学体系中只有一种认识论，即研究理性认识的逻辑学，鲍姆嘉通认为还有一种认识论，即研究感性认识的美学，他把逻辑学称作高级认识论，而把美学称作低级认识论。但是，他只是沿用了理性主义哲学关于高级认识和低级认识的概念，并不是认为这两种认识论有高低之别，在他看来，这是两种平行的姐妹学科，彼此并列，同属哲学。他把美学作为认识论，把美学与逻辑学加以区分，实质上就是把感性认识（艺术）抬高到与理性认识（哲学）平起平坐的地位，肯定感性认识（艺术）具有不能被理性认识（哲学）所代替的独立价值。

3. 美学是美的思维的艺术。鲍姆嘉通说："美学的目的是感性认识自身的完善（使之完善），而这人们就称作美；与此相反的则是感性认识的不完善，人们称之为丑，是应当避免的。"①所谓美的思维就是达到感性认识完善的思维，美学的任务就是要教导人们"以美的方式进行思维"。完善本是沃尔夫哲学的概念，在沃尔夫那里，完善只属于理性认识，而鲍姆嘉通认为

① ［德］鲍姆嘉通：《理论美学》（德文版），梅诺尔出版社1983年版，第11页。

既有理性认识的完善,又有感性认识的完善,前者是逻辑学的目的,后者则是美学的目的。完善无非是某种完整的,而且无疑是好的东西。但并非任何完善都是审美意义上的完善。在他看来,审美意义上的感性认识的完善,就是思想内容、秩序和表现力三者的和谐统一。只要具备这三个条件,现实中丑的东西在艺术中也可以是美的。他把描绘对象的美和美丽地描绘对象作了区分。他说:"丑的事物自身可以想成是美的;较美的事物也可以想成是丑的。"①所以,他所谓美的思维是指想象的思维,即我们今天所说的形象思维,他认为这是艺术家特有的思维。在他看来,美的思维不同于逻辑思维,二者不能互相代替,美的思维可以达到真,但这只是审美的真不是逻辑的真,但另一方面二者既然都属于思维,都以求真为目的,它们也并不绝然对立。所以他又说:"以美的方式和以严密的逻辑方式进行的思维完全可以和谐一致,并且可以在一个并不十分狭窄的领域中并存。这也适用于哲学家和数学家所从事的严格的科学。"②鲍姆嘉通把美学看作美的思维的艺术,实际上就是认为美学应当研究艺术家的形象思维的各种规则,他所谓"艺术"有特殊的含义,指的就是"使某物更加完善的各种规则的总和"。

4. 美学是与理性类似的思维的艺术。什么是与理性类似的思维呢? 在《形而上学》第 640 节,鲍姆嘉通作过一个解释,他认为"类似理性"包含以下内容:(1)认识事物一致性的低级能力;(2)认识事物差异性的低级能力;(3)感官的记忆力;(4)创作的能力;(5)判断的能力;(6)相似情况的预感力;(7)感性的符号指称能力。③ 这种类似理性实际上是一种介乎感性认识和理性认识之间的审美能力,或者说它是感性认识,但又具有类似理性的性质。"类似理性"这一概念是鲍姆嘉通的独创,它所揭示的是一种特殊的主客体关系即审美关系,这是一个重大的发现。鲍姆嘉通把美学规定为感性认识的科学,但他理解的感性认识并不是纯粹的,他在感性认识中揭示了某种与理性认识相类似的东西,已经显示出把感性认识和理性认识加以调和的倾向。如果说,德国古典唯心主义哲学和美学的突出特征在于调和英国经验主义和大陆理性主义的话,那么鲍姆嘉通的确最早做出了这种努力,也

---

① [德]鲍姆嘉通:《理论美学》(德文版),梅诺尔出版社 1983 年版,第 13 页。
② 同上书,第 27 页。
③ 同上书,第 207 页注(2)。

正是在这个意义上,有的学者把鲍姆嘉通看作是德国古典哲学和美学的真正奠基人,而不同意把比他晚了大约40年的康德看作德国古典哲学和美学的奠基人。这或许不是毫无道理的,至少是应当重视的。

从以上的分析可以看出,鲍姆嘉通的美学定义表明,美学是一门哲学科学,但具有双重性质,它既是一种认识论,又是关于艺术的哲学理论。因此,把鲍姆嘉通的美学仅仅看成一门抽象的认识论是不恰当的。

三　美学是一门指导艺术的哲学科学

在《美学》第71节中,鲍姆嘉通说,美学研究的规则可以应用于一切艺术,"对于各种艺术犹如北斗星"[①]。因此,在他那里美学不只是认识论,而且是一门指导艺术的科学。鲍姆嘉通十分强调美学对艺术创作的指导意义,有的学者对此提出批评,似乎他是存心制造一些规则,强加到艺术家头上,其实,任何一门学科的建立如果与人类实践完全无关,那就没有存在的根据,要求美学指导文艺创作,"造福于人类",不但是合理的,而且是高尚的。

关于文艺美学,鲍姆嘉通主要探讨和研究了两大类问题。一类是有关艺术创作的,他称之为关于艺术思维的智慧组成因素的学说,主要反映在《美学》的第3章至第6章,其中考察了先天的美感能力、艺术创作中的练习、美学学说、审美灵感以及艺术加工等问题,另一类是关于艺术作品的内容的分析,主要反映在《美学》的第22章,其中考察了丰富性、伟大、真实性、鲜明性以及说服力等问题。

鲍姆嘉通认为,先天的审美感知力是艺术创作的首要条件。它包括情感、想象、洞察力、记忆、趣味、预见以及表达个人观念的能力等基本素质。这些素质都属于感性的范围,但又都包含理性的因素。他认为,如果没有理性的指导,感性就会导致深刻的谬误,各种感性能力的协调,需要理性的帮助,否则艺术创作也是不可能的。因此,艺术家应当具备关于人、历史、神话、宇宙乃至神的各种理性知识。不过,总的说来,他还是强调情感和想象

---

① ［德］鲍姆嘉通:《理论美学》(德文版),梅诺尔出版社1983年版,第45页。

的。把审美感知力说成是先天的,这显然是从理性主义的唯心论出发的,但他认为,这种先天的审美感知力并不能长久保持,还必须经过后天的经常不断的练习,才能不断地得到巩固和加强,才能创造出美的艺术作品,否则先天的审美感知力就会逐步衰退乃致消失。

关于艺术创作的过程,鲍姆嘉通的了解仍很笼统,缺乏细密的分析。他基本上仍沿用传统的"灵感"这个概念,但他对"灵感"的认识和分析,比历史上各种旧的灵感说有很大进步。他认为,灵感有以下几个特点:(1)灵感状态下产生的艺术作品具有非模仿性和不可重复性。(2)在灵感状态中,思想感情的表达十分敏捷和有秩序。(3)理智在灵感状态中,一面承受鲜明的形象;一面又不下降到感性世界,即陷入迷狂和热情。但他没有像柏拉图把这看成神灵凭附,而只认为是一种先天的能力。因此他没有把灵感看成超自然的神秘现象。他曾提出一个问题:艺术家能不能按照自己的愿望产生灵感?他的回答是肯定的。在《美学》第5章中,他把形体的训练、模仿的愿望和情感的体验(如爱情、贫困、恼怒、欢乐等)都看作激发灵感的条件,它们同艺术家的个性和身心状态有密切的联系。因此,在他那里,灵感是一种现实的心理过程,能够确切地表达和归结为自然的心理条件,只要条件具备就能由艺术家自身激发出来。当然,他认为这些条件还只是外在的,即便没有它们,艺术家也能产生灵感,因为灵感说到底仍是一种先天的能力。这表明他没有完全冲破唯心论的影响,但他的灵感说无疑提供了新东西。还应指出,鲍姆嘉通并没有把艺术创作只看成灵感或纯感性的活动,他认为在灵感阶段创作出来的作品未必尽善尽美,还需要在理性的指导下进行艺术的加工、琢磨和修改,才能臻于完善。

对于模仿自然这个传统原则,鲍姆嘉通也提出了新的看法。他认为,模仿不就是感性事物的再现,自然也不应理解为"一切存在物的总和"。所谓模仿自然就是要表现自然呈现于感性认识的完善。同时,他也反对人为的、矫揉造作的创作作风,认为模仿自然应当自然而然,具有"自然的风格"。为此需要三个条件:(1)艺术家对自己的自然素质和力量要有足够清楚的认识;(2)艺术家应当很好地熟悉和理解作品描写的对象;(3)艺术家要了解感受作品的公众,了解自己的作品诉诸于谁。否则,创作就会失败。与此相关,他还谈到艺术真实问题,他认为,艺术真实不同于逻辑的真实。他说:

"凡是我们在其中看不出什么虚伪性,但同时对它也没有确定把握的事物就是可然的,所以从审美见到的真实应该称为可然性,它是这样一种程度的真实:一方面虽没有达到完全确定,另一方面也不包含显然的虚伪。"①这就是说,艺术的真实是可然的真实,因此,他不仅允许艺术虚构,而且认为虚构是不可避免的,是构成艺术本质的重要条件。总的来说,他的模仿自然说还是以"完善"这个理性主义概念为基础的,是唯心主义的,但他关于自然条件和艺术真实的看法包含了合理的内容。

上述鲍姆嘉通关于艺术创作问题的研究,是具有开创性的。它对 18 世纪后半叶以来美学的发展有重大影响。这类问题的研究后来被称作"天才"研究,在 19 世纪的心理学和美学中被称作"艺术创作的主体"或"审美主体"的研究。

关于另一类文艺美学问题,即关于艺术作品内容的分析,鲍姆嘉通也做了大量的探索。一般来说,他是从审美主体(艺术家)和审美客体(描写对象)两个方面,对艺术作品内容的构成进行分析的。他认为,"丰富性"在艺术作品内容诸因素中占据首要地位。他明确区分了主观的丰富和客观的丰富。主观的丰富是指作品主题的丰富,是由艺术家的思想决定的;客观的丰富是指作品本身的丰富,是由描写对象决定的。他特别强调审美形象的具体性和确定性,认为个体、个性最丰富,最有诗意,单一的、个别的事物比一般概念和类型更丰富。同时,他指出,丰富性并不是在艺术形象中毫无遗漏地表达对象的全部特点和因素,艺术应当舍弃、省略一些不必要的因素,丰富与简练是一致的,"过剩"与艺术是不相容的。此外,在谈到艺术内容的其他因素时,他对艺术作品中美与善、真与假、鲜明性与说服力等的相互关系问题,也都提出了一些颇有启发的见解。他认为,艺术家不应当选择一些"小玩物""低级的、不重要的东西"作为题材,而应当表现道德的伟大和高尚的趣味,但这只能通过感性的形象来表现,不能把艺术与道德的任务相混淆,以致使艺术家完全服从于道德的说教。他要求艺术的内容必须使欣赏者感到明确、易懂,并且有感人的力量。

总之,鲍姆嘉通不但提出了建立美学学科的建议,而且初步勾画和提供

---

① [德]鲍姆嘉通:《理论美学》(德文版),梅诺尔出版社 1983 年版,第 483 页。

了美学的轮廓,提出了许多影响到美学发展的重大问题。他所做的是开创性的工作,其历史功绩是不可磨灭的。鲍姆嘉通生活在18世纪中叶落后的德国,当时占统治地位的精神氛围,在哲学和科学上是崇尚理性、轻视感性的理性主义,在宗教上是神秘的虔诚主义,在文艺上是反对表现个性的新古典主义,所有这一切对于美学的研究都是极为不利的。鲍姆嘉通抬高感性,提出建立一门研究感性认识的美学,把它提高到科学的地位,强调想象和情感在文艺创作中的作用,要求表现个性和个别事物的具体形象,等等,无疑包含了大胆造反的因素,具有巨大的进步意义,是与封建政权和宗教僧侣所崇奉的意识形态,以及要求文艺成为"惩恶劝善"的道德说教的工具等统治思想相背离的。从当时整个欧洲文艺实践和文艺思想的总趋势来看,当时已出现从封建的新古典主义文艺向新兴资产阶级文艺的转变。在这个转变的过程中,鲍姆嘉通是站在资产阶级新生事物方面,而不是站在垂死的事物方面。

第二节　温克尔曼的美学思想

温克尔曼(Winckelmann,1717—1768年)是一位卓越的艺术史家和文艺理论家。他出生于斯腾达尔一个鞋匠家庭,自幼生活贫困,刻苦好学,1738年考入哈列大学神学系,毕业后当过家庭教师、图书馆馆长,政治上倾向民主,厌恶德国的封建专制。1755年,他发表《关于在绘画和雕刻中模仿希腊作品的一些意见》一文,同年4月前去意大利的罗马,潜心研究古希腊罗马艺术史,长达8年之久,做过大量有关考古、历史、艺术和美学的考察和研究,并于1764年出版《古代艺术史》这部名著,掀起了崇拜希腊古典和民主政治的浪潮,提出了一系列重要的美学理论问题,受到广泛重视,引起了热烈的辩论。他的影响远远超出了18世纪末叶德国的范围。

一　关于美的见解

温克尔曼不是一个哲学家,他对美的本质问题主要不是进行抽象的哲学探讨,而是结合艺术史的实践经验进行的。他曾说过:"美是自然的伟大奥秘之一,它的作用我们所有的人都看到和感觉到,但关于美的本质的清晰的一般概念,依然属于许多未被揭示的真相之列。"①在《古代艺术史》第四卷第二章"论艺术的本质"中,他首先一般地论述了美,然后论述了比例以及人体各部位的美。他认为,美是由和谐、单纯、统一等特征构成的,"美被视觉感受到,但被理智认识和理解"②,美是艺术最崇高的目的和表现,艺术美高于自然美,而古希腊艺术的美则是美的典范。在他看来,并非所有的人都能正确地认识美,有一些"感觉不正确和愚顽不化的人",他们对美只有荒谬的知识,又不肯于接受任何关于美的正确概念,往往把实用、欲念等非美的属性误认为美,以致以丑为美,而我们在审美方面又没有法律和章程可以遵循,用来制裁丑,因此人们关于美往往有很大的分歧。他说:"艺术美不只对感觉的影响小于自然美,而且由于艺术美是按照崇高的美的概念创造的,它的特点是严肃而不是轻佻,对于没有受过教育的头脑来说,它比任何日常生活中的优质用品较少受过欢迎,因为这些日常生活中的用品可以谈论和使用。这原因还应该在我们的欲念中寻找,在多数人那里,从第一眼就会引起欲念,当理智还只是准备享受美的愉悦时,已经充满了感性。在这种情况下,我们要谈论的已经不是什么美感,而是一种性欲的冲动。基于这一点,那些并非以美为特征的人,很有柔情和热忱而显得圣洁非凡,也会使青年人情思纷扰和产生缠绵之情,同时,他们甚至不为美的女性的容态所动,尽管这些女性的举止端庄和有节制。"③他认为,多数艺术家的美的概念也是从类似这种不成熟的最初印象中形成的,他们往往不能通过直观古代美的典范作品修正自己的私欲。他承认在不同民族之间关于美的认识有很大的分歧,"这种分歧比我们对于在味觉和嗅觉的概念上的分歧还要大",但是"说到美的普遍形式,那么不论在欧洲、亚洲或非洲,多数有文化的民族关于它们的概念总是相近的"。④ 因此,美这个概念并不是随意的,尽管

①　[德]温克尔曼:《论希腊人的艺术》,邵大箴译,载中国艺术研究院外国文艺研究所《世界艺术与美学》编辑部编:《世界艺术与美学》第 2 辑,文化艺术出版社 1983 年版,第 360 页。

②　同上书,第 361 页。

③　同上。

④　同上书,第 365 页。

人们对它往往没有明确的认识。

在排除了非美的特性之后,温克尔曼又从正面对美的概念作了论述。他说:"关于美的正确概念需要掌握有关它的本质的知识,而我们又只能在某些方面能把握其本质。"①他认为,要确定美的本质,"不能运用从普遍到部分、到个别的几何学方法以及从事物的本质中抽出关于它的特征的结论。我们不得不满足于从一系列个别的实例中引出大致性的结论"②。他的《古代艺术史》就是要以古希腊艺术为实例来揭示美的一般本质。他极力推崇古希腊艺术,认为只有古希腊艺术才是真正的艺术。因为它不仅提供了自然的真实形象,而且提供了一种理想的美。艺术的最高题材是人,在对人体的描绘方面,古希腊雕刻是最高的美的典范。谁要想成为艺术大师,就应当以古希腊艺术为典范,从中汲取灵感,模仿古人。在他看来,美是精神性的,"神灵是最高的美;我们愈是把人想象得与最高存在相仿和相似,那么关于人类的美的概念也就愈完善,最高存在以其统一与整体的概念区别于物质。关于美的这个概念与从物质中产生的精神相似,这精神经过火的冶炼,竭力按照由神的理智设计的最早的有智慧的生物的形象和模样来创造生物。其形象的形式单纯,继续不断,在统一中丰富多样,因而也是谐调的"③。因此美不同于物质的东西,相反,美是人的创造,是物质的克服,是"赋予物质以精神",主要表现为整体、一般,其形象是单纯、统一和谐调。他说,古代大师在创造神和人的形象时,总能排除自然的局限,凌驾于寻常的物质形式之上,就连在肖像画中,也不仅追求酷似,而且要求再现得更美。在古希腊,美是艺术的目的和最高法律,表情和动作固然可以是美的要素,但也时常构成对美的威胁,所以古代大师时常为了保留美而宁肯放弃真。温克尔曼把从古希腊造型艺术概括出来的这种理想美的特征概括为:"高贵的单纯,静穆的伟大"。他说:"美颇有些像从泉中汲取出来的最纯净的水,它愈是无味,愈是有益于健康,因为这意味着它排除了任何杂质。……最高美的观念似乎是最单纯和轻松的,它既不要求哲学地认识人,也不要求研究内心的激情

① [德]温克尔曼:《论希腊人的艺术》,邵大箴译,载中国艺术研究院外国文艺研究所《世界艺术与美学》编辑部编:《世界艺术与美学》第2辑,文化艺术出版社1983年版,第366页。
② 同上。
③ 同上书,第366—367页。

及其表现。"①例如,古代群雕拉奥孔就是这种美和理想的化身。拉奥孔以冷漠宁静的心情忍受着肉体的剧烈痛苦,显示出了战胜人间苦难的巨大精神力量和沉着刚毅的尊严。在温克尔曼看来这种理想美不是自然界所固有的,它是艺术家的创造,只存在于真正的艺术作品之中。这也正是他把模仿古人置于首位的理由。应当说,肯定艺术高于自然,表现理想,比自然更美,这有积极合理的一面,但因此只要求模仿古人,就会否认现实生活是文艺的源泉,导致片面的唯心主义。从根本上说,温克尔曼还没有超出古典主义,但他的古典主义不同于以罗马艺术为典范的 17 世纪的古典主义,而是推崇古希腊民主艺术的古典主义,具有较多民主主义的因素。

二　艺 术 史 观

温克尔曼是最早深入系统地研究古希腊艺术史的人。他把美学理论和艺术实践紧密结合起来,不仅对古希腊艺术史作出了历史分期的最初尝试,并且对古希腊艺术的兴衰成败作了具体的分析、评论和理论概括,而他对美学史的最主要贡献却是明确提出了研究艺术史的历史主义观点和方法,开创了研究艺术史的新风气。因此,他常被看作艺术史学科的真正创始人。

温克尔曼认为,艺术是随着时代的变迁而发展的,艺术的兴衰与一定的物质环境和社会生活有着密切的联系,不同时代的艺术有着不同的艺术风格。他指出:"艺术史的目的在于叙述艺术的起源、发展、变化和衰亡,以及各民族、各时代和各艺术家的不同风格,并且尽量地根据流传下来的古代作品来作说明。"②温克尔曼把希腊艺术史分为四个阶段,每个阶段都有不同的风格。第一阶段是在雕刻家费忌阿斯(前 5 世纪)以前,这是希腊艺术的初创时期,当时艺术表现出的是一种"远古的风格",特点是粗犷、坚硬、有力,但还没有抓住美的形式。第二阶段是费忌阿斯和斯柯巴顿的时代,也就是伯利克里统治雅典的全盛时期,这时希腊艺术达到了最高阶段,显出的是

---

① ［德］温克尔曼:《论希腊人的艺术》,邵大箴译,载中国艺术研究院外国文艺研究所《世界艺术与美学》编辑部编:《世界艺术与美学》第 2 辑,文化艺术出版社 1983 年版,第 367 页。

② 转引自朱光潜:《西方美学史》上卷,人民文学出版社 1979 年版,303 页。

"崇高的或雄伟的风格",特征是纯朴和完整,表现了"真正的美"。第三阶段是雕刻家普拉克西泰勒斯的时代,盛行的是"优美的风格",希腊艺术的技巧日趋高超,以致由于精致文雅而逐渐使艺术失去了力量和英雄气概。第四阶段是亚历山大时代以后,这是希腊艺术全面走向衰落的时代,希腊艺术失去了创造活力和独立的艺术风格,盛行的是一味模仿和折中混合。温克尔曼认为,古希腊艺术由盛而衰是与自由的逐步丧失分不开的。

温克尔曼从三个方面揭示了古希腊艺术繁荣的原因。一是由于气候的影响。温克尔曼说,希腊的大自然赋予希腊人以高度的完善,有利于艺术的繁荣发展。那里气候温和、阳光充沛、人体发育成熟较早,女性的体态尤为美丽,艺术家每天都能看着美,没有一个民族像他们那样重视美。二是由于政治体制和由此产生的思维方式。温克尔曼推崇古希腊民主制,认为在这种民主制下,希腊人得到了全面自由协调的发展,他们不但有健美的体魄,还有不同于被征服民族的自由的思维方式,这为艺术繁荣创造了条件。温克尔曼指出:"在国家体制和机构中占统治地位的那种自由,乃是希腊艺术繁荣的主要原因。希腊永远是自由的故乡。"①这就是说,政治上的自由是美和艺术繁荣的基础,只有在有自由的地方才有美,没有自由就不会有美和真正的艺术。三是由于艺术家所处的受尊敬的地位和作用。温克尔曼说,古希腊艺术家尤如今日的富翁,享有最大的荣耀和荣誉。他们能够成为立法者,也能成为统帅。他们的创作和命运不受无知外行的干预,评奖会上也没有任性专断的评判。他们到处受到尊敬,甚至有的艺术家被授以神的名字。

温克尔曼的艺术史观自然还有历史的局限,不能同历史唯物主义相提并论。他所谓"气候的影响",带有孟德斯鸠以来地理环境决定论的色彩,他对古希腊民主制的赞颂,也显然是一种不完全符合奴隶制历史事实的美化,然而他的观点表达了对理想的社会和理想的人的热烈的渴望,具有积极的进步的因素,是不容忽视的。首先,他把艺术发展的根源不是归结为艺术家的主观条件,而是归结为自然的和社会的环境,这有唯物主义的因素;其次,他把政治自由看作艺术发展的基础,这个看法极为深刻,政治自由不仅

---

① 转引自汝信:《西方美学史论丛续编》,上海人民出版社1983年版,第98页。

关系到一个民族艺术的繁荣,而且关系到一个民族的命运,这也是符合历史实际的;最后,他对古希腊民主制的歌颂充满了反封建的意向,决不是有些资产阶级美学史家所讲的复古。他的目的是要借此抨击和抗议落后的德国封建专制社会对人性、自由和民主的摧残,这表达了他对自由、民主的热烈向往,对自由祖国和伟大艺术的深沉渴望。后来莱辛、赫尔德、歌德、黑格尔等伟大思想家无不热烈同情和接受了他的这一思想,在德国形成崇拜希腊古典和民主制的强大思潮,这都不是偶然的。

不过,我们仍应指出,温克尔曼的美学思想的确也有内在的矛盾,这突出表现在他对理想美的看法上。一方面,他把美和政治自由联系起来,对丑恶的德国现实发出抗议;另一方面,他心目中的正面理想人物却又不是争取自由的积极的战士,而是消极忍受痛苦磨难的斯多噶式的人物。这就使他的理想美具有了空想和脱离实际的性质。另外,他对美的看法,也更多偏重形式,对内容有所忽视,因而也引起了莱辛等人的批评,由此展开了热烈的辩论。

第三节　莱辛的美学思想

莱辛(Lessing,1729—1781 年)是德国启蒙运动最杰出的代表、戏剧家、批评家和美学家。他出生于萨克森小城卡曼茨一个贫苦牧师家庭,早年曾入莱比锡大学学习神学和医学。1760—1765 年去布雷斯劳任城防司令的秘书,1767 年任汉堡民族剧院艺术顾问。莱辛深入研究过古希腊的文化和艺术,以及宗教史和斯宾诺莎等人的哲学,具有渊博的知识。他曾写过许多脍炙人口的寓言故事以及《爱米丽亚·迦洛蒂》《明娜·冯·巴尔赫姆》《智者纳丹》等剧本,猛烈抨击日益腐败的德国封建专制制度。在美学史上,他和狄德罗一起,为 18、19 世纪欧洲现实主义文学艺术的胜利奠定了理论基础。他的主要美学著作有《文学书简》、《拉奥孔》和《汉堡剧评》。在《拉奥孔》这部名著中,他区分了诗和画的界限,批评了古典主义的艺术原则和温克尔曼强调古典美的特征在静穆的片面性,从而把人的动作提到首位,维护和发展了现实主义的文艺理论。在《文学书简》和《汉堡剧评》中,他建立了市民剧的理论,探索了德国文学统一和民族统一的道路。马克思主义经典作家对他有过很高评价,充分肯定了他对德国民族文化发展的贡献。

一 《拉奥孔》——论诗和画的区别

《拉奥孔》一书出版于 1766 年,是西方美学史上为数不多的名著之一。它对赫尔德、歌德、席勒和海涅等德国文学的卓越代表,产生过深刻的影响。歌德在《诗与真理》中曾说:"我们必须回到青年时代,才能体会到莱辛的《拉奥孔》对我们产生了多么深刻的影响,这部著作把我们从一种幽暗的直观境界引导到思想的宽敞爽朗的境界。"①

《拉奥孔》的副标题是"论绘画和诗的界限"。拉奥孔(Laokoon)是希腊神话中特洛伊城日神庙的司祭。传说由于特洛伊的王子帕里斯拐走了希腊美丽的王后海伦,希腊人便组成远征军,攻打特洛伊城。战争进行了 10 年,特洛伊城久未攻下。于是俄底修斯巧设"木马计",把一只肚内藏有兵将的大木马遗弃在城外,佯装撤退。特洛伊人出于好奇,就把木马拖进城内,入夜,希腊伏兵跳出木马,打开城门,里应外合,终于攻陷了特洛伊城。希腊人用"木马计"攻城,由于拉奥孔曾极力劝阻特洛伊人,不要把木马移入城内,这触怒了偏袒希腊人一方的海神波塞冬。于是海神便派两条大蛇把拉奥孔和他的两个儿子一起绞死。大约在公元前 1 世纪希腊晚期罗底斯派雕刻家曾以这个故事为题材,塑造了一座大型群雕,后来被长期埋没于罗马废址,直到 1506 年才被发掘出来,现藏罗马梵蒂冈博物馆。罗马诗人维吉尔在他的史诗《伊尼特》第二卷也描写过这段故事。但是,同样的题材在诗和雕刻里处理的方法却大不相同。拉奥孔的激烈的痛苦在诗里表现得淋漓尽致,而在雕刻里却被大大地冲淡了。在诗里拉奥孔放声哀号,在雕刻里他的面部表情只是轻微的叹息;在诗里两条长蛇绕腰三道,绕颈两道,在雕刻里却只绕着腿部;在诗里拉奥孔父子是身着衣帽的,但在雕刻里都是裸体的。为什么会有这样明显的差异呢?莱辛通过对这个问题的研究,揭示了诗和画

---

① 转引自朱光潜:《西方美学史》上卷,人民文学出版社 1979 年版,第 322 页。

的界限和规律,提出了自己的美学理想和现实主义的美学原则。

对于拉奥孔在诗里哀号,而在雕刻里不哀号,温克尔曼曾经从斯多噶主义道德观的立场做过一种解释。他认为,古希腊的艺术杰作追求的是高贵的单纯和静穆的伟大。雕刻中的拉奥孔忍受痛苦、不动声色的表情,显示了一种战胜痛苦的超人的精神力量,这完全符合希腊人"静穆"的理想。莱辛不同意这种观点。在他看来,这种斯多噶主义的静穆实际上是逆来顺受、听天由命、无能为力的表现。他以荷马史诗和索福克勒斯悲剧中的英雄人物为例,证明了按照古希腊人的思想方式,哀号同心灵的伟大并非水火不容,古希腊的英雄也是有血有肉的人,他们也有痛苦和哀伤,"并不以人类弱点为耻"①。他说:"荷马所写的负伤的战士往往是在号喊中倒到地上的。女爱神维纳斯只擦破了一点皮也大声地叫起来,这不是显示这位欢乐女神的娇弱,而是让遭受痛苦的自然(本性)有发泄的权利。就连铁一般的战神在被狄俄墨得斯的矛头刺痛时,也号喊得顶可怕,仿佛有一万个狂怒的战士同时在号喊一样,惹得双方军队都胆战心惊起来。"②"荷马的英雄们却总是忠实于人性的。在行动上他们是超凡的人,在情感上他们是真正的人。"③这样,莱辛就推倒了温克尔曼的解释。接着,他提出自己的解释。他认为,拉奥孔在雕刻和诗里的表情不同,根本的原因在于,诗和画在模仿的对象和方式上各有自己的范围和特殊的规律。"在古希腊人来看,美是造型艺术的最高法律","凡是为造型艺术所能追求的其他东西,如果和美不相容,就须让路给美;如果和美相容,也至少须服从美"。④ 剧烈的痛苦必然造成面部的扭曲,这会产生丑的心理效果,古代艺术家对于这种丑,总要竭力避免或加以冲淡。但是,即便在古希腊,美也只是造型艺术的最高法律,而不是普遍的规律。

莱辛以大量生动的艺术作品为实例,对诗和画作了细致的比较和分析,指出诗和画的界限主要有三点。第一,媒介不同。画以颜色和线条为媒介,这是在空间中并列,铺在一个平面上的;诗以语言为媒介,言发为声,这是在

① ［德］莱辛:《拉奥孔》,朱光潜译,人民文学出版社 1979 年版,第 8 页。
② 同上书,第 7—8 页。
③ 同上书,第 8 页。
④ 同上书,第 14 页。

时间中先后承接、直线流动的。第二,题材不同。画适宜于写空间并列的、静止的物体,诗更适宜写时间中先后承接的动作。第三,感受的途径不同。画要用眼睛来看,可以把空间并列的对象同时摄入眼帘,适宜于感受静止的物体;诗要用耳朵来听,只能在时间的一点上听到声音之流的某一点,对于静止物体的罗列和描绘,不易产生完整印象,而只适宜于感受动作的叙述。这三个分别,实际上就是所谓时间艺术与空间艺术的分别。莱辛说:"我用'画'这个词来指一般的造型艺术,我也无须否认,我用'诗'这个词也多少考虑到其他艺术,只要它们的模仿是承续性的。"[1]把时间空间作为艺术分类的标准,莱辛大概是最早的。

莱辛不但看到了诗和画的区别,而且看到了二者在一定程度上也可以交融和结合,问题是必须服从各自特有的规律。画可以描写动作,但由于媒介的限制,只能选用动作的某一顷刻,最好是最富有暗示性的、给想象留有余地的顶点前的顷刻,也就是最"有包孕的顷刻"。莱辛认为,拉奥孔群雕正是这样处理的。拉奥孔在叹息,想象就听得见他哀号;但是如果他哀号,想象就到了止境,就只会听到他在呻吟,或是看到他已经死去了。艺术家应当避免动作的顶点和一纵即逝的动作,因为画的媒介将使这一顷刻得到一种常住不变的持续性、永久性,从而产生违反自然的心理效果。莱辛举例说:"拉麦屈理曾把自己作为德谟克利特第二画过像而且刻下来,只在我们第一次看到这画像时,才看出他在笑。等到看的次数多了,我们就会觉得他已由哲学家变成小丑,他的笑已变成狞笑了。"[2]诗也可以描写物体,但也只能依据本身的特点,通过动作去暗示,这就要化静为动,不能罗列一连串静止的现象。例如"荷马要让我们看阿伽门农的装束,他就让这位国王当着我们面前把全套服装一件一件地穿上:从绵软的内衣到披风,漂亮的短筒靴,一直到佩刀。衣服穿好了,他就托起朝笏。我们从诗人描绘穿衣的动作中就看到衣服。如果落到旁的诗人手里,他会件件描绘,连一根小飘带也不肯放过,我们就不会看到动作了"[3]。其次,诗人还可借美的效果来写美,例如荷马写美人海伦很少用胳膊白、头发美之类的话,而他描写特洛伊城元老

---

①　[德]莱辛:《拉奥孔》,朱光潜译,人民文学出版社 1979 年版,第 4 页。

②　同上书,第 19 页。

③　同上书,第 85—86 页。

们见到海伦时惊赞私语的情景，却使我们对海伦的美有了深刻的印象。莱辛说："诗人啊！替我们把美所引起的欢欣、喜爱和迷恋描绘出来吧，做到这一点，你就已经把美本身描绘出来了！"[①]此外，诗人还可以"化美为媚"，"媚就是在动态中的美"。[②] 媚的效果更强烈。例如意大利诗人阿里奥斯陀在《疯狂的罗兰》里塑造的美人阿尔契娜的形象至今还令人欣喜和感动，就在于她的媚，即有关她的眼、唇、乳房的动态的描写，如"左顾右盼、秋波流转""嫣然一笑""时起时伏"，而不在"黑眼珠""唇上银朱的光""皙白如鲜乳和象牙的乳房"之类静态的罗列。

《拉奥孔》的基本论点大体如上所述。关于诗和画的关系问题，莱辛以前的美学家和文艺理论家大多强调诗画的共同点，古希腊诗人西蒙尼德斯说："画是无声的诗，而诗则是有声的画。"罗马诗人贺拉斯也说过："诗如画。"这种诗画同源说一直影响很大。莱辛并不否认诗画就其同为艺术而言，确有某些共同点，但他更强调诗画各自的特点，突出了历来被人忽视的一面。按照辩证法，只有把握矛盾的特殊性，才能更好认识事物的本质。莱辛指出诗画的界限开启了艺术分类和各门艺术具体特点的美学研究，这在美学史上是有功绩的。

应当指出，莱辛研究诗画界限并不是把它当作一个抽象的纯学院式的理论问题，而是要为德国资产阶级的文学开拓道路。他对温克尔曼的批评是要为新兴的德国资产阶级文学提供艺术新人、新的英雄人物的理想。他认为，真正理想的人物应当是一个"有人气的"英雄，他有喜怒哀乐，让情感自然流露，是积极争取光荣、献身职责、敢于进行斗争的战士，而不是对生活冷漠无情、消极被动、逆来顺受的斯多噶式的人物。不过莱辛的主要矛头却是针对着当时尚有势力的古典主义的。古典主义者崇尚理性，轻视生活，一味迎合狭隘的宫廷贵族趣味，他们在画里追求"寓意"，在诗里追求"描绘"，实际上混淆了诗画的界限，使文艺脱离现实，特别是限制了诗的作用和范围。莱辛《拉奥孔》总的倾向是扬诗抑画。他认为，美是造型艺术的最高法律，而诗的最高法律则是真实，如果要诗等同于画，只服从美，就会缩小诗的

---

① ［德］莱辛：《拉奥孔》，朱光潜译，人民文学出版社1979年版，第120页。
② 同上书，第121页。

表现能力。他说:"艺术在近代占领了远较宽广的领域。人们说,艺术模仿要扩充到全部可以眼见的自然界,其中美只是很小的一部分。真实与表情应该是艺术的首要的法律。"①这就是说,艺术大于美,艺术不能只表现美,它的范围比美更广大,艺术应当反映全部的社会生活,丑也可以入诗,各种情欲的相互斗争和冲突都可以入诗。诗虽然在描绘静态的物体美上不如造型艺术,但诗可以比画更广泛更全面地描绘人生。因此,诗人高于画家。对此,车尔尼雪夫斯基赞赏说:"自从亚里士多德以来,谁也没有像莱辛那样正确和深刻地理解了诗的本质"②。

总观《拉奥孔》,其中也有某些片面性。例如莱辛还缺乏历史观点,他所了解的美主要还是静态的物体美,仍然偏重于形式,而他对诗画的区分,主要依据的仍是欧洲的艺术实践,这也难免有以偏概全之处。我国古代学者虽然也注意到了诗画的不同,如,陆机说:"宣物莫大于言,存形莫善于画";邵雍说:"史笔善记事,画笔善状物,状物与记事,二者各得一"。但更强调诗画的共性和交融,如,苏轼说:"诗画本一律","味摩诘之诗,诗中有画;观摩诘之画,画中有诗";叶燮说:"画与诗初无二道","画者,天地无声之诗;诗者,天地无色之画";张舜民说:"诗是无形画,画是有形诗";等等。当然,《拉奥孔》的基本精神是唯物主义的、现实主义的,它不但在历史上起过巨大的进步作用,而且在今天仍有深远的影响。它不愧为启蒙运动时期美学思想的一座里程碑。

二 《汉堡剧评》——戏剧理论

莱辛十分重视戏剧的教育作用。他认为,戏剧是向人民群众宣传进步思想的最有效的手段之一,戏剧可以教会我们应当做什么和不应当做什么,能使我们正确分辨善恶美丑,培养我们的道德情操。因此,"剧院应该是道德世界的大课堂"③。莱辛的另一部美学名著是《汉堡剧评》,这是为汉堡民族剧院的演出所写的104篇剧评。莱辛通过具体分析汉堡民族剧院的演

---

① [德]莱辛:《拉奥孔》,朱光潜译,人民文学出版社1979年版,第18页。
② 《车尔尼雪夫斯基论艺术》(俄文版),(出版社不详)1950年版,第253页。
③ [德]莱辛:《汉堡剧评》,张黎译,上海译文出版社1981年版,第10页。

出,深刻地、多方面地探讨了戏剧美学的一系列重大理论问题。他的目标和狄德罗一样,是要建立资产阶级的市民剧。《汉堡剧评》不仅对歌德和席勒,而且对现代德国戏剧大师布莱希特都产生过影响。

《汉堡剧评》是一部论争性的著作,它的批判锋芒针对的主要是古典主义。莱辛反对古典主义戏剧的等级界限,坚决主张戏剧要面向普通人的生活。他写道:"王子和英雄人物的名字可以为戏剧带来华丽和威严,却不能令人感动。我们周围人的不幸自然会深深侵入我们的灵魂;倘若我们对国王们产生同情,那是因为我们把他们当作人,并非当作国王之故。他们的地位常常使他们的不幸显得重要,却也因而使他们的不幸显得无聊。"①莱辛有力地抨击了虚伪的封建宫廷趣味和道德观念,他要求戏剧要表现自然的真实的人生。他指责古典主义戏剧充满了僵死空洞的、体现德行和原则的程式,称"三一律"为"折磨人的规则"。他批评古典主义戏剧的矫揉做作、装腔作势。他说:"我早就认为宫廷不是作家研究天性的地方。但是,如果说富贵荣华和宫廷礼仪把人变成机器,那么作家的任务,就在于把这种机器再变成人。真正的女王们可以这样精心推敲和装腔作势地说话,随他们的便。作家的女王却必须自自然然地说话。"②在他看来,封建制度压抑、歪曲了人性,必须打碎封建桎梏,才能求得人的解放。与法国启蒙主义者伏尔泰和狄德罗相比,在反封建和反古典主义戏剧方面,莱辛表现得更坚决、更彻底。伏尔泰骂莎士比亚为"野蛮人",狄德罗不反对"三一律",他们都不理解莎士比亚戏剧的意义,莱辛在这些方面对他们都有所批评。他肯定莎士比亚的戏剧是现实主义的胜利,主张用莎士比亚的现实主义戏剧来代替法国古典主义的戏剧。

莱辛的《汉堡剧评》是以亚里士多德的美学为出发点的。他把亚里士多德的美学同法国古典主义美学作了广泛的对比,尖锐地批判了法国古典主义对亚里士多德的许多歪曲,恢复并发展了亚里士多德美学的现实主义。与亚里士多德相一致,莱辛认为,艺术是"自然的模仿",但这不是自然主义的抄袭。他指出:"在自然里,一切都是互相联系的,一切都是互相交错的,

---

① ［德］莱辛:《汉堡剧评》,张黎译,上海译文出版社1981年版,第44页。
② 同上书,第308—309页。

一切都是互相变换的,一切都是互相转化的"①,因此,艺术家如果只是自然主义地抄袭现实,那就不会创造出比用石膏描摹大理石花纹更高明的艺术,艺术家必须要有鉴别纷杂的生活现象的能力,不应当停留在生活现象的表面,而应当揭示生活的内在本质和必然性。他说:"艺术的使命,就是使我们在这种鉴别美的领域里得到提高,减轻我们对于自己的注意力的控制。我们在自然中从一个事物或一系列不同的事物,按照时间或空间,运用自己的思想加以鉴别或者试图鉴别出来的一切,它都如实地鉴别出来,并使我们对这个事物或一系列不同的事物得到真实而确切的理解,如同它所引起的感情历来做到的那样。"②莱辛认为,戏剧的基本要求是真实,但是戏剧不是历史,"悲剧的目的远比历史的目的更具有哲理性"③,"戏剧家毕竟不是历史家。……历史真实不是他的目的,只是达到他的目的的手段"④。因此戏剧家有对生活进行加工和虚构的权利。他说:"一切与性格无关的东西,作家都可以置之不顾。对于作家来说,只有性格是神圣的,加强性格,鲜明地表现性格,是作家在表现人物特征的过程中最应着力用笔之处。"⑤莱辛的这些思想说明他对典型的问题已有一定的理解。

莱辛在《汉堡剧评》中以很大的篇幅尖锐批评了高乃依对悲剧净化问题的理解,反复讨论了亚里士多德有关悲剧净化的理论。他认为,高乃依虽然也奉亚里士多德为权威,但却处处违背了亚里士多德的思想。这主要表现在以下三点:第一,亚里士多德认为,悲剧应该引起怜悯和恐惧(这里所说的"怜悯和恐惧"是分不开的)。对此高乃依的理解是,悲剧可以或者只引起怜悯,或者只引起恐惧,而且可以不是由一个人物引起的。莱辛指出,"怜悯的引起和恐惧的引起是分不开的",把悲剧的激情分成怜悯和恐惧的,显然不是亚里士多德,人们错误地翻译了他的论点。悲剧引起的恐惧并非一种特殊的、与怜悯无关的激情,把悲剧的激情分成怜悯和恐惧两种是高乃依的误解,不是亚里士多德的本意。第二,高乃依认为,悲剧净化的是

---

① [德]莱辛:《汉堡剧评》,张黎译,上海译文出版社 1981 年版,第 359 页。

② 同上。

③ 同上书,第 101 页。

④ 同上书,第 60 页。

⑤ 同上书,第 125 页。

"表演出来的激情",如好奇心、虚荣心、爱情、愤怒等等。莱辛指出,按照亚里士多德的观点,悲剧净化的只是在我们(观众)身上引起的怜悯和恐惧,以及类似的激情,而"不是什么别的激情","不是无区别地净化一切激情"。第三,亚里士多德要求悲剧人物的品质应该是善良的,而高乃依却无视这一要求,他的审美趣味与亚里士多德所讲的悲剧的目的是相抵触的。莱辛指出:"由于高乃依赋予他的悲剧完全另外一种目的,他的悲剧必然成了完全另外的作品,跟亚里士多德借以总结出他的悲剧目的的作品完全不一样;这些悲剧不是真正的悲剧。不仅他的悲剧如此,所有法国的悲剧都是如此;因为他们的作者全都不是遵循亚里士多德的目的,而是遵循高乃依的目的。"①莱辛对高乃依和法国古典主义戏剧的这种批评,其目的是要反对宫廷贵族趣味和为第三等级在文艺中争得一席地位。他也并不是全盘否定法国悲剧,他说:"许多法国悲剧都是很好、很有教益的作品,它们都使得我称赞;不过,他们都不是悲剧。"②

关于喜剧,莱辛很重视它的情感效果,他说:"喜剧要通过笑来改善,但却不是通过嘲笑;既不是通过喜剧用以引人发笑的那种恶习,更不是仅仅使这种可笑的恶习照见自己的那种恶习。他的真正的、具有普遍意义的裨益在于笑的本身;在于训练我们发现可笑的事物的本领;在各种热情和时尚的掩盖之下,在五花八门的恶劣的或者善良的本性之中,甚至在庄严肃穆之中,轻易而敏捷地发现可笑的事物。"③在他看来,喜剧的笑即使不能使人改善恶习,医好绝症,只要能使健康的人保持健康,也就够了。发现可笑的事物可以起预防的作用,"预防也是一帖良药,而全部劝化也抵不上笑声更有力量、更有效果"④。

莱辛还十分重视演员的表演艺术问题。他认为,"演员的艺术创造具有时间的局限性"⑤,因为演员表演的得与失转瞬即逝,时常受观众情绪的影响。漂亮的身段、迷人的表情、寓意丰富的眼神、兴味盎然的步态、讨人喜

① [德]莱辛:《汉堡剧评》,张黎译,上海译文出版社1981年版,第415页。
② 同上书,第416页。
③ 同上书,第152页。
④ 同上。
⑤ 同上书,第3页。

欢的风度、娓娓动听的声调,这些"既不是演员唯一的,也不是最大的才干。宝贵的天赋对于他的职业来说是非常必要的,但这还远不能满足他的职业的要求!他必须处处跟作家一同思想,凡是作家偶然感受到某种人性的地方,演员都必须替他着想"①。他和狄德罗一样,也注意到了演员的矛盾,并倾向更多肯定冷静理智的表演,但比狄德罗似更辩证。他认为,演员的表演应发自内心,首先要有理解力,但只做到理解还不够,其表演仍可能没有感情,所以还要同时具备感受力。不仅如此,还要善于表现,即善于把握内在情感的外部特征,恰当地传达给观众。他说,有的演员纵然感受得再深,表现出来的却似乎一无所感,令观众难以相信;而有的演员按照某种范例表演得十分成功,似乎有十分深刻的感受,其实呢,他说和做的一切,无非都是机械的模仿。他说,毫无疑问,后者的表演是无动于衷的、冷淡的,但在舞台上却比前者有用。莱辛很赞赏莎士比亚通过哈姆雷特教训演员的话,强调演员要节制热情和手势。最主要的是,莱辛还深刻揭示了演员表演艺术的美学特征。他指出:"演员的艺术,在这里是一种处于造型艺术和诗歌艺术之间的艺术。作为被观赏的绘画,美必须是它的最高法则;但作为迅速变幻的绘画,它不需要让自己的姿势保持静穆,静穆是古代艺术作品感动人的特点"②,"在表演艺术中演员所表现的一切,都不应该带有令人耳目不悦的东西","这种表演是直接让我们用眼睛来理解的无声的诗歌"。③

莱辛生活在一个民族屈辱的时代,他对当时德国戏剧一味模仿法国、崇奉古典主义十分气愤。他深沉而又痛心疾首地写道:"我们德国人还不成其为一个民族!我不是从政治概念上谈这个问题,而只是从道德的性格方面来谈。几乎可以说,德国人不想要自己的性格。我们仍然是一切外国东西的信守誓约的模仿者;尤其是永远崇拜不够的法国人的恭顺的崇拜者;来自莱茵河彼岸的一切都是美丽的、迷人的、可爱的、神圣的;我们宁愿否定自己的耳目,也不想作出另外的判断;我们宁愿把粗笨说成潇洒,把厚颜无耻说成是温情脉脉,把扮鬼脸说成是作表情,把合辙押韵的'打油'说成是诗歌,把粗鲁的嘶叫声说成是音乐,也不对这种优越性表示丝毫怀疑,这个可

---

① [德]莱辛:《汉堡剧评》,张黎译,上海译文出版社1981年版,第4页。
② 同上书,第30页。
③ 同上。

爱的民族,这个世界上的第一个民族(他们惯于这样非常谦逊地称呼自己),在一切善、美、崇高、文雅的事物中,从公正的命运那里获得了这种优越性,并且成了自己的财产。这种口头禅是如此陈腐,引用得多了很容易令人恶心,我宁愿就此打住。"①莱辛关于文艺一味模仿外国,有害民族性格的形成这一论点,是发人深省的。

总之,《汉堡剧评》是一部内容丰富的美学名著,它不但对德国的,而且对整个欧洲资产阶级市民剧的胜利,都作出了重大贡献;它影响过歌德和席勒,也影响过布莱希特,至今仍有重大意义。

第四节　赫尔德的美学思想

在莱辛之后,德国启蒙运动美学进入晚期,主要代表人物是赫尔德和福尔斯特。赫尔德(Johann Gottfried Herder,1744—1803 年)是德国著名的历史哲学家、神学家和诗人,同时又是德国文学中"狂飙突进"(Strum und Drang)运动的重要代表和理论家。他出生于东普鲁士的摩隆,少年时代受过严格、良好的教育,很早就接触到卢梭和莱辛的著作,18 岁(1762 年)前往哥尼斯堡大学学医,后改学神学与哲学,听过康德关于形而上学、逻辑学、道德哲学和自然地理等讲座,并与哈曼结下友谊。1764 年起在教会学校任教,同时担任教师。1767 年发表处女作《关于近代德意志文学的断想》,1769 年又发表《批评之林》,并经海上航行去法国旅行,深入研究了百科全书派的著作,在巴黎拜会了狄德罗、达兰贝等人,在回程中于汉堡拜会了莱辛,共同探讨哲学、历史和文艺问题,又于施特拉斯堡同歌德作了重要谈话,这次谈话使他成为"狂飙突进"运动纲领的制定者。1771 年在布克堡担任列波伯爵的宗教顾问,进一步研究神学、语言学、历史哲学,积极投身"狂飙突进"运动,1776 年经歌德介绍到魏玛任教区总监等职,1803 年病逝于魏玛。在政治上,赫尔德拥护法国大革命,反对封建专制;在哲学上,他基本上

---

①　[德]莱辛:《汉堡剧评》,张黎译,上海译文出版社 1981 年版,第 512 页。

是斯宾诺莎主义者,他的世界观没有完全摆脱唯心主义,但包含了许多唯物主义的成分。他一生写过很多著作,共 33 卷之多,广泛涉及哲学、神学、语言、历史、文学和美学等领域。他肯定自然界的进化规律,提出过有机力的理论,并从历来发展的观点考察过人类文化史,肯定社会进步和人道主义,探讨过语言和思维的起源,对康德的哲学和美学进行了尖锐的批判。他还大量搜集整理过古代和东方的民谣,开拓了民间文学研究的领域。他与维柯、黑格尔并列为近代西方三大历史哲学家。他的主要代表作是《关于人类历史哲学的沉思》(1784 年),有关美学的主要著作有《关于近代德意志文学的断想》、《批评之林》、《论雕塑》、《论莎士比亚》、《论语言的起源》、《各民族发达一时的审美鉴赏力衰落的原因》和《卡利贡涅》(《论美》)等。

一 美学的对象和方法

赫尔德高度评价了鲍姆嘉通在德国美学发展中的贡献,称他是"我们时代的亚里士多德"①。他完全赞成创立一门独立的美学新学科。但他对鲍姆嘉通又有所批评。在他看来,鲍姆嘉通并没有成功地规定美学的对象。鲍姆嘉通把美学看成感性认识的科学,说它是美的思维的艺术,主要是把历史上一些思想家(如西塞罗、贺拉斯、昆蒂良、哈奇生等人)有关美和艺术的言论进行了折中整理,其缺点是没有从艺术这一对象本身出发进行客观的考察,注重的只是美的主观方面和心理学方面。赫尔德说,教人从美来思考并不是美学的任务,人们必须"从艺术作品中客观地和从感觉中主观地"搜集和整理美。由此他提出,美学是美的艺术的理论,应当把感受和创造艺术美的规律当作美学研究的对象。他说:"人们把我们心灵感受美的能力和这种能力产生出来的美的产品,作为研究的对象。"②这里所谓"美的产品"指的就是艺术作品。他不否认存在着自然美和现实美,但他更强调美学研究的对象应当是艺术美。他认为,艺术美根源于自然美和现实美,但比自然美和现实美更高级,艺术美本身就包含了自然美和现实美,因为较高级的东

---

① [苏联]古雷加:《赫尔德》(俄文版),(出版社不详)1963 年版,第 133 页。
② 《赫尔德全集》(德文版)第 4 卷,(出版社不详)1891 年版,第 22 页。

西总是包含较低级的东西。

关于美学研究的方法。他首先反对纯主观的研究方法。他说:"从心理学方面研究因而就是主观地研究的美学那么多,而从对象和它们美的感性方面研究的美学还很少;然而没有这种美学,一种丰富的'一切艺术美的理论'根本不可能出现。"①同时,他也反对纯客观的方法。他认为,把自然美或现实美规定为美学的对象,表面上看似乎扩大了美学研究的范围,实际上却是一种缩小,因为自然美和现实美并不包括对艺术有决定性意义的艺术美的特殊规律,在自然界和现实生活中,人们到处都能碰到美,但自然美和现实美是不充分、不完善的,只是部分地在某一或某几方面才有美的意义,而艺术美则是我们有意识地按照生活和形式的本质和规律创造出来的,因而艺术美更充分、更高级、更有价值和意义。总之,美学既不能采用纯主观的方法,也不能采用纯客观的方法,而应当采用主观与客观相结合的方法,这就必须把艺术美作为美学的对象,因为通过艺术美的研究才能既揭示出艺术本身特有的规律,又能把握现实美的规律。

赫尔德关于美学对象的看法,实际上把美学由鲍姆嘉通的感性认识的科学改变成了美的艺术的理论,这直接影响到后来整个德国古典美学,成为一种流行的普遍看法。不难发现,黑格尔把美学规定为艺术哲学或美的艺术的哲学,其理由和赫尔德大多是一致的。

二 论 美

赫尔德美学思想的突出特点和贡献,是他把历史主义引进了美学。这在很大程度上是受到温克尔曼和莱辛的影响和启发。他的《批评之林》的第一篇就是针对莱辛的《拉奥孔》所写的,他同意莱辛的一些基本思想,对莱辛表示敬意,称颂他是"独一无二"的人物,但又尖锐批评莱辛用的是非历史主义的方法。他认为,温克尔曼和莱辛关于拉奥孔群雕的争论,就双方的论点来说并非水火不能相容。但从方法上看,温克尔曼是从历史条件、民主政治和民族性格等方面来说明古希腊的艺术,这比莱辛脱离历史条件抽

---

① 《赫尔德全集》(德文版)第4卷,(出版社不详)1891年版,第127页。

象地考察艺术要高明得多。他通过大量实例的分析指出,古希腊艺术把美作为艺术的最高法律,是由许多历史条件决定的,主要不是由于诗和画的特性不同,事实上,美在古希腊不仅仅适用于造型艺术(雕刻),也适用于诗,不应该像莱辛那样把诗和画对立起来。赫尔德认为,整个人类的历史和文化都不是凝固的、一成不变的,而是不断变化和进步的,人类的美感和美的观念也是随着历史的发展而不断变化和完善的。这就是说,美不但是客观的,而且是具有历史性的,应当把美作为社会历史现象来把握。早在1774年有关一部辞书的评论中,赫尔德就已指出:"不仅有关美的具体特性和种类的许多词条完全只以历史为基础,从那儿形成,随时代和环境而改变等等,因此没有历史就永远只有无核的语言外壳,而且名词的所有冠词,各种性的冠词及其理论概念本身没有历史也始终是不定的。"①

对于美的本质问题,赫尔德作了大量深入细致的分析。在《批评之林》的第四篇中,他指出,鲍姆嘉通虽然对美学的建立很有贡献,但却忽视了美的客观性。一些追随鲍姆嘉通的学者如里德尔、克洛茨等人,把美看成纯主观的、相对的性质,完全否定了美的客观性。里德尔认为,真、善、美是彼此分立的,美是不经判断就能感知因果的"直接的感受"②或"感受的直接观念"③。他说:"在一门美学中,我将要说:'美是纯粹主观的性质,并不是所谓美的事物的一种客观性质。'"④他认为,美只与个人的感受有关,"美是使我愉快的东西"⑤,人们的审美趣味和审美判断总是多种多样、彼此矛盾、同时并存的,"至今我们仍然无权把一个事物对我们来说是美的,说成对大家来说也是美的;也无权把一个事物对我们来说是丑的,说成对大家来说也是丑的;除非我们完全确信别人的感受和我们的感受一致"⑥。赫尔德尖锐批评了里德尔的主观主义和相对主义观点,他指出,人的感受(包括美感)是通过各种个别的感觉,通过长期的比较、判断和推论形成的,感觉由思维引导,人在感觉中判

① 《赫尔德全集》(德文版)第5卷,(出版社不详)1891年版,第380页。
② 《里德尔选集》(德文版),(出版社不详)1768年版,第37页。
③ 同上书,第45页。
④ 同上书,第16页。
⑤ 同上书,第39页。
⑥ 同上。

断,感觉本身就成了理论家和思想家,因此美感不可能是个人的直接的感受或内在的感觉。美感(审美趣味和审美判断)虽然由于时代、民族、阶级、宗教、地点、年龄、地位和道德性格的不同而不同,但美仍有客观的基础和条件。

赫尔德认为,真、善、美是统一的。归根到底,美是"真的感性形式"①。在他看来,没有真就没有美,同样没有美也就没有真。他说:"一切美都以真为基础,一切美都必定只通向真和善。因此,我所说的美,如果多少是合乎人性的,也就是说,引向了真的事物和善的事物,那么真就成为美的,因为美只不过是真的外在形象。"②这里赫尔德表面上强调的仍是形式,但他一再申明,这不是空洞的、抽象的形式,而是包含丰富内容的个别的真的形式。他赞同英国画家荷加斯关于美的线形的论断,认为人们之所以喜爱曲线美,正是由于它使人想到人体的线条。他说:"人体的美就在于健康的、生命的形式。"③

赫尔德在晚年写的《卡利贡涅》(Kalligone,《论美》,1800 年)一书中,对康德的《判断力批判》进行了批判。其要点有三:首先,他批判了康德关于审美判断不涉及任何利害关系的观点。他说:"在自然界和人类社会里,无益的美是完全不能想象的。"④美如果对人无益,不是人所必需的,那么人们就绝不会去追求美。因此,美客观地存在于美的对象本身,并非康德所说是纯主观的东西。其次,他批判了康德的形式主义和主观的、形式的合目的性的观点。康德认为,美只涉及对象的形式,与对象的内容无关,只具有主观的、形式的合目的性。赫尔德说:"没有内容的形式——这就是空瓦罐、碎片。精神赋予一切有机体以形式,使形式有生气;如果没有精神,形式就只是死板的图画、尸体。"⑤他主张美是形式和内容的和谐统一。他重视形式,但认为只有表现事物本质的形式才能是美的。最后,他还批判了康德关于先天的审美能力的观点。他认为,康德割断了审美主体与社会、历史的联系,只孤立地从个体心理学的角度分析美,这是片面的和错误的。事实上,

---

①　《赫尔德全集》(德文版)第 9 卷,(出版社不详)1891 年版,第 112 页。

②　《赫尔德全集》(德文版)第 30 卷,(出版社不详)1891 年版,第 79 页。

③　《赫尔德全集》(德文版)第 8 卷,(出版社不详)1891 年版,第 56 页。

④　[德]赫尔德:《论美》(德文版),(出版社不详)1955 年版,第 98 页。

⑤　同上书,第 158 页。

人的审美能力是在现实的社会实践活动中历史地产生和发展起来的。赫尔德的这些批判是富有启发性的。

三 论艺术和民间文学

关于艺术的本质,赫尔德认为,艺术是人类活动的一种形式。他反对康德和席勒的艺术起源于无利害关系的游戏说,明确提出艺术起源于满足人类需要的劳动说。他认为,居住的需要产生了建筑,这是人类最早的艺术,食物的需要产生了园艺,衣物的需要产生了手工艺,狩猎和防御外敌的需要产生了颂扬男性美(勇敢和力量)的雕塑,最后,由于交往的需要产生了语言、文学、诗和音乐等高级的艺术。因此,艺术从来也离不开利害关系,总是同满足人类物质上和精神上的各种需要相联系的。依据这种观点,赫尔德还试图解释艺术由低级向高级的历史发展,并对艺术体系加以分类。

赫尔德对于民间文学的研究,有着巨大的历史功绩。在西方美学史上,他是最早试图从理论上论证人民和民间文学在文化艺术发展中的作用的思想家之一。他虽然还没有使用"人民性"这一术语,实质上却已形成了"人民性"的思想。与维柯的观点相似,他认为诗并非个别"文人雅士"的主观创造,而是整个民族活动的产物。每个民族的诗,都反映着这个民族的气质、风俗、劳动和生活状况。只有研究产生诗的社会历史条件,才能真正地理解诗。每个民族都有自己的、可以与荷马比美的诗人。他十分重视民间文学,尤其是民歌。他曾广泛搜集整理了欧洲各民族的民歌,掀起了研究民间文学的风气。他认为,民歌是由普通人民创造的。真正的审美趣味不在宫廷和上流社会,而在民间,只有人民才有真正健康的审美趣味。民歌的特征是粗犷、豪放、生动活泼、具体形象、富有抒情意味,它体现着人民的思想、情感和心灵,是各族人民的声音,具有强大的生命力。因此,民间文学不但构成一切文学的真正源泉和基础,而且对于民族感情、民族性格的发展有着重大的意义。他说:"我们如果没有普通人民,我们也就没有自己的群众、民族、语言和文字,它们将不会活在我们的心中,不会对我们起作用。"①他

---

① 《赫尔德全集》(德文版)第25卷,(出版社不详)1891年版,第530页。

针对当时德国文学的现状指出,荷马和莎士比亚的作品之所以伟大,就在于他们大量汲取了民间创作的丰富养料,与人民群众有密切联系,而当时德国文学界的主要毛病恰恰在于脱离人民群众。他写道:"我们德国的文学名著,却像天堂里的一只鸟,虽然色彩鲜艳,很美丽,飞得挺高,但鸟脚却从未碰到德意志普通人的土壤。"①因此,他极力主张要创立德国自己的民族文化,必须反对盲目抄袭外国,大力发掘民间文学遗产,继承本民族的优良传统。赫尔德的民间文学观点具有很大的进步意义,产生过广泛深远的影响。歌德称赞说:"他教导我们懂得诗歌是全人类的共同财富,而不是少数文人雅士的个人财产。……他是第一个非常明确地和系统地把全部文学作为生动的民族力量的表现,作为整个民族文明的反映加以研究的人。"②

第五节　福尔斯特的美学思想

福尔斯特(Georg Forster,1754—1794 年)是德国启蒙运动最后一个杰出代表。他不但是一个具有唯物主义和无神论倾向的作家和学者,而且是一个战斗的革命民主主义者。福尔斯特生于但泽附近的纳森胡本,父亲是博物学家,他自幼刻苦好学,起初研究自然科学,曾随其父前去俄国以及南太平洋和南极洲地区,进行考察和探险。24 岁起在卡塞尔和维尔纳担任教授,1788 年任美因茨大学图书馆馆长。1790 年与亚·洪堡一同沿莱茵河作考察旅行。他对哲学、政治、文艺和美学都有广泛深入的研究,并同歌德、赫尔德、洪堡有密切的来往。在政治上,他热烈赞同并积极投身法国大革命。1792 年,法国军队开进莱茵河地区的美因茨城,德国的雅各宾派成立了"自由与革命之友社",他先后担任过该社的副主席和主席。次年美因茨宣告独立,成立共和国,他又当选为领导人之一。不久,美因茨共和国遭到失败,他就流亡巴黎,在法国革命政府中任职,并于 1947 年 1 月 10 日牺牲在断头

---

①　《赫尔德全集》(德文版)第 25 卷,(出版社不详)1891 年版,第 530 页。
②　转引自[苏联]奥夫相尼科夫:《美学思想史》,吴安迪译,陕西人民出版社 1986 年版,第 240 页。

台上,为革命献出了宝贵的生命。恩格斯对他作过肯定的评价,称他是德国优秀的"爱国志士",把他的名字同农民领袖闵采尔并列。在美学上,他是莱辛的优秀的继承者,他的美学思想主要见于《莱茵河下游景物志》(1791年)、《艺术与时代》(1789年)等论著。

福尔斯特没有建立完整的美学理论体系,但他对美和美感、艺术的本质、艺术和现实的关系以及艺术的社会作用和意义等问题,都发表了一些重要的见解。

在美的问题上,福尔斯特反对康德的主观唯心主义美学,他力图对美和美感作出唯物主义的解释。在《英国文学史》等著作中,他认为,美这个范畴具有极为丰富的内容,因此给美下定义是困难的,要把握美,重要的是应确立伴随着美的各种客观现象之间的关系。他认为,美的"伴生现象"就是完整、和谐、完善、优雅、协调、相称等,这些现象集合在一起就构成了美。因此美是客观的,不是主观的。同时,他又指出,单有这些客观条件还不一定谈得上美,要认识美,还需要有人的主观条件。关于美感,福尔斯特认为,美感不是先天的,而是后天的,是在审美实践中历史地产生和发展的,美感不同于一般的快感,在美感中情感和想象有着突出的作用。这些观点是与康德把美和美感看作主观的、先天的和一成不变的观点相对立的,包含了某些历史主义和辩证法的合理因素。

同美的问题相比,福尔斯特更重视的是艺术问题。在文艺与现实生活的关系问题上,他肯定现实生活是文艺的源泉,坚持了文艺模仿自然,艺术是生活的反映这一唯物主义原则。他指出:"自然界和历史,这是诗人取之不尽、用之不竭的源泉;但是,这些表象是由他的内在感觉形成的,作为他所描绘的东西,它们被赋予了新的生命。"①他认为,自然界用比我们所用的更美妙的颜色来作画。同时,他又指出,艺术不仅仅是自然的模仿,而且是一种创造。他强调说,忠实地模仿自然从来也不是艺术的目的,而只是一种手段。因此,他既反对艺术脱离现实,又反对文艺奴隶般地抄袭现实。在他看来,艺术的重要特征是对现实生活进行艺术概括,而这种艺术概括不同于科

---

① [德]福尔斯特:《十八世纪的德国民主主义者》(俄文版),(出版社不详)1956年版,第230页。

学理论的抽象思维,它是以感性形象的形式反映现实生活的本质特征,也就是说,它不是脱离个别感性形象的抽象,而是通过个别的形象来揭露生活的本质。因此,艺术既要有个别的感性的形象,又不能原样照搬现实生活。他举例说,荷马、莎士比亚和歌德作品中的主人公,就不是直接从生活中搬来的活人的肖像,而是被纯青的诗歌之火所铸炼出来的理想的人物。福尔斯特虽然没有使用典型这个词,但已接触到了典型的本质。他认为,只有人才是艺术的最高对象,在对人的描绘中美才达到自己的最高形式。理想即"道德的完善在感性可见形式下的表现"①。理想的人就是人体美和道德完善的统一。

福尔斯特的艺术史观同样表现了唯物主义的倾向。在《艺术与时代》(1789 年)一文中,他认为,艺术是一定环境的产物,艺术的兴衰主要不是取决于艺术家的主观条件(如天才之类),而是决定于外在的客观条件。例如古希腊艺术的繁荣是由于温和的气候、良好的地理位置和国家制度的自由造成的。其中他特别强调社会条件,认为古希腊是美和适度的国家,是社会民主生活的榜样。希腊艺术的成就在于它面向人民,讴歌了公民的美德、爱国主义和社会责任感。后来古希腊艺术之所以衰落,则是由于当时的封建专制制度和基督教的反动统治造成的。他尖锐指出,封建专制制度和基督教敌视艺术和美,敌视人的全面和谐发展,它们是畸形和丑恶的渊薮,是必然要灭亡的。他十分崇拜古希腊的艺术和文化。他说:"对我们的精神而言,希腊比母亲和乳娘更重要"②,但他也反对复古。他指出,"要求全部生活都停留在乳娘的社会,总是俯首贴耳地倾听她讲的神话,从不怀疑她的正确性"③,这也是不对的。他把古代艺术和近代艺术加以对比,公开谴责和批判了德国的现存制度,表现了革命民主主义的战斗精神,同时他也敏锐地猜测到正在形成的资本主义制度,特别是利己主义和拜金主义对艺术的发展是有害的。

与其他启蒙运动者一样,福尔斯特也十分重视文艺的社会作用。他认

---

①　《福尔斯特文集》(德文版)第 9 卷,(出版社、出版年份不详),第 66 页。

②　[德]福尔斯特:《十八世纪的德国民主主义者》(俄文版),(出版社不详)1956 年版,第229 页。

③　同上。

为,文艺的目的是宣传进步的思想,给人以教育。他说:"每一部作品都应当是有教益的;它应当以新的思想充实我们,激起我们的美感,锻炼、磨锐、加强我们的精神力量;在可能的形象中以鲜明而生动的描写向我们展示对现实事物的理解。"①但是,比其他启蒙运动者高明,福尔斯特没有片面夸大文艺的社会作用,没有把文艺看作拯救人类的唯一的或最高的手段。他认为,艺术不能代替革命,只有通过实际的政治斗争,通过革命,才能粉碎封建专制,真正实现自由,建立合理的社会制度。企图单纯依靠艺术、进行审美教育去实现自由和理性王国,只能是天真的幻想。因此,福尔斯特比他的同时代人站得更高一些,他是从艺术应当服从于革命斗争的高度来观察艺术的社会作用问题的。在他看来,艺术应当成为推动人民群众进行实际政治斗争的有力工具。这种思想无疑具有更大的革命性和进步性。

福尔斯特的美学遗产还没有得到充分研究,资产阶级美学史家对他只字不提,然而在一定意义上,可以说福尔斯特是德国启蒙运动的顶峰,他继承和发展了莱辛的美学思想,并对德国古典美学,特别是歌德、青年黑格尔都产生过良好的影响。

①　[德]福尔斯特:《十八世纪的德国民主主义者》(俄文版),(出版社不详)1956年版,第231页。

第 九 章

德国古典美学

18 世纪末到 19 世纪初,美学在德国得到蓬勃发展。从康德开始,经过歌德、席勒、费希特、谢林,直到黑格尔,形成了一个强大的唯心主义的美学流派,美学史上一般称之为德国古典美学。这一流派以德国古典哲学为理论基础,同时又是德国古典哲学的重要组成部分,它在西方美学史上占有极为重要的历史地位。第一,它全面总结了以往美学的历史经验,特别是批判地继承了英国经验主义和大陆理性主义的美学经验,为我们提供了从有人类历史以来直到马克思主义以前规模最大、内容最丰富、最有严谨科学形态的美学思想体系,成为资产阶级美学的高峰。第二,它直接影响到 19 世纪末到 20 世纪资产阶级形形色色的美学思想,成为现代资产阶级美学的源头。第三,它把辩证法和历史观全面引进美学研究领域,以抽象的哲学思辨的形式,辩证地提出和解决了许多重大的美学问题。第四,它在 18 世纪机械唯物主义的美学和马克思主义美学之间起着桥梁作用,特别是黑格尔的美学,构成了马克思主义美学产生的重要的思想来源。因此,我们应当充分重视德国古典美学的研究和学习。

德国古典美学的产生同德国文艺和哲学的发展有着密切的联系。18 世纪中叶以后,在"狂飙突进"运动的推动下,德国文艺出现了空前繁荣的局面,涌现出莱辛、歌德、席勒、温克尔曼、赫尔德、莫扎特、贝多芬这样一些著名的诗人、作家、音乐家、文艺史家和批评家。作为新兴资产阶级的代表,他们在文艺上要求摆脱封建领主的控制,主张创作自由,个性解放,要求从古典主义的清规戒律下解放出来,从写帝王将相、上层人物转到描写下层的普通人物(即市民阶层)的主观情感和现实生活。恩格斯在谈到"狂飙突进"运动时说:"这个时代的每一部杰作都渗透了反抗当时整个德国社会的叛逆的精神。"①这实际上是在落后的德国所产生的一场文艺革命,它给美学自然提出了许多新的课题。与此同时,德国哲学也发生了一场革命,随着自然科学的发展和法国大革命等重大政治事件所造成的巨大社会波动,哲学上的形而上学受到沉重打击,促成了德国古典哲学的产生,特别是辩证法思想的创立。所有这些都为德国古典美学的产生提供了必要的前提。就阶级基础说,德国古典美学是资产阶级的意识形态。从康德到黑格尔这一历史时期,德国的政治和经济依然处于落后状态,社会的基本矛盾依然是上升的资产阶级同没落的封建贵族之间的矛盾,历史发展的总趋势是要以资本主义的生产方式代替封建制度。德国古典美学家如同法国启蒙运动者狄德罗等人一样,都是新兴资产阶级的代言人,他们有着变革德国现实的反封建的革命要求,但是由于社会的、历史的、民族的特点,德国资产阶级和法国资产阶级所走的具体道路大不相同。法国人走的是现实的、激进的革命道路。而德国人走的却是一条温和、妥协思辨的道路。德国资产阶级的软弱性和两面性突出表现在对待法国大革命的态度上。当"法国革命像霹雳一样击中了这个叫做德国的混乱世界"的时候,他们无不热情欢呼,然而这种热情"只是对法国革命者的理论表示的",一到人民确立了自己的主权,特别是吉伦特派覆灭时,这种热情就变为憎恨,"所有这些当初为革命欢欣鼓舞的朋友现在都变成了革命的最疯狂的敌人"。② 软弱的德国资产阶级既害怕君主,又害怕人民,他们虽有某些革命要求,但在现实的政治斗争中却惶恐,因此他们只好从现实转入观念的领域,把当时碰到的各种矛盾在观念中加以克服和解决。这种情形就使德国哲学和美学具有浓厚的思辨的唯心主义性质,以及这种思辨的形式和它所包含的革命内容之间的矛盾。应当指出,在法国大革命以后,欧洲资产阶级所谓"自由、平等、博爱"的理性王国和启蒙理想已经破灭,新时代资本主义文明内部的矛盾日益增长,在这种情形

---

① 《马克思恩格斯全集》第2卷,人民出版社1957年版,第634页。
② 同上书,第635页。

下，德国资产阶级要实现资产阶级革命，树立自己的社会理想，已经不能简单地接过法国启蒙主义的理性旗帜，不能不考虑现代文明的危机，因此，他们的主要目标是要把感性和理性结合起来去寻求自由。可以说，自由——这就是德国古典哲学和美学的纲领、精髓和社会理想，这也就是德国古典哲学和美学重视人的地位和现实生活，包含对现代文明、现代社会尖锐批判，因而具有深刻的思想性、人道主义和超出资产阶级狭隘利益而具有国际主义的重要原因。

第一节　康德的美学思想

康德(Immanuel Kant，1724—1804 年)是德国古典哲学的奠基人，也是德国古典美学的奠基人。他出生于东普鲁士的哥尼斯堡，父亲是制革匠，虔敬派教徒。1740—1745 年康德上大学攻读自然科学、哲学和神学；1746—1755 年当家庭教师，1755 年任哥尼斯堡大学编外讲师；1766—1772 年兼任哥尼斯堡皇家图书馆职员；1770 年起正式成为哥尼斯堡大学教授，主讲形而上学、逻辑学和数学，一直到去世。康德的一生是学者的一生，写过许多晦涩难读的著作，但却深刻反映了他的时代所面临的各种问题。马克思曾说康德哲学"是法国革命的德国理论"①。

康德早期主要从事自然科学研究，提出过地球自转因潮汐摩擦而变缓以及太阳系起源于原始星云等重要的假说。1770 年以后，转向哲学研究，提出了一整套"批判哲学"的体系。这一体系基本上由他的三大批判著作所构成。第一部《纯粹理性批判》(1781 年)相当于一般所谓哲学或形而上学，专门研究知的功能，探讨人的知识何以可能；第二部《实践理性批判》(1788 年)相当于伦理学，专门研究意志的功能，探讨人应当以什么为道德行为的最高指导原则；第三部《判断力批判》(1790 年)，前半部分相当于美学，后半部分是目的论，专门研究情感的功能，探讨人心在什么条件下才感

---

① 《马克思恩格斯全集》第 1 卷，人民出版社 1995 年版，第 233 页。

觉到美和完善。因此,康德的三大批判是对人的知、意、情三种心理功能的分别研究,所要解决的是真、善、美的问题,美学是他的整个哲学体系中的有机组成部分。

康德哲学的基本方向是企图调和前此西方哲学史上经验主义和理性主义的对立。但这种调和的结果,是提出了一套以先验唯心主义(实质上是主观唯心主义)为基础的二元论和不可知论。康德把世界区分为现象界和物自体。他认为,人的知性或知解力(Verstand)只能认识现象界,不能认识物自体,物自体虽然不以人的意志为转移,但却处于人的感觉范围之外,因而是不可知的。但是,人并不满足于局部的认识,人要安身立命,使生活具有坚实的根据,他的理性(Vernunft)又渴望知道宇宙的究竟和全体,把握物自体,否则他就会彷徨不安。因此,康德一方面承认物自体、自由意志、上帝、灵魂不朽都是理论上无法证实的,但另一方面又主张必须假定它们的存在,在实践上去信仰,以便为道德实践活动找到最高的指导原则。这样,他就为宗教保留了地盘。列宁指出:"康德:限制'理性'和巩固信仰。"[1]这打中了康德哲学的要害。

康德对待美学的态度有一个发展和演变的过程。起初,他受英国经验主义的影响,主要从生理学和心理学的角度考察有关美学的问题。1764年他写的《关于美感和崇高感的观察》,主要就是在柏克的影响下写成的,具有强烈的经验主义的色彩。当时,他对从哲学理论上研究美学的可能性尚持怀疑态度。在《纯粹理性批判》中,他有一章题目叫作《先验感性论》,阐述了他对"感性论"这个术语的理解。他写道:"如今只有德国人用感性论这一名词来代表他国人称之为鉴赏批判。这一名称的用法起于卓越的分析家鲍姆嘉通的错误希望,即把对美之批评的评价归结于理性原则之下,把美之规则提高到科学的水平,然而,这种努力是徒劳无益的。问题在于,这些规则或标准性的主要来源仅具有经验的性质,因此它们不能用来确定我们有关鉴赏力的判断应当与之相符合的一定的先验规律。更确切地说,我们的判断倒是这些先验规律之正确的真正准则。"[2]可以说,当时康德认为不

① 《列宁全集》第55卷,人民出版社2017年版,第84页。
② 转引自[苏联]舍斯塔科夫:《美学史纲》,樊莘森等译,上海译文出版社1986年版,第223页。

可能有鉴赏力的理论,美学还不可能成为一门科学。

　　但是康德哲学体系的进一步发展,使他重新评价了美学的地位和作用,转到了承认美学作为一门科学的必要性。在《判断力批判》的序言和导论部分,康德说过,他要以本书在《纯粹理性批判》和《实践理性批判》之间架桥,进一步完成他的批判哲学体系。康德发觉,他在前两大批判中把世界分割成互不联系的现象界和物自体,从而也就在知性和理性,有限和无限,必然和自由,理论和实践中间留下了一道不可跨越的鸿沟,而这是难以自圆其说的。因为人是一个整体,人要从必然到自由,从有限到无限,人的道德理想要在自然界实现,道德秩序要服从自然规律。因此,在两大批判之间必定还有一种认识能力,即所谓判断力(Urteilskraft),它介于知性和理性之间,既略有知性的性质,又略有理性的性质,因而可以成为沟通二者的桥梁。《判断力批判》正好填补了这道鸿沟。早在 1787 年给 K.莱茵霍尔德的信中,他就谈到了这一点:"目前我正在从事鉴赏力的批判,在这方面发现另一种 a priori(先天)原则,它们不同于上述那些原则。因为心灵的功能有三种,即认识能力、快感与不快感和愿望的能力。我在《纯粹理性批判》中发现了认识能力的 a priori 原则,在《实践理性批判》中发现了愿望的能力之 a priori 原则。我正在寻找快感与不快感 a priori 原则,尽管我一向认为这种原则是难以找到的……现在我承认,哲学的三个部分中每一部分都有它的 a priori 原则。"①

　　康德的《判断力批判》是西方美学史上最重要的著作之一。在这部著作中,康德汲取和批判了英国经验主义和德国理性主义的美学,继鲍姆嘉通之后使美学进一步成为哲学的一个部门,赋予它以哲学理论的形式,广泛地研讨了美学领域中的各种问题,如鉴赏力的理论、美学的基本范畴、关于天才的理论、关于艺术的本质及其与自然的关系、艺术形式的分类等问题。康德美学的基本思想是主观唯心主义的、形式主义的,它不但开启了德国古典美学,而且对西方现当代各种美学流派和思潮都产生了难以估量的影响。下面我们就来简要介绍《判断力批判》的基本思想。

━━━━━━━━━━

　　①　转引自[苏联]舍斯塔科夫:《美学史纲》,樊莘森等译,上海译文出版社 1986 年版,第 224 页。

一 美 的 分 析

《判断力批判》的上卷是《审美判断力批判》,其中分为两部分,《审美判断力的分析》和《审美判断力的辩证论》。前者是康德美学的主要部分,其中又包含《美的分析》和《崇高的分析》两部分。康德对美的分析是从分析鉴赏判断(Geschmachsureil)即审美判断入手的。康德认为,判断力是把特殊包含在普遍之中来思维的能力。有两种判断:一种是先有普遍,再找特殊,这就是规定判断或科学判断;另一种是先有特殊,再找普遍,这才是审美判断或反思判断。他从形式逻辑判断的质、量、关系和方式四个方面对审美判断进行了分析,提出了著名的审美判断四契机学说。

1.审美判断的第一契机

首先,从质的方面说,美是主观的、无利害的快感。康德说,我们判别某一对象美或不美,并不是对某个对象作出逻辑判断,而是借助想象力作出情感上的判断,看它是否引起主体的快感或不快感。通常逻辑判断的主词和宾词都是概念,例如在"这朵花是红的"这个逻辑判断中,"花"和"红"都是概念,都包含一定的意义,能给我们有关客体方面的知识。但是当我们作出审美判断或鉴赏判断,说:"这朵花是美的",这"花"就只涉及形式,而不涉及内容意义,因而不是概念。这"美"也不是概念,不是花的属性,而是一种主观的快感,它只是借助想象力与花的形式相联系。在这里主词"花"只作为单纯的形式而存在,宾词"美"也只作为主观的快感而存在。所以,审美判断不是逻辑判断,审美不是求知,不是认识活动,从审美判断中我们得到的不是客体的性质或属性,不是知识,而只是主观的快感。康德说:"审美判断的规定根据,只能是主观的,不可能是别的。"①

在康德以前,经验主义美学混淆了美感与快感。为了揭示美感的特质,康德区分和比较了三种不同的快感:一种是感官满足的快适,即生理上的快

---

① 〔德〕康德:《判断力批判》(德文版),雷克拉姆出版社1963年版,第68页;参见〔德〕康德:《判断力批判》,宗白华译,商务印书馆1964年版,第39页。

感;一种是道德上的赞许或尊重引起的快感,即善或道德感;一种是欣赏美的对象引起的快感,即美感。康德说:"在这三种愉快里只有对于美的欣赏的愉快是唯一无利害关系的和自由的愉快;因为没有利害关系,既没有官能方面的利害关系,也没有理性方面的利害关系来强迫我们去赞许。"①一般的快感都涉及利害关系,感官的满足是直接的利害关系,道德的赞许是理性的利害关系,它们都对客体有所欲求,只是欲望的满足,因而只关心实践活动。而美感却不涉及利害,不是欲望的满足,审美活动不关心对象的存在,只是对对象形式的静观。例如,我们欣赏"红杏枝头"的美,无非是冷静观照对象的形象、姿态,如果产生实践活动,把红杏摘下来吃掉,那就不能获得美感,不再是审美活动了。康德说:"一个关于美的判断,只要里面掺杂极少的利害计较,就会是很偏私的,而不是纯粹的鉴赏判断。人们必须完全不对这事物的存在存有偏爱,而是在这方面纯然淡漠,才能在鉴赏方面做裁判人。"②审美判断既然不涉及利害关系,那么审美活动就是自由的。在康德看来,"美只适用于人类"③,这种不关利害、无所欲求的自由的审美活动,正是人类高于动物的一个特点。

由此,康德对审美判断的第一契机作出如下总结:"审美趣味是一种不凭任何利害计较而单凭快感或不快感来对一个对象或一种形象显现方式进行判断的能力。这样一种快感的对象就是美的。"④

康德的这种分析,把美感与快感严格区分开来,纠正了历史上经验主义美学家把美感与一般生理快感或道德感相混淆的错误,显然是有历史功绩的。但他把美看成纯主观的东西,不涉及利害,与客体的存在无关,最多只涉及客体的形式,则是主观唯心主义、形式主义和超功利主义的。

2. 审美判断的第二契机

康德认为,从量的方面看,审美判断是无概念而又有普遍性的。审美判

---

① 〔德〕康德:《判断力批判》(德文版),雷克拉姆出版社1963年版,第78页;参见〔德〕康德:《判断力批判》,宗白华译,商务印书馆1964年版,第46页。

② 同上书,德文版,第70页;参见中文版,第41页。

③ 同上书,德文版,第78页;参见中文版,第46页。

④ 同上书,德文版,第79页;参见中文版,第47页。

断都是单称判断,都是个人对个别对象的具体形象的判断,因而是主观的、个别的,但它又有普遍性,它离不开个人的主观感受,但又不是只凭个人的主观感受所作出的判断,例如,我说:"这酒对我是快适的",我并不要求别人的赞同,这种感官的满足只关个人的感受,谈起口味无争论,别人对这个判断只好同意,尽管这酒对于他并不快适。但是审美判断却是另一回事。如果我对一个审美对象,比如一座建筑、一件衣裳、一支乐曲或一首诗,说它只"对于我是美的",那就很可笑,因为那不能算是美,美期待普遍的赞同,我觉得美,别人也会觉得美。因此,美虽是个别的却具有普遍性或普遍的可传达性。康德反对休谟把美的标准看作纯主观的和个人的。

那么,美的普遍性从何而来呢? 首先,它不是来自概念。概念是有普遍性的,它能揭示客观对象的某种性质,因此,概念的普遍性或逻辑判断的普遍性是一种客观的普遍性。审美判断不是逻辑判断,它只是表面上容易被人误以为逻辑判断,以为美是概念,显示出客观对象的属性,其实,美不是概念,美的普遍性也不是客观的普遍性,美只显示出主体的一种"心意状态",完全是无利害的,因而有理由期待着别人的普遍赞同,因此我们的审美判断具有普遍性,对每个人都有意义;美的普遍性是一种主观的普遍性。

其次,康德进一步提出了一个耐人寻味的问题:"是快感在先,还是审美判断在先",他认为,"这个问题的解决对于审美判断力的批判是一把钥匙"。① 他的回答是快感不能在判断之先。因为如果快感在先,因对某物感到愉快而判断它美,如果觉得某食品好吃而称之为美,那就只能是生理感官上的满足,只能具有个人有效性,而不会具有普遍性或普遍可传达性。审美判断不同于逻辑判断,审美判断的普遍性是主观的,它所传达的只是一种主观的"心意状态"。这种"心意状态"虽有感觉的形式,却也包含一定的理性内容,它的特征就在于对象的形象显现的形式可以引起想象力和知解力这两种心理认识功能和谐的、不确定的自由游戏(freies Spiel)。康德假定,每个人都有共同的心理认识功能,都有一种"共同感觉力",即"人同此心,心同此理",因而都能在一定条件下产生和感觉到这种心理认识功能的自由

---

① [德]康德:《判断力批判》(德文版),雷克拉姆出版社 1963 年版,第 89 页;参见[德]康德:《判断力批判》,宗白华译,商务印书馆 1964 年版,第 54 页。

游戏。也正因为如此,这种虽然是主观的个人的"心意状态",却可以期望别人普遍的赞同,具有普遍的可传达性。审美判断正是对这种"心意状态"的普遍可传达性所下的判断,而把这种心意状态能够传达出来的能力,本身就带有愉快。所以审美判断在先,美感是由审美判断引起的。由此,康德说明了为什么审美判断是个人的、感性的,而又具有社会性和一定的理性内容。

关于审美判断的第二个契机,康德下结论说:"美是不涉及概念而普遍地使人愉快的。"①

康德的上述分析,揭示了审美心理的特殊性,美感中想象力和理解力的关系,美感的主观性和社会性的关系等问题,这在美学上是重要的,而他假定人类有"共同感觉力",作为审美判断的先决条件,显然是建立在普遍人性论基础上的。

3.审美判断的第三契机

从关系上看,审美判断没有目的又有合目的性。康德认为,审美判断"既无客观的也无主观的目的"②。之所以无主观的目的,是因为审美时若带有主观的意图和要求,就会导致利害感,那就不成为审美判断;之所以无客观的目的,是因为审美判断"没有一个客观的目的表象"③,也就是说,它不是对客体的本质和功用的认识,不是逻辑判断或认识判断。但是,它虽然没有明确的目的却又含有目的性,康德称之为"无目的的合目的性"。这是因为在审美时,主体的想象力和知解力的和谐自由的游戏同客体对象的单纯形式,二者之间是相互契合的,就仿佛这是某种意志的安排。康德指出,这种审美的合目的性不是客观的合目的性,而是一种特殊类型的合目的性,即"形式的合目的性""主观的合目的性"。客观的合目的性或为外在的,即有用性,或为内在的,即对象的完满性,都要通过概念才能认识,而审美判断不涉及概念。康德说:"鉴赏判断是审美判断,即建立在主观基础上的判断,它的规定根据不能是概念,也不能是一定的目的。……

① [德]康德:《判断力批判》(德文版),雷克拉姆出版社1963年版,第93页;参见[德]康德:《判断力批判》,宗白华译,商务印书馆1964年版,第57页。

② 同上书,德文版,第96页;参见中文版,第59页。

③ 同上书,德文版,第95页;参见中文版,第58页。

审美的判断只把一个对象的表象联系于主体,并且不让我们注意到对象的性质,而只让我们注意到那决定与对象有关的表象诸能力的合目的的形式。"①例如,我们欣赏一朵花,并不需要像植物学家那样知道它是植物的生殖器官(目的动能),我们欣赏的只是花的形式(外在形象),花的形式完全符合我们各种心理认识功能的自由游戏,唤起我们主观情感上的愉快,这就是审美的合目的性。康德的这种观点显然是形式主义的。美不涉及利害,不涉及概念,不涉及目的,"实际上只应涉及形式"②,这就完全取消了美的内容,割裂了内容与形式的关系,剩下来的只不过是单纯的颜色、声音、花纹、素描之类,后来的形式主义美学大肆张扬的正是康德美学的这种形式主义。

但是,我们还不能像后来资产阶级的形式主义美学那样,把康德说成纯粹的形式主义者。康德自己大概也多少看到了用纯形式主义观点来解释一切审美现象的困难,他接着提出了纯粹美(自由美)和依存美的分别。他说:"有两种美:自由的美和只是依存的美。前者不以对象究竟是什么的概念为前提,后者却要以这种概念以及相应的对象的完善为前提;前者是事物本身固有的美,后者却依存于一个概念(有条件的美),就属于受某一特殊目的概念的制约的那些对象。"③按照康德的划分,贝壳、图案、相框或壁纸上的簇叶饰、无标题的幻想曲等,它们本身并无明确的内容意义,并不表示什么,也不隶属于一定的概念之下,因而都属于自由美或纯粹美;而"一个人的美","一匹马或一建筑物的美",则以一个目的和完善的概念为前提,要谈这类事物的美,首先就要知道它应当是什么,也就是说,要依赖于对象的存在,因而都不是纯粹的依存美。事实上,康德把大部分自然美和艺术美都归入了依存美。进而康德又提出了美的理想问题。他认为,理想是建立在理性基础上的,它要涉及整个的对象和整个的人(主体),因此,无生命的、没有内容的纯形式的自由美不能成为理想美,它们没有任何既定的目的,只有依存美才能是理想美。他说:"美的花朵,美的家具,美的风景等的

① [德]康德:《判断力批判》(德文版),雷克拉姆出版社1963年版,第107页;参见[德]康德:《判断力批判》,宗白华译,商务印书馆1964年版,第66页。
② 同上书,德文版,第99页;参见中文版,第61页。
③ 同上书,德文版,第109页;参见中文版,第67页。

理想(典范)是不可想象的。"①"只有'人'才独能具有美的理想"②,因为只有人才结合着理性的纯粹观念及想象力的巨大力量,才能把理性和道德的善在最高合目的性联系中结合起来。也正是在这个基础上,康德后来说,"美是道德的象征"③。康德的这个思想是很重要的,对席勒、费希特、谢林、黑格尔都有很大影响。不过,康德虽然划出依存美和理想美,却一再强调它们已不再是单纯的审美判断了,他的总的思想倾向仍是形式主义的。因此,他对审美判断的第三契机作了如下总结:"美是一个对象的符合目的性的形式,但感觉到这形式美时并不凭对于某一目的的表现。"④

4.审美判断的第四契机

从方式上看,即从判断的可能性、现实性和必然性看,审美判断不但是可能性、现实性,而且要求必然性。也就是说,审美对象对任何人都具有必然性,必然引起审美快感,二者之间有着必然联系。你欣赏玫瑰花,你必然会觉得它美,作出审美判断。康德认为,审美判断不同于知识判断,审美判断的必然性既不能来自概念,也不能来自经验,它既不是理论上的客观必然性,也不是实践上的道德必然性,而只是一种范例的必然性。也就是说,"它是一切人对于一个判断的赞同的必然性"⑤。我们审美并不是通过概念推论判定对象为美,也不是基于道德义务判定对象为美,我们只是主观上期望着,我们审美时所感受到的情感能够得到每个人的赞同,我觉得美,别人也会觉得美。因此,这是一种主观的必然性。问题在于这种主观的必然性何以可能? 它的依据是什么? 康德认为,它的依据就在于审美时的"心意状态"或情感,然而这不能是私人的情感,而只能是人类共同的情感即所谓"共通感"。康德假定的这种"共通感"是先验的、人人具备的。所以审美判断虽是个别的却可以普遍传达。审美判断虽是我的私人的判断,但我并非

---

① 〔德〕康德:《判断力批判》(德文版),雷克拉姆出版社 1963 年版,第 115 页;参见〔德〕康德:《判断力批判》,宗白华译,商务印书馆 1964 年版,第 71 页。

② 同上。

③ 同上书,德文版,第 308 页;参见中文版,第 201 页。

④ 同上书,德文版,第 120 页;参见中文版,第 74 页。

⑤ 同上书,德文版,第 122 页;参见中文版,第 75 页。

根据个人怪癖的情感,而是根据人人共有的"共通感",这就建立了一个理想的范例,我认为美,别人也应当认为美。我们根据"共通感"作审美判断,就可以规定何物美,何物不美。

关于审美判断的第四契机康德总结说:"美是不依赖概念而被当作一种必然的愉快的对象。"①

康德的"共通感"当然是一种假定,但重要的是他在这里强调了美感的社会性。审美活动在他那里虽然是主观的,却并不是狭隘的个人私事,而是一种社会交往,是有社会意义的事。这个思想在美学上无疑是极重要的。

总观康德关于审美判断四契机的学说,其中揭示了审美现象的一系列矛盾或二律背反。审美判断不涉及利害,不是实践活动,却有与实践活动类似的快感;它不涉及概念,不是认识活动,却又需要想象力和知解力两种认识功能的和谐合作;它没有明确的目的,却又有符合目的性,它是主观的个别的;却又有普遍必然性和社会性。总之,它不是实践活动又近于实践活动,不是认识活动又近于认识活动,所以它能成为认识与实践、悟性与理性之间的桥梁。康德把这一切都建立在先验的"共通感"的假定上面,其哲学基础是主观唯心主义的。尽管康德并不想把审美现象的矛盾简单化、绝对化,而是力图使矛盾双方相互调和,但其基本倾向仍是主观主义、形式主义的。康德美学成为形形色色的现当代资产阶级美学的源头,并非偶然。现当代资产阶级美学家往往片面夸大康德美学的某一方面,引导出一些十分荒谬的结论。他们片面强调美的无利害性,否定美的功利性和社会性,宣扬为艺术而艺术的纯艺术论;片面强调美的无概念性,否定理性在审美活动中的作用,宣扬反理性主义观点;片面强调美的无目的性,否定美的现实内容和思想性,宣扬纯形式主义观点;片面强调美的普遍必然性,否定美的时代性、阶级性和社会性,宣扬普遍人性论。对于康德的美学,我们应当予以必要的批判。但也应当看到康德在美学史上的贡献:首先,他比前人更充分更广泛更系统地分析了审美现象的矛盾,揭示了审美问题的极端复杂性。其次,他纠正了经验派美感等于快感和理性派美感等于"完善"这两种片面的

---

① [德]康德:《判断力批判》(德文版),雷克拉姆出版社1963年版,第127页;参见[德]康德:《判断力批判》,宗白华译,商务印书馆1964年版,第79页。

看法,力图在二者调和的基础上确定真善美的联系和区别。尽管他没有解决好这个问题,不免片面强调了区别的一面,但却鲜明突出了美的本质和特性问题,使这一问题的探讨进入了新的阶段。最后,他还明确提出了美感经验的理性基础和社会性问题,从而把美的问题同人的全部心理和人类整体联结起来。这些都是康德美学的合理内核,后来对黑格尔的美学产生过良好影响,在历史上具有进步意义。

二　崇高的分析

康德早年在柏克的影响下写过《关于美感和崇高感的观察》(1764年),但他对美和崇高的哲学论证,是在《判断力批判》中完成的。许多资产阶级学者讲康德美学只讲美的分析,对崇高的分析重视不够。其实这部分很重要,这不仅因为康德以前讲崇高的人不多,而且因为康德在这里强调了崇高感的道德性质和伦理基础,因而在一定程度上克服了"美的分析"中的形式主义。康德对于崇高的分析对浪漫派运动也产生过重大影响。

崇高和美既有共性又有差异。就共性说,二者都是审美判断即反思判断,都是自身令人愉快的,并不涉及利害、目的和概念,但又都具有主观的合目的性、必然性和普遍可传达性。康德的重点是分析崇高和美的差异:第一,从对象看,美只涉及对象的形式,崇高却涉及对象的无形式。形式总是有限制的,无形式则是无限的。例如,花的形式是有限的,凭知解力就可以理解把握,而茫茫大海却是无限的,知解力无能为力,只能设想它是一个整体,借助先验理性来把握。因此,美好像是不确定的"知解力"概念的表现,崇高则是不确定的"理性"概念的表现,美同对象的质的表象相联系,而崇高则同对象的量的表象相联系。第二,从快感的类别看,美感是直接的、单纯的、积极的快感,是一种促进生命力的感觉,它同对象的吸引力和游戏的想象力相契合,心灵处于平静安息的状态;崇高感则是一种间接的快感,它先有生命力暂时受到阻碍的感觉,继之才有生命力的洋溢迸发,它不是想象力的游戏,而是想象力严肃认真的活动,更多包含着惊叹或崇敬,它同吸引力不相合,主体的心情不单为对象所吸引,而且更番不绝地被推拒,造成心灵的巨大震荡。因此,它是一种包含痛感或由痛感转化而来的快感,是一种消极的快感。第三,康德认为美与崇高最重要的和内在的分别是:美可以在对象的形式中找到根据,而崇高的根据则完全是主观的。仿佛经过预先安排,美的对象的形式带有一种合目的性,恰好适合我们想象力与知解力的和谐合作,因而能产生美感;但崇高对象的特点是"无形式",它和我们的判断力相抵触,仿佛在对我们的想象力施加暴力,令人震惊、赞叹、彷徨、崇敬,而越是这样越令人感到崇高。因此,崇高感不是由对象的形式引起的。那么,它是从何而来呢?康德说:"真正的崇高不能含在任何感性的形式里,而只涉及理性的观念。"①例如,辽阔的、被风暴激怒的海洋,本身不能称为崇高,它的景象只是可怕的。只有当我们的心中预先充满一些观念,离开感性去追求更高的合目的性的观念,我们在观赏海洋时,才能激发出一种崇高感,它显示着人的理性和道德精神力量的胜利。因此,崇高纯粹是主观的。

康德把崇高分为两种:一种是数学的崇高,一种是力学的崇高。

数学的崇高指的是体积的无限大。一般我们在比较大小时说的大,只是有限大,不能算作崇高。"但是假使我们对某物不仅称为大,而是全部地,绝对地,在任何角度(超越一切比较)都称为大,这就是崇高。"②因此,这是没有任何尺度可以比较测量,而只能"自身相等的大"③。崇高的大是感官无法把握的,或者说感官不适应这种无限大,因而就在我们内部唤醒一种"超感性能力的感觉",即理性观念,它要求而且可以把对象作为整体来思考。崇高感也就是理性功能弥补感性功能的胜利感。因此被称作崇高的并不是感官对象本身,而只是欣赏者主观的一种精神情调。康德说:"真正的崇高只能在评判者的心情里寻找,不能在对其评判而引起崇高情调的自然对象里寻找。谁会把杂乱无章,冰峰相互乱叠的山岳群,或那阴惨狂啸的海洋之类唤做崇高呢?但是当观照它们的时候,不顾及它们的形式,听任想象力和那虽然完全没有明确目的而只是扩张着的理性结合在一起,而想象力的全部威力仍觉得同理性的观念不相称,这时,心情就会感到在自己的判

_____

① 〔德〕康德:《判断力批判》(德文版),雷克拉姆出版社1963年版,第136页;参见〔德〕康德:《判断力批判》,宗白华译,商务印书馆1964年版,第84页。

② 同上书,德文版,第142页;参见中文版,第89页。

③ 同上。

断中提高了。"①康德还进一步指出,我们对某些自然对象的崇高感实际上是一种"偷换"(Subreption),是把对于我们人类主体的理性使命或理性观念的崇敬,变换成了对于自然客体的崇敬。唯有人才有这种理性使命,这是一种要把握宇宙整体和无限的超感性的使命,它在主观上是合目的性的,因而能产生愉快。

力学的崇高指的是巨大的威力。康德下定义说:"威力是一种超过巨大阻碍的能力。如果它也超过了本身就具有威力的东西的抵抗,它就叫做支配力。在审美判断中,当自然被看成对我们没有支配力的威力时,它就是力学的崇高。"②这就是说,力学崇高的对象具有难以抵挡的巨大威力,它是一种"恐惧的对象",但另一方面,它对我们又没有实际的支配力,因此我们对它并不害怕,相反,它还在我们心里激起一种有足够抵抗力来胜过它的感觉。康德说:"好像要压倒人的陡峭的悬崖,密布在天空中迸射出迅雷疾电的黑云,带有毁灭威力的火山,势如扫空一切的狂飙,惊涛骇浪,无边无际的汪洋以及从巨大河流投下来的悬瀑之类景物使我们的抵抗力在它们的威力之下相形见绌,显得渺小不足道。但是只要我们自觉安全,它们的形状愈可怕,也就愈有吸引力,我们就欣然把这些对象看作崇高的,因为它们把我们心灵的力量提高到超出惯常的凡庸,使我们显示出另一种抵抗力,有勇气去和自然的这种表面的万能进行较量。"③这里讲的"另一种抵抗力",就是我们在精神上显示出来的比自然威力更大的威力。我们的肉体在自然威力面前显得渺小、软弱,但我们是独立于自然的有理性的人,我们有一种超过自然的优越性。为了自我保存,使人性免遭屈辱,我们敢于以理性的力量同自然较量并战胜自然。所以,我们把自然威力的对象看作崇高,并不是自然对象本身崇高,而是在我们身上唤醒了理性胜于自然的意识,它显示出人的勇气、人的使命感和自我尊严感。自然威力本来是不能产生快感,而只能引起痛感的,它令人觉得面临灾祸,感到压抑和恐惧,但当我们把它作为崇高的对象来鉴赏,就会在我们心里唤起一种理性的力量,使我们觉得从一种危险

---

① [德]康德:《判断力批判》(德文版),雷克拉姆出版社1963年版,第152页;参见[德]康德:《判断力批判》,宗白华译,商务印书馆1964年版,第95页。

② 同上书,德文版,第159页;参见中文版,第100页。

③ 同上书,德文版,第160—161页;参见中文版,第101页。

里解脱出来,因而产生一种从重压下解放出来的轻松的愉快,痛感就转化为快感,这个过程也就是对人的理性、使命、勇气和尊严的一种自我肯定,由此可见,康德讲力学的崇高是十分主观的。

总的说来,康德的崇高学说否认崇高现象的客观根源,把崇高归结为主体内心的观念,基础是主观唯心论的,两种崇高的分别也未见出本质的差别,有些论点还自相矛盾,这些都是缺点。但它也包含了一个重要思想,即人比自然优越。康德讲的崇高其基本内容就是对人的使命的崇敬,这种崇敬本质上是一种道德情操、至上命令,虽然欣赏崇高对象时的心境并不就是道德实践本身,但却是严肃认真的。康德特别称赞了战士不畏险阻、百折不挠的勇敢精神,认为这是一定社会文化修养的结果。他说:"如果没有道德观念的发展,对于有文化教养的人是崇高的对象,对于无教养的人却是可怕的。"①康德讲人、讲人的使命和尊严当然都是从资产阶级人性论出发的,有历史局限性的一面,但肯定人要有文化修养、道德情操,要有使命感,实际上就是肯定了人要有理想,要超脱低级趣味、动物本能,以整个人类的使命为己任,这应当说是十分宝贵的。

三　艺术与天才

在美的理论的基础上,康德提出了一整套艺术理论,主要包括艺术的特征、天才、审美意象和艺术分类等有关艺术创造的学说。

1. 艺术

康德首先分析了艺术的特征,提出了关于艺术和艺术活动的学说。他认为,艺术活动是人类创造美的活动,如同鉴赏力是一种独立的能力一样,艺术也是不同于其他活动的一种特殊活动。首先,艺术不同于自然,正如制作(Tun)不同于一般的动作(Handeln)和活动(Wirken),艺术的产品不同于自然的产品。例如,人们总喜欢把蜜蜂造成的合规则的蜂窝叫作艺术,其实

---

① ［德］康德:《判断力批判》(德文版),雷克拉姆出版社 1963 年版,第 167 页;参见［德］康德:《判断力批判》,宗白华译,商务印书馆 1964 年版,第 105 页。

这只是由于蜂窝同艺术作品相似,二者实际根本不同,蜜蜂的劳动只是出于本能,并不是建立在自己理性的基础上。他指出:"正当说来,人们只能把通过自由,即通过以理性为基础的为所欲为而制造出来的东西叫做艺术。"①这就是说,艺术是人凭理性,有目的的一种自由的创造活动。其次,艺术不同于科学,正如能(Können)不同于知(Wissen),技术不同于理论。艺术是人的一种技能、一种实践能力,科学只是一种知识、一种理论能力。光有知识不一定能做;由于有了知识,因而充分了解到欲求的结果而能做,即在科学知识和欲求目的支配下而能做,也不就是艺术;只有当人们虽然有了知识,然而还缺少一种技能立刻来做,这才谈得上艺术。也就是说,艺术是一种变知为能的本能。最后,艺术不同于手艺。正是在这里,康德提出了著名的艺术游戏说。他说:"艺术还有别于手工艺,艺术是自由的,手工艺也可以叫做挣钱的艺术。人们把艺术仿佛只看作一种游戏,它是本身就令人愉快的活动,达到了这一点,就符合目的;手工艺却是一种劳动,它本身就是令人不愉快(劳累辛苦)的事,只是它的效果(如报酬)有吸引力,因而它是强迫承担的。"②康德讲的劳动自然是资本主义下的劳动,他看到了资本主义下劳动的强制性,强调自由是艺术的精髓,这同马克思分析资本主义生产不利于艺术和美的论述,有某些相通之处,但他把艺术归结为游戏,把艺术与劳动对立起来,显然又同马克思主义根本对立。马克思主义认为,艺术是由劳动创造的,艺术活动本身就是一种劳动,到了共产主义社会,劳动可以成为人类的第一需要。

康德虽然认为艺术不同于手工艺,但并不否认艺术也要有某种技巧、某种机械性的东西,在这一点上艺术又与手工艺是相通的。当时某些浪漫主义领袖鼓吹,要把艺术从一切强制下解放出来,变为单纯的游戏。康德针对这种论调尖锐指出,如果艺术里没有某种强制性或机械性的东西,那么"使作品有生气的精神就会完全没有形体而化为空虚"③。应当说,这个见解仍是合理的。

---

① 　[德]康德:《判断力批判》(德文版),雷克拉姆出版社 1963 年版,第 229 页;参见[德]康德:《判断力批判》,宗白华译,商务印书馆 1964 年版,第 148 页。
② 　同上书,德文版,第 230—231 页;参见中文版,第 149 页。
③ 　同上书,德文版,第 231 页;参见中文版,第 149—150 页。

在分析了艺术的特征之后,康德又把艺术分成机械的和审美的两种。机械的艺术以实现可能的对象为目的,审美的艺术却只是为了产生快感。由于快感性质的不同,审美的艺术又分为快适的艺术和美的艺术。快适的艺术,其快感伴随着表象只作为单纯的感觉,它以享乐消遣为目的,如筵席间的即兴谈笑、音乐伴奏和游戏等。美的艺术,其快感伴随着表现则作为认识的形式,它虽然没有目的却又以自身为目的,即有"形式上的合目的性",因而具有一定的社会功能,能沟通社会交往,促进各种精神力量的修养。美的艺术是以反思判断,而不是以官能感觉为准则的。由此康德又揭示了艺术作品的一个特点,即美的艺术作品既不同于自然,又令人觉得好像是自然的产物。他说:"自然只有在貌似艺术时才显得美,艺术也只有使人知其为艺术而又貌似自然时才显得美。"①也就是说,美是自由与必然的结合,自然要显出艺术的自由,艺术要显出自然的必然,不矫揉造作,不露出一点人工的痕迹,这样才能美,才能具有普遍的可传达性。这个看法也是深刻的。

2. 天才

康德关于艺术天才的理论直接关系到审美活动和艺术创作的主体。他着重论述了艺术天才的本质及其与自然的关系,以及天才的条件等问题。康德认为,美的艺术是天才的艺术。他说:"天才是给艺术定规则的一种才能(天然资禀)。因为艺术家天生的创造才能,本身就是属于自然的。所以我们也可以这样说:天才是一种天生的心灵禀赋,通过它,自然给艺术定规则。"②康德不赞成"狂飙突进"时期流行的一种主观主义的观念,即把天才看作勇于破坏自然规律的特殊个性。在他看来,艺术创造不能没有规则,但对艺术作品的美所下的判断,不能从以概念为基础的规则引申出来,所以美的艺术的规则是不可传达的,不能由旁人事先定成公式,强加给艺术家。那么,这规则又从何而来呢? 它只能是自然通过艺术家的天才在作品上面体现出来。人们可以把天才的作品当作范本,从中领悟到规则,但不应定成公式去模仿,而是要借以考验和发挥自己的才能,进行新的创造,天才的作品

① [德]康德:《判断力批判》(德文版),雷克拉姆出版社 1963 年版,第 234 页;参见[德]康德:《判断力批判》,宗白华译,商务印书馆 1964 年版,第 152 页。
② 同上书,德文版,第 235 页;参见中文版,第 152—153 页。

不过是另一个天才的范本。艺术天才与模仿精神是对立的。牛顿可以把他的科学理论教给别人，别人也能照样学会这些知识，但荷马却不能把自己的诗才教给别人，因为他自己也不知道是凭什么创造的。这也正是艺术的天才和技巧为什么常常"人亡技绝"的缘故。所以，在康德那里，天才是一种天赋的才能，是艺术作品中具有典范意义的独创性。康德的这些言论既不同于美学上的主观主义，又不同于机械模仿，本身就是有独创性的。

康德总结出天才的四大特征：（一）独创性。天才是一种天赋的才能，天才创造的作品不提供任何特定的规则，天才不是依照某种规则就能学会的技巧，因而是不可重复的。（二）典范性。荒谬的东西也可能有某种独创性，但却毫无意义；天才的独创性是具有典范意义的独创性，"它本身不由模仿产生，而它对别人却能成为评判或规则的准绳"①。（三）自然性。天才怎样创造出作品，它本身不能描述和给以科学的说明，因而是只知其然不知其所以然，无法向别人传授的，即"无法之法"，"它只是作为自然给艺术定规则"②。（四）不可模仿性。天才不给科学，只给艺术定规则，而且只给美的艺术定规则。科学可以模仿，天才不可模仿。

在分析"审美意象"以后，康德又对天才提出了四点总结：（一）天才是艺术才能，不是科学才能；（二）艺术天才以理解力和想象力的一定关系为前提；（三）天才的主要任务不在表现一定的概念，而在描绘或表现审美意象，想象力对于规则的引导是自由的，然而对于表现既定的概念又是合目的的；（四）在想象力和理解力规则的自由协调中自然流露出来的主观合目的性，其前提是：这些能力的比例和协调不是遵照规则造成的，而只能是由主体的自然本性产生出来的。这四个特点是对前四个特点的补充。如果说前四个特点过分强调了天才的自由性的一面，那么这四个特点则强调了天才的理性方面。天才的自由不是任意的、无边的，它要符合理性的规律。天才的本质就在于想象力和理解力的谐调合作，自由和理性的统一。

康德还提出了天才和鉴赏力的关系问题。他说："为着评判美的对象

---

①　［德］康德：《判断力批判》（德文版），雷克拉姆出版社 1963 年版，第 236 页；参见［德］康德：《判断力批判》，宗白华译，商务印书馆 1964 年版，第 153 页。

②　同上书，德文版，第 237 页；参见中文版，第 153 页。

（就其是美的对象来说），需要的是鉴赏力，但是为了美的艺术本身，即创造美的艺术作品，却要求天才。"①因此，二者的区别在于，鉴赏力是评定美的能力，天才是创造艺术的才能，前者涉及美的对象，后者涉及艺术，因而这就牵涉到自然美与艺术美的关系。康德认为，"自然美是美的对象，艺术美是对象的美的表象"②。自然美是自然天成的，无须天才的创造，评定它不必知道"它是什么"的概念，不必了解物质的合目的性，只要对象的单纯形式令人满意就可以，所以只需要鉴赏力就够了。但是，评定艺术的美只靠鉴赏力还不行，因为艺术美作为对象的美的表现是由人（天才）创造的，它是想象力和知解力谐调合作的产物，并不是单纯的形式，还包含一定的内容。要评判艺术美，首先就要知道它是什么，这要涉及目的和完善等概念。例如："人们说这里是一个美女，那无非是说，自然在她的形体里美丽地表象着女性躯体结构的目的；因为人们必须越过单纯的形式去看出一个概念，才能以逻辑制约了的审美判断去思考这种对象。"③所以评定艺术美虽然也要鉴赏力，但已不是单纯的审美判断，还必然伴有目的论的判断，正是"这种目的论的判断构成审美判断的基础和条件"④。由此可见，在谈到艺术时，康德的形式主义观点已有所改变，《美的分析》只适用于自然美，不适用于艺术美。也正是从艺术美是对象的"美的表象"这个见地出发，康德看出了艺术美优越于自然美，因为，艺术可以美丽地描绘自然事物，以至可以把本来是丑的东西如狂暴、疾病、战祸等描绘得很美。只有一种丑的东西不能用艺术描绘，这就是令人厌恶的东西，因为它会完全破坏美感。

总的说来，康德认为，美的艺术作品总是鉴赏力和天才的某种结合。天才为美的艺术作品提供丰富的内容，鉴赏力赋予美的艺术作品以形式。但是这种结合并不总是和谐的，人们常在"一个应该成为美的艺术作品上面有时见到有天才而无鉴赏，在另一作品上见到有鉴赏而缺天才"⑤。那么，

① ［德］康德：《判断力批判》（德文版），雷克拉姆出版社 1963 年版，第 241 页；参见［德］康德：《判断力批判》，宗白华译，商务印书馆 1964 年版，第 157 页。

② 同上书，德文版，第 242 页；参见中文版，第 157 页。

③ 同上书，德文版，第 242—243 页；参见中文版，第 158 页。

④ 同上书，德文版，第 242 页；参见中文版，第 157—158 页。

⑤ 同上书，德文版，第 245 页；参见中文版，第 159 页。

在艺术作品中天才和鉴赏力哪一个更重要呢？康德说这实际上等于问想象力和判断力哪个更重要。他回答说判断力比想象力更重要，也就是鉴赏力比天才更重要，因为天才是一种"才气焕发"，鉴赏力则像判断力一样是天才的纪律，它能剪掉天才的一些羽翼，使想象力和知解力谐调，"给天才引路"，"使丰富的思想具有明晰性和条理性，因而使思想具有稳定性，能博得普遍长久的赞赏，备旁人追随，不断地促进文化"。① 因此，康德主张如果发生了天才与鉴赏力二者不可兼得的情形，"那就宁可牺牲天才"②。康德这样强调鉴赏力，当然是把艺术形式看得比内容重要，这同他前边讲天才重视内容确实有一些矛盾。康德生活在古典主义和浪漫主义交替的时代，天才与鉴赏力、内容与形式的关系是当时争论的重大问题。康德思想上的矛盾正是这个时代的矛盾的反映。他一方面颂扬天才和自由，推崇想象力和独创性，这与浪漫运动是合拍的；另一方面，他又伸张理性和规则，抬高形式的地位，又未完全摆脱古典主义的影响。然而康德并不是保守派，他强调要以规则约束天才，也确实击中了当时文坛的时弊。他说："天赋才能的独创性是构成天才品质的本质的部分，所以一些浅薄的头脑相信，只要他们从一切规则的束缚中解放了，他们就是开花结果的天才了，并且相信，他们骑在一匹狂暴的悍马上会比跨在一匹训练过的马上要威风些。"③由此可见，康德反对把天才和自由看作完全任性的，这同某些浪漫主义者是有区别的，他的观点基本上是天人并重，含有辩证的意味。

3. 审美意象

康德在讲艺术天才的同时，还研究了构成天才的各种心理能力。他指出，有些艺术作品虽然就鉴赏说无瑕可指，但却没有精神。这种"精神"是什么呢？ 它不是别的，正是"表现审美意象的能力"④。而这也就是天才。康德给审美意象下定义说："我们说的审美意象，是想象力所形成的那种表

---

① 　[德]康德：《判断力批判》（德文版），雷克拉姆出版社 1963 年版，第 255 页；参见[德]康德：《判断力批判》，宗白华译，商务印书馆 1964 年版，第 166 页。
② 　同上书，德文版，第 255 页；参见中文版，第 166 页。
③ 　同上书，德文版，第 240 页；参见中文版，第 156 页。
④ 　同上书，德文版，第 246 页；参见中文版，第 160 页。

象,它能引人想到很多东西,却又不可能有任何明确的思想即概念,能与之完全相适合,因此也没有语言能充分表达它,使之变成可理解的。很明显,它是理性观念的对立物,而理性观念是一种概念,没有任何直观(想象力所形成的表象)能与之完全适应。"①这里有两个要点:一方面,审美意象是一种表象,即感性的形象,它与理性观念即概念不同;但另一方面,审美意象又包含丰富的思想,只是不能用明确的语言和概念表达出来。因此,审美意象实质上是由人的想象力创造出来的一种能够充分显现理性观念的感性形象。这种感性形象不是经验自然的翻版,而是高于经验自然的创造,人的想象力是一种创造性的认识功能,它可以根据自然提供的材料,根据植根于理性的更高原则,创造出一个"第二自然"即"超越自然的东西"②。康德正是把这种由想象力创造出来的"超越自然的"表象称作"意象"。在康德那里,审美意象的基本特点,就在于它虽然是感性的、个别的、具体的形象,却力求超越于经验范围之外,去表现一般的、普遍的理性概念,因而具有更高的普遍性和概括性。例如诗人总是把那些不可见的理性观念,如天堂、地狱、永恒、创世等观念,造成具体的感性形象,而对那些经验世界内的事情,如死亡、忌妒、罪恶、荣誉、爱情等,却又总是努力追随理性,使之超出经验世界,在感性上达到完美,成为自然里找不到的范例。诗人这样造成的审美意象,实际上是个别与一般、感性形象与理性观念的统一。它以有限的感性形象表现着无限的理性观念。作为表象,它虽然不是明确的概念,但却包含丰富的思想,以致"大大地多过于在这表象里所能把握和明白理解的"③。这也就是我们常讲的"言有尽而意无穷"。康德认为,审美意象的这个特征在诗里表现得最为突出。他说:"在一切艺术之中占首位的是诗(诗的根源几乎完全在于天才,它最不愿意受陈规和范例的指导),诗开拓人的心胸,因为它让想象力获得自由,在一个既定的概念范围之中,在可能表达这概念的无穷无尽的杂多的形式之中,只选出一个形式,因为这个形式才能把这个概念的形象显现联系到许多不能完全用语言来表达的深广思致,因

---

① [德]康德:《判断力批判》(德文版),雷克拉姆出版社1963年版,第246页;参见[德]康德:《判断力批判》,宗白华译,商务印书馆1964年版,第160页。
② 同上。
③ 同上书,德文版,第247—248页;参见中文版,第161页。

而把自己提升到审美的意象。诗也振奋人的心胸,因为它让心灵感觉到自己的功能是自由的,独立自在的,不取决于自然的;在观照和评判自然(作为现象)中所凭的观点不是自然本身在经验中所能供给我们的感官或知解力的,而是把自然运用来仿佛作为一种暗示超感性境界的示意图。诗用它自己随意创造的形象显现(Schein)来游戏,却不是为着欺骗,因为它说明自己只是为着游戏,但是知解力却可以利用这种游戏来达到它的目的。"①这就是说,诗能以个别的形象使人由自然跃入超感性境界,它虽然是游戏,却能为知解力服务。在讲过审美意象以后,康德指出:"美(无论是自然美还是艺术美)一般可以说是审美意象的表现。"②康德的审美意象说实际上就是艺术典型说,它包含了黑格尔"美是理念的感性显现"说的萌芽。

4. 艺术分类

康德的美学是以艺术分类告终的。他没有把自己所做的分类当作定论,而是看成一种试验。首先,康德把艺术同人类使用语言的表达方式加以类比。他看出,说话者把自己的心情传达给别人,实际上是三种传达手段的结合:(1)词或发音;(2)动作或手势;(3)音调或变调。根据这三种传达手段,他把美的艺术也分成三类:(1)语言的艺术;(2)造型的艺术;(3)感觉游戏的艺术。他认为,这也可归并为两类:(1)表达思想的艺术;(2)表达直观的艺术。但这样分类将显得太抽象。

第一类语言的艺术包括雄辩术和诗的艺术两种。雄辩术把知解力的事情当作想象力的自由游戏来进行,而诗则把想象力的自由游戏当作知解力的事情来进行。这就是说,雄辩术本是知解力的合目的的活动,它应传达某件严肃的事情,但为了宣传鼓励,演说家竟把它弄得好像观念的游戏,从而使听者乐而不倦,这样,他允诺得多,而做得却少。相反,诗人允诺得甚少,他仿佛只在进行无目的的观念游戏,但实际上却在游戏时给知解力以养料,并通过想象力给悟性的概念以生命,所以他允诺得少,而做得却多。在这两

---

① ［德］康德:《判断力批判》(德文版),雷克拉姆出版社 1963 年版,第 266—267 页;参见［德］康德:《判断力批判》,宗白华译,商务印书馆 1964 年版,第 173—174 页。

② 同上书,德文版,第 256 页;参见中文版,第 167 页。

种艺术中,感性和理性互不可少,应当自由协调,避免一切矫揉造作和令人不快的东西。

第二类造型的艺术,是通过感性直观表现意象的艺术。其中,雕塑和建筑是感性真实的艺术,绘画是感性外观的艺术(包括园林艺术)。它们都在空间中创造形象来表现意象,但雕塑和建筑涉及视觉和触觉,绘画却只涉及视觉,可是它们的基础又都是想象力所造成的审美意象。

第三类感觉游戏的艺术,又可分为音乐艺术和色彩艺术两种。这些感觉是由外界对象引起的,但同时又必须能普遍传达。与色彩和音调相结合的只是快适的感觉,而不是它们结构的美。但人们不应把这两种感觉看作单纯的感官印象,而应看作判断存在于许多感觉的游戏中的形式所产生的效果。例如音乐仅仅因为它是诸感觉的美的游戏,才属于美的艺术,不然它就只是快适的艺术。

在对艺术进行分类以后,康德指出,任何艺术,不论它属于哪一类,也不论它们怎样结合,本质的东西都不在感觉的质料,即不在感官的刺激和感动,而在符合观赏和评判目的的形式。这形式引起的快感,本身就是一种教养,能使精神提高到观念的高度;相反,单纯的感官享乐则使人精神麻木愚钝,使对象令人厌恶,使人的心情不得满足和变幻无常。因此,他强调艺术要与道德目的相结合,不然艺术就无非是一种消遣,就会丧失自己的意义。这个看法也说明康德是重视艺术的道德作用的。

康德美学涉及的范围非常广阔,我们以上只介绍了其中最主要的问题。一般说来,康德力图调和经验主义美学和理性主义美学,他分析了审美和艺术创作中的许多矛盾现象,力图达到感性与理性、内容与形式的统一,因而他的观点富有启发性,包含了许多合理的东西。但另一方面,由于他的美学是建立在他的偏重唯理论的先验唯心主义哲学基础上的,他往往过分强调了矛盾双方的对立,而没能达到真正的统一,因而他的观点又显出许多内在的矛盾。也正因此,他的美学对后世的影响也显得十分复杂,特别是现当代资产阶级美学常常夸大了他的思想中的错误方面,但从总体上看,康德美学是西方美学史上的一大进步,他不愧是德国古典美学的奠基人。

第二节　歌德的美学思想

歌德(Johann Wolfgang von Goethe,1749—1832 年)主要是诗人和作家,同时也是一位思想家和美学家。他出生于美因河畔法兰克福城的一个富裕市民家庭,1765—1768 年在莱比锡大学学习法律,1770—1771 年转学于斯特拉斯堡大学。青年时代,他同赫尔德一起发动和领导了著名的"狂飙突进"运动[①]。这是一场声势浩大的资产阶级反封建的社会文学运动,是启蒙运动在德国的进一步发展,其基本精神是要求冲破一切封建约束,张扬叛逆精神,提倡个性解放,创作自由,建立崭新的德国民族文学。歌德的《莎士比亚纪念日的讲话》《论德意志建筑艺术》等论文和《铁手骑士葛兹·冯·贝利欣根》等剧作充分体现了这种理想和精神。1775—1786 年,歌德受邀在魏玛宫廷担任枢密顾问和大臣,这时沉闷鄙俗的宫廷生活和国务活动使他的理想受挫,正如恩格斯所说:"在他心中经常进行着天才诗人和法兰克福市议员的谨慎的儿子、可敬的魏玛的枢密顾问之间的斗争;前者厌恶周围环境的鄙俗气,而后者却不得不对这种鄙俗气妥协,迁就。"[②]1786 年,他终于摆脱了宫廷的生活,去意大利游历了 3 年,由于细心研究古代希腊罗马雕塑和文艺复兴时期的绘画,以及各种自然科学,他的美学思想发生了由早期倾向浪漫主义向古典主义的转变。回魏玛后,1794—1805 年,他同大诗人席勒亲密合作,自觉走古典主义道路,共同为创立德国民族文学作出了杰出贡献。

歌德对美学的兴趣曾受到康德的启发。他说:"我得到了一本《判断力批判》,我一生中最愉快的时刻都应归功于它。在这本书里我找到了我的那些井然有序的极其多种多样的兴趣:对艺术作品和自然界作品的解释是按同一方式进行的,审美的和目的论的判断力是相互得到阐明的……这部作品伟大的主题思想同我先前的创作、活动和思想完全相吻合;艺术与自然

---

①　因青年作家克林格尔(1752—1831 年)的同名剧作而命名,参加者还有楞茨、肖伯尔特、赫尔德和席勒等人。

②　《马克思恩格斯全集》第 4 卷,人民出版社 1958 年版,第 256 页。

的内在生命,它们双方的活动从里到外在书中都讲得清清楚楚。"①但是,歌德并不是康德的忠实信徒,没有跟着他亦步亦趋,如果说康德更多面向抽象理论,那么歌德却更多面向实际。歌德的美学思想内容极为丰富,但却显得零散,缺乏系统,多是结合艺术实践的经验和体会,主要散见于他的诗歌、剧本、书信、自传、谈话录以及一些零星的论文之中。歌德活动的时期很长,美学思想前后有很多变化。这些都给研究歌德美学带来了困难。下面我们只略谈几点。

一 美和艺术美

歌德的美学思想虽然庞杂,但从总体上看是倾向唯物主义和现实主义的。在哲学上,歌德相信斯宾诺莎的泛神论,同时也受到康德先验目的论的一定影响,但他并不否认外部客观现实世界存在于我们的意识之外。相反,他十分重视实践和感性经验的作用。他曾说:"做和想,想和做,这就是全部智慧的总合。"②他反对认识与实践的分离,认为二者应当像生命的呼与吸,像问与答一样,缺一不可。在悲剧《浮士德》中,他否定了圣经上"泰初有道"的唯心主义公式,肯定了"混沌初开,实践唯先"的唯物主义公式。因此,歌德在谈到美学和艺术问题时,一贯反对抽象的哲学思辨,注重从客观的现实出发。

关于美,歌德认为,美是自然的一种"本原现象",或者说,美是自然规律的表现,也就是说,美是自然本身所固有的。在和爱克曼的一次谈话中,他说:"我对美学家们不免要笑,笑他们自讨苦吃,想通过一些抽象名词,把我们叫做美的不可言说的东西化成一种概念。美其实是一种本质现象,它本身固然从来不出现,但它反映在创造精神的无数不同的表现中,都是可以目睹的,它和自然一样丰富多彩。"③在《歌德的格言和感想集》中,他还说过:"美是自然的秘密规律的表现,没有美的存在,这些规律也就绝不会显

---

① 转引自[苏联]舍斯塔科夫:《美学史纲》,樊莘森等译,上海译文出版社1986年版,第248页。

② 转引自[德]吉尔努斯编:《歌德论文艺》(德文版),建设出版社1953年版,第215页。

③ [德]爱克曼辑录:《歌德谈话录》,朱光潜译,人民文学出版社1978年版,第132页。

露出来。"①歌德所讲的自然,是指包围着人的外部客观世界,既包括自然界,也包括人类社会生活。他认为世界是一个充满生命和创造力的整体,它日新月异,不断地运动和变化,它是多与一的统一,一切都是自然,而自然又表现为万物,美就在这万事万物上显露出来,实质上是创造精神的表现。但他"并不认为自然的一切表现都是美的"②,只有那些具备了良好的条件,从而达到自然发展的顶峰,实现或符合自然目的的事物才是美的。例如,橡树可以长得很美,年轻的姑娘也可以长得很美,但决不是所有的橡树和所有的年轻姑娘都美,只有少数橡树和姑娘,由于各种有利条件的配合,才成为同类的顶峰,符合自然的目的,因而是美的。歌德的看法,明显受到康德先验目的论的影响,但重要的是,他肯定了美是存在于我们的意识之外,可以从自然对象上目睹的,因而基本上仍是唯物主义的。

歌德谈美更多谈的是艺术美。歌德不同意温克尔曼把美看作"无味之水"似的单纯形式和抽象一般,他认为艺术美主要表现在特征、内容和意蕴方面。早在《论德意志建筑艺术》一文中,他就说:"显出特征的艺术才是真正的艺术"③。后来在《收藏家和他的伙伴们》里,他更明确地提出:"我们应该从显出特征的开始,以便达到美的"④。所谓"显出特征",就是"在特殊中显现一般"。歌德认为,艺术不同于科学,艺术是个别的、形象的,科学是概念中的真,艺术则是"图像中的真"("Wahrheit im Bilde")⑤,科学提供的概念总是抽象的,内涵有限的,而艺术提供的形象却是活生生的、具体的、完整的、无限的。所以,歌德认为,艺术或艺术美应当是"有生命的显出特征的整体"。所谓"特征",强调的是内容。美学史家一般都把希尔特(1756—1839 年)看作美在特征说的代表。希尔特是一位批评家,1797 年他在席勒主编的《季节女神》杂志第七期发表了《论艺术美》一文,针对温克尔曼的观点,提出了美不在形式和表情的冲淡,而在个性方面有意义的或显出特征的东西,从而引起了争论。另一位艺术家迈约(1760—1832 年)不完

①　《歌德的格言和感想集》,程代熙、张惠民译,中国社会科学出版社 1982 年版,第 90 页。
②　[德]爱克曼辑录:《歌德谈话录》,朱光潜译,人民文学出版社 1978 年版,第 132 页。
③　《歌德全集》(德文版)第 19 卷,建设出版社 1985 年版,第 36 页。
④　转引自朱光潜:《西方美学史》下卷,人民文学出版社 1979 年版,第 421 页。
⑤　转引自[德]吉尔努斯编:《歌德论文艺》(德文版),建设出版社 1953 年版,第 147 页。

全同意希尔特,力图把希尔特的"特征"和温克尔曼的"理想"调和起来,他赞赏并援引了歌德的一些见解,提出了美在意蕴说。其实,特征说和意蕴说并无本质的区别,歌德提出美在特征和意蕴的见解比希尔特早了34年。黑格尔后来在《美学》中评述了他们的观点,他十分赞赏歌德的一句名言:"古人的最高原则是意蕴,而成功的艺术处理的最高成就就是美。"①这句话出自歌德1818年发表的《菲洛斯特拉图斯的〈画〉》一文,大意是说艺术美在于内容和形式的艺术处理,美寓于艺术处理之中。黑格尔对此加以分析说:"按照这种理解,美的要素可分为两种:一种是内在的,即内容;另一种是外在的,即内容所借以现出意蕴或特征的东西。内在的显现于外在的;就借这外在的,人才可以认识到内在的,因为外在的从它本身指引到内在的。"②黑格尔关于"美是理念的感性显现"的定义,正是从批判温克尔曼和希尔特以及进一步发挥歌德的见解而来的。由此可以看出,歌德关于艺术美的见解在德国古典美学的发展中是很重要的一环。

二 艺术与自然

在艺术与自然的关系问题上,歌德首先强调的是文艺要忠实地模仿自然。他说:"对天才所提的头一个和末一个要求都是:'爱真实'。"③"艺术家首须遵守、研究、模仿自然,其次应创造出毕肖自然的作品。"④艺术家要"用热爱的心情模仿自然,同时在这模仿中跟随自然"⑤。因此,在他看来,现实是诗的基础,是从生活到诗,而不是相反。他总结自己的创作经验说:"我的全部诗都是应景即兴的诗,来自现实生活,从现实生活中获得坚定的基础。我一向瞧不起空中楼阁的诗。"⑥"我和整个时代是背道而驰的,因为我们的时代全在主观倾向笼罩之下,而我努力接近的却是客观世界。"⑦其

---

① [德]黑格尔:《美学》第1卷,朱光潜译,商务印书馆1979年版,第24页。
② 同上书,第25页。
③ 《歌德的格言和感想集》,程代熙、张惠民译,中国社会科学出版社1982年版,第60页。
④ 转引自朱光潜:《西方美学史》下卷,人民文学出版社1979年版,第426页。
⑤ 转引自伍蠡甫主编:《西方文论选》上卷,上海译文出版社1979年版,第448页。
⑥ [德]爱克曼辑录:《歌德谈话录》,朱光潜译,人民文学出版社1978年版,第6页。
⑦ 同上书,第40页。

次，歌德反对自然主义，要求艺术高于自然。他认为，艺术不但要服从自然，而且要超越自然，艺术并不是机械的模仿，而是基于自然的一种创造，是"对自然的最称职的解释者"①。艺术应当把自己的美加到自然身上，使题材得到升华，通过个别表现出一般。对于艺术家来说，自然只是艺术的"材料宝库"，艺术家要凭伟大的人格去胜过自然，创造出"第二自然"，这是"一种感觉过的，思考过的，按人的方式使其达到完美的自然"②，也就是一个美的有生命的显出特征的整体。为什么艺术应当基于自然又高于自然呢？歌德跟爱克曼讲过一段十分著名的话："艺术家对于自然有着双重关系：他既是自然的主宰，又是自然的奴隶，他是自然的奴隶，因为他必须用人世间的材料来进行工作，才能使人理解；同时他又是自然的主宰，因为他使这种人世间的材料服从他的较高的意旨，并且为这较高的意旨服务。""艺术要通过一种完整体向世界说话。但这种完整体不是他在自然中所能找到的，而是他自己的心智的果实，或者说，是一种丰产的神圣的精神灌注生气的结果。"③这里所说"较高的意旨"，就是高于自然的、人的道德的意旨，在歌德看来，"艺术应该是自然的东西的道德表现"④。所谓"整体"，就是个别与一般、主观与客观的统一，自然性与社会性的统一，在歌德看来，艺术创造就是这些对立面由对立达到统一的过程。很明显，在艺术与自然的关系问题上，歌德的思想基本上是唯物主义和现实主义的，而且还闪耀着一些辩证思想的光辉。

正是基于对艺术与自然关系的这种理解，歌德在创作方法上主张艺术要从客观现实出发，不赞成"为一般而找特殊"的从主观自我出发的方法，而要求抓住现实中富有特征的东西，在特殊中显示出一般。这基本上是一种现实主义的方法。歌德曾多次谈到他和席勒虽有共同的文艺目标，但却采取了不同的方法。他指出："诗人究竟是为一般而找特殊，还是在特殊中显出一般，这中间有一个很大的分别。由第一种程序产生出寓意诗，其中特殊只作为一个例证或典范才有价值。但是第二种程序才特别适宜于诗的本

① 《歌德的格言和感想集》，程代熙、张惠民译，中国社会科学出版社1982年版，第60页。
② 转引自朱光潜：《西方美学史》下卷，人民文学出版社1979年版，第426页。
③ ［德］爱克曼辑录：《歌德谈话录》，朱光潜译，人民文学出版社1978年版，第137页。
④ 转自朱光潜：《西方美学史》下卷，人民文学出版社1979年版，第429页。

质,它表现出一种特殊,并不想到或明指到一般。谁若是生动地把握住这特殊,谁就会同时获得一般而当时却意识不到,或只是到事后才意识到。"①他赞成"在特殊中显出一般"的方法,批评席勒从一般概念出发,是"用完全主观的方式写作",颠倒了创作的程序。这里所讲的"分别",也正是后来马克思所讲的席勒化和莎士比亚化的分别,马克思也不赞同"席勒式地把个人变成时代精神的单纯的传声筒"②。那么,怎样才能做到从客观现实出发呢?歌德认为,艺术创作不能只局限于个人主观的智慧、天赋和感情,而要首先克服主观的片面性。他说,我的作品决不仅是由于我个人的智慧,而是由于我周围成千上万的人和事,他们给我提供了材料。③又说,一个人学唱歌,天赋的东西是容易掌握的,不是天赋的东西则开始时很难。但如果你要当一个歌唱家,你必须征服这些非天赋的东西,并且完完全全地掌握它们。诗人也是如此。当他只是述说他主观的那一点感情时,还配不上诗人的称号;只有当他把握了现实的世界,并能加以表现时,他才算是一个诗人。④因此,艺术家应当细心地观察自然,养成对周围事物的敏感,积累丰富的生活经验和内心体验,同时还要有广博的知识和良好的教养,这样才能把握住现实,创造出优秀的作品。歌德认为艺术创作要从客观出发,但有时他又用所谓"魔术精神"或"预感"之类的观点,去解释文艺创作中的一些"无意识"的现象,因而也表现出一定的局限性。

三 古典的与浪漫的

歌德还提出了浪漫主义与古典主义的区别和优劣的问题。歌德所说古典的或古典主义,一般指古代希腊罗马的诗及其体现的创作原则和风格;浪漫的或浪漫主义则一般指近代的诗。歌德说:"古典诗和浪漫诗的概念现已传遍全世界,引起许多争执和分歧。这个概念起源于席勒和我两人。我

---

① 转自朱光潜:《西方美学史》下卷,人民文学出版社 1979 年版,第 416 页。
② 《马克思恩格斯选集》第 4 卷,人民出版社 1995 年版,第 555 页。
③ 参见[德]爱克曼辑录:《歌德谈话录》,朱光潜译,人民文学出版社 1978 年版,第 250 页。译文略有变动。
④ 同上书,第 96 页。译文略有变动。

主张诗应采取从客观世界出发的原则,认为只有这种创作方法才可取。但是席勒却用完全主观的方法去写作,认为只有他那种创作方法才是正确的。为了针对我来为他自己辩护,席勒写了一篇论文,题为《论素朴的诗和感伤的诗》。他想向我证明:我违反了自己的意志,实在是浪漫的,说我的《伊菲姬尼亚》由于情感占优势,并不是古典的或符合古代精神的,如某些人所相信的那样。施莱格尔弟兄抓住这个看法把它加以发挥,因此它就在世界传遍了,目前人人都在谈古典主义和浪漫主义,这是五十年前没有人想得到的区别。"①这段话说明,古典的与浪漫的之争是由讨论从客观出发还是从主观出发这个问题派生出来的,同时,席勒的素朴的诗和感伤的诗的分别大体也就是古典的与浪漫的之区别。这里应当指出,席勒虽然主张从主观出发,但仍要求反映现实,同后来施莱格尔兄弟等浪漫派不同,事实上,歌德和席勒在这个问题上的见解基本一致,他们都要分别古代诗和近代诗,都要走古典主义道路,把古典作为理想,同时也都认为古典主义与浪漫主义可以达到统一。因此,歌德提倡古典的,反对浪漫的,并不是反对一切浪漫主义,而只是反对消极的浪漫主义。这从歌德对古典的与浪漫的区分上可以看得出来。这种区分主要有两点:第一,歌德认为,古典主义是客观的,浪漫主义是主观的。他是坚持诗要从客观现实出发的原则,来反对文艺上的主观主义。他认为古典艺术的优点在于客观、自然而真实,而消极浪漫主义文艺只从自我出发,完全脱离现实,最大的毛病是主观性,完全违背了客观自然的真实。所以,歌德讲的古典主义实际上是现实主义。第二,他认为,古典主义是健康的,浪漫主义是病态的。他说:"我把'古典的'叫做'健康的',把'浪漫的'叫做'病态的'。这样看,《尼伯龙根之歌》就和荷马史诗一样是古典的,因为这两部诗都是健康的、有生命力的。最近一些作品之所以是浪漫的,并不是因为新,而是因为病态、软弱;古代作品之所以是古典的,也并不是因为古老,而是因为强壮、新鲜、愉快、健康。"②

　　由此可见,歌德并不笼统否定一切近代诗,他只反对那种"软弱的""病

---

①　[德]爱克曼辑录:《歌德谈话录》,朱光潜译,人民文学出版社 1978 年版,第 221 页。译文略有变动。

②　同上书,第 188 页。

态的"文艺,这正指的是消极的浪漫主义,而他要求的也不是复古,而是"强壮的""新鲜的""愉快的"文艺。在《说不完的莎士比亚》中,他曾把古典的与浪漫的加以对比,指出古代诗突出的是职责与完成之间的不协调,近代诗突出的是意愿与完成之间的不协调。他称赞莎士比亚的独特处在于把古代诗与近代诗结合起来。因此,歌德的向往是要创造一种现实主义与浪漫主义相结合的文艺。他从未否定过积极的浪漫主义,他的《浮士德》第二部描写浮士德和希腊美人海伦的结合,也正是他追求古典精神与浪漫精神相结合的显例。这种歌德的美学追求深刻反映了他的美学理想和社会理想。他认为古希腊人是幸运的,在他们身上,感性和理性得到了全面均衡和谐的发展,保持了人性的完整性,而近代人则丧失了人性的完整性。他相信,艺术就其本质来说,有助于改变现实,改善人性,恢复人性的完整。他说:"每一件艺术都要求整体的人,它可能达到的较高阶梯是整个人类。"①在审美教育问题上,他完全赞同和支持席勒的《美育书简》也是基于共同的理想。

四 关于民族文学与世界文学

歌德的另一美学贡献,是他探讨了建立民族文学的道路问题和最早提出了世界文学的口号。这在今天是很有现实意义的。

歌德毕生都在为建立德国的民族文学而奋斗,以求达到德意志民族的统一。他总结了西方自古希腊以来各民族文学的历史经验,在《文学上的无短裤主义》一文中,着重探讨了产生民族作家的条件。他说:"一个古典性的民族作家是在什么时候和什么地方生长起来的呢? 是在这种情况下:他在他的民族历史中碰上了伟大事件及其后果的幸运的有意义的统一;他在他的同胞的思想中抓住了伟大处,在他们的情感中抓住了深刻处,在他们的行动中抓住了坚强和融贯一致处;他自己被民族精神完全渗透了,由于内在的天才,自觉对过去和现在都能同情共鸣;他正逢他的民

---

① 转引自[苏联]舍斯塔科夫:《美学史纲》,樊莘森等译,上海译文出版社1986年版,第250页。

族处在高度文化中,自己在教养中不会有什么困难;他搜集了丰富的材料,前人完成的和未完成的尝试都摆在他眼前,这许多外在的和内在的机缘都汇合在一起,使它无须付很高昂的学费,就可以趁他生平最好的时光来思考和安排一部伟大的作品,而且一心一意地把它完成。只有具备这些条件,一个古典性的作家,特别是散文作家,才可能形成。"①从这里可以看出,民族文学和民族作家是伟大的时代和民族历史的产物,要造就伟大的文学和作家,首先必须造就伟大的时代和民族。但是只有外在的客观条件还不够,还要有主观条件:首先,民族作家必须反映全民族思想的伟大、情感的深刻以及行动的坚强和融贯一致;其次,民族作家必须深刻了解和把握本民族的历史和文化,正确吸取前人成功的经验和失败的教训。

歌德不但提倡民族文学,他还最早提出建立世界文学的口号,预报了世界文学的来临。在 1827 年 1 月 31 日与爱克曼的谈话中,他把中国传奇与贝朗瑞的诗加以对比,盛赞中国人的思想、行为和情感更加明朗、更纯洁,也更合乎道德。然后,他明确地说:"我愈来愈相信,诗是人类的共同财产。诗随时随地由成百上千的人创作出来。……民族文学在现代算不了很大的一回事,世界文学的时代已快来临了。现在每个人都应该出力促使它早日来临。不过我们一方面这样重视外国文学,另一方面也不应拘守某一种特殊的文学,奉它为模范。"②在歌德看来,世界文学是由各民族文学相互交流、借鉴而形成的,各民族都有自己的贡献,不是把某一"优选"民族的文学强加于世界,民族文学和世界文学不是对立的,而是辩证统一的,各民族的文学都应当既保存自己的特点,同时又吸收他人的长处。他说:"问题并不在于各民族都应按照一个方式去思想,而在于他们应该互相认识,互相了解;假如他们不肯互相喜爱,至少也要学会互相宽容。"③歌德的这个伟大思想今天正在成为现代人类生活的准则。

---

①　转引自朱光潜:《西方美学史》下卷,人民文学出版社 1979 年版,第 433 页。

②　[德]爱克曼辑录:《歌德谈话录》,朱光潜译,人民文学出版社 1978 年版,第 113 页。

③　转引自朱光潜:《西方美学史》下卷,人民文学出版社 1979 年版,第 435 页。

第三节 席勒的美学思想

　　席勒（Johann Christoph Friedrich von Schiller，1759—1805 年）是诗人、剧作家、历史学家和美学家。他出生于涅卡河畔的马尔巴赫，青年时代受法国启蒙思想影响，积极投身"狂飙突进"运动，热烈追求自由、平等、人权，大胆向德国封建专制社会挑战。1781 年，他发表第一个剧本《强盗》，发出了"德国应该成为共和国"的革命呼声。1792 年，他得到法国国民大会授予的法兰西共和国荣誉公民的称号。马克思主义经典作家高度评价过席勒。恩格斯称他的剧本《阴谋与爱情》（1783 年）是"德国第一部有政治倾向的戏剧"①。但是，由于德国政治经济的落后和资产阶级的软弱，当法国大革命进入雅各宾专政时期，席勒就对法国大革命感到不满和失望了，他转向康德的理想，埋头哲学和美学研究，写了一系列理论著作，幻想寻找一条不经暴力革命而能实现政治自由的途径。直到 1794 年，由于同歌德合作，才又逐渐转向文艺和现实。从哲学世界观说，席勒广泛接受了卢梭、狄德罗、莱布尼兹、莱辛、温克尔曼、鲍姆嘉通、康德、歌德和费希特等人的影响。早期他主要接受了康德的影响。但在《论秀美与尊严》（1793 年）一文中，他就开始逐渐地离开了康德，试图克服康德美学的主观主义和相对主义，后期，他更多受到歌德的影响，把美与人性的和谐完整联结起来，把艺术视为重建人的整体和谐的手段。他的美学著作主要有《论当代德国戏剧》（1782 年）、《剧院是德育机构》（1784 年）、《哲学通讯集》（1786 年）、《论悲剧题材产生快感的原因》（1791 年）、《论悲剧艺术》（1792 年）、《给克尔纳论美的信》（1793 年）、《论激情》（1793 年）、《论秀美与尊严》（1793 年）、《美育书简》（1793—1794 年）、《论崇高》（1793—1794 年）、《论运用美的形式所必有的界限》（1793—1795 年）和《论素朴的诗和感伤的诗》（1795 年）等。其中尤以《美育书简》和《论素朴的诗和感伤的诗》最为重要，影响最大。在美学史

---

　　① 《马克思恩格斯选集》第 4 卷，人民出版社 1995 年版，第 673 页。

上,席勒是从康德的主观唯心主义美学向黑格尔的客观唯心主义美学转变的重要环节,占有重要的历史地位。

一　《美育书简》

《美育书简》是席勒写给丹麦王子奥格斯堡公爵的 27 封信。这部著作晦涩难读,但并不脱离现实,毋宁说,它是对法国大革命进行哲学沉思的产物。歌德说过:"贯穿席勒全部作品的是自由这个理想。"①这对《美育书简》是完全适用的。席勒认为,法国大革命没能解决政治自由问题,通向自由之路不应当是政治经济的革命,而应当是审美教育。他说,应当"把美的问题放在自由的问题之前","我们为了在经验中解决政治问题,就必须通过审美教育的途径,因为正是通过美,人们才可以达到自由"。② 这也就是《美育书简》的基本思想或总纲。

1. 理论基础:人性及其演变

为什么席勒把美的问题放在自由之前? 这首先要弄清席勒美学的理论基础。席勒的美学理论的出发点是人。他认为,要实现政治自由,先决条件是要有具备完整性格的人,而这种人又只能通过审美教育才能培养出来。因此,他首先从历史的高度对人性及其演变作了分析,进而把美育同人类的崇高理想和历史的发展前景紧密联系起来。

席勒认为,人不仅是自然的产品,而且是"自由理智","使人成其为人的正是人不停留在单纯自然界所造成的样子,而有能力通过理性完成他预期的步骤,把强制的作品变为他自由选择的作品,把自然的必然性提高到道德的必然性"③。人首先在国家中发现了自己,但最初的国家是由需要按照单纯的自然规律,而不是按照理性规律造成的,它的基础是力量而不是法律。这种自然国家不能给人自由,实为一种灾难,它只适合于自然的人;而

---

① ［德］爱克曼辑录:《歌德谈话录》,朱光潜译,人民文学出版社 1978 年版,第 108 页。
② ［德］席勒:《美育书简》,徐恒醇译,中国文联出版公司 1984 年版,第 38 页。译文略有改动。
③ 同上书,第 39 页。

与道德的人相矛盾。所以人的理性要求摆脱这种盲目必然性的统治,废除自然的国家,变自然的人为道德的人,用理想社会取代现实社会。在席勒看来,一个达到成熟的民族的最高的终极目标,就是要把自然的国家改造成为道德的国家。这也正是人类的崇高理想和使命。

问题在于要实现这一理想,首先要有具备完整性格的人,而近代人却处在堕落的两极:一方面是野蛮,另一方面是颓废。"在人数众多的下层阶级中,表现出粗野的无法无天的本能。由于摆脱了社会秩序的绳索,正以无法控制的狂怒忙于兽性的满足。"①"另一方面,有教养的阶级则表现出一幅更加令人作呕的懒散和性格腐化的景象。"②靠这样的人是不可能建立道德的国家,实现政治自由的。

为什么近代人堕落了呢? 席勒认为这是人性分裂的必然结果。他受温克尔曼的影响,把古代社会和近代社会加以对比,指出古代希腊人的性格原是完整和谐的。"他们既有丰富的形式,又有丰富的内容;既能从事哲学思考,又能创作艺术;既温柔又充满力量。在他们的身上,我们看到了想象的青年性和理性的成年性结合成的一种完美的人性。"③在那时,感性和理性还没有严格地区别而成相互敌对又界限分明的不同领域,个体与类、个人与国家相互和谐统一,个体本身就能表现类的完整,单个的希腊人就能代表他的时代。然而近代人却完全不同了,根源在于近代社会和文化的发展给人性造成了创伤。科技发达造成的劳动分工,国家机器造成的等级分离,已经把人性撕成了碎片。"现在,国家与教会、法律与习俗都分裂开来,享受与劳动脱节、手段与目的脱节、努力和报酬脱节。永远束缚在整体中一个孤零零的断片上,人也就把自己变成一个断片了。耳朵里所听到的永远是由他推动的机器轮盘的那种单调乏味的嘈杂声,人就无法发展他生存的和谐,他不是把人性印刻到他的自然(本性)中去,而是把自己仅仅变成他的职业和科学知识的一种标志。"④"人们的活动局限在某一个领域,这样人们就等于

---

① [德]席勒:《美育书简》,徐恒醇译,中国文联出版公司1984年版,第46页。
② 同上书,第47页。
③ 同上书,第49页。
④ 同上书,第51页。

把自己交给了一个支配者,他往往把人们其余的素质都压制了下去。"①总之,人性分裂了,社会只把职务作为衡量人的尺度,它对某人只要求记忆力,对另一人只要求图解式的知性,对第三个人只重视机械的技巧熟练。席勒敏锐而深刻地揭示了资本主义劳动分工的对抗性发展及其所造成的人性的瓦解:片面、畸形和精神空虚。席勒对法国大革命的确充满悲观失望的情绪,但他绝不是历史的悲观主义者。他并不否认劳动分工对历史进步的重大意义。他认为,个体在人性的分裂中固然受到摧残,然而非此方式人类就不能取得进步,要发展人的多种素质,除了使它们相互对立之外,别无他途。因此,近代人性的分裂是具有历史必然性的。问题是人类是否能够恢复人性的完整,实现自由的理想呢? 席勒的回答是肯定的、乐观的,是向前看的而不是向后看的。在这一点上,他和卢梭以及一些消极浪漫主义者的看法是断然有别的。当然,他严正指出,我们不能期待"国家"来恢复人性的完整,因为"国家"正是造成人性分裂的祸首;我们也不能用革命的手段,因为革命并不能克服人性的分裂。那么,怎样才能恢复人性的完整呢? 席勒明确而坚定地指出,要走审美教育的道路。因为只有通过美和艺术,才能把近代人从堕落的两极引上正路,克服人性的分裂,把自然的人提升为道德的人,从而把自然的国家改造成为道德的国家,实现人类自由的崇高理想。这也就是审美教育的根本任务。

应当指出,席勒从抽象的"人性"出发,不了解人的本质是"一切社会关系的总和"②,他把历史的发展看作人性──人性分裂──人性复归的过程,把历史发展的动力归结为文化、教育,这完全颠倒了社会存在和社会意识的关系,是一种典型的历史唯心论,他所指出的人类理想和实现理想的道路固然是诱人的、合理的,却具有空想和改良主义的性质。但是,难能可贵的是,席勒已经敏锐地觉察到了资产阶级革命的狭隘性和局限性,预感到了资本主义社会难以摆脱的深刻矛盾,对资本主义采取了严肃批判的态度。他所揭示的近代人性的分裂,正是马克思后来在《1844 年经济学哲学手稿》中所揭示的资本主义下劳动异化的现象。在美学史上,还从来未有过像席

①　[德]席勒:《美育书简》,徐恒醇译,中国文联出版公司 1984 年版,第 50 页。
②　《马克思恩格斯文集》第 1 卷,人民出版社 2009 年版,第 501 页。

勒那样从整个人类历史发展的高度来规定美育的任务,把美学与政治、与人类进步这样紧密结合起来的先例。所有这些无疑都有巨大的进步意义。

2. 美的本质的探索

为什么美育可以解决近代人性的分裂呢? 这涉及对美的本质的认识。席勒认为,美的概念表面上来源于经验,实际上却植根于人性。"要确定美的概念,只能用抽象的方法,从感性—理性本性的能力中推论出来,总之,美只能表现为人性的一种必然条件"①。他从康德的观点出发,首先把人性分成感性和理性两个部分,认为人身上具有两种对立的因素,一是人格(Person),一是状态(Zustand),二者在绝对存在(神)那里是同一的,而在有限存在(经验界)中则永远是两个。人格即自我、形式或理性,状态则是自我的诸规定,也就是现象、世界、物质或感性。人格的基础是自由,状态的基础是时间,有如花开花落,花总是花,人格持久不变,而状态(花开、花落)则随时而变。这就是说,人既有超越时间的一面,又受制于时间的一面,人既是有限存在又是绝对存在,既有感性本性又有理性本性。这样,人就必然具有两种相反的要求,构成行为的两种基本法则:一方面,感性本性要求绝对的实在性,要把一切形式的东西转化为世界,把人的一切资禀表现为现象,也就是"把一切内在的东西外化"②;另一方面,理性本性又要求绝对的形式性,要把一切纯属世界的东西消除掉,"给一切外在的东西加上形式"③。由于要实现这两种要求,我们便受到两种相反力量的推动,一种是感性冲动,它来自人的感性本性,把人置于时间的限制之中,使人变为物质;一种是形式冲动,它来自理性本性,保持人格不变,扬弃时间和变化,追求真理和正义。前者造成各种个别情况,后者则建立起一般原则。这两种要求和冲动都是人所固有的天性,理想的完美人性就是二者的和谐统一。但是,近代人性的分裂破坏了这种统一,因此,席勒又提出第三种冲动即游戏冲动,他认为,只有游戏冲动才能恢复人性的完整。

什么是游戏冲动? 它是怎样产生的呢? 乍看起来,感性冲动和形式冲

---

① ［德］席勒:《美育书简》,徐恒醇译,中国文联出版公司1984年版,第70页。

② 同上书,第74页。译文略有改动。

③ 同上书,第75页。译文略有改动。

动是完全对立的,似乎正是它们破坏了人性的统一,但席勒说这种对立实际上并不发生在同一个对象上,它们各有界限,并不相互侵犯,而是相互作用、相互促进的。"一种冲动的作用同时就奠定和区分了另一种冲动的作用,每一种冲动正是通过另一种冲动的活动而达到它的最高表现"①。文化的任务就在于监视这两种冲动,确定它们各自的界限,使之互不侵犯,相得益彰,进而把感性功能和理性功能都充分地予以实现,使之相互结合起来。如果这种情形在经验中出现,就会产生第三种新的冲动即游戏冲动。所谓游戏,是与强制相对立的。不论感性冲动还是形式冲动,对人心都是一种强制。因为感性冲动要感受自己的对象,从而排除了自我活动和自由,而形式冲动要创造自己的对象,从而排除了主体的依附性和受动性。只有游戏冲动才能把这两种冲动的作用结合起来,排除一切强制,使人在物质方面和精神方面都达到自由。这也正是游戏冲动能使人性归于完整的根本原因。

由此,席勒把美同游戏冲动联系起来。他明确指出,美是游戏冲动的对象,即活的形象。所谓活的形象并不限于生物界,"一块大理石,尽管是而且永远是无生命的,却能由建筑师和雕刻家把它变为活的形象。一个人尽管有生命和形象,却不因此就是活的形象。要成为活的形象,那就需要他的形象就是生命,而他的生命就是形象。只要我们只想到他的形象,那形象就还是无生命的,还是单纯的抽象;只要我们还只是感觉到他的生命,那生命就还没有形象,还只是单纯的印象。只有当他的形式活在我们的感觉里,他的生命在我们的知性中取得形式时,他才是活的形象"②。所以,美或活的形象是感性与形式(理性),主观与客观在审美主体(人)的意识中的统一,或者说是对象与主体的统一,美对我们是一种对象,同时又是我们主体的一种状态。在席勒看来,美根源于两种冲动的相互作用,相互结合,实质上是人性的完成,是自由。人不只是物质,也不只是精神,因此美既不只是生命也不只是形象,生命受感性需要的支配,形象受理性需要的支配,都没有真正的自由,只有在游戏冲动中,人才避免了来自两方面的强制,把生命与形象、感性和理性统一起来,获得充分的自由。由此,席勒得出一个结论:"人

① [德]席勒:《美育书简》,徐恒醇译,中国文联出版公司1984年版,第83页。
② 同上书,第87页。

应该同美一起只是游戏,人应该只同美一起游戏","只有当人在充分意义上是人的时候,他才游戏;只有当人游戏的时候,他才是完整的人"。①

席勒还认为,理想的美只有一种,而经验的美却是双重的:一种是融合性的美,一种是振奋性的美。前者能在紧张的人身上恢复和谐,后者能在松弛的人身上恢复能力,从而使人成为自身完美的整体。在他那里,美是从两种对立冲突的相互作用、两种对立原则的结合中产生出来的,美联结着对立的两极,使我们处于物质与精神、感性与理性、感觉与思维、素材与形式、受动与能动之间的中间状态,因而又可以消除两极的对立,把感性的人引向形式和思维,使精神的人回到素材和感性世界。经过烦琐的论证,席勒反复强调,要使感性的人成为道德的人,除了使他首先成为审美的人,就别无他径。

如同康德一样,席勒对美的本质的探讨,力求避免历史上经验派与理性派的片面性,而对二者加以调和。同时,他又不满意康德把美归结为主观性,而要为美建立客观的原理,因此,他把美放在人性的高度和历史发展的背景下加以研究,努力从真、善、美的统一中去把握美的客观性。这比康德有所进步。黑格尔曾说:"席勒的大功劳就在于克服了康德所了解的思想的主观性与抽象性,敢于设法超越这些局限,在思想上把统一与和解作为真实来了解,并且在艺术里实现这种统一与和解。"②

3. 审美外观和游戏说

席勒美学思想的另一个重要方面是审美外观和游戏说。席勒认为,从单纯的生命感达到美感,即从野蛮人达到人性的标志,就是"对外观的喜悦,对装饰和游戏的爱好"③。而审美活动和艺术的本质就是外观和游戏。所谓外观(Schein)是独立于实在的,当人能够摆脱对实在的需求和依附,能够对事物的外观作出无利害关系的自由评价,只以外观为乐的时候,真正的人性方才开始。另一方面,外观"起源于作为具有想象力的主体的人"④,它是主体想象力的一种创造或游戏。"以外观为快乐的游戏冲动一出现,立

---

① [德]席勒:《美育书简》,徐恒醇译,中国文联出版公司1984年版,第90页。
② [德]黑格尔:《美学》第1卷,朱光潜译,商务印书馆1979年版,第76页。
③ [德]席勒:《美育书简》,徐恒醇译,中国文联出版公司1984年版,第133页。
④ 同上书,第135页。

刻就产生出模仿的创造冲动,这种冲动把外观作为某种独立的东西来对待"①。"一个以外观为乐的人,不再以他感受的事物为快乐,而是以他所产生的事物为快乐"②。

席勒强调,"人要达到外观,就要远远超越实在"③,也就是要挣脱一切物质需要和目的的束缚,而这要求人具有更大的抽象力,更大的心灵自由和意志力。所以,审美和艺术活动比追求满足物质需要和享受的有用性活动要起源得晚,但却更高级。例如,动物也游戏。当狮子不受饥饿所迫,无须和其他野兽搏斗时,它的剩余精力成为活动的推动力,使它雄壮的吼声响彻荒野,它的旺盛的精力在这无目的的使用中带来了享受,这也可以叫作游戏。但这只是由于过剩精力的强制,只是自然的物质的游戏,还不是创造形象、以外观为乐的审美的游戏。只有人才能凭借他的想象力创造自由的形式,最终飞跃到审美的游戏。这时"他所拥有和创造的事物,不能再只具有用性的痕迹、只具他的目的的过分拘谨的形式,除了有用性外,它还应该反映那思考过它的丰富的知性、创造了它的抚爱的手以及选择和提出了它的爽朗而自由的精神"④。在席勒看来,艺术就产生于这种自由的审美的游戏,它终于完全挣脱了需要的枷锁,把美本身作为人所追求的对象。形式逐渐深入人的全部生活,以致能够改变人本身。这样,"在力量的可怕王国中以及在法则的神圣王国中,审美的创造冲动不知不觉地建立起第三个王国,即游戏和外观的愉快的王国。在这里它卸下了人身上一切关系的枷锁,并且使他摆脱了一切不论是身体的强制还是道德的强制"⑤。所以只有在这第三个美的王国里,人才能得到真正的自由。在自然的王国中,人和人以力相遇,他的活动受到限制;在伦理的王国中,人和人以法律的威严相对峙,他的意志受到束缚;而在审美的王国中,人只须以形象显现给别人,只作为自由游戏的对象与人相处。"通过自由去给予自由,这就是审美王国的基本

---

① [德]席勒:《美育书简》,徐恒醇译,中国文联出版公司1984年版,第135页。
② 同上书,第133—134页。
③ 同上书,第139页。
④ 同上书,第143页。
⑤ 同上书,第145页。

法律"①。

席勒的审美外观说和游戏说后来经过斯宾塞等人的片面发展,在历史上产生过重大影响。但是,席勒把审美活动和艺术的本质归结为外观和游戏,使之独立于一切物质实践关系之外,只以美为追求的对象,实际上仍是从康德唯心主义立场出发的。席勒颠倒了物质实践活动和审美活动的关系,他把人的审美活动看作通向自由的唯一途径,把一切自由、平等、博爱的希望都寄托到审美教育上面,鼓吹建立一个美的王国,使人人都成为个性全面发展的审美的人,这无疑是一个美好的理想,然而他没有看到人类社会不可能单纯建立在游戏和审美活动之上,离开物质实践活动,人类社会便不可能存在,只有通过物质实践活动,改造现存的社会条件,造成社会的变革,才能为审美活动的发展创造必要的条件,开辟广阔的道路,进而实现真正的自由。因此席勒的理想只是一种片面的空想,能使这种空想成为现实的则是马克思主义的科学。马克思主义扬弃了席勒幻想的美的王国,认为人类的最高理想,是未来的共产主义社会,并且指明了实现这一崇高理想的现实的道路;在这条道路上,审美教育应当有它的位置,但不能凌驾于政治、经济的革命之上。美并不是拯救人类的唯一途径和"万灵药方"。席勒固然有他重要的历史贡献,但把席勒的思想同马克思主义混淆起来则是完全错误的。

二 《论素朴的诗和感伤的诗》

席勒的美学思想在他于 1795 年写的《论素朴的诗和感伤的诗》中得到进一步的发展。这篇论文的重要性在于,它最早区别了现实主义与浪漫主义两种文艺创作方式的特征和理想,并且指出了二者统一的可能性。

席勒的根本出发点依然是以人性为基础的唯心史观。他认为,任何诗人都企图表现人性,都是从自然取得灵感,只是由于时代不同、人性发展的程度不同、对自然的感受方式不同,因而具有不同的创作方式。他所讲的"自然",既包括自然界和现实社会,也包括人的自然本性。他把古

---

① [德]席勒:《美育书简》,徐恒醇译,中国文联出版公司 1984 年版,第 145 页。

代诗人和近代诗人加以对比,指出:"诗人或者就是自然,或者寻求自然。在前一种情况下,他是一个素朴的诗人;在后一种情况下,他是一个感伤的诗人。"①他认为,古代社会是人类的童年,那时,人作为一种和谐的整体在活动,人与自然、个人与社会、个人的感性功能和理性功能都还处于和谐之中,没有相互分裂和矛盾,"他的感觉出发于必然的规律;他的思想出发于现实"②。因而也就不存在理想和现实之间的不协调,所以古代诗人就是自然,他模仿现实,并不需要使自己的个性过于突出,只须忠实地、不偏不倚地把它再现出来就能表现人性。而在近代社会,人性分裂了,人与自然、个人与社会、感性与理性都处于相互割裂和对立的状态,人丧失了完整性,同时也丧失了"感觉上的和谐"。往古的和谐不再是现实,在现实中和谐已成为一种理想和观念,理想与现实的分离成了近代社会的特点。这时诗人失掉了自然,只能在观念中"追寻自然",于是把自己对现实的主观态度、自己的情感和心灵灌注到作品中去,他对自然的态度,有如对待失去的童年,往往是依恋和感伤的。席勒所说的"素朴的诗"就是古典主义的诗,也就是现实主义的诗。他所说的"感伤的诗"则指近代的诗、浪漫主义的诗。席勒虽然是从人性论出发的,但却贯穿了历史主义的观点,他力求从不同发展阶段上的社会和文化的性质来解释文艺的创作方式及其演变。

席勒明确指出,古代的诗和近代的诗,即素朴的诗和感伤的诗的重大区别,主要不在于古代和近代,而在于模仿现实和表现理想。他说:"在自然的素朴状态中,由于人的全部能力作为一个和谐的统一体发生作用,结果,人的全部天性就在现实的本身中表现出来,诗人的任务必然是尽可能完善地模仿现实。反之,在文明状态中,由于人的天性,这种和谐的竞争只不过是一个观念,诗人的任务就必然是把现实提高到理想,或者是表现理想。"③"古代诗人打动我们的是自然,是感觉的真实,是活生生的当前现实;近代诗人却是通过观念的媒介来打动我们。"④一般说来,素朴的诗只有一种处理方式,而感伤的诗因为要处理理想和现实的矛盾,所以必然有多种多样的

① 转引自伍蠡甫主编:《西方文论选》上卷,上海译文出版社1979年版,第489页。
② 同上。
③ 同上书,第490页。
④ 同上。

处理方式。感伤诗人面临的新课题是"把他自己附丽于现实呢？还是附丽于理想？是把现实作为反感和嫌恶的对象而附丽呢？还是把理想作为向往的对象而附丽？"①在第一种情况下，诗将是讽刺的；在第二种情况下，诗将是哀伤的。如果描写的自然受到污损，理想表现为不可企及，那么这将是狭义的哀伤诗。如果自然和理想被表现为现实的存在，那么就会产生牧歌或田园诗。席勒对这些近代的诗作了详细的分析和评论。

应当指出，席勒并没有把素朴的诗和感伤的诗简单地加以对立，他认为二者各有优缺点，并不是互相排斥的。如果说素朴诗人在现实性方面优越于感伤诗人，能在真实的描绘中使我们享受到自己的精神活动和感性生活的丰富性，那么感伤诗人也有大大胜过素朴诗人的地方，他虽然使我们讨厌现实生活，但却表现了理想，能提供更为伟大的目的。在席勒看来，素朴的诗容易蜕化为自然主义，感伤的诗则容易流于妄诞和空想，理想的未来艺术应当是二者的统一，即古代文化和现代文化的综合体。他说："有一个较高的观念包蕴了它们二者，如果这个观念是与人性那个观念相一致的话，这也不足为怪。"②显然，他是要在人性或人道主义的基础上追求现实主义和浪漫主义的统一，这在当时是有进步意义的。席勒的这个观点，在他逝世前不久所写的悲剧《墨西拿的新娘》的前言中，表述得更为明确。他写道："艺术怎样才能成为和必须同时成为既是非常理想的而且又是从最深刻的含义上说的现实的呢？如果它完全脱离了现实，又怎能丝毫不差地同自然一致呢？——这就是少数人所理解的艺术，他们就是这样曲解了诗歌作品和雕塑作品的——因为从公认的观点看，上述两种要求是相互截然排斥的。"③

席勒在美学史上占有重要的地位，产生过很大的影响。他所提出的许多美学问题都是十分重要和深刻的。批判地继承席勒的美学遗产是美学史研究的重要任务之一。

---

① 转引自伍蠡甫主编：《西方文论选》上卷，上海译文出版社1979年版，第491页。
② 同上书，第490页。
③ 转引自[苏联]奥夫相尼科夫：《美学思想史》，吴安迪译，陕西人民出版社1986年版，第296页。

第四节　费希特的美学思想

费希特(Johann Gottlieb Fichte,1762—1814 年)是德国古典唯心主义哲学家,他出生于奥伯劳济兹城的拉梅诺,父亲是一位手工业者。1780 年入耶拿大学攻读神学,后转学莱比锡。青年费希特充满激进的民主思想,1788 年秋弃学当家庭教师,1791 年赴哥尼斯堡造访康德,1792 年发表《对一切启示的批判》,1793 年发表《纠正公众对法国革命的评断》和《向欧洲君主索回至今被压制的思想自由》等文,1794 年起先后担任耶拿大学、爱尔兰根大学和柏林大学的教授。在哲学上,他是康德哲学的继承者,后来他从右的方面批判康德,取消了"物自体"的概念,克服了康德哲学的二元论,创立了一套以"自我"为中心的主观唯心主义哲学体系。他的主要哲学著作有《知识学基础》(1794 年)、《论学者的使命》(1794 年)、《知识学导言》(1797 年)、《人的使命》(1800 年)等。在政治上,他也经历了从拥护法国大革命到反对法国大革命,从号召与现实抗争到要求与现实妥协的过程,他甚至认为哲学的任务就是要证明现存社会秩序的必要性和合理性,使人安于现实。费希特主要是哲学家,很少写美学著作,没有专门建立美学体系。他的第一篇美学论文是为反对席勒《美育书简》而写的,题目是《哲学中的精神和字义》(1794 年),后来在《按照知识学原则建立的道德学说体系》(1798 年)中,他把美学看作他的道德学说的有机部分。在美学史上,费希特加强了康德美学的主观唯心主义性质,为德国早期浪漫主义者的美学提供了哲学基础,这是他的主要贡献。

一　美是主观心灵的产物

费希特不满意康德关于"物自体"的假设,他认为,"物自体"纯属虚构,完全没有实在性,只有自我才是唯一的实在。他的全部哲学体系包含三个命题:(1)自我设定自身;(2)自我设定"非我";(3)自我设定自身和"非我"。在他看来,自我是第一性的,"非我"是由自我派生的。他说:"除了你所意识者而外,没有别的东西了,你自己就是事物,你自己,以你的有限性——你的存在的内在规律——就这样被分裂于你自己之外。你所见的外于你的,仍只是你自己。"①因此,他完全取消了客观实在,陷入了主观唯心主义。正是由此出发,他把美看作是纯然主观的东西,是主观心灵的产物。他说:"声音的合奏与和谐并不存在于乐器里面;和谐只存在于听者的心灵里面,听者把那杂多的声音在自己心里结合为一;而如果我们不把这样一个听者设想进去,和谐就是根本不存在的。"②他明确指出,审美判断是一个正题判断。所谓正题判断是这样一种判断,"在其中某种东西与其他的东西既不是相同的,也不是对立的,而仅仅是被设定与自身相同的"③。也就是说,它是"以自我的设定为基础,绝对通过自己而建立起来的","是不能指出任何根据来的"④。典型的正题判断就是"我是……",在这个判断中,完全没有宾词,这就为自我无限地留下了宾词的地位。审美判断也是这样的正题判断,康德及其继承者曾经非常正确地称这种判断为"无限的判断"。费希特说,正题判断不是以关联根据或区别根据为前提,其基础仍是自我。因此他所谓美是正题判断仍是主观的判断。他还认为,审美与实践和认识无关,审美是对客体的宁静而无利害关系的直观。

二　艺术的本质和特征

在《哲学中的精神和字义》中,费希特把艺术的本质和特征归结为自我表现。他认为,任何艺术品都是艺术家的"内在心境"或"内心情绪"的表现,是"自由的精神创造"的成果。艺术作品的精神(即内容)是灵魂,而艺

---

① ［德］费希特:《知识学基础》,载北京大学哲学系外国哲学史教研室编译:《十八世纪末—十九世纪初德国哲学》,商务印书馆1979年版,第137页。
② 转引自北京大学哲学系美学教研室编:《西方美学家论美和美感》,商务印书馆1980年版,第185页。
③ 同上书,第184页。
④ 同上书,第185页。

术作品的形象则是精神的体现,只不过是"精神的躯体和字义"。他从艺术是自我表现的观点出发,对席勒的美学进行了批判,其要点有二:(1)席勒认为人有物质的和精神的两种动机或冲动,而费希特认为,外部的物质世界并不是"物自体",而是自我意识的产物,因此,只有自我意识才是审美动机唯一的内在源泉;(2)席勒认为通过审美教育可以达到自由,而费希特认为,自由并不是审美教育的结果,而是美感和艺术得以存在和发展的前提或条件。

在《道德学说的体系》中,费希特对艺术的本质和特征作了更充分的阐述。他认为,艺术既不同于科学,也不同于道德,艺术具有自己的特点,它能把感性和理性结合,使观念体现为感性的客体,具有独特的价值和意义。他说:"美的艺术不像学者那样只培育理智,也不像道德人民教师那样只培育心灵,而是要培育完整统一的人。它所追求的不是理智,也不是心灵,而是把人的各种能力统一起来的整个心态(Gemüt),这是一个第三者,是前二者的综合。"①因此,艺术是把人作为一个整体来发展,它能把人从自然的局限中解脱出来,使之提升到独立的完全自为的境界。从先验的观点看,世界是创造的。从普通观点看,世界是现成的。但从美学观点看,世界既是现成的,又是创造的。这就是说,"艺术能把先验的观点造成普通的观点"②,使我们更好地从哲学上理解现实,从而摆脱感性的桎梏,培养我们的美德,引导人按照道德意志的方向前进! 费希特把艺术看得很高,他十分重视艺术和审美活动对于人类发展的伟大意义。

关于美和美感问题,费希特发挥了康德关于美的主观性和审美无功利性的思想。他认为,自然既有外在的受限制的一面,又有内在的自由的一面;如果从受限制的一面去看,只会看到扭曲的、受挤压的、怯懦的形式,这就是丑,如果从自由的一面去看,就能看到自然内在的充实和力量,看到生命和追求,这就是美。所以审美就是"从美的方面看待一切,它把一切都看成是自由的、生机盎然的"③。他指出:"美的精神的世界究竟在什么地方

①　转引自李醒尘主编:《十九世纪西方美学名著选(德国卷)》,复旦大学出版社 1990 年版,第 173 页。

②　同上。

③　同上书,第 174 页。

呢？就在人类内部，否则任何地方也不会有。"①"美感不是道德：因为道德律要求依据概念的独立性，而美感不带任何概念，只来自自身，可是，它是通向道德的准备，它给道德提供土壤。"②

此外，费希特还肯定天才。他认为，自然制造出天才，天才造成艺术家，没有天才就没有任何创造活动。但是，艺术家不可违背自然，他说："绝对真实的是：艺术家是天生的。规则约束天才，但它并不提供天才；正因为它是规则，有意划定了界限，因此就不是自由。"③他强调艺术家应当忘掉一切，忠于职守，他说："你要警惕由于私利或追求当今荣誉的欲望使你沉沦于自己时代的腐败趣味：你要努力制造理想，把它高悬在自己的心灵之前，并忘掉其他一切。艺术家只能以自己职业的神圣鼓舞自己。他只须学会，通过运用自己的才能不服侍于人，而是服务于自己的义务；他很快就会以完全另样的眼光欣赏自己的艺术，他将成为一个更好的人，因而成为一个更好的艺术家。"④在他看来，真正的艺术家是超时代、超阶级的。他的所有上述观点，都对浪漫主义者产生了重大的影响。

第五节　早期浪漫派的美学思想

18世纪后半期，在欧洲范围内发生的浪漫主义文学运动，是一个非常复杂和充满矛盾的社会现象。一般说来，浪漫主义是作为法国大革命的反动而发生的，其主要倾向是同启蒙运动断然决裂。马克思说："法国革命以及与之相联系的启蒙运动的第一个反作用，自然是把一切都看作中世纪的、浪漫主义的"⑤。

---

① 转引自李醒尘主编：《十九世纪西方美学名著选（德国卷）》，复旦大学出版社1990年版，第174页。

② 同上。

③ 同上书，第175页。

④ 同上书，第172页。

⑤ 《马克思恩格斯全集》第32卷，人民出版社1974年版，第51页。

　　浪漫主义并不是一种严谨、独特的美学理论,而是一种风行欧洲各国,渗透到文学、宗教、历史以及自然科学理论中较为完整的世界观。史家多把浪漫主义区分为积极的和消极的两种。积极的浪漫主义同欧洲各国资产阶级民族解放运动的高涨有密切联系。德国著名的"狂飙突进"文学运动就是这样的浪漫主义运动,青年歌德和席勒都由此走向古典现实主义。就德国来说,得到全面发展的主要是消极的浪漫主义。它形成于 18 世纪 90 年代末,主要代表人物有施莱格尔兄弟、诺瓦利斯、梯克等。1796 年,费希特在耶拿大学讲学,他们也都聚集耶拿,醉心于费希特的自我哲学,1799 年创办了《雅典女神殿》杂志,由施莱格尔兄弟两人主编,形成了浪漫主义小组,被称为"耶拿派浪漫主义"或"早期浪漫主义"。1805 年以后,阿姆宁、布伦塔诺等人又在海德堡形成了一个浪漫主义中心,被称为"海德堡派浪漫主义"或"后期浪漫主义"。这里我们只简略谈谈德国早期浪漫主义对于美学这门学科的看法及其一般的美学特征。

一　对哲学美学的批评

　　德国早期浪漫派不满意自鲍姆嘉通和康德以来美学发展的现状,对美学作过许多有益的思考,尤其对哲学美学提出了尖锐的批评。奥·施莱格尔在《关于美的文学和艺术的讲座》中,一开头便指出,"美的科学""美的艺术""美学"这几个概念一直用法不当、含混不清、令人费解。例如,"美的科学这种提法本身是自相矛盾的"①。因为科学是一个体系,就其本性来说是严格的,而美的东西必定包含游戏和自由的显现,这在科学中是完全被排除在外的。"美的艺术一词也大有值得斟酌之处"②,因为艺术除了美之外完全不应也不能创造什么,美就是艺术自身的宗旨和本质。因此,"美的"这个修饰词对艺术是不必要的、多余的。至于"美学",其原义是感官知觉,而鲍姆嘉通把它当成教授如何使用低级认识的科学,这完全是出于误解。"美学"这个词使美感成了真正的"qualitas occulta"(模糊的性质),在它的

---

　　① 转引自李醒尘主编:《十九世纪西方美学名著选(德国卷)》,复旦大学出版社 1990 年版,第 302 页。

　　② 同上书,第 303 页。

背后隐匿了一些毫无意义的论断和有待证明的循环论证。他说:"现在该是彻底废除它的时候了。"①但是,他毕竟没能废除美学。在他看来,美学就是艺术理论,而艺术理论有两种:一是关于技巧的艺术理论,说明怎样才能完成一件艺术作品;一是关于哲学的艺术理论,说明的是应当创作什么艺术作品。他一面认为康德及其信徒的各种有关艺术的哲学理论一无可行,说一种卓越的技巧性理论比毫无用处的哲学理论更令人宠爱,前者使人学有所得,后者则食而无味;一面又认为创造一种艺术的哲学理论仍是必要的和可能的。他指出,这种艺术学说应当提供创造艺术和美的基本原理,坚持艺术的自主性,阐明美的独立性、本质上的多样性以及对道义上的善的非从属性。因此,它的任务是要衡量、诠释艺术的范围,确定各门艺术必要的界限,并通过不断综合进而获得最明确的艺术法则。他的这种思想是建立在他对艺术和美的看法的基础之上的。他认为,艺术和美是超然独立的、与实用无关的。他说:"许多人对艺术并无恶意,可只要他们从实用的角度去理解的话就一定理解不了。这意味着极度贬低了艺术,歪曲了事物。归根结蒂,艺术的本质不愿实用。美在某种方式上是实用的对立面:它是脱离了实用的事物。"②他还进而谈到了艺术理论和艺术史的关系问题。他认为,艺术史不可缺少艺术原理,另一方面艺术理论也不可无艺术史而独立存在。他强调二者的结合,反对脱离历史和事实的空洞理论。他说:"艺术只有借助于例证才能得到说明","历史对于理论来说是永恒的法典。理论始终致力于使这部法典日臻完善地公诸于世"。③

奥·施莱格尔的弟弟弗·施莱格尔对美学即艺术哲学也提出了自己的看法和批评。他说,艺术哲学常常"不是缺乏哲学,便是缺乏艺术",而"任何艺术都应当成为科学,任何科学都应当成为艺术;诗和哲学应当统一起来"。④ 诗人的哲学是"创造的哲学,它以自由的思想和对自由的信念为出发点,它表明,人类精神强迫着一切存在物接受它的法则,而世界便是

---

① 转引自李醒尘主编:《十九世纪西方美学名著选(德国卷)》,复旦大学出版社 1990 年版,第 304 页。

② 同上书,第 306 页。

③ 同上书,第 317 页。

④ 同上。

它的艺术作品"①。

与早期浪漫派十分接近的神学家施莱尔玛赫在他的《美学讲演录》中，对美学也作过一些思考。他认为，美学的第一大难题，就是确定艺术在伦理学中的地位。从历史上看，美学往往以伦理学和哲学为基础，而事实上总是没有普遍公认的伦理学和哲学，因此，"美学依据只存在于两种情况中：要么完全缺乏一个能够创建美学这门学科的哲学体系，要么必须从伦理学中跳出来，从更高的角度上去寻找美学的根据"②。

德国早期浪漫派对哲学美学的批评以至否定，实质上是在呼唤和酝酿一种新的浪漫主义的美学，其中有破有立，包含了一些合理的因素，很富有启发性，对后来美学的发展有重大的影响。但他们所追求的美学实质上仍是以费希特"自我哲学"为基础的主观唯心主义的美学。

二　早期浪漫派美学的一般特征

早期浪漫派美学的首要特征，在于鼓吹文艺表现自我的主体万能论。他们的根本出发点是费希特的自我哲学。费希特毕竟还用"非我"来限制自我，而浪漫主义者则进一步取消了"非我"，把主观的自我变成了唯一独立的自由本质。普列汉诺夫曾说，他们"比费希特更'费希特'化了"③。他们根本否认现实世界的客观性，认为自我是唯一的实在，世界是人类精神的"艺术作品"，是由自我创造的；"艺术家是至高无上的精神器官"④，他是凌驾一切的天才，是绝对自由的，他可以不受任何现实的道德、法律等社会关系以及任何艺术规则的束缚，任意地创造一切，消灭一切。因此，对于浪漫主义者来说，文艺创造就是艺术家（主体、自我）的一种绝对自由的活动。弗·施莱格尔认为，艺术家不应当只为这些人或那些人写作，他或者不为任

---

①　转引自李醒尘主编：《十九世纪西方美学名著选（德国卷）》，复旦大学出版社 1990 年版，第 317 页。

②　同上书，第 328 页。

③　《普列汉诺夫哲学著作选集》第 3 卷，汝信等译，生活·读书·新知三联书店 1984 年版，第 761 页。

④　转引自李醒尘主编：《十九世纪西方美学名著选（德国卷）》，复旦大学出版社 1990 年版，第 316 页。

何人写作,只为自己本身写作,或者为一切人写作。文艺虽然描写各种事物,但实际上表现的只是自我,只有表现自我,文艺才能成为周围世界的镜子和时代的反映。他称浪漫主义的诗是"包罗万象的进步的诗"。他说:"恐怕没有其他形式能如此完美地表现作者本人的灵魂,因而许多艺术家虽然不过存心只写一部长篇小说,实际上却描绘了自己本人。""唯有它是无限的和自由的,它承认诗人的任凭兴之所至是自己的基本规律,诗人不应当受任何规律的约束。"①

其次,正是在这种主体万能论的基础上,早期浪漫派美学不但无视任何规则,要求打破各种艺术体裁之间的界限,而且要求打破诗与生活之间的界限,鼓吹生活的诗化和浪漫主义的讽刺。弗·施莱格尔说,浪漫主义的诗,"它的使命不仅在于把一切独特的诗的样式重新合并在一起,使诗同哲学和雄辩术沟通起来。它力求而且应该把诗和散文、天才和批评、人为的诗和自然的诗时而掺杂起来、时而溶和起来。它应当赋予诗以生命力和社会精神,赋予生命和社会以诗的性质。它应当把机智变成诗,用严肃的具有认识作用的内容充实艺术,并且给予它以幽默灵感"②。由此可以看出,在浪漫主义者那里,美学范畴不再是现实生活的反映,而是生活本身的构成力量。浪漫主义者宣布了自我(主体)对生活素材的绝对统治。他们认为,现实生活是乏味的、平庸的、虚幻的,不值得重视,在艺术家的自我面前,一切都没有任何价值,都应当加以克服和否定。艺术家可以单从自我出发,不受任何现实的、艺术的限制,藐视一切,玩弄一切,以滑稽、嘲讽、玩世不恭的态度对待一切,其目的是用自我想象创造出来的诗代替生活,造成生活的诗化或建立一个诗的理想国。据说这就可以消除诗与生活的界限,克服生活本身的平庸。显然,浪漫主义者把生活和艺术完全对立起来了,所谓浪漫主义的讽刺,实质上就是自我的绝对自由和任性放纵,而所谓生活的诗化,无非是否定和逃避现实。号称浪漫主义之王的诺瓦利斯,就曾号召人们躲到"艺术世界"中去。他说:"谁在今日世界里不幸福,谁没有找到他所寻觅的东西,那就让他到书本和艺术的世界里去,到自然的世界去——这是古代和现代

---

① 转引自李醒尘主编:《十九世纪西方美学名著选(德国卷)》,复旦大学出版社 1990 年版,第 318 页。

② 同上。

的永恒的统一,那就让他到这个美好世界的教堂里去生活","在这个世界里,他会找到爱人和朋友,故乡和上帝"。①

浪漫主义美学的另一特征,在于鼓吹和崇拜本能的、无意识的、非理性的东西。与启蒙主义者崇尚理性的情形相反,浪漫主义者认为艺术创作不凭理智,而凭神秘的直觉,所以艺术创作不能理解,也无法理解,他们强调要用神秘的直觉的眼光看待自然和人生。诺瓦利斯宣称"诗人确实是在无知觉状态中进行创作的"。他把诗与科学、想象、逻辑相对立,认为作诗有如做梦一样。瓦肯罗德则把审美感同神秘感混为一谈,把宗教祈祷和艺术欣赏视为等同。从文艺创作看,浪漫主义者大多歌颂黑夜和死亡,追求梦境和宗教神秘境界。例如诺瓦利斯的《夜之歌》赋予黑夜和死亡以哲学符号的意义,充满了悲观厌世的色调,他的长篇小说《海因利希·封·奥夫特丁根》以宗教象征和寓意的笔法,描写主人公追求梦中的"兰花"——真理、爱情和诗的象征,理想化地描绘了返回中世纪和宗教的道路。在这部小说发表前,他在《基督教和欧洲》(1799 年)中,已经表达了消极浪漫主义的纲领。他认为,宗教改革和法国大革命使人类分裂了,欧洲应当成为一个无所不包的国家,应当按照中世纪的样子来建成,"只有宗教才能使欧洲复兴"。

总的说来,德国早期浪漫派的美学的确散布了不少消极的东西,如主观主义、神秘主义、非理性主义。许多进步思想家如黑格尔和海涅对它进行批判并不是偶然的。黑格尔在《美学》中指出,浪漫主义的讽刺植根于费希特哲学,它把自我当成一切事物的主宰,把艺术家当成自由建立一切又自由消灭一切的"我"。这种艺术家自以为神通广大,看破红尘,解脱一切约束,对一切都抱着滑稽态度,只顾在自我欣赏的福境中生活,这实际上是一种病态的心灵美和精神上的饥渴病,是主体空虚和无力自拔于这种空虚的表现。②海涅更尖锐地指出,德国浪漫派"不是别的,就是中世纪文艺的复活,这种文艺表现在中世纪的短歌、绘画和建筑物里,表现在艺术和生活之中。这种文艺来自基督教,它是一朵从基督的鲜血里萌生出来的苦难之花"③。但

---

① 转引自(作者不详):《德国浪漫主义文学理论》(俄文版),(出版社不详)1934 年版,第127 页。

② 参见[德]黑格尔:《美学》第 1 卷,朱光潜译,商务印书馆 1979 年版,第 80—85 页。

③ [德]海涅:《论浪漫派》,张玉书译,人民文学出版社 1979 年版,第 5 页。

是,应当看到,早期浪漫派美学还有积极的一面。我国学术界过去有人把它当作复辟中世纪的文艺思潮,全盘否定,这种"一棍子打死"的做法是简单化的、不恰当的。浪漫主义者主要不是没落封建贵族的代表,而是一部分右翼资产阶级和小资产阶级的代表,他们也赞成资本主义的要求,他们鼓吹的个性自由、个性解放等思想仍属资产阶级意识的范畴,他们主张有机发展的历史观,视革命为违背常规,要求保留和吸收某些中世纪的东西,但并非都是要求复辟中世纪。就总体来说,在他们的身上体现了德国市民阶级的矛盾,他们看到了资产阶级革命理想的虚伪与破灭,但又找不到正确的出路,只好走上了否定现实、逃避现实的道路。作为一种文艺美学思潮,德国早期浪漫派在清除古典主义的影响,促进民族文学的发展,发掘、整理民间文艺和中世纪文化遗产以及语言学研究等方面,都有一些积极的贡献。在美学上,他们批评哲学美学,开启了审美主体问题的研究,促进了美学研究方法的革新;他们较早把历史主义带进美学,指出了古代艺术文化的暂时性;他们提倡的浪漫主义讽刺虽然建立在主体绝对自由的基础上,有时却也能够击中资本主义现存法律和道德的目标,揭示出资本统治力量的"异化"性质,具有某些反对资本主义现实的人道主义内容,他们强调主体性虽然失之过分,但也具有某些反教条、反权威、"反警察"的性质。一般认为,德国早期浪漫派的美学在谢林那里得到了更系统更全面的发展。

第六节　谢林的美学思想

谢林(Schelling,1775—1854 年)是德国古典哲学和美学的另一位杰出代表,是从康德到黑格尔的重要环节,也是德国浪漫主义美学理论的主要表达者。他出生于符腾堡莱昂贝格的一个牧师家庭。1790—1795 年在图宾根神学院学习哲学与神学,毕业后当过家庭教师,1798 年任耶拿大学教授,1803—1806 年任维尔茨堡大学教授,1806 年任慕尼黑巴伐利亚科学院院士和造型艺术科学院秘书长,1820—1826 年任爱尔兰根大学教授,1827 年任巴伐利亚国家科学中心总监和科学院院长,1841 年受普鲁士国王弗·威廉四世的邀请,主持柏林大学哲学讲座,继任柏林科学院院士和普鲁士政府枢密顾问。1854 年病逝。在政治思想上,谢林经历了由激进到保守的激烈转变。青年时代谢林反对封建专制,热情欢呼法国大革命,曾同荷尔德林、黑格尔一同种植"自由树",他还把《马赛曲》译成德文,积极参加学生运动,崇拜卢梭,向往资产阶级的民主自由,主张社会改革,甚至对现存法律和政府采取完全否定的态度。但随着法国大革命的深入,他日益感到失望,公开转向美化封建制度和天主教会,鼓吹蒙昧主义和神秘主义,晚年成了普鲁士政府的御用喉舌和反动的象征。在哲学上,他起初是康德和费希特哲学的信奉者,后来接受了斯宾诺莎和柏拉图的影响,创立了自己独立的客观唯心主义体系。他的哲学被称为"同一哲学",包括自然哲学、先验哲学和天启哲学三个部分。其中先验哲学又包括理论哲学、实践哲学和艺术哲学。他把艺术的地位放得很高,艺术哲学代表着他的先验唯心主义哲学体系的完成。他不满意费希特区分自我与"非我",认为二者是不可分的、同一的整体,没有谁产生谁的问题。他说:"这种更高的东西本身就既不是主体,也不是客体,更不能同时是这两者,而只能是绝对的同一性。"所谓"绝对的同一"即无差别的同一,它就是唯一的实在或绝对,也就是"自我意识"或"上帝"。世上的万事万物,主体和客体、物质与精神的差别与矛盾,都是绝对或上帝盲目活动的结果。谢林的美学思想就是建立在这种客观唯心主义的同一哲学基础之上的。谢林涉及美学的著作主要是《先验唯心论体系》(1800 年,第六章专讲艺术哲学)、《论造型艺术对自然的关系》(1807 年)和《艺术哲学》(生前讲稿,死后由其儿子整理出版)。

一 艺术与哲学

在《艺术哲学》导言的一开头,谢林就明确肯定了建立艺术科学的必要性,然而他指出,无论是鲍姆嘉通,还是康德和康德以后的某些杰出美学家,都没能提出一种科学的完整的理论,他们没有严格区分经验主义和哲学的界限,大多只从经验心理学来解释美。他所提出来的艺术哲学体系和迄今所有的体系,在内容和形式上都是根本不同的,因此"不要将这种艺术科学和人们迄今为止在这种名称或别的什么名称下,当作美学或美的艺术和科学的理论而提出来的东西相混淆"①。他明确指出:"艺术哲学只是我的哲学体系的最高层次的复述"②。这就是说,在谢林那里,美学被称之为艺术哲学或艺术科学,它不只是谢林哲学的一个组成部分,而且就是谢林哲学的"复述"。

谢林十分强调美学或艺术哲学所具有的哲学科学的性质。他认为,艺术哲学本质上应该是哲学科学,而不是作为个别科学的纯艺术理论。问题在于艺术哲学这个概念似乎是矛盾的,艺术是实在的、客观的,而哲学是理想的、主观的。所以谢林提出艺术哲学何以可能的问题,也就是艺术何以能够成为哲学的对象的问题。谢林认为,艺术虽然是特殊的东西,但它本身就包含着无限的、绝对的东西。"如同对哲学来说,绝对的东西是真的原型,——对艺术来说,绝对的东西则是美的原型。……真和美只是同一个绝对的东西的两种不同的观察方式而已"③。因此,他认为,艺术哲学不同于艺术理论,它并不是把艺术作为特殊的东西来研究,"艺术哲学的任务就是在理想的东西中来描述在艺术中是实在的东西"④。这里所谓"实在的东西"就是绝对的东西,也就是宇宙和上帝。所谓"在理想的东西中来描述"就等于"构造",就是"用艺术形象来构造宇宙"。⑤ 他认为,"宇宙本身就是绝对的艺术作品"⑥。因此,艺术哲学就是以艺术形式出现的宇宙的科学。"构造"是谢林特有的术语和方法,其实质就是通过构造艺术推演出宇宙和上帝。谢林并不掩饰他的艺术哲学的宗教神秘主义性质。他在给奥·施莱格尔的一封信中说:"我的艺术哲学与其说是艺术理论,倒不如说是宇宙哲学,因为艺术理论乃是某种特殊的东西,而艺术哲学则只属于对艺术的高级反思的领域;在艺术哲学中丝毫不谈经验的艺术,而只谈处于绝对之中的根源,因此艺术是完全从神秘的方面来加以考察的。我将要推演出的东西与

① [德]谢林:《艺术哲学》,载《外国美学》编委会编:《外国美学》第2辑,商务印书馆1986年版,第382页。
② 同上书,第383页。
③ 同上书,第389页。
④ 同上书,第384页。
⑤ 同上书,第388页。
⑥ 同上书,第403页。

其说是艺术,倒毋宁说是以艺术的形式和形象出现的一与全。"①

　　谢林认为,艺术与哲学都以绝对为对象,是把握或认识绝对的两种不同的形式。在《先验唯心论体系》中,他认为,绝对即绝对的同一性,它是不能用概念来理解和言传的,它不是知识的对象,只是信仰的对象,只能加以直观。自我直观有许多级次,其中哲学的理智直观是一种内在的直观,它指向内部,是纯主观的,一般根本不会出现在普通意识里,而只有艺术的美感直观才能使理智直观具有客观性,它指向外部,能够出现在每一种意识里。谢林说:"具有绝对客观性的那个顶端是艺术。我们可以说,如果从艺术中去掉这种客观性,艺术就会不再是艺术,而变成了哲学;如果赋予哲学以这种客观性,哲学就会不再是哲学,而变成了艺术。——哲学虽然可以企及最崇高的事物,但仿佛仅仅是引导一小部分人达到这一点;艺术则按照人的本来面貌引导全部的人到达这一境地,即认识最崇高的事物。艺术与哲学的永恒差别,艺术的神奇奥妙就是以此为基础的。"②因此,在谢林那里,美感直观优于理智直观,处于自我直观的最高级次,艺术高于哲学,艺术哲学实际代表着他的体系的完成。他指出:"哲学的工具总论和整个大厦的拱顶石乃是艺术哲学。"③

二　艺　术　和　美

　　谢林在谈到同时代的艺术家时说,除了极少数的例外,他们"没有一个人知道艺术的本质是什么,因为他们一般地总是缺少艺术和美的观念"④。因此,他想通过艺术哲学去"寻求艺术的真正的观念和原则"⑤。

　　谢林把什么当作艺术的本质呢? 他提出了一种流溢说。他说:"根据我的全部艺术观,艺术本身就是绝对的东西的流溢。"⑥并且说:"一切艺术

---

　　①　《谢林生平书信》(德文版)第 1 卷,布维尔出版社 1962 年版,第 397 页。
　　②　[德]谢林:《先验唯心论体系》,梁志学、石泉译,商务印书馆 1976 年版,第 278 页。
　　③　同上书,第 15 页。
　　④　[德]谢林:《艺术哲学》,载《外国美学》编委会编:《外国美学》第 2 辑,商务印书馆 1986 年版,第 381 页。
　　⑤　同上。
　　⑥　同上书,第 391 页。

的直接根源是上帝。……上帝本身是一切艺术的无限的根源,最终的可能性,它本身是一切美的源泉。"①显然这是一种客观唯心主义的回答,它把艺术和美的源泉归之于神秘的绝对或上帝,根本否认了现实世界是美和艺术的源泉。在谢林看来,艺术的原型不是自然,而是绝对,艺术的任务不是模仿自然,也不是模仿古代典范的作品,而是描绘处于上帝或绝对中的事物,也就是要描绘永恒的美的理念或"真正存在的东西"。绝对是无差别的同一,也是永恒的神秘的创造力量,一切主体与客体、精神与物质、自由与必然、感性与理性的差异和对立,都是由绝对产生的,而艺术却能把这一切差异和对立融合为一,艺术是活生生的整体,是解决一切矛盾,达到无差别境界的手段。因此,艺术不同于任何其他产品,它没有任何外在的目的,"艺术是很神圣、很纯洁的"②,它与野蛮人所渴求的单纯感官享乐的东西无关,也与实用有益的东西绝缘,而只以自身为目的。这实际上是一种为艺术而艺术的理论,正是这一理论博得了浪漫主义者的喝彩。

美和艺术这两个概念,在谢林那里区分得并不十分严格。关于美,谢林做过许多烦琐晦涩的逻辑推演,其主要观点如下:

(1)美是自由和必然的统一。谢林认为,美是艺术家审美创造活动的结果,而人的一切创造活动都是自由与必然、有意识活动和无意识活动的统一。他说:"一切行动只有通过自由与必然的原始统一才能理解。我们的证明是:任何行动,无论是个人的还是整个族类的,作为行动都必须被设想为自由的,作为客观结果则都必须被设想为服从于自然规律的。因此,从主观方面看,我们是为表现内心而行动的;从客观方面看,则决不是我们在行动,而是另一种东西仿佛通过我们而行动着。"③这里所谓"另一种东西",就是盲目的必然性,或称无意识的东西,有时谢林又称之为"天意"。在他看来,美是艺术家自由创造的结果,但又并非纯粹的主观任意,而是符合必然性的。

(2)美是普遍与特殊、有限与无限的统一。谢林认为,美总应当是具体的,因而美总具有有限的形式,然而一件作品所赖以显得真正美的要素不仅

---

① [德]谢林:《艺术哲学》,载《外国美学》编委会编:《外国美学》第 2 辑,商务印书馆 1986 年版,第 403 页。

② [德]谢林:《先验唯心论体系》,梁志学、石泉译,商务印书馆 1976 年版,第 271 页。

③ 同上书,第 254 页。

仅是形式,而是高于形式的普遍性,这普遍性是无限的,因此,他认为艺术是以有限的形式表现着无限,而这也就是美。

(3)美是感性和理性的统一。谢林认为,美应当是感性的显现,否则它就不能进入普通人的意识,但美又不是空洞的无内容的显现,而是有生命的整体,包含一定的理性内容。

此外,谢林认为,真善美是相互联系的,艺术和美是由低级向高级发展的,美就其形式和内容来说,可以有各种不同的层次。

总的说来,谢林关于艺术和美的观点具有浓厚的神秘唯心主义的色彩,但其中也具有某些辩证法和历史主义的思想,这在黑格尔美学中得到了进一步发展。

三　论天才和艺术创作

谢林美学思想的另一个重要特点,在于鼓吹天才和艺术创作的无意识性。谢林认为,艺术是天才的作品,艺术家是凭借发自他内在本性的创造冲动进行创作的。他写道:"所有的艺术家都说,他们是心不由主地被驱使着创作自己的作品的,他们创造作品仅仅是满足了他们天赋本质中的一种不可抗拒的冲动。"[1]在他看来,这种冲动具有不可抗拒的力量,无论艺术家怀有多大意图,多么深思熟虑地进行创作,总有一种力量"逼着他谈吐或表现那些他自己没有完全看清、而有无穷含义的事情"[2]。他会不知不觉地把深不可测的奥秘表现到作品中去,以致艺术作品所表达出来的内容,永远比他原来想要表现的更丰富。因此,艺术创作是"唯一的、永恒的启示,是一种奇迹,这种奇迹哪怕只是昙花一现,也会使我们对那种最崇高的事物的绝对实在性确信无疑"[3]。

谢林的上述观点,是以他对人类活动和历史创造的观点为基础的。他认为,人类历史创造活动的基本特点,就在于它体现了有意识活动和无意识活动、自由与必然的对立统一。一方面人的创造活动是自由的、有意识的,

---

① ［德］谢林:《先验唯心论体系》,梁志学、石泉译,商务印书馆 1976 年版,第 266 页。
② 同上书,第 267 页。
③ 同上。

但另一方面又总是受到隐蔽的必然性的干预,以致不但往往达不到目的,甚至违背行动者的意志,产生出行动者本身通过自己的意志活动所永远不能做成的某些事情。例如,悲剧的情形就是如此:"全部悲剧艺术都是以隐蔽的必然性对人类自由的这种干预为基础的。这种干预不仅是悲剧艺术的前提,而且也是人的创造和行动的前提"①。谢林把这种隐蔽的必然性称之为"命运"或"天意"。一切艺术创造活动或美感活动,也和其他人类活动一样,都植根于矛盾,即自由与必然、有意识事物和无意识事物之间的矛盾,正是这个矛盾推动艺术家"整个的人全力以赴地行动起来",因为它"抓住了他的生命的矛盾,是他整个生存的根本"。② 在艺术创作过程中,一方面,艺术作品是人的自由的产品,是有意识产生的;另一方面,艺术作品又有如自然产品,是无意识地被产生的。无意识活动在创作中起决定作用,它通过有意识活动发挥作用,凌驾在有意识活动之上,最后就会形成表现出"无意识的无限性"的艺术作品。谢林说:"艺术作品的根本特点是无意识的无限性(自然与自由的综合)。"③艺术家在自己的作品中除了表现自己的意图之外,仿佛还合乎本能地表现出一种无限性,人们对这种无限性不能确切地认识,可以作出无限的解释,作品所表现出来的无限性就是美,没有美就没有艺术作品,艺术美高于自然美。

关于天才,谢林也是从人类活动的角度考察的。他认为,天才是把无意识活动和有意识活动统一起来的能力,是一种神秘的模糊的未知的力量,正是天才创造了艺术作品,赋予作品以诗意和无限性。天才既不是有意识活动,也不是无意识活动,而是凌驾于两种活动之上的东西。谢林说:"如果说我们在有意识活动中一定会找到一种东西,这种东西虽然可以总称为艺术,但仅仅是艺术的一部分,它会经过深思熟虑而自觉地完成,既能教也能学,是能用别人传授和亲自实习的方法得到的,那么,与此相反,我们在参与了艺术创造的无意识活动中也一定会找到另一种东西,这种东西在艺术里是不能学的,也不能用实习的方法和其他方法得到,而只能是由那种天赋本质的自由恩赐先天地造成的,这就是我们在艺术中可以用诗意一词来称谓

---

① ［德］谢林:《先验唯心论体系》,梁志学、石泉译,商务印书馆1976年版,第245页。
② 同上书,第266页。
③ 同上书,第269页。

的那种东西。"①这就是说,有意识活动表现为形式技巧,是能教能学的,而无意识活动表现为诗意,它来自天才,是教不了学不到的。他认为,天才是先天的,是一种把技巧和诗意统一起来的能力;天才不同于一般的才能,"天才可以解决其他任何才能用别的方法都绝对不能解决的矛盾"②;天才主要表现在艺术里,很少表现在科学里,"天才在科学里永远是有疑问的"③。

此外,谢林对神话、艺术发展规律和艺术分类等问题,也都提出了一些独特的见解。他认为,神话是一切艺术的必然条件和原始素材,没有神话,艺术是不可想象的;人类永远需要有神话,如果没有了神话,艺术家就必须创造新神话。后来尼采、海德格尔等人主张创造现代的新神话,显然接受了谢林的思想影响。他把全部艺术体系划分为现实的和理想的两大系列,现实的系列主要是音乐、建筑、绘画和雕刻,理想的系列主要是文学。他认为艺术发展的总过程是由"可塑性"向"绘画性"发展,这是从感性到精神的运动,是精神逐步超越物质的过程。他的这些思想显然影响了黑格尔。在德国古典美学和整个西方美学史上,谢林都占有重要的地位。黑格尔说:"到了谢林,哲学才达到它的绝对观点;艺术虽然早已在人类最高旨趣中显出它的特殊性质和价值,可是只有到了现在,艺术的真正概念和科学地位才被发现出来,人们才开始了解艺术的真正的更高的任务,尽管从某一方面来看,这种了解还是不很正确的。"④

第七节　黑格尔的美学思想

黑格尔(Georg Wilhelm Friedrich Hegel,1770—1831 年)是德国古典唯心主义的集大成者,德国古典美学在他那里达到了高峰。他出生于斯图加

---

① ［德］谢林:《先验唯心论体系》,梁志学、石泉译,商务印书馆 1976 年版,第 267 页。
② 同上书,第 273 页。
③ 同上书,第 272 页。
④ ［德］黑格尔:《美学》第 1 卷,朱光潜译,商务印书馆 1979 年版,第 78 页。

特一个税务员家庭,7 岁上小学,10 岁进中学,18 岁(1788 年)入图宾根神学院学习哲学和神学。1793 年毕业后曾在瑞士伯尔尼和法兰克福做过家庭教师,1801—1806 年经谢林介绍在耶拿大学任编外讲师,1807 年办过一年报纸,1808 年任纽伦堡中学校长。早年黑格尔怀有干预现实、改造现实的巨大热情,曾与谢林、荷尔德林一起种植"自由树",热烈欢呼法国大革命是"宏伟壮丽的日出",具有先进的政治理想,主张共和政体,反对基督教,倡立"人民宗教",向往古代民主制度。后来,随着革命由高潮转入低潮,他开始与现实妥协。1816—1818 年他任教于海德堡大学,公开维护普鲁士专制制度,出版《哲学全书》,形成自己的哲学体系。1818 年被任命为柏林大学教授,1829 年担任柏林大学校长,1831 年获得普鲁士国王威廉三世颁发的红鹰勋章,被称为"普鲁士复兴的国家哲学家"。他的主要著作有《精神现象学》(1807 年)、《逻辑学》(1812—1816 年)、《哲学全书》(1817 年)、《法哲学原理》(1821 年)以及他死后由学生整理出版的《历史哲学》、《宗教哲学》、《哲学史讲演录》和《美学》等。

美学是黑格尔哲学的重要组成部分。早在青年时代,美学问题就已引起他的兴趣和重视,他在一篇文章中说:"理性的最高行动是审美行动","真和善只有在美中间才能水乳交融","精神哲学是一种审美的哲学"。[①]后来在《精神现象学》和《哲学全书》的《精神哲学》中,他进一步探讨了美学问题,而他最重要最系统的美学著作则是他死后发表的《美学讲演录》(即《美学》)。这是他的学生 H.霍托根据黑格尔在海德堡大学(1817—1818 年)和柏林大学(1820—1829 年)讲课的学生笔记和黑格尔本人的部分讲稿加以整理,于 1835 年首次出版的。黑格尔把美学正名为"艺术哲学",认为美学的对象是艺术或美的艺术,也就是艺术美,因此他的美学体系便以艺术美为中心,由以下三部分组成:首先是关于美或艺术美的一般理论,其次是艺术美的历史发展类型,最后是艺术美的个别化,即关于各门艺术(建筑、雕塑、绘画、音乐、诗歌)的种属关系和体系。这也就是黑格尔《美学》一书三大卷的基本内容。

---

① 转引自[苏联]阿尔森·古留加:《黑格尔小传》,刘半九、伯幼等译,商务印书馆 1978 年版,第 20 页。

黑格尔是一个客观唯心论者,但是,他的唯心的体系却包含了辩证法和历史主义的思想,这是对人类思想史的宝贵贡献。在美学史上,黑格尔可说是最重要的美学家。如果说康德是德国古典美学的奠基人,那么黑格尔就是德国古典美学以及马克思主义以前整个西方美学优良传统的集大成者。他所创立的美学体系比前人更系统,更完整,更博大精深。他的主要贡献在于,他第一次成功地把辩证法和历史主义运用于美学领域。首先,他不再孤立地研究艺术,而是把艺术和其他社会现象(宗教、哲学、道德、法律等)看作人与现实世界的一种关系,力求把它们联系于整个人类社会来揭示其"共同的根源",这样,艺术和其他社会现象的存在和发展,在他那里都成了必然的而不是偶然的,都是以一定社会历史条件为根据的,因而也就不再是神秘的"自在之物",而成了可以理解的。其次,他也不再静止地研究艺术,而是充分肯定了艺术有一个形成、变化和发展的历史,力求在历史和逻辑、实践和理论的统一中去把握艺术发展的规律。这样,各种艺术现象和美学范畴,如类型、体裁、风格,等等,在他那里都不再是偶然的堆积和主观经验的描述,而是历史地合乎规律地发展着的。恩格斯说:"黑格尔的思维方式不同于所有其他哲学家的地方,就是他的思维方式有巨大的历史感作基础。形式尽管是那么抽象和唯心,他的思想发展却总是与世界历史的发展平行着,而后者按他的本意只是前者的验证。真正的关系因此颠倒了,头脚倒置了,可是实在的内容却到处渗透到哲学中……他是第一个想证明历史中有一种发展、有一种内在联系的人……在《现象学》、《美学》、《哲学史》中,到处贯穿着这种宏伟的历史观,到处是历史地、在同历史的一定的(虽然是抽象地歪曲了的)联系中来处理材料的。"①正是由于采取了这种辩证的历史主义的方法,黑格尔的美学才有可能胜过前人,在唯心主义的形式下广泛接触到许多真实的审美关系,包含了许多唯物主义和现实主义的因素,成为西方美学史上的一座宝库。只要把康德的《判断力批判》和黑格尔的《美学》稍加比较,人们就不难看出,后者不但更广泛地论及了人类的各种艺术实践及其历史,而且更广泛地论及了人类的社会生活和历史发展,包含了更为丰富的现实生活内容。黑格尔美学所取得的一切积极成果,对于马克思主义

---

① 《马克思恩格斯选集》第 2 卷,人民出版社 1995 年版,第 42 页。

美学的产生都有着直接的意义。

马克思和恩格斯都钻研过黑格尔的《美学》,并曾打算为一部美国的百科全书撰写黑格尔美学条目。恩格斯高度评价说,黑格尔在包括美学的"各个领域中都起了划时代的作用"①。他还建议 K.施米特在研究黑格尔的《小逻辑》和《哲学史讲演录》的同时,要"读一读《美学》,作为消遣"。并且说:"只要您稍微读进去,您就会赞叹不已。"②对于马克思主义者来说,黑格尔美学无疑是一份珍贵的美学遗产。黑格尔美学是博大精深的,这里我们只讲几个方面。

一 美学在黑格尔哲学体系中的地位

黑格尔的《美学》,对于熟悉黑格尔哲学的人或许是好懂的,但对于不了解黑格尔哲学的人,要读懂它却并非易事。关键在于对黑格尔的哲学的总体把握和透彻了解。所以,我们首先要简单介绍一下黑格尔的哲学,特别是要弄清楚美学在他整个哲学体系中的地位。

黑格尔是德国古典哲学的完成者。他继承了康德、谢林的唯心主义,又对他们有所批判,建立了一个包罗万象的客观唯心主义的哲学体系,并在这个唯心的体系中贯穿和发展了辩证法和历史主义。马克思主义经典作家既严厉批判了黑格尔保守的唯心论体系,又肯定了黑格尔辩证法和历史主义的历史成就和革命意义,对黑格尔哲学进行了批判改造,把它视为马克思主义的重要理论来源之一。

黑格尔全部哲学大厦的基石是理念或绝对理念。他坚决反对康德的二元论和关于"物自体"不可知的假设。他认为,不存在所谓"物自体",没有什么是不可知的,因为人的认识可以由现象达到本质。但是,本质是普遍的、一般的东西,它不能由感觉,只能由思想加以把握,因此,世上的万事万物虽然存在着,却只是现象,并不真实,只有现象背后的思想才是事物的本质和真实,而现象只不过是思想的显现。这种构成万事万物本质的思想或

---

① 《马克思恩格斯选集》第 4 卷,人民出版社 1995 年版,第 219 页。
② 同上书,第 714 页。

道理,或宇宙大法,他称之为理念或绝对理念,它是万事万物的本质和基础。应当注意,黑格尔所讲的理念不同于柏拉图的理念,在柏拉图那里,理念是超然独立于感性世界(自然、社会)之外的,即"理在事外",而黑格尔的理念却是"理在事中",也就是说,理念就客观存在于感性世界的万事万物之中,并不脱离感性世界。这比柏拉图似有进步,但黑格尔又坚持理念是逻辑上在先的,即于道理上说理念是先于感性世界的,是第一性的。黑格尔讲的理念,更多类似于谢林所讲的绝对,但二者毕竟不同。谢林的绝对开初是无矛盾的,只是后来才出现差异和矛盾,他也讲发展,但黑格尔认为没有矛盾就不可能有发展,理念自身就应当包含差异、对立和矛盾,永远处于辩证的运动之中。在黑格尔看来,理念的辩证运动是按照"正"(肯定)、"反"(否定)、"合"(否定之否定)的三段式进行的。形而上学主张非此即彼,"正"与"反"之间有一道鸿沟。黑格尔则认为,"正"与"反"是相互依存、相互转化的。"正"如果离开了"反",那是空洞的、无规定性的、不真实的,例如没有黑暗,也就无所谓光明。"反"是对"正"的否定,但它并非简单的消极的否定,而是"正"的一个内部环节,"正"本身就潜含着"反",只有看到"正""反"之间的联系,把二者统一为"合",达到否定之否定,这样才能对事物有全面、具体、真实、深刻的认识。所以黑格尔反复强调理念的具体性,他给理念下的定义是:"理念不是别的,就是概念,概念所代表的实在,以及这二者的统一。"①这里概念是"正",实在是"反",二者的统一就是"合"。概念是理念尚处于抽象状态,只涉及普遍性,因而仍是片面的、不真实的,只是于理应有而事实尚无的一种抽象,没有个别事物的定性,但概念是一整体,本身就潜含它所代表的实在(个别),这实在既是概念的个别事例,它就成为抽象的普遍概念的对立面,达到了否定。黑格尔说这是概念自身设立对立面,是"自否定"。然而这否定(矛盾的对立)只是一个过渡的环节,如果把实在只看成个别性,也还是片面的、不真实的,必须使实在与概念相结合,再次否定实在的个别性,重新肯定概念的普遍性,达到"合"即否定之否定(对立面的统一、联合),才是全面的真实的理念。由此可以看出,理念依照"正""反""合"三段式辩证发展的过程,也就是理念自发生、自否定、自认识的过

---

① [德]黑格尔:《美学》第1卷,朱光潜译,商务印书馆1979年版,第135页。

程,或者说是理念自我认识和自我实现的过程,而现实世界的发展本质上不过是理念的逻辑发展,所以黑格尔的辩证法仍然是主观的概念的辩证法。

正是依据这种辩证法,黑格尔从绝对理念推演出自然和社会。他把整个世界的发展分为三大阶段,即逻辑阶段、自然阶段和精神阶段,并相应地把他的哲学体系划分为逻辑学、自然哲学和精神哲学三大部分,而在每一阶段之中又都划分出更小的"正、反、合"的三个环节或阶段。这样他的哲学体系就成了一个无所不包的世界发展的图式。在逻辑阶段,理念尚未体现于自然和社会,只是纯思想、纯概念,所谓"存在"(Sein)只是"潜在"、"虚有"或"抽象的有",经过"有"—"本质"—"概念"三阶段的发展,理念就否定自身,突破纯概念而转化为自然界。在自然阶段,理念取感性事物的形式,成为"自在"或"实有"(an sich sein),它经过"机械性"—"物理性"—"有机性"三阶段的发展,最后出现了人而进入精神阶段。在精神阶段,理念体现于人的精神或社会历史,它克服了逻辑阶段和自然阶段的片面性,达到二者的辩证统一,成为"自在自为的存在"(an sich und für sich sein),也就是达到了理念的自我认识。它也经历了三个阶段,即主观精神(指个人意识)、客观精神(指社会意识:法、道德、伦理)和绝对精神(指艺术、宗教和哲学)。因此,在黑格尔的哲学体系中,艺术与宗教和哲学同处于绝对精神阶段,它们都是认识理念(真理)的一种方式和手段,不过艺术尚处于绝对精神发展的低级阶段,而哲学才是最高阶段。美学是以艺术为研究对象的,因而它就包括在黑格尔体系的《精神哲学》这个部分之中。

了解艺术和美学在黑格尔哲学体系中的这种地位,我们就可以看出,贯穿黑格尔美学的有两条基本原则:一是理性主义。在黑格尔那里,美和艺术不是非理性的、空洞的形式,而是理念的表现或显现,即理性内容和感性形式的统一,是包含着丰富的理性内容的。二是人本主义。黑格尔在谈论美和艺术时所讲的理念,并不是抽象的逻辑理念,也不是自然理念,而是具有社会性的人的理念,是以人类的社会生活为内容的。他有一个根本的思想,即美和艺术是人的精神产品,人是美和艺术的主体,也正是由此出发,他排斥自然美,推崇艺术美,把人看作艺术表现的中心。黑格尔的美学绝不是与人无关的纯粹的逻辑演绎,尽管他时常把人放到"理念"这类术语的背后。这大概也是他的美学何以能在唯心主义的形式下包含丰富的现实生活内容的原因之一。

二　美是理念的感性显现

黑格尔全部美学的基础是关于美的学说。他充分认识到美的问题的复杂性。他说："乍看起来，美好像是一个很简单的观念。但是不久我们就会发现：美可以有许多方面，这个人抓住的是这一方面，那个人抓住的是那一方面；纵然都是从一个观点去看，究竟哪一个方面是本质的，也还是一个引起争论的问题。"①为了探索美的本质，他重点分析批判了柏拉图、18 世纪英国经验派和德国理性派，如康德、歌德、席勒等人的美学观点，并在此基础上提出了他的美的定义。他写道："美就是理念，所以从一方面看，美与真是一回事。这就是说，美本身必须是真的。但是从另一方面看，说得更严格一点，真与美却是有分别的。说理念是真的，就是说它作为理念，是符合它的自在本质与普遍性的，而且是作为符合自在本质与普遍性的东西来思考的。所以作为思考对象的不是理念的感性的外在的存在，而是这种外在存在里面的普遍性的理念。但是这理念也要在外在世界实现自己，得到确定的现前的存在，即自然的或心灵的客观存在。真，就它是真来说，也存在着。当真在它的这种外在存在中是直接呈现于意识，而且它的概念是直接和它的外在现象处于统一体时，理念就不仅是真的，而且是美的了。美因此可以下这样的定义：美就是理念的感性显现。"②

把美看作理念或理念的显现，非自黑格尔始。这个定义是黑格尔批判地吸收柏拉图、康德、歌德和席勒等人有关思想，并在他的辩证唯心哲学基础上加以发展的结果。他的功绩在于克服了前人思想的片面性，对美的本质问题达到了深刻而辩证的理解。这个定义可以说是前此西方美学关于美的学说的一个总结。

这个定义的总的意思是说，美或艺术应当是理性内容和感性形式的辩证统一体。美是理念，但这理念必须要用感性事物的具体形象表现出

① 　[德]黑格尔：《美学》第 1 卷，朱光潜译，商务印书馆 1979 年版，第 21 页。
② 　同上书，第 142 页。

来,成为可以供人观照的艺术作品。黑格尔说:"艺术的内容就是理念,艺术的形式就是诉诸感官的形象。艺术要把这两方面调和成为一种自由的统一的整体。"①根据黑格尔的解释,"美是理念的感性显现"包含三个要点,即理念、感性显现和二者的统一。从这三个方面分析,我们就可看到,这一定义虽然简短,却有高度的概括性和丰富的内涵。

第一,定义里讲的"理念",即绝对理念,具体说就是绝对精神阶段的理念,它也就是真,即最高真实和普遍真理。黑格尔说,美是理念,美与真是一回事,也就是说,美是理念或真实的一种表现,这指的是艺术的内容、目的和意蕴。黑格尔反复强调:"艺术从事于真实的事物,即意识的绝对对象,所以它也属于心灵的绝对领域,因此它在内容上和专门意义的宗教以及和哲学都处在同一基础上。"②三者的分别只在于表现形式,即使绝对呈现于意识的形式。因此,黑格尔坚决反对把美和艺术看作无内容的形式主义和主观主义的观点,反对把美和艺术看作无关人生目的的奢侈和游戏。他指出:"在艺术作品中各民族留下了他们的最丰富的见解和思想;美的艺术对于了解哲理和宗教往往是一个钥匙,而且对于许多民族来说,是唯一的钥匙。"③他还说,艺术"所要满足的是一种较高的需要,有时甚至是最高的,绝对的需要,因为艺术是和整个时代与整个民族的一般世界观和宗教旨趣联系在一起的"④。最早把美看作理念的是柏拉图。但柏拉图讲的理念只是空洞抽象的共相,它与实在相对立,是"理在事外",并不真实,而黑格尔所讲的理念则是"理在事中",它是概念与实在的统一,"完全是具体的,是一种统摄各种定性的整体"⑤,也就是说,它不是抽象的概念,而是有内容的。柏拉图的理念不包含矛盾,没有发展,而黑格尔的理念包含矛盾,是发展的,它本身就是主客体的同一,它既是实践的主体,又是认识的客体,"应该作为绝对活动来理解"⑥。既然黑格尔讲美的理念,不是其他发展阶段而是绝

---

① [德]黑格尔:《美学》第 1 卷,朱光潜译,商务印书馆 1979 年版,第 87 页。
② 同上书,第 129 页。
③ 同上书,第 10 页。
④ 同上书,第 38 页。
⑤ 同上书,第 136 页。
⑥ 同上书,第 118 页。

对精神阶段的理念,那么,在他看来,美就不能只是形式而还应具有丰富的内容,而且是人的社会的内容。康德也谈到过美的理念,但他把美的理念置于现象的"彼岸",是纯主观的、不可知的。与康德不同,黑格尔认为理念是客观的,它就是客观地存在于现象之中,是可以认识的。他批评说:"许多人都认为美,正因为是美,是不可能用概念来理解的,所以对于思考是一个不可理解的对象。……其实这话是不对的,只有真实的东西才是可理解的,因为真实是以绝对概念,即理念,为基础的。美只是真实的一种表现方式,所以只要能形成概念的思考真正有概念的威力武装着,它就可以彻底理解美。"①总之,黑格尔美的定义包含的第一方面的基本思想,就是美和艺术以理念为内容,是表现和认识绝对理念的一种方式和手段,因此美具有丰富的内容,是真实的、客观的、可以认识的,这就克服了柏拉图的抽象的形而上学和康德的形式主义、主观主义和不可知论,并把理性内容提到了首位,肯定了美和艺术的思想性、高度的认识价值和社会意义。黑格尔是主张"文以载道"的。许多美学史家都把黑格尔美学称作内容美学,用以与康德的形式主义美学相区别,主要就是因为这个道理。

第二,所谓"感性显现",就是理念一定要表现或客观化为感性事物的外形,直接呈现于意识,成为能诉诸人的感官和心灵的艺术形象。这指的是艺术的形式。艺术不同于宗教和哲学的特征就在于"艺术用感性形式表现最崇高的东西,因此,使这最崇高的东西更接近自然现象,更接近我们的感觉和情感"②。也就是说,它以感性形象的方式表现理念或普遍真理。黑格尔的定义说,美与真又有分别,理念要在外在世界实现自己,以感性客观存在的形式直接呈现于意识,显现出来,讲的正是美和艺术的这种特征。在黑格尔看来,抽象的真、抽象的理念,绝不是美,感性显现或感性形式是美和艺术不可缺少的要素,只有具体的理念才能成为美和艺术的内容,理性内容必须化为个别的感性形式才能成其为美。同时,这感性形式也应当是个别的、具体的、单一完整的,它不是偶然碰巧拾来的,而是艺术内容本身生发出来的,是诉诸内心生活,为情感和思想而存在,为艺术内容而存在的,它不同于

---

① ［德］黑格尔:《美学》第 1 卷,朱光潜译,商务印书馆 1979 年版,第 117 页。
② 同上书,第 10 页。

单纯的外在自然,而是诉诸人心、影响人心的。因此,他虽然强调理性内容的重要,同时又反对抽象的公式化。他反复说明:"艺术作品所提供观照的内容,不应该只以它的普遍性出现,这普遍性须经过明晰的个性化,化成个别的感性的东西。"①艺术"是一种直接的也就是感性的认识,一种对感性客观事物本身的形式和形状的认识,在这种认识里绝对理念成为观照与感觉的对象"②。"感性观照的形式是艺术的特征,因为艺术是用感性形象化的方式把真实呈现于意识,而这感性形象化在它的这种显现本身里就有一种较高深的意义,同时却不是超越这感性体现使概念本身以其普遍性相成为可知觉的,因为正是这概念与个别现象的统一才是美的本质和通过艺术所进行的美的创造的本质"③。黑格尔十分重视美和艺术的感性特点,他说:"美的生命在于显现"④,"美只能在形象中见出"⑤。但是,应当注意,在黑格尔看来,感性显现只是理念自身的显现,是把理念具体化为感性的客观存在;任何存在其实都是理念的表现,因此显现本身也是一切存在所必有的,然而,"美和艺术的显现是一种特殊形式的显现"⑥,它只取客观事物的外形,并不就是客观的物质存在。例如画一匹马,只取马的外形,并不是创造了一匹可骑可行、能满足人的实践欲求的马。艺术中的感性事物是通过人的头脑意匠经营的产品,是一种观念性的东西,是经过心灵化了的,"比起自然物的直接存在,是被提升了一层,成为纯粹的显现(外形)"⑦。因此,美和艺术既不是纯粹的观念性的思想,也不是直接的感性事物,而是介乎二者之间。艺术显现的优点就在于,它比自然的感性事物更高,更纯粹,更真实,"通过它本身而指引到它本身以外"⑧,即指引到理念。理念的感性显现,也就是理念的感性化和感性事物心灵化的过程。美和艺术固然要诉诸人的感官,却又基本上是诉诸心灵的。由上可见,黑格尔美的定义的第二方

---

① [德]黑格尔:《美学》第 1 卷,朱光潜译,商务印书馆 1979 年版,第 63 页。
② 同上书,第 129 页。
③ 同上书,第 129—130 页。
④ 同上书,第 7 页。
⑤ 同上书,第 161 页。
⑥ 同上书,第 11 页。
⑦ 同上书,第 48 页。
⑧ 同上书,第 13 页。

面的基本思想,就是美作为理念必须显现为感性形式,使感性事物提升到心灵的高度。因此,美和艺术既不应当是抽象的哲学图解,也不应当是感性现实的机械模仿,这就避免了片面性,有力地揭示了美和艺术的特性。

第三,理念和感性显现二者的统一。黑格尔认为,美和艺术的理性内容和感性形式还必须结合为彼此相互融贯、完全吻合的统一整体。从他的全部思想体系来看,这个统一体不仅是内容与形式的统一体,同时它也就是主体与客体、理性与感性、内在与外在、一般与个别、无限与有限等各种对立因素的统一体。他反复强调,这个统一体并不是对立面的中和,在其中理念居于统治地位,是内容决定形式而不是相反。也就是说,这是理念自己把自己显现为感性存在,也就是自否定、自确定。理念是普遍的、一般的,如果它不显现为具体的感性存在就仍是抽象的,显现的结果就使它既否定了这种抽象性,转化为个别的特殊的感性存在,同时又否定了这感性存在的抽象的特殊性,使之心灵化,与理念融合成一体,达到了二者的辩证统一。因此,这个统一体虽然包含感性存在,其实是理念自己和自己发生关系,仍然是精神性的。黑格尔美的定义的第三方面的基本思想,就是肯定这个精神性的统一体是一个独立自在的、无限的、自由的整体。因此,黑格尔认为美是无限和自由。他说:"美本身却是无限的,自由的"①。美既不是有限智力(理论认识)的对象,也不是有限意志(实践欲望)的对象,而是二者的统一。"审美带有令人解放的性质,它让对象保持它的自由和无限,不把它作为有利于有限需要和意图的工具而起占有欲和加以利用。所以美的对象既不显得受我们人的压抑和逼迫,又不显得受其他外在事物的侵袭和征服"②。黑格尔认为,正是由于这种自由和无限,艺术才解脱了有限事物的束缚,上升到理念和真实的绝对境界,成为把握现实、认识真理、追求自由的一种形式。

综上所述,黑格尔讲的理念、感性显现和二者的统一体,归根结底都是精神性的,因此,他的美的定义根本否定了现实是美和艺术的源泉,其性质明显是唯心主义的。但其中的确贯彻了辩证法,包含了许多对立统一的基本原则,因而又包含了许多合理的东西,这比前人对美和艺术有了

---

① ［德］黑格尔:《美学》第 1 卷,朱光潜译,商务印书馆 1979 年版,第 143 页。
② 同上书,第 147 页。

更深刻的理解。

三　自然美和艺术美

美是理念的感性显现,这是黑格尔关于美的总定义,接着他还分别下了自然美和艺术美的定义,提出了自然美和艺术美的理论。

1. 自然美

一般说来,黑格尔贬低、轻视自然美,他认为自然美不是真正的美,不能成为美学研究的对象,但他并没有否认自然美的存在这一事实。关于自然美的理论是黑格尔美学中最薄弱的部分,但又是不可缺少的部分,它构成了黑格尔关于艺术美理论的前提。

在黑格尔的哲学体系中,自然是理念发展的低级阶段,它也是理念的表现或显现,但在自然中理念显现得还很不完善、很不充分。黑格尔说:"理念的最浅近的客观存在就是自然,第一种美就是自然美。"[①]这就是说,自然美只是美的低级形态。自然经过机械性、物理性和有机性三个发展阶段。死的无机的自然没有生命和灵魂,因而不符合理念,只有到了出现生命的有机阶段,理念才在自然中得到最初的显现,因而也才有美。生命是灵魂和肉体相互融贯、充满生气的统一,它不是二者单纯的相互拼合,而是"统摄同样定性的整体","感觉弥漫全身各部分,在无数处同时感到,但是在同一身体上并没有成千上万个感觉者,却只有一个感觉者,一个主体"。[②] 例如,手割掉了就不再是手,失去了独立存在的意义,只有作为身体的一部分才有它的地位和意义。因此,黑格尔给自然美下了这样的定义:"我们只有在自然形象的符合概念的客观性相之中见出受到生气灌注的互相依存的关系时,才可以见出自然的美。这种互相依存的关系是直接与材料统一的,形式就直接生活在材料里,作为材料的真正本质和赋予形状的力量。这番话就可以作为现阶段的美的一般定义。"[③]这个定义显然是从"美是理念的感性显

---

① 　[德]黑格尔:《美学》第 1 卷,朱光潜译,商务印书馆 1979 年版,第 149 页。
② 　同上书,第 153 页。
③ 　同上书,第 168 页。

现"推演出来的。

　　黑格尔不否认自然美以及它所具有的整齐一律、平衡对称、规律和谐等形式美的存在,但他认为自然美源于理念,自然美的本质仍是精神性的。自然在机械性和物理性的阶段几乎谈不上美,到了有生命的阶段才出现美,而"有生命的自然事物之所以美,既不是为它本身,也不是由它本身为着要显现美而创造出来的。自然美只是为其他对象而美,这就是说,为我们,为审美的意识而美"①。例如,自然美的顶峰是动物的生命,它已开始显出生气灌注,但仍然是有局限性的。"动物只能使人从观照它的形状而猜想到它有灵魂,因为它只是依稀隐约地像有一种灵魂,即呼吸的气,渗透到全体,使各部分统一,并且在全部生活习惯中显出个别性格的最初的萌芽"②。动物没有自意识,它不能自己认识自己,所以不能创造美,只能让旁人看出它的美。对于黑格尔来说,自然美缺乏明确的标准,如果要说自然美的标准,也只能归结为人的主观意识。他举例说,我们出于习惯,认为活动和敏捷是生命的表现,所以对于爬行艰难笨拙的懒虫以及某些鱼类、鳄鱼、癞蛤蟆和许多昆虫就不能产生美感,由于我们习惯于认为某一物种都有一种定型,所以对鸭嘴兽这混种动物也不生美感而感到奇怪。对于无生命的自然风景,例如"山峰的轮廓,蜿蜒的河流,树林、草棚、民房、城市、宫殿、道路、船只、天和海,谷和壑之类",它们之所以美,就在于"在这种万象纷呈之中却现出一种愉快的动人的外在和谐,引人入胜"。而"寂静的月夜,平静的山谷,其中有小溪蜿蜒地流着,一望无边波涛汹涌的海洋的雄伟气象,以及星空的肃穆而庄严的气象"之类,它们之所以美,"还由于感发心情和契合心情而得到一种特性"。这美"并不属于对象本身,而是在于所唤醒的心情"。③ 黑格尔关于自然美的理论归根结底是唯心的。费歇尔父子后来发展了这一理论,创立了审美移情论。

　　黑格尔反复强调,美的理念应当"作为个别事物去理解"④,个别事物有两种形式,即直接的自然的形式和心灵的形式,理念显现为直接的自然形式

---

① ［德］黑格尔:《美学》第 1 卷,朱光潜译,商务印书馆 1979 年版,第 160 页。
② 同上书,第 171 页。
③ 同上书,第 170 页。
④ 同上书,第 185 页。

就是自然美,显现为直接的心灵形式就是艺术美。自然美是不完满的美,而艺术美是本身完满的美。自然美的缺陷有三:第一,自然美尚不能充分显现出理念。理念、灵魂在自然的个别事物中仍是内在的。植物还没有自我感觉和灵魂性,动物完全被羽毛、鳞甲、针刺之类遮盖着,就连人体也有皮肤的裂纹、皱纹、汗孔、毫毛,还不能通过全部形体显现出内在的灵魂,这些都是自然美的缺陷。第二,自然美依赖于外在条件,是不自由的。例如,动植物的美,这美能否保持还是丧失,都取决于外在的情况,一定的生存环境就限定了它们的生活方式、营养方式和生活习惯。致命的疾病、各种穷困和苦恼,也影响着人体的美。人们赖以生存的社会环境更是一个异常复杂的关系网,其中充满着个人所无法避免的错综复杂的相对事物和必然性的压力,国家的法律、各种社会关系,都制约着人的自由意志,往往成了障碍,因而"不能使人见出独立完整的生命和自由,而这种生命和自由的印象却正是美的概念的基础"①。第三,自然美是有局限性的。例如,动物不能越过物种的界限,人体也有种族上的差异;个人的家族特性、职业特性、特殊经历,人类生存的全部有限性都会造成个别面貌的偶然特点及其经常的表现。黑格尔举例说:"例如有一种久经风霜的面相,上面刻下了种种情欲的毁灭性风暴的遗痕;另有一种面相显出内心的冷酷和呆板,还有一种面相奇特到简直不像人。这些形状上的偶然分歧是无穷尽的。"这些都使人的美带上许多局限性。"大体说来,儿童是最美的"②,但儿童的天真又缺乏深刻的心灵特征。总之,黑格尔认为,自然美,包括现实生活中的美,都是有缺陷的,正是为了弥补自然美的缺陷,我们才需要创造艺术美。"艺术美是由心灵产生和再生的美"③,它是人的创造,是精神的产品,它充分显现了理念,表现出无限和自由,因而是真正的美,而自然美只是心灵美的反映,只是一种不完全不完善的形态,同时自然美的概念既不确定,又没有什么标准。所以艺术美高于自然美。这是黑格尔关于自然美的核心思想。

---

① [德]黑格尔:《美学》第 1 卷,朱光潜译,商务印书馆 1979 年版,第 192 页。
② 同上书,第 194 页。
③ 同上书,第 4 页。

2.艺术美

　　自然美和艺术美的分别,也就是自然和理想的分别。黑格尔关于艺术美的理论,也就是关于理想的理论。他直截了当地把艺术美称作理想,而理想"是在自然里找不到的"①。二者的分别根源于艺术美即理想是人的精神的产品,具体说,就是艺术家所创造的艺术作品,它是理念充分地显现于艺术形象,是内容和形式、内在因素和外在因素的高度统一。黑格尔比喻说,有如人的眼睛集中显现出灵魂,"艺术也可以说是要把每一个形象的看得见的外表上的每一点都化成眼睛或灵魂的住所,使它把心灵显现出来"。反过来说,"艺术把它的每一个形象都化成千眼的阿顾斯,通过这千眼,内在的灵魂和心灵性在形象的每一点上都可以看得出"②。在黑格尔看来,理想就是真实,自然和现实中的外在事物,本身不是真实,也不是理想,因此艺术不是自然(现实)的机械模仿,而是一种创造,它要对外在事物进行"清洗",使之向心灵还原,也就是要把一切被偶然性和外在形状玷污的事物还原为真实的概念,把一切不符合概念的东西一齐抛开。他强调说:"只有通过这种清洗,才能把理想表现出来。人们可以把这种清洗说成艺术的谄媚,就像画像家对所画的人谄媚一样。但是就连最不过问理想的画像家也必须谄媚。"③因为艺术理想始终要求外在形式本身就要符合灵魂,画像家必须抛开形状、面容、形式、颜色、线条等方面的一切外在细节,抛开头发、毛孔、瘢点之类只关自然方面的东西,力求把足以见出主体灵魂的那些真正的性格特征表现出来(神似),而不是完全依样画葫芦地模仿出来(形似)。这里所讲的谄媚,也就是要理想化。但另一方面,黑格尔又指出,这种向心灵还原的理想化并不是回到抽象形式的普遍性,不是回到抽象思考的极端,而是处在一个"中途点"上。也就是说,艺术美的理想又不是抽象的哲学概念,而是显现为具有定性的个别事物的艺术形象。因此,艺术又不能是空洞的说教,艺术的内容(理念)不应当游离于艺术形象之外,而应当托身于、融会于个性和外在现象里,完全通过感性的艺术形象显现出来,达到内容与形式

---

① 　[德]黑格尔:《美学》第1卷,朱光潜译,商务印书馆1979年版,第183页。
② 　同上书,第198页。
③ 　同上书,第200页。

的高度吻合和统一。这也就是理念在形象中自己显示自己,自己肯定自己,自己欣赏自己,因而成为自由和谐的整体,表现出一种"和悦的静穆和福气",这就是艺术美或理想的基本特征。总之,理想不是生糙的自然,也不是抽象的概念,而是心灵的创造,它具有自然的形式,但又高于自然。黑格尔说:"理想就是从一大堆个别偶然的东西之中所拣回来的现实。"①这也就是黑格尔关于艺术美的定义。

3. 艺术与自然

关于理想对自然,即艺术与现实的关系问题,黑格尔提出了三点极为重要的看法。

第一,艺术是对自然的征服,具有完全形式的观念性。他说:"诗按它的名字所含的意义,是一种制作出来的东西,是由人产生出来的,人从他的观念中取出一种题材,在上面加工,通过他自己的活动,把它从观念世界表现到外面来。"②因此,艺术不是自然或现实生活的反映。在他看来,在艺术领域里使用"自然的"这个字眼并不符合它的本义,艺术是"取消感性物质与外在情况的那种制作或创造"③。自然的东西在艺术里已成为心灵创造的图景和形象,成为心灵的表现,不再是生造的自然,而是经过观念化的东西。这种由心灵创造的形象简直是一种"观念性的奇迹"④。它以心灵创造的自然事物的外形和现象,使我们产生如同实物所给的印象,它把自然和生活中需费大力才能制造出来的东西,轻易地就用观念材料创造出来;它把本来是消逝无常、瞬间存在的东西化成了永久性的东西;它把本来没有价值的事物提高了,使我们对本来过而不问或只引起霎时兴趣的东西产生更大的兴趣。因此,艺术的目的不是创造实用的物品,而是单纯提供"认识性的观照"和引起"心灵创造的快慰",艺术使我们欢喜,"不是因为它很自然,而是因为它制作得很自然"。⑤

---

① ［德］黑格尔:《美学》第 1 卷,朱光潜译,商务印书馆 1979 年版,第 201 页。
② 同上书,第 208 页。
③ 同上书,第 210 页。
④ 同上书,第 209 页。
⑤ 同上书,第 210 页。

第二,艺术不是自然细节的罗列,应当具有普遍性。黑格尔认为,自然事物是个别的,而观念却有普遍性。"艺术作品固然不只是一般性的观念,而是这种观念的某一定形式的体现,但是作为来自心灵及其观念成分的东西,不管它如何活像实物,艺术作品仍然必须浑身现出这种普遍性"①,因此,艺术的任务就在于"抓住事物的普遍性","抓住那些正确的符合主题概念的特征",②提炼出"有力量的,本质的,显出特征的东西"③,而所谓"逼肖自然"是不足为训的,——罗列自然事物的细节必然是干燥乏味、令人厌倦、不可容忍的。

第三,艺术不是自然,但也不是空洞抽象与自然绝然对立的"理想",因此,艺术既不应"逼肖自然",单纯追求自然形式,也不应当脱离自然(现实)去追求"理想"。黑格尔认为,真正的理想并不是个人的主观幻想,艺术是对自然加以"清洗"的结果,艺术的内容是"从自然攫夺来的"④,经过"意匠经营"的。艺术虽然应有较高的旨趣和目的,表现更高更理想的题材,但却不应鄙视平凡的自然。平凡的自然也可以入诗,成为艺术的题材,但必须使它具有心灵产生的内容。例如 17 世纪荷兰画派的风俗画,描绘的是平凡的题材,但却达到了高度的完美,具有巨大的吸引力,其原因就在于这些画具有真实的思想内容,表现了荷兰人的生活、历史和情绪。而这些内容"是从他们本身、从他们当前的现实生活中选择来的"⑤。另一方面,理想也不是形式美,也不是由人任意设立的符号。理想即艺术美是内容和形式的统一,其中内容占主导地位,只有形式充满了内容,不剩下丝毫空洞无意义的东西,才能显出高度的生气,而"这种最高度的生气就是伟大艺术家的标志"⑥。总之,"艺术家必须是创造者,他必须在他的理想里把感发他的那种意蕴,对适当形式的知识,以及他的深刻的感觉和基本的情感都熔于一炉,从这里塑造他们要塑造的形象"⑦。

① ［德］黑格尔:《美学》第 1 卷,朱光潜译,商务印书馆 1979 年版,第 211 页。
② 同上。
③ 同上书,第 214 页。
④ 同上书,第 209 页。
⑤ 同上书,第 216 页。
⑥ 同上书,第 221 页。
⑦ 同上书,第 222 页。

4.艺术是人的自我复现

从以上可以看出,艺术美与自然美的分别是建立在黑格尔对人的理解的基础上的。黑格尔的确提出了一个十分深刻而富于思辨性的问题:"是什么需要使得人要创造艺术作品呢?"他指出,人类对艺术的需要不是偶然的而是绝对的,问题在于这种需要的根源是什么。黑格尔回答说:"这就是人的自由理性,它就是艺术以及一切行为和知识的根本和必然的起源。"①正是在这种理性主义回答的基础上,他提出了著名的艺术是人的自我创造或自我复现的学说。他认为,人是一种能思考的意识,人能以认识和实践两种方式达到对自己的意识,前者是在内心形成概念和理论,后者是通过实践活动去改变外在事物,在上面"刻下他自己内心生活的烙印"②,因此,"人把他的环境人化了"③,"他自己的性格在这些外在事物中复现了",外在事物的顽强的疏远性消除了,"在事物的形状中他欣赏的只是他自己的外在现实"。艺术正是这样一种实践活动。他举例说:"一个小男孩把石头抛在河水里,以惊奇的神色去看水中所现的圆圈,觉得这是一个作品,在这作品中他看出他自己活动的结果。这种需要贯穿在各种各样的现象里,一直到艺术作品里的那种样式的外在事物中进行自我创造(或创造自己)。"④他认为人的一切装饰打扮的动机也在于此。这一学说把艺术的根源归结为理性,从根本上说是唯心主义的,但其中所包含的"人化自然"的思想,把艺术同人的劳动实践活动联系起来,已经隐约看到了艺术在人改造世界从而改造自身方面的功能,这是美学上实践观点的萌芽,也是黑格尔美学最基本的合理内核。马克思在《1844年经济学哲学手稿》和《资本论》等著作中,强调艺术同物质生产劳动的关系,把实践观点全面运用于美学领域,正是批判改造黑格尔有关思想的结果。

---

① [德]黑格尔:《美学》第1卷,朱光潜译,商务印书馆1979年版,第40页。
② 同上书,第39页。
③ 同上书,第326页。
④ 同上书,第39页。

四　艺术美的创造

艺术美即理想是人的一种创造,是艺术家意匠经营的产品,理想不能只停留于抽象的普遍性,而必须表现出来,转化为有限的客观存在,造成可以供人观照的具体的艺术形象,达到理想和自然(现实)的统一。那么,艺术形象是怎样创造出来的呢? 用黑格尔的话来说,"有限客观存在怎样才能取得艺术美的理想性呢"?① 或者说,以怎样的方式才能把自然或现实升华为艺术美呢? 对于这个问题的回答,构成了黑格尔关于艺术美的创造的理论。这里包括一般世界情况、情境、情致、矛盾、冲突、人物性格等方面的学说。这是十分重要又十分复杂的关于创造艺术典型的一套理论,我们只能简要介绍。

"艺术即绝对理念的表现"②。这是黑格尔关于艺术的总定义、总概念。在黑格尔的哲学体系中,艺术处于理念发展的精神阶段,因此艺术表现的理念不是逻辑阶段的理念,也不是自然阶段的理念,而是体现在人和人类社会生活之中,具有人的内容的理念。正是从这个基本点出发,黑格尔反复强调,艺术作为理想并不是脱离人类现实生活的个人主观幻想和空想;艺术要表现理念,表现"神性的东西",但它不能是一种抽象概念,而必须降临人间,把人的具体生活当作艺术的活生生的材料,"而理想也就是这种生活的描绘和表现"③。当然,艺术并不是现实生活的机械模仿,而是要把现实生活提升为理想,通过个别来表现一般,这就是要创造具有典型性格的人物形象。"因为理想的完整中心是人,而人是生活着的,按照他的本质,他是存在于这时间、这地点的,他是现在的,既个别而又无限的"④。黑格尔没有明确使用"典型性格"、"典型环境"和"典型形象"这类术语,但他确实有这方面的思想,他始终把人当作艺术表现的对象,把人物性格的塑造作为艺术表现的中心,他的全部艺术创造的理论主要是解决塑造典型形象问题的。这

---

① [德]黑格尔:《美学》第 1 卷,朱光潜译,商务印书馆 1979 年版,第 223 页。
② 同上书,第 87 页。
③ 同上书,第 225 页。
④ 同上书,第 315 页。

里有三个要点。

1. 一般世界情况

黑格尔认为,人总是生活在特定的历史时代,并受社会历史条件制约的。作为有生命的主体,人首先要有一种周围的现实世界作为他进行活动的场所和基础。所谓"一般世界情况"就是"艺术中有生命的个别人物所借以出现的一般背景"①。例如,有关教育、科学、宗教、财政、司法、家庭生活以及类似现象的情况。但是这一切社会现象的情况都只是理念的不同形式的表现,只有理念才是有实体性的即本质的东西,它贯穿于这一切现象,并使它们联系在一起。所以就实质来说,"一般世界情况"也就是时代的理念,或者说是时代精神或社会的普遍力量,它尤其是表现在特定时代的宗教、伦理道德和政治的信条或理想上面,并制约着人的行动,成为人物"个别动作(情节)及其性质的前提"②。在黑格尔看来,任何人都是历史环境的产物,理想的人只能在理想的社会条件下产生。因而他进一步提出和探索了怎样的一般世界情况才符合理想的个性,才是理想的这个问题。这实际上也就是怎样的时代才有利于人的发展和艺术繁荣的问题。他把社会历史划分为英雄时代(古希腊的史诗时代)、牧歌时代和散文气味的现代(资本主义时代)。他认为英雄时代的一般社会情况是比较理想的,那时个人不屈从于国家和法律,是独立自足的。"希腊英雄们都出现在法律尚未制定的时代,或则他们自己就是国家的创造者,所以正义和秩序、法律和道德,都是由他们制定出来的,作为和他们分不开的个人工作而完成的"③。"在这种情形之下,道德的效力或价值完全要依靠个人,这些个人由于他们的特殊的意志,由于他们杰出的伟大性格及其作用,超然耸立于他们所处的现实界的高峰"④。例如,那时荷马史诗中的英雄们都按照自己的个性去独立行动,敢作敢为,敢于对行动的后果负责,上下级的关系是自由自愿的,同时他们不脱离体力劳动,并从劳动获得创造的喜悦。总之,那时个人与自然、个

① [德]黑格尔:《美学》第 1 卷,朱光潜译,商务印书馆 1979 年版,第 251 页。
② 同上书,第 228 页。
③ 同上书,第 237 页。
④ 同上书,第 235 页。

人与社会处于和谐的直接统一,肉体和精神的力量能够自由发展,因而个性都是伟大、坚强、完整的,这为艺术的繁荣提供了最好的现实土壤。与此相反,在资本主义社会下,由于国家、法律和社会分工,每个人都隶属于一种固定的社会秩序,成为受局限的成员,丧失了性格的独立自足性,人的一切活动都要依从别人,不再是自由自在的。人与人之间相互利用,互相排挤,劳动疏远化了,产生出贫富分化,需要与劳动、个人与产品、兴趣与满足严重脱节,劳动作为奴役性的谋生手段,只以常规机械的方式进行,丧失了个人的特点和审美的乐趣,因而资本主义社会不利于人的发展,也不利于艺术的繁荣。黑格尔明确指出:"我们现时代的一般情况是不利于艺术的。"①他对古希腊英雄时代未免有些美化,但他尖锐地揭露、批判了资本主义社会的反人道、反审美的性质,这无疑是深刻的、宝贵的,具有进步的意义。

2. 情境和冲突

黑格尔看到了个人是时代的产品,因而艺术创造首先需要把握一般世界情况,但他指出一般世界情况还只是无定性的、抽象的、普泛的,因而艺术创作不能只停留于一般世界情况的描绘,还需要进一步地把握人物活动的具体情境以及人物活动的矛盾冲突,才能揭示出具体人物的性格和动作。所谓"情境"就是一般世界情况这种人物活动的场所和背景的具体化。他说:"在这种具体化过程中,就揭开冲突和纠纷,成为一种机缘,使个别人物现出他们是怎样的人物,现为有定性的形象。"②黑格尔讲的"情境"指的是外部环境,但并不是单纯的外部环境,他指出:"单就它本身来说,这种环境并没有什么重要"。外在环境基本上应当从"对人的关系来了解",它要成为一种机缘和行动的推动力(外因),能够表现出个别人物形象的生命——他的内在心灵的需要、目的和心情。黑格尔指出:"艺术的最重要的一方面从来就是寻找引人入胜的情境,就是寻找可以显现心灵方面的深刻而重要的旨趣和真正意蕴的那种情境。"③在他看来,无定性的情境,虽有定性却处在平板状态的情境,都不是理想的情境,只有有定性又能表现出本质的差异

---

① ［德］黑格尔:《美学》第 1 卷,朱光潜译,商务印书馆 1979 年版,第 14 页。
② 同上书,第 252 页。
③ 同上书,第 254 页。

面,即导致矛盾冲突的情境,才是理想的情境,因为矛盾冲突才是人物动作的真正原因,才能见出严肃性和重要性。黑格尔结合大量历史和文艺现象细微地分析和研究了矛盾冲突,他把冲突分为三类:一是自然情况造成的冲突,例如疾病、自然灾害对生活和谐的破坏;二是自然情况造成的心灵冲突,例如亲属关系、继承权,尤其是王位继承权,以及出身差别、阶级差别等所引起的冲突;三是心灵本身的矛盾和分裂所造成的冲突。黑格尔认为只有第三种冲突才是理想的冲突,因为这类心灵性的矛盾冲突是人们特有的行动本身引起的,它根源于行动发生时的意识与意图和后来对这行动本身的认识之间的矛盾,在这种矛盾冲突中人物是按照理性行事的,追求的是道德的、真实的、神圣的东西,因而可以成为伦理的心灵性的表现。黑格尔说:"艺术的要务不在事迹的外在的经过和变化,这些东西作为事迹和故事并不足以尽艺术作品的内容;艺术的要务在于它的伦理的心灵性的表现,以及通过这种表现过程而揭露出来的心情和性格的巨大波动。"①尽管黑格尔所肯定的冲突主要还是精神性的冲突,但他肯定文艺要表现矛盾冲突,并且强调冲突的社会性质,多少看到了阶级的矛盾冲突,这仍是美学史上的杰出贡献。

3. 动作和性格

黑格尔认为:"性格就是理想艺术表现的中心。"②只有动作才能把个人的性格、思想、目的清楚地表现出来,情境和冲突是激发动作的原因,但这只是外因,所以艺术不应当只着眼于外在现象的经验描述,任意选取动作的起点,而应当只选取符合理想的那一类特殊的动作,在情境和动作的演变中揭示人物活动的内因,揭露出人物"究竟是什么样的人"。动作的起点"应该只了解为被当事人的心情及其需要所抓住的,直接产生有定性的冲突的那种情况,所表现的特殊动作就是这种冲突的斗争和解决"③。黑格尔认为,引起动作的是普遍力量即理念,他又称之为神性,而发出动作的是人。普遍力量本身是不动的,它应当形象化为个别人物即个性化,显现于人的心灵和

---

① ［德］黑格尔:《美学》第 1 卷,朱光潜译,商务印书馆 1979 年版,第 275 页。
② 同上书,第 300 页。
③ 同上书,第 277—278 页。

性格方面,达到神与人、普遍与特殊、一般与个别的统一,成为人物动作的推动力即内因。这种出现于人物个性和内心成为动作内因的普遍力量,黑格尔称为"情致"。他认为情致不是情欲,不是私心,不是荒诞无稽的幻想,而是本身有辩护道理、符合理性、支配人物行动的社会伦理道德的普遍力量,情致只限于人,它是存在于人的自我而充塞全部心情的理性内容,例如家庭、祖国、国家、教会、名誉、友谊、社会地位、价值以及荣誉和爱情,等等。在黑格尔看来,艺术创作应当紧紧抓住情致、表现情致,因为情致最能表现人物性格,是艺术的真正中心,同时也是令人感动的艺术效果的主要来源。但是情致的表现不应当是抽象的,不应当是教条、信念和见解等科学认识以及宗教教义,而应当达到形象具体、作为丰富完整的心灵来表现。黑格尔的情致说后来在别林斯基那里得了进一步的发展。正是在情致说的基础上,黑格尔提出了塑造理想的人物性格的三个条件。他说:"具体的活动状态中的情致就是人物性格。"①因此,人物性格首先要具有丰富性、完满性和主体性。情致既然是在个性里显现出来的,人物性格就不是某种抽象的孤立的情致,不是只具有一种而是具有多种多样的性格特征。"每个人都是一个整体,本身就是一个世界,每个人都是一个完满的有生气的人,而不是某种孤立的性格特征的寓言式的抽象品。"②例如,荷马作品中的每一个英雄都是许多性格特征的总和。只有表现出这种多样性才能使性格具有生动的兴趣。其次,性格要有明确性,也就是在性格特征的多样性中要有某种特殊的情致,作为基本的突出的性格特征,来引起某种确定的目的、决定和动作,从而把丰富多样的性格特征统一起来,达到性格的明确、鲜明。例如莎士比亚写了朱丽叶与父母、保姆、巴里斯伯爵以及神父劳伦斯的种种复杂的关系,但在每一种情境里,"只有一种情感,即她的热烈的爱,渗透到而且支持起她整个的性格"③。最后,性格还要有坚定性,也就是要有一种一贯忠实于它自己情致所显现的力量和决断性。黑格尔这里要求的是一种英雄的性格,他果断、坚强,敢于行动,敢于负责,敢于决断自己的命运。正是由此出发,他尖锐批判了"长久在德国统治着的那种感伤主义"和早期浪漫派的滑

① ［德］黑格尔:《美学》第 1 卷,朱光潜译,商务印书馆 1979 年版,第 300 页。
② 同上书,第 303 页。
③ 同上书,第 305 页。

稽说,认为它们描写的人物性格是病态的、软弱的、不足为训的。

总起来说,黑格尔关于艺术创作的理论根本上还是从他的客观唯心主义的理念和抽象的人性论出发的,但由于使用了辩证法,他不但肯定了现实生活和文艺创造的一般联系,而且广泛深入地研究了现实生活,探索了如何从现实生活出发而不是从抽象的理想出发,去创造艺术美和艺术典型的道路,其中包含了许多接近唯物主义和现实主义的合理思想,对我们今天仍有启发和教益。

五 艺术美的历史发展

从"美是理念的感性显现"出发,黑格尔进一步研究了艺术美即理想的历史发展过程和规律,区分了艺术发展的不同类型和种类。他把理念看作艺术发展的源泉,这是唯心主义的,但他并没有就此止步,而是处处把艺术的发展同人类历史文化生活的发展联系起来,力图从艺术内容的进步和民族生活的发展来说明艺术历史发展的特征,因而在美学史上作出了重大的贡献。

黑格尔认为,艺术是普遍理念和感性形象,即内容和形式的统一,"由于把理念作为艺术内容来掌握的方式不同,因而理念所借以显现的形象也就有分别"①。内容和形象之间的不同的关系,是区分艺术类型的真正的基础。他把艺术划分为三种类型,即象征型、古典型和浪漫型,每个类型之下又有不同的艺术种类,如建筑、雕刻、音乐、诗歌,等等。在他看来,人类历史发展的各主要时期都有自己独特的艺术类型和种类。他说:"每个从事政治、宗教、艺术和科学活动的人,都是自己时代的儿子。他们都把重要的内容和由此创作其必要的形象作为任务,所以艺术也就保持了定性,以致它能为一个民族的精神找到艺术的适当的表现。"②

最初的艺术是象征型。在这个阶段,人(心灵)对理念的认识还是朦胧的、模糊的、抽象的,还找不到正确的艺术表达方式,只能借客观事物的物质

---

① [德]黑格尔:《美学》第 1 卷,朱光潜译,商务印书馆 1979 年版,第 95 页。
② [德]黑格尔:《美学》第 2 卷,朱光潜译,商务印书馆 1979 年版,第 375 页。

性外形来暗示和象征。例如,用狮子象征刚强,用三角形象征神的三位一体,等等。但"象征首先是一种符号"①,只能使人想起一种本来外在于它的内容意义,因此,象征的形象和理念的内容还不能达到相互吻合,二者缺乏必然的联系,最多只在某一个特点上有某种一致,而象征的形象本身还往往具有许多与内容意义毫不相干的性质。所以,象征型的艺术实际上只是把抽象的理念勉强纳入某一具体事物,只是"图解的尝试",形象和意义还只是一种外在的拼凑或嵌合,形象还不能明确而充分地显现出理念,仍具有某种神秘的、暧昧的性质。严格说,象征型艺术并不符合艺术的真正概念,即内容与形式的一致,还只是"艺术前的艺术"。黑格尔认为,象征型艺术的典型代表是印度、埃及、波斯等东方民族的艺术,尤其是东方建筑,如神庙、金字塔、狮身人面像之类。这类艺术的特点,是以体积庞大、怪诞离奇的自然形式来象征一个民族的某些抽象的理想,具有物质形式压倒心灵内容的崇高风格,而不是形式与内容和谐的美。这种特点是由东方民族生活的特殊性所造成的。在古代东方社会里,人还处于自然力量、宗教和君主专制政治的统治之下,个性和精神受到压制,得不到自由发展,还不能从自然和社会的物质压力下解放出来。

由于理念在象征型艺术中还得不到充分的显现,因此到了一定阶段,象征型艺术就要解体,代之而起的是更高阶段的艺术,即古典型的艺术。在这个阶段,人认识到的是具体的理念,找到了正确的表现形式。古典型艺术克服了象征型艺术的缺陷,达到了形象与意义、形式与内容的完全吻合、高度统一,表现为静穆和悦的美,因而实现了艺术的概念,成为了真正的艺术、最完美的艺术。古典型艺术的典型代表是古希腊的雕塑,它把有关人类的理念显现为人体形状、事迹和情节,把人作为美和艺术表现的中心,这是艺术按必然规律发展成熟的标志。黑格尔极力称赞古希腊人"创造出一种具有最高度生命力的艺术"②。他说,在古希腊"政治生活的实体就沉浸到个人生活里去,而个人也只有在全体公民的共同旨趣里才能找到自己的自由。美的感觉,这种幸运的和谐所含的意义和精神,贯穿在一切作品里,在这些

---

① 　[德]黑格尔:《美学》第 2 卷,朱光潜译,商务印书馆 1979 年版,第 10 页。
② 　同上书,第 169 页。

作品里希腊人的自由变成了自觉的,它认识到自己的本质"①。这固然美化了古代民主,忽视了它的奴隶主性质,但却正确指出了古希腊艺术繁荣和民主政治的有机联系。

就艺术美或理想来说,古典型艺术是最完美的艺术,但就绝对理念的无限发展来说,古典型艺术还不是艺术发展的最高阶段,因为它仍局限于用有限的外在感性形式来表现理念,这必将导致它的解体,而让位于浪漫型的艺术。浪漫型艺术打破了古典型艺术的形式与内容的完全吻合,在较高的阶段上又回到了象征型艺术的内容与形式的失调,如果说象征型艺术是物质压倒精神,那么浪漫型艺术则是精神压倒物质。它以主体的内心世界为内容,并诉诸这种内心生活。它虽然也借外在的感性形式来表现,但形式是无足轻重的、偶然的,甚至是全凭幻想任意驱遣的。"浪漫型艺术虽然还属于艺术的领域,还保留艺术的形式,却是艺术超越了艺术本身。"②浪漫型艺术的典型代表是根源于中世纪的近代欧洲的基督教艺术。这种艺术的突出特点是表现自我的主观性,尤其是内心方面的冲突。在艺术风格上,它追求的不是古典的美,它"可以把现前的东西照实反映出来,也可以歪曲外在世界,把它弄得颠倒错乱,怪诞离奇"③,不像古典型艺术那样回避罪恶、苦难、丑陋之类反面的东西。与浪漫型艺术相应的艺术种类主要是绘画、音乐和诗歌。

黑格尔认为,这三种艺术类型分别表现出崇高、美和丑三种不同的艺术风格,对于理想即真正的美的概念,艺术发展的规律是"始而追求,继而到达,终于超越"④。黑格尔关于艺术历史类型的学说实际上是一部简明的人类艺术史,它描绘了人类艺术随着社会历史文化而由低级到高级发展的历程,而其结论是:艺术最后要让位于哲学,浪漫型艺术的进一步发展,将是艺术本身的解体。这就是所谓艺术解体论或艺术终结论。这一结论是黑格尔以其全部思想体系的逻辑和对现代社会的分析作出的,是极为重要的。其重要性不在这一结论是否正确,而在它实质上提出了艺术与

---

① [德]黑格尔:《美学》第 2 卷,朱光潜译,商务印书馆 1979 年版,第 169 页。
② [德]黑格尔:《美学》第 1 卷,朱光潜译,商务印书馆 1979 年版,第 101 页。
③ 同上书,第 102 页。
④ 同上书,第 103 页。

当代社会的关系问题。正因为如此,围绕黑格尔的这一论断在当代国内外学者之间存在着尖锐的分歧和争论,人们把艺术能否终结的问题称作艺术难题。对于这些争论需要给予注意和专门的研究,这里我们就不多讲了。①

六　各门艺术的体系

黑格尔在讨论过艺术的历史类型之后,进一步讨论了各门艺术的体系,对艺术进行了分类,这是《美学》第3卷的基本内容。黑格尔从美是理念的感性显现出发,在第1卷专门讨论了理想,他认为真正的美和真正的艺术就是理想,这还只是在最抽象、最广泛意义上的研究,并未涉及艺术的具体内容和各种表现方式;在第2卷,他讨论了艺术的三种历史类型,这主要是从艺术即理想的历史发展的角度,对其在总体上展现的艺术内容所做的研究,还没有把艺术作为体现于外在因素本身的实际存在、从艺术的表现方式的角度进行研究。这种研究就是第3卷的任务。他说:"我们现在所要做的不是按照艺术美的普遍的基本原则去研究艺术美的内在发展,而是研究这些原则如何转化为客观存在,它们在外表上彼此有哪些分别,以及美概念中每个因素如何分别地实现为艺术作品,而不只是实现为一种一般的类型。"②因此,关于各门艺术体系的研究比艺术历史类型的研究更为具体。黑格尔在这一卷里大量涉及和研究了人类艺术史上的生动实际的材料,开拓了艺术史研究的领域。

黑格尔说,美这个概念本身就要求把美表现为艺术作品,对于直接观照成为外在的,对于感觉和感性想象成为客观的东西。所以美只有凭这种对它适合的客观存在,才真正成为美和理想。③ 这就是说,美和理想不能只停留于抽象的一般类型,还必然通过感性材料,成为外在的、可供人观照的客观存在,即客观化为艺术作品。各门艺术及其作品互相交错,互相联系,互

---

① 参见薛华:《黑格尔与艺术难题》,中国社会科学出版社 1986 年版。
② [德]黑格尔:《美学》第 1 卷,朱光潜译,商务印书馆 1979 年版,第 103 页。
③ 参见[德]黑格尔:《美学》第 3 卷上册,朱光潜译,商务印书馆 1979 年版,第 3 页。译文略有改动。

相补充,构成或实现了一个美的世界,"这种实际存在的艺术世界就是各门艺术的体系"①。在黑格尔看来,各门艺术既构成了一个整体,又彼此有本质的区别,因此它们既有共同的发展过程和规律,又有彼此加以区分的特殊规律。就共性方面来说,每门艺术都有类似各种艺术类型的发展过程,即都有一个准备期、繁荣期和衰落期,与此相应都会表现出一定的艺术风格。一般来说,在早期或准备期的作品都具有严峻的风格,在繁荣期则表现出理想的风格,而在衰落期则流于愉快的或取悦于人的风格。而就个性说,各门艺术便区分为不同的艺术种类。

黑格尔不满意传统的艺术分类标准,他说,人们常根据片面的理解去替各门艺术的分类到处寻找各种不同的标准。但是分类的真正标准只能根据艺术作品的本质得出来,各门艺术都是由艺术总概念中所含的方面和因素展现出来的。② 他指出,传统的分类法把艺术区分为造型艺术、声音艺术和语言艺术(诗),是把感性因素作为分类的最后标准,不是根据事物本身的具体概念。因此,他"要另找一种道理更深刻的分类法",这种分类法是和艺术的三种历史类型的划分相一致的。这里讲的实际上就是以理念感性显现的状况(物质压倒精神──→物质与精神平衡──→精神超出物质)为标准的分类法,即按精神内容克服物质形式的程度,划分各种艺术体裁的分类法。这种分类法既吸收了按感官和物质媒介分类法的合理因素,又贯穿了历史主义,体现了历史和逻辑的统一。根据这种方法,黑格尔把艺术分为建筑、雕刻、绘画、音乐和诗五大系统,并分门别类地做了深入的研究。

第一类艺术是建筑。建筑的任务在于对外在无机自然进行加工,使之成为符合艺术的外在世界。建筑所用的材料完全没有精神性,它的形式结构主要是平衡对称,还没有脱离无机自然的形式,因此不能充分表现精神的内容意蕴,其特征在于精神与它的外在形式是对立的,"建筑只能把充满心灵性的东西当作一种外来客指点出来"③。建筑是象征型艺术的基本类型。

第二类艺术是雕刻。雕刻的任务是塑造精神个性,它以精神个性为内容。雕刻在外在的感性素材上加工,不再只用无机自然的形式,而是用心灵

---

① [德]黑格尔:《美学》第3卷上册,朱光潜译,商务印书馆1979年版,第4页。

② 参见上书,第12页。译文略有改动。

③ [德]黑格尔:《美学》第1卷,朱光潜译,商务印书馆1979年版,第106页。

本身的形式,它"要把感性素材雕刻成人体的理想形式,而且还要把人体表现为立体"①。因此,在雕刻里感性素材同时就是精神因素的表现,由内容决定的形式就是精神的实际生活,也就是人的形象以及它的由精神灌注生气的"客观的有机体"。但是雕刻还"处在精神离开有体积的物质而回到精神本身的道路上",还只是"用直接的真正的物质的东西来表现精神个性,还不是观念性的表现方式,精神还没有回到它的真正的内在的主体性"。②雕刻是真正地道的古典型艺术。

第三类艺术是绘画、音乐与诗。这三门艺术都以主体性为原则,用的是观念性的表现方式,都与浪漫型艺术相适应。除了这些共同之处,它们也有各自的特点。绘画的基本原则是内在的主体性,它固然要通过外在事物的形式把内在的精神变成可观照的,但它"压缩了三度空间的整体"③,化立体为平面,利用色彩和光线的变幻,这就消除了感性现象的实际外貌,因此绘画的可见性和实现可见性的方式是主观化的、观念性的。在绘画中,题材无足轻重,重要的是题材所体现的主体性。"绘画所要做的事一般不是造成使人可用肉眼去看的东西,而是造成既是本身具体化而又使人用'心眼'去看的东西"④。音乐则是绘画的对立面,它的材料不是可见的外在事物,而是声音,它以声音表现本身无形的情感,它把空间性转化为时间性,把可见性转化为可闻性,超出了感性直观的界限,只诉诸听觉和心情。"音乐是心情的艺术","音乐的基本任务不在于反映出客观事物而在于反映出最内在的自我"。⑤ 因此,音乐比绘画具有更深的主观性,它成为浪漫型艺术的中心。但是音乐的声音毕竟还是感性的,它还不是最高的浪漫型艺术。只有诗或语言艺术,这才是"绝对真实的精神的艺术,把精神作为精神来表现的艺术"⑥。诗不像造型艺术那样诉诸感性观照,也不像音乐那样诉诸观念性的情感,而是要把内心形成的精神意义通过语言表现出来,再诉诸精神的观

---

① ［德］黑格尔:《美学》第 1 卷,朱光潜译,商务印书馆 1979 年版,第 107 页。
② ［德］黑格尔:《美学》第 3 卷上册,朱光潜译,商务印书馆 1979 年版,第 109 页。
③ 同上书,第 229 页。
④ 同上书,第 18—19 页。
⑤ 同上书,第 332 页。
⑥ 同上书,第 19 页。

念和观照本身。语言在诗中只是一种手段或媒介,不再具有感性事物的价值,语言固然也是一种声音,但在诗里不再是声音本身引起的情感,而仿佛是一种本身无意义的符号,其实它就是想象和心灵性的观照本身,它把精神表现给精神去看。因此,诗不但是绘画和音乐的统一,而且是"艺术总汇",各门艺术的表现方式诗都可以利用,诗成了"最丰富,最无拘碍的一种艺术"[①]。

以上五种艺术就是黑格尔对艺术所做的分类,此外还有园艺和舞蹈等艺术,黑格尔认为,这都是一些中间种或混种。从黑格尔的艺术分类可见,建筑、雕刻、绘画、音乐和诗的划分,形成了艺术发展由低到高的阶梯,在这个过程中,精神因素越来越多,感性因素越来越少,这和象征型艺术、古典型艺术、浪漫型艺术的划分所依据的原则是一致的。在《美学》第 3 卷中,黑格尔的确有把整个艺术史削足适履地纳入他的三段论的公式化的特点。但他的历史主义方法又的确使他作出了许多天才的猜测,揭示了许多合理的、有价值的东西。

以上我们大体介绍了黑格尔的美学思想体系。黑格尔的美学是马克思主义以前资产阶级美学的高峰,它虽然在形式上是唯心主义的、神秘的,却在内容上包含了历史主义和辩证法的合理内核,成为马克思主义美学的重要来源之一。尽管它还包含许多自相矛盾、牵强附会的东西,但在唯心主义的范围内已对各种美学问题作出了较为辩证的解决,在有些问题上接近了唯物主义和现实主义。黑格尔美学标志着西方古典美学的完成,但他提出和思考的一系列美学问题并没有完全失去意义。黑格尔的美学体系包罗万象、博大精深,为各种极不相同的美学思潮和流派留下了广阔继承、吸收和发挥的余地。他对美学史的贡献是极为巨大和深远的。他不但启发了马克思主义美学,造成了美学史上的伟大变革,而且影响了他以后整个近、现代美学。不错,在黑格尔死后,他的学派解体,他的哲学和美学不断地受到攻击,出现了许多新的现代哲学和美学的思潮和流派。时代在前进,历史在发展,黑格尔的思想并不是绝对真理。但是,这并不能抹杀黑格尔的历史地位和他的学说的价值。当代美国哲学家怀特在《分析的时代——二十世纪的

---

① [德]黑格尔:《美学》第 3 卷上册,朱光潜译,商务印书馆 1979 年版,第 19 页。

哲学家》中说："几乎 20 世纪的每一种重要的哲学运动都是以攻击那位思想庞杂而声名赫赫的 19 世纪的德国教授的观点开始的,这实际上就是对他加以特别显著的赞扬。我心里指的是黑格尔",因为"现在不谈他的哲学,我们就无从讨论 20 世纪的哲学。他不仅影响了马克思主义、存在主义与工具主义(当今世界最盛行的三大哲学)的创始人,而且在这一时期或另一时期还支配了那些更加具有技术哲学运动的逻辑实证主义,实在主义与分析哲学的奠基人。问题在于:卡尔·马克思、存在主义者克尔凯郭尔、杜威、罗素和摩尔,这些人在这一时期或那一时期都是黑格尔思想的密切研究者,他们的一些最杰出的学说都显露出从前曾经同那位奇特的天才有过接触或斗争的痕迹或伤痕"。① 这些话也适用于美学。

---

① ［美］M.怀特编著:《分析的时代——二十世纪的哲学家》,杜任之主译,商务印书馆 1981 年版,第 7 页。

第 十 章

俄国革命民主主义的美学

  19 世纪俄国革命民主主义美学是在欧洲启蒙运动和德国古典哲学的影响下,在反对沙皇反动统治和封建农奴制的斗争中形成的一个美学流派。其主要代表人物有别林斯基、车尔尼雪夫斯基、杜勃洛留波夫和赫尔岑。

  18 世纪末到 19 世纪初,俄国的资本主义发展起来,农奴制已经成为资本主义发展的严重障碍。1825 年,在西欧启蒙运动的思想影响和农民不断起义的推动下,一批贵族知识青年发动了以推翻沙皇专制为目标的“十二月党人”革命。但这次革命迅速遭到镇压,继之而来的是更加黑暗和严酷的警察统治。在这种形势下,俄国进步的知识分子继承“十二月党人”的革命传统,积极开展了思想文化上的启蒙运动,由此引起了俄国出路问题的争论,并在 19 世纪 40 年代形成了斯拉夫派和西欧派的论战。斯拉夫派站在保守的贵族立场上,主张回复到古代宗法社会,反对走西欧资本主义道路;西欧派反对斯拉夫派,主张反对农奴制,走西欧资本主义道路,但却坚持资产阶级自由倾向的贵族立场,醉心于社会改良,拒绝革命。在这场论争中,别林斯基独树一帜,公开站在农民一边,主张依靠农民的力量,实行农民革命,推翻沙皇政权和封建农奴制的统治,由此逐步形成了一个新的革命派别即革命民主派,而别林斯基本人就成了革命民主主义的先驱。到了 19 世纪 60 年代,由于俄国在克里米亚战争(1853—1856 年)中遭到失败,更使社会矛盾日趋激烈,爆发了规模巨大的农奴起义,更把革命民主主义运动推向了高潮,车尔尼雪夫斯基就是这一时期的主要代表人物。

俄国革命民主主义者的主要活动,是以办刊物、开展文艺批评的方式宣传革命民主主义的思想。他们在政治上的目标是反对沙皇和农奴制;在文艺和美学上,则把矛头指向当时为反动统治服务的以茹科夫斯基为代表的消极浪漫派和鼓吹唯美主义、"为艺术而艺术"的纯艺术论,坚决支持和维护诗人普希金、莱蒙托夫和作家果戈理等人利用文艺向沙皇政权挑战和揭露农奴制的腐朽与罪恶的斗争,并在美学理论上为以果戈理为代表的"自然派"即现实主义文学辩护。从理论渊源说,俄国革命民主主义美学主要接受了德国古典哲学和美学的影响。别林斯基早期是黑格尔哲学的忠实信徒,后期在革命运动的促进下,转向了唯物主义;车尔尼雪夫斯基则直接把费尔巴哈的哲学作为自己美学理论的基础。俄国革命民主主义美学在西方美学史上占有特殊的地位,它是马克思主义以前唯物主义美学的最高成就,其突出特点是把美学自觉建立在现实生活的基础之上,把美学同革命的政治斗争、文艺批评和生活实践紧密结合起来,具有鲜明的战斗性和功利性。他们提出的一系列美学问题,如艺术与现实的审美关系问题,文艺的本质、目的和社会意义问题,形象思维问题,以及"美是生活"这个著名论断,都不仅仅是当时俄国文艺实践中的问题,而且具有普遍的理论价值和意义。

第一节　别林斯基的美学思想

别林斯基(Vissarion Grigoryevich Belinsky,1811—1848 年)是俄国革命民主主义的思想家、文艺批评家和美学家。他出生于一个军医家庭,1829年入莫斯科大学学习,后因积极参加进步学生的文艺活动,反对农奴制而被学校开除。1833 年他发表第一篇文学批评文章《文学的幻想》,曾担任《望远镜》杂志撰稿人,主编《莫斯科观察家》杂志,参加《祖国纪事》和诗人涅克拉索夫主编的《现代人》杂志的编辑工作。他以文艺批评为武器,反对农奴制,鼓吹革命民主主义。1847 年 7 月,他在给果戈理的一封著名的信里,批评果戈理晚期思想的变节,同时指出:"俄国最重要最迫切的问题是废除农奴制"①。1848 年 5 月,沙皇政府准备拘捕他,不久因病逝世。

别林斯基的一生虽然短促,但在思想上却经历了由唯心主义到唯物主义,由启蒙主义到革命民主主义的转变。一般认为,他的思想发展可分为两个阶段。19 世纪 30 年代为早期或莫斯科时期,又称与现实妥协的时期,当时他相信黑格尔的"一切现实的都是合理的,一切合理的都是现实的"这个命题,认为农奴制是现实的,也是合理的;19 世纪 40 年代以后为后期或彼德堡时期,这时他克服了与现实妥协的思想,认为农奴制虽然是现实的却是不合理的,应当与之斗争。对于别林斯基的这一思想转变,普列汉诺夫说:"以前他忠于绝对体系的创造者的黑格尔,现在他忠于辩证论者的黑格尔。"②从大量历史文献所提供的事实来看,别林斯基并没有完全摆脱黑格尔哲学的影响,但基本上转向了唯物主义。

别林斯基没有专门的美学著作,他的美学思想体现在他的大量文艺评论和文艺批评之中,其中直接涉及美学问题较多的有:《文学的幻想》(1834年)、《论俄国中篇小说和果戈理的中篇小说》(1835 年)、《智慧的痛苦》(1840 年)、《艺术的思想》(1841 年)、《诗的分类和分科》(1841 年)、《1847年俄国文学一瞥》(1848 年)等。

一 艺术的本质和目的

别林斯基的美学是文艺美学。他在 1841 年说:"真正的美学的任务不在于解决艺术应该是什么而在解决艺术实际是怎样。换句话说,美学不应把艺术作为一种假定的东西或是一种按照美学理论才可实现的理想来研究。不,美学应该把艺术看作对象,这对象原已先美学而存在,而且美学本身的存在也就要靠这对象的存在。"③和黑格尔一样,别林斯基明确地把艺

①　[俄]别林斯基著,别列金娜选辑:《别林斯基论文学》,梁真译,新文艺出版社 1958 年版,第 63 页。

②　《普列汉诺夫哲学著作选集》第 4 卷,汝信等译,生活·读书·新知三联书店 1974 年版,第 579 页。

③　转引自朱光潜:《西方美学史》下卷,人民文学出版社 1979 年版,第 524 页。

术看作美学的研究对象,有关艺术的本质、目的和意义问题始终是他注意的中心。

最初,别林斯基完全相信黑格尔的哲学和美学。在《文学的幻想》中,他认为"统一的、永恒的理念"是一切现实事物的根源和本质,理念"不断地创造,然后破坏;破坏,然后再创造","它寓形于光亮的太阳,瑰丽的行星,飘忽的彗星;它生活并呼吸在大海的澎湃汹涌的潮汐中,荒野的猛烈的飓风中,树叶的簌簌声中,小溪的淙淙声中,猛狮的怒吼中,婴儿的眼泪中,美人的微笑中,人的意志中,天才的严整的创作中"。① 他给艺术下了这样一个定义:"艺术是宇宙的伟大理念在它的无数多样的现象中的表现。"②并且说:"什么才是艺术的使命和目的呢? 用语言、声音、线条和颜色把一般自然生活的理念描写出来,再现出来,这就是艺术的唯一的永恒的主题。……诗本身就是目的,此外别无目的。"③这些看法完全来自黑格尔,实际上是黑格尔的美或艺术是"理念的感性显现"说的俄国版。这里他谈到了文艺的再现,但再现的不是生活本身而是"生活的理念"。关键在于他对生活或现实的理解,在他看来,生活就是理念,再现生活就是再现理念。如果说他已提出了文艺再现生活的现实主义原则,那么他对生活的理解则是唯心主义的,因此严格地说,他此时还未能建立文艺再现生活的现实主义美学。在这一时期,他十分强调文艺的真实性,认为文艺表现理念也就表现了"最高的真实",他反复强调的生活指的也只是精神生活,仍限于意识领域。1843 年以后,别林斯基的观点发生了重大的变化。他在给巴枯宁的一封信中说:"我不是按照它的一般抽象意义,而是按照人与人之间的关系来理解现实。"④这就是说,他不再从黑格尔的抽象理念的观点理解现实,而是转向了把人的社会生活本身看作现实。显然,他对现实的理解已经达到了唯物主义的水平。这一时期,他虽然尚未完全摆脱黑格尔的影响,但更多强调的是黑格尔的辩证法,这使他对生活或现实的理解还包含了不少辩证的因素。正是在这个从理念到现实转变的基础上,他对艺术的本质、目的和意义的认

---

① 《别林斯基选集》第 1 卷,满涛译,人民文学出版社 1959 年版,第 18 页。
② 转引自朱光潜:《西方美学史》下卷,人民文学出版社 1979 年版,第 524 页。
③ 同上。
④ 同上书,第 528 页。

识也发生了重大的变化。他把文艺与现实的关系问题提到了美学的中心，认为"文学是社会生活的表现，是社会给文学以生命，而不是文学给社会以生命"①，并进而全面创立了唯物主义和现实主义的美学理论，成为俄国革命民主主义美学的奠基人。

别林斯基的基本原则主要有两点。

第一，文艺是社会生活的表现、反映或复制。早在 1839 年别林斯基就说过："艺术是现实的复制；从而，艺术的任务不是修改，不是美化生活，而是显示生活的实际存在的样子。"②这种复制说是唯物主义的，但显然是机械的、肤浅的，它排除了想象、虚构、理想和创造，不能与抄写现实的自然主义划清界限。但在后期，别林斯基对"艺术复制现实"作了重大的修正和全新的解释。1843 年，他提出"诗在于创造性地复制有可能的现实"③。他反复指出，复制不是镜子般地反映和抄写现实。他说："现在，艺术已经不限于作为一个被动的角色——就是像镜子一样，冷淡而忠实地反映自然了；艺术家要在自己的反映中传达生动的个人思想，使反映具有目的和意义。我们时代的诗人同时也是思想家。"④在《1847 年俄国文学一瞥》这篇最成熟的文章里，他说："若要忠实地模仿自然，仅仅能写，就是说仅仅驾驭抄写员和文书的技术，还是不够的；必须能通过想象，把现实的现象表达出来，赋予它们新的生命。"⑤他明确指出："艺术是现实的复制，被重复了的、重新被创造了的世界。"⑥这就是说，艺术中的现实已经不再是生活现象的照相式的罗列，而是能够显示出生活本质的艺术概括。他所谓"复制"这时已具有了创造的含义。由于把文艺的本质看作社会生活的表现和复制，他反复强调："哪里有生活，哪里就有诗。"⑦"在活生生的现实里，有很多美的事物，或者

---

① 转引自朱光潜：《西方美学史》下卷，人民文学出版社 1979 年版，第 528—529 页。
② ［俄］别林斯基著，别列金娜选辑：《别林斯基论文学》，梁真译，新文艺出版社 1958 年版，第 106 页。
③ 同上书，第 111 页。
④ 同上书，第 51 页。
⑤ 《别林斯基选集》第 2 卷，满涛译，人民文学出版社 1959 年版，第 415 页。
⑥ 同上书，第 418 页。
⑦ ［俄］别林斯基著，别列金娜选辑：《别林斯基论文学》，梁真译，新文艺出版社 1958 年版，第 24 页。

更确切地说,一切美的事物只能包括在活生生的现实里。"①因此,他要求艺术家要面对生活,面对现实,不但要描绘真实的生活画卷,再现生活,而且要表现社会问题,揭示现实生活的本质和规律。在他看来,艺术美来源于现实美,但又高于现实美。

第二,艺术的目的是为社会服务、为人类服务。别林斯基在后期抛弃了"艺术以自身为目的"的纯艺术论的看法。他批评说,经验主义者"不承认美学的存在,把美学变为许多艺术作品的枯燥的、毫无思想贯穿其间的清单,附以实际的和偶然的评语,——就这样剥夺了艺术的崇高意义"。他们把艺术贬低为旨在供人消遣解闷的东西。而"唯心论者也达到同一极端的结论,不过采取了相反的途径。照他们的理论,生活和艺术必须各行其是,彼此不相接触,互不依赖,并且不必有任何相互的影响。他们死抱住自己的'艺术目的即其本身'这一基本立场,终至不仅取消了艺术的目的,而且取消了它的任何意义"②。他指出:"把艺术设想为活动在自己特殊的领域内、和生活其他方面毫无共同之处的纯粹的、排他性的东西,这种想法却抽象而不切实际。这样的艺术在任何时候,任何地方,都是不存在的。"③别林斯基认为,艺术的目的是为社会服务、为人类服务,因为艺术"是从属于历史发展进程的"④,是"被历史地表现出来的民族意识"即"一个民族生活的最高表现",它"应该是公共的财产",⑤这就是说,文学应该是属于人民的,它不是少数人的私事。他说:"没有一个诗人能够由于自身和依赖自身而伟大,他既不能依赖自己的痛苦,也不能依赖自己的幸福;任何伟大的诗人之所以伟大,是因为他的痛苦和幸福深深植根于社会和历史的土壤里,他从而成为社会、时代以及人类的代表和喉舌。只有渺小的诗人们才由于自身和依赖自身而喜或忧;然而,也只有他们自己才去谛听自己小鸟般的歌唱,那是社会与人类丝毫也不想理会的。"⑥

---

① 《别林斯基选集》第 2 卷,满涛译,人民文学出版社 1959 年版,第 456 页。
② [俄]别林斯基著,别列金娜选辑:《别林斯基论文学》,梁真译,新文艺出版社 1958 年版,第 27 页。
③ 同上书,第 18 页。
④ 同上书,第 26 页。
⑤ 同上书,第 252 页。
⑥ 同上书,第 26 页。

二　形　象　思　维

1841 年,在《艺术的思想》一文中,别林斯基还给艺术下过这样一个定义:

　　艺术是对真理的直接观照,或者是形象中的思维。

　　全部艺术理论——艺术的本质,艺术分类以及各类的本质及条件——即在于发挥艺术的这个定义。

　　首先,在我们的艺术定义中,无疑地,很多读者会认为奇怪的是:我们把艺术称作思维,从而把两个最相反的、最不能结合的概念结合起来了。①

这里是在给艺术下定义,也就是说,是在解决艺术的本质即艺术是什么这个问题。别林斯基的回答是很明确的,艺术是一种思维,是"形象中的思维",他试图把形象和思维这两个人们历来认为最相反的、最不能结合的概念结合起来。不过,别林斯基并没有把形象和思维构成一个复合名词,像我们今天那样直接使用"形象思维"这个术语。他在这里的提法是"形象中的思维",在其他文章里还讲过"用形象来思维"和"寓于形象的思维"。严格说,他并没有提出"形象思维"这个术语,但他的确又有关于"形象思维"的思想,而这一思想,按照他自己的讲法并非他的独创,而是来自德国美学家即黑格尔的。黑格尔在《美学》中曾把艺术与哲学加以比较,认为二者都是理念,但表现的方式有分别,哲学借助概念,艺术借助形象,所以艺术或美无非是理念的感性显现。别林斯基进一步发挥了黑格尔的这个思想。在他看来,艺术与哲学的区别在形象,而二者的共性在思维。艺术既是一种思维,具有思想性,同时又是一种形象,具有形象性的特点。艺术是形象与思维、形象性与思想性的统一。在《智慧的痛苦》中,他说:"诗歌是直观形式中的真实;它的创造物是肉身化了的概念,看得见的,可通过直观来体会的概念,因此,诗歌就是同样的哲学,同样的思索,因为它具有同样的内容——绝对

------

　　① [俄]别林斯基著,别列金娜选辑:《别林斯基论文学》,梁真译,新文艺出版社 1958 年版,第 7 页。译文略有改动。

真实,不过不是表现在概念从自身出发的辩证法的发展形式中,而是在概念直接体现为形象的形式中,诗人用形象思索,他不证明真理,却显示真理。"①后来在《1847年俄国文学一瞥》中,他把自己的思想表达得更为清楚,他说:"哲学家用三段论法,诗人则用形象和图画说话,然而他们说的都是同一件事。……诗人被生动而鲜明的现实描绘武装着,诉诸读者的想象,在真实的画面里面显示社会中某一阶级的状况,由于某一种原因,业已大为改善,或大为恶化。"②

"形象思维"在美学上是十分重要的问题,它直接涉及艺术的本质和艺术创作的规律。别林斯基关于形象思维的思想是很深刻的,就艺术的本质说,他一反视艺术与思维无关,以致把二者割裂、对立的传统看法,强调艺术也是一种思维,有力地反对了纯艺术论,维护了艺术的思想性,提高了艺术的地位;就艺术创作的规律说,他揭示了艺术创作具有不同于哲学和科学的独特的思维方式,维护了艺术的形象性,有力地反对了议论式的、冰冷的道德说教。他所谓艺术是对真理的直接观照,艺术不论证真理而只显示真理,诗人用形象思索,强调的都是艺术的直观性和形象性。艺术是一种思维,但不是脱离了形象的抽象的思想。他说:"文学作品里的思想有两种。在有些作品,思想进入形式,由此渗透到形式的一切支节,温暖和照明了形式。这种思想是活跃的、创造性的,它不是通过理性而是直接地,不是独立自在而是和形式一起出现。这样的作品是美的、艺术的。另一种思想在作者的头脑中脱离形式而产生,——形式是另外编造出来、以后安装到思想上面的。结果是,这种作品尽管在思想上(也就是在作者的意图上)很明智,但却不能从形式上赢得人的注意。"③同时,艺术不仅是一种思维,而且是一种用形象进行思索的能力,在艺术创作中,艺术家必须具备创造性的想象力。别林斯基所讲的形象思维指的就是这种创造性的想象力。在《1847年俄国文学一瞥》中,他对这种想象力即形象思维作了全面的论述。首先,他指出,在艺术创作中起主导作用的是幻想。这里的幻想就是想象。他认为想

① 《别林斯基选集》第2卷,满涛译,人民文学出版社1959年版,第96页。
② 同上书,第429页。
③ 〔俄〕别林斯基著,别列金娜选辑:《别林斯基论文学》,梁真译,新文艺出版社1958年版,第9页。

象是艺术创作的根本特征,但不是唯一的特征,创作同时也需要判断和推理,并不排斥逻辑思维;其次,艺术家必须运用想象才能创造出典型形象,体现出生活的完整性和统一性;最后,生活和事件只是构成文学作品的基本材料,有如砖瓦一样,只有通过想象进行构思,才能把它们建成一座艺术的大厦。

总的来说,别林斯基关于形象思维的思想是从黑格尔"艺术是理念的感性显现"说脱胎而出的,其哲学基础是唯心的,但它包含了辩证的因素,深刻揭示了艺术的本质和艺术创作的规律,是对美学史的一大贡献,至今仍有重大的影响。

三 情 致 说

别林斯基的情致说是很著名的。他把情致看成艺术创作的根本动力和艺术作品的灵魂,赋予情致以极为重要的意义。"情致"一词,直译是热情或激情。朱光潜先生认为译为情致更好,这种译法在我国美学界已经通用,我们也采用这种译法。

别林斯基在许多地方都谈到过情致,但最为集中论述的是在 1844 年写的《论普希金的作品》第五篇中,他谈到,崇高的、卓越的诗人与平庸的诗人不同,他们的诗作必有某种独创而新颖的特色,要想掌握和明确这一特色的本质,就得找出诗人的个性和诗的秘密的钥匙。到哪里去找呢? 诗是主宰诗人的强烈思想所结成的果实,但这不仅仅是诗人理性活动的结果,否则做一个诗人就没有什么困难了,因为谁都能把思想装入虚构的形式之中,但即便是完全正确的思想也不能使之成为真正的诗,它不会说服人,使人相信。通常人们总以为想出一个优美的思想,然后把它塞进一个杜撰的形式中,这就是一切了。接着,别林斯基说:"不,绝不是这种思想,它也不能就这样主宰诗人而成为他的活的作品的活的胚胎的! 艺术并不容纳抽象的哲学思想,更不要容纳理性的思想:它只容纳诗的思想,而这诗的思想——不是三段论法,不是教条,不是格言,而是活的激情,是情致。"[1]由此可见,情致说

---

① [俄]别林斯基著,别列金娜选辑:《别林斯基论文学》,梁真译,新文艺出版社 1958 年版,第 52 页。

所要回答的是主宰诗人进行创作的动力问题,所谓情致就是主宰诗人创作的思想,即诗的思想。别林斯基认为,诗的思想或情致不是抽象的哲学思想和理性的思想,而是主宰、推动、怂恿诗人进行创作的一种强烈的力量和不可抑制的激情。他说:"什么是情致呢? 创作并不是消遣,艺术作品并不是闲暇或嗜好的果实;它使得艺术家劳心劳力;连艺术家自己也往往不明白,一篇新作品的胚胎怎样会落到他的心上的,他怀着这'诗的思想'的种子,有如在母亲的子宫里怀着胎儿一样。……因此,如果诗人决心从事于创作底劳动和伟业,这意味着有一种强烈的力量、一种不能抑制的激情在推动他,怂恿他。这种力量,这种激情,就是情致。"①他还指出,情致的一个突出特点在于把仅仅由理性获得的思想转化成了对思想的爱。诗人是思想的爱好者,他不是以自己的理性、智慧和情感来领会诗的情致或思想,他把诗的思想当作生命一般地爱着,为它所浸润,以至忘却或交出自己全部的伦理生命。因此,思想在他的作品里不是抽象的思想而是活生生的创造,其中没有僵死的形式,而是思想和形式的完整的有机统一。他说:"思想是从理智产生的;但能够创造活的东西的,是爱而非理智。因此,在抽象思想和诗的思想之间,区别是很明显的:前者是理性的果实,后者是作为情致的爱的果实。"②因此,情致也可以说就是爱思想或醉心于真理,诗人在创作中是真诚的,他爱真理胜于自身。

别林斯基还指出,情致是一种激情,但不是一般的激情,他之所以不称情致为激情,是因为"激情"一词往往包含自私的、尘俗的以至卑鄙下流的因素,而情致则永远是在人的心灵里为思想点燃起来的激情,它永远向思想追求,因而是纯精神的、伦理的、神圣的。情致是对诗的思想的爱,这种爱充满了力量和热烈的渴望。它不是作品以外到处都能看见的思想。"哲学中的思想是不具体的;哲学思想要通过情致才能有所作为。"③

别林斯基十分重视和强调情致对于艺术创作的意义。他认为,没有情致,就不能理解为什么诗人能拿起笔来;没有情致,就不能有任何诗的创作。

---

①　[俄]别林斯基著,别列金娜选辑:《别林斯基论文学》,梁真译,新文艺出版社 1958 年版,第 52—53 页。

②　同上书,第 53 页。

③　同上书,第 53—54 页。

在他看来,情致是伟大作品的灵魂和生命,是作品产生巨大影响力的保证。他认为,每一个伟大诗人的整个世界(全部作品)都有其统一的情致,而每部个别作品的情致只是其变形。不论拜伦还是莎士比亚,作为个性,他们都是统一体,他们可以有很多兴趣和倾向,但总处于一个主要的兴趣和倾向的主导影响之下。他指出:"一个诗人的所有作品必然烙有同一精神的印记,贯穿着统一的情致。就是这种充溢在诗人全部创作中的情致,成为他的个性和诗的钥匙。"①

别林斯基的情致说与历史上的灵感说有些类似,二者都涉及艺术创作的动力问题,但情致说似乎不限于此,涉及的问题更广一些。从以上的介绍来看,别林斯基的情致说主要有以下几个要点:第一,情致是主宰、推动诗人创作的动力,它不是抽象的理性的思想,而是情理交融的具体的诗的思想,它表现为一种力量和激情;第二,情致不是自私的、尘俗的、低下的激情,而是由思想激发和转化而来的一种忘我无私的对真理的爱,是一种具有崇高伦理意义的激情;第三,情致是艺术作品的灵魂和生命,是艺术家的个性、风格和倾向的表征。

四 典 型 论

别林斯基十分重视典型问题。他较早把典型化提到艺术创作的首要地位。他说:"创作的新颖性——或者,勿宁说创造力本身——的最显著标志之一即在于典型性;假如可以这样说,典型性就是作家的徽章。在真正有才能的作家的笔下,每个人物都是典型;对于读者,每个典型都是一个熟识的陌生人。"②并且说:"典型性是创造的基本法则之一,没有它,就没有创造。"③在别林斯基看来,现实主义文艺的重要任务就是要塑造典型形象,揭示生活的本质。艺术家要运用典型化的方法,把现实生活中熟悉的人塑造成具有新的思想和性格的"陌生人",通过平凡的日常生活,表现重大的社

---

① [俄]别林斯基著,别列金娜选辑:《别林斯基论文学》,梁真译,新文艺出版社 1958 年版,第 56 页。

② 同上书,第 120 页。

③ 同上书,第 121 页。

会问题。

别林斯基在许多文章中都论述过典型问题。但他对典型的理解并不是首尾一贯的，而是有一个发展过程的。一般说来，在早期，他由于受黑格尔、贺拉斯的影响，主要是从理念或类型的角度理解典型的。尽管他并不否认典型是个性与共性的统一，也很重视典型的个性化，但并没有摆脱概念化、类型化的毛病。1839年，在《现代人》中，他说："何谓创作中的典型？——典型既是一个人，又是很多人，就是说，是这样一种人物描写：在他身上包括了很多人，包括了那体现同一概念的整个范畴的人们。"①他举奥赛罗为例，认为奥赛罗就是典型，因为"他代表一整类人，一整个范畴，代表所有这样嫉妒心强的人"②。这里他把典型理解成了概念的体现或化身，没有涉及典型和现实生活的关系，显然是从概念出发的。在他看来，奥赛罗只是嫉妒的化身，阿巴贡只是悭吝的化身，这样理解的典型性格也是抽象的。在《智慧的痛苦》中，他更采用了黑格尔的公式，把典型说成是由一般性的理念经过否定转化为个别现象，再回到一般理念。这就更清楚地说明，他认为典型来自一般理念，是理念的体现。显然，这无非是黑格尔"理念感性显现"说的具体运用，其哲学基础仍然是唯心主义的。这种典型理论的病根在于，它把典型中的共性只看成理念或概念，忽略或否认了典型与客观的现实生活的联系。同时，别林斯基还常常把典型看作同类人物的代表或共性，因此，他也没能突破自贺拉斯以来西方长期流行的类型说的传统看法。但是，应当看到，别林斯基也没有把典型只看作共性，他也很重视个性化。他说："必须使人物一方面成为一个特殊世界人们的代表，同时还是一个完整的、个别的人。只有在这种条件下，只有通过这种矛盾的调和，他才能够成为一个典型人物。"③这显然是他吸收了黑格尔典型观中的积极因素。黑格尔在《美学》中曾说："每个人物都是一个整体，本身就是一个世界，每个人都是一个完满的有生气的人，而不是某种孤立的性格特征的寓言式的抽象品。"④尽

---

①　[俄]别林斯基著，别列金娜选辑：《别林斯基论文学》，梁真译，新文艺出版社1958年版，第120—121页。

②　同上书，第121页。

③　同上。

④　[德]黑格尔：《美学》第1卷，朱光潜译，商务印书馆1979年版，第303页。

管如此,别林斯基早期的典型观所侧重的仍是典型的共性,并把这种共性归源于理念或概念,因而还不能说是现实主义的。

但是,在后期,别林斯基的世界观和对文艺本质的看法有所转变,他的典型观也随之发生了变化。

首先,他抛弃了从理念或概念出发,开始在现实生活的基础上去把握典型的个性与共性的统一。他明确指出,典型不是"概念的隐寓和拟人化",例如悭吝者在概念上只有一个,"但他的典型却是无尽纷繁的"。① 典型所表现的不是抽象的概念的人,而是来自现实生活的"活生生的人"②。但艺术中的典型既不是孤立的个别现实人物的写真,也不是抽象的概念一般,而是这两个极端的有机融合。它"既是个人,又是概念"③,它是"很多对象的公共名词,却以专名词表现出来"④。因此,"典型的本质在于:例如,即使在描写挑水人的时候,也不要只描写某一个挑水人,而是要借一个人写出一切挑水的人"⑤。

其次,他强调典型就是理想,典型化就是理想化,这是艺术创造的基本法则,是由艺术的本质决定的。他认为,艺术的本质在于"创造性地复制有可能的现实",因此艺术不是现实生活现象的抄袭,而是采用现实的材料,经过艺术家的理智的思索和想象,对现实进行艺术概括的创造。典型就是这样创造出来的,典型就是理想,是"把现实理想化"的结果。他说:"'把现实理想化'意味着通过个别的,有限的现象来表现普遍的、无限的事物,不是从现实中摹写某些偶然现象,而是创造典型的形象。"⑥他反复强调,理想或典型不是对现实生活的杜撰、美化和说谎,也就是说,不是从主观出发,而是要从现实中提取现成的材料,排除一切偶然的东西,揭示出必然的东西,把现实中的现象提高到普遍的意义上来。因此,典型既来自现实,是人们所熟悉的,同时又是独创的、新颖的,即所谓"熟悉的陌生人"。他认为,艺术

---

① [俄]别林斯基著,别列金娜选辑:《别林斯基论文学》,梁真译,新文艺出版社 1958 年版,第 135 页。

② 同上。

③ 同上书,第 129 页。

④ 同上书,第 128 页。

⑤ 同上书,第 129 页。

⑥ 《别林斯基选集》第 2 卷,满涛译,人民文学出版社 1959 年版,第 102 页。

美来源于现实美,但又高于现实美。"艺术作品高于所谓'真实的事件'。因为诗人要以自己的幻想的火炬照明他的主人公心灵的一切曲折和行为的一切秘密的原因,他得从所叙述的事件剔除一切偶然性,只给我们展示必然的、照理是无可规避的后果的东西"①。"艺术里的现实比现实本身更像现实"②。因此,艺术中的典型也比现实的生活现象更真实。他还认为,典型化或理想化是艺术创作的普遍原则,是艺术家独创性的标志。他十分强调艺术概括的意义。他说:"诗人无须在他的小说中描写主人公每次如何吃饭;但是他可以描写一次他吃饭的情形,假如这一餐对他的一生发生了影响,或者在这一餐上可以看到某一时代某个民族吃饭的特点的话。"③他称赞高明的艺术家往往以一个特征、一句话就能生动而完整地表现出也许十本书都说不完的东西。

第三,他强调典型的意义在于通过个别表现一般,通过典型形象的塑造来揭示时代、社会和生活的本质和规律。别林斯基始终认为典型是个性与共性的统一,但在早期他把典型的共性看作主观的理念或概念,而在后期他已把典型的共性看作现实生活本质的概括,因此,他在后期强调典型要通过个别来表现一般,和他早期强调抽象的共性不可同日而语,这里已经发生了哲学基础由唯心主义到唯物主义的转变,也正是在这一点上显示出了别林斯基美学观的深刻性和进步性。在别林斯基那里,典型的个性与共性的关系,实质上就是人与时代、社会的关系,他虽然尚未形成典型环境的概念,但已多少看到了典型性格和典型环境的关系,这是他对典型理论的重要贡献。早在文学活动的初期,他就说过,一切作品在精神上和形式上都带有时代的烙印,并且满足时代的要求;要评判一个人物,就应考虑到他在其中发展的那个情境以及命运把他所摆在的那个生活领域。这说明,他已认识到时代环境对形成典型性格有重要作用。随着俄国革命民主主义运动的发展,在后期他越来越重视时代社会环境的意义。他不否认典型的个性化,但他认为这不应当是脱离时代、社会和生活的对个人的孤立描写,而应当是通过个

---

① ［俄］别林斯基著,别列金娜选辑:《别林斯基论文学》,梁真译,新文艺出版社1958年版,第136页。

② 同上书,第128页。

③ 同上书,第127页。

别表现一般,表现社会。对此,他作过如下的解释:"生存在社会里的人无论在思想方式或行为方式上都是依赖社会的。我们现今的作家不致于不理解到这一简单而明显的真理,因此,在描写人的时候,他们就想去探索他何以如此或不如此的原因。由于这种探索,他们自然而然地描写着不是个别的这人或那人的独特优点或缺点,而是普遍的现象。"①他指出,社会是现实而非想象的东西,社会的本质"不仅在于服装、发式,还有人情、风俗、观念、关系等"②。从这种解释可以看出,别林斯基认为典型应当揭示人何以如此或不如此生活的原因,由此也就必须揭示他所生存的社会及其本质。正是基于这种深刻的认识,他高度赞扬普希金的奥涅金、莱蒙托夫的毕乔林和果戈理《死魂灵》中的收购人乞乞科夫,认为诗人在自己的主人公身上写出了当代社会。他称赞以果戈理为代表的俄国现实主义的小说"它们描绘了人,也就描绘了社会",并且认为"现在对长篇和中篇小说以及戏剧的要求是每个人物都要用他所属阶层的语言来说话,以便他的情感,概念,仪表,行动方式,总之,他的一切都能证实他的教养和生活环境"。③ 这里他已提出了典型要反映人物所属阶层和生活环境的要求,虽然从总体上说别林斯基还是资产阶级的人性论者,但已有了初步的阶级观点,这是难能可贵的。

总的来说,别林斯基的美学思想是复杂的、矛盾的,但他终于建立了较为完整的现实主义美学和文艺理论,有力地反对了消极浪漫主义和纯艺术论,推动了 19 世纪俄国现实主义文艺的发展。

第二节　车尔尼雪夫斯基的美学思想

车尔尼雪夫斯基(Nikolay Chernyshevsky,1828—1889 年)是别林斯基的后继者,是 19 世纪 60 年代俄国革命民主主义运动的领袖,他不但是哲学

---

① ［俄］别林斯基著,别列金娜选辑:《别林斯基论文学》,梁真译,新文艺出版社 1958 年版,第 132 页。
② 同上书,第 127 页。
③ 转引自朱光潜:《西方美学史》下卷,人民文学出版社 1979 年版,第 548—549 页。

家、美学家,而且是作家、批评家、经济学家。他出生于萨拉托夫一个牧师家庭,14 岁进入教会中学,18 岁考入彼得堡大学,学习历史和语言学,学习期间广泛阅读了别林斯基、赫尔岑、费尔巴哈以及西欧社会主义者的著作,并接受了 1848 年欧洲革命的深刻影响,形成了反对农奴制的革命理想,开始进行革命宣传工作。1850 年大学毕业后,回到萨拉托夫,在一所中学任教。1853 年重返彼得堡,一面在中学教书,一面为《祖国纪事》撰稿,并于年底完成著名的学位论文《艺术与现实的审美关系》。1854 年开始参加《现代人》杂志的编辑工作,并成为它的实际领导人。从 19 世纪 50 年代末到 60 年代初,他在《现代人》杂志上发表了许多有关哲学、美学、历史和经济问题的论文,积极宣传唯物主义和革命民主主义思想,其中《哲学中的人本主义原理》(1860 年)发挥了费尔巴哈的思想,尖锐批判了唯心主义和僧侣主义,曾引起沙皇政府的震怒,被认为是一篇"动摇君主政权基本原则"的作品。他以《现代人》杂志为基地,与另两位杂志领导人涅克拉索夫和后起之秀杜勃洛留波夫紧密合作,并肩战斗,从事了许多实际的革命工作,团结了广大的平民知识分子、士兵和群众,引起了沙皇政府的恐惧和仇恨。1861 年,沙皇实行农奴制改革,他不仅写了许多革命宣言和传单,指出沙皇是头号大地主,而且写了《没有收信人的信》(1862 年),深刻揭露了农奴制改革的欺骗实质。1862 年,在全国农民起义、学生罢课的紧张形势下,《现代人》杂志被沙皇政府勒令停刊,车尔尼雪夫斯基也随即被捕入狱,在彼得堡要塞狱中,他写出了长篇小说《怎么办?》。1864 年起,他被流放到西伯利亚等地服苦役,直到 1889 年才因病获准回到故乡萨拉托夫,旋即逝世。他的一生充满了斗争的磨难,前后在监牢、苦役和流放中度过了整整 27 年的艰苦岁月,始终表现了对人民的忠诚和不屈不挠的革命精神。普列汉诺夫曾赞誉他为俄国的普罗米修斯。

车尔尼雪夫斯基是一位具有社会主义精神的伟大的农民革命家,他的一生是令人敬仰的。特别值得一提和令我们感到亲切的,是他始终热烈地同情和支持中国人民的革命斗争。他在《现代人》杂志上曾发表过介绍和支持当时我国爆发的太平天国运动的文章,以及研究明末李自成起义的文章,他在彼得堡要塞牢房中写的文稿中,愤怒批判了当时的种族主义者污蔑中国人民低贱无能的谬论。他说:"翻开中国历史,算一下在这段时间里中国遭受了多少次种族入侵。中国历史不是停滞不前,而是因外族入侵而使得一系列的文明遭到破坏。在每次破坏以后,中国人都复兴了过来,或是提高到原先的水平,或是超过它。"①他盛赞中国古老的文化,说中国是一个伟大的民族,当近代欧洲人刚刚认识中国的时候,中国已有了高度的文明,中国人口比欧洲所有国家人口的总和还要多,因此,欧洲人应当做中国人的学生。他还预言中国民族文化的复兴必将对欧洲各国的发展产生重大的影响。但是,正如列宁所说:"车尔尼雪夫斯基是空想社会主义者,他幻想通过旧的、半封建的农民村社向社会主义过渡,他没有认识到而且也不可能在上世纪(注:指 19 世纪)的 60 年代认识到:只有资本主义和无产阶级的发展,才能为社会主义的实现创造物质条件和社会力量。"②

在哲学上,车尔尼雪夫斯基是费尔巴哈唯物主义的忠实信徒,他称费尔巴哈为宗师,试图运用费尔巴哈的唯物主义原则解决美学问题。费尔巴哈本来是黑格尔的学生,后来他批判了黑格尔的唯心主义,建立了一套人本主义的唯物主义哲学,他肯定人和自然是唯一的存在,认为人是自然的一部分,人的意识、思维只不过是自然的反映。他的唯物主义是机械的。他虽然也有一些有关美学的言论,但没有完整的美学体系。

车尔尼雪夫斯基的美学著作很多,其代表作是他的学位论文《艺术与现实的审美关系》(1853 年)及其第三版序言(1888 年),此外还有《论崇高与滑稽》(1854 年)、《论亚里士多德的〈诗学〉》(1854 年)、《果戈理时期俄国文学概观》(1855—1856 年)以及《莱辛,他的生平、著作和时代》(1856—1857 年)等。

一 "美是生活"

"美是生活"是车尔尼雪夫斯基 27 岁时在学位论文《艺术与现实的审美关系》中给美下的定义。这个定义是前无古人的,是车尔尼雪夫斯基对美学史的一大贡献,普列汉诺夫称它为"天才的发现"。它可以说是车尔尼

---

① 转引自陈之骅:《车尔尼雪夫斯基》,商务印书馆 1979 年版,第 51 页。
② 《列宁全集》第 20 卷,人民出版社 2017 年版,第 176 页。

雪夫斯基美学思想的核心。

车尔尼雪夫斯基继别林斯基之后,在美学上的目标是要建立唯物主义和现实主义的美学,反对充满幻想和感伤情调的消极浪漫主义和纯艺术论。在他看来,当时在俄国"流行的美学体系"即黑格尔的美学体系,正是这些艺术理论的支柱,因此他把矛头首先指向了黑格尔的美学,可是由于俄国的书报检查制度,黑格尔在当时是不便使用的名字,所以他并没有点黑格尔的名字,而是直接批判了黑格尔的弟子费肖尔。他的"美是生活"的定义就是在批判"流行的美学体系"中提出的。黑格尔曾提出"美是理念的感性显现"。车尔尼雪夫斯基没有直接援引这个定义,他把流行的黑格尔学派的一些美的定义拿来批判。首先,他指出,按照流行的说法"一件事物如果能够完全表现出该事物的观念来,它就是美的",这实际上也就是说"凡是出类拔萃的东西,在同类中无与伦比的东西,就是美的"。但是,"并不是所有出类拔萃的东西都是美的;因为并不是一切种类的东西都美"①。一些本来就不美的东西如田鼠、大多数两栖类动物,等等,它们在同类中愈出类拔萃,从美学上看就愈丑,因此这个定义太空泛,"它并没有说明为什么事物和现象类别的本身分成两种,一种是美的,另一种在我们看来一点也不美"②。同时,这个定义又太狭窄,它要求一件美的事物必须包含同类事物的全部特性,成为独一无二的典型,这势必抹杀美的典型的多样性,"我们简直不能设想人类美的一切色调都凝聚在一个人身上"③。其次,他指出,另一种流行的说法"美就是观念在个别事物上的完全的显现",这也不能算是美的定义。个别事物是指形象,这个说法也就是说"美是观念与形象的统一"。但这只说出了艺术作品的美的观念的特征,并不是一般的美的观念的特征。这个要求对艺术家是合理的,艺术家只有在作品里传达出他要传达的一切,他的作品才是真正美的。但"美丽地描绘一副面孔"和"描绘一副美丽的面孔"毕竟是两回事。因此,这个所谓美的定义注意的不是活生生的自然美,而是美的艺术作品,其中已经包含了通常视艺术美胜于现实美的倾向。

---

① [俄]车尔尼雪夫斯基:《艺术与现实的审美关系》,周扬译,人民文学出版社1979年版,第4页。

② 同上书,第5页。

③ 同上。

在批判流行的美的定义之后，车尔尼雪夫斯基提出了自己关于美的定义："美是生活"。在这个总的定义之下，他又分别从社会生活和自然事物的角度列出了两个解释性定义："任何事物，凡是我们在那里面看得见依照我们的理解应当如此的生活，那就是美的；任何东西，凡是显示出生活或使我们想起生活的，那就是美的。"①

首先，"美是生活"。为什么呢？车尔尼雪夫斯基说："美的事物在人心中所唤起的感觉，类似我们当着亲爱的人面前时洋溢于我们心中的那种愉悦。我们无私地爱美，我们欣赏它，喜欢它，如同喜欢我们亲爱的人一样。由此可知，美包含着一种可爱的、为我们的心所宝贵的东西。"②那么，这个东西究竟是什么呢？他认为，这个东西一定是最富于一般性和多样性的东西，那就只能是生活，因为"在人觉得可爱的一切东西中最有一般性，他觉得世界上最可爱的，就是生活；首先是他所愿意过、他所喜欢的生活；其次是任何一种生活，因为活着到底比不活好：但凡活的东西在本性上就恐惧死亡，惧怕不活，而爱活"③。这里，车尔尼雪夫斯基在概念的使用上是混乱的，他没有区分社会学意义上的生活和生物学意义上的生命，在西文里生活与生命是同一个词，在他看来，爱美、爱生活，是出于人的本性，这里明显地带有人本主义的印记。

不过，从总体上看，他讲的生活主要还是指人类的社会生活。在论述"美是生活"的时候，车尔尼雪夫斯基特意加了一个脚注申明："我是说那在本质上就是美的东西，而不是因为美丽地被表现在艺术中才美的东西；我是说美的事物和现象，而不是它们在艺术作品中的美的表现：一件艺术作品，虽然以它的艺术的成就引起美的快感，却可以因为那被描写的事物的本质而唤起痛苦甚至憎恶。"④这清楚地说明，车尔尼雪夫斯基所讲的美是客观现实中的美，而不是理念的美、主观的美；他所讲的生活是指客观的现实的生活，而不是艺术作品中的或主观幻想的生活。在他看来，美的事物和现象

① ［俄］车尔尼雪夫斯基：《艺术与现实的审美关系》，周扬译，人民文学出版社 1979 年版，第 6 页。
② 同上。
③ 同上。
④ 同上书，第 11 页。

就存在于客观的现实生活之中，"真正的最高的美，正是人在现实世界中所遇到的美，而不是艺术所创造的美"[①]。后来他反复指出："客观现实中的美是彻底地美的"，"客观现实中的美是完全令人满意的"，[②]"生活本身就是美"，"生活就是美的本质"。[③] 因此，"美是生活"这个定义是一个唯物主义的定义，它与认为现实生活中没有美或没有真正的美的各种唯心主义的美的定义和美学理论是根本对立的。尽管车尔尼雪夫斯基对生活的理解还明显具有费尔巴哈人本主义的烙印，他也不可能上升到历史唯物主义的高度，但是他指明了从客观的人类社会生活探求美的本质的新方向。

其次，美是"应当如此的生活"。车尔尼雪夫斯基在论述这个解释性定义的时候，并不认为一切生活都是美的，而是认为"应当如此的生活""美好的生活"才是美的。尤其可贵的是，他已经看到，由于经济地位的不同，不同的阶级具有不同的生活方式和生活概念，他们对"应当如此的生活"的理解不同，因而对美的看法也大不相同。例如，农民和贵族关于美女的概念就是如此。他把农家美女和上流社会的美人加以对比：农家美女的特征是面色鲜嫩红润、体格强壮、结实、均衡，不胖也不瘦，这永远是生活富足而又经常的、认真的但并不过度的劳动的结果。而上流社会的美人的特征则是手足纤细，弱不禁风，小耳朵、偏头痛、苍白、慵倦、委顿、病态，这都是脱离劳动，无所事事，穷奢极侈，百无聊赖，寻求"强烈的感觉、激动、热情"的"寄生虫"生活的标志。车尔尼雪夫斯基盛赞农家少女的美和农民的生活方式和价值追求，否定、蔑视上流社会的美，在他看来，上流社会的生活方式和价值追求并不是"应当如此的生活"，而是对人的本性的扭曲和损害。他的革命民主主义的立场是很鲜明的。趁便指出，在他以前，俄国解放史上第一位革命家拉吉舍夫在《从彼得堡到莫斯科旅行记》中，也曾把农家美女和贵族小姐作过对比，他赞美农家美女健康、纯洁、美丽，说她们四肢滚圆，身材高大，脚板有五六寸长，没有被扭歪，没有受损害，而贵族小姐们十五六岁就失去

---

① ［俄］车尔尼雪夫斯基：《艺术与现实的审美关系》，周扬译，人民文学出版社 1979 年版，第 11 页。

② 同上书，第 108 页。

③ ［俄］车尔尼雪夫斯基：《美学论文选》，缪灵珠译，人民文学出版社 1957 年版，第 64 页。

了童贞,周身的血液都受到了毒害,和她们面对面站在一起就可能得传染病,但农家美女呼出的气息却没有病菌。他还让那些贵族小姐用她们的三寸金莲和农家美女赛跑,看谁跑得更快。车尔尼雪夫斯基继承了拉吉舍夫以来反农奴制的革命传统,有关美女概念的对比不但在当时具有严肃的革命意义,在理论上也是很深刻的。从美学史上来说,车尔尼雪夫斯基是较早联系不同阶级的经济地位和生活方式去考察美学问题的人之一,这的确是他的一个重大贡献。当然,仅仅承认不同阶级具有不同的美的概念,还不等于有了正确的生活概念,这需要具备科学的、严整的历史观。由于历史的局限,车尔尼雪夫斯基的生活观和历史观还只是革命民主主义的和人本主义的。还应当指出,正如普列汉诺夫所说,在车尔尼雪夫斯基关于美的定义中,还包含着一个没能解决的矛盾,他一方面说美是生活本身,因此美是客观的,但另一方面又说美是"应当如此的生活",因此美又成了主观的。尽管他曾解释说"应当如此的生活"也包括在客观的现实生活之内,但这一内在的矛盾依然存在。这也说明,作为旧唯物主义者的车尔尼雪夫斯基并没有真正理解和掌握现实与理想、主观与客观之间的辩证法。

第三,美是显示出生活、令人想起生活的东西。这个定义主要是用来解释自然事物的。车尔尼雪夫斯基首先谈到人体,说人体丑就是畸形,外形"长得难看","他的外形所表现的不是生活,不是良好的发育,而是发育不良,境遇不顺"。[1] 接着他谈到动物,认为"动物界的美都表现着人类关于清新刚健的生活的概念"[2],美的动物能使我们想起长得好看和动作优雅的人。例如,马是美的,因为马有蓬勃的生命力;猫是美的,因为猫的体态丰满、柔和、匀称,与人的健美生活的表现有相似之处;相反,令人想起畸形和笨拙的动物,如鳄鱼、壁虎、乌龟则是丑的、令人讨厌的。他还谈到植物,认为色彩新鲜、茂盛和形状多样的植物是美的,因为那显示出蓬勃的生命,而凋萎的植物和缺少生命液的植物则不美。总之,"自然界的美的事物,只有作为人的一种暗示才有美的意义"[3]。"人一般都是用所有者的眼光去看自

---

[1] [俄]车尔尼雪夫斯基:《艺术与现实的审美关系》,周扬译,人民文学出版社 1979 年版,第 9 页。

[2] 同上。

[3] 同上书,第 10 页。

然,他觉得大地上的美的东西总是与人生的幸福和欢乐相连的"①。车尔尼雪夫斯基关于自然美的这个定义可以称之为暗示说,并不是什么新发现,其人本主义的性质尤为突出,他举的一些例子虽然不无启发,但有不少牵强附会、不伦不类的东西。这是由于他对"生活"概念还没有完整、科学的认识,因此,还没能真正解决美的本质问题。

二　艺术美与现实美

车尔尼雪夫斯基把美区分为三种形式:现实(或自然)中的美,想象中的美以及艺术(由人创造的想象力所产生的客观存在)中的美。他认为,这里的第一个基本问题,就是现实中的美与艺术中的美和想象中的美的关系问题。流行的黑格尔学派的美学在这个重大问题上的观点是完全错误的。他们一面指责现实美,认为现实美有缺点,要用想象来修改它,使它成为真正的美,一面又把艺术美夸大为真正的美,认为艺术美的创造是为了弥补现实美的缺陷。对此,他给予了尖锐的批判。他极力为现实美辩护,其基本观点是:现实美是真正的美,艺术美低于现实美。

首先,他从费肖尔的著作中摘引了对现实的种种责难,将其归结为八点:(1)自然美是无意图的;(2)自然美是很少的;(3)现实美是转瞬即逝的;(4)现实美是不经常的;(5)现实美只美在某一点上;(6)现实美总受到损害和破坏;(7)现实美总包含粗糙和不美的细节;(8)现实美总是个别的,不是绝对的。然后,他逐一进行了批驳,发表了自己的见解,这主要是:

(1)自然美虽然没有意图,但艺术作品敌不过自然的作品,因为自然比人的力量强大。同时,也不能说自然根本就不企图产生美,如果把美理解为生活的丰富,就得承认美是自然奋力以求的一个重要结果。这种倾向的无意图性、无意识性,毫不妨碍它的现实性。总之,艺术美低于自然美或现实美。

---

① ［俄］车尔尼雪夫斯基:《艺术与现实的审美关系》,周扬译,人民文学出版社 1979 年版,第 10 页。

（2）现实美不是很少，而是很多，抱怨现实美太少，或者是由于缺乏美感的鉴别力，或者是由于陷入幻想，追求独一无二的"最美"和虚幻的"完美"。美学上的美不是数学上的完美，而是"近似的完美"。现实美是多种多样的，完全能使人满足。一个健康的人不会陷入病态无聊的幻想，追求虚幻的"完美"，他只追求好的东西。我们的美感和其他感觉一样，都有正常的限度，承受不了太大的欲望和满足，"不能说美感是不能满足或无限的"①。"美感并不苛求"②，即使现实中的美有许多严重的缺点，我们还是满意它的。

（3）现实中的美确实是转瞬即逝的、不经常的，但并不因此稍减其美。现实美是发展变化的，新陈代谢的，每一代的美都为那一代而存在，当它消逝的时候，就会产生新的美，这是无可抱怨的。没有什么"永恒的美""永远不变的美"。"'不老'这个愿望是一种怪诞的愿望"③。

（4）美不是纯粹的表面形式。美的欣赏不只是直观表面形式。美的享受没有任何物质利益的计较和自私的动机，"美的享受虽然和事物的物质利益和实际效用有区别，却也不是与之对立的"④。

（5）美是个别的，不是绝对的。美是绝对的这种观点在哲学上根本不能成立，因为人的一般活动不是趋向"绝对"，他对"绝对"毫无所知，只怀有纯人类的目的。我们在现实中没有遇见过绝对美，也说不出它会给我们什么样的印象，但经验告诉我们，真正的美总是个体性的，"个体性是美的最根本的特征"，而"绝对的准则是在美的领域之外的"。⑤

其次，在批驳了对现实美的指责之后，车尔尼雪夫斯基又对艺术美是没有缺陷的真正的美的看法进行了批驳。他指出，艺术美是有意图的，但艺术家对美的关心未必是他的艺术作品的真正来源，他的意志和思想也未必被作品的艺术性或美学价值的考虑所支配，他摆脱不了日常的挂虑和需要，他

---

① ［俄］车尔尼雪夫斯基：《艺术与现实的审美关系》，周扬译，人民文学出版社1979年版，第42页。

② 同上书，第43页。

③ 同上书，第47页。

④ 同上书，第53页。

⑤ 同上书，第54页。

的理想和道德观一点不允许他只想到美,他不仅希望表达他所创造的美,还要表达他的思想、见解、情感。艺术家的创作倾向是千差万别的。许多艺术家常常在他的美的概念中迷失了道路。专心致志于美,却常常反而于美一无所得,"单是渴望美是不够的,还要善于把握真正的美"①。艺术美比现实美更少见,因为伟大的诗人和艺术家是很少的,对于天才产生和发展的有利机会就更少。艺术美固然是永久的,但艺术作品也很易于消灭或损毁,时间的流逝常使艺术作品的语言、题材、风尚变得陈旧,而且艺术不像自然具有再生更新的能力。艺术美是僵死不动的,看一幅画一刻钟就会使人厌倦,而现实生活的美则以其活生生的多样性而令人神往。艺术美也只有从一定的观点去看才是美的,不属于我们的时代和文化的艺术作品,只有置身到那个时代和文化里去,才能是美的,否则就是不可理解的、奇怪的。艺术美同样包含不美的部分和细节,同样有缺陷。艺术作品是艺术家艰苦劳动的创造物,也难免有加工粗糙的毛病。总之,艺术美并非没有缺陷,艺术美的缺陷比现实美有过之而无不及。

此外,他还从雕塑、绘画、音乐、诗歌中列举大量事实,说明一切艺术作品的美都远逊于现实美,艺术作品只是对现实生活的近似的模仿,只不过是对现实生活的一种暗示,因此艺术美永远低于现实美,"艺术作品仅只在二三细微末节上可能胜过现实,而在主要之点上,它是远远低于现实的"②。

既然如此,为什么人还需要艺术、还欣赏喜爱艺术美呢?车尔尼雪夫斯基作了如下的解释:第一,艺术是"稀有的事",是"多年努力的结果",而非常重视困难的事和稀有的事是人之常情。因此,人们对艺术作品中的缺点,哪怕比现实事物的同样的缺点严重一百倍,也会给以原谅和宽容。第二,艺术作品是人的产物,我们以它们为骄傲,把它们看作接近我们自己的东西,它们是人的智慧和能力的明证,对我们是宝贵的。人总是看重自己的东西。"人类全体也夸张一般的诗的价值"③。第三,艺术能迎合我们爱矫饰的趣

---

① ［俄］车尔尼雪夫斯基:《艺术与现实的审美关系》,周扬译,人民文学出版社 1979 年版,第 56 页。

② 同上书,第 82 页。

③ 同上书,第 84 页。

味。例如,"人是倾向于感伤的;自然和生活并没有这种倾向;但是艺术作品几乎总是或多或少地投合着这种倾向"①。爱矫饰表现在人类生活的诸多方面,它是人类自身的一种局限性,自然和现实生活是超乎这种局限性之上的,谁也不能使它顺从我们的希望。"艺术作品一方面顺从这种局限性,因而变得低于现实,甚至常常有流于庸俗或平凡的危险,另一方面却更接近了人类所常有的要求,因而得到了人的宠爱"②。在他看来,这只是一种偏爱,并不是合理的。

总的说来,在艺术美与现实美的关系问题上,车尔尼雪夫斯基坚持真正的美是现实生活的原则,并有力地批判了黑格尔学派否认现实美的美学,在这一批判中,他提出了许多重要的美学见解,是很富有启发性的,但由于他缺少辩证法,以致否定了艺术高于生活、艺术美胜于现实美的重要事实,得出了艺术低于生活、艺术美低于现实美的片面结论,这仍是形而上学的。

三　艺术的价值和社会作用

车尔尼雪夫斯基不否认艺术的价值,但他从艺术低于现实出发,强调艺术的价值来源于生活的价值。他形象地说:"现实生活的美和伟大难得对我们显露真相,而不为人谈论的事是很少有人能够注意和珍视的;生活现象如同没有戳记的金条;许多人就因为它没有戳记而不肯要它,许多人不能辨别出它和一块黄铜的区别;艺术作品像是钞票,很少内在的价值,但是整个社会保证着它的假定的价值,结果大家都宝贵它,很少人能够清楚地认识,它的全部价值是由它代表着若干金子这个事实而来的。"③在论述艺术价值的时候,他提出了著名的"代用品"说。在他看来,人需要艺术不是因为现实中找不到真正的美,而是由于人们往往不注意或不能经常见到现实中的美。"艺术的力量通常就是回忆的力量"④,艺术再现现实,不修正和粉饰现

---

① ［俄］车尔尼雪夫斯基:《艺术与现实的审美关系》,周扬译,人民文学出版社1979年版,第86页。
② 同上。
③ 同上书,第88页。
④ 同上。

实,尽管它远逊于现实,却可以作为现实生活的代用品,使我们得到满足。他举例说:"海是美的。……看海本身比看画好得多;但是,当一个人得不到最好的东西的时候,就会以较差的为满足,得不到原物的时候,就以代替物为满足。就是那些有可能欣赏真正的海的人,也不能随时随刻看到它,——他们只好回想它;但是想象是脆弱的,它需要支持,需要提示;于是,为了加强他们对海的回忆,在他们的想象里更清晰地看到它,他们就看海的图画。"①这个代用品说显然是没有说服力的,当我们欣赏俄国画家艾瓦佐夫斯基的海洋画时,我们看到的不仅仅是海洋,还有超出海洋本身的东西:画家的感受、情感、人格、灵魂。如果艺术只是代用品,那么塞尚的静物画、齐白石画的虾,这些普通的东西到处都见得到、买得到,也就没有存在的必要了。显然这种看法完全忽视了艺术的创造性和主体性,只能导致取消艺术特有的审美价值。这说明车尔尼雪夫斯基还缺乏辩证法的思想,但他认为艺术的任务和作用是再现生活,反对唯心主义,还是正确的、深刻的。

关于艺术社会作用的学说,是车尔尼雪夫斯基美学思想的重要方面。他认为艺术有三个作用。

艺术的第一个作用是再现现实或再现生活。"艺术的第一个作用,一切艺术作品毫无例外的一个作用,就是再现自然和生活"②。他认为,他讲的再现现实不同于法国新古典主义的"模拟自然",不是指"现实的仿造"。"再现"这个词相当于柏拉图和亚里士多德所讲的"模仿",但"模仿"一词由于翻译不确切,现在已被误认为只是外形的仿造,不是内容的表达。因此,"再现现实"的说法和"模仿自然"的说法一样,"只规定了艺术的形式的原则"③,"确实还需要加以补充"④。他指出,通常以为艺术的内容是美,实际上艺术的范围并不限于美,而是包括现实生活中一切使人发生兴趣的事物。因此,他把"再现现实"又作了新的表述:"一切艺术作品的第一个作

---

① ［俄］车尔尼雪夫斯基:《艺术与现实的审美关系》,周扬译,人民文学出版社 1979 年版,第 90 页。
② 同上书,第 91 页。
③ 同上书,第 92 页。
④ 同上书,第 93 页。

用,普遍的作用,是再现生活中使人感到兴趣的现象。"①同时他还申明,他讲的现实生活也包括"人的内心生活"和"艺术的想象的内容"。这说明他也认识到并力求矫正自己美学体系中的某些形而上学的毛病。

艺术的第二个作用是说明生活。"艺术除了再现生活以外还有另外的作用,——那就是说明生活;在某种程度上说,这是一切艺术都做得到的;常常,人只消注意某件事物(那正是艺术常做的事),就能说明它的意义,或者使自己更好地理解生活"②。他认为,艺术能赋予事物以活生生的形式,形象生动,比枯燥的纪事作品更能引起兴趣,更易于说明生活。所谓"说明生活",就是要理解生活,这里肯定的也就是艺术的认识作用。

艺术的第三个作用是对生活现象下判断。"艺术的主要作用是再现现实中引起人的兴趣的事物。但是,人既然对生活现象发生兴趣,就不能不有意识或无意识地说出他对它们的判断;诗人或艺术家不能不是一般的人,因此对于他所描绘的事物,他不能(即使他希望这样做)不作出判断;这种判断在他的作品中表现出来,就是艺术作品的新作用,凭着这个,艺术成了人的一种道德的活动"③。在车尔尼雪夫斯基看来,对生活下判断是思想倾向的表现,这是艺术上升为道德活动的基础。有些智力活动微弱的人对生活的判断是偏执的,这样的人做了诗人和艺术家,他们的作品没有多大的意义。但是,一个有艺术才能和较强智力活动的人,由于观察生活而被生活产生的问题所激发,"他的作品就会有意识或无意识地表现出一种企图"④,对他感兴趣的(同时也就是他的同时代人感兴趣的)现象作出生动的判断,提出或解决生活中所产生的问题,这样的作品就会成为"描写生活所提出的主题的著作","于是艺术家就成了思想家,艺术作品虽然仍旧属于艺术领域,却获得了科学的意义"。⑤ 艺术的倾向性表现在一切艺术里,但主要是在诗里,因为诗有充分的可能去表现一定的思想。从形式上说,现实中没有

---

① [俄]车尔尼雪夫斯基:《艺术与现实的审美关系》,周扬译,人民文学出版社 1979 年版,第 100 页。

② 同上

③ 同上书,第 101—102 页。

④ 同上书,第 102 页。

⑤ 同上。

和艺术作品相当的东西,但艺术所提出或解决的问题本身以及它们所展示的一切,都可以在生活中找到。与生活本身相比,艺术所做的判断和结论也可能并不完全,思想也片面,但它们是天才人物为我们探求出来的,有了他们的帮助,我们就可以更好地去研究生活。因此,"科学和艺术(诗)是开始研究生活的人的'Handbuch'(教科书)"①。

车尔尼雪夫斯基关于艺术社会作用的学说,不但揭示了艺术的审美作用、认识作用、道德作用,而且揭示了艺术的思想性、真实性和倾向性,是比较全面和深刻的。与西方美学史上许多关于艺术作用的论述相比是更高明的。同时,这一学说也包含了艺术必须和现实生活紧密结合,艺术必须为人民的利益服务的原则,这正是车尔尼雪夫斯基美学的最高原则。

车尔尼雪夫斯基是一位渊博的学者和不可多得的美学家,除了以上介绍的内容之外,他对一系列美学问题如崇高与滑稽、悲剧与喜剧、典型性、创造性想象、艺术创作的过程、反对自然主义等问题,都发表过独创性意见。

---

①　[俄]车尔尼雪夫斯基:《艺术与现实的审美关系》,周扬译,人民文学出版社 1979 年版,第 103 页。

第十一章
向现代美学的过渡

    西欧在 19 世纪中叶普遍确立了资本主义制度,并在 70 年代发展到帝国主义阶段,社会生产力、科学和艺术都得到迅速的发展,无产阶级与资产阶级的矛盾已经成为社会的主要矛盾。从哲学史上看,随着黑格尔学派的解体和马克思主义的产生,西方资产阶级的哲学和美学转换了发展方向,开始步入了现代。因此,这是西方哲学史上的转折点,也是西方美学史上的转折点。这种由古典到现代的转折集中表现在哲学研究重心的变化上。一些哲学家由研究外部自然界转向研究人本身的自我意识;由肯定理性思维和感觉经验转向肯定非理性的内在心理体验、直觉和本能,鼓吹神秘主义和反理性主义;由颂扬普遍人性、追求自由平等博爱的理想转向高歌超人类的个体、生命,鼓吹超世主义和悲观主义。另一些哲学家则强调哲学要以自然科学为根据,追求精确可靠的知识,反对研究世界的基础和本质,鼓吹把哲学变为实证科学。由此形成了所谓人本主义(反理性主义)和科学主义(实证主义)两种哲学思潮。这些哲学家的共同特点是,都宣称取消了物质和意识的对立,标榜自己的哲学超出了唯物主义和唯心主义,而实际上都抛弃了以往资产阶级唯物主义的哲学传统,并且抛弃了以黑格尔为代表的唯心主义辩证法,继承和发展了主观唯心主义、不可知论和形而上学。这是他们抛弃了资产阶级上升时期的伟大理想在哲学上的表现。一百多年来,这两种哲学思潮涌现出了形形色色的各具特色的流派,得到很大的发展,构成了现代西方哲学的主潮。西方现代哲学是对以往人类历史和思想的严肃的反思,它已十分突出地把人类在现代社会和思维领域碰到的各种尖锐问题摆到了人们的面前。

美学作为较晚诞生的一个哲学部门,这时也随着哲学的变化而逐渐改变着研究的方法和重心。如果按照通常的看法,把20世纪作为现代美学的开端,那么,从19世纪中叶到20世纪初,也可以看作是向现代美学过渡的时期。这一时期的美学研究在哲学、自然科学和文艺实践发展的影响下,在广度和深度上有了巨大的进展,涌现出许多新的美学流派,呈现出十分活跃复杂的局面。不仅在德国,而且在英、法、美等国都出现了哲学的、心理学的、社会学的、自然科学的、艺术的各种不同的美学学说和体系,它们以哲学的、历史的、规范的、经验描述的、实验的、内省的、归纳的各种不同方法,从理性主义和反理性主义或非理性主义、内容和形式、客观和主观或主客观统一等各种不同角度和不同侧面,对各种不同层次的美学问题,从美的本质和规律,到审美意识的深层结构和过程,都做了比较全面、深入的研究。这一时期的美学发展有继承古典传统美学的一面,但更突出的特色是研究方法的多样和革新。叔本华、尼采的唯意志主义美学强调审美活动的非理性特征,立普斯等人的心理学美学把美学研究的重心转向了审美经验和审美心理,丹纳的艺术哲学采取了孔德的实证主义,所有这些都体现了美学研究方法的转变,而其最集中的表现,就是1876年费希纳倡导的由"自上而下"的形而上学的哲学的研究方法向"自下而上"的经验主义的研究方法的转变。这种美学研究方法的转变和革新,孕育了现代美学,奠定了西方现代美学的基础和基本方向,造成了古典的传统美学向现代美学的过渡。

19世纪的美学流派和美学家很多,这里只简要介绍几位主要代表人物。

第一节　叔本华的美学思想

叔本华(Arthur Schopenhauer,1788—1860年)是德国著名的哲学家和美学家,是西方现代哲学和美学中的唯意志主义思潮的鼻祖。他出生于但泽(今波兰格但斯克),父亲是银行家,母亲是作家。1809 年入哥廷根大学学习哲学和医学,1811 年转入柏林大学,听过费希特讲课,1813 年在耶拿获哲学博士学位。1813—1814 年在母亲于魏玛举办的文艺沙龙中结识了歌德、维兰特和施莱格尔兄弟等人,同时还在弗·迈耶尔的指导下研究过印度哲学。1820 年在柏林短期从事教学,1831 年定居法兰克福,担任大学编外讲师直到去世。他最主要的著作是《作为意志和表象的世界》(1818 年),此外还有《充分根据律的四重根》(1813 年)、《视觉和色彩》(1816 年)、《自然界中的意志》(1836 年)、《伦理学的两个基本问题》(1841 年)和《附录与补充》(1851 年)等。他的美学思想主要反映在《作为意志和表象的世界》一书中。

一 哲 学 体 系

叔本华的美学和他的唯意志主义哲学密不可分,其外在形态是哲学美学。要把握他的美学思想,应当了解他的哲学体系。叔本华是黑格尔的同时代人,又是黑格尔哲学的坚决反对者。他常被划入后康德派,其实,他是把康德哲学和柏拉图的理念论以及印度的佛教思想结合起来,建立了自己的唯意志主义的哲学体系。

首先,他把康德的现象界和物自体改造成为表象和意志,提出"世界是我的表象"和"世界是我的意志"两个基本命题。在《作为意志和表象的世界》一书中,他一开始便说:"'世界是我的表象',这是一个真理,是对于任何一个生活着和认识着的生物都有效的真理。"①在他看来,人并不认识什么太阳,什么地球,而永远只是眼睛看见太阳,手感触着地球,"围绕着他的这世界只是作为现象存在着的"②。由此,他得出一个"不需要证明的真理":"对于'认识'而存在着的一切,也就是全世界,都只是同主体相关联着的客体,直观者的直观;一句话,都只是表象"。也就是说,世上的一切都"以主体为条件","也仅仅只是为主体而存在"。他公开承认,"这个真理决

① [德]叔本华:《作为意志和表象的世界》,石冲白译,商务印书馆 1982 年版,第 25 页。
② 同上。

不新颖""贝克莱是断然把它说出来的第一人"①。显然,他的哲学是唯我主义的。所谓"世界是我的表象",也就是贝克莱的"存在即被感知"。他还援引印度吠檀多学派的教义,赞同"物质没有独立于心的知觉以外的本质,主张存在和可知觉性是可以互相换用的术语"②。他还批评康德忽略了这一命题,也就是说,康德的哲学还保持了"客体和主体分立"的形式,而在他看来,客体只为主体、为我而存在。这正是后来西方现代哲学中"主客合一"说的根源。这种"主客合一"说是彻头彻尾的主观唯心主义、唯我主义。

但是,叔本华认为,作为表象的世界只是世界的一面,而世界的另一面,即世界的基础、本质,则是意志。因此,他又提出"世界是我的意志"的命题,称之为"另一真理"。他说:"现象就叫表象,再不是别的什么,一切表象,不管是哪一类,一切客体,都是现象。唯有意志是自在之物。作为意志,它就决不是表象,而是在种类上不同于表象的。它是一切表象、一切客体和现象、可见性、客观性之所以出。它是个别[事物]的,同样也是整体[大全]的最内在的东西、内核。"③这就是说,意志是万事万物的本源、唯一的实在。他认为,作为表象的世界只不过是"意志的客体化"。从人到动植物到无机物,都是意志的表现,都有意志。人的身体的活动是客体化了的意志活动,牙齿、食道、肠的蠕动,是客体化的饥饿,生殖器是客体化了的性欲;植物的生长、结晶体的形成、磁针的指向北极、石头的落地、地球被太阳吸引,等等,这一切都是意志的客体化。一切事物只是由于意志客体化的程度不同,才显出无限的高低不同的级别。由此可见,叔本华的这套哲学也是相当神秘主义的。

其次,他又引进柏拉图的理念论,认为意志的客体化即表象有两种形式,一种是理念,它是意志的直接的客体化;另一种是在具体时空中的受根据律支配的诸个别事物,它是理念的展开,因此是意志的间接的客体化。他说:"个别的,按根据律而显现的事物就只是自在之物(那就是意志)的一种间接的客体化,在事物和自在之物之间还有理念在。理念作为意志的唯一

---

① ［德］叔本华:《作为意志和表象的世界》,石冲白译,商务印书馆1982年版,第26页。
② 同上书,第27页。
③ 同上书,第164—165页。

直接的客体性,除了表象的根本形式,亦即对于主体是客体这形式以外,再没有认识作为认识时所有的其他形式。"①总之,叔本华的整个哲学体系实际上就是由意志、理念、表象这三个基本概念构成的,意志是世界的本质,它直接客观化为理念,又通过理念的展开,间接客体化为具体时空中的诸个别事物。这里有两点应当特别注意,第一,理念之于个别事物,"理念对于个体的关系就是个体的典型对理念的摹本的关系"②。理念既是一种客体或客观对象,也是一种表象,但不同于诸个别事物,它是常住不变的、普遍的、本质的,根据律对它无意义,而个别事物则是杂多的、不断生灭的、相对的、非本质的,这实际上指的就是我们所接触的现实世界,用他的话说即"对于个体认为真实的世界"③。在他看来,现实世界就是假象,有如梦境般的存在,是短暂的,因人而异的。因此,他十分轻视现实世界。第二,理念既是一种表象,又是意志的直接客体化,通过对理念的认识可以达到意志、获得真理。但是这只有不同于理性认识的反理性的直观才能做到。叔本华不否认人有理性认识,但他贬低理性认识,鼓吹非理性认识,认为只有反理性的直观才是一切真理的源泉,而艺术和审美活动就是这种反理性的直观认识。所以,他的哲学又是反理性主义的。

最后,叔本华的哲学体系还具有悲观主义和虚无主义的特征。他把"意志"又称作"生命意志",所以他的唯意志主义哲学又称作"生命意志论"。所谓生命意志指的是一种原始的求生存、温饱的欲求和盲目的、非理性的本能冲动。他自己说,这"只是一种盲目的不可遏止的冲动"(ein blinder unaufhaltsamer Drang)。在他看来,人的这种欲求和冲动起于缺乏和对现状的不满,但是现实生活中又永远得不到满足,因此现实有如梦境,人生充满痛苦,这痛苦就是生命意志的本质。他认为,要解脱这种痛苦有两种办法,一是献身于哲学沉思,道德同情和艺术的审美直觉,进入排除一切功利目的和自我人格的忘我境界;然而这只是暂时的解脱,为了达到永久的解脱,就要走另一条禁欲、涅槃、绝食以致自觉死亡彻底否定生命意志的路。在全书的最后,在他以大量的篇幅探索各种人生和伦理等问题之后,他得出

① [德]叔本华:《作为意志和表象的世界》,石冲白译,商务印书馆1982年版,第245页。
② 同上书,第238页。
③ 同上书,第154页。

结论,在为消除人生的虚幻痛苦之路上,人们最后才懂得:"我们这个如此非常真实的世界,包括所有的恒星和银河系在内,也就是——无"①。

叔本华的唯意志主义的哲学体系是一个唯我主义的、神秘主义的、反理性主义的、禁欲主义和虚无主义的体系,他的美学就建立在这个哲学体系的基础之上,其核心思想就是把审美和艺术看作解脱人生痛苦的工具。

二　审　美　直　观

叔本华美学的突出特点,在于贬低理性,抬高直观,尤其鼓吹神秘的审美直观说。他认为,直观是一切真理的源泉,理性不能代替直观,"有许多事情,不用理性,反而可以完成得更好"②。他把艺术置于理性和科学之上,认为理性和科学是以根据律观察事物的一种方式,它们只是意志的产物和为意志服务的工具,不能认识世界的真正本质和提供真理;只有艺术才是独立于根据律之外观察事物的一种方式。他认为,美感的观察方式有两种不可分的成分,一种是把审美对象不当作个别事物,而当作理念来认识,一种是把认识美的主体即审美主体不当作个体,而是当作"认识的纯粹而无意志的主体之自意识"③。他说,这是"纯粹的观审,是在直观中浸沉,是在客体中自失,是一切个体性的忘怀,是遵循根据律的和只把握关系的那种认识方式之取消;而这时直观中的个别事物已上升为其族类的理念,有认识作用的个体人已上升为不带意志的'认识'的纯粹主体,双方是同时并举而不可分的,于是这两者[分别]作为理念和纯粹主体就不再在时间之流和一切其他关系之中了。这样,人们或是从狱室中,或是从王宫中观看落日,就没有什么区别了"④。他的这种审美直观说是他的美学的核心,主要包括以下基本思想。

第一,审美直观是超然的、幻觉的、非功利的。在审美直观中,审美主体

---

① ［德］叔本华:《作为意志和表象的世界》,石冲白译,商务印书馆1982年版,第564页。
② 同上书,第100页。
③ 同上书,第273页。
④ 同上书,第274—275页。

和审美对象都解脱了日常现实生活中一切关系的束缚,不再是个人或个别对象。审美主体已上升为认识的纯粹主体,"明亮的世界眼",即纯粹的意识本身。他坦然物外,撤销了一切意志、人格和欲求,他把对象从世界历程的洪流中抽拔出来、孤立起来,使之成为超时空的纯然客观的对象,上升为本质、理念。审美主体和审美对象之间没有功利关系。审美主体无所欲求,不计利害,只是凝神静观,"观察到客体自身为止"。这样,"就好象(像)进入了另一世界",在这儿,幸与不幸都消逝了,个性的一切区别完全消失,摆脱了一切痛苦,获得了解放、自由、怡悦和恬静。这不论对有权势的国王,还是受折磨的乞儿,都是同样的。不过,这只是幻觉的、想象的世界,"只要这纯粹被观赏的对象对于我们的意志,对于我们在人的任何一种关系再又进入我们的意识,这魔术就完了"①。在日常生活中,大多数人都不能如此进行纯然客观的鉴赏,他们总是寻求对象对他们的意志有何用处,即便面对最优美的环境,这环境对他们也只有一种荒凉的、黯淡的、陌生的、敌对的意味。叔本华显然接受并发挥了康德关于审美无功利性的思想,并提出了审美幻觉的理论。

第二,审美直观是一种自失。他说:"人们自失于对象之中了,也即是说人们忘了他的个体,忘记了他的意志;他已仅仅只是作为纯粹的主体,作为客体的镜子而存在;好象(像)仅仅只有对象的存在而没有知觉这对象的人了,所以人们也不能再把直观者[其人]和直观[本身]分开了,而是两者已经合一了;这同时即是整个意识完全为一个单一的直观景象所充满,所占据。"②这就是说,审美的境界是一种物我两忘、主客体合一的境界。这种境界表面上看是主体丧失于对象之中,"成为这对象自身"③,而实际上却是主体把客体摄入自身。他强调说:"作为这样的主体,乃是世界及一切客观的实际存在的条件,从而也是这一切一切的支柱,因为这种客观的实际存在已表明它自己是有赖于它的实际存在的了。所以他是把大自然摄入他自身之内了,从而他觉得大自然不过只是他的本质的偶然属性而已。"④他引拜伦

---

① [德]叔本华:《作为意志和表象的世界》,石冲白译,商务印书馆1982年版,第276页。
② 同上书,第250页。
③ 同上书,第251页。
④ 同上书,第253页。

的诗说:"难道群山,波涛,和诸天/不是我的一部分,不是我/心灵的一部分,/正如我是它们的一部分吗?"并且引印度《吠陀》中的话说:"一切天生之物总起来就是我,在我之外任何其他东西都是不存在的。"①可见,他的审美自失说,最后还是服务于论证他的主观唯心主义哲学的。

第三,审美直观是先验的、非理性的。审美直观是纯粹主体对理念的认识,这种认识表现为凝神静观,不是通常的理性认识,"即是说人们在事物上考察的已不再是'何处'、'何时'、'何以',而仅仅只是'什么';也不是让抽象的思维、理性的概念盘踞着意识"②。叔本华认为,普通人不能达到对理念的认识,只有极少数的天才人物,由于先天的禀赋,才能独立于根据律之外,成为纯粹的主体,把握理念,并把它复制为艺术作品,传达给普通人。天才对美有一种"先验的预期"能力,他"在经验之前就预期着美"③,把握了"理想的典型"。他还认为,"天才与疯癫直接邻近"④,二者有"亲近关系"。一句话,"纯粹从后验和只是从经验出发,根本不可能认识美,美的认识总是,至少部分地是先验的,不过完全是另一类型的先验认识,不同于我们先验意识着的根据律各形态"⑤。

叔本华的审美直观说在美学上是十分重要的,它揭示了审美和艺术活动中的某些特点,包含不少合理因素,在美学史上有极大的影响,整个西方现代美学几乎都在重复他的观点,这并不是偶然的。但从根本上说,当然还有重大的缺陷。首先,它的哲学基础是主观唯心主义的唯意志主义哲学;其次,它是以孤立地考察审美和艺术现象为依据的,这种方法是抽象的、片面的、脱离实际的,把一切审美和艺术活动都归结为审美直观,或者用孤立的审美直观的某些特点如自失、超功利等来解释一切审美和艺术活动是缺乏说服力的;再次,它不仅夸大了艺术的特点,而且用以否定科学和理性思维也能认识真理,把审美、艺术和科学、理性绝然对立起来,这又是错误的。

---

① [德]叔本华:《作为意志和表象的世界》,石冲白译,商务印书馆1982年版,第253页。
② 同上书,第249页。
③ 同上书,第307页。
④ 同上书,第267页。
⑤ 同上书,第308页。

三　艺术和天才

如上所述,艺术是一种特殊的观察方式即审美直观,是对"理念"的认识,因此,叔本华明确认为,艺术的本质就是理念的复制。他说:"艺术复制着由纯粹观审而掌握的永恒理念,复制着世界一切现象中本质的和常住的东西;而各按用以复制的材料[是什么],可以是造型艺术,是文艺或音乐。艺术的唯一源泉就是对理念的认识,它唯一的目标就是传达这一认识。"①他十分强调艺术的重要性和高度的价值,他说,"整个可见的世界就只是意志的客体化,只是意志的一面镜子"②,而"艺术所完成的在本质上也就是这可见的世界自身所完成的,不过更集中、更完备、更具有预定的目的和深刻的用心罢了。因此,在不折不扣的意义上说,艺术可以称为人生的花朵"③。

叔本华对艺术的考察是和对天才的考察紧密联系在一起的。他认为,艺术作品是天才的创造,天才的本质就在于具有进行审美直观的卓越能力。天才在直观中遗忘自己,成为世界的明亮眼,"成为不带意志的主体,成为[反映]世界本质的一面透明的镜子"④。天才与凡夫俗子的显著区别在于,天才永不得满足,他无休止地追求,不倦地寻找新的、更有观察价值的对象,这种对理念的追求使他兴奋,心境不宁,眼前的现在不能填满天才的意识,而凡夫俗子则易于满足,完全沉浸于现在之中。叔本华认为,由于理念是直观的而不是抽象的,因此"天才需要想象力"⑤,"想象力是天才性能的基本构成部分"⑥,但是,不能把想象力和天才的性能等同起来,因为想象力人人都有,极无天才的人也有很多想象,想象力只是"天才的伴侣,天才的条件"。人们既可以用艺术的和日常生活的两种相反的方式观察一个实际的客体,也可以观察一个想象的事物。用艺术的方式观察想象之物,这想象

---

① [德]叔本华:《作为意志和表象的世界》,石冲白译,商务印书馆1982年版,第258页。
② 同上书,第369页。
③ 同上。
④ 同上书,第260页。
⑤ 同上书,第261页。
⑥ 同上书,第260页。

之物就是认识理念的一种手段,而表达这理念的就是艺术;相反,用日常生活的方式观察想象之物,这想象之物就成为"空中楼阁",它只和个人的私欲、意趣相投,"从事这种理念的人就是幻想家"①。把这些幻想中的情节写下来,就产生了各种类型的庸俗小说。因此,天才的想象不同于普通人的幻想。普通人不在纯粹直观中流连,他只找生活门路,最多也不过是找一些有朝一日可能成为他生活的门路的东西,他对一切都走马观花似的浏览一下匆促了事,对于生活本身是怎么回事从不花费时间去观察和思索。相反,天才在他一生中要花很多时间流连于对生活本身的观察,要努力把握理念,这样,他经常忽略了对自己生活道路的考察,在大多数人看来,"他走这条[生活的]道路是够笨的"②。但是,"一个人的认识能力,在普通人是照亮他生活道路的提灯;在天才人物,却是普照世界的太阳"③。叔本华指出,天才和普通人这两种不同的透视生活的方式可以在相貌上,尤其是眼神上看得出来,天才的眼神既活泼又坚定,明明带有静观、观审的特征,而普通人的眼神里,往往迟钝、寡情,有一种"窥探"的态度。前者显示的是不带欲求的纯粹认识,后者突出的是欲求的表现。叔本华对观相学是肯定的。

叔本华认为,天才人物也免不了一些缺点。天才的一生并非每一瞬间都处于审美直观的状态。摆脱意志而掌握理念要求高度的紧张,紧张之后必然要求松弛和长时间的间歇。在这些间歇中,无论从优点或缺点来说,天才和普通人大体上是相同的。天才类似灵感,它是一种不同于个体自身的、怡人的东西,它只是周期地占有个体而已。从日常生活的角度来看,天才的确有一些缺点,这也正是天才的特征。叔本华讲到三点:第一,天才人物不愿把注意力集中在根据律的内容上,所以他们厌恶数学和逻辑的方法。经验证明,"艺术上的伟大天才对于数学并没有什么本领。从来没有一个人在这两种领域内是同样杰出的"④;"反过来说,杰出的数学家对于艺术美

---

① ［德］叔本华:《作为意志和表象的世界》,石冲白译,商务印书馆1982年版,第261页。
② 同上书,第262页。
③ 同上书,第263页。
④ 同上书,第264页。

[也]没有什么感受[力]"①。第二,天才人物不愿使用理性,所以,他们的行为常有非理性的特征。很难发现伟大的天才和凡事求合理的性格相配,相反,天才总是屈服于剧烈的感受和不合理的情欲,他们对眼前印象极为敏感,总是不假思索而陷于激动和情欲的深渊,被眼前印象极强有力地挟持着去冲决凡俗的罗网。天才常怀有莫名的痛苦和殉道精神。产生这种情况的原因,"倒并不是理性微弱",而主要是直观认识对于抽象认识的优势,直观事物所产生的极为强烈的印象大大地掩盖了暗淡无光的概念,"以至指导行为的已不再是概念而是那印象,[天才的]行为也就正是由此而成为非理性的了"②。第三,天才人物还喜欢自言自语,常表现出真有点近于疯癫的弱点。天才和疯癫有近亲关系。"疯人能正确地认识个别眼前事物,也能认识某些过去的个别事物,可是错认了[其间的]联系和关系,因而发生错误和胡言乱语;那么,这正是疯人和天才人物之间的接触点"③。天才类似疯子,他到处只看到极端,他的行为也因此而陷入极端,他不知如何才是适当的分寸,缺少清醒的头脑,他也容易受骗,成为被人作弄的玩具。

叔本华认为,天才作为审美直观,是一种独立于根据律之外观察事物的能力或本领,这种"暂时撇开自己本人的能力,是一切人所共有的"④,只不过对一般人来说,在程度上要低一级,并且人各不同,否则一般人就不能欣赏艺术作品,根本不能从美感获得任何愉快。天才超出一般人之上的地方在于他能在更高的程度上和持续的长久上保持这种冷静的观照能力,并把理念复制为艺术作品,进而传达于人。这时,理念是不变的,仍是同一理念。美感的愉悦,不管是由艺术品引起的,还是由直接观审自然和生活引起的,本质上都是同一愉快。但从艺术品比直接从自然和现实更容易看到理念,因为"艺术家只认识理念而不再认识现实,他在自己的作品中也往往只复制了理念,把理念从现实中剥出来,排除了一切起干扰作用的偶然性。艺术家让我们通过他的眼睛来看世界。至于艺术家有这种眼睛,他认识到事物的本质的东西,在一切关系之外的东西,这是天才的禀赋,是先天的;但是,

---

① [德]叔本华:《作为意志和表象的世界》,石冲白译,商务印书馆1982年版,第265页。
② 同上。
③ 同上书,第270页。
④ 同上书,第272页。

他们能够把这种天禀借给我们一用,把他的眼睛套在我们[头上],这却是后天获得的,是艺术中的技巧方面"①。这就是说,艺术有助于使我们上升为纯粹的主体,认识世界的本质。但是,另一方面,叔本华又反复强调,概念是抽象的,而理念是直观的,理念绝不能被个体所认识,只能被超然于一切欲求和个性的纯粹的主体所认识,艺术所复制的理念不是无条件地传达于人的,它只按各人本身的智力水平而分别引起人们的注意。因此"恰好是各种艺术中最优秀的作品,天才们最珍贵的产物,对于人类中迟钝的大多数必然永远是一部看不懂的天书"②。在这些作品和多数人之间隔着一条鸿沟。他还揭露了某些低能的、"最无风雅的人"的虚伪,这种人固然口头上把公认的杰作当作权威,内心里却总是准备大肆诋毁这些杰作,一旦时机成熟,就会付之行动,兴高采烈地尽情发泄他们的憎恨。他指出:"原来一个人要自觉自愿地承认别人的价值,尊重别人的价值,根本就得自己有自己的价值。"③

叔本华强调天才不是模仿,而是创造,具有独创性。他不否认概念、理性对于生活和科学是有益的、有用的、必要的和卓有成果的,但他指出,它们"对于艺术却永远是不生发的"④。艺术的真正和唯一的源泉是理念。理念就其原始性说,只能是从生活自身,从大自然,从这世界汲取来的,它是直观的。浮现在艺术家面前的不是抽象的概念,而是具体的理念,所以他不能为他的作为提出一个什么理由来,他只从所感到的出发,无意识地、本能地在工作。相反,艺术上的模仿者却是"从概念出发的"。他们像寄生植物,只从别人的作品汲取营养;又像水蛭,营养品是什么颜色,作品就是什么颜色;还像机器,放进去的东西固然能被碾碎、拌匀,却绝不能使之消化。"唯有天才可比拟于有机的、有同化作用的、有变质作用的、能生产的身体"⑤。前人作品的熏陶、最好的教养绝无损于他的独创性,直接使他怀胎结果的却是生活和这世界本身。因此,模仿者创造不出有内在生命力的作品,尽管它们

---

① [德]叔本华:《作为意志和表象的世界》,石冲白译,商务印书馆1982年版,第272页。
② 同上书,第325页。
③ 同上。
④ 同上书,第326页。
⑤ 同上书,第327页。

有时也能博得受特定时代精神和一些流行概念支配的蒙昧大众的高声喝彩，可是不到几年便已明日黄花，无鉴赏价值了。"只有真正的杰作，那是从自然、从生活中直接汲取来的，才能和自然本身一样永垂不朽，即常保有原始的感动力。因为这些作品并不属于任何时代，而是属于[整个]人类的。它们也正因此而不屑于迎合自己的时代，这时代也半冷不热地接受它们"①。天才的作品"每每要间接地消极地揭露当代的错误"，但它们能永垂不朽，在辽远的将来还有栩栩如生的、依然新颖的吸引力，屈指可数的有判断力的人物会给它们加冕，批准它们。所以，"要获得后世的景仰，除了牺牲当代人的赞许外，别无他法；反之亦然"②。叔本华的美学明显地把少数天才人物与普通人对立起来，充满了贵族蔑视大众的气息。

四　美、优美、壮美、媚美

什么是美？叔本华说："当我们称一个对象为美的时候，我们的意思是说这对象是我们审美观赏的客体。"③他举例说："当我以审美的，也即是以艺术的眼光观察一棵树，那么，我并不是认识了这棵树，而是认识了这树的理念。"④因此，美就是理念，但与柏拉图和黑格尔讲的理念有所不同，这理念是在审美观赏中出现的，观察到的，它是有意志的，是意志的直接客体化。从根本上说，叔本华否认了现实世界有美的存在，美只存在于另一个审美的世界。但他却说："我们对任何现成事物都可以纯客观地，在一切关系之外加以观察，既然在另一方面意志又在每一事物中显现于其客体性的某一级别上，从而该事物就是一个理念的表现；那就可以说任何一事物都是美的。"⑤这样，"最微不足道的事物"也可以是美的，成为审美的对象。例如荷兰人的静物写生就是如此，杰出的荷兰人用的是最不起眼的题材，却把艺术家那种宁静的、沉默的、脱去意志的胸襟活现于观赏者之前，立下了

---

① [德]叔本华：《作为意志和表象的世界》，石冲白译，商务印书馆1982年版，第327页。
② 同上书，第328页。
③ 同上书，第291页。
④ 同上书，第292页。
⑤ 同上书，第293页。

永久的纪念碑。为什么一物比另一物更美呢？这是"由于该物体使得纯粹客观的观赏更加容易了，是由于它迁就，迎合这种观赏；甚至好像是它在迫使人来作如是的观赏，这时我们就说该物很美"①。任何一事物都有其独特的美，但"人比其他一切都要美，而显示人的本质就是艺术的最高目的"②。

叔本华还提出了关于审美范畴的学说，他把美区分为三类：优美、壮美和媚美。首先他对优美和壮美作了比较。如果"对象迎合纯粹直观"，以其"形式的重要意味和明晰性"（如植物花卉），挑起、欹动、邀请人的观赏，"好像是硬赖着要人欣赏似的"，从而使我们很容易地提升为不带意志的纯粹主体，这对象就是优美，主体激起来的就是美感。与此不同，如果对象对于人的意志有一种敌对的关系，具有战胜一切阻碍的优势而威胁着意志，或者意志在这种对象的无限大之前被压缩至零，而观察者（主体）却宁静地、超然物外地观赏着那些对于意志非常可怕的对象，乐于在对象的观赏中逗留，这样他就会充满壮美感，造成这一状况的对象就叫作壮美。壮美感和优美感在主要的决定性因素方面是相同的，都是对理念的认识，二者不是对立的，但壮美感的产生"要先通过有意地，强力地挣脱该客体对意志那些被认为不利的关系"③。壮美感可有程度的差别，优美感也可以向壮美感过渡。他举了许多事例来说明这种差别和过渡，其中水声翻腾喧器，震耳欲聋，悬河瀑布下泻，辽阔的、飓风激怒了的海洋，由于使人看到威胁生存的、无法比较的、胜于个体的威力而造成完整的壮美印象。这是动力的壮美。另一种是数学的壮美，是空间辽阔，时间悠久，使个体缩小至无物所产生的印象。他保留了康德对壮美（崇高）的命名和分类，但不承认壮美感包括道德的内省，也不承认其中有来自经院哲学的假设。壮美感产生于两方面的对比，一方面是主体作为个体、作为意志现象的无关重要和依赖性，在可怕的暴力面前，近乎消逝的零；另一方面是对自己是认识的纯粹主体这一意识，即宁静地把握着理念的主体，提高为"整个世界的肩负人"④，达到了人和宇宙的合一。壮美也可以用于崇高的品德，这也是由于对象本身适于激动意志，然而

---

① ［德］叔本华：《作为意志和表象的世界》，石冲白译，商务印书馆1982年版，第293页。
② 同上。
③ 同上书，第282页。
④ 同上书，第286页。

意志究不为所激动,这里也是认识多于感受,占了上风。

叔本华认为,壮美的真正对立面是媚美。这是他特有的美学范畴。他说:"我所理解的媚美是直接对意志的自荐,许以满足而激动意志的东西。"①与壮美相反,媚美的自荐把鉴赏者从纯粹观赏中拖出来,激动鉴赏者的意志,使他不再是认识的纯粹主体,而成为有所欲求的主体。人们习惯于把任何轻松一类的优美称为媚美,这是由于缺乏正确的区分。他指出:"在艺术的领域里只有两种类型的媚美,并且两种都不配称为艺术。"②一种是积极的媚美,是相当鄙陋的,如画中的食品酷似真物又必然引起食欲,画食物是可以容许的,但这样画是要不得的。又如激起肉感的裸体人像,也是要不得的;古代艺术尽管形象极美而又全裸,却几乎一贯不犯这种错误。媚美在艺术里是到处都应该避免的,因为它违反了艺术的目的。另一种是消极的媚美,即令人厌恶作呕的东西,它不但破坏纯粹的审美观赏,而且激起的是一种剧烈的不想要,一种反感。在艺术里绝不能容许这种东西。但是,只要不令人作呕,丑陋的东西在适当的地方还是可以容许的。

五 艺术的分类

叔本华还提出了艺术分类的学说,对各门艺术的特征进行了考察。他把理念或意志客体化的不同级别看作艺术分类的基础和艺术高低的标准。在他看来,建筑艺术、造型艺术、诗、音乐是从低级到高级的艺术序列。

1. 建筑艺术

建筑单从应用目的看不是艺术,建筑艺术是撇开应用目的,把建筑只当作审美直观的对象来看的。在各门艺术中,建筑是理念或意志客体化的最低级别。意志在这里显现了重力、内聚力、固体性,即砖石最普遍的属性。"建筑艺术在审美方面唯一的题材实际上就是重力和固体性之间的斗争"③。一方面重力不停地向地面挤去,另一方面固体性却在抵抗着。这是

---

① [德]叔本华:《作为意志和表象的世界》,石冲白译,商务印书馆1982年版,第289页。
② 同上书,第290页。
③ 同上书,第298页。

意志显现为冥顽之物的无知的、合乎规律的"定向挣扎",是意志的自我分裂和斗争。"以各种方式使这一斗争完善地、明晰地显露出来就是建筑艺术的课题"①。一个建筑物的美完整地体现在它每一部分的目的性上,然而这不是为了外在的、符合人的意志的目的,而是直接为了全部结构的稳固,各部分的位置、尺寸和形状都有一种必然关系,抽掉任何一部分,则全部必然要坍塌。各部分的形态也是由其目的和它对全体的关系,而不是由人意任意规定的。要获得对一座建筑物的理解和美感享受,不可避免地要在重量、固体性、内聚力几方面对建筑材料有一直观的认识,但是,建筑艺术使我们欣赏的不仅是形式和匀整性,更应该是大自然的那些基本力、那些原始的理念、意志客体性那些最低的级别。叔本华指出,建筑艺术对于光有一种很特殊的关系,在充分的阳光下和在月光下效果会大不相同,建筑师要特别考虑到光线的效果和坐落的方向,"建筑艺术注定要显露的自然是重力和固体性,同时也还有与这两者相反的光的本质"②。建筑艺术与其他艺术的区别在于它所提供的不是实物的拟态,而是实物自身。建筑师不是复制被认识的理念,把自己的眼睛借给观众,而是把明晰地、完整地表出其本质的个别实物,好好地摆在观众之前,使观众更容易把握理念。建筑艺术的作品很少是纯粹为了审美的目的而完成的,其审美的目的附属于与艺术毫不相干的实用目的,建筑艺术家的大功劳却在于,他能巧妙地用多种方式达成审美的目的。

2. 造型艺术

叔本华把园艺、风景画、动物画和雕刻、故事画和人物雕刻都列为造型艺术。造型艺术所表现的已是理念或意志客体化的更高级别。其中故事画和人物雕刻的课题是要直接地、直观地把人的理念表现出来。在动物画里,特征和美完全是一回事,动物只有族类特征,最能表出族类特征的动物也是最美的。在表达人的艺术中,族类特征可就和个体特征分开了,前者叫"美",后者仍叫"特征"或"表情"。问题在于如何使二者同时在同一个体

---

① ［德］叔本华:《作为意志和表象的世界》,石冲白译,商务印书馆 1982 年版,第 298 页。
② 同上书,第 300 页。

中完善地表达出来。流行的看法或者认为艺术是自然的模仿,或者认为人体美的理想典型完全来自经验,是由于搜集各个不同的美的部分,这里一个膝盖、那里一只膀子凑成一个美的整体。这是一种颠倒的未经思考的错误见解。其实大自然并没有创造出十全十美的人,艺术家也不是凭生活经验进行复制,而是凭先验的预期,他在经验之前就预期着美,"这个预期就是理想的典型"①;"理念也就是理想的典型"②。"在真正的天才,这种预期是和高度的观照力相伴的,既是说当他在个别事物中认识到该事物的理念时,就好像大自然的一句话还只说出一半,他就已经体会了。并且把自然结结巴巴未说清的话爽朗的说出来了。他把形式的美,在大自然尝试过千百次而失败之后,雕刻在坚硬的大理石上,把它放在大自然的面前,好像是在喊应大自然:'这就是你本来想要说的!'而从内行的鉴赏家那边来的回声是:'是,这就是了!'——只有这样,天才的希腊人才能发现人类体形的原始典型,才能确立这典型为(人体)雕刻这一艺术的教规"③。

叔本华认为,以表出人的理念为目的的艺术,除了作为族类的特征的美以外,还要以个人特征为任务。个人特征最好就叫作性格。既不可以性格来取消美,也不可以美来取消性格。雕刻以美为目的,喜欢裸体;绘画则以性格为主要对象,精神特征是最好的题材。莱辛和温克尔曼对拉奥孔不惊呼的解释都没有抓住真正的要领——艺术各有疆界而不能以惊呼来表现拉奥孔的痛苦。任何生活过程都不排斥于绘画之外,"在一些个别的,却又能代表全体的事态中把这瞬息万变不停地改头换面的世界固定在经久不变的画面上,乃是绘画艺术的成就。由于这种成就,在绘画艺术把个别的东西提升为族类的理念时,这一艺术好像已使时间(的齿轮)本身也停止转动了似的"④。但应区分一幅画的名称意义(外在的)和它的实物意义,因为人的行为有内在意义和外在意义的区别,外在意义是对于实际世界的意义,内在意义是我们对人的理念体会的深刻,"在艺术里有地位的只是内在意义"⑤。他反对

---

① [德]叔本华:《作为意志和表象的世界》,石冲白译,商务印书馆1982年版,第309页。
② 同上。
③ 同上书,第308—309页。
④ 同上书,第320页。
⑤ 同上。

温克尔曼到处为寓意辩护。他认为,造型艺术中的寓意是一种错误,因为"寓意画总要暗示一个概念"①,从而引导鉴赏者的精神离开画上的直观表象,所以寓意的造型艺术实际上就是象形文字。

3. 文艺即语言

诗即语言文学艺术。包括抒情诗、歌咏诗、小说、史诗、戏剧等。诗揭示的是更高一级的理念或意志的客体化。"人是文艺的主要题材,在这方面没有别的艺术能和文艺并驾齐驱,因为文艺有写出演变的可能,而造型艺术却没有这种可能"②,"在人的挣扎和行为环环相扣的系列中表出人,这就是文艺的重大课题"③。诗人用两种方式写人,"一种方式是被描写的人同时就是进行描写的人"④,如在抒情诗和歌咏诗里的情形,这是一种主观的方式;"再一种方式是待描写的完全不同于进行描写的人"⑤。如在其他诗体(传奇、民歌、田园诗、长篇小说、史诗、戏剧)中的情形,这是一种客观的方式。戏剧是最客观的,而悲剧则是戏剧和文艺的最高峰。

叔本华推崇悲剧。他说:"文艺上的这种最高成就以表出人生可怕的一面为目的,是在我们面前演出人类难以形容的痛苦、悲伤,演出邪恶的胜利,嘲笑着人的偶然性的统治,演出正直、无辜的人们不可挽救的失陷;(而这一切之所以重要)是因为此中有重要的暗示在,即暗示着宇宙和人生的本来性质。这是意志和它自己的矛盾斗争。"⑥这种矛盾斗争表现在人类所受的痛苦上,这痛苦一部分由偶然和错误带来,一部分是由于人类自相斗争、自相屠杀。"我们在悲剧里看到那些最高尚的(人物)或是在漫长的斗争和痛苦之后,最后永远放弃了他们此前热烈追求的目的,永远放弃了人生一切的享乐;或是自愿地,乐于为之放弃这一切"⑦。他批评说:"有人还要求所谓文艺中的正义。这种要求是由于完全认错了悲剧的本质,也是认错

---

① ［德］叔本华:《作为意志和表象的世界》,石冲白译,商务印书馆1982年版,第329页。
② 同上书,第338页。
③ 同上。
④ 同上书,第344页。
⑤ 同上。
⑥ 同上书,第350页。
⑦ 同上书,第351页。

了世界的本质而来的。"①其实，"悲剧的真正意义是一种深刻的认识，认识到（悲剧）主角们赎的不是他个人特有的罪，而是原罪，亦即生存本身之罪"②。他还从编剧的角度把悲剧分为三种类型。一类是造成巨大不幸的是某一剧中人异乎寻常的、发挥尽致的恶毒，这角色就是肇祸人。如理查三世、《奥赛罗》中的雅戈、《威尼斯商人》中的歇洛克等等。一类是造成不幸的是盲目的命运，即偶然和错误。如《俄狄浦斯王》《特洛伊妇女》《罗密欧与朱丽叶》，等等。另一类则仅仅是剧中人彼此地位不同，由于他们的关系造成了不幸。如《克拉维葛》《哈姆莱特》《华伦斯坦》《浮士德》，等等。他认为，最后一类比前两类更为可取，但编写上困难也最大。"因为这一类不是把不幸当作一个例外指给我们看，不是当作由于罕有的情况或狠毒异常的人物带来的东西，而是当作一种轻易而自发的，从人的行为和性格中产生的东西，几乎是当作（人的）本质上要产生的东西，这就是不幸也和我们接近到可怕的程度了"③。也就是说，这一类悲剧能使我们看到最大的痛苦，而这都是由于我们自己的命运难免的复杂关系和自己也可能干出来的行为造成的，它使我们不寒而栗，觉得自己已到地狱中来了。

叔本华的悲剧观明显带有禁欲主义、悲观主义和虚无主义的色彩。在他看来，人类生存的这个世界根本没有正义，因此悲剧的目的不在正义，而在显示他的唯意志主义哲学所鼓吹的弃绝生命，否定意志。叔本华的悲剧观与黑格尔的悲剧观之间有重大的区别。黑格尔认为，悲剧是两种各有辩护理由的伦理理想或"普遍力量"的冲突与和解，悲剧的毁灭性结局是永恒正义的胜利。他的悲剧观虽然也是唯心主义的，但包含了不少辩证的思想，尤其是肯定了人类社会历史的发展和进步，充满了乐观主义。而叔本华却对生活采取了消极的片面否定的态度，把生活歪曲为本来就是罪恶的、不幸的、痛苦的，完全否定了人生的价值和意义。他指责说，乐观主义是错误的、有害的学说，由于这种学说"每个人似乎都相信他有要求幸福和快乐的权

---

① ［德］叔本华：《作为意志和表象的世界》，石冲白译，商务印书馆 1982 年版，第 351 页。
② 同上书，第 352 页。
③ 同上书，第 353 页。

利。……实则,劳动、缺乏、穷困、苦恼以及最后的死亡等等,把它们当作人生目的,才是正当的"①。

4. 音乐

叔本华对音乐极为重视。在他的艺术分类中,音乐处于十分独特的地位。他认为,"音乐完全孤立于其他一切艺术之外",其他艺术都是理念的写照,而音乐绝不是理念的写照,它跳过了理念,完全不依赖现象世界,甚至无视现象世界,直接地复制意志,因为"音乐乃是全部意志的直接客体化和写照,犹如世界自身,犹如理念之为这种客体化和写照一样"②。音乐比其他艺术的效果要强烈得多,深入得多;因为其他艺术所说的只是阴影,而音乐所说的却是本质。音乐不仅如莱布尼兹所说是一种"下意识的、人不知道自己在计数的算术练习",而且还有更严肃、更深刻的,和这世界,和我们自己的最内在本质有关的一种意义。音乐虽可化为数量关系,但并不就是符号所表出的事物,而只是符号本身。在他看来,音乐和理念处于同等地位,都是意志的直接客体化,只是客体化的方式不同,它们虽然没有直接的相似性,"却必然有一种平行的关系,有一种类比的可能性"③。他把音乐和意志客体化的过程作了许多不伦不类的对比,然后说:"音乐决不是表现着现象,而只是表现一切现象的内在本质,一切现象的自在本身,只是表现着意志本身"④。因此,音乐并不表达这种或那种具体的欢乐、抑郁、痛苦、惊怖,而是抽象地表达情感的自身。同样,音乐只表达生活和生活过程的精华,而不描写生活和生活过程自身。正是音乐具有的这种普遍性才赋予音乐以高度的价值,即"音乐可以作为医治我们痛苦的万应灵丹"⑤。他十分强调音乐的抽象性,认为"对世界上一切形而下的来说,音乐表现着那形而上的;对一切现象来说,音乐表现着自在之物"⑥。如果成功地把音乐所表

---

① ［德］叔本华:《爱与生的苦恼——生命哲学的启蒙者》,陈晓南译,中国和平出版社1986年版,第133页。
② ［德］叔本华:《作为意志和表象的世界》,石冲白译,商务印书馆1982年版,第357页。
③ 同上。
④ 同上书,第361页。
⑤ 同上书,第362页。
⑥ 同上书,第364页。

示的在概念中予以详尽的复述,就能充分地复述和说明这世界,音乐也就会是真正的哲学。因此他仿效莱布尼兹有关音乐的那句名言得出了一个结论:"音乐是人们在形而上学中不自觉的练习,在练习中本人不知道自己是在搞哲学"①。

叔本华的这种音乐理论完全否定了音乐和现实生活的联系,否定了音乐具有现实的、具体的内容,夸大了音乐的普遍性、抽象性和不确定性,实际上主张的是音乐只表现抽象的主观情感。这种情感论对音乐家瓦格纳产生过很大影响。

六 影响和评价

叔本华的美学大体已如上述。他的《作为意志和表象的世界》初版于1818年,但由于黑格尔哲学仍占统治地位,当时并未发生很大影响,直到1848年革命失败以后,在19世纪五六十年代才得以流传、变得时髦起来。鲍桑葵说:"文明欧洲的流行的悲观主义和神秘主义在很大程度上是起源于叔本华。"②到了19世纪七八十年代,叔本华的唯意志美学在尼采那里得到了继承和进一步发挥。自此以后,现代西方美学中具有唯意志主义和反理性主义特征的各种流派,尤其是属于生命哲学、存在主义哲学的美学,一般都以叔本华和尼采为直接的思想来源。叔本华的美学也影响到了中国,中国人最早了解的西方美学就是叔本华美学。19世纪末至20世纪初,王国维不但系统研究和大力介绍了叔本华的美学,而且还把叔本华美学运用于古典文艺的评论,写出了《〈红楼梦〉评论》等作品,在我国学术界产生了巨大的影响。

叔本华的美学从哲学基础和整体上看是错误的、消极的,其基本精神、其要害,是要否定现实生活和人生价值。他一方面把现实世界看作表象,鼓吹人生痛苦如梦的厌世说,另一方面又通过审美直观把人们引入审美和艺术的幻境,鼓吹唯美主义;他一方面肯定意志是世界的本质,鼓吹神秘主义,

---

① [德]叔本华:《作为意志和表象的世界》,石冲白译,商务印书馆1982年版,第366页。
② [英]鲍桑葵:《美学史》,张今译,商务印书馆1986年版,第467页。

另一方面又弃绝意志、否定意志,陷入虚无主义。他既没能摆脱表象,也没能摆脱意志,他的思想体系显然存在着不可克服的矛盾。正如朱光潜所说:"意志可以表现为肯定,也可以表现为否定。弃绝求生的意志本身毕竟也是一种意愿支配的行动。就是在摆脱意志的这一行为当中,意志也并没有被摆脱掉。"①从表面上看,他鼓吹的是否定现实,悲观厌世,反对乐观主义,实质上是要使人安于痛苦、贫困、奴役以致死亡,放弃为理想的、美好的幸福生活而斗争。这种悲观主义,显然适应了帝国主义时期资产阶级的需要。他虽然看到了资本主义社会给人的生活造成了痛苦和灾难,但把它夸大为一切现实的生活本质而予以否定。他虽然看到了理性主义哲学不能完全正确地说明世界,却又以非理性从根本上反对理性和科学。叔本华热爱艺术,对艺术有较深的领会。他的美学在不少方面揭示了审美活动不同于理性活动的某些非理性特征,扩大了美学研究的范围,开启了对非理性的直觉、下意识、本能、幻觉方面的研究。他把文艺归结为摆脱痛苦的手段,又把文艺与现实、文艺与人生、文艺与大众的相互关系等问题,鲜明而又尖锐地提到了美学和艺术理论研究的中心。他对天才问题的强调也突出了审美主体的研究。这一切都标志着美学史从古典到现代的转变。

第二节 尼采的美学思想

尼采(Friedrich Wilhelm Nietzsche,1844—1900 年)是继叔本华之后的另一个德国唯意志主义的哲学家和美学家。他出生于普鲁士萨克森州的罗肯镇,父亲和祖父都是路德教派的牧师,1858 年入著名的普夫达贵族中学,1864 年秋入波恩大学研究神学和古典文学,次年去莱比锡大学专攻古典文学,毕业后于 1869 年前往瑞士巴塞尔大学任教授,1868 年与音乐家瓦格纳结成忘年交,但后来两人关系发生了戏剧性破裂,1879 年因患精神分裂症辞去教职,前后任教十年,1889 年 1 月摔倒在都灵街上,从此精神失常,

---

① 朱光潜:《悲剧心理学》,人民文学出版社 1983 年版,第 141 页。

1900 年 8 月卒于魏玛。他的主要著作有:《悲剧的诞生》(1872 年)、《人性的,太人性的》(1878 年)、《曙光》(1881 年)、《快乐的科学》(1882 年)、《查拉图斯特拉如是说》(1883—1885 年)、《善恶的彼岸》(1886 年)、《反基督徒》(1889 年)和遗稿《权力意志——重估一切价值的尝试》(1885—1889年,1906 年由尼采之妹伊·福斯特·尼采出版)。

尼采在哲学上深受叔本华的影响,但又与叔本华有明显的分歧。一般来说,尼采同叔本华一样,也认为世界的本质是意志,这是一种非理性的冲动;他也大体上赞同叔本华对世界和人生的看法,认为它们是令人痛苦的,甚至是可怕的、不可理解的。但是,他反对叔本华把世界区分为表象和意志,视意志为现象背后的物自体。他认为,世界只有一个,意志和现象不可分离,意志就表现在现象世界之中。而且意志也不像叔本华讲的那样是求生存、温饱的生命意志,而是权力意志。他说:“叔本华根本误解了意志(他似乎认为渴求、本能、欲望就是意志的根本),这是很典型的。”①并且说:“凡有生命的地方便有意志,但不是生命意志,而是——我这样教给你——权力意志。”②由此他反对叔本华的悲观主义和虚无主义。叔本华从生命意志出发,认为意志是痛苦的根源,世界和人生充满痛苦、没有意义和价值,要摆脱痛苦,就要从根本上否定意志。而尼采却从权力意志出发,主张要以权力意志反抗生活的痛苦,创造出新的欢乐和价值。因此,尼采的哲学虽然也是唯意志主义的、反理性主义的,但却采取了权力意志论的形式。在权力意志论的基础上,尼采对传统的基督教文化和现代生活进行了透彻的反思。他宣称“上帝死了”,“要对一切价值重新估价”。他认为,文明的最高价值,若干世纪以来占统治地位的、被奉为神圣的价值,无非是真、善、美,但这不过是虚幻的、阻碍生命的价值,并不是真实的价值,因为人并不具有真、善、美的本能,真、善、美的概念本身从来不能确定什么是真、善、美,人的唯一本能就是权力意志,历史上的所谓真、善、美,无非是为某些个人的权力意志决定的、服务的。尼采广泛抨击了传统文化,但他并不主张虚无主义,而是要实现“价值的转换或重建”。他自己说,《悲剧的诞生》就是这种价值重估的

---

① [德]弗里德里希·尼采:《权力意志——重估一切价值的尝试》,张念东、凌素心译,商务印书馆 1991 年版,第 228 页。
② 《尼采著作四卷集》(德文版),凯撒出版社 1980 年版,第 387 页。

最初尝试。

尼采虽然当过大学教授,但他不是学院式的美学家。他的美学缺乏严密的理论体系,实际上是他的哲学和文化思想的有机组成部分。这里我们从以下几个方面作一些介绍。

一 艺术与人生

《悲剧的诞生》是尼采的美学代表作。在这本书中,尼采讨论了古希腊悲剧,对古希腊悲剧从诞生到衰落的历史作了许多考证和分析,但是,它的价值和意义并不在对古希腊悲剧所作的具体解释上,而在他提出了对人生和艺术的独特理解,鼓吹德意志精神的复兴和再生。

尼采美学的根本特色就在于他把审美或艺术活动与人生的关系问题提到了首位。他的一切美学探讨实际上都指向了这个问题:人为什么创造艺术,从事审美活动? 在《悲剧的诞生》中,尼采的结论是:"艺术是生命的最高使命和生命本来的形而上活动"①。"只有作为一种审美现象,人生和世界才显得是有充分理由的"②。这可以说,是贯穿尼采全部美学思想的总纲。这里包含了两个要点,即艺术为人生和人生艺术化的思想。

人为什么要创造艺术,从事审美活动呢? 一言以蔽之,人离不开艺术,这完全是出于人类生命(生存、生活)的需要。尼采承认,人生在世,生活中充满痛苦,令人恐怖,最终还难免一死。这人生和世界的确本身毫无价值和意义。但他不同意叔本华由此得出的悲观主义结论。尼采指出,希腊人早已敏锐地认识到了存在的恐怖和可怕,但他们并没有陷入悲观主义。这种对存在的恐怖意识,包裹在他们古老的神话传说之中。有一次米达斯王抓住了酒神的伴护西莱奴斯,逼他回答什么对人是最好的东西。西莱奴斯木然呆立,一声不吭,最后突然发出刺耳的笑声说:"你为什么逼我说出你最好不要听到的话呢? 那最好的东西是你根本得不到的,这就是不要降生,不要活下去,归于无;次好的东西就是快点死"。尼采认为,希腊人正是由于

---

① [德]尼采:《悲剧的诞生——尼采美学文选》,周国平译,生活・读书・新知三联书店1986年版,第2页。
② 同上书,第21页。

早已敏锐地认识到人生痛苦的真理和死亡的必然,为了活下去,为了不被痛苦压倒而陷入悲观主义,才创造了奥林匹斯山上的诸神,借众神的快乐秩序显示人生,为人生辩护。关于众神,可以逆西莱奴斯的智慧而断言:"对于他们,最坏是立即要死,其次坏是迟早要死。"因此,艺术是人类生存的继续和完成,是形而上的补充,正是艺术和审美拯救了人生,给世界和人生带来了意义和价值。使人感到"生存是值得努力追求的"①。

在尼采看来,艺术产生于人类至深的生存需要,艺术进入了生命,虽然艺术不是真理,是幻想,甚至是欺骗,但没有艺术,人就难以生活,因此,艺术和审美是人生的最高价值。面对冷酷痛苦的世界,人应当自觉地抱有一种审美的人生态度,通过审美和艺术活动,把人生艺术化,赋予生活以价值,创造出新的欢乐,以对抗现实的痛苦。

尼采在《悲剧的诞生》中把审美价值看作唯一的至上的价值,这已经是"重估一切价值"。后来,他更明确地说:"我们的宗教、道德和哲学是人的颓废形式。相反的运动:艺术。"②"艺术比真理更有价值"③。他对传统的基督教文化进行了尖锐的彻底的批判。他鼓吹审美的人生态度或人生的艺术化,实质上也就是要用审美的人生态度反对伦理的和功利的人生态度。尼采是一个非道德论者,他认为,生命本身是非道德的,根本无善恶可言。基督教对生命作出善恶评价,视生命本能为罪恶,结果是造成了普遍的罪恶感和自然本性的压抑;审美的人生态度则要求我们摆脱这种善恶感,超然于善恶之外,享受心灵的自由和生命的欢乐。尼采又是一个非理性主义者,他认为,理性的科学精神实质上是功利主义,它旨在人类物质利益的增殖,是一种浅薄的乐观主义;它无视人生的悲剧,回避了人生的根本问题,其恶性发展便造成了现代人丧失人生根基,灵魂空虚、无家可归、惶惶不可终日的境况。总之,人生本无形而上的根据,只能以审美和艺术来支撑。后来,他对艺术能否赋予人生以根本意义也是怀疑的,因为"诗人说谎太多"。其实他自己就把人生看作欺骗,他一再说:"出于求生存的目的就需要谎言",

---

① [德]尼采:《悲剧的诞生——尼采美学文选》,周国平译,生活·读书·新知三联书店1986年版,第12页。

② 同上书,第387页。

③ 同上书,第348页。

"我们就离不开谎言","人天生就应该是一个说谎者"。① 他问道:"人,难道不是说谎天才的一分子吗?"②他把审美和艺术抬到"最高价值"的地位,实际上是不得已的。他把形而上学、道德、科学、宗教都看作"谎言的不同形式",其实在他的心目中,艺术又何尝不是谎言呢?

尼采对艺术和人生是肯定的,他要求人们积极地勇敢地投入人生。这是应当肯定的。同叔本华的悲观主义相比较,的确带有某种积极进取的乐观主义的色彩。他对基督教文化的批判也包含了不少合理的因素,这些都应当肯定。但是,他的乐观主义毕竟是尼采式的乐观主义,这是一种激进否定式的、自我扩张式的乐观主义。它并不是基于对社会历史发展规律和人类前途的正确认识,而是建立在对现实生活和社会矛盾的无穷忧虑和无可奈何的基础之上的,这和叔本华的悲观主义的基础没有两样,因此,这种尼采式的乐观主义的背后是极为深沉的悲观主义。尼采自己对此也是供认不讳的,在《权力意志——重估一切价值的尝试》中,他说:"我的先驱是叔本华。我深化了悲观主义,并通过发现悲观主义的最高对立物才使悲观主义完全进入我的感觉。"③因此,尼采的乐观主义也包含消极的方面,如果把它同后来他所大力鼓吹的"权力意志""超人""征服对方的欢乐""毁灭中的欢乐"等思想联系起来,那就更带有极大的破坏性。他所开的"德意志精神的复兴"这剂药方并不能拯救德国民族,更不能拯救人类和世界。把尼采说成是"法西斯主义思想家"是不公正的,但他的思想很容易被法西斯利用,这也是客观事实。他为人类所开的药方不可取,但他对现代社会的诊断确有合理之处。另外,尼采虽然在反基督教文化上有所贡献,但他把艺术和道德、理性、功利绝然对立起来,把本能、非理性作为人类行为(包括审美和艺术活动)的全部基础,这也是片面的、错误的。最后,必须强调指出的是,尼采讲的艺术根本不是现实生活的反映,而是反抗现实、延续生存的手段,这也从根本上歪曲了艺术的本质。

———————

① [德]弗里德里希·尼采:《权力意志——重估一切价值的尝试》,张念东、凌素心译,商务印书馆1991年版,第442页。
② 同上书,第443页。
③ 同上书,第147页。

二 日神和酒神

尼采美学的核心概念是日神和酒神概念的二元性。尼采说:"只要我们不单从逻辑推理出发,而是从直观的直接可靠性出发,来了解艺术的持续发展是同日神和酒神的二元性密切相关的,我们就会使审美科学大有收益。"①"在希腊世界里,按照根源和目标来说,在日神的造型艺术和酒神的非造型艺术之间存在着极大的对立。两种如此不同的本能彼此共生并存,多半又彼此公开分离,相互不断地激发更有力的新生,以求得在这新生中永远保持着对立面的斗争,'艺术'这一通用术语仅仅在表面上调和这种斗争罢了"②。这是尼采对希腊艺术乃至全部艺术和审美活动生命根源的总体看法。这一看法是反传统的。在尼采之前,美学家们如歌德、席勒、温克尔曼等人都把艺术归源于人与自然、感性与理性的和谐,并且以此来说明希腊艺术繁荣的原因。与此相反,尼采认为,希腊人创造艺术并非出自内心的和谐,反倒出于内心的痛苦和冲突,并且通过艺术拯救了人生。对此,尼采在《悲剧的诞生》的第16章有很好的说明。他说:"与所有把一个单独原则当作一切艺术品的必然的生命源泉,从中推导出艺术来的人相反,我的眼光始终注视着希腊的两位艺术之神日神和酒神,认识到他们是两个至深本质和至高目的皆不相同的艺术境界的生动形象的代表。在我看来,日神是美化个体化原理的守护神,唯有通过它才能真正在外观中获得解脱;相反,在酒神神秘的欢呼下,个体化的魅力烟消云散,通向存在之母,万物核心的道路敞开了。"③尼采谈到,他的这一富有独创性的见解是在叔本华和音乐家瓦格纳的启发下产生的。

那么,什么是日神和酒神的二元性呢?从上述几段引文已可看出,尼采用日神阿波罗和酒神狄奥尼索斯象征的是人性中的两种原始本能。尼采认为,凡人都有两种原始的本能,一种是迫使人"驱向幻觉"的本能,一种是迫

---

① [德]尼采:《悲剧的诞生——尼采美学文选》,周国平译,生活·读书·新知三联书店1986年版,第2页。

② 同上。

③ 同上书,第67页。

使人"驱向放纵"的本能,这两种本能表现在自然的生理现象上就是"梦"和
"醉",而在审美和艺术领域则表现为迫使艺术家进行艺术创作的两种艺术
力量或艺术冲动,它们是产生一切艺术的原动力,同时又是把艺术区分为具
有"梦"的特色的造型艺术和具有"醉"的特色的非造型艺术两大类的根据。

　　日神阿波罗是光明之神、造型之神。它把光辉洒向万物,使万物呈现出
美的外观,具有美的形式,以明朗、清晰、确定的个别形体出现,成为"个体
化原则"的光辉形象,这同时也就是以"壮丽的幻觉""美丽的面纱"遮住了
事物的本来面目。尼采说:"我们用日神的名字统称美的外观的无数的幻
觉。"①因此,日神是美的外观的象征,而美的外观的本质就是幻觉。这幻觉
实为梦境。尼采说:"每个人在创造梦境方面都是完全的艺术家,而梦境的
美丽外观是一切造型艺术的前提……也是一大部分诗歌的前提。"②艺术上
敏感的人总是面向梦的现实。他聚精会神于梦,他根据梦的景象解释生活
的真义,为了生活而演习梦的过程,体验人生的酸甜苦辣,即生活的整部
"神曲",他对自己说:"这是一个梦! 我要把它梦下去!"这是为什么呢? 因
为梦境比日常现实更真实、更完美,他体验到了梦的愉快,领悟到了睡梦具
有医疗和帮助作用的本质。他宁愿"信赖个体化原理",孤独平静地置身于
苦难的世界,在外观中获得解脱。尼采所谓日神精神就是以超然物外、冷静
节制的态度,把宇宙和人生视为梦幻,只去玩赏梦幻的外观,寻求一种宁静
的愉快和解脱的精神。这是一种审美情趣,更是一种人生态度,即制造幻
觉,美化苦难人生,沉湎于外观幻境,逃避现实生活的非功利的超然无为的
态度。

　　相反,酒神狄奥尼索斯象征情欲的放纵。酒神用酒使人在沉醉中忘掉
自己,尽情放纵性欲,甚至蓄意毁掉个人,用一种神秘的统一或解脱,造成
"个体性原则的崩溃"。把酒神的本质比拟为"醉"最为贴切。在酒神状态
中,"整个情绪系统激发亢奋",这是"情绪的总激发和总释放"③。酒神的
激情也可以因麻醉剂和春天的来临而苏醒。酒神的这一象征内涵来自于东

---

　　①　[德]尼采:《悲剧的诞生——尼采美学文选》,周国平译,生活·读书·新知三联书店
1986 年版,第 108 页。
　　②　同上书,第 3 页。
　　③　同上书,第 320—321 页。

方和古希腊的酒神节。在节日里,人们结队游荡,纵情狂欢,狂饮滥醉,放纵性欲,打破了一切禁忌和自然专制,重新与自然合一。"在酒神的魔力之下,不但人与人重新团结了,而且疏远、敌对、被奴役的大自然也重新庆祝她同她的浪子人类和解的节日"①。

人为什么要在醉中,甚至在令人痛苦以致死亡的醉中求得欢乐呢?尼采认为,"醉的本质是力的提高和充溢之感"②。酒神节就给人一种充溢的生命感或力量感,在其中就连痛苦也起着兴奋剂的作用。它和追求幻觉的产物奥林匹斯诸神一样,也是生命意志的表达和对生命的肯定。在酒神节中,人"可以宗教式地感觉到最深邃的生命本能,求生命之未来的本能,求生命之永恒的本能,——走向生命之路,生殖,作为神圣的路"③。酒神状态中的欢乐带有人生悲剧的性质。个体的解体,对个体是痛苦,同时它又揭露出世界的唯一基础是永恒的原始痛苦,但它解除了一切痛苦的根源,获得了与世界本体相融合的欢乐。显然,酒神状态是一种痛苦和狂喜交织的状态、酩酊陶醉的状态、迷狂的状态、忘我自弃的境界。所谓酒神精神就是要人们以原始本能的放纵化入忘我之境,在歌舞酗醉的迷狂中忘记人生的苦难,求得人生的解脱,这也是一种审美情趣和人生态度,但与日神精神却是对立的。

尼采认为,人类的艺术就来源于日神和酒神的对立和冲突。他把艺术的冲动归结为两种原始的生理本能,并由此引申出两类不同的艺术。日神精神产生出塑造美的形象的造型艺术(雕刻、绘画)和大部分文学(史诗、神话),酒神精神产生出令人迷醉的音乐和舞蹈。而二者的结合则产生出悲剧。一切艺术家,或者是日神的梦的艺术家,或者是酒神的醉的艺术家,或者兼是这二者。对于日神和酒神这两种精神,尼采更重视的是酒神精神。他认为,酒神比日神是更原始的本能,"日神不能离开酒神而存在",酒神是希腊艺术以及全部艺术的基础。古希腊悲剧虽然是日神精神和酒神精神相结合的产物,但就起源来说,却来自酒神精神。而古希腊悲剧的衰落则是由

---

① [德]尼采:《悲剧的诞生——尼采美学文选》,周国平译,生活·读书·新知三联书店1986年版,第6页。

② 同上书,第319页。

③ 同上书,第334页。

于欧里庇得斯按照苏格拉底精神,把理解看作是一切创造力和创作的真正根源,坚持"理解然后美"的原则,"把那原始的全能的酒神因素从悲剧中排除出去,把悲剧完全和重新建立在非酒神的艺术、风俗和世界观基础之上"①所造成的恶果。

尼采通过《悲剧的诞生》试图证明,古希腊人并不是悲观主义者,不论希腊的日神艺术还是酒神艺术都是出于对人生痛苦的敏感而对人生的肯定,而把二者结合起来的悲剧更是表现人生、肯定人生的艺术高峰。

三 悲剧的效果

尼采一再宣称:"我自己就是第一个悲剧哲学家——即悲观哲学家的敌人和对手。"②他认为,悲剧是肯定人生的最高艺术。可是,悲剧为什么要把个体人生的痛苦和毁灭演给人看? 为什么这种痛苦和毁灭还能给人以快感? 这是悲剧的效果问题。尼采说:"自亚里士多德以来,对于悲剧效果还从未提出过一种解释,听众可以由之推断艺术境界和审美事实。"③他认为悲剧的效果是审美的效果,应当做出审美的解释。而传统的以亚里士多德为代表的悲剧净化说,把悲剧效果解释为通过引起怜悯和恐惧导致净化或宣泄,这是一种道德论的、病理学的解释,其中包含了不少误解。他不否认悲剧能够引起一种道德快感,能给人以某种道德上的满足,对于许多缺乏审美感受的人来说,悲剧的效果是在于此并且仅仅在于此。"但是,谁仅仅从这些道德根源推导出悲剧效果,如同美学中长期以来流行的那样,但愿他不要以为他因此为艺术做了点什么。艺术首先必须要求在自身范围内的纯洁性。为了说明悲剧神话,第一个要求便是在纯粹审美领域内寻找它特有的快感,而不可侵入怜悯、恐惧、道德崇高之类的领域"④。尼采一向自称是非

---

① 〔德〕尼采:《悲剧的诞生——尼采美学文选》,周国平译,生活·读书·新知三联书店1986年版,第49页。

② 〔德〕弗里德里希·尼采:《权力意志——重估一切价值的尝试》,张念东、凌素心译,商务印书馆1991年版,第53页。

③ 〔德〕尼采:《悲剧的诞生——尼采美学文选》,周国平译,生活·读书·新知三联书店1986年版,第97页。

④ 同上书,第105页。

道德论者,他反对传统的道德论的解释,要求做出审美的、非道德论的解释,这是很自然的。

那么尼采提出了怎样的解释呢? 尼采认为,悲剧虽然也能引起一定的道德快感,产生某种道德效果,但悲剧的本质是艺术,所以悲剧效果的问题实质上是审美快感问题。他指出,悲剧是在受苦英雄的形象下展示现象世界,它并不美化现象世界的"实在",它展示的是英雄命运的苦难、极其悲惨的征服、极其痛苦的动机冲突,即丑与不和谐。问题是:丑与不和谐如何能激起审美的快感呢? 他认为,这就要重复他早先提出的那个命题:"只有作为一种审美现象,人生和世界才显得是有充足理由的。在这个意义上,悲剧神话恰好使我们相信,甚至丑与不和谐也是意志在其永远洋溢的快乐中借以自娱的一种审美游戏"①。他表示赞同歌德的意见,悲剧的最高激情"只是一种审美的游戏"②。这就是说,悲剧的审美快感不是道德的、病理的、功利的,而是非功利的。

尼采还提出"形而上的慰藉"来解释悲剧的审美快感。他说:"每部真正的悲剧都用一种形而上的慰藉来解脱我们:不管现象如何变化,事物基础之中的生命仍是坚不可摧和充满欢乐的。"③他认为悲剧的深层心理基础是酒神精神,酒神要我们相信"生存的永恒乐趣",不过我们不应当在现象中,而应当在现象背后,去寻找这种乐趣。悲剧向我们演出的斗争、痛苦、个体的毁灭等现象都是不可避免的,我们观看悲剧,"被迫正视个体生存的恐怖——但是终究用不着吓瘫,一种形而上的慰藉使我们暂时逃脱世态变迁的纷扰。我们在短促的瞬间真正成为原始生灵本身,感觉到它的不可遏止的生存欲望和生存快乐"④。这就是说,激起快感的不是现象,而是悲剧在现象背后向我们展示的永恒生命的欢乐,正是它给我们以形而上的慰藉,成为悲剧审美快感的源泉。

什么是永恒的生命呢? 在尼采看来,悲剧演出的虽然是个体的毁灭、死

① [德]尼采:《悲剧的诞生——尼采美学文选》,周国平译,生活·读书·新知三联书店1986年版,第105页。
② 同上书,第98页。
③ 同上书,第28页。
④ 同上书,第71页。

亡,但肯定的却是"超越于死亡和变化之上的胜利的生命"①,"真正的生命即通过生殖、通过性的神秘而延续的总体生命"②。这是"永恒的轮回"。因此,悲剧的效果"不是为了摆脱恐惧和怜悯,不是为了通过猛烈的宣泄而从一种危险的激情中净化自己(亚里士多德如此误解),而是为了超越恐惧和怜悯,为了成为生成之永恒喜悦本身——这种喜悦在自身中也包含着毁灭的喜悦"③。

尼采反对亚里士多德的净化说,还有一个理由。他认为,恐惧和怜悯是两种消沉的情感,它们总在瓦解、削弱生命,使人气馁,若把悲剧情感归结为这两种消沉的情感,只能危及生命,为衰落服务。他还反对叔本华关于悲剧教人听天由命的看法。他主张:"悲剧是一种强壮剂。"④他对悲剧效果的看法包含了某些积极因素,总体上是以非道德论反对道德论,作出了意志论和生命论的解释,这是反传统的,也是有很大影响的。

尼采是一个十分重要的人物,又是一个有争论的复杂人物。他的美学思想十分丰富,其中有不少创见,又有不少过激之词,具有全面反传统的性质。在美学史上,尼采的美学思想具有革新的意义,对20世纪的西方现代美学和文学艺术的发展产生了极为重大的影响。

第三节 心理学美学

心理学美学盛行于19世纪70年代以后,它起源于德国,而后波及英法等国,它的产生同自然科学,特别是生物学、生理学和心理学的发展有着密切的联系。德国心理学美学主要包括实验美学和移情派两大类型,而在移

① [德]弗里德里希·尼采:《权力意志——重估一切价值的尝试》,张念东、凌素心译,商务印书馆1991年版,第334页。
② 同上。
③ [德]尼采:《悲剧的诞生——尼采美学文选》,周国平译,生活·读书·新知三联书店1986年版,第335页。
④ 同上书,第382页。

情派内部又有一些不同的学派。因此心理学美学并不都把美学视为心理学的一个部分,其共同特征是把审美心理和审美经验置于美学研究的中心,主张用心理学的观点和方法来解释和研究一切审美现象,力求把美学、艺术和自然科学结合起来。

一　费希纳的实验美学和"自下而上"的美学

费希纳(Gustav Theodor Fechner,1801—1887年)是德国科学家、心理学家和哲学家,青年时代求学于莱比锡大学,1832年获生物学学士学位,此后终生在该大学服务,先后担任物理学、自然哲学和人类学教授。一般公认费希纳是实验心理学的创始人,同时也是实验美学的创始人。他的主要著作有:《心理物理学原理》(1860年)、《论实验美学》(1871年)和《美学前导》(1876年)等。

费希纳把美学视为心理学的一个特殊部门,认为美学是一种心理、物理现象。他试图通过心理实验确立和解释各种令人愉快的单纯的形式,为此,他系统地作过许多有关美的和审美心理活动的科学实验,发表过一些实验报告,并且创造出三种基本的实验方法:(1)选择法——从一大堆几何图形中依次选出自己喜爱的图形;(2)制作法——画出自己喜爱的图形;(3)常用物测量法——测量人们日常喜爱用的东西的形状、大小比例等。他从这些实验结果的统计、比较、分析中得出的结论之一是:人们最喜爱的美的图形是接近或恰好是黄金分割的图形,而最不喜欢的则是过分长的长方形和整整齐齐的正方形。在美学代表作《美学前导》一书中,他制定了13条心理美学的规则,诸如审美界阈的原则、多样统一的原则、和谐的原则、清晰的原则、联想的原则,等等。他虽然注重审美联想,但在康德、谢林以及形式主义美学家赫巴特等人的影响下,更强调"无偏见的鉴赏"和"孤立的形式",他的美学思想具有明显的形式主义倾向。

费希纳的实验美学研究,对于早期心理学美学的发展,具有广泛的影响,但就实验美学的理论内容来说,创见不多,基本上重复的是德国古典美学家们的一些看法。他所采用的具体的实验方法明显具有重大的缺陷,让人选择、制作或填表作答等实验难免掺杂被实验者的主观因素，很难得出令人信服的科学结论。后来，克罗齐对此曾嘲讽说："人们不禁要想，那些伪科学的实验过去对他的及现在对他的追随者们来说，只是一种娱乐，并不比一个人玩牌或集邮更为重要。"①现代心理学美学一般都不再采用费希纳的实验方法。当然，这并不能否认费希纳在西方美学史上的特殊的贡献。

　　费希纳的美学贡献不但在于开创了实验美学的研究，更在于他在《美学前导》中，明确而尖锐地提出了美学研究方法的革新问题，积极倡导"自下而上"的美学研究方法。费希纳认为，美学是关于快与不快的学说，或者说是关于美的学说。从历史上看，有两种研究美学的方法，一种是"自上而下"的方法，即"从最一般的观念和概念出发下降到个别"；一种是"自下而上"的方法，即"从个别上升到一般"。这实际上也就是哲学的和经验的研究方法。"自上而下"的哲学的研究方法，"首要而又最高的职责涉及美、艺术、风格的观念和概念，以及它们在一般概念体系中的地位，特别是它们同真和善的关系；而且总喜欢攀登上绝对、神、神的观念和创造活动，然后再从这个一般性的圣洁的高处下降到个别的美、一时一地的美这种世俗经验的领域，并以一般为标准去衡量一切个别"。而"自下而上"的经验的研究方法，"则从引起快与不快的经验出发，进而支撑那些应当在美学中占有位置的一切概念和规则，并在考虑到快乐的一般原则必须始终从属于'应该'的一般原则的条件下去寻找它们，逐渐使之一般化和进而达到一个尽可能是一般的概念和规则的体系"②。

　　费希纳认为，"这两种研究方式本身并不相互矛盾"，"二者只是方向全然相反"，可以"相互得到补充"。③　可是，它们各有特殊的优点、困难和危险。采用第一种方法的如康德、谢林、黑格尔等人的德国古典美学，是从一般到个别，很容易流于一般，忽视个别，以一般代替个别。而采用第二种方法的如英国经验派哈奇生、荷加斯、柏克等人的美学，则从个别上升到一般，

---

① ［意］贝尼季托·克罗齐：《作为表现的科学和一般语言学的美学的历史》，王天清译，中国社会科学出版社1984年版，第234页。

② 转引自李醒尘主编：《十九世纪西方美学名著选（德国卷）》，复旦大学出版社1990年版，第417页。

③ 同上。

很容易停留于个别,难于上升到一般。两相比较,他认为,哲学美学虽然比经验美学的格调较高,但经验美学应当是哲学美学的先决条件。因此,他选择并倡导"自下而上"的研究方法和经验美学。他批评美学史上一直占据主导地位的哲学美学的体系"至今都还极为缺乏经验的根据","好像是泥足巨人"。[①] 他说:"在我看来,普通美学最一般的任务应当是:明确提出审美事实和审美关系所从属的概念;确定它们所服从的规则,其中包括艺术学说这项最重要的应用。可是自上而下美学的诸研究方式主要只把第一项任务置于眼前,因此它只试图用来自概念或观念的对审美事实的说明,去代替而不是去补充来自规则的对审美事实的说明。"[②]他还认为至今大多数的美学教科书和美学论文都还遵循自上而下的道路,它们所研讨的各种美学问题并没有穷尽美学的任务,而且从概念出发和在概念中来回答美学问题,就把明白确定美的最高概念的难题转嫁到了其他原生概念上去,因而忽视了最重要的问题。他指出:"大多数令人感兴趣的和最重要的问题一直是这个问题:它为什么会引起快与不快? 它在多大程度上有理由是快的或不快的?"[③]

费希纳对哲学美学的批评的确打中了德国古典美学脱离实际经验的要害,他倡导"自下而上"的美学,开创了自觉运用心理学方法和自然科学方法研究美学的新方向,极大地推动了 19 世纪后半期以至 20 世纪各派经验美学、科学美学的产生和发展。正因为如此,他提出"自上而下"和"自下而上"两种美学和研究方法的区分,往往被视为美学史上的重大转折,而他本人也时常"被誉为现代科学美学的创立者"(李斯托威尔)。但是,应当指出,费希纳并不像他的许多追随者所说的那样简单、片面和绝对,他强调"自下而上"的经验美学方法,只是强调美学要以审美经验为基础,并不是主张美学只能采用"自下而上"的方法,只能有一种经验美学。相反,费希纳主张,理想的美学应当把"自下而上"和"自上而下"两种方法结合起来,从大量并非只是个人的经验事实出发,逐渐由个别上升到一般。他的这种看法应当说还是比较辩证的。

---

① 转引自李醒尘主编:《十九世纪西方美学名著选(德国卷)》,复旦大学出版社 1990 年版,第 420 页。

② 同上。

③ 同上书,第 421 页。

二　立普斯的审美移情说

移情派的美学比实验美学得到了更充分的发展,事实上已成为 19 世纪末至 20 世纪初在西方占支配地位的美学理论。其主要代表人物在德国有费肖尔父子、洛宰、谷鲁斯、立普斯、沃凯尔特、康拉德·朗格和屈尔佩;在英国有浮龙·李;在法国有巴希等人。他们都把审美看作移情,但对移情以及美学具体问题的看法又有所不同,因而又有联想说、同情说、内模仿说、游戏说和幻觉说等区别。移情这种现象并非审美活动所专有,早已为人们所了解。中国古代的"兴者托事于物""感物兴怀""迁想妙得",实际上说的就是移情。一切万物有灵说、物活说也都是移情的表现。在西方,自亚里士多德谈隐喻以来,不少美学家如哈奇生谈象征,休谟和柏克论同情,维柯论诗性智慧,等等,也都注意到了这种现象,并且作过不少说明和解释。但形成"移情"这一特有概念,用它来专指审美欣赏或审美观照这一现象,则是 19 世纪 40 年代以后的事。最早奠定移情派心理美学的基础的是属于黑格尔学派的费肖尔父子,弗·费肖尔(Friedrich Theodor Vischer,1807—1887 年)在他写的六大卷《美学》和一些有关论文中,已经用黑格尔"自然人化"的观点来解释审美经验,他提出的"审美的象征作用"或"同情的象征作用"实际上就是移情。后来,他的儿子罗·费肖尔(Robert Vischer,1847—1933 年)在《视觉的形式感》(1873 年)一文中把"审美的象征作用"改称为"移情作用",首次使用了"移情"(Einführung)这个概念。因此,他们被视为移情派美学的先驱。洛宰在《小宇宙》和《德国美学史》中,也较早对移情作过研究,他强调移情的基础是旧有经验的回忆,移情的本质是一种联想,建立了联想说。他对移情现象有过这样的描述:"我们不仅进入自然界那个和我们相接近的具有特殊生命感情的领域——进入到歌唱着小鸟欢乐的飞翔中,或者进入到小羚羊优雅的奔驰中;我们不仅把我们精神的触觉收缩起来,进入到最微小的生物中,陶醉于一只贻贝狭小的生存天地及其一张一合的那种单调的幸福中;我们不仅伸展到树枝的由于优雅的低垂和摇曳的快乐所形成的婀娜的姿态中;不仅如此,甚至在没有生命的东西之中,我们也移入了这些可以解释的感情,并通过这些感情,把建筑物的那种死沉沉的重量和支撑物转化成许许多多活的肢体,而它们的那种内在的力量也传染到了我们自己身上。"①

移情说最杰出的代表人物之一是立普斯(Theodor Lipps,1851—1914年),他把费肖尔父子的移情说系统化了。他出生于瓦尔哈尔本。1884年起先后担任波恩大学、勃雷斯拉乌大学和慕尼黑大学的教授。主要著作有:《逻辑原理》(1893年)、《论情感、意志和思维》(1893年)、《空间美学和几何学·视觉的错误》(1897年)、《心理学教本》(1903年)和《美学》(两卷,1903—1906年)。

立普斯的美学研究是从心理学出发的。他的代表作两卷本《美学》的副标题就是《美和艺术的心理学》,第一卷讲美学的基本原理,第二卷讲审美直观和造型艺术。他认为,美学是关于美的科学(包括关于丑的科学),也就是关于审美价值的学说,同时美学也是心理学的一个部门。但是,美学不是一般的快感心理学,而是美感心理学,关键在于一般情感或根源于外界事物,或根源于主观的意志和心境,美感的源泉则不是外物,而是主体自身内心情感、人格在外物中的投射。在他看来,审美欣赏实际上是一种自我欣赏,即我们把自己移到对象中去,使死物变成活的、有生命的,造成物我同一的对象,并从中体验到审美的喜悦。他把这种审美现象称作"移情"。

立普斯举了许多具体事例,对移情现象在自然和艺术的各个领域的表现作了大量的分析,其中最有名的是对古希腊建筑多利克式石柱的分析。多利克式石柱下粗上细,支撑着沉重的顶盖,这本是一堆无生命的物质,但在我们对它进行审美观照的时候,却觉得它是有生命的、活动的、有力量的。如果你朝纵直方向看,就会感觉到石柱自己在耸立上腾,在用力克服顶盖的重量;如果你朝横平方向看,就会感觉到石柱也在自己伸延,但由于顶盖的重量,这种自己延伸受到了局限,表现出是在克服重量的挣扎中界定范围或凝成整体。立普斯认为,这种耸立上腾和凝成整体的现象,是多利克式石柱"特有的活动",这也就是一种移情现象。这里提供了两方面的心理事实。一方面,我们从力量、活动、趋向等角度把石柱的形象看成有生命的、能自己活动的,这就作出了一种机械的动力学的解释,而这并不是出于意志、经过

① 转引自[英]李斯托威尔:《近代美学史评述》,蒋孔阳译,上海译文出版社1980年版,第40—41页。

反思才作出的,而是在感知石柱时无意识地、立刻就作出的;另一方面,我们对石柱"自己的活动"又显得是从和人的动作的类比来体会的,我们以自己的动作来测度客观事物,以己度物,又作出了第二种方式的解释,即人格化的解释。"在我的眼前,石柱仿佛自己在凝成整体和耸立上腾,就像我自己在镇定自持和昂然挺立,或是抗拒自己身体重量压力而继续维持这种镇定挺立姿态时所做的一样"①。这种人格化的解释也是不经理性反思,无意识作出的。立普斯进一步指出,把对象人格化,把自我向外移置或向事物内部移置,是人类固有的一种自然倾向和愿望。他说:"这种向我们周围的现实灌注生命的一切活动之所以发生而且能以独特的方式发生,都因为我们把亲身经历的东西,我们的力量感觉、我们的努力、起意志、主动或被动的感觉,移置到外在于我们的事物里去,移置到在这种事物身上发生的或和它一起发生的事件里去。这种向内移置的活动使事物更接近我们,更亲切,因而显得更易理解。"②

多利克式石柱的例子是很形象生动的,但在理论上究竟什么是移情呢?在《再论移情作用》一文中,他对移情作了如下的概括:"移情作用的意义是这样:我对一个感性对象的知觉直接地引起在我身上的要发生某种特殊心理活动的倾向,由于一种本能(这是无法再进一步分析的),这种知觉和这种心理活动二者形成一个不可分裂的活动。……对这个关系的意识就是对一个对象所生的快感的意识,必以对那对象的知觉为先行条件。这就是移情作用"③。立普斯反复强调移情不经任何反思,是在无意识中进行的,这里又说是由于一种"无法再进一步分析的"本能,可见,在他看来,审美欣赏是一种无意识的、非理性的活动,这也正是他的移情论的特点之一。

立普斯把移情分为两种,一种是实用的移情,一种是审美的移情。他认为,并非所有的移情都是审美的移情。例如,当一个人悲伤的表情令我们同情的时候,我们也会跟着悲伤,这就是实用的移情,这是和对悲伤这一感情的客观真实性的关怀相联系的。而审美的移情并不关心对象的真假,也不

---

① 转引自李醒尘主编:《十九世纪西方美学名著选(德国卷)》,复旦大学出版社 1990 年版,第 602 页。

② 同上书,第 601 页。

③ 同上书,第 610 页。

关心它实际上是什么,只是一种不带任何功利的无意识的纯粹的审美观照。因此,立普斯的移情说还带有非功利的特征。

立普斯讲的审美移情即纯粹的审美观照与叔本华的审美直观说是异曲同工的,都是以主观唯心主义为基础的。在《论移情作用,内模仿和器官感觉》一文中,他集中地谈到了审美欣赏的对象(客体)和审美主体及其相互关系问题。立普斯不否认审美欣赏要有对象,他认为美感是"由看到对象所产生的"①,但是,审美欣赏所注意的只是"感性形状",只以"感性形状"为对象(客体)。他强调说:"审美欣赏的'对象'是一个问题,审美欣赏的原因却另是一个问题。美的事物的感性形状当然是审美欣赏的对象,但也当然不是审美欣赏的原因。毋宁说审美欣赏的原因就在我自己,或自我,也就是看到'对立的'对象而感到欢乐和愉快的那个自我。"②这里,立普斯把审美对象只限定在美的事物的"感性形状"上,也就是不肯承认美的事物是审美对象。他认为,审美欣赏的对象可以有两重答案。"从一方面说,审美的快感可以说简直没有对象。审美的欣赏并非对于一个对象的欣赏,而是对于一个自我的欣赏。它是一种位于人自己身上的直接的价值感觉,而不是一种涉及对象的感觉。毋宁说,审美欣赏的特征在于在它里面我们感到愉快的自我和使我感到愉快的对象并不是分割开来成为两回事,这两方面都是同一个自我,即直接经验到的自我"③。这就是说美感的来源不在对象,而在自我,由于移情作用,在审美欣赏时,对象已变成"使我感到愉快的对象",它就是"感到愉快的自我",我们所欣赏的能引起美感的只是自我,所以也可以说简直没有对象。"从另一方面说,也可以指出,在审美欣赏里,这种价值感觉毕竟是对象化了的。在观照站在我面前的那个强壮的、自豪的、自由的人体形状,我之感到强壮、自豪和自由,并不是作为我自己,站在我自己的地位,在我自己的身体里,而是在所观照的对象里;而且只是在所观照的对象里"④。这就是说,引起美感的对象是自我价值感的对象化,审

① 转引自李醒尘主编:《十九世纪西方美学名著选(德国卷)》,复旦大学出版社 1990 年版,第 603 页。
② 同上书,第 604 页。
③ 同上书,第 605 页。
④ 同上。

美主体即自我也不再是"实在的自我",自我已失去了原有的地位以至自己的身体,进入了观照对象,只在观照的对象里;对象的感性形状或人体形状、姿态都只是自我的"载体"。立普斯总结说:"审美的快感是对于一种对象的欣赏,这对象就其为欣赏对象来说,却不是一个对象而是我自己。或者换个方式说,它是对于自我的欣赏,这个自我就其受到审美的欣赏来说,却不是我自己而是客观的自我。"并且说:"移情作用就是这里所确定的一种事实:对象就是我自己,根据这一标志,我的这种自我就是对象;也就是说,自我和对象的对立消失了,或者说,并不会存在。"①从以上介绍可以看出,立普斯所讲的审美对象和审美主体都不再是现实的、实在的对象和主体,这和叔本华所讲的独立于根据律之外的审美客体和纯粹观照的主体实质上是一样的。他的移情说和叔本华的审美直观说本质上都是主观唯心主义的。他虽然承认美的事物的感性形状是审美对象,但这并不是唯物主义,因为他认为感性形状只有在表现自我时才有意义。他明确说:"姿势和它所表现的东西之间的关系是象征性的……这就是移情作用。"②另外,他还说过,他之所以承认"感性形状"是审美对象,是因为移情并不是任意的,自我的情感恰好在对象的"感性形状"中正确无误地找到了安顿的地方。这就更带有神秘主义的气息了。

在审美移情的心理机制问题上,立普斯早年曾赞同联想说,但晚年明确反对,力主同情说。他认为美感是一种同情的喜悦。移情并不依赖回忆、联想,与外在经验无关,移情过程是完全独立的活动,它深深扎根于人的天生结构之中。另外,他也反对谷鲁斯的内模仿说。他认为,审美移情不同于"出于意志的模仿",而是一种摆脱了任何实际利害(包括器官的生理感觉)的、无意识的纯粹的审美观照,在移情中审美主体完全意识不到自己身体状况的感觉,否则就破坏了审美欣赏回到了现实世界,因此,他强调应当把器官感觉从审美观照中排除出去,使美学从专注于器官感觉的疾病中恢复过来,这就是科学美学的职责。

从这种审美移情说出发,立普斯还探讨了悲剧性问题。他认为,人的客

---

① 转引自李醒尘主编:《十九世纪西方美学名著选(德国卷)》,复旦大学出版社1990年版,第606页。

② 同上书,第609页。

观化的自我价值感是一切悲剧性的基础,也是欣赏悲剧对象的基础。悲剧由悲痛提高的快感,来源于看到灾难而引起的、从而是最亲切的、对异己人格的共同体验。而对异己人格的价值感实质上仍是客观化的自我价值感。他说:"假如我不曾根据我自己本质的特征构成异己人格的形象,异己的人对我是根本不存在的。异己的人格或异己的我,是一个被限定的、客观化的、固定在我以外的世界的某一位置上的自有的我。尽管有一切限定,它的基本特征当中仍然有——我。据此,对异己的人的评价,无非是客观化的自我评价,对异己人格的价值感,无非是客观化的自我价值感。"①

立普斯的移情说和他的全部美学思想明显是建立在主观唯心主义基础上的,但他对审美移情现象所作的心理分析,是具有独创性的,其中包含了许多合理的东西。移情说突出了审美主体的能动作用,强调了审美对象的内容、价值和意义,有力地反对了美学上的形式主义,是对美学史的重大贡献,在美学史上产生过极为深远的影响,对我国也有较大影响。但是,立普斯的移情说只是移情美学的一种形态,而移情说也并不能说明一切审美现象,后来便受到沃林格等人的批评。

三　谷鲁斯的内模仿说

移情派的另一个代表人物是德国心理学家谷鲁斯(Karl Groos,1861—1946 年)。他的主要美学贡献是提出了内模仿说。主要著作有:《美学导言》(1892 年)、《动物的游戏》(1898 年)、《人类的游戏》(1901 年)和《审美的欣赏》(1902 年)等。

谷鲁斯十分重视游戏。他的内模仿说是建立在他的游戏说基础上的。19 世纪上半叶有关游戏的心理研究形成了许多学派,谷鲁斯是"游戏即练习"说的主要代表。他既不赞成斯宾塞的"精力过剩"说,也不赞成冯特的"游戏是劳动的产儿"的看法。他认为,游戏不是起源于精力过剩,也不是起源于劳动,而是起源于生物本能。但是游戏产生以后,便逐渐超越了纯粹

---

① 转引自李醒尘主编:《十九世纪西方美学名著选(德国卷)》,复旦大学出版社 1990 年版,第 615 页。

的本能活动,而成为未来实用活动的准备和练习。因此,游戏不只是娱乐,它还有外在的目的。他把艺术看作人类的高级游戏,认为游戏与艺术有共同的本质,因此艺术也总是具有较高的外在目的。他说:"就连艺术家也不是只为创造的乐趣而去创造;他也感到这个动机(指上文所说的'对力量的快感'),不过他有一种较高的外在目的,希望通过他的创作来影响旁人,就是这种较高的外在目的,通过暗示力,使他显出超过他的同类人的精神优越。"①他的这一观点是与"为艺术而艺术"论相对立的。

在《动物的游戏》和《人类的游戏》这两部代表作中,谷鲁斯详细研究了游戏和艺术的起源和相互关系。他强调,审美主体只有以游戏的态度去欣赏对象,才能有审美的欣赏。而审美欣赏的内容和心理机制主要是一种"内模仿"(Innere Nachahmung)。所谓"内模仿"是和一般的模仿相区别的,这就是审美的模仿。一般的模仿,例如在日常生活中模仿某人的哭、笑和姿势,都要外现于筋肉动作,而审美的模仿则是内在的,并不外现出来,它只是在内心里心领神会地模仿审美对象精神上和物质上的特点。"例如一个人看跑马,这时真正的模仿当然不能实现,他不愿放弃座位,而且还有许多其它理由不能去跟着马跑,所以他只心领神会地模仿马的跑动,享受这种内模仿的快感。这就是一种最简单、最基本也最纯粹的审美欣赏了"②。内模仿是由审美对象引起的,也就是说,这是对于外物形式的内模仿,这也是一种移情,所以起初谷鲁斯并不排斥立普斯的同情说,他认为,内模仿或审美欣赏是同情地分享旁人的生活和精神的产物。但是后来谷鲁斯修正了自己的观点,他认为,同情不是一切审美经验的主要特征,也不是审美怡悦的唯一源泉。因此,立普斯的同情说不足以概括全部丰富的审美事实。

谷鲁斯和立普斯的分歧主要有:(1)审美欣赏是否包含器官运动的感觉?(2)这种器官运动的感觉是否构成审美快感的要素?谷鲁斯的观点是肯定的。他认为,任何审美欣赏都必然伴随由审美对象引起的器官运动的感觉,包括"动作和姿势的感觉(特别是平衡运动的感觉),轻微的筋肉兴奋以及视觉器官和呼吸器官的运动"③。而且正是这些器官运动的感觉构成

---

① 转引自朱光潜:《西方美学史》下卷,人民文学出版社 1979 年版,第 615 页。
② 同上书,第 616 页。
③ 同上书,第 619 页。

审美快感的基本要素,成为审美欣赏的核心。而立普斯则认为,审美欣赏是一种聚精会神的状态,根本不容许欣赏者意识到自己的眼睛颈项等部的筋肉运动或是呼吸的变化;纯粹的审美欣赏应当绝对排斥一切器官感觉。二者的分歧不在审美欣赏的本质问题上,而在移情的心理机制问题上,孰是孰非至今尚无定论,但这为现代审美心理学提供了一个很好的研究课题。

谷鲁斯还认为,内模仿能在欣赏者的心灵中产生一种特殊的幻觉。这是一种审美的幻觉,不同于日常知觉的幻觉和正常心理学的幻觉,因为它是主动的、自觉的,而后两者则是被动的、不自觉的。审美幻觉共分为三种:(1)附加幻觉,即依附于外物形式的内模仿;(2)模仿原物的幻觉,即混同艺术作品及其所表现的事物;(3)同情的幻觉,即把旁人的行为和我们自己的行为等同起来。

四 沃凯尔特的突然显现说

德国心理学美学的另一重要代表人物是沃凯尔特(Johannes Volkelt,1848—1930 年),他是哲学家和美学家。他早年受德国浪漫派和古典唯心论的影响,先是黑格尔主义者,后是新康德主义者。他写过大量有关哲学和美学的著作,其中三卷本《美学体系》(1905—1914 年)是心理学派美学的重要名著。第一卷讲艺术与心理学,第二卷讲美学范畴,第三卷讲各门艺术和艺术创作。

沃凯尔特承认移情是审美欣赏的基本特征,但他认为,审美欣赏又不限于移情,移情不能穷尽审美王国的不同领域。他把移情分作普通的移情和审美的移情,认为审美的移情是不带功利的,并把审美的移情区分为单纯的移情和象征的移情,认为后者比前者更广阔、更重要。在审美移情的基本特征问题上,他提出了移情是客观情感的突然显现说。他认为,在欣赏时,审美主体的情感不但与客观对象的感知打成一片,而且超脱于自我,成为审美对象的一部分。例如,当我们欣赏尼俄柏或大卫的雕像时,它们的表情立刻把悲伤或傲岸的感情传达给我们,我们并不觉得这些感情是自己的,绝不将其归之于自我有意识的人格,而是附着到外界物质对象上去。因此,在移情中所显现的感情,是客观的,而不是主观的,是对象的变形,而不是自我的变形。也就是说,审美主体的情感是在审美对象的姿态、动作等形体变化上突然显现出来的。他反对联想说,因为移情是一种富有创造性的心灵活动,是一种"溶化"(Einschmelzung),即经由无意识的心理过程使主体与客体、情感与知觉自发地融为一体。他吸收了谷鲁斯的内模仿说,认为审美欣赏时器官的运动感觉和旧有经验的复活时常成为移情的中介,加速移情的产生,但这不是绝对的条件,有时移情根本无须任何中介,而是直接地、一下子突然产生的,这是一种直觉和无意识或下意识的心理活动。例如,我们有时一下子就把一个眼色、一个姿态或一个旋律当成是疲倦、尊严或欢乐的表示,并不需要任何联想的中介。

沃凯尔特对美学和美学研究方法的看法具有重大的意义。与立普斯把美学只看成心理学的一个部门不同,他认为,美学的研究对象是审美关系,其范围超过了心理学,只有一部分有关审美心理过程的研究属于心理学,因此,美学既是一门心理学,同时又是一种价值理论,既是描述性的,又是规范性的。就研究的方法说,美学研究自然要采取心理学的方法,但主要不是费希纳的实验方法,而是内省法,即审美分析的方法,同时也不限于心理学的方法,还要应用其他方法,如德国古典哲学的方法,研究美感经验在儿童和原始民族那里的最初萌芽、以后发展为发生学的方法,等等。他的这种看法为现代发生美学、心理分析美学指明了方向。此外,他还强调艺术是一种与其他文化(道德、宗教、科学等)共同发挥作用的文化势力,美学还应当研究艺术与人类其他伟大美德之间的关系。

沃凯尔特是比较全面的美学家,应当给以重视,限于篇幅,这里只介绍了一个侧面。

五　朗格的幻觉说

康拉德·朗格(Konraol Lange,1855—1933 年)是德国哲学家和美学家,出生于哥廷根。长期担任杜宾根大学教授,主讲近代和中世纪艺术史。1895 年发表就职演说《有意识的自我欺骗是艺术欣赏的精髓》,1901 年出版美学代表作《艺术的本质》共两卷,1907 年再版合成一卷。朗格一般被视为西方美学史上游戏说和幻觉说的重要代表人物之一。他的美学观点基本上是从心理学出发的。他认为,美学不是一般意义上的美的科学,而是关于审美快感的科学,是生物学和心理学的一部分。

朗格极力强调,美学的中心问题是艺术的本质问题。在《艺术的本质》一书中,他从研究艺术与游戏的关系入手,系统全面地分析了艺术的起源、本质和社会作用等问题。最后,他给艺术下了这样一个定义:"艺术是人的那样一种活动,通过它就能为自己和别人提供一种无关实际利害、以有意识的自我欺骗为基础的乐趣,并且由此能够不自觉地弥补人类情感生活的缺陷,为扩展和加深人类感性的、伦理的和智力的本质作出贡献。"①在朗格看来,艺术是人类后天获得的一种能力和活动,它没有自觉的功利,又有不自觉的功利,本质上是"一种有意识的自我欺骗"。艺术的直接目的是通过幻觉给人以快乐,审美幻觉不同于寻常的不自觉的心理幻想,它是由我们的艺术敏感性和我们的批评意识之间的矛盾造成的,它摇摆于创造和支持幻觉的表象系列之间。他的这一学说被称为幻觉说或自欺说。

朗格的幻觉说是以他的游戏说为基础的。他赞同并发挥了谷鲁斯游戏说的基本观点,认为艺术与游戏有亲缘关系,艺术就是高级的游戏。他以丰富具体的事例,细致全面地分析了艺术与游戏的相似与区别。他指出,儿童游戏是艺术的先导,例如听觉游戏是音乐的先导,视觉游戏是装饰艺术的先导,运动游戏是舞蹈的先导,戏剧游戏是戏剧和舞台艺术的先导,讲故事是史诗的先导,儿歌是抒情诗的先导,等等。艺术与游戏在娱乐性、无目的性、自觉自愿性以及扣人心弦、技艺高超、竞赛、模仿等方面都是极为相似的。这种相似性和血缘关系在语言上也反映出来,例如在德语中,戏剧(Schaus-piel)、演奏(Spielen)和游吟诗人(Spielleute)这几个有关艺术的词,其德文结构都包含游戏(Spiel)在内。因此,艺术具有游戏的全部一般特征,艺术就是游戏。但是,这是一种高级的游戏。他说:"然而游戏这个概念和艺术这个概念还有某些距离。幻觉是艺术固有的特征,而游戏没有幻觉也能存在,例如简单的听觉游戏、视觉游戏和运动游戏。因此并非任何游戏都是幻觉游戏,可是任何幻觉游戏都逃不出游戏概念的范围。由于艺术是一种幻觉活动,此外艺术本身就具有游戏的全部一般特性,假如我们直接地把艺术

---

① [德]朗格:《艺术的本质》(德文版),格罗特出版社1907年版,第657页。

称作一种游戏、一种精致的、心灵化的幻觉游戏,这么说也并非言过其实。"①由此出发,朗格进一步论述了游戏和艺术的意义。他说,正因为艺术是一种高级的幻觉游戏,"现在我们也可以懂得,为什么游戏在成人生活中具有如此之小的意义,为什么它在这里表现为一种不同于它的原初性的形式。简单说,这是因为艺术在成人那里取代了游戏的位置。成人不需要游戏,因为他已经有了艺术"②。在他看来,艺术对成人的意义恰如游戏对儿童的意义。人们往往对游戏评价过低,认为游戏是无用的消遣,比艺术要容易得多,这些看法是肤浅的、错误的。对于儿童来说,"游戏是他的职业",如果无人阻碍,儿童就会整天游戏,游戏对儿童比艺术对成人更重要、更严肃、更有意义。因此把艺术看作游戏并不是降低艺术的意义;作为高级的游戏,艺术比一般的游戏在内容上更有意义和更为重要,因为它包容了成人较多的教养在内,艺术的内容主要取决于成人精神上的兴趣,而成人的兴趣比儿童的兴趣在重要性上要优越,所以艺术就显得比游戏重要得多。那么,艺术的目的和意义究竟是什么呢? 他对历史上有关游戏的目的和起源的各种理论,如游戏是为了休息,游戏起源于精力过剩,游戏是未来职业的准备和练习等学说进行了分析批评,进而提出了一种生物学的解释,即游戏对人和动物都是现实生活的代用品,是对生活缺陷的补充和模仿。他说:"游戏对人和动物来说是现实的代用品,因为生活不能为他们提供他们所需要体验的一切情感和表象,因此他们就为自己创造了这代用品。"③他还认为,人的游戏与动物的游戏不同,动物的游戏出自本能,人的游戏是自觉的行为,因此,随着自觉的模仿,游戏和艺术将会达到完全的协调一致。

朗格从生物学观点出发把艺术的本质归结为幻觉游戏,没能真正揭示艺术和游戏的社会本质,显然是片面的。但其中包含了积极的、合理的内容,是富有启发性的,也是很有影响的。艺术与游戏确有密切的联系,许多美学家如康德、席勒、斯宾塞、谷鲁斯等都对艺术与游戏的关系十分重视,这是一个值得研究的重要的美学问题。

---

① 转引自李醒尘主编:《十九世纪西方美学名著选(德国卷)》,复旦大学出版社 1990 年版,第 630—631 页。

② 同上书,第 631 页。

③ 同上书,第 635 页。

六　巴希的象征说

移情派美学在法国的代表人物是巴希（Victor Gaillaume Basch，1865—1944年）。他是巴黎大学教授、美学家和文艺批评家，1926年曾任法国人权运动联盟主席。主要著作有：《康德美学批判》《席勒的诗学》《美学、哲学和文艺评论》等。

巴希的美学观点主要是在德国的费肖尔父子、谷鲁斯的内模仿说以及英国萨利等人生理心理学美学的影响下形成的。1897年，他发表了代表作《康德美学批判》，其中不仅详尽地分析批判了康德美学，而且介绍了19世纪美学的最新发展，并在这个基础上，对许多重大的美学问题提出了自己的独特见解。巴希一般被视为审美移情派中象征说的代表。

巴希认为，"美感首先就是一种同情感"[1]，但这是一种特殊的、专门的同情感。我们要指出这种特殊性的内容，就要利用一个概念，"这个概念就是象征"[2]。通常这个概念总是出现在美学著作的末尾，在艺术理论中加以论述，其实正如费肖尔所指出的，它应当放在一切有关美的理论的开始部分，作为真正解释审美情感的源泉。在康德美学中，"象征"这个概念并不陌生，他把表象区分为简单表象和象征表象两种，并且提出了"美是道德的象征"的论断，但康德也完全只是在他的美学的结尾部分才讨论象征美的。他也没能理解象征的位置应当在美的理论的开端。巴希赞同费肖尔的意见，认为"象征主义应该被看成是一种建立在幻想本质基础之上的、人类普遍适用的、必要的心理形式"[3]。"象征一般来说就是通过一个比较点来维系的一个形象和一种思想间的联系"[4]，或者如黑格尔所说，象征就是不从直接的含义而从更一般的含义来把握一种存在。任何象征都包含两个方面：事物的含义、内容、底蕴和这个内容的表达、它的形象、它的形式。这两

---

[1]　转引自蒋孔阳主编：《十九世纪西方美学名著选（英法美卷）》，复旦大学出版社1990年版，第580页。

[2]　同上书，第585页。

[3]　同上书，第586页。

[4]　同上书，第587页。

个方面必然存在某种不一致、不相称,但又在某一点上是相一致的,没有这种一致,就不会有象征主义。他认为,了解象征主义最好的方法就是考察隐喻,因为"在隐喻中,诗人却具有一种幻觉,并把这种幻觉传递给读者,这是一种真正的把两者视为同一,例如:风长上了翅膀、树木在窃窃私语、小提琴在抽泣,等等"①。他进一步把象征主义分为三类:第一类的特点是概念和形象之间的联系是不明确的、不自觉的和无意识的,也就是说形象和含义互相混合在一起,例如一切宗教方面的象征都属于这一类。第二类的特点是概念和形象之间的联系是极其明确的和有意识的,例如天平是正义的象征、铁锚是希望的象征、月桂是荣誉的象征,等等。第三类则介于这两个类别之间,概念和形象的联系处于"半明半暗"的状态。他特别强调这一类。他说:"在这一类中,我们一方面知道形象和概念间的联系是不相称的,一方面在审美欣赏时又一时接受这样一种幻觉:形象和概念是互相吻合的;我们是在一半不自愿一半自愿,一半无意识一半有意识的状态中,把生命注入无生命之物,把我们自己的人格赋予自然,我们带着自己的全部希望、全部愿望、整个心灵,投身于各种事物中,并相信从中重新找到了这个心灵的零星的和初步的内容。审美欣赏就属于这第三类。"②他进一步指出,象征主义的这种形式即审美欣赏,是"建立在人性的深层需要的基础上的,这就是需要重新回到各种存在形式中,需要和这些形式结合起来","对于这种需要本身,我们将只能用无意识和有意识、外界形式和我们的智力形式、拓延的空间和思维、物质和心灵之间的那种原始统一性来解释"。③

巴希这里讲的象征主义的第三种类型,实际上就是移情或同情。他说:"给没有生命的事物灌注生命、人格和生气,就是对这些事物产生同情和共鸣"④。他有时称自己的观点是同情象征主义。同时,他也吸收了谷鲁斯的内模仿说。他认为,审美和移情不同于日常的心理学的移情,审美的移情更

①　转引自蒋孔阳主编:《十九世纪西方美学名著选(英法美卷)》,复旦大学出版社1990年版,第587页。

②　同上书,第588页。

③　同上。

④　同上。

强烈。在日常生活中,我们要把握事物的本质,因而不停留在事物的表面;在审美行为中,我们却停留在事物的表面,根本不愿有所超越。我们要把自我投射到审美对象上去,这种自我的审美投射或赋予就是由内模仿来安排的。他对移情的特征做了这样的描述:"通过审美的行为,我们脱离了自身,同外界事物融为一体,把我们的感情倾注到它们中,使它们有了类似于我们的人格;通过审美的行为,我们同外界的人物和运动保持亲密无间的互容关系,以致我们不再知道到底是我们自己进入了自然中,还是自然进入了我们中。"①"在移情中,我们整个地投身于事物中去,并把这些事物融合到我们自己身上来:我们和杉树一起自豪地矗立着,我们随风怒号,我们随浪拍击着岸边的山崖,等等。"②

巴希还指出,一切美感都包含三种因素,即直接的感觉因素、直接的智力因素(或称形式因素)和联想的因素。而所有这三种因素都可以用审美的同情的感情来解释,并归结为这种感情。例如,直接的感觉因素、视听的快乐,除了有关神经正常活动所产生的情感之外,使其产生审美感情,具有审美价值的基本因素,正是属于"人的本能的象征化"的同情的感情,任何审美感情都像是普遍和谐的象征。直接的智力因素或形式因素,单纯的形式、外貌、线条的组合之所以引起我们快乐,"仍然是象征化,是同情"③。至于联想因素,它只是审美情的必要条件,但不是充足条件。当我们欣赏一所旧房子,单凭回忆我们曾在那里生活过还不能产生审美情感,还需要给它灌注生气和人格,使它成为象征。巴希的美学思想以往研究较少,是应当更多注意的。

19世纪下半叶至20世纪初的心理学美学对美学史作出了巨大的贡献,它扭转了美学研究的方向,开辟了新的道路,取得了许多重大成果,但其根本弱点是把美的问题归结为心理问题,这当然是片面的。

---

① 转引自蒋孔阳主编:《十九世纪西方美学名著选(英法美卷)》,复旦大学出版社1990年版,第592页。

② 同上书,第590页。

③ 同上书,第599页。

第四节　斯宾塞的美学思想

斯宾塞(Herbert Spencer,1820—1903 年)是 19 世纪英国哲学家、社会学家、实证主义的主要代表之一。他生于德比郡一个教师家庭,只读过 3 年私塾,主要靠自学成才。早年曾从事过工程技术工作和《经济学家》杂志的编辑工作。在思想上,他广泛受到了达尔文的生物进化论、马尔萨斯的人口论、亚当·斯密的经济学、边沁的功利主义以及孔德和穆勒的实证主义的影响。他的著作很多,涉及哲学、社会学、经济学各个领域。其中主要有:《社会静力学》(1850 年)、《进化的假说》(1852 年)、《心理学原理》(1852—1855 年)、《第一原理》(1860—1862 年)、《生物学原理》(两卷,1864—1867年)、《社会学原理》(三卷,1876—1896 年)、《伦理学原理》(两卷,1879—1893 年)等。他的美学思想主要见于《心理学原理》一书。

斯宾塞主要不是美学家,他对美学的贡献首先在于提出了游戏起源于精力过剩的学说,这一学说涉及许多重大的美学问题。其次,他的实证主义的哲学观点和研究方法,也对现代西方美学产生了广泛而深刻的影响。

一　实证主义的"综合哲学"体系

斯宾塞自称他的实证主义哲学为"综合哲学"。他和康德一样,承认现象背后有实体,而这实体是绝对不可知的。他称这实体为"力"。他认为,宇宙显示给我们的"力"是完全不可思议的,现象界只是"力"的表象。物质、运动、时间、空间都只是这"力"的经验性的派生物,属于现象界,只是相对的,只有"力"才是最终的实体。人类的认识只局限于现象界,科学和知识所认识的只是经验现象,只是经验现象的整理、分类和系统化,最多只能解释现象的表面秩序,不可能认识和把握最终的实体。他说:"思维就是发生关系,任何思想都不能表达关系以外的东西……理智的作用只能限于处理现象,如果我们试图用它去处理现象以外的东西,那就会使我们陷入荒谬。"①这就是说，思维和感觉无异，不能由现象达到本质。他的哲学完全排斥了理性思维，并试图维护宗教，把宗教与科学调和起来。

在不可知论和狭隘经验论的基础上，斯宾塞建立了关于知识分类的理论。他把知识分为三类：低级知识、科学知识和哲学。三者都是关于现象的知识，都以"力"的表象为对象，它们的不同不是内在本质的不同，而只是外部相联系的程度、抽象程度的不同。"最低级的知识是完全不相联系的知识，科学是部分有联系的知识，哲学则是完全相联系的知识。"②在他看来，知识的联系程度、抽象程度愈高就愈空洞，所以哲学最空洞，最不能揭示事物的本质。

斯宾塞主张进化论。他认为，神秘的不可知的"力"是一切现象的基础，"力"决定了运动和变化，从自然界到人类社会都受进化律的支配。而进化则表现为物质的集结必然伴以运动的消散，因此到一定阶段就达到均衡状态，随后就是解体和分散。进化和解体是相互交替的。这是一种否定矛盾、否定质变的机械均衡论，是反辩证法的庸俗进化论。

在社会历史问题上，斯宾塞用生物学的规则解释社会现象。他把社会上各阶级之间的矛盾和斗争，说成是自然选择和生存竞争的表现，鼓吹优胜劣败的种族主义，认为优等民族应当统治劣等民族。他还提出"社会有机体"论，鼓吹阶级合作，认为社会有如生物，是一个有机体，同样具备营养、循环(分配)和调剂(神经)三大系统，各个阶级有如生物的不同器官，分别担任不同的职能，劳动阶级专司营养，商人阶级专司分配，工业资本家阶级则专司调剂，只有彼此协调、合作，才能维持社会有机体的稳定。

显然，这是一种维护资本家利益的哲学。实证主义哲学强调哲学与自然科学的结合，目的是要用自然科学的规律来解决社会问题，这种方法实质上是反科学的。

二 "游戏是精力过剩"说

在美学上，斯宾塞把艺术看作游戏，他的"游戏是精力过剩"的学说是

---

① [英]斯宾塞：《第一原理》(英文版)，A.L.伯特出版社1910年版，第107—108页。
② 同上书，第113页。

很有名的。人们常常把斯宾塞和席勒的游戏说联系起来,称之为"席勒—斯宾塞游戏说"。但这种讲法是不准确的。斯宾塞的确受到席勒的影响,读过席勒的文章,虽然他称席勒是他记不得名字的一位德国作家,却对席勒的美感起源于游戏冲动的观点十分赞赏。但是,席勒只说过动物往往由于精力过剩而游戏,并没有把人类的审美活动和艺术活动都归结为过剩精力;相反,他认为,"精力过剩"不足以解释人的"以外观为乐"的游戏,人的游戏冲动的基础是人的想象力和智力的发展。而斯宾塞则把人的游戏等同于动物游戏,并用动物游戏来解释人类的审美和艺术活动。显然这是有原则区别的。

斯宾塞以生物进化的观点,发挥了席勒"精力过剩"的概念,对游戏和艺术的起源和本质作出了自己的理解。他认为,游戏是一种发泄过剩精力的模仿性活动,从起源上看,各类低级动物都有一个共同的特征,即它们的所有力量全都消耗在执行为保持生命所必不可少的机能上。如寻找食物、抵御敌人、建造栖身场所和贮藏食物以供后代之用,等等。但到了高级动物,情形就不同了,它们并不把全部时间和精力都花在满足这些直接的需求上,它们常常有能量过剩,常常有一种没有消耗掉的剩余精力,这就使它们在休息的时间里产生了一种增强自身能力的愿望,"渴望参加活动、激发相应的感觉——动物感觉,准备随时投入相应的活动并且当环境迫使它从事这种活动而不是从事真正的活动时乐意醉心于真正活动的表象。由此也就产生了各种游戏,由此也就产生了使长期停滞不动的能力从事无益的练习的这种渴望"①。例如,狗和凶禽猛兽彼此追逐,把对方打倒在地,全力去咬对方,小猫一次又一次地追扑线团,这些动物的游戏实际上都是追逐猎物的戏剧表演,也就是动物本能在得不到满足的情况下的想象的满足。人也同样如此,儿童照料玩偶、装扮客人、追赶、格斗、抓俘虏等都出自本能,都是成人活动的戏剧表演。在斯宾塞看来,人的审美和艺术活动实质上就是游戏,同样根源于生物本能和过剩精力。他说:"我们称为游戏的那些活动,是由于这样的一种特征而和审美活动联系起来的;那就是,它们都不以任何直接的方式,来推动有利于生命的过程。"②斯宾塞对游戏、人类审美和艺术活动

---

① 转引自马奇主编:《西方美学史资料选编》下卷,上海人民出版社 1987 年版,第 654 页。

② 转引自[英]李斯托威尔:《近代美学史评述》,蒋孔阳译,上海译文出版社 1980 年版,第 18 页。

的这种生物学的解释虽然是有趣的,但却是难以令人满意的,他完全排斥了人类游戏,尤其是审美和艺术活动的社会根源和社会本质。普列汉诺夫曾对斯宾塞的过剩精力说作过认真的研究和批判,正如他所说,对于这个问题,"只能从社会的观点,而不能从别的观点来考察"①。

三 审美的非功利性

在游戏说的基础上,斯宾塞提出了审美非功利性的思想。他认为,一切肉体的和精神的能力及其所伴生的快感,都是以某种最终的功利为目的的。但是,唯独游戏和审美活动是以非功利性为特征的。他说:"这些被称为游戏的活动以及给我们以审美享受的那些活动却都与最终的功利无关,也就是说眼前的目的就是它的唯一目的。"②他虽然也说,"这类活动也可能导致最终的功利"③。但那只是派生作用,而不是初始作用。"审美冲动是一种从某些能力为了练习本身而进行的练习中产生的冲动,它不依赖于任何最终的利益"④。因此美的概念与善的概念不同,"它不属于应该达到的目的,而是属于在目的达到时会有的活动"⑤。也就是说,美无目的却能达到目的,超越目的。这和康德所谓"无目的的合目的性"的观点是完全一致的。

为了论证审美的非功利性,斯宾塞进一步对美感作了分析。他指出,美感与一般感觉的区别就在于它已脱离生活的重要职能。一般的感觉是不脱离生活的功能的,如果脱离开来,它一般也都能具有审美的性质。他举例说,我们几乎不把审美性质加在味觉上面,许多美食虽然也给人快感,但并不是真正意义上的美,因为它总离不开吃、喝两个行动。气味提供的快感在一定程度上独立于非常重要的功能之外,因此能够成为一种享受,在一定程度上具有审美的性质。而色彩和声音的感觉,由于距离非常重要的功能更

---

① 《普列汉诺夫哲学著作选集》第 5 卷,曹葆华译,生活·读书·新知三联书店 1984 年版,第 382 页。

② 转引自马奇主编:《西方美学史资料选编》下卷,上海人民出版社 1987 年版,第 653 页。

③ 同上。

④ 同上书,第 657 页。

⑤ 同上书,第 656 页。

为遥远,其审美性质和给人的审美享受也就更加明显。总之,美感不同于一般的感觉,美感是超感觉的、非功利的。由此可见,各种感觉、感官与功利性相脱离的程度决定了美感的性质和审美享受的程度。审美不在有益,是非功利的。但这也并不是说,无益的、非功利的感觉都一定具有审美的性质。宁可说这些感觉的大多数完全不具有审美的性质。他说:"我只是想说明一点,这种与非常重要的功能相脱离的性质,是获得审美性质的条件之一。"①那么,这种审美性质究竟是什么呢? 斯宾塞认为它是在审美观照中所引起的第二性的印象,它与一般感觉所引起的第一性的印象是不同的。他说:"大多数美感都是在我们心中由对其他人的特性和举动(现实的或想象的)的观照所激发出来的。"②在审美观照中,意识远离非常重要的功能,我们所观照的"不是我们本身的'我'的直接行动,也不是事物给予了这个'我'的直接印象,而只是由行为、特性和感觉(作为客观的和只靠再现才存在于我们心中)的观照引起的第二性的印象"③。显然,对于斯宾塞来说,审美性质就是美感,是在审美观照中引起的与一般感觉不同的第二性的印象。因此,他所讲的美也完全是主观的。

审美的非功利性问题、美感问题,是十分复杂的美学问题,至今仍有争论。斯宾塞揭示了审美的某些非功利的特点,但却完全否认了审美与功利的任何联系,这也是难以说服人的。

第五节　丹纳的美学思想

丹纳(Hippolyte Adolphe Taine,1828—1893 年)是法国哲学家、历史学家、文艺评论家和美学家。他生于阿尔顿,出身律师家庭。曾在布尔邦学院和师范学院学习,1851 年毕业后担任中学教师,1852 年因与官方意见分歧而离职。1853 年获巴黎大学哲学博士学位。1864 年起担任巴黎美术学院

---

① 转引自马奇主编:《西方美学史资料选编》下卷,上海人民出版社 1987 年版,第 656 页。
② 同上书,第 657 页。
③ 同上书,第 656—657 页。

美学和艺术史教授。1878 年 11 月当选为法兰西哲学院院士。他在哲学上广泛接受了黑格尔、斯宾诺莎以及孔德实证主义和达尔文进化论的影响,具有一定的历史发展观点,主张决定论,强调运用自然科学的方法,带有实证主义的倾向,但不限于实证主义。在政治上反对保守党和中央集权,抨击拿破仑,但也对巴黎公社抱敌对态度。他写过大量著作,主要有《智力论》(1870 年)、《英国的实证主义》(1864 年)、《十九世纪法国哲学家研究》(1857 年)、《现代法国的起源》(1871—1894 年)、《论拉·封丹寓言》(1853年,1860 年修订)、《英国文学史》(1863 年)、《艺术哲学》(1865 年)、《意大利的艺术哲学》(1869 年)、《希腊艺术的哲学》(1869 年)、《巴黎札记》(1867 年)、《英国札记》(1872 年)、《意大利旅行记》(1866 年)等。其中,《艺术哲学》和《英国文学史》的序言集中反映了他的美学思想。

一 关于美学和美学研究的方法

同黑格尔一样,丹纳把美学称作艺术哲学。他认为,艺术是美学研究的对象,艺术的产生和发展不是偶然的,而是有规律的。因此美学的任务就在于揭示艺术的本质及其发展变化的规律,对艺术品、艺术创作和艺术欣赏作出"最后的解释"。他说:"在人类创造的事业中,艺术品好像是偶然的产物;我们很容易认为艺术品的产生是由于兴之所至,既无规则,亦无理由,全是碰巧的,不可预料的,随意的;的确,艺术家创作的时候只凭他个人的幻想,群众赞许的时候也只凭一时的兴趣;艺术家的创造和群众的同情都是自发的,自由的,表面上和一阵风一样变化莫测。虽然如此,艺术的创作与欣赏也像风一样有许多确切的条件和固定的规律:揭露这些条件和规律应当是有益的。"[1]

怎样去把握艺术的这些条件和规律呢?丹纳反对以往从概念出发的抽象演绎的方法。他说:"我们的美学是现代的,和旧美学不同的地方是从历史出发而不从主义出发,不摆出一套法则叫人接受,只是证明一些规律。"[2]

---

[1]　[法]丹纳:《艺术哲学》,傅雷译,人民文学出版社 1963 年版,第 1 页。
[2]　同上书,第 10 页。

他批评说:"过去的美学先下一个美的定义,比如说美是道德理想的表现,或者说美是抽象的表现,或者说美是强烈的感情的表现;然后按照定义像按照法典上的条文一样表示态度:或是宽容,或是批判,或是告诫,或是指导。"而正确的方法应当是"罗列事实,说明这些事实如何产生"①。这也就是一切精神科学开始采用的近代方法,即把"艺术品,看作事实和产品,指出它们的特征,探求它们的原因"②。这种方法既不禁止什么,也不宽恕什么,这只是界定与说明。它不对你说:"荷兰艺术太粗俗,不应当重视,只应当欣赏意大利艺术。"也不对你说:"哥特式艺术是病态的,不应当重视,你只应当欣赏希腊艺术。"它对各种艺术形式和各种艺术流派都一视同仁,把它们都看作人类精神的表现。他说:"植物学用同样的兴趣时而研究桔树和棕树,时而研究松树和桦树;美学的态度也一样;美学本身便是一种实用植物学,不过对象不是植物,而是人的作品。"③丹纳倡导的这种近代方法显然是一种纯客观的科学实证的经验论的方法。它与费希纳所倡导的"自下而上"的美学在总的方向上是一致的,都有力地反对了抽象思辨的"自上而下"的研究方法。但是,丹纳不再把审美活动和艺术活动只看作孤立的生理、心理现象,而是把它作为社会历史的心理现象加以考察,他的研究方法包含了某些历史主义的因素。因此,他的艺术哲学又常被称为社会学的美学。

二　种族、环境、时代"三因素"说

丹纳首先注意探讨的是关于艺术发展的规律问题。他认为,艺术的产生,它的面貌和特征及其历史发展,如同一切物质文明和精神文明一样,都取决于三个因素或"三种原始力量",即种族、环境、时代。他的这个著名的"三因素"说,最初是在《英国文学史》的序言中完整提出的,在《艺术哲学》中,他的提法有些变化,他反复强调的是"作品的产生取决于时代精神和周

---

① ［法］丹纳:《艺术哲学》,傅雷译,人民文学出版社 1963 年版,第 11 页。
② 同上。
③ 同上。

围的风俗"①,"作品与环境必然完全相符"②,认为这是产生艺术品的一条普遍的规律。这里没有把"三因素"并列提出。但是,从他对各个时期艺术史的分析来看,除了环境和时代之外,他也总要谈到种族因素,因此,他并没有放弃"三因素"说。那么,丹纳是怎样论证和说明这三个因素对艺术的决定性作用的呢?

首先,种族因素。丹纳认为,种族是指先天的、生理的、遗传的因素,它突出地表现在人的身体的气质和结构上,因民族的不同而不同。种族因素有如植物的种子,是"内部主源",决定着艺术的产生和发展。例如拉丁民族和日耳曼民族的艺术之所以具有不同的题材、风格、趣味和表现方式,成为近代艺术史上两个伟大而又相反的代表,其原因就在于他们属于不同的种族,具有不同的天性。拉丁人天生便具有古典的想象力,感觉敏锐,性格开朗,喜爱感性形象,追求快乐、享受和变化,具有善于发现和表现思想与形象之间自然关系的才能,所以他们的绘画比较注重理想化,突出形式美。而日耳曼人则感觉迟钝,动作笨重,对快感的要求不强,但他们的理性思维发达,更注重事物的真相,更具有善于发现事物本质的才能,因此,他们的艺术更注重内容和写实。丹纳讲的种族实际上指的就是民族性。他看到了艺术与民族性有密切的联系,任何艺术都具有民族的特色,"与民族的生活相连,生根在民族性里面"③,这是很可贵的。但是,他把种族因素或民族性归结为抽象的天性,说:"人和牛马一样,存在着不同的天性"④。并且把种族因素称作"永久的本能"、"永恒的冲动"和"原始因素"等等,这种理解完全否定了人的社会性,是从生物学观点出发的,这显然又是片面的、不正确的。

其次,环境因素。环境包括自然环境(地理、气候)和社会环境。"它们包罗一切外力,这些外力给予人类事物以规范,并使外部作用于内部"⑤。所以丹纳又称之为"外部压力"。他说:"人在世界上不是孤立的;自然界环

---

① [法]丹纳:《艺术哲学》,傅雷译,人民文学出版社1963年版,第32页。
② 同上书,第71页。
③ 同上书,第147页。
④ 转引自伍蠡甫主编:《西方文论选》下卷,上海译文出版社1979年版,第237页。
⑤ 同上书,第239页。

绕着他,人类环绕着他;偶然性的和第二性的倾向掩盖了他的原始的倾向,并且物质环境或社会环境在影响事物的本质时,起了干扰或凝固的作用。"①例如,寒冷潮湿的地带、崎岖卑湿的森林,使人们为忧郁或过激的感觉所缠绕,因而倾向于狂醉和贪食,喜欢战斗和流血的生活。而可爱的风景区、光明愉快的海岸,使人们向往航海或商业,倾向于社会事物,发展雄辩术、鉴赏力、科学发明、文学、艺术,等等。丹纳更多强调的不是地理环境,而是社会环境,在《艺术哲学》中,他说:"环境,就是风俗习惯与时代精神"。他认为,环境对艺术的影响格外显著,"环境只接受同它一致的品种而淘汰其余的品种;环境用重重障碍和不断的攻击,阻止别的品种发展"②。"伟大的艺术和它的环境同时出现,决非偶然的巧合,而的确是环境的酝酿、发展、成熟、腐化、瓦解,通过人事的扰攘动荡,通过个人的独创与无法逆料的表现,决定艺术的酝酿、发展、成熟、腐化、瓦解。环境把艺术带来或带走,有如温度下降的程度决定露水的有无,有如阳光强弱的程度决定植物的青翠或憔悴。"③他甚至说:"要同样的艺术在世界上重新出现,除非时代的潮流再来建立一个同样的环境。"④如前所述,丹纳把作品与环境必然完全相符看作产生艺术品的一条普遍规律,因此,他特别强调,艺术家必须适应社会环境,满足社会的要求,否则就会被淘汰。这是很有积极意义的。

最后,时代因素。丹纳认为,艺术总是产生于特定的时代,总要打上特定时代的印记,具有时代性。这指的是特定时代的文化积累和精神趋向。丹纳又称之为"后天动量"。他说:"同内力和外力一起,存在着一个内、外力所共同产生的作用,这个作用又有助于产生以后的作用。除了永恒的冲动和特定的环境外,还有一个后天的动量。当民族性格和周围环境发生影响的时候,它们不是影响于一张白纸,而是影响于一个已经印有标记的底子。"⑤因此,所谓时代因素指的就是特定时代所具有的历史上流传下来的文化积累和新的时代精神所提供的创作机缘或趋势。例如,法国大革命后,

① 转引自伍蠡甫主编:《西方文论选》下卷,上海译文出版社1979年版,第237页。
② [法]丹纳:《艺术哲学》,傅雷译,人民文学出版社1963年版,第39页。
③ 同上书,第144页。
④ 同上。
⑤ 转引自伍蠡甫主编:《西方文论选》下卷,上海译文出版社1979年版,第239页。

人们摆脱了专制,苦难和压迫减轻了,但另一方面,野心和愿望开始抬头。这种形势对思想和精神影响很大,由此造成的中心人物即群众最感兴趣最表同情的主角,却是郁闷而多幻想的野心家,如勒南、浮士德、维特、索弗雷特之流,形成了一种"世纪病"。丹纳还举欧洲文化的发展为例说:"每个时期都有它特有的艺术或艺术品种,雕塑,建筑,戏剧,音乐;至少在这些高级艺术的每个部门内,每个时期有它一定的品种,成为与众不同的产物,非常丰富非常完全;而作品的一些主要特色都反映时代与民族的主要特色。"①这就是说,任何艺术作品都产生于特定的时代,必然打上特定时代的印记,因而具有时代性。

丹纳提出"三因素"说,目的是要揭示艺术与社会的联系,如果说,这在《英国文学史》序言中尚不明显的话,那么在《艺术哲学》中,这个意图是十分清楚的。在这里,他的出发点是考察艺术品。他认为,一件艺术品并不是孤立的,要正确地认识和解释艺术品,必须找出艺术品所从属的总体。这里有三个总体。第一个总体即某个艺术家的全部作品,第二个总体是这个艺术家所属的艺术宗派或艺术家家族,第三个总体则是在这个艺术家家族周围而趣味和它一致的社会。他指出:"要了解一件艺术品,一个艺术家,一群艺术家,必须正确地设想他们的所属时代的精神和风俗概况。这是艺术品最后的解释,也是决定一切的基本原因。"②所以丹纳的"三因素"说的确为艺术和审美的社会学奠定了基础,它肯定了艺术与社会的联系,揭示了艺术的民族性、时代性,他的贡献是应当肯定的。

三 艺术的本质:特征说

丹纳不仅研究了艺术的根源和发展,提出了"三因素"说,而且研究了艺术的本质和目的,提出了特征说。他指出:"美学的第一个和主要的问题是艺术的定义。什么叫做艺术? 本质是什么?"③他认为,要解决这个问题需要揭露一切艺术的共同点,划清艺术与非艺术的界限。他首先分析了传

---

① [法]丹纳:《艺术哲学》,傅雷译,人民文学出版社 1963 年版,第 40 页。
② 同上书,第 7 页。
③ 同上书,第 11 页。

统的艺术模仿论,肯定艺术模仿活生生的模型和注视现实是必要的,因为一切艺术流派都是在忘掉正确模仿,抛弃活的模型的时候衰落的。但是不应该认为绝对正确的模仿就是艺术的目的,因为这样的模仿并不能产生美,欺骗眼睛的东西不但不能给人快感,反而令人反感、厌恶。事实上,艺术家并不模仿对象的全部,而只模仿对象的"各个部分之间的关系"或者说是一种逻辑,也就是"事物的结构、组织与配合",而且绝不是仅仅以复制各个部分的关系为限,而是按照艺术家对那个对象所抱的主要观念,有意识地改变各个部分的关系,突出表现对象的某一个"主要特征"。在做了许多具体的分析之后,丹纳得出结论:"不论建筑、音乐、雕塑、绘画、诗歌,作品的目的都在于表现某个主要特征,所用的方法总是一个由许多部分组成的总体,而部分之间的关系总是由艺术家配合或改动过的。"①

那么,什么是"主要特征"呢? 丹纳说,"这特征便是哲学家说的事物的本质"②。不过"本质"是专有名词,可以不用,我们只叫它为事物的主要特征,也就是事物的某个突出而显著的属性(其他属性都是根据一定的关系从它引申出来的),某种主要状态。同时作为唯心主义者,丹纳又称它是艺术家对事物所抱的主要观念或某个主要观点。

丹纳认为,在现实界,事物的显著属性或主要状态只占居主要地位,但并不是现实的全部,不能充分地表现特征,而"艺术却要使特征支配一切"。艺术家要按照对事物所抱的重要观念或观点对现实进行艺术加工,创造出一个由许多部分组成的总体。艺术之所以要表现"主要特征",就是因为现实不能充分表现特征,所以必须由艺术家来补足,或者说:"才发明艺术加以弥补"③。

丹纳既把主要特征看作"本质",又不称它为"本质",这是十分有见地的。首先,丹纳看到了艺术不同于哲学,具有形象思维的特点。在他那里,主要特征作为事物的属性,本身就是感性形态的,不是抽象的。他认为,艺术表现主要特征不是以概念的理性思维的方式表现抽象的"本质"。艺术是一种创造。艺术家必须凭借自己对现实生活的感觉、情感、思想对现实进

① ［法］丹纳:《艺术哲学》,傅雷译,人民文学出版社1963年版,第30页。
② 同上书,第22页。
③ 同上书,第25页。

行艺术加工,运用选择、增加、组合、变异、强化等手段,突出主要特征,使它在艺术中占支配地位。他说:"艺术品的本质在于把一个对象的基本特征,至少是重要特征,表现得越占主导地位越好,越明显越好;艺术家为此特别删节那些遮盖特征的东西,挑出那些表明特征,对于特征变质的部分都加以纠正,对于特征消失的部分都加以改造。"①由此可见,丹纳不但看到了艺术不同于哲学,具有形象思维的特点,而且突出了艺术家作为审美主体在艺术创造中的能动作用。

其次,在丹纳那里,艺术表现主要特征,就是表现艺术家对现实生活的感觉、情感和思想,这二者并不相互排斥,决然对立。他强调:"艺术家在事物前面必须有独特的感觉:事物的特征给他一个刺激,使他得到一个强烈的特殊的印象。……他凭着清醒而可靠的感觉,自然而然能辨别和抓住种种细微的层次和关系:倘是一组声音,他能辨出气息是哀怨还是雄壮;倘是一个姿态,他能辨出是英俊还是萎靡;倘是两种互相补充或连接的色调,他能辨出是华丽还是朴素;他靠着这个能力深入事物的内心,显然比别人敏锐。……最初那个强烈的刺激使艺术家活跃的头脑把事物重新思索过,改造过,或是照明事物,扩大事物;或是把事物向一个方面歪曲,变得可笑。"②丹纳认为艺术并不仅仅以复制现实事物各个部分的关系为限,最大的艺术宗派恰恰是把真实的关系改变得最多的。作为艺术史家,丹纳对艺术创造有极为深切独到的体会,他举过许多著名的例子来说明自己的观点。例如,意大利派的米开朗琪罗的杰作美第奇墓上的四个云石雕像,两个男人,一个睡着、一个醒着的女人,他们各部分的比例与真人的比例大不相同,无论在历史上还是在现实生活中都找不到。丹纳说,米开朗琪罗的典型"是在他自己心中,在他自己的性格中找到的"③。又如,法兰德斯画派的卢本斯的名画《甘尔迈斯》上的那批精壮的粗汉,你在现实中也是找不到的。它表现的是卢本斯的一种感觉,而这种感觉是卢本斯从法兰德斯人民的历史生活中汲取的。他写道:"在残酷的宗教战争以后,肥沃的法兰德斯受了长期的蹂躏,终于重享太平;土地那么富饶,人民那么安分,社会的繁荣安乐一下子

---

① ［法］丹纳:《艺术哲学》,傅雷译,人民文学出版社 1963 年版,第 27 页。
② 同上。
③ 同上书,第 21 页。

就恢复过来。每个人体会到丰衣足食的新兴气象；现在和过去对比之下，粗野的本能不再抑制而尽量要求享受，正如长期挨饿的牛马遇到青葱的草原，满坑满谷的刍秣。卢本斯自己就体会到这个境界，所以在他大批描绘的鲜艳洁白的裸体上面，在肉欲旺盛的血色上面，在毫无顾忌的放荡中间，尽量炫耀生活的富裕、肉的满足、尽情发泄的粗野的快乐。为了表现这种感觉，卢本斯画的《甘尔迈斯》才把躯干加阔，大腿加粗，腰部扭曲；人物才画得满面红光，披头散发，眼中有一团粗犷的火气流露出漫无节制的欲望；还有狼吞虎咽的喧哗，打烂的酒壶，翻倒的桌子，叫嚷，接吻，闹酒，总之是从来没有一个画家描写过的兽性大发的场面。"①此外，丹纳还提到拉斐尔曾在书信中说，他画林泉女神《迦拉丹》时，现实中美丽的妇女太少，他不能不照"自己心目中的形象"来画。这些事例充分说明，丹纳认为现实或特征首先要化成艺术家的感觉、情感和思想，而艺术表现艺术家的感觉、情感和思想就是表现现实的本质和主要特征。他在《英国文学史》的序言中说："一部书越是表达情感，它越是一部文学作品；因为文学的真正使命就是使感情成为可见的东西。一部书越能表达重要的感情，它在文学上的地位就越高。"②

　　此外，丹纳还把特征的重要程度、特征的有益程度和效果的集中程度三项作为衡量艺术品的价值的尺度。他虽然把经过历史检验的大多数人的意见作为标准，但并不否认艺术的创作、欣赏和批评有客观标准。

　　丹纳的"特征说"是富有独创性的，它既不同于机械的模仿说，又不同于抽象的理念说，也不同于片面的情感说。它把模仿现实和表现理想、客观和主观、真与美、情与理有机地统一起来，较为辩证地揭示了艺术的本质、目的和特点。这是丹纳对美学史的一个宝贵贡献。

　　这里需要说明一点，19世纪后半叶至20世纪初的西方美学是十分丰富和复杂的，不论从思潮、流派，还是从代表人物来说，都不限于以上的介绍。浮龙·李关于移情的研究，格罗塞的"艺术科学论"和关于艺术起源的研究，狄尔泰的人文科学综合研究，梅伊曼的审美文化研究，汉斯立克关于音乐本质的研究，王尔德的唯美主义，罗斯金和莫立斯关于技术美的研究，

---

① ［法］丹纳：《艺术哲学》，傅雷译，人民文学出版社1963年版，第22页。
② 转引自伍蠡甫主编：《西方文论选》下卷，上海译文出版社1979年版，第241页。

等等,都作出了自己的贡献。总的来说,这一时期最突出的特点是美学研究方法上的革新,"自上而下"的哲学思辨的研究日趋势颓,"自下而上"的经验研究日益占据主流。除了唯意志主义美学、心理美学之外,社会学的美学、各艺术部门的美学以及技术美学都为现代美学的发展奠定了基础,准备了必要的条件。

第 十 二 章

现代西方美学的主要流派

　　西方美学发展到 20 世纪，一般称作现代美学。另一种看法认为，现代美学应当从 19 世纪中叶开始，这个历史分期问题尚待进一步研究。

　　与以往各个历史时期相比，西方美学在 20 世纪取得了突飞猛进的发展，流派纷呈，新说层出不穷，令人眼花缭乱。早在 20 世纪 20 年代，现象学派的美学家盖格尔就对美学发展的情势作过这样的描绘。他说："美学有如一面风向旗，它被哲学的、文化的、科学理论的阵风刮来刮去。一会儿形而上学地研究，一会儿经验地研究，一会儿规范地研究，一会儿描述地研究，一会儿从艺术家角度研究，一会儿从欣赏者角度研究，今天在艺术中看到了审美的中心，似乎自然美只是艺术美的前阶，而明天又在艺术美中只发现第二手的自然美。"①现在，这种变幻不定的情形有增无减，更加突出。

　　那么，如何把握这一时期美学发展的规律？如何划分各美学流派以及弄清它们的相互关系？这需要做大量具体、深入、艰苦、细微的研究。我们不妨先从具体的研究做起。

　　一般来说，随着 19 世纪下半叶哲学上人文主义和科学主义两大思潮的

---

　　①　［德］M.盖格尔：《美学》，载《今日文化，它的发展和目标》（德文版），B.G.托伊布内出版社 1921 年版，第 312 页。

日益发展,以及美学自身研究方法的多样与革新,到了20世纪,美学领域也明显形成了人文主义美学和科学主义美学两大思潮分立的局面。人文主义美学一般主要采取哲学的、历史文化的、艺术的研究方法,而科学美学强调运用自然科学的方法。但是这种分别远不是绝对的,有些流派,例如各种心理学派的美学,很难简单地划归人文主义美学或科学主义美学,即便以人文主义或科学主义为主导倾向的一些流派,也并非不采用对方的论点和方法,事实上,这两大思潮有很多共同点。我们认为,它们的共性是更为重要的。另外,在这两大思潮美学之外,还存在与宗教有密切联系的各种神学美学,也不应当忽视。

这一时期的美学发展有以下几点是应当注意的:

第一,这一时期的美学一般都标榜革新,打着反传统、反形而上学的旗帜。它们宣称取消了物质与意识的对立、唯物主义和唯心主义的对立,它们把世界的本原归结为主客体合一的"自我意识"、意志、本能,鼓吹非理性或反理性主义。因此,这一时期的美学大多都以主观唯心主义哲学为基础,具有非理性或反理性主义的特色,在美学的具体形态上、概念术语上、思维方式上与旧的传统的哲学和美学有了很大的分别。

第二,这一时期的美学多以审美意识的研究为中心,反对、拒绝、怀疑、取消美的本质问题的研究,因而具有经验主义的特色。但美的本质问题事实上并未能真正取消,仍以不同的形式得到探讨。

第三,这一时期的美学发展出现了"泛化"现象。由于研究方法的革新,美学研究的范围日益扩大,在哲学美学和各门艺术美学如音乐美学、戏剧美学等之外,还出现了大量与日常生活、生产有关的美学研究,如技术美学、商品美学、信息美学、环境美学,等等,这一方面加强了美学与实践的联系,另一方面又使得美学对象、范围以及美学是否是一门科学等元美学问题变得突出。

第四,这一时期的美学广泛吸收、利用自然科学和科技发明的成就,出现了要求美学精确化,以及人文主义美学和科学主义美学相互融合的所谓"非意识形态化"的倾向。

西方现代美学的内容十分丰富,这里我们只做简单的介绍。

第一节　表现主义美学

表现主义美学是一个主张艺术是情感的表现的美学流派。它产生于 20 世纪初,其创始人是意大利的克罗齐,属于这一派的美学家主要有意大利的金蒂雷,英国的鲍桑葵、卡里特、科林伍德以及阿诺·里德等人。其中尤以科林伍德最著名,故美学史家又常称这派学说为"克罗齐—科林伍德表现说"。在 20 世纪前 30 年间,表现主义美学占据主导地位,产生了世界性影响。

一　克罗齐的直觉表现主义美学

克罗齐(Benedelto Croce,1866—1952 年)是意大利的哲学家、美学家、历史学家。在哲学上,他是新黑格尔主义者,承袭了黑格尔客观唯心主义的基本观点,但反对黑格尔的自然哲学体系,称自己的哲学为"精神哲学"。他把精神视为唯一真实的实在,认为一切事物和人类行为都是精神活动的产物。他把精神活动区分为理论活动和实践活动两大类,前者又分为直觉和概念两种,后者又分为经济和道德两种。在这四种精神活动中,直觉是最基本的活动。审美和艺术活动属于直觉活动。主要哲学著作即四卷本《精神哲学》,其中包括《美学》(1902 年)、《逻辑学》(1905—1909 年)、《实践哲学》(1909 年)和《史学》(1914 年)。其他主要美学著作尚有《美学纲要》(1944 年)、《文学批评》(1894 年)和《诗论》(1936 年)等。

克罗齐试图确立艺术的独立自主性,划清艺术与非艺术、审美与非审美的界限,把艺术从科学、经济、道德的依附中解脱出来。他的美学以"直觉"概念为基础,包含两个最基本的命题:直觉即表现,艺术即直觉。他说:"美学只有一种,就是直觉(或表现的知识)的科学。"①

---

① 　[意]克罗齐:《美学原理·美学纲要》,朱光潜译,外国文学出版社 1983 年版,第 21 页。

1. 直觉即表现

什么是直觉？通常人们认为，直觉是指不必进行理性分析就能直接领会到事物真相的一种心理能力。但克罗齐的理解与此不尽相同。他对直觉作了以下区分。第一，直觉与理性。人类知识有两种，一种是直觉的，来源于想象，产生的是意象；一种是逻辑的，来源于理智，产生的是概念。直觉独立于理性知识，还未成为理性的概念，它可以"混化"某些概念的因素，但仍是独立的。第二，直觉与知觉。知觉是关于眼前实在的知识，含有判断的因素，而直觉有如婴儿的朴素心境，没有真与伪、实在与非实在的区分，直觉可以是知觉，也可以不是知觉。因为直觉的对象不限于眼前实在。第三，直觉与感受。直觉在感受之外，已不复是感受。克罗齐称感受（印象、情绪、欲念）为无形式的物质。感受处于直觉界限以下，而直觉属于心灵。物质只有经过心灵形式的打扮和征服，才产生具体形象。

克罗齐进一步指出，直觉就是表现。"直觉是表现，而且只是表现（没有多于表现的，却也没有少于表现的）"①。"没有在表现中对象化了的东西就不是直觉或者表象，就还只是感受和自然的事实。心灵只有借造作、赋形、表现才能直觉"②。表现有各种形式，不限于通常所谓"文字的表现"，还有非文字的表现，如线条、颜色、声音的表现。表现就是借文字、线条、颜色、声音的助力，把感觉和印象"从心灵的深暗地带提升到凝神观照界的明朗"。在这个过程中直觉与表现同时出现，不可分离，"它们并非二物而是一体"。③

由上可见，克罗齐所谓直觉首先是心灵的一种赋形力、创造力和表现力。直觉的过程就是心灵赋物质以形式，使之上升为可供观照的具体形象的过程。直觉就是表现，也就是创造。后来鲍桑葵在《美学三讲》中，把它概括为"使情成体"，确实抓住了要点。克罗齐的"直觉即表现"，也就是我们今天所讲的"形象思维"。

---

① ［意］克罗齐：《美学原理·美学纲要》，朱光潜译，外国文学出版社 1983 年版，第18 页。

② 同上书，第 14—15 页。

③ 同上书，第 15 页。

应当注意,克罗齐特别强调表现。他认为,没有表现就不是直觉。直觉能力不是静态的,而是动态的。它是一个过程,是把印象、感受、感觉、情绪、冲动之类"物质"的东西,提升为"心灵形式"的过程。心灵要以形式统辖"物质","这个形式,这个掌握就是表现"①。因此,在克罗齐那里,直觉即是心灵统辖物质的一种构形能力,又是一种创造具体形象的活动过程,而且还是一种心灵活动的产物。

2. 艺术即直觉

克罗齐认为,艺术的本质就是直觉。他给艺术下了一个定义:"艺术是什么——我愿意立即用最简单的方式来说,艺术是幻象或直觉。艺术家造了一个意象或幻影;而喜欢艺术的人则把他的目光凝聚在艺术家所指示的那一点,从他打开的裂口朝里看,并在他自己身上再现这个意象"②。在《美学纲要》一书中,他从五个否定方面论证了"艺术即直觉"的定义。

第一,艺术不是物理的事实。因为物理的事实并不真实。它是为了科学的目的而用我们的理性所构想出来的一种结构。而许多人为之献出毕生精力,并从中得到崇高乐趣的艺术则是高度真实的。

第二,艺术不是功利的活动。因为功利活动总是追求快感和避免痛感,而艺术是直觉,是认识活动,它与"有用""快感""痛感"之类无缘,没有功利目的。喝水解渴的快感、露天散步、伸展四肢的快感都不是艺术的;高级感官的快感、游戏的快感、意识到我们自身力量的快感、性快感等也都不是艺术的目的。他无意否认艺术能引起快感,但认为这不是艺术的本质。因此,他反对把艺术定义为引起快感的事物或以特殊形式引起快感的事物的快乐主义美学。

第三,艺术不是道德的活动。因为艺术作为直觉是和任何实践活动相对立的。艺术不起于意志。审美意象在道德上无可褒贬。美学史上关于艺术的道德学说,不是强加给艺术以美德、教育等外在目的,就是让艺术只搞一些与道德无关的享乐,它本身就是矛盾的。不过,克罗齐又指出,艺术家

---

① [意]克罗齐:《美学原理·美学纲要》,朱光潜译,外国文学出版社 1983 年版,第18 页。

② 同上书,第 209 页。

既然生活在道德王国里,他就不能逃避做人的责任,就必须把艺术本身看作自己的使命和职责。

第四,艺术不具有概念知识的特性。克罗齐说,这是五个否定中最重要的一个否定。这里强调的是直觉的意象性。"意象性这个特征把直觉和概念区别开来,把艺术和哲学、历史区别开来,也把艺术同对一般的肯定及对所发生的事情的知觉或叙述区别出来。意象性是艺术固有的优点:意向性中刚一产生出思考和判断,艺术就消散,就死去……"①概念知识总是现实的,而意象则难以区分现实和非现实。意象使直观的知识与概念的知识相对立,审美的知识与理性的知识相对立。艺术作为直觉,因意象的纯粹想象性才有价值,意象是一般的个别化,不像哲学、历史有所谓真伪问题。艺术与哲学的这种区别同时也带来了艺术与神话、宗教的区别。

第五,艺术不同于自然科学和数学。因为自然科学和数学起于意志,是实践活动,只采取概括和抽象的方式,这不但与艺术世界无关,而且对艺术世界有害。"数学的精神与科学的精神是诗歌精神的最公开的敌人"②。

克罗齐在作了上述否定以后,在回顾美学史以及古典主义和浪漫主义论争的基础上,他又提出艺术是抒情的直觉,进一步丰富了他的艺术定义。他说:"是情感给了直觉以连贯性和完满性;直觉之所以真是连贯的和完整的,就因为它表达了情感,而且直觉只能来自情感,甚于情感。"③"艺术的直觉总是抒情的直觉"④。这是一个很重要的补充。它表明克罗齐的直觉表现主义实质上仍是唯情论。

克罗齐在论述艺术即直觉的过程中,还提出了艺术创造与艺术欣赏的统一,艺术无内容与形式的区分,艺术不能分类,艺术不可翻译和艺术无起源与进步以及美即表现,表现即语言,美学即语言学等看法。

---

① ［意］克罗齐:《美学原理·美学纲要》,朱光潜译,外国文学出版社 1983 年版,第 216—217 页。

② 同上书,第 218 页。

③ 同上书,第 227 页。

④ 同上书,第 229 页。

克罗齐的"艺术即直觉"说把艺术归结为直觉或抒情的直觉，把艺术同理性认识、道德、实践功利活动完全割裂开来，对立起来，其目的在于确立艺术的独立自主性。艺术确有不同于其他人类活动的特点，但也不能否认艺术与其他人类活动的内在联系，克罗齐忽视了这种内在联系，其结果就是把艺术看作一种与现实生活完全脱离的纯主观的心灵活动，这显然是片面的，歪曲了艺术的本质，其哲学基础是主观唯心主义的。但是，这并不能否认克罗齐对美学史的巨大贡献。克罗齐的直觉表现主义美学实际上是西方美学史上最系统、最完整的形象思维理论，虽然存在着把形象思维和逻辑思维的区别绝对化的缺点，但它突出了形象思维的基本特征，为解决审美和艺术活动的特殊性问题奠定了理论基础。他对历史上各种美学学说（如快乐主义、道德主义、思辨主义）的清理和批判，排除了不少陈腐的美学偏见，解除了许多清规戒律，为美学和文艺的进一步发展起到了积极的推动作用。克罗齐美学的突出特点还在于强调艺术想象和表现情感，强调艺术是主观心灵的创造，高扬了审美的主体性，它不但在当时立即赢得了广泛的赞同，形成一股强大的美学思潮，而且推动了后来现代美学的发展，并一直影响到今天。当然，他的美学的许多缺点，特别是否认艺术作品的"物质实在性"，否认艺术媒介在创作中的作用，反对艺术传达和艺术分类，等等，在当时也已受到普遍的批评。科林伍德继承和发展了他的表现主义，同时又纠正了他的某些偏颇。

二　科林伍德的语言表现美学

罗宾·乔治·科林伍德（Robin George Collingwood，1889—1943 年）是英国著名的哲学家、历史学家、美学家。毕业于牛津大学哲学系，后留校研究和任教。在哲学上他推崇克罗齐和黑格尔，是新黑格尔主义者。主要著作有：《宗教与哲学》（1916 年）、《心灵的思辨》（1924 年）、《艺术哲学大纲》（1925 年）、《艺术原理》（1938 年）和《历史的观念》（1946 年）等。其中，《艺术原理》是他的美学代表作，也是公认的现代美学名著之一。《艺术原理》除"引论"外分为三篇，分别论述艺术与"非艺术"、"想象"和"艺术"。

科林伍德接受了克罗齐的基本思想,认为艺术是情感的表现,是一种想象活动,他也一再重复克罗齐"艺术即表现"的论断。但他与克罗齐有两点不同。第一,克罗齐不否认在艺术美之外,还有物理之美,而科林伍德却根本否认美的事物的存在。他认为:"并不存在'美'这种性质。审美经验是一种自主性活动,它起自内心,并不是一种对来自特定外在物体的刺激所做的特定反应"①。因此,他根本不研究美,而只研究审美经验和艺术,他的美学是有更多经验主义的色彩。第二,克罗齐片面强调"直觉即表现",完全排斥了理智,思维在审美和艺术活动中的作用,把表现和想象视为等同,而科林伍德却对"表现"提出了新的理解,不排斥理智、思维的作用,认为想象和表现不完全相同。

科林伍德认为,艺术与非艺术的区别实质上是艺术与技巧的区别,他把自亚里士多德以来的艺术模仿说成艺术再现论,称为艺术技巧说,给予了尖锐的批驳。然后,他进一步提出了自己的表现主义的理论。他的美学的基本思想是:真正的艺术具有表现性和想象性两个特征,因此,"艺术必然是语言"②。

1. 艺术是情感的表现

科林伍德指出,艺术表现情感是人所尽知的事实。他说:"真正表现的特征是明了清晰或明白易懂;一个人表现某种东西,他也就因此而意识到他所表现的究竟是什么东西,并且使别人也意识到他身上和他们自己身上的这种东西。"③在他看来,表现情感是一个过程,它同语言、意识以及感受情感的方式有某种关系。

表现情感不是唤起情感。唤起情感旨在感动观众,表现者本人可以不必感动。表现情感是表现自己的情感,使自己的情感对观众显得清晰。艺术不是唤起情感效应的手段,也不以唤起情感为目的。表现情感不是描述情感,描述情感是一种概括活动,它把情感分类,就使情感类型化了。而表

---

① [英]罗宾·乔治·科林伍德:《艺术原理》,王至元、陈华中译,中国社会科学出版社1985年版,第40页。

② 同上书,第279页。

③ 同上书,第125页。

现却是"一种个性化活动"①。总之,一个艺术家在表现情感之前并不知道他的情感是什么,表现情感也就是使情感明朗化,这种明朗化也就是个性化。表现情感就是表现这种明朗化、个性化的情感。但这并不是艺术家的私人情感,而是能为观众接受和理解的社会化的情感。科林伍德认为,表现情感不是选择情感。选择某种情感来表现必然产生坏艺术。同时,表现情感也不是暴露情感。"流出真实的眼泪并不表明一个优秀演员的能力"②。

2. 艺术是想象性经验

科林伍德指出,艺术是想象性经验,因为,艺术不是制作而是创造。"真正艺术的作品不是看见的,也不是听到的,而是想象中的某种东西"③。

"想象性经验"是与"特殊性的感官经验"相对而言的。科林伍德认为,从一件艺术品,可以得到两种经验,一种是通过视觉器官或听觉器官得到的,即"特殊性的感官经验",另一种是非特殊化的想象性经验,它的内容比前者更为丰富,也可以称之为"总体活动的想象性经验"。这二者的区别在于:"一种是我们在艺术作品中所发现的东西,即艺术家赋予作品的实际的感性性质;另一种严格讲是我们在作品中不能发现的东西;倒不如说它们是由我们自己的储存经验和想象力注入到作品里去的。前者被设想为是客观性的,真正属于艺术作品本身;后者被设想为是主观性的,并不属于艺术作品,而是属于我们观照艺术作品时在我们身上进行的各种活动。"④他解释说,我们自信从一幅画里得到的想象性经验,恰好是画家放在那里的,"我们随身带着自己的想象力,就能发现想象力所揭示的东西,即总体活动的想象性经验;我们在作品里发现它,是因为画家本来就把它放在那里了"⑤。由此可见,不论画家表现的,还是欣赏者所欣赏的,都是想象性经验或总体性活动的想象性经验。它不是个别感官的直接经验,而是包括这种感官等

---

① 　[英]罗宾·乔治·科林伍德:《艺术原理》,王至元、陈华中译,中国社会科学出版社1985年版,第115页。
② 　同上书,第126页。
③ 　同上书,第132页。
④ 　同上书,第152—153页。
⑤ 　同上书,第155页。

因素在内的想象活动的产物。科林伍德在这里没有把艺术只归结为纯粹的直觉,他对克罗齐的"艺术即直觉"说是有所纠正的。

应当指出,科林伍德的"艺术是想象性经验"的理论,是在美学上解释塞尚以来现代绘画成就的尝试。他指出,19世纪末,绘画发生了革命性变化。过去人们认为绘画是视觉艺术,可是现在塞尚出来了,他开始像瞎子一样作画。他所使用的色彩不再是复制他看静物时所见到的东西,而几乎是用一种代数符号表现他自己的感受,他的风景画几乎失去了视觉性质的痕迹,他画的树根本不像真实的树,倒像一个人闭眼盲目地在树林里瞎闯乱撞,偶然遇到树时所感受到的形象。在他以及现代的新式绘画中,"绘画平面"消失了,形体不再是二度空间,而成了立体,透视也消失了,以致有的庸夫俗子认为,这批现代家伙不会画画。科林伍德认为,塞尚是对的,因为绘画绝不是视觉艺术。印象派说画是光线,完全是迂腐的空谈。画家是用手而不是用眼去作画的,他们是用手指、手腕、手臂,甚至脚和脚趾工作的人。绘画必定与肌肉活动有关。观众欣赏绘画的经验根本不是一种专门的视觉体验,他的感受不是由他所见到的东西所构成,甚至不由经过视觉想象的修正、补充和纯净之后的东西所构成,它不仅属于视觉,而且也属于触觉,包括距离、空间、质量以及运动感觉。这些无疑是十分值得重视的。

3. 艺术是语言

在论述了艺术的表现性和想象性特征之后,科林伍德说:"如果艺术具有表现性和想象性这两个特征,它必然会是一类什么东西呢?答案是:'艺术必然是语言'。"[1]这是他最完备的艺术定义。其中想象性指语言的内容,表现性指语言的功能。他所谓语言不是指有声语言,而是指一种广义语言,包括与语言表现方式相同的任何器官的任何表现。他说:"表现某些情感的身体动作,只要它们处于我们的控制之下,并且在我们意识到控制它们时把它们设想为表现这些情感的方式,那它们就是语言。"[2]这种表现情感、有意识的身体动作也就是想象性的经验。动作表现情感,情感表现为语言,各

---

① [英]罗宾·乔治·科林伍德:《艺术原理》,王至元、陈华中译,中国社会科学出版社1985年版,第279页。

② 同上书,第242页。

种语言都是专门化形式的身体姿势。"在这个意义上,可以说舞蹈是一切语言之母"①。把艺术看作语言,这是现代西方美学的特色之一,它对艺术实践具有重大意义。

第二节　自然主义美学

自然主义哲学产生于 19 世纪末,在 20 世纪逐步发展完善,主要流行于美国。它主要继承了经验主义和实证主义传统,试图通过"自然"概念来取消物质与精神的对立,超越旧有的唯物主义与唯心主义之争。自然主义美学是在自然主义哲学影响之下形成的一个美学思潮和流派,同自然主义哲学一样,派别内部理论差异较大,十分松散。它的主要特点是,把美感经验和艺术活动作为美学探讨的中心,虽然不完全否定理论概括的作用,但是反对离开美感经验去规定美的抽象本质,反对离开人的艺术活动作美的概念的演绎;注重把自然科学的成果吸收到美学研究中来,不是从单一的认识论的角度研究美学,而是从生理学、心理学乃至人类学、文化史等各个方面去研究美学;并强调艺术和审美活动的实用的、功利的一面,这些都使它呈现出与传统美学相当不同的面貌。但自然主义美学又往往简单地采用生物学、进化论的观点来解释艺术和审美活动,使美学成为自然科学的简单延续,这一点应注意加以鉴别。其主要代表人物是桑塔亚那和门罗。

一　桑塔亚那的美学思想

乔治·桑塔亚那(George Santayana,1863—1952 年),美国著名哲学家、美学家,也是诗人和文学批评家。生于西班牙的马德里,1872 年随母移居美国,1882 年入哈佛大学求学,1889 年获文学硕士和哲学博士学位,后来任

---

① ［英］罗宾·乔治·科林伍德:《艺术原理》,王至元、陈华中译,中国社会科学出版社1985 年版,第 250 页。

该校哲学教授。1912 年返回欧洲,先后在西班牙、英国、法国和意大利等地客居。主要著作有:《美感》(1896 年)、《诗与宗教的阐释》(1900 年)、《理性的生活》(1905—1906 年)、《三位哲学诗人:卢克莱修、但丁和歌德》(1910 年)、《怀疑论与动物信仰》(1917 年)、《批评实在论论文集》(1920年)、《存在的领域》四卷(1927—1940 年)等。他的美学思想主要见于他的第一本美学著作《美感》,以及《理性的生活》第四卷《艺术中的理性》。

1. 美是客观化的快感

美究竟是什么? 这个问题两千多年来一直困惑着一代又一代美学家们,吸引他们对之进行探讨并作出了各种各样的回答。在当代,美的本质问题遭到了很多美学家的贬斥,但桑塔亚那对此却仍怀有浓厚的兴趣。他认为美学的任务首先就在于给美下定义。不过与柏拉图、毕达哥拉斯、黑格尔等人对美所作的那种纯形而上的理论推演不同,桑塔亚那强调:"一个真正能规定美的定义,必须完全以美作为人生经验的一个对象,而阐明它的根源、地位和因素。"[1]通过把美作为人生经验的对象来研究,桑塔亚那认为"美是一种价值"[2],美是根据人的主观评价而反映出的事物的某种价值。在他那里,美和美感固然不能离开客观事物而存在,但更不能离开人的主观对客观事物的直觉而存在。他说:"美所以存在,就是因为美的事物存在,或者说那事物所在的世界存在,或者说就是因为我们观看事物与世界的人存在。它是一种经验:不过尔尔。"[3]基于这种态度,桑塔亚那给美下了一个定义:"美是一种积极的、固有的、客观化的价值。或者,用不大专门的话来说,美是被当作事物之属性的快感。"[4]可以看出,他所说的美实质上是美感,美并不是对象的一种客观性质,不能独立于主体的感知而存在。他认为,"美是一种价值,不能想象它是作用于我们的感官后我们才感知它的独立存在。它只存在于知觉中","一种不曾感知的美是一种不曾感知的快

---

① [美]乔治·桑塔耶纳:《美感——美学大纲》,杨向荣译,中国社会科学出版社 1982 年版,第 10 页。

② 同上书,第 14 页。

③ 同上书,第 184 页。

④ 同上书,第 33 页。

感;那是自相矛盾的"。①　也就是说,美实际上是一种主体的快感,只是这种快感被当成了对象的客观性质。这里的问题是,美感本来是人的主观感觉,何以又变成了事物的客观属性呢?桑塔亚那认为这是观赏事物的人投射到被观赏的事物上去的,"对象的审美效果,总是起因于它们所在的意识中的整体感情价值。我们不过凭投射作用把感情价值归之于对象而已,这是显而易见的美之客观化的原因"②。这就是说,审美主体将愉快的感情投射于物,快感与事物融为一体,于是这种感情仿佛就成了物的属性。这种被当作事物之属性的快感,就是美。美就是在快感的客观化中形成的,一句话,美是客观化了的快感。

桑塔亚那将美学与伦理学区别开来,认为审美价值不同于道德价值。道德价值是消极的,它涉及的是避恶从善;审美却是对忧虑恐惧的解脱,它给人一种内在的积极的价值,使人愉快。按照他的说法,"审美判断主要是积极的,也就是说,它是对善的方面的感受,而道德判断主要是消极的,而且基本上是对恶的感受"③。他还将美感与一般的生理快感区别开来,认为两者的根本区别就在于生理快感是不出肉体的感官快乐,而美感则是指向外物的、客观化的快乐,是对心灵较高需要的满足。在他看来,生理快感"是及时地同知觉分离的",所以就被认为是事物的刺激作用产生的结果,而不是事物的自身属性;而审美快感则同知觉难以分离,"当感知的过程本身是愉快的时候,当感觉因素联合起来投射到物上并产生出此事物的形式和本质的概念的时候,当这种知性作用自然而然是愉快的时候,那时我们的快感就与此事物密切地结合起来了,同它的特性和组织也分不开了,而这种主观根源也就同知觉的客观根源一样了"④。也就是说,当快感已客观化为事物的一种属性时,它就是美感,它同执着于主体器官快乐,因而与事物性质相分离的快感即生理快感的区别就在于客观化。

---

①　[美]乔治·桑塔耶纳:《美感——美学大纲》,杨向荣译,中国社会科学出版社1982年版,第33页。

②　同上书,第159页。

③　同上书,第16页。译文略有改动。

④　同上书,第32页。

桑塔亚那特别强调"人体的一切机能,都对美感有贡献"①。他把人的许多生理机能从血液循环、组织的新陈代谢、神经震动、呼吸、昏睡一直到性欲和生殖本能全看成是形成美感的力量,尤其值得注意的是,他把性欲和生殖机能看作是最根本的机能。桑塔亚那认为性欲本身受压抑后就会"向各方面爆发",如转向宗教、慈善等,"但最幸运的选择是热爱自然和热爱艺术",即转向对自然和艺术的审美,"对于人,整个大自然是性欲的第二对象,自然的美大部分都是出于此种情况"。② 这里也可以看出桑塔亚那典型的自然主义观点。

2. 美的三种形态

桑塔亚那运用当时心理学方面的模式,把事物分为"材料"、"形式"及其"表现"三类,对它们的欣赏活动也就分别形成了美或美感的三种形态,即材料美、形式美和表现美。他认为这三种形态是一种递进的关系,共同存在于人的感知过程中,是人的美感形成的几个阶段,它们结合在一起构成了"意识中的整体感情价值"。"有时候,这种价值可能是对象被感知过程所固有的,这样我们就获得感性美和形式美;有时候,这种价值可能是因感知这对象时又引起其他观念粗具轮廓而产生的,这样我们就获得表现之美。"③

桑塔亚那又称材料美为感性美。所谓材料美,既指对象的质料、色彩、声音等等,又指人的感官机能对对象的感觉。在桑塔亚那看来,材料美是最初级的审美形态,但它可以独立存在,并在一般情况下它都作为形式美和表现美的基础而存在。所谓形式美,则是对材料美的所见之综合,是构造性想象的结果,它来源于具体事物的形式与人的心理结构中的抽象形式的契合,正是由于这种抽象形式与外在的具体形式协调一致,才激发了美或美感的产生。除了材料美和形式美,桑塔亚那还记述了表现美。在他看来,由材料美到形式美再到表现美是一个审美活动的递进过程,也是一个美的客观因

---

① [美]乔治·桑塔耶纳:《美感——美学大纲》,杨向荣译,中国社会科学出版社1982年版,第36页。
② 同上书,第41页。
③ 同上书,第159页。

素递减、主观因素递增的过程。如果说材料美中人的主观因素是感觉，形式美中人的主观因素是想象，那么表现美中人的主观因素则是联想，没有联想就没有表现。桑塔亚那说："事物这样通过联想而取得的性质，就是我们所说的它们的表现"①。他还认为，在一切表现中都可以区别出这样两项来，"第一项是实际呈现出的事物，一个字，一个形象，或一件富于表现力的东西；第二项是所暗示的事物，更深远的思想、感情，或被唤起的形象、被表现的东西"②。

3. 艺术论

桑塔亚那从艺术与人的关系着手，特别从人的生命活动、自然天性、本能冲动出发，讨论了艺术的本质和特征。他认为人是以自己的活动来改变自然界的事物，使这些事物与人的愿望相符合，而"这种由人给予物质的合适形式一样，同人自己的习惯或想象力所设想的合适形式，是理性生活的工具。因此赋予客体以人性和使客体合理化的任何活动，都叫做艺术"③。在他那里，艺术就是这样一种行为：它超越于人的身体，在人的身体之外建立了人的生活手段，使世界成为对心灵的一种更相宜的刺激物，并造成外部事物同人内部价值的一致，确立了一个能不断产生价值的领域。简而言之，桑塔亚那认为艺术的价值就是通过改变物质世界而实现人自身的意愿，那么十分自然的结论便是艺术具有功利实效性。他对康德以来的艺术"无功利说"进行了反驳，认为"把事物的审美功能与事物的实用和道德的功能分离开来，在艺术史上是不可能的，在对艺术价值的合理判断中也是不可能的"④。他说："所有的艺术都是有用和有实效的。一些艺术作品大多由于其道德意义才具有的显著审美价值，其本身是艺术提供给作为整体的人性的一种满足。"⑤桑塔亚那批评了浪漫主义、形式主义、唯美主义和象征主义

---

①　［美］乔治·桑塔耶纳：《美感——美学大纲》，杨向荣译，中国社会科学出版社1982年版，第131页。
②　同上书，第132页。
③　转引自蒋孔阳主编：《二十世纪西方美学名著选》上卷，复旦大学出版社1987年版，第258—259页。
④　同上书，第266—267页。
⑤　同上书，第266页。

的审美和艺术无功利的观点,他是现代美学家中自觉反对"非功利"说的少数人之一,在这一点上他比许多美学家要高明一些。但他的探讨最终还是落脚到主体的本能即由生活、心理功能产生的愉快上。他说:"艺术的价值在于使人愉快,首先在艺术实践中,然后在获得艺术作品时,都是为了使人愉快","区分出愉快来是艺术的灵魂,它表达经验,而不是像那些把不快奉为神明的政治的或形而上学的专制那样歪曲经验"。① 也就是说,艺术的功能只有通过满足人的追求愉快的本能和需要才能实现,也就是要满足人的自然本性。

桑塔亚那并不否认艺术与理性思想的关系,他认为艺术能表达思想,并需要得到理性活动的滋养。他指出,"凡是一切体现了理性的艺术,都是最壮丽和圆满的"②,"在艺术中如同在生活中一样,要获得一种愉快的结果只有借助于理智"③。桑塔亚那进而认为只有一个理性的社会,才可能有确实和完美的艺术。他甚至公然提出:"如果所希望的东西是一种真正的、天然的、不可避免的艺术,那么,首先必须在社会中进行一场伟大的革命。我们必须丢弃早已存在的幻想,丢弃不合理的宗教、爱国心和艺术流派,我们必须发现真正的需要,和可能使我们愉快的形式"④。这无疑是很大胆的。不过桑塔亚那基于其自然主义立场,最终还是认为"思想本身是一种内部运动的产物,这种运动自动地向外扩展,这种扩展就表现为思想"⑤,也就是说思想或理性来自本能所引发的"内部运动",是本能自发运动的产物。因此,在桑塔亚那那里,虽然他也突出了理性在艺术活动中的重要性,但一切的根基最终仍在本能。

最后说明一点,桑塔亚那所说的"艺术"有广义与狭义两种。广义的艺术也就是劳动或工业,他称为"隶属艺术",是狭义艺术的基础;狭义的艺术是指真正的艺术,他称为"自由的艺术"或"美的艺术"。前面介绍的是他对

---

① 转引自蒋孔阳主编:《二十世纪西方美学名著选》上卷,复旦大学出版社 1987 年版,第273 页。

② 同上书,第 264 页。

③ 同上书,第 272 页。

④ 同上书,第 274 页。

⑤ 同上书,第 260 页。

广义艺术的一些自然主义的规定,不过也完全适用于狭义的艺术,并且美的艺术在以上种种特点上显得更加典型和突出。

二　门罗的"科学美学"

托马斯·门罗(Thomas Munro,1897—1974 年),美国著名美学家。早年在哥伦比亚大学攻读哲学,曾直接受杜威的指导,深受其实用主义和自然主义思想的影响。毕业后留校任教,后由杜威推荐,又先后担任过西部雷泽福大学艺术教授和克利夫兰艺术博物馆教育长等职。他是美国美学学会的组织者和创立者,1945 年主持创立该学会会刊《美学与艺术评论》,并连续任该刊主编达 20 年之久。他一生著作甚丰,主要著作有:《原始黑人雕塑》、《艺术教育:艺术哲学与艺术心理学》(1956 年)、《走向科学的美学》(1956 年)、《艺术的进化与其他文化史学说》(1963 年)、《东方美学》(1965 年)、《论艺术的形式和风格》(1970 年)等。

1. 美学的哲学基础和基本原则、方法

作为一位有浓厚经验主义色彩的艺术鉴赏评论型的美学家,门罗宣称他信奉的是以自然主义哲学为基础的"科学美学"。这种自然主义哲学与桑塔亚那、杜威有一定的继承关系。

基于自然主义的哲学立场,门罗主张美学应摆脱哲学思辨的控制。在他看来,传统美学只不过是思辨哲学的一个分支,美学家们长期纠缠于对美的本质的抽象思辨,忙于为"美"下一个完善的定义,满足于玩弄辞藻和构造庞大的理论体系。大部分美学家都不打算,也没有能力去用它来指导艺术实践,他们的美学只能停留在抽象的理论水平,不是实用科学,只是作为一种纯粹的知识而存在。门罗认为这种传统美学应彻底予以抛弃,人们只有采取经验主义和自然主义的科学方法,才能使美学的根本问题得到最终解决,成为"科学美学"。他为"科学美学"规定的原则是,不带任何理论色彩,不受以往的任何哲学体系对美的本质的看法的影响,不管它们是唯心的还是唯物的、可知论的还是不可知论的。这里门罗其实是在采取折中主义态度,他力主"有活力的自然主义"应走"作为传统的二元论或泛心论和马

克思主义这两个极端之间的中间道路"①。他指出:"自然主义的美学迫切需要澄清它自己在一个严格的哲学体系中所处的地位。它是灵活多变的,在某种程度上说来,它可以和形而上学、伦理学和认识论中的许多与之对立的学说达到一致"②。门罗认为科学美学完全满足于对于美的经验作现象的描述和研究,它是在现代心理学和人文科学的基础上,尝试科学地描述和解释艺术现象和所有与审美经验有关的东西,自然主义美学拒绝任何超经验的价值和原因,对它来说,美学不只是概念的分析,它还要研究艺术创作、艺术功用等实际问题。这样,在门罗那里,美学就成了一种实用的、技术的和工具性的学科,他说:"美学不仅仅是作为一门纯粹的科学发展起来的,而且还是作为一种真正的技术发展起来的,发展起来后,它便对一种有限领域内的技能进行科学的研究和指导"③。

门罗认为,艺术和审美现象都属于自然现象,可以用进化的观点加以说明。他说:"按照自然主义美学观,艺术作品及与之有关的经验,也同思想和其他人类活动一样,是一种自然现象。这种现象和物理和生物学中考察的现象是先后相连的,前者是在进化过程中从后者当中产生的。二者在复杂性、变化性和其他方面有某种程度的区别,但这种区别不是根本性的。"④也就是说,随着生物由低级向高级进化,审美经验便会自然产生出来,并且门罗认为艺术形式也自然地经历一种逐渐由低级向高级发展的过程。这样,由于门罗将自然界的进化完全搬用到人的审美经验这一复杂的精神现象领域,也就混淆了人与生物、审美经验与日常生活经验之间的界限。在他那里,艺术与审美活动变成了一种生物性的生存活动,而美学只不过是指导这种生存活动的工具,它也就降低到了物理化学的水平。

以上是门罗为他所提倡的科学美学制定的基本原则,除了这些,他还提出了一套完备的所谓"科学"的实证主义方法论。他认为"这种基本的思想方法主要包括如下内容:首先对具体的现象进行观察和比较,以发现它们之

① [美]托马斯·门罗:《走向科学的美学》,石天曙、滕守尧译,中国文联出版公司1985年版,第166页。
② 同上书,第165页。
③ 同上书,第394页。
④ 同上书,第164页。

间的相似之处和不同之处。然后通过形成某些假设来解释它们的起因和反复出现的原因。最后再通过对具体事实的更加仔细的观察和实验来验证这些假设"①。门罗将这种"曾使自然科学得到发展的基本思想方法"②运用于美学研究之中,有其独到之处,但他所说的观察和验证却主要基于个体的经验之上,他要求描述时要完全忠于个人的主观经验和对特定事实的直接感知。这其实是相信存在着一种独立于社会之外的自然感受,那么完全建立在主观经验基础上的美学又怎么能获得科学性与普遍性呢? 这无疑是门罗的片面、偏颇之处。

2. 关于"美"和艺术

基于自然主义和经验主义的观点,门罗对"美"的看法与传统的见解亦有截然不同。与第一次世界大战前,人们认为"美学唯一的和中心的任务就是给'美'下一个正确的定义,并对美的本质和标准作出真正的解释"③不同,门罗认为"在整个美学中,美的概念已不再占据中心和显要的地位"④。这首先是因为美学研究的领域"现在已包括整个艺术科学领域。这个科学领域试图对心理学、文化史和社会科学等全部现存的学科中有关艺术以及与艺术有关的行为和经验模式的实际资料,进行综合分析"⑤。其次,"美"等概念模糊不清,人们对"什么是美的"这一问题的回答千差万别,这就妨碍了美学的科学性。再则因为"美"这个词带有强烈的主观色彩,"它使人联想到那些多愁善感的艺术爱好者们所具有的天真的和狂热的感情"⑥。因此,在门罗看来,"美"应在美学中退居次要地位,美学"还必须辅之以其他一些含义更为确切的概念",这样它才能成为"像旧的科学那样使自己具有描述性和合乎事实性的"⑦科学。当然,门罗也并非彻底否定"美"的概

---

① 〔美〕托马斯·门罗:《走向科学的美学》,石天曙、滕守尧译,中国文联出版公司 1985年版,第 5—6 页。
② 同上书,第 5 页。
③ 同上书,第 398 页。
④ 同上。
⑤ 同上书,第 399 页。
⑥ 同上书,第 400—401 页。
⑦ 同上书,第 399 页。

念,因为如果不使用这个词,就难以解决"美学中那些基本的和长期悬而未决的问题",并且它还是"被用来检验所有其他批评性的评价用语和所有表达审美价值或非价值或者表达情感态度的用语的概念"①。

门罗不同意以往关于美的定义的"极端客观主义"和"极端主观主义"的观点,他采取了一种中间立场,认为美既不完全是主观的,也不完全是客观的,美一方面取决于人的审美态度,另一方面取决于艺术品或事物本身的结构形态。但门罗认为"美"的经验的最基本原因还是来自主体的"审美需要",因为"只有有了审美需要,审美对象的某些特征才具有了潜在的美或感知美的基因,从而使人产生美的经验"②。

门罗对艺术和艺术作品也作过一些讨论。他并不试图对"艺术"作出形而上学的定义,而是从艺术的功能角度来描述艺术的基本特征。他认为"艺术"一词的原始含义就是"有用的技艺",事实上也很难用"美"与否来区分艺术与其他技艺。虽然在审美色彩方面,"诗歌、音乐和绘画要超过机械设计。但是,这并不意味着一部汽车的美的性质就一定低于一幅画或一首诗;或者,由于工业设计更多地考虑到功用,就认为工业设计不那么值得尊重"③。他认为,由于人们难以对什么东西是美的达成一致意见,所以人们应按照中性的和非评价性的概念来使用"艺术"一词,"把一种东西列为艺术作品的主要标准是根据它的功用或功能而定的,而不根据它的成就或价值确定"④。门罗这些强调艺术不仅有审美功能,还有其他非审美的实用功能,突出艺术的人工性、技艺性的观点,比较以往"为艺术而艺术"或只承认艺术的审美价值和鼓吹"艺术无功利"的唯美主义观点,无疑有其深刻、独到之处,但也显得有些空泛,仍然没能界定出艺术的真正本质。

3. 美学学科的三分法

基于自然主义的立场,门罗将"科学的实证方法"运用于美学研究之

---

① [美]托马斯·门罗:《走向科学的美学》,石天曙、滕守尧译,中国文联出版公司 1985年版,第401—402页。
② 同上书,第422—423页。
③ 同上书,第344页。
④ 同上书,第347页。

中,他根据不同侧面,对于美学的研究范围作出了细致的分工。他认为:"美学作为一门经验科学,它的研究领域主要由下面两组现象组成,一组包括艺术品(绘画、诗歌、舞蹈、建筑、交响乐等)或其他类型的产品、形式或作品;另一组包括与艺术作品有关的人类活动,如:外在的和内在的行为和经验方式、技巧,对刺激的反应、创造、生产和表演艺术的活动,还有领会、鉴赏、使用、欣赏、评价、管理、教学诸如此类的活动。第一组现象,即艺术作品的形式,属于审美形态学研究的范围;第二组现象则属于审美心理学的研究范围,当然还要求助于社会学、人类学和其他社会科学。"①其中,"审美形态学是根据艺术作品的形式类型或构成方式来对我们发现的东西分类;审美心理学则根据人类活动的类型,以及从事这些活动的个人或团体的类型进行分类;而旨在研究艺术的价值或无价值的审美价值学则倾向于把注意力集中在上述两个领域之中,时而涉及艺术作品,时而涉及艺术作品对人类产生的不同影响"②。简言之,审美形态学偏重于审美的客观方面,主要研究艺术的形式;审美心理学偏重于审美的主观方面,主要研究艺术创作和艺术欣赏的心理状态;审美价值学则介乎主客观之间,主要研究审美活动本身以及审美活动对人所造成的影响。在审美活动中,这三个方面不可分割地结合在一起,才构成了完整的美学。

对于审美形态学,门罗自己承认"形态学"一词实际上借自生物学,但又比生物学中的形态学含义广泛。他说:"我们所说的'形态学'一词,却是专门指对于艺术作品可以观察到的形式的研究","从排列方式来讲,形式包括物体和事件的物理和化学结构,即由原子和分子构成的结构;同时还包括物体和事件的外部方面和表象,即知觉到的和想象到的表象"③。也就是说,门罗心目中的艺术作品的形式一方面是纯物理或化学的结构;另一方面是被主体经验到的外部表象,而形态学归根到底是研究艺术形式在主体经验中的作用和功能,这也就在一定程度上将审美形态学物理学化、生物学化和主观化了。

---

① ［美］托马斯·门罗:《走向科学的美学》,石天曙、滕守尧译,中国文联出版公司1985年版,第273页。
② 同上书,第274页。
③ 同上。

门罗认为,审美心理学"感兴趣的是要弄清究竟是艺术家个性中的什么力量促使他们创造艺术作品;是要理解欣赏活动的整个过程(这种理解要比那些把自己的注意力集中于眼前的作品,并以适当的批评语汇对其进行描述的人的理解更加清晰);是要理解这些创造活动和欣赏活动与艺术以外的其他人类经验的关系,以及它们与人类机体结构的关系"①。他十分赞赏格式塔心理学和精神分析学主观唯心主义的内省方法和对审美现象所作的经验主义和自然主义的解释,并宣称"艺术和审美经验是科学所揭示的自然秩序的一个更加高级的阶段,因此不需要对它进行超自然的和超经验的解释",审美心理学应"对艺术遇到的一切问题作出自然主义的回答"。②

门罗认为,无论是审美形态学,还是审美心理学,其研究的依据和结果都应该落实在审美价值上。以往的价值理论把价值说成是一种脱离事物的自然秩序而存在的怪异实体,并认为对它不可能进行描述性的实证研究。门罗不满于这种看法,他认为科学的审美价值学应建立在尽可能客观的审美经验基础之上,它要求鉴赏者通过对作品形式与自我两个方面的客观的分析与描述作出判断,并与他人的判断相比较,以发现自己的判断在多大程度上符合整个社会经验中那些共同的意见,从而进一步证实自己评价的可靠性。

可以看出,门罗的美学学科的三分法其中不乏合理因素,对于美学学科的建设和拓展是有价值的,但由于其自然主义的哲学立场,他又有将美学自然化、生物学化的片面之处,这一点应予以鉴别分析。

第三节　形式主义美学

形式主义美学是主张通过纯形式表现情感的一个美学流派。它产生于

---

① ［美］托马斯·门罗:《走向科学的美学》,石天曙、滕守尧译,中国文联出版公司1985年版,第71页。

② 同上书,第72—73页。

20 世纪头 10 年,盛行于 20 世纪前 30 年。主要代表人物是英国艺术理论家贝尔和批评家弗莱。形式主义美学的产生同 19 世纪末期以来法国后期印象派绘画的兴起有紧密联系。画家塞尚、高更、梵高等人,在创作上从再现客体转向表现情感,从具体走向抽象,给绘画艺术带来了革命性变化。后期印象派是西方现代派绘画的开端,但在当时却遇到不少攻击。贝尔和弗莱的形式主义美学就是为后期印象派乃至整个现代派绘画艺术进行辩护的美学理论。它坚决反对艺术再现论,总结了后期印象派的创作经验。

一　贝尔的"有意味的形式"

克莱夫·贝尔(Clive Bell,1881—1964 年),早年在英国剑桥大学攻读历史,后来转向绘画和美学研究。曾参加英国著名学术团体布鲁姆斯伯理集团,是其主要成员之一。主要著作有:《艺术》(1914 年)、《自塞尚以来的绘画》(1922 年)、《19 世纪绘画的里程碑》(1927 年)、《法国绘画简介》(1931年)、《欣赏绘画》(1934 年)等。其中《艺术》一书是他的美学代表作。

贝尔在《艺术》一书中提出了两个美学假说:其一,"一件艺术品的根本性质是有意味的形式"①。其二,"有意味的形式是对某种特殊的现实之感情的表现"②,或者说,"艺术是对终极现实感的表达"③。这两个假说都是对艺术本质的规定,第一假说是从欣赏者角度所作的规定,第二假说又被贝尔称作"形而上学"的假说,是从创作者角度所作的规定。贝尔说,他对第一假说相当自信,因为它基于自己的审美经验,而对第二假说则远不敢说有多大自信,但必须假定它是正确的。事实上,他的第二假说是对第一假说的补充论证,他的美学思想的核心仍是"有意味的形式"。

在哲学上,贝尔直接受到英国新实在论的奠基人摩尔的影响。1903年,摩尔发表了《驳斥唯心主义》和《伦理学原理》两篇重要论文,公开与新黑格尔主义决裂。摩尔认为,美学是伦理学的一部分,任何美的事物也必定

---

① ［英］克莱夫·贝尔:《艺术》,周金环、马钟元译,中国文联出版公司 1984 年版,第67 页。
② 同上。
③ 同上书,第69 页。

是善的,因此美是一种内在价值,不能用美、善以外的事物来讨论其本质。贝尔赞同摩尔的这些观点,他把美也看作一种内在价值,主张艺术作品的审美价值不在模仿,而在"有意味的形式"本身。但是贝尔不是彻底的实在论者,他更多受到英国经验主义传统的影响,主要还是一个主观唯心主义的经验论者。他说:"一切审美方式必须建立在个人的审美经验之上。换句话说,它们都是主观的。"①

那么,什么是"有意味的形式"呢?贝尔美学的出发点是视觉艺术品所引起的审美情感。他说:"一切审美方式的起点必须是对某种特殊感情的亲切感受,唤起这种感情的物品,我们称之为艺术品。大凡反应敏捷的人都会同意,由艺术品唤起的特殊情感是存在的。我的意思当然不是指一切艺术品均唤起同一种感情。相反,每一件艺术品都引起不同的感情。然而,所有这些感情却可以被认为是同一类的。……我认为,视觉艺术品能唤起某种特殊的感情,这对任何一个能够感受到这种感情的人来说都是不容置疑的,而且,各类视觉艺术品,如绘画、建筑、陶瓷、雕刻以及纺织品等等,都能唤起这种感情。这就是审美感情。假如我们能够找到唤起我们审美感情的一切审美对象中普遍的而又是它们特有的性质,那么我们就解决了我所认为的审美的关键问题"②。这就是说,艺术品必定具有某种能够唤起审美情感的性质:"离开它,艺术品就不能作为艺术品而存在;有了它,任何作品至少不会一点价值也没有"③。这就是真正的艺术品区别于非艺术品的基本性质。贝尔说:"这是一种什么性质呢?……可做解释的回答只有一个,那就是'有意味的形式'。在各个不同的作品中,线条、色彩以及某种特殊方式组成某种形式或形式间的关系,激起我们的审美感情。这种线、色的关系和组合,这些审美地感人的形式,我称之为有意味的形式。有意味的形式,就是一切视觉艺术的共同性质。"④十分清楚,贝尔所谓"有意味的形式"包括意味和形式两个方面。"意味"就是审美情感,它不同于一般的情感,是

---

① [英]克莱夫·贝尔:《艺术》,周金环、马钟元译,中国文联出版公司1984年版,第53页。

② 同上书,第3页。

③ 同上书,第4页。

④ 同上。

一种特殊的情感。而"形式"就是作品各种构成因素的一种纯粹的关系即纯形式。"这两个方面,即感情和形式,实质上是同一的"①。因此他的美学既是形式主义的,也是表现主义的。

贝尔认为,不论审美情感(意味)还是形式,都是很特殊的,都不是普通人所能体验和把握的。在他那里,"有意味的形式"带有十分神秘的性质。他说:"按照某种不为人知的神秘理解排列和组合的形式,会以某种特殊的方式感动我们,而艺术家的工作就是按这种理解去排列、组合出能够感动我们的形式"②。他进一步从以下三个方面阐释了这种神秘性和特殊性。

首先,"有意味的形式"完全不同于现实的情感和形式。从意味方面说,审美情感只由艺术品引起,而且只由纯粹的形式关系所引起,它既不同于对鸟、花、蝴蝶翅膀的情感即对自然美的情感,也不同于再现现实所引起的生活情感。审美情感同叙述、记载、传达信息、表达思想、宣传道德所引起的日常的生活情感根本不同。二者的区别在于:"生活情感"是现实的、世俗的、功利的情感,而审美情感则是纯洁的、非功利的、超凡脱俗的情感。审美情感不包含任何教育、认识、道德、消遣等功利因素,它把人们从现实世界提升到一个纯形式的审美世界。他说:"艺术本身会使我们从人类实践活动领域进入审美的高级领域,此时此刻,我们与人类的利益暂时隔绝了,我们的期望和记忆被抑制了,从而被提升到高于生活的高度"③;在这个审美世界里,"没有生活情感的位置,它是个充满它自身情感的世界"④。从形式方面说,纯形式既不是现实对象的形式,也不是再现现实的形式,再现现实引起的是生活情感,不是审美情感,所引起的生活情感只能引起观赏者的联想,干扰、破坏审美情感和审美世界。"我们都清楚,有些画虽使我们发生兴趣,激起我们的爱慕之心,但却没有艺术的感染力。此类画均属于我们所说的'叙述性绘画'之类。它们的形式并不在于唤起一种审美感情,而是一

---

① [英]克莱夫·贝尔:《艺术》,周金环、马钟元译,中国文联出版公司1984年版,第45页。

② 同上书,第6页。

③ 同上书,第16页。

④ 同上书,第17页。

种暗示日常感情、传达信息的手段。具有心理、历史方面价值的画像、摄影作品、连环画以及花样繁多的插图均属于这一类……它们能吸引我们，或者用上百种不同的形式激动我们，但无论如何也不能从审美上感动我们。按照我们的审美假说，它们称不上艺术品，它们不能触动我们的审美情感，因为感动我们的不是它们的形式，而是这些形式暗示和传达的思想和信息"①。

由此贝尔极力攻击再现性、写实性绘画，完全否认绘画再现生活的功能，认为使用再现手段，表现日常生活情感，是画家低能、缺乏灵感和艺术敏感力的标志，再现只是模仿，不是创造，已经过时，并把原始艺术列为最优秀的艺术，"因为原始艺术通常不带叙述性质，从中看不到精确的再现，而只能看到'有意味的形式'"②。

其次，"有意味的形式"不是一般人所说的"美"。贝尔认为，多数人使用"美"这个词，通常都是从非审美角度考虑的，往往与日常生活情感和功利关系连在一起，根本不是审美意义上的"美"。什么"美的狩猎""美的枪法"，都是"美"的粗俗滥用。在世俗人的眼光中，"美"就是"令人向往的""具有性的诱惑力的"，他们总把在年轻女人身上发现的东西称作"美"，他们称为"美"的艺术一般也是与女人紧密相关的。一张漂亮姑娘的照片就被当作一幅美的画。"美"这个词太容易被滥用和造成误解，所以他不采用这个术语，而用"有意味的形式"取代"美"。

最后，"有意味的形式"不是再现现象的实在，而是通过纯形式表现艺术家的审美情感，显示终极实在的意义。贝尔认为，审美的观赏是"视某物为目的本身"的观赏。因此，与普通人不同，在艺术家的眼里，现实不是事物的表象，它呈现出另一幅面目，是"某种特殊的现实"。艺术家从现实对象上所看到的只是纯形式，这纯形式向他显示出现实的某种意味或意义，唤起他的审美情感，而艺术家本人创造艺术品并不是为了唤起别人的审美情感，他只是为了将某种特殊的情感物化，而他自己也很难确切说出这是一种什么样的感觉。实际上，艺术家所认识到的是一切物品中的主宰、特殊中的

---

① ［英］克莱夫·贝尔：《艺术》，周金环、马钟元译，中国文联出版公司1984年版，第10页。

② 同上书，第14页。

一般,是一切事物中的节奏,是表象后面的意义,这种东西就是终极实在或终极现实本身,也就是哲学家常讲的"物自体"。因此,所谓"有意味的形式"就是"某种对'终极实在'之感受的形式"①。这也就是贝尔的第二假说:"有意味的形式是对某种特殊的现实之感情的表现。"②

贝尔显然陷入了循环论证:意味或审美情感来自纯形式,而纯形式又来自意味或审美情感的物化。他的思想显然是前后矛盾的。起初,他说"有意味的形式"是与现实世界完全无关的,形式只能是纯形式,意味也只能是无内容的空洞的情感,这显然难以服人,弗莱在当时就和他在这一点上有了一些分歧。他接着又提出第二假说,试图论证"有意味的形式"能够显示现实的意义,是对世界本质的认识,这样意味又有了内容,形式也就成了有内容的形式。他试图以第二假说补充第一假说,但始终没能说清"意味"和形式的根源,最后只好归之于"物自体",陷入了不可知论。这是贝尔美学中不可克服的矛盾。贝尔美学的要害在于他的唯心主义,他完全脱离了人类社会历史的具体实践,脱离了人类本身文化心理结构的演进,只是抽象地谈论艺术、审美情感、意味和形式,因此不可能揭示审美情感的现实的和历史的根源,不可能揭示线条、色彩等纯形式背后的历史生成和社会意味,更不可能正确解决艺术的本质问题。

二　弗莱的"想象生活的表现"

罗杰·弗莱(Roger Fry,1860—1934 年),英国画家和艺术批评家。他生于伦敦,曾就学于克利夫顿公学和剑桥大学英王学院,后去巴黎学习绘画,在伦敦举办过个人画展,并与贝尔一起为后期印象派绘画辩护,提倡形式主义美学。主要著作有:《论美学》(1909 年)、《视像与构图》(1920 年)、《艺术家和心理分析》(1924 年)、《变形》(1926 年)、《塞尚》(1927 年)等。

弗莱明确反对传统美学的形而上学方向。在《回顾》一文中,他说:"我年轻时所有关于美学的思考,都令人厌烦地、固执地围绕着美的本质问题,

---

① ［英］克莱夫·贝尔:《艺术》,周金环、马钟元译,中国文联出版公司 1984 年版,第 36 页。

② 同上书,第 67 页。

像我们的前辈那样,我试图寻找出判断艺术美或自然美的标准。这种寻找总是导致混乱不堪的矛盾,或是导致某些形而上学的观念,这种观念如此模糊不清,以至不能适用于各种具体的事例。"①他极力推崇托尔斯泰,认为"是托尔斯泰的天才把我们从这条死路上解救出来"。"我认为《什么是艺术》的发表是富有成果的美学思考的开端"②。他赞扬托尔斯泰对旧的美学体系的富有启发性的批评和艺术的本质在于传达情感的学说,认为接下来应当研究的问题是,艺术是哪一类情感的表现。因此,弗莱美学的起点也是审美情感。

弗莱首先提出了"双重生活论"。他认为,与动物不同,人有一种特殊的本领,他能够在自己心中再次唤起过去经验的回声,"'在想象中'再次温习它"。因此,"人具有过双重生活的可能性:一种是现实生活,一种是想象生活"③。这两种生活有极大的差别:在现实生活中,本能反应(如趋利避害)成为最重要的事,人把他的全部精力都用来满足现实的需要;而在想象生活中,这种反应行动是不需要的,因此人可以超脱现实,把整个意识集中到生活经验的知觉和感性方面。与此相应,人的情感也有两种:现实生活的情感和想象生活的情感。由于摆脱了反应行动的需要,与现实生活相脱离,不受实际需要的约束,想象生活就能产生一种更清晰的知觉和更纯粹更自由的情感。这种想象生活的情感一般不如现实生活中的情感强烈,它不导致有用的行动,不包含道德评价,只是以自身为目的的情感,但它能导致审美观照。在想象生活中,我们既能够感受到情感,又能够观照这种情感。④因而这种情感获得了一种新的更高的价值。它给我们愉快,能刺激我们的想象,使我们的知觉变得更加敏锐。弗莱认为,想象生活和想象生活的情感在我们的天性中有着非常深刻的根源。

在这种"双重生活论"的基础上,弗莱建立了自己的美学理论。他把艺术归入想象生活的领域,主张"艺术是想象生活的表现"。他说:"我们必须

---

① 转引自蒋孔阳主编:《二十世纪西方美学名著选》上卷,复旦大学出版社 1987 年版,第194 页。

② 同上。

③ 同上书,第 176 页。

④ 参见上书,第 182 页。

把艺术作品看成是以自身为目的的情感的一种表现。……即：艺术是想象生活的表现。"①并且说："艺术是这种想象生活的表现，也是对想象生活的刺激。"②"艺术就是想象生活的主要器官。想象生活通过艺术才能刺激和支配我们。"③

　　弗莱所谓"艺术是想象生活的表现"和贝尔所谓"有意味的形式"实质上是一样的，都是形式主义的美学理论。它们都把艺术的本质归结为脱离现实生活的抽象的形式结构。弗莱把"想象生活"与现实生活分割开，最主要的就是要肯定"想象生活"不是本能反应，而是以自身为目的的审美观照，即"纯形式反应"。他说，艺术是"想象生活"的表现，也就是说艺术要通过纯形式表现"想象生活"的情感，或者说表现审美情感。在他看来，审美情感是一种关于形式的情感，艺术作品的基本性质就是形式。弗莱十分强调构图，他极力称赞后期印象派，说"这个现代运动基本上是对形式观念构图的复归"④。他列举了一些构图的情感要素，主要包括用来描绘外形的线条的韵律、块面、空间、明暗度、色彩，等等，这些都是形式。他认为审美情感只有通过形式才能得到表现。

　　弗莱十分赞赏贝尔的"有意味的形式"，认为这是对传统的"艺术即生活情感的表现这一观点所作的尖锐的挑战，具有重大的价值"⑤。他同贝尔一样，也反对再现论，反对笼统地用美来概括艺术的基本性质。他说："造型艺术是想象生活的表现，而不是现实生活的摹本"⑥。"美"是一个令人模糊、混乱的概念。在基本方向上二人是一致的。但是，他们也有一些不一致。首先，弗莱认为，贝尔完全排斥造型艺术的再现因素，比如说"一张画完全可以是非再现的"，这太过分了。"因为画中任何一个三度空间的呈现，哪怕是最轻微的暗示，也应算作一种再现的因素"⑦。"事实上，几乎每

　　① 转引自蒋孔阳主编：《二十世纪西方美学名著选》上卷，复旦大学出版社 1987 年版，第184 页。
　　② 同上书，第 178 页。
　　③ 同上书，第 181 页。
　　④ 同上书，第 178 页。
　　⑤ 同上书，第 196 页。
　　⑥ 同上书，第 178 页。
　　⑦ 同上书，第 196 页。

一个人,即使是对于各种纯造型的和纯空间的外貌具有高度敏感的人,也不可避免地会持有某些用寓意和与过去生活的联系而传达的思想与情感。"①其次,弗莱认为,贝尔更多注意的是艺术要创造一个令人愉快的对象,忽视了艺术是观念的表现。他说:"'有意味的形式'是与那些令人愉快的排列形式、和谐的形式等等不同的东西。我们觉得,具有'有意味的形式'的一件作品,是艺术家努力表现一种观念的结果,而不是创造一个令人愉快的对象的结果。"②看来,弗莱主要不满意的是贝尔假说的绝对化。他认为,意味和形式的"纯"不是绝对的而是相对的。弗莱本人是一个艺术家,他的见解考虑了艺术创作的实践经验,似应更加重视。

第四节　精神分析美学

精神分析美学是以精神分析心理学为基础的一个美学派别。它产生于20世纪初,在现代西方美学中影响极大,占有十分重要的地位。其主要代表人物是弗洛伊德和荣格。弗洛伊德是精神分析心理学的创立者,他的全部理论的基础是个体无意识,荣格继弗洛伊德之后,提出集体无意识学说,对弗洛伊德的理论作了修正和补充。

一　弗洛伊德的美学思想

弗洛伊德(Sigmund Freud,1856—1939年)是犹太血统的奥地利的医生和心理学家,他从治疗精神病患者的医疗实践中创立了精神分析心理学。他生于摩拉维亚,1873年考入维也纳大学学医,1881年获医学博士学位,后长期在维也纳从事精神病的治疗和研究,为躲避德国法西斯迫害,1838年流亡英国,次年病逝于伦敦。主要著作有:《梦的解析》(1900年)、《性欲理

---

①　转引自蒋孔阳主编:《二十世纪西方美学名著选》上卷,复旦大学出版社1987年版,第198页。

②　同上书,第200页。

论三讲》(1905 年)、《精神分析引论》(1917 年)、《超越唯乐原则》(1920 年)、《自我与本我》(1923 年)、《幻想的未来》(1927 年)、《文明及其不满》(1930 年)等。他的这些精神分析名著时常谈到美学和艺术问题。他还写有大量美学论文,如:《〈俄狄浦斯王〉与〈哈姆雷特〉》(1900 年)、《作家与白日梦》(1908 年)、《达·芬奇和他童年的一个记忆》(1910 年)、《米开朗琪罗的摩西》(1914 年)、《论幽默》(1927 年)、《陀思妥耶夫斯基与弑父者》(1928 年)等。

1. 非理性的无意识和人格结构

在弗洛伊德以前,哲学和心理学一直认为,人的一切行为都是受意识支配的,虽然也有一些人如莱布尼茨、赫巴特、费希纳、哈特曼(写过一本《无意识心理学》)都提出过无意识观念的假说,但并没有得到证实。弗洛伊德则以自己的医疗和精神分析的实践为依据,确认存在着一个无意识的心理领域,第一次建立了系统的无意识学说。他认为,人的心理内容主要是无意识,无意识是指人的原始冲动和各种本能,其中又特别是性本能,即"力比多"(Libido),它是人的一切行为,包括文化、艺术、科学、历史创造的根本动力,而意识只不过是由无意识衍生的,处在心理的表层。如果把人的心理比作漂浮在海洋上的一座冰山,那么,意识只是海面上的可见部分,而无意识则是深藏在海面下的部分。因此,弗洛伊德的心理学又被称作"深层心理学"。

弗洛伊德关于无意识的学说后来发展成为人格结构学说。早期他把无意识划分为两种,一种是潜伏的,能变的意识,称作"前意识";另一种是被压抑的,不能变成意识,称作"潜意识"。而意识就像一个看守员,具有防守和检查作用,它只允许"前意识"进入意识,而拒绝、压抑"潜意识"。只有"潜意识"才是真正的无意识。晚期,他提出人格概念,对早期无意识学说有所修正,更突出和强调了无意识。他认为,人格由本我、自我、超我三部分组成。本我是原始本能的储存处,主要由性本能等原始冲动所组成,它是各种本能的动力之源,能量和活力最大,完全是无意识的、非理性的。本我实行的是快乐原则,即逃避痛苦,追求快乐。快乐原则是生命的第一原则,也是生命唯一的价值准则。

自我是协调本能要求与现实社会要求之间不平衡的机能,相当于意识。它实行的是现实原则,即调节、压制本能活动,使之不违背眼前现实社会的要求,以免产生痛苦和不愉快。它只是暂缓实行快乐原则,并不废弃快乐原则,最终仍指向快乐。

超我又称内部道德机构,是通过父母的惩奖权威,自幼树立起来的良心、道德律令和自我理想,而这些实际上都是经过父母的阐释,强加给自我作为仿效榜样的道德原则。它既阻止本我行使快乐原则,也阻止自我行使现实原则。良心、道德律令对本能的命令是"不准",自我理想则把本能的能量全部转移到对至善至美事物的追求上。

弗洛伊德的人格结构学说是非理性主义的。在他看来,本我是非理性的,它是一切心理活动和社会行为的根源,构成人格的基础。自我和超我不过是本我的变形。自我包含某些理性因素,但大部分也是非理性的,它的防御机制完全是非理性的。超我和本我一样也是非理性的,超我比自我更像本我,超我通过遗传从本我中形成,它不仅仅是内隐的父母之声,而且也是古代道德经验之音。因此,人的整个人格除了自我含有理性因素之外,都是非理性的。应当指出,弗洛伊德的理想是理性主义的,他期望世界由理性主义统治,把无意识置于理性的控制之下。但他认为,非理性的势力过分强大,这个理想是难以实现的。他的思想深处有着浓厚的悲观主义。

弗洛伊德在历史上第一次给予"无意识"的存在以一定的心理科学的根据,比较充分地向人们展示了"无意识"的心理领域,这扩大了心理的范围,自此人们不再把心理只看成意识,此外还存在一个无意识的王国,这个"无意识王国"的发现和确立,是弗洛伊德伟大的历史功绩。但是,弗洛伊德没有正确解决无意识的本质、意识与无意识的关系等问题,他把人类的心理归结为无意识,尤其是性本能,并由此来解说人的全部心理和行为,陷入了"泛性论"和"反理性主义"。

2. 艺术的本质是原欲的升华

在以无意识为核心的精神分析心理学的基础上,弗洛伊德发表了他对艺术和审美活动的一些看法,建立了他的美学理论。但是,弗洛伊德主要是心理学家,他的美学理论也主要是他的心理学的例证、注释和发挥。他说过,心理分析学无力解答艺术的本质问题。而实际上他还是回答了这一美学的基本问题。他认为,艺术的本质是原欲(性本能)的升华,这就是所谓原欲升华说。

弗洛伊德认为,性本能是一种原始的冲动,具有很大的能量和活力,这种能量只会转换形式但不会消灭,它要求得到满足,寻求快乐,但往往受到现实社会的压抑而不得满足,因此,它总是以乔装打扮的形态出现,千方百计地寻求一种替代的对象,达到替代性的满足,这就是所谓"力比多转移"。如果找到替代的对象是文化领域中较高的目标,如文艺、科学、哲学探求、慈善卫生,等等,这种"力比多转移"就称为"升华"。他说,所谓升华是指"把原本的'性目的'转变为一种与性目的有心理关系的'非性目的'的能力"①。由此可见,这种升华同时也就是一种幻想。弗洛伊德十分重视幻想在艺术和审美活动中的意义,在《作家与白日梦》中,他说:"作家的所作所为与玩耍中的孩子的作为一样。他创造出一个他十分严肃地对待的幻想的世界——也就是说,他对这个幻想的世界怀着极大的热情——同时又把它同现实严格地区分开来。"②他的原欲升华说的基本思想,就是说,艺术作品是艺术家在原欲支配下所制造的幻想;现实生活充满缺陷,不能满足性本能的需要,充满了痛苦,于是艺术家创造艺术在幻想中来加以弥补,因此,艺术就是原欲的补偿。艺术家是白日梦者,艺术创作就是做白日梦。艺术之所以给人以愉快,也就是因为它能在幻想中为原欲提供一种替代性的满足。这种原欲升华说完全排除了艺术与现实生活的联系,歪曲了艺术的本质,取消了艺术的崇高使命,显然是低俗的。由这种原欲升华说出发,弗洛伊德对历史上的一些文艺名著作了许多似是而非的解释,他认为,达·芬奇描绘圣母像时的激情是对他早年离别的母亲的思念的升华;蒙娜丽莎的微笑唤醒了成年达·芬奇对童年早期母亲的记忆;莎士比亚的十四行诗、惠特曼的诗篇、柴科夫斯基的音乐、普鲁斯特的小说都有些方面是对渴求同性恋的热望的斗争;等等。

---

① [奥地利]弗洛伊德:《性爱与文明》,滕守尧等译,安徽文艺出版社1987年版,第265页。

② 《弗洛伊德论美文选》,张唤民、陈伟奇译,知识出版社1987年版,第29页。

弗洛伊德美学的突出特点之一，就是对艺术作品的形象进行所谓精神分析。下面我们不妨看看他对西方文学史上三部名著——索福克勒斯的《俄狄浦斯王》、莎士比亚的《哈姆雷特》和陀思妥耶夫斯基的《卡拉玛佐夫兄弟》所作的分析。他认为，这三部作品都表现了"弑父"的主题，而弑父的动机又都是为了争夺女人，因此，它们都表现的是所谓"俄狄浦斯情结"。

弗洛伊德认为，人人都有一种俄狄浦斯情结，它是以性本能为核心的无意识较明显的体现。俄狄浦斯情结产生于人的前生殖期的生殖器阶段。这时男性儿童恋爱自己的母亲，嫉妒和仇视自己的父亲，把父亲视为情敌。这种复杂的精神状态，颇类似希腊神话中俄狄浦斯弑父娶母的故事，所以他称之为"俄狄浦斯情结"。由于弑父娶母的意识不为社会所容许，因此它是压抑在心理深层的无意识，是一种来自原始社会乱伦禁忌的原始压抑。

弗洛伊德认为，《俄狄浦斯王》直接表现了俄狄浦斯情结。他不赞成文学史上把《俄狄浦斯王》解释为一部表现神人冲突的命运悲剧。按照他的分析，该剧的感染力在于主人公弑父娶母的命运与我们内心某种能引起震动的东西一拍即合，而这个东西就是俄狄浦斯情结。"他的命运打动了我们，只是由于它有可能成为我们的命运"①。《哈姆雷特》对俄狄浦斯情结的表现是间接的。批评家们认为哈姆雷特的犹豫不决，是由于他智力过于发达或性格优柔寡断。实际上，哈姆雷特根本不是没有任何行动能力的人，他可以做任何事情，就是不能对杀死他父亲、篡夺王位并娶了他母亲的人进行报复，因为"这个人向他展示了他自己童年时代被压抑的愿望的实现"②。这也就是展示了他自己的俄狄浦斯情结。《卡拉玛佐夫兄弟》的表现则是变形的。小说中的弑父者只不过是陀思妥耶夫斯基的俄狄浦斯情结所造成的人格和疯癫病的曲折投影。弗洛伊德的这些分析的确是别开生面的，给人以耳目一新的感觉。然而这种解释毕竟是牵强的，甚至是荒谬的。而弗洛伊德却把艺术只看作心理现象，解释为俄狄浦斯情结的表现，这就完全忽

---

① 《弗洛伊德论美文选》，张唤民、陈伟奇译，知识出版社 1987 年版，第 15 页。
② 同上书，第 18 页。

视、排斥以至于否定了艺术的社会内容和社会本质。按照弗洛伊德的这种看法，上述三部名著还有什么社会价值呢？而事实上《俄狄浦斯王》描写了善良的英雄在力量悬殊的斗争中不可避免的毁灭，反映了雅典自由民对于社会灾难无能为力的悲愤情绪。《哈姆雷特》表现了人文主义者的历史进步性和致命弱点。他们思考多于行动，只想以个人力量反抗资本主义初期的罪恶。《卡拉玛佐夫兄弟》作为一部社会哲理小说，不但广泛描绘了19世纪后期俄国社会不同阶层的生活和心理，还表现了对人性、人生哲理的探索和思考。难道这一切都可以归之为俄狄浦斯情结吗？弗洛伊德的要害在"泛性论"，他把人类的一切行为都归源于性本能，看作性的表现，这样人的意识就不是决定于社会存在，而是决定于原始的生物本能——性，这当然是历史唯心主义的。

弗洛伊德在美学史上占有重要的地位，在现代西方对各门学科和生活实践都产生了巨大的影响。有人把他与马克思、爱因斯坦并称为19世纪以来最伟大的思想家，也有人把他贬为"淫棍""性解放的鼓动者"。其实，弗洛伊德的贡献和缺点都是比较清楚的。从贡献方面来看，最重要的还在于他揭示和肯定了无意识的存在，这从根本上改变了人们后来把心理只看作意识的片面性，为全面认识人的心理历程、把握人自身提供了前提，开创了对无意识的研究。同时，由于人类以往的认识主要是建立在心理即意识这一基础上的，它也有力地促进了对人类全部传统思想文化的反思。弗洛伊德之所以影响到各门学科，也源出于此。无意识的出现对美学和艺术极为重要。艺术的创造和欣赏包含大量无意识现象，这是无可置疑的。但自亚里士多德以来的传统美学对此一直忽视，虽然也有一些哲学家和美学家（如德国浪漫派）重视无意识在艺术和审美中的作用，但却缺乏科学的依据。弗洛伊德改变了这种情况。他对美学的贡献主要有三：第一，促进了对艺术和审美领域中无意识现象的研究，开辟了新的研究领域；第二，引发了对情欲、性与文艺和审美的关系问题的研究；第三，他有关梦和幻想的研究，直接推动了有关形象思维问题的研究。应当指出，弗洛伊德是一个严肃的学者，他研究无意识并不是要鼓吹"性解放"，而是要把无意识置于理性的控制之下。但是弗洛伊德的"泛性论"的确是错误的。他在精神病治疗实践方面是有成就的，但他把无意识的内容仅仅归结为病理的、生物学的性本能,把这种性本能夸大为一切心理现象的本质,并进而夸大为人类一切行为的本质和基础,这显然歪曲了心理的本质和人的本质。人的全部心理历程包括意识和无意识,这是正确的,但心理的实质是意识而不是无意识。人有性本能,这是不错的,但人的性行为是有社会性的,人的本质不是生物性的抽象,而是全部社会关系的总和。无意识是存在的,但人的无意识不同于动物的无意识,人的无意识是在人的社会实践中历史地形成的,其本质是社会性的,弗洛伊德的根本错误就在于他歪曲了无意识的本质。

二 荣格的美学思想

荣格(Carl Gustav Jung,1875—1961年)是瑞士著名心理学家。早年在巴塞尔大学学医。1900年去苏黎世大学任教,并从事精神病研究和治疗。1907年在维也纳与弗洛伊德结识,二人开始合作,至1913年分道扬镳,后创立分析心理学。主要著作有:《无意识心理学》(1916年)、《心理类型》(1921年)、《探索心灵奥秘的现代人》(1931年)、《原型和集体无意识》(1936年)、《心理学和炼金术》(1944年)、《人及其象征》(1964年)等。荣格是弗洛伊德的后继者,他在许多方面修正、丰富和发展了弗洛伊德的理论,成为与弗洛伊德齐名的精神分析学的另一个主要代表人物。荣格在哲学上推崇印度佛教哲学和中国道家哲学,竭力主张灵魂是实体,反对物质与精神对立。

1. 艺术是集体无意识原型的象征

荣格的美学是以他的分析心理学为基础的。他的美学的基本思想可以用一句话概括:艺术是集体无意识原型的象征。我们首先要了解集体无意识、原型和象征这三个概念的基本含义。

集体无意识是荣格独创的一个概念。他认为,弗洛伊德讲的无意识主要指的是受压抑、被遗忘的性本能或俄狄浦斯情结等心理内容,具有个人的和后天的特性,这只是个人无意识,还只停留在无意识的表层,没能揭示出无意识的深层。因此,他提出集体无意识的概念,认为只有集体无意识才是无意识的深层结构。据他说,集体无意识植根于人作为生物体的本性(即人性),得自进化和遗传,容纳着人类自原始社会以来的全部精神财富(经验、情感、思想、记忆),本质上就是人类的集体经验在心理深层的积淀(Precipitate)。他说:"它并非来源于个人经验,并非从后天中获得,而是先天地存在的。"①"它是彻头彻尾的客观性,它与世界一样宽广,它向整个世界开放。"②又说:"它在所有人身上都是相同的,因此它组成了一种超个性的心理基础,并且普遍地存在于我们每一个人身上"③。总之,在荣格那里,这种集体无意识既处于心理的深层,又独立于个人,凌驾在个人之上,它既不为个人所知,又为人类所共有,它像"无声的命令"决定、支配着人的行为,使人们都以与自己祖先同样的方式把握世界和作出反应。显然,荣格的这种集体无意识是相当神秘的,也是非理性的。

荣格坚信,这种神秘的、非理性的集体无意识是真实存在的。与弗洛伊德主要依据医学和精神病治疗不同,荣格立论的依据主要是考古学、人类学和神话学。他指出,在各民族的古代神话、部落传说和原始艺术中都有一些反复出现的共同的原始意象。例如,力大无比的巨人或英雄、预卜未来的先知、智慧老人、半人半兽的怪物等。此外,还有一些遍布世界各地的自远古流传下来的具有象征意味的图案。这些原始意象和图案显然都出自原始人的幻想和想象,不可能来自现实世界的经验。它们显露了人类共同的深层无意识的内容和心理结构,实际上就是集体无意识,或者说是集体无意识的原型。在荣格的著作中,集体无意识、原型、原始意象这几个概念往往是在同等意义上使用的,但严格说来,它们又有所不同。荣格一般称集体无意识的内容为原型,时常也称作原始意象。原型不只有一种,各种原型的总和构成集体无意识。原型又比原始意象更根本、更抽象,相当于柏拉图哲学中的理念或形式。他强调,原型绝不是外部经验的产物,而是一种先天的心理要素或模式,但又不同于"天赋观念",只是一种潜能。在他看来,人天生地便具有许多心理模式或原型,如出生原型、再生原型、死亡原型、巫术原型、英雄原型、上帝原型、魔鬼原型,以及许多自然物和人造物的原型,等等。他

---

① [瑞士]荣格:《心理学与文学》,冯川、苏克译,生活·读书·新知三联书店1987年版,第52页。

② 同上书,第72页。

③ 同上书,第53页。

说:"人生有多少典型情境就有多少原型,这些经验由于不断重复而被深深地镂刻在我们的心理结构之中。"①正是这些原型预先规定了人的行为。

荣格认为,原型只有通过象征才能表现自己。所谓象征即原型的外显或表达。神话、童话,一切艺术,本质上都是集体无意识原型的象征。象征不像弗洛伊德所说只是性本能的伪装,而是某种超越了纯粹性行为的东西。因此,荣格反对弗洛伊德用俄狄浦斯情结解释艺术作品。他对象征十分重视。他认为,象征是原型的表现,象征能把人引导到文化价值和精神价值中去,正是象征才使人超出自然状态进入文明,它是推动文化进步和社会发展的有力手段。人类的历史就是不断地寻找更好的象征,即能够充分地在意识中实现其原型的象征。在他那里,人类的全部创造性活动实质上都是原型的象征。

在弄清以上三个基本概念的含义之后,我们就不难理解,所谓艺术是集体无意识原型的象征,其基本含义是:艺术既不是现实生活的反映,也不是艺术家个人经验和思想感情的表现;艺术本质上是某种超越时空、超越个人,象征和代表着人类共同需要和历史命运的神圣而永恒的东西。简言之,艺术是伟大人性的表现。这是荣格从非理性主义出发对艺术和审美问题的一种解决。它的确是反传统的、富有独创性的,其中包含了某些合理因素,但远不是正确的科学的解决。荣格的全部美学思想都是建立在这一基本思想的基础上的。

2. 作品、创作、艺术家

从"艺术是集体无意识原型的象征"这一基本思想出发,荣格对艺术作品、艺术创作和艺术家作了自己的解释,提出了一系列重要的、富有启发性的见解。其中主要有以下几点:

第一,艺术作品是超个人的、自律的,因而具有无穷的意义和永恒的价值。荣格说:"一部艺术作品并不是一个人,而是某种超越个人的东西。它是某种东西而不是某种人格,因此不能用人格的标准来衡量。的确,一部真

---

① 转引自［美］C.S.霍尔、V.J.诺德贝:《荣格心理学入门》,冯川译,生活·读书·新知三联书店 1987 年版,第 44 页。

正的艺术作品的特殊意义正在于：它避免了个人的局限并且超越于作者个人的考虑之外。"①他强调，艺术作品有如一种有生命的存在物，它有"自身的法则"和"自身的创造性目的"，因此，"艺术作品中的意义和个性特征也是与生俱来的而不取决于外来的因素"②。在他看来，艺术作品表现的不是个人，而是集体无意识的原型。他说："作品中个人的东西越多，也就越不成其为艺术。艺术作品的本质在于它超越了个人生活领域而以艺术家的心灵向全人类的心灵说话。个人色彩在艺术中是一种局限甚至是一种罪孽。仅仅属于或主要属于个人的'艺术'，的确只应当被当作神经症看待。"③从艺术是原型的象征出发，荣格充分肯定了艺术的价值和意义。象征不是寓言，而是表现或暗示，在艺术意象背后隐藏的原型人们尚未看清，它所暗示的意义超越了我们今天的理解力。我们不可能完全把握作品的意义和价值，但它却根深蒂固地隐藏在作品里。而随着时代精神的更迭，随着我们的意识发展到一个更高的水平，我们以一种新的眼光去看待它，就能不断揭示出作品的意义和价值。这就是为什么一个已经过时的诗人常常突然又被重新发现的道理，也是为什么象征性作品如此富于刺激，吸引我们，并且很少提供纯粹的审美享受的道理。

第二，艺术创作根源于无意识，艺术家是作品的工具。荣格把艺术作品和创作方式分为两类，一类是心理的，一类是幻觉的。心理的艺术作品是艺术家按照自己的自觉意图或自由意志创造出来的。在整个创作过程中，艺术家是作品的主宰，他让材料服从明确的目标，对它们做特定的加工处理，没有丝毫强迫的感觉，行动完全自由，他的意图和才能与创作过程密不可分。相反，幻觉的艺术是艺术家在完全被一种异己的冲动所支配的状态下创造出来的。这时作品成了艺术家的主宰，艺术家的手被捉住了，一些他从未打算创造的意象和思想鬼使神差地从他的笔端涌出，简直成了他自己的自我表白、内在天性的自我昭示。在这里，艺术家与创作过程并不保持一致，他听凭异己冲动的摆布，感到作品大于自己，掉进了异己意志的魔圈之

---

① ［瑞士］荣格：《心理学与文学》，冯川、苏克译，生活·读书·新知三联书店1987年版，第109—110页。

② 同上书，第110页。

③ 同上书，第140页。

中。荣格认为,这两类艺术作品和创作方式虽然不同,但都根源于集体无意识,都是被无意识的创作冲动所操纵的,那种表面上自觉的、目标明确的创作方式,也只不过是诗人的主观幻想,"他想象他是在游泳,但实际上却是一股看不见的暗流在把他卷走"①。在荣格看来,艺术的创作过程就是集体无意识外在化显现的过程、原型象征的过程。在诗人表面意志自由的背后,隐藏着一种"更高的命令"即集体无意识的命令。他认为,集体无意识在艺术家的心中孕育出艺术作品,形成一种独立于意识之外的"自主情结",使得创作过程成为一种有生命的东西。这种"自主情结"即孕育在艺术家心中的作品,是一种自然力,"它以自然本身固有的狂暴力量和机敏狡猾去实现它的目的,而完全不考虑那作为它的载体的艺术家的个人命运"②。这样,艺术家便成为作品的工具和俘虏。他说:"艺术是一种天赋的动力,它抓住一个人,使他成为它的工具。艺术家不是拥有自由意志、寻找实现其个人目的的人,而是一个允许艺术通过他实现艺术目的的人。"③"伟大艺术家的传记十分清楚地证明了:创造性冲动常常是如此专横,它吞噬艺术家的人性,无情地奴役他去完成他的作品,甚至不惜牺牲其健康和普通人所谓幸福。"④十分清楚,荣格完全排除了艺术家的思想意识和艺术实践在艺术创作中的作用,他把艺术创作完全看成是一种非理性的活动。在他那里,真正的艺术家不是艺术家本人,而是凌驾在艺术家之上的有目的有意志的集体无意识,艺术家只不过是集体无意识的代言人,这和柏拉图的"代神立言"说实质上是一样的,都是典型的唯心主义先验论。

第三,艺术家的双重人格和神秘参与。荣格不赞成弗洛伊德从艺术家的个人经历来推论和解释艺术作品。他认为,艺术家具有双重人格,应当严格区分作为个人的艺术家和作为艺术家的个人。作为日常生活中的个人,艺术家可能有自己的喜怒哀乐、个人意志和个人目的,这一切与普通人没有

---

① [瑞士]荣格:《心理学与文学》,冯川、苏克译,生活·读书·新知三联书店1987年版,第113页。
② 同上。
③ 同上书,第141页。
④ 同上书,第113页。

两样,也与他的艺术作品毫不相干。他说:"诗人的个人生活对于他的艺术是非本质的,它最多只是帮助我们理解他的艺术使命而已。"①但是作为艺术家,他却是更高意义上的人,即"集体的人",是一个负荷造就人类无意识精神生活的人。为了承担这一艰难的使命,他必须牺牲个人的幸福,为创作激情的神圣天赋付出巨大的代价。因此在艺术家的身上经常有两种力量在斗争,一方面是普通人对幸福、满足和安定生活的渴望,另一方面是残酷无情甚至践踏一切个人欲望的激情。荣格说:"艺术家的生活即使不是悲剧性的,至少也是高度不幸的。"②他指出,由于创作激情几乎耗尽艺术家的生命,艺术家在个人生活方面往往低能,而为了维持生命,他们又不得不形成各种不良品行——残忍、自私、虚荣,不可克服的自我中心主义,以致肆无忌惮地冒犯道德准则和法规,犯下各种罪恶。

那么,是什么原因造成艺术家的人格分裂呢?在荣格看来,支配艺术家命运的仍然是集体无意识,因为富于创造性的作品来源于无意识的深处。他说:"每当创造力占据优势,人的生命就受无意识的统治和影响而违背主观愿望,意识到的自我就被一股向心的潜流所席卷,成为正在发生的心理事件的束手无策的旁观者。创作过程中的活动于是成为诗人的命运并决定其精神的发展。不是歌德创造了《浮士德》,而是《浮士德》创造了歌德。"③这就是说:"诗人本质上是他的作品的工具。"④荣格并没有由于艺术家的悲剧性命运而否认艺术家的创造活动的社会价值和意义。他认为,艺术家的非理性的创造活动,是艺术家超越丑恶现实,超越自我,返回集体无意识的一种所谓"神秘参与"或"神秘共享"的状态,每当社会生活明显地具有片面性和某种虚伪倾向的时候,集体无意识的原型就会被"本能地"激发,出现在艺术家的幻觉中,把个体提升到整个人类存在的高度,使他视个人的祸福无关紧要,进而创作出象征原型的艺术作品,为人类指点方向,恢复这一时代的心理平衡,正是诗人"从集体精神中召唤出治疗和拯

---

① ［瑞士］荣格:《心理学与文学》,冯川、苏克译,生活・读书・新知三联书店 1987 年版,第 144 页。

② 同上书,第 141 页。

③ 同上书,第 142—143 页。

④ 同上书,第 143 页。

救的力量"①,他就以这种方式"迎合了他生活在其中的社会的精神需要"②。正因为如此,他的作品就比他个人的命运更具有意义。伟大的艺术作品就像是梦,诗人从属于作品,他不解释作品,而把解释留给别人,留给未来。这种"神秘参与"与"神秘共享"也就是艺术创作和艺术效用的奥秘。

3. 抽象与移情

在《美学中的类型问题》中,荣格探讨了抽象和移情的问题。他认为,人的心理结构虽然在意识的深层次上是普遍一致的,但仍能分出不同的心理类型,其中有两种最基本的典型心态,即内倾和外倾。外倾是一种客观的心态,内倾是一种主观的心态。(外倾型的人更多注意的是客观的对象,他对周围的一切都很有兴趣;内倾型的人则孤傲、内向,更多专注于自己的内心体验。)内倾和外倾表现在审美活动中,就成为抽象与移情两种审美态度。

最早把"抽象"作为一种与移情相反的审美态度提出来的是德国艺术史家沃林格(Wilhelm Worringer,1881—1956 年),他在 1907 年出版了一本名叫《抽象与移情》的书。他认为,立普斯的移情说无法解释东方的和北欧的艺术,因为这些艺术中存在着大量非现实的、不和谐的艺术变形和抽象。由此,他提出人有两种审美冲动或审美态度,一种是移情,另一种是抽象。荣格赞赏沃林格的思想。他指出,按照移情说,审美欣赏是自我的对象化,或者说是对象化了的自我欣赏,那么,任何不能被人用来移情的形式就是丑的,而这并不符合艺术史的实际。立普斯说过,移情是对自我生命的肯定,然而"无疑也还存在着另一种艺术原型,存在着另一种与生命相对抗、否定生活意志,却仍然应称之为美的艺术风格"③。

---

① [瑞士]荣格:《心理学与文学》,冯川、苏克译,生活·读书·新知三联书店 1987 年版,第 144 页。

② 同上书,第 143 页。

③ 同上书,第 222 页。

荣格进一步认为,无论移情还是抽象,实际上都是"一种无意识的投射活动"①。移情相当于外倾,抽象相当于内倾。他说:"具有抽象态度的人发现自己置身于一个可怕地充满了生气的世界之中。这个世界企图压倒和吞没他。他因此退缩到自身之中,以便设计出一种补救的方案来把他的主体价值至少增加到这样一种程度,在这种程度上他可以掌握住自己以抵御对象的影响。与此相反,具有移情态度的人发现自己置身于这样一个世界之中,这个世界需要他用自己的主观感情给予它生命和灵魂。他满怀信心,要通过自己来使这个世界变得充满生气;而抽象型的人却在对象的神秘感面前充满疑惧地退却,并且建造起一种用抽象构成的、具有保护性的、与之对抗的世界来。"②荣格很少直接谈到美,但从他把移情和抽象两种审美态度都归结为无意识投射来看,在他那里,美的创造只发生在无意识领域,因此,美也只能是无意识的产物。

总的说来,荣格的美学,不论在广度上还是在深度上,都比弗洛伊德美学有了新的重大的进展。他不是言必谈性,而是试图站在人类整体生存发展的高度上,用集体无意识来解释艺术和审美现象,因此,他所研究的问题和提出的观点,更具有社会性,更丰富、更重要,也更富有启发性。例如,他对艺术象征性质的分析,对艺术使命和艺术社会功能的肯定,对作品和艺术家关系的揭示,以及对各种非理性艺术现象的阐释,都包含有某些积极的、合理的因素。在现代西方,荣格的美学不仅在美学研究领域,而且在文艺创作、文艺批评以及神话、文化研究领域都产生了广泛的影响。但是,从根本上说,荣格的美学是反理性主义的、唯心主义的。

顺便指出,荣格的反理性主义美学包含了对现代西方社会发展的关切和对西方传统文化的反思。他认为,在 20 世纪,人类的"象征"已变得十分贫乏和片面。这是片面发展科技、忽视人的生存和精神发展所造成的,应当以艺术的象征来拯救现代社会。他认为,西方传统的主客二元对立的思维方式是对世界的一种片面的认识,需要按照东方人的思维方式加以修正。

---

① ［瑞士］荣格:《心理学与文学》,冯川、苏克译,生活·读书·新知三联书店 1987 年版,第 224 页。

② 同上。

这些思想,应当引起我们的重视。

第五节 分 析 美 学

分析美学是 20 世纪西方分析哲学的分支,是将分析哲学的观点和方法运用于美学的产物。它同语义哲学有密切联系,其特点是怀疑和取消长期以来给艺术或美下定义的必要,把美学限制在澄清语言、消除语言误解以及理解语言的特殊作用、意义和方法上面,主要是从否定方面对艺术和美作语义上的分析。分析哲学和美学的创始人最早可追溯到英国哲学家摩尔(G. E.Moore,1873—1958 年),他在《伦理学原理》中,首创对概念进行逻辑分析的方法,并提出对"善"和"美"都不能下定义的主张。后来便出现了一系列分析美学家,如维特根斯坦、莫里斯·韦兹、肯尼克、乔治·迪基、麦克唐纳、汉普夏尔、瑞恰兹等人,其中成就最大、影响最大的首推维特根斯坦。下面我们就介绍一下他的主要美学思想。

路德维希·维特根斯坦(Ludwig Wittgenstein,1889—1951 年)出生于奥地利维也纳一个犹太家庭,早年在柏林高等技术学校、英国曼彻斯特大学学习航空学,后入剑桥大学三一学院随罗素学习数理逻辑和哲学。第一次世界大战爆发后回维也纳服兵役。1929 年重返剑桥,并加入英国籍,后来接替摩尔担任那里的哲学教授。晚年辞去教授职务,专心写作。以 1929 年重返剑桥为界,维特根斯坦的思想发展明显区分为前后两个时期。前期代表作是生前出版的《逻辑哲学论》(1921 年),后期代表作是死后出版的《哲学研究》(1953 年),两书分别探讨科学语言和日常生活语言,对逻辑实证主义和日常语言哲学有重大影响。其他主要著作有:《关于数理基础的意见》(1956 年)、《蓝皮书与褐皮书》(1958 年)以及由别人整理的笔记《混合的评论》(1977 年,英译和中译均为《文化和价值》)、讲演集《关于美学、心理学和宗教的讲演与谈话》(1966 年)等。他没有写过专门的美学著作,仅作过几次关于美学问题的演讲。

一　前期维特根斯坦的哲学和美学思想

《逻辑哲学论》一书论述了三个领域,即世界领域或事实领域、思想领域或命题领域和神秘的不可说的领域,三个部分之间是层层推进的逻辑关系。

对世界的分析是《逻辑哲学论》的起点。维特根斯坦认为世界由所谓"原子事实"所组成,存在着的原子事实的总体就是世界。原子事实是一些对象(实体、事物)的结合,它并不等于事物。诸原子事实彼此独立、互不依存,从任何一个原子事实的存在或不存在,并不能推论出另一个原子事实的存在或不存在,任何一个原子事实的发生与否,对于其他原子事实并不会产生直接影响。

维特根斯坦进一步分析了思想领域。他把原子事实与思想相联系,使读者的目光转移到世界的逻辑表现之上,提出了"命题"这一概念。在维特根斯坦那里,命题是对世界或事实的陈述,而所谓"原子命题"也就是对原子事实的陈述,通过它就可以发现构成世界的基本成分即原子事实;不仅如此,原子命题还是其他一切形式的命题的基础,由它可以推论出其他形式的命题,真的原子命题包含了其他一切命题表示的真理。总之,维特根斯坦认为事实可以被命题陈述,语言具有表达的功能。为什么可以用语言来陈述原子事实呢? 维特根斯坦指出,语句与事实之间存在着某种关系,依靠这种关系,事实才在语言中得以表现。他用"图式"来代表这种关系,认为人们用象征符号来描绘世界,同画家用线条、颜色构成一幅画是一样的,用语言进行思想或说话,就是对事实作逻辑的摹写,这种逻辑的摹写,也就是给事实创造它的图式,图式就是命题的本质。

前期维特根斯坦所探讨的中心问题就是命题问题,《逻辑哲学论》的主要内容,是对命题形式的分析,也就是通过逻辑分析的方法,确定什么样的命题是能够成立的,什么样的命题是不能成立的;什么样的命题是有意义的,什么样的命题是没有意义的;什么样的命题是真的,什么样的命题是假的;等等。他认为,命题不仅是知识的基础,也是世界的模式。一个命题仅有逻辑的可能性,即仅仅与逻辑的形式相符合,这个命题还是不完全的、没有意义的,也是不能成立的;它还必须有现实的可能性,即与事实的形式相符合,才能是完全的、有意义的,能够成立的。这就是命题的双边相关性,即一方面要与逻辑的形式相关并相符;另一方面又要与事实的形式相关并相符。前一个方面是有意义的命题的先决前提,后一方面则是说明命题的意义从何而来的依据,这两个方面缺一不可。图式就是既包含命题又包含事实的完整的世界,唯有能够形成图式的命题才是真命题,是有意义的命题,是能够成立的命题。

维特根斯坦还把"可说的"和"不可说的"之间的区别问题即语言能够表达的东西的界限问题,从不同方面与其意义说和图式说直接联系起来。他认为语言的逻辑特性不可说而只能显示,所谓可说的,就是关于经验事实的命题,即那些合乎他的意义标准的命题,而不可说的东西也就是"神秘的东西"。

从以上哲学思想出发,维特根斯坦提出了取消"形而上学"的口号。他认为人们能够谈论的问题即符合他给可说的东西所作的规定的,唯有自然科学的问题。而以往一切"形而上学"的问题,都不是有意义的命题,所以也就应该完全取消。这是因为所有的形而上学命题要么是不合乎命题的逻辑要求;要么就不具有作为意义标准的可证实性,既不能为人的经验证明也不能为人的经验推翻。

维特根斯坦认为,所有关于美是什么之类的命题,也都属于不可证实的形而上学命题之列,是无意义的。在《逻辑哲学论》中,他涉及美学的只有两段话:"关于哲学问题的大多数命题和问题不是虚伪的,而是无意思的,因此我们根本不能回答这一类的问题,我们只能确定它们的荒谬无稽。哲学家们的大多数问题和命题是由于我们不理解我们语言的逻辑而来的(它们是属于善多少和美同一这一类的问题的)。"[①]"伦理学是不能表述的,这是很明白的。伦理学是超验的(伦理学和美学是一个东西)。"[②]这无非是说,美学同哲学和伦理学的问题一样,大都是不可表述、说不清楚的。原因就是这些命题和问题都是超验的,无法在事实中得到证明,因此就没有意义,甚至荒谬。维特根斯坦也并不认为美学问题因其无意义就不能存在,在

① [奥地利]维特根斯坦:《逻辑哲学论》,郭英译,商务印书馆 1962 年版,第 38 页。

② 同上书,第 95 页。

他看来,关键就是不把它们当作有意义命题划在知识的范围之内。美学问题"不能说出来,而只能表明出来"①,这里所说的"表明"不是靠文字、命题去表明,而是靠人生自身去显示,即这类问题是只可意会不可言传的,是不能用思维和语言去加以研究的。因此,他庄严地写道:"凡是能说的事情,都能够说清楚,而凡是不能说的事情,就应该沉默。"②

二 后期维特根斯坦的哲学和美学思想

维特根斯坦在《逻辑哲学论》出版之后曾一度远离哲学,因为他自信他已经最终解决了问题,在哲学上已经没有什么重要的事情可做。他在《逻辑哲学论》的"序"中声称:"在这里所阐述的真理,在我看来是不可反驳的,并且是确定的。因此我认为问题基本上已经最后解决了。"但后来维特根斯坦却发现自己前期的语言理论中其实存在着不可克服的困难,于是他果敢地抛弃了先前的理论,并对自己前期思想进行批判。

后期维特根斯坦所着重研究的不再是科学的逻辑语言,而是普通的日常生活语言。他的前期哲学是将科学语言运用于科学命题,并对科学命题作逻辑分析,而现在他却运用日常语言去进行语言游戏,并对语言游戏作语法分析。前期他突出语言意义的指称性、一义性和必然性,而后期则更强调语言意义的非指称性、多义性和约定性。他还一反前期将命题和语言只局限在自然科学范围之内的做法,将语言研究扩大到一切知识领域中,尤其重视对人的日常生活的人的意志、情感等精神生活的研究,并通过对私人语言存在的可能性的否定,使语言、思维和经验都社会化了。哲学观上的根本转变当然也影响到他的美学思想。

1.语言游戏与家族相似

在《哲学研究》中,维特根斯坦不再认为语句的意义在于它是反映事实的图式,而主张语句的意义即在于其用法。这种"用法即意义"的观点,不

---

① [奥地利]维特根斯坦:《逻辑哲学论》,郭英译,商务印书馆1962年版,第79页。
② 同上书,第20页。

再以世界的确定性来定义和限定语言的确切意义,不再用语言与世界的精确关系使语言科学化,从而使思维和思想科学化。它让语言的意义取决于使用语言的环境,同一个词、同一句话,在不同的使用环境中具有不同的意义。因此,语言的意义是变易的,是依赖于环境和用法的。

维特根斯坦借助于"语言游戏",阐明了他的用法即意义的观点。摩尔在概述维特根斯坦的美学思想时就曾说:"维特根斯坦是从探讨词的意义的一个问题开始他的全部美学讨论的……他以'游戏'为例来说明这个问题。"①那么什么是"游戏"?如果按照传统的哲学方法去回答问题,那就必须在所有游戏的共同特征中去作出回答。但维特根斯坦说,让我们先去考虑一下我们所说的"游戏","我的意思可以指下棋、扑克、球类游戏、奥林匹克运动游戏等等。但什么是它们的共同点呢?——不能说:'必须要有一些共同点,否则它们就不能称之为游戏',我们只能去查看或去看一下到底它们有没有共同点,但即使你仔细地去看它们,你也不会看到会有什么东西是共同点,有的只是一些类似的、相互有点关系的以及一系列诸如此类的东西"②。在他看来,什么是"游戏",并没有一条明确的界限,因为没有一种为所有游戏都具有的共同特征来作为游戏的特征。一些游戏和另一些游戏可能有某些方面类似,但只是部分的相似,我们没有办法也没有必要去发现它们必须和充分的共同特征,它们只具有某种部分相似和一种交叉相似的网状形态。因此,如果有人要问什么是游戏,我们只能去选择一些实际的游戏的例子对它们作出描述,并且补充说:"这种东西以及和它相类似的东西都叫作'游戏'。"维特根斯坦进而将语言与游戏相比较,认为语词的用法与游戏极为类似。在他那里,所谓"语言游戏",就是指人用语词进行的一种现实的活动,它像游戏一样没有本质;其中不同的语词有不同的作用,同一个词在不同的上下文中也有不同的作用,词的用法十分复杂和多种多样,虽然如何使用词或语言有一定规则,但规则在一定意义上又是随意的。

紧接着"语言游戏",维特根斯坦提出了他后期哲学的另一重要概念

---

① 转引自蒋孔阳主编:《二十世纪西方美学名著选》下卷,复旦大学出版社1988年版,第94页。

② [奥地利]维特根斯坦:《哲学研究》,汤潮、范光棣译,生活·读书·新知三联书店1992年版,第45—47页。

"家族相似"，用来说明各种游戏活动之间的关系以及各种语言游戏的关系。他写道："我想不出比'家族相似'更好的说法来表达这些相似性的特征；因为家庭成员之间各种各样的相似性：如身材、相貌、眼睛的颜色、步态、禀性等等，也以同样的方式重叠和交叉。——我要说：'各种游戏'形成了家族。"①的确，一个家族之中，一个成员总与另一个成员有相像之处，但这未必也是他与第三个成员之间的相像之处，这样那样或多或少的相像之处是每个家族之中都有的，但并没有一个相像之处是所有家族成员共同的。这种"家族相似"也同样完全适用于对语言的分析。

以上哲学思想深深影响到维特根斯坦后期的美学思想。他在《美学讲演录》中，一开始就说，美学"完全被误解了。如果你考察一下使用'美的'这个词的句子的语言学形式，你会发现这个词的用法甚至比其他大部分词的用法更易于被人误解。由于'美的'是个形容词，所以你就容易会误解地去说'这件东西有一种美的特质'"②。这里维特根斯坦是说美不过是个形容词，它在不同的语境中就有完全不同的用法，它本身并没有什么确定的含义，所谓"美的特质"当然也是不存在的。而人们把对事物的形容当作事物的属性，认为事物具有某种美的性质，也就完全是一种对语言的误解，是一种化虚为实、以假为真的行为。维特根斯坦还认为我们之所以可以将众多的事物称为美的，并不是因为它们一定有一个共同的规定性、有一个共同的美的本质。美的事物只具有相似之处，这种相似并不是由一个本质统率的相似，而是家族相似，美的世界只是一个"相似家族"。我们观察美的事物时，从各个方面、各个角度逐个看去，也绝看不出一切有什么共同性，而只能看到它们的一些相似关系，不断地看见一些共同点的出现和消失。我们看的这些现象并没有一个共同的东西使我们可以用一个词来表示所有这一切现象，但这一切现象却可以用许多不同的方式相互联系起来，正因为这些联系，我们才把这一切现象都叫作美。因为，美的事物并没有一个固定的共同本质，也不能下一个适应一切的定义，它们只是一个开放性的"家族"。

---

① ［奥地利］维特根斯坦：《哲学研究》，汤潮、范光棣译，生活·读书·新知三联书店1992年版，第46页。

② 转引自蒋孔阳主编：《二十世纪西方美学名著选》下卷，复旦大学出版社1988年版，第80页。

总之,随着哲学思想的变化,维特根斯坦的美学思想也有了重大突破。他认为什么是美、什么是艺术等问题不可界定的原因并不是由于前期他所认为的"不可表述",而是因为这些概念同其他概念一样都处在语言游戏之中,在语言游戏中它们并没有确定的意义。这些概念只具有家族相似性,并没有共同性,没有统一的本质,因此是不可界定的。所以他反对对这些没有统一意义的问题作形而上学的本质探讨,而主张对大量的审美问题和艺术问题作恰当的描述,这就是他的美学研究方法。

2. 文化、环境和生活形式

维特根斯坦后期的语言观由两大支柱支撑起来。除了"语言游戏"概念以外,"生活形式"这一概念是另一大支柱。他所谓的"生活形式"主要是指人的活动,包括日常生活活动、语言活动、心理活动,等等。他认为,作为语言游戏的美感描述所以具有多义性,就是因为它是一种活动,是与人的完整的生活形式紧密联系在一起的。因此,我们要通过语言来描述审美经验,就必须同时描述与语言游戏相关联的生活形式。

维特根斯坦进而认为,人的生活形式处于一定的环境和一定的文化背景之中,而任何文化都是一定民族和一定时代的文化,因而要描述人的审美活动就必须描述审美活动所处的环境和文化背景,就必须注意和描述审美活动的民族性和时代性。他说:"我们称做审美判断的表达的那些词,在我们所认为的某一时期的一种文化中,起一种非常复杂的但又非常明确的作用。你要描述这些词的用法,或要描述你所指的一种有教养的趣味,你就必须描述一种文化。"[1]在他看来,文化、环境和生活形式是一环套一环的相关结构,一定的生活形式与一定的环境相关联,而一定的环境又与一定的文化相关联。人的审美活动和美感描述是人的生活形式的一部分,因此它必然渗透着环境和文化的影响,它必然按照整体的文化精神来工作。可以说,人只要描述了审美经验,他也就描述了与之相关的环境和文化。

此外,维特根斯坦还注意到了审美欣赏和美感描述的个性和社会性。

---

① 转引自蒋孔阳主编:《二十世纪西方美学名著选》下卷,复旦大学出版社 1988 年版,第89 页。

这种个性和社会性的关系,说到底是个人与文化的关系。他说,一种文化犹如一个大型组织。它给每个成员分配一席之地,使这些成员按照整体精神进行工作。他肯定、尊重每个人的个性、审美独特性,但更强调审美的普遍性和社会性。在他看来,个性并不是私人性,而是一种社会性,是一种受社会限制的个性。他主张人在审美活动中应遵循一定的规则,正是这种人们在共同实践中约定的规则的社会性,才保证了审美经验和美感描述的普遍可传达性。这一看法是深刻的、辩证的。

维特根斯坦虽然没有直接解决多少美学问题,甚至有否定美学的倾向,但这并不能否认他对美学的贡献。首先,他揭露了长期以来美学概念的混乱,要求美学概念的精确化,这是合理的、有积极意义的。更重要的是,他为美学研究提供了一种崭新的思想和方法,开辟了新的研究方向。分析美学已成为现代西方美学中独具特色的重要流派,不论对人文主义美学还是对科学主义美学都产生了广泛而深刻的影响。

第六节　现象学美学

现象学美学是以现象学的理论和方法为哲学基础的一个美学流派,其代表人物有胡塞尔、布伦坦诺、康拉德、盖格尔、茵加登和杜夫海纳等人。其中最有成就最重要的是茵加登和杜夫海纳。

现象学兴起于 20 世纪初的德国,其创始人是胡塞尔(Husserl,1859—1938 年)。他并未建立美学体系,但他的现象学方法和理论对美学产生了极大的影响。他提出了一个口号:返回"事物本身"。他所谓"事物"不是指客观存在的事物,而是指呈现在人的意识中的东西,他又称这些东西为"现象",所以返回"事物本身"就是回到现象,回到意识领域。他认为,哲学以此为对象,就能避免心物分立的二元论。要回到"事物本身",就要丢开通常的思维方式,采取现象学的方法即还原法,也就是首先要把我们通常的判断"悬置"起来,加上括号,存而不论。他认为,通过这种现象学还原,就能直觉到纯意识的本质或原型,最终发现意识有一种基本结构:意向性,即意识总是指向某个对象,总是有关某对象的意识;因此,世界离不开意识,只有对人才有价值和意义,离开人,离开意识,就没有什么价值和意义。

胡塞尔的现象学实际上是一种主观唯心主义的哲学,但它并没有简单否定客观事物的存在,而是用一种"整体性意识"反对主客体分立的传统哲学,因此它是最典型的现代哲学。它在美学上带来了重大的变革,对海德格尔、萨特、梅洛·庞蒂、伽达默尔等人都产生了巨大影响。

一 茵加登的现象学文学美学

罗曼·茵加登(Roman Ingarden,1893—1970年),波兰哲学家、美学家和文艺理论家。生于克拉科夫,早年入华沙大学哲学系,1912年留学德国,先后入哥廷根大学和弗莱堡大学,曾受教于胡塞尔。1918年获博士学位后回国。先后在里沃夫和克拉科夫大学教授哲学。主要著作有:《文学的艺术作品》(1931年)、《对文学的艺术作品的认识》(1937年)、《艺术作品的本体论》(1962年)、《体验、艺术作品和价值》(1969年)等。

茵加登运用胡塞尔现象学研究文学作品,构筑出了文学作品的本体论、认识论和价值论。这是现象学美学早期的重大成果。

1. 文学本体论

在《文学的艺术作品》中,茵加登首先提出了文学作品的存在方式问题。他根据胡塞尔的意向性理论,认为作品是一种独特的存在领域,它既不是实在的客体,亦非观念的客体,而是一种"纯意向性客体"。他说:"文学作品是一个纯粹意向性构成,它存在的根据是作家意识的创造活动,它存在的物理基础是以书面形式记录的本文或其他可能的物理手段。"[①]在此基础上,茵加登进而揭示了文学作品的基本结构。他认为,文学作品是一个多层次的结构,是由四个异质的层次构成的一个整体。它们分别是:①字音和建立在字音基础上的高一级的语音构造;②不同等级的意义单元;③由多种图

---

① [波]罗曼·英加登:《对文学的艺术作品的认识》,陈燕谷、晓未译,中国文联出版公司1988年版,第12页。

式化观相,观相连续体和观相系列构成的层次;④由再现的客体及其各种变化构成的层次。

茵加登认为,第一层次是语音层次,这是文学作品最基本的层次,是作品赖以存在的基础。它不是物理上的声音和生理上的发音即语音素材,而是字音在此基础上的语音构造。字音负载字的意义,并通过语音素材而得以具体化,字词就是被赋予意义的和具体化的字音。语音层次为文学作品的其他三个层次提供了物质基础,它显现其他层次,特别是意义层次。

第二层次是不同等级的意义单元,即语义层。它在构成文学作品其他层次上具有决定性的作用,并且影响着下几层的意义的正确性。它包括词、句、段各级语言单位的意义。正是由于有意义的词句和句子系列才能展现出具体环境中的世界——由人物和事件构成的特定的有机的世界。

第三层次是图式化观相层,观相就是客体向主体显示的方式。实在的客体向我们显示为客体的观相内容,这有限的观相所组成的层次只是骨架式的或图式化的,其中充满了许多"未定点",有待读者用想象去联接和填充,从而使文学客体丰满化和具体化。

第四层次是再现的客体层次。再现的客体指作者在文学作品中虚构的对象,这些虚构的对象组成一个想象的世界。这一层次是在前三个层次基础上形成的,因而处于作品的较高层次。茵加登认为,作品是再现的客体而非客体本身,它提供的是一种"观念",或者"形而上质"。所谓形而上质是指崇高、悲剧、恐惧、动人、丑恶、神圣、悲悯等性质,这些既非客体性质,也非心态特征。但"通常在复杂而又往往根本不同的情境或事件中显露出来,作为一种氛围弥漫于该情境中的人与物之上,并以其光芒穿透万物而使之显现"①。这些只能在特定生活情境中体验和感悟的形而上质,揭示的是生命和存在的更深意义。再现的客体层最有意义的功能就是显现作品的形而上质。这些属性在得到具体化时就获得了审美价值。文学作品中的"真理"就是形而上质在文学本文中的显现。通过对文学作品的四个层次构造的具体分析,茵加登完成了文学本体论的构筑。那么,人们是怎样认识文学

---

① 〔波〕茵加登:《文学的艺术作品》(英文版),(美国)西北大学出版社1973年版,第291页。

的艺术作品呢？茵加登由此提出了文学认识论。

2. 文学认识论

茵加登认为,读者的阅读过程,就是对文学作品的图式结构加以具体化和再创造的过程,这也就是对文学的艺术作品的四个层次的认识过程。

首先是对语音层的认识理解。这个过程并非独立的,而是和第二层次语义层的认识理解紧密结合在一起的。"人们不是首先理解语词声音然后理解语词意义。两种理解同时发生:在理解语词声音时,人们就理解了语词的意义,同时积极地意指这个意义"①。所以,人们认识理解字词的语音构造的同时,就已经掌握了字词的意义,同时也就理解了由字词组成的句子及句群的意义。对字词的理解就形成了"纯意向性客体"。对句子的理解就形成"纯意向性事态",各种"纯意向性事态"的结构组合就形成变化多端的高级意群。最后用具有各种确定的要素以及发生在它们中间的变化创造出一个完整的世界,完全作为一个纯意向性关联物的句群,如果这个句群最终形成一部文学作品,那么,这互相关联的句子的意向性关联物的全部贮存就是作品"描绘的世界"。但理解认识并非到此为止,只有完成对第三、第四层次的理解,才能真正达到对作品的审美理解。在这个过程中,茵加登强调了读者的创造作用,即读者(欣赏者)的意向性构成作用。按照他的观点,文学作品是一种图式化构造,是一种"纯意向性客体",在其中(客体层次)包含许多未定点和空白,而读者在阅读过程中通过其意向性活动来填补这些"未定点"和空白,这样就是文学作品的"具体化"或"现实化",也就完成了对文学的艺术作品的理解和认识,通过它,就达到了对作品的审美具体化,最终产生审美价值。茵加登说:"在阅读中现实化的外观不仅使作品再现客体的直观更强烈、更丰富,它们还把一些特殊的审美价值因素带到作品中来,对这些因素的选择常常同作品或其某一部分的主要情调密切相关或者同一种形而上质密切相联,一种特殊的形而上性质的出现构成了作品的

---

① [波]罗曼·英加登:《对文学的艺术作品的认识》,陈燕谷、晓未译,中国文联出版公司1988年版,第19—20页。

顶点并且在阅读中对作品的审美具体化发挥着重要的作用。"①这正是对文学作品认识和理解的最终目的。

其次，从更广泛的意义上，茵加登讨论了审美经验问题。这里，他首先分析审美对象和艺术作品的区别，认为艺术作品在未被欣赏或阅读之前是自我存在的，还未成为审美对象，只有在欣赏者欣赏或阅读过程之中才能成为审美对象，而人的审美经验就是审美对象的形成过程和对审美对象的观照过程。具体分为三个阶段：第一阶段是审美经验的预备情绪。这一过程就是"从我们日常生活中采取的实际态度，从探究态度向审美态度的转变"②。这一转变"中断了关于周围物质世界的事物中的正常的经验活动"③，"使我们对待日常生活的自然态度变为特殊的审美态度"④。第二阶段是审美对象的形成。在这一过程中，审美主体通过丰富的想象力以及自己以往的经验，使艺术作品产生出一种崭新的特质，其和谐统一，常常包含丰富的内容，"一旦获得这种质的和谐，审美对象也就随着形成"⑤。这样就过渡到审美经验的第三阶段，也是最后阶段，这一阶段既是对业已形成的审美对象的平静的观照，同时，又是对审美对象的质的和谐的情感反应。也就是说，在这一阶段审美主体与审美客体达到了相互交融的境界，并产生出对审美价值认同的情感，如快乐、赞美、欣喜等，或与此相反的情感。这种审美情感的产生是对审美对象的价值的肯定，也是整个审美过程的终结。

3. 文学作品价值论

茵加登的文学作品的价值论与他的文学本体论和认识论有密切联系。关于文学作品价值论的研究，是他晚年注意的中心，也是他的现象学美学的重要组成部分。他的目标是要揭示艺术作品对人产生功能和效果的结构基础，力求建立一种客观的、科学的、精密的艺术价值论的体系。

---

①　[波]罗曼·英加登：《对文学的艺术作品的认识》，陈燕谷、晓未译，中国文联出版公司1988年版，第62页。

②　[美]M.李普曼编：《当代美学》，邓鹏译，光明日报出版社1986年版，第289页。

③　同上书，第291页。

④　同上书，第293页。

⑤　同上书，第301页。

茵加登认为,文学作品的艺术价值是客观的,是由文学作品自身决定的,是作品的内在属性,不是欣赏者对作品的心理体验和评价。因此,他严格区分了艺术价值和欣赏者的审美愉快。他强调,欣赏者的审美愉快不是作品本身,不包括在艺术作品之中,不能作为衡量艺术作品的价值尺度。他指出,把艺术作品的价值归结为欣赏者的审美愉快,是一种主观性的错误理论。

在肯定艺术价值的客观性的基础上,茵加登建立了他的作品价值结构的系统理论。他认为,艺术作品的审美价值是由艺术作品的一般结构决定的,任何艺术作品都具有两种基本质素,即审美质素和艺术质素。审美质素是作品中直接引起美感的性质,如"严肃""纤美""漂亮""庸俗"等性质;艺术质素则是作品中不直接引起美感,但却构成审美质素基础的一些形式上的性质,如语言表达中的"复杂""明晰""清彻"等性质。这些质素本身虽然不是审美价值,但却是审美价值的结构基础,正是这些在艺术上和审美上有意义、有价值的质素,才形成艺术作品的审美价值。在他那里,作品的结构和审美价值的关系是一种客观的关系,表现为各种不同的层次和性质,也就是说,艺术质素和审美质素以不同的组合方式构成不同的审美价值,他把价值质素区分为不同的层次或系统,并从作品效用的角度把价值质素区分为肯定的、否定的和中性的。为了揭示文学作品的审美质素系统,他晚年收集了二百来个不同的质素词项,把它们分成十二个组,试图编排出一套审美质素表。他对审美质素和审美价值的研究明显具有实证主义的性质,他试图把审美价值理论建立在作品结构的客观性的基础上,他的研究是有益的,但收效不大,并没有达到他要达到的目的。

茵加登的美学贡献首先表现在他对文学作品的结构分析上。他所运用的层次结构分析的方法对后起的结构主义、符号学、语义学、分析哲学等美学流派,都发生了不同程度的影响,实质上是一种系统论的科学方法。采用系统论的方法比单纯描述艺术作品的外部特征要更深入、更精确、更有科学性。他的"四层次"说虽然并不完善,但仍富有启发性。其次,他强调艺术作品只有经过欣赏才能变成审美对象,艺术价值才会变为审美价值,这就突出了欣赏者参与艺术作品创造的能动作用,这对后来的解释学美学和接受美学也有重要的影响。

二　杜夫海纳的审美经验现象学

杜夫海纳(Mikel Dufrenne,1910—1995 年)是法国著名美学家。曾任法国美学协会主席,世界美学协会副主席。曾任法国巴黎大学退休名誉教授。其主要著作有:《审美经验现象学》(1953 年)、《先验的概念》(1959 年)、《语言与哲学》(1963 年)、《诗学》(1963 年)、《美学与哲学》(1967—1976 年)等。

杜夫海纳也采用现象学的方法和理论来研究美学。他把审美经验作为自己美学研究的对象,称自己的美学为"审美经验现象学"。他的美学思想主要包括以下几个方面。

1.审美经验与审美对象

杜夫海纳在《审美经验现象学》一书导言的开头说:"我说的审美经验指的是欣赏者的而不是艺术家本人的审美经验。我想对这种经验首先加以描述,随后进行先验的分析,并尽力从中引出形而上学的意义。"①他不否认艺术家的审美经验的存在,也不否认研究艺术家审美经验的必要,但他认为许多以这种研究为基础的美学都滑向了胡塞尔批评过的心理主义,成了艺术创作心理学,并有使作品从属于对作品的知觉的危险。他拒绝采用这种方法,转而采用胡塞尔的现象学方法,把审美经验的研究"朝向欣赏者对审美对象的静观"②。可以说,研究欣赏者的审美经验,"描述艺术引起的审美经验"③,这是杜夫海纳美学的一个基本特点。

从胡塞尔的意向性概念出发,杜夫海纳认为,欣赏者的审美经验的关联物是审美对象,要界定审美经验必须首先界定审美对象,但审美对象又是由审美经验界定的,这里显然有一个循环。如果从主体和客体分立的传统观点看,这个循环是自相矛盾的。但现象学恰恰接受了这个循环,认为主体与客体、知觉与对象、意识活动与意识对象都是统一的。因此,审美经验并不

---

①　[法]米·杜夫海纳:《审美经验现象学》,韩树站译,文化艺术出版社 1992 年版,第 1 页。

②　同上书,第 3 页。

③　同上书,第 24 页。

是审美主体观照审美客体的产物,它本身就是既联结审美主体或审美知觉又联结审美客体或审美对象的统一体;在这个统一体中,主体与客体互相对话,互相表现,互相包含,互相交融。其实,审美经验就是先验的本体。为了便于研究,杜夫海纳首先研究了审美对象,接着研究了审美知觉,最后又归结为审美经验本体论或艺术本体论,这就是他的《审美经验现象学》的基本框架。

审美对象的研究在杜夫海纳的美学中占有十分重要的地位。他认为,审美对象提出了最微妙的问题,即本体论问题。他首先分析了审美对象和艺术作品的关系。他认为,审美对象首先是审美经验所把握的艺术作品,但艺术作品并不是全部审美对象,它只构成审美对象的一个特殊的、范围有限的部分。因此不能简单地把审美对象等同于艺术作品。有时艺术作品可以成为审美对象,有时艺术作品不是审美对象,全要看它是否被审美地感知。例如,挂在墙上的画对鉴赏者而言是审美对象,对搬运工而言则是物,对擦洗它的专家来说,则一会儿是物,一会儿是审美对象;树木对砍柴者来说是物,对游人来说可能是审美对象。这就是说,审美对象是物又不只是物,它不只是物又同时保持着物的性质。由此杜夫海纳认为,审美对象是审美地被感知的艺术作品,只有在艺术作品上面增加审美知觉才能出现审美对象;艺术家的创作行为赋予艺术作品以实在性,但它的意义和存在却可能模糊不清,艺术作品具有超越自我的使命,它走向审美对象,只有成为审美对象,作为审美对象向我呈现,它才能被接受,达到完全的存在。经过一系列分析,杜夫海纳提出了审美对象的特点问题。他认为,审美对象的特点在于,它是非现实性的、超时空的、超功利的、先验的,是具有自己独特方式的存在。从构成因素说,它首先包含感性,感性是作品的物质材料被审美感知的产物,它排除了物质材料的实用性,成为"自在"的外在性,只以自身为目的,具有吸引、要求、强制我们对它进行感知和欣赏的力量。因此"审美对象就是辉煌呈现的感性"[1]。其次,它还包含意义,这意义是内在的,即内在于感性和感性结构本身的,它并不存在于感性范围之外,它为我们展示的是一个无限深广的

---

① [法]米·杜夫海纳:《审美经验现象学》,韩树站译,文化艺术出版社1992年版,第115页。

内在世界。"审美对象自身带有意义,它是它自身的世界"①。总之,审美对象是感性和意义的统一、自在和自为的统一,完全是自律的。"审美对象如同一件不属于世界的东西那样出现于世界"②。杜夫海纳还把审美对象称作"准主体",也就是说,它既是自在的又是自为的,它能自己呈现自己、表现自己。当我们欣赏艺术作品时,艺术作品就成为审美对象,它自身就能自动地与我们对话,向我们展示无穷无尽的有关人生、存在的意义和真理。

2. 审美知觉

杜夫海纳认为,审美对象不仅是自在自为的,而且是为了被我们感知而存在的,它需要欣赏者的观照,因为"审美对象是奉献给知觉的,它只有在知觉中才能自我完成"③。为了完成审美对象,欣赏者不是单纯地静观,而是积极地投入对象本身,甚至达到心醉神迷和自失于对象的程度。但这种投入采取的只是知觉的形式。他认为,审美知觉过程包括三个阶段:(1)呈现阶段,这是审美知觉产生的初始阶段,又称前思考阶段。在这一阶段,审美对象首先呈现于肉体,使肉体可以自由发挥其能力,得到欲望的满足,产生出纯真的愉快,这种愉快比满足个别器官的需要所带来的愉快更文雅、更隐蔽,但它仍制约着对自我的肯定。但是,审美对象又不仅仅是为肉体而存在,有时也使肉体感到困惑,肉体还需经过训练才能达到审美经验。(2)再现和想象阶段。在这一阶段,"想象把呈现过渡到再现"④。这时的"再现"不是通常的含义,指的是一种"内在化",或者说是形象化。想象是使人观看或使人们想到什么的能力,通过想象能使原始呈现的对象得以显现,作为再现物呈现出来,这就是形象。形象处于原始呈现和观念的思维之间;想象则可以说是精神与肉体之间的纽带。想象对审美经验的发生和丰富是不可或缺的,但并不起关键作用。(3)反思和情感阶段。在这一阶段,理解力校正想象,抑制处于实际经验本原的想象力,赋予对象以客观性,使欣赏者与

---

① ［法］米·杜夫海纳:《审美经验现象学》,韩树站译,文化艺术出版社 1992 年版,第178 页。

② 同上书,第 181 页。

③ 同上书,第 254 页。

④ 同上书,第 409 页。

对象保持一定距离,并把对象作为整体把握,从而增强了对外观形象的控制和意义的把握,进而达到情感。情感是欣赏者完成审美对象的最后阶段。通过情感,人这一主体便呈现于审美对象。这种特殊的呈现有两种方式,一是艺术家呈现于自己创造的对象,"审美对象含有创造它的那个主体的主体性。主体在审美对象中表现自己;反过来,审美对象也表现主体"①。二是欣赏者也呈现于审美对象,通过欣赏或阅读,借助情感,欣赏者也介入到被表现的世界之中,不再是一个旁观者了。

3.艺术本体论

在《审美经验现象学》的最后部分,杜夫海纳提出了他的审美经验本体论,即艺术本体论。这里的中心问题是"意义"问题。他说:"如果我们不同意说,人有意义,人自己把审美经验发现的情感意义置于现实之中,那就该说:(1)现实不是从人那里得到这种意义的;(2)存在激发人去做这种意义的见证人而非创始人。"②在他看来,人不创造意义,意义是先验的,先于人和世界而存在的,存在就是意义本身,它同时建立主体和客体、人和世界。因此,审美对象的意义并不来自艺术家和艺术作品,它之所以"为我们而存在",就是因为"意义有一种存在——意义本是存在——这种存在既早于意义在其中显示的客体,又早于意义对之显示的主体,同时为了自我完成,又求助于客体与主体的这种连带关系"。③ 杜夫海纳的这种意义本体论无疑是一种唯心主义的先验论,其哲学基础仍是胡塞尔的现象学,对此他并不隐讳。相反,他坚持这种先验论,认为这对解决美学和艺术问题有重大意义,并由此提出了一系列美学观点。

首先,他认为,艺术模仿现实并不是任意决定的,而是现实期待自己的意义得到表达,或者说"现实或自然需要艺术"④。他说,自然要充分展现自己的意义必须有人,现实需要艺术家把自己表现在作品之中;不论科学还是

---

① ［法］米·杜夫海纳:《审美经验现象学》,韩树站译,文化艺术出版社1992年版,第232页。
② 同上书,第589页。
③ 同上书,第590页。
④ 同上书,第592页。

实践都认不出事物的人的面貌,只有艺术认得出来,甚至当艺术表现非人的东西时也是如此,例如塞尚的风景画就是这样。

其次,艺术家只是工具。他说:"只说自然是艺术家表述的恐怕还不够,倒是应该说自然力图通过艺术家表述自己:对艺术表现的自然来说,艺术成了手段,艺术家成了工具。"①他认为,把艺术看成手段,把艺术家看成工具,这就保证了艺术的真实性,清除了任何审美的主观主义。

再次,他认为,艺术家在作品中表现自己,这就使现实发生了变异,参与了存在的命运,所以艺术家在自己的行为中,不仅揭示了现实的意义,同时也创造了自己。而艺术先于艺术家,"艺术家自己不需要自己,而是艺术需要他"②。"艺术家的真实性不只是忠于他自己,而且忠于他的作品。"③这就是艺术家在创作时为什么感到负有一种使命,甚至乐于献出自身的原因。他进一步认为,艺术家服从艺术,其实仍然是服从自己,他被需要,同时自己又需要自己,艺术家的主观性与真实性,他的有意识方面和无意识方面没有矛盾,他的创造活动处于主客体的区分之外,因此"艺术家无规律之可言,他自己可以说就是规律"④。由此可见,杜夫海纳从先验论出发,最后还是陷入了主观唯心主义。

最后,如同自然需要艺术一样,审美对象也需欣赏者的承认和完成。欣赏者也参与存在的命运,他在审美对象中丧失自身又得到自己,他发现自己进入审美对象的世界也是自己的世界。"这样他就认识到,他所是的存在现象和宇宙论现象同为一体,人性乃是他和现实所共有,现实和他在同一个先验体现在他们二者身上并用同一道光照亮他们的前提下属于同一类。于是一时间,他感到自己与现实是调和的,感到自己是清白无辜的。"⑤

杜夫海纳的美学把现象学的理论和方法运用于美学和艺术领域,提出了一系列新的美学观点,在现代西方美学中产生了广泛影响,具有典型意义。

---

① [法]米·杜夫海纳:《审美经验现象学》,韩树站译,文化艺术出版社 1992 年版,第592 页。

② 同上书,第596 页。

③ 同上。

④ 同上书,第597 页。

⑤ 同上书,第598 页。

第七节　存在主义美学

存在主义美学是现代西方美学中影响最大的一个美学流派。它以存在主义哲学为基础,形成于 20 世纪 20 年代,在第二次世界大战以后达到鼎盛。存在主义美学的先驱是丹麦神学家克尔凯郭尔,主要代表人物是海德格尔和萨特,此外还有雅斯贝尔斯、梅洛·庞蒂等。存在主义美学是在胡塞尔现象学基础上发展起来的,但又具有不同于现象学美学的特点。

一　海德格尔的美学思想

海德格尔(Martin Heidegger,1889—1976 年)是德国著名哲学家、存在主义哲学的创始人。他生于巴登州的小村镇梅斯基尔希,父亲是一个教堂司事。1909 年入弗莱堡大学学习神学和哲学,1913 年在新康德主义者李凯尔特的指导下完成博士学位论文。毕业后留校任教,1916 年以后成为胡塞尔的学生和合作者。1923 年应聘马堡大学哲学教授,1928 年重返弗莱堡大学,被胡塞尔亲自举荐为接班人。1933 年初纳粹上台后,被选为弗莱堡大学校长,10 个月后辞去校长职务。1957 年退休后继续埋头著述。他的主要著作有:《存在与时间》(1927 年)、《康德与形而上学问题》(1929 年)、《什么是形而上学》(1929 年)、《真理的本质》(1943 年)、《荷尔德林诗的解释》(1944 年)、《论人道主义》(1947 年)、《林中路》(1950 年)、《形而上学导论》(1953 年)等。其中《林中路》所收入的一篇论文《艺术作品的本源》(1935 年),被公认为他的美学代表作,集中表达了他的美学思想。

1.海德格尔的哲学主题及其对美学的认识

海德格尔常被称为"诗人哲学家",但他的书读起来并不像诗那么令人愉快。他独创了一整套哲学术语,喜欢作字源学的考证,文字晦涩难懂,然而从精神气质和思想精髓来看,海德格尔又确有诗人的情怀。20 世纪 30

年代中期以后,他对美学问题越来越重视。他十分喜爱和重视荷尔德林的诗,这些诗不断地启动了他对艺术的美学沉思。然而他主要还是一个哲学家,美学只是他的哲学体系的一个方面,或者说是他的哲学观点的延伸和论证。他无意创造完整的美学体系,更不想解决具体的美学和艺术问题。有人认为他没有美学,没有提供艺术哲学,其实他提供的是一种不同于一般人所理解的美学。

海德格尔的美学是建立在他的哲学基础上的。在哲学上,他是胡塞尔现象学的继承者,他把现象学与克尔凯郭尔和尼采的孤独的个体结合起来,形成了以个体存在为核心的"此在现象学"。胡塞尔认为现象即意识,海德格尔认为现象即存在,但它不是主客二分意义上的存在,而是不分主客意义上的所谓"此在"(Dasein),即"我的存在"或"人的存在"。他认为,世界的本体既非物质也非意识,此在即本体,所以他的哲学是存在哲学,又称此在存在的本体论或基本本体论。其突出特色,就在于竭力回避哲学基本问题,企图超越唯物主义和唯心主义,把以往的哲学都称作形而上学加以反对。他认为,传统的形而上学混淆了存在者(das Seiende)和存在(Sein),它们只追问存在者而遗忘了存在,是"无根的本体论"。他认为,形而上学思维的特色,就在于以表象的思维方式把握存在者的"存在",这在近代形成了主体性原则,即把思维的主体当作存在者的根据,笛卡尔的"我思故我在"即为其开端。这种主体性原则的确立,造成了主体与客体的对立以及人与世界的疏离。形而上学在黑格尔那里得以完成,而最后的完成则是尼采的"意志"。这种"意志"的主体性原则,在现代就成为技术统治世界的依据。在现代的技术统治中,人和一切存在者都被交付给技术制造去处理,人的人性和物的物性都成为"在市场上可以算计出来的市场价值"①。由于主体性原则把一切事物都当作对象把握和占有,最终就形成了西方社会的物欲横流和人性丧失的境况。海德格尔的哲学反对传统的形而上学,就是要反对主体性原则,其重大的社会主题,就是要反对技术对人的统治,拯救现代世界,恢复真实的人性。他认为,艺术在这一伟大斗争中负有重大的责任,因

---

① 〔德〕海德格尔:《论人道主义》,载中国科学院哲学研究所西方哲学史组编:《现代外国资产阶级哲学资料选辑·存在主义哲学》,商务印书馆1963年版,第104页。

此,这也正是他的美学的社会主题。

2. 反对传统美学

海德格尔在《艺术作品的本源》中所研究的问题是"艺术之谜",用我们的话说即艺术的本质问题。他认为,传统美学并没有解决这个问题。他说:"几乎从对艺术和艺术家做专门考察时起,人们便把这种考察称为审美的。美学把艺术作品当作一个对象,并且是 Ästhesie 的对象,即广义的感性把握的对象。今天我们称这种把握为体验。人们体验艺术的方式应当启示艺术的本质。体验不仅对艺术享受,而且对艺术创造都是标准的来源。一切皆体验。然而体验或许就是艺术在其中终结的那个因素。这终结发生得如此缓慢,以致它需要经过数个世纪。"①这段话集中表达了海德格尔对传统美学的认识和批判。在他看来,传统美学有以下错误:第一,它把艺术作品看成一个对象,这样就把艺术作品和主体(欣赏者)置于主客体二分对立的关系之中,于是美学就成了一门认识论。第二,它把艺术作品只看成是感性的,主体只能从作品得到感性认识或体验,这样就把感性认识和理性认识对立起来,艺术作品也就成了与真理无关只供享乐的东西。第三,它只从感性体验寻找艺术的本质,把感性体验作为艺术创造的标准。第四,由于它把艺术只归结为感性体验,这势必导致艺术的缓慢终结。十分清楚,海德格尔是坚决反对传统美学的,他把迄今为止的一切美学都归结为感性体验的美学,他反对的实质上仍是主体与客体、感性与理性二分对立的哲学。

那么,怎样才能解决艺术之谜呢? 他在《艺术作品的本源》正文的开头,进一步批判了传统美学的研究方法,提出了自己的研究方法。他说,一般人认为,艺术作品来源于艺术家的创造活动,但是,艺术家之所以为艺术家又靠的是作品,没有作品就谈不上是艺术家。所以"艺术家是作品的本源。作品是艺术家的本源。二者都不能缺少另一方"②。其实,"艺术家和作品,不论就其自身还是就其相互关系来说,都依赖于一个先于它们的第三

---

① [德]海德格尔:《艺术作品的本源》,载《林中路》(德文版),克洛斯特曼出版社 1950 年版,第 65 页。

② 同上书,第 1 页。

者,这第三者即艺术,艺术家和作品就是通过艺术而获得自己的名称"①。
应当注意,海德格尔讲的艺术有自己特有的含义,它是先于艺术家和艺术作
品而存在的,也就是说它是先验的。这当然是神秘的、离奇的、唯心主义的。
但这的确是海德格尔最重要的思想,是他对艺术作品的本源所作的回答。
他明确说:"艺术是艺术作品和艺术家的本源。"②

　　海德格尔认为,要研究艺术本身的本质,应当有正确的方法。他首先反
对传统的经验比较的方法。这种方法把各种艺术作品收集到一起,通过比
较找出共性,就把这共性当作艺术的本质。海德格尔认为,艺术并非现实的
艺术品的特性的集合,而且这种比较应以事先懂得何为艺术为前提,所以这
种方法不可能达到艺术的本质。他又反对柏拉图式的理念论的方法,即从
更高的概念推导出艺术的方法。他认为,概念的推导是必要的,但推导也得
以事先知道何为艺术为前提。他认为,这两种方法实际上都是自我欺骗。
他提出要找到艺术的本质只能用一种循环的方法,即艺术是什么应从作品
推断,艺术作品是什么只能从艺术的本质得知。

3.艺术是真理在作品中的自行置入

　　那么,到底什么是艺术的本质呢? 海德格尔的考察首先从人人都熟悉
的艺术作品开始。通常人们都把艺术作品看作物,一幅画可以挂在墙上,一
件美术馆里的艺术品可以运输、贮存、包装。不仅如此,建筑中有石质的东
西,木刻中有木质的东西,绘画中有色彩,音乐中有声响。海德格尔认为,艺
术作品的确具有物的特性和物的要素,但是艺术作品中还有超出和高于物
性的东西,正是它构成了艺术作品的本质。问题是就连这高于物性的东西
也离不开物的因素,实际上,物的因素是艺术作品的承担者和基础,任何其
他因素都依此而成立。所以,必须首先弄清作品的物性,才能揭示作品的本
质。而为了弄清物性,从根本上说就是要弄清究竟什么是物。

　　什么是物呢? 通常人们把什么都叫作物,其中包括显明自身的东西,如

---

①　[德]海德格尔:《艺术作品的本源》,载《林中路》(德文版),克洛斯特曼出版社 1950
年版,第 1 页。

②　同上书,第 43 页。

路上的石头、田野里的土块；也包括不显明自身的东西，如康德所说的"自在之物"。总之，凡是非纯无的东西都可以叫作物。在这个意义上，艺术作品当然也是一物。但是，这种用法是不正确的。例如，我们不能简单地把人称作物，人显然不等于物，就连动物和植物也不能简单地称之为物，因为它们有比物更多的特性。海德格尔认为，真正意义上的物应当是纯然之物，它只有物的特性而没有其他特性，这只能是无生命的自然物。作为艺术作品承担者的物就应当是这种物。海德格尔在这里追问纯然之物，也就是传统哲学中的实体问题。他列举出西方思想史上长期占统治地位的对物的三种思考和解释：①物是其特性的承担者；②物是感知多样性的统一体；③物是成形的质料。他在经过分析之后得出结论，西方历史上所有这些解释都没能揭示出物的本质，传统哲学对物的思考是失败的，因为它所思考和解释的都只是存在者，而不是存在本身。不过，上述第三种解释在美学中有很大影响，是有启发性的。所谓物是成形的质料，是从形式与质料的关系上思考物，是把人造的器具当作物。器具是人造的，它既是物又高于物，与艺术作品较为接近，处于自然物和艺术品之间，我们不妨进一步研究器具的本性，这对解决物的本性和艺术品的本性或许是有益的。于是，海德格尔选择了梵高的一幅画，对农妇的农鞋这一器具的本性作了分析。

海德格尔认为，器具的器具存在就在其有用性中，农妇穿上农鞋下田劳作，农鞋才成其为农鞋，她在劳作时越少想到它，甚至不感觉到它，它作为农鞋才更真实。但是，有用性的基础却在可靠性，即器具的真实存在。没有可靠性，也就没有有用性，一件器具可以用旧报废，失去有用性。正是可靠性，才使农妇通过器具进入大地无声的召唤中去，使她确认自己的世界。器具的可靠性给这个单纯的世界以安全，并保证大地不断充实的自由。在日常生活中，农妇只看到有用性，她下田时穿上农鞋，晚上睡觉又把它脱掉，节日里更把它置于一旁，她不注意和思考农鞋的可靠性，看不到器具的真实存在本身。而梵高的画则不同。画面上只是一双普普通通的鞋，无法辨认出它究竟是放在什么地方，只有一个不确定的空间，鞋子上甚至连田野里的泥土也没有粘滞一点。总之，看不到农鞋的有用性。但是，它却揭示了农鞋这一器具的真实存在，使我们知道了农妇的农鞋究竟是什么。那么，人们能从梵高的这幅画上看到什么呢？海德格尔对此作了生动的描述：

> 从农鞋露出内里的那黑洞中，突现出劳动步履的艰辛。那硬梆梆、沉甸甸的农鞋里，凝聚着她在寒风料峭中缓慢穿行在一望无际永远单调的田垄上的坚韧。鞋面上粘着湿润而肥沃的泥土。鞋底下有伴着夜幕降临时田野小径孤漠的踽踽而行。在这农鞋里，回响着大地无声的召唤，成熟谷物对她的宁静馈赠，以及在冬野的休闲荒漠中令她无法阐释的无可奈何。通过这器具牵引出为了面包的稳固而无怨无艾的焦虑，以及那再次战胜了贫困的无言的喜悦，分娩时阵痛的颤抖和死亡逼近的战栗。这器具归属大地，并在农妇的世界里得到保存。正是在这种保存的归属关系中，器具自身才得以居于自身之中。①

总之，海德格尔从这幅画上看到了农妇的世界，她那充满劳作、焦虑、辛酸和喜悦的生活和命运。海德格尔认为，通过梵高的这幅画，"器具的器具存在才第一次真正露出了真相"②。"农鞋这一存在者在它的存在的无遮蔽上凸现出来了"③。按照古希腊人的说法，存在者的无遮蔽即是真理，那么艺术中的真理便产生了。由此，他给艺术下了一个定义："艺术就是真理在作品中的自行置入（Die Kunst ist das Ins-Werk-Setzen der Wahrheit）"④。

怎样理解这个定义呢？海德格尔所谓"真理"不是传统哲学意义上的真理，而是存在自身的显现。所谓"置入"也不是指"放进去"，真理不是艺术家放进作品中去的，而是存在自动显现自己。"自行置入"是指一种状态，德文词"sich setzen"的本义是"坐"，真理就稳坐在作品里，待在那里，而且它不出来出去，也永不会消失。海德格尔大讲真理，却很少谈美。这是他的美学的特点之一。根据希腊词源的诠释，他认为，美与存在与真都是无遮蔽性，三者是一回事。在《艺术作品的本源》的"后记"中，他说："真理是存在的真理。美不出现在真理之外。当真理自行置入作品时，美就出现。显现，作为艺术作品中真理的这种存在的显现，作为作品的显现，这就是美。"⑤

① ［德］海德格尔：《林中路》（德文版），克洛斯特曼出版社1950年版，第18页。
② 同上书，第20页。
③ 同上书，第21页。
④ 同上。
⑤ 同上书，第67页。

海德格尔的艺术定义是别开生面的,它与模仿论或再现论相对立,是反对传统美学的。他指出:"美学对艺术品的认识方式从一开始就置于传统关于所有存在物的解释之下。"①因此它要求艺术模仿和再现现实,与现实的存在者符合一致。而艺术品不是个别存在物的再现,而是物的一般本质的显现。所以它根本不可能与现实的存在者符合一致。他问道,有什么东西能与希腊神殿相符呢?梵高的画难道是因为画了一双现实存在的鞋才成为艺术品的吗?荷尔德林的诗《莱茵河》不是现实莱茵河的描绘,难道它就不是诗吗?他回答:绝对不是。他认为,艺术作品的本质不应当从存在者的角度去把握,而应当从存在者的存在去把握。艺术作品有自己的特点。"艺术品以自己特有的方式敞开了存在者的存在"②。传统美学的根本错误就在于,它是从存在者的角度去把握艺术作品的本质。

4."世界"和"大地"

艺术作品不是物,也不是器具,不是现实的模仿和再现。那么它的价值何在呢?海德格尔认为,艺术的价值就在于揭示真理。他说:艺术作品有两大特征,即世界的建立和大地的显现。在他看来,艺术的价值就体现在这两大特征上面。

"世界"和"大地"是海德格尔哲学特有的两个重要概念。这两个概念相当费解。一般来说,在早期的《存在与时间》中,海德格尔所谓"世界"是指人存在于世界之中(in-der-Welt-sein),即个人的生存世界,后来他把这个概念加以丰富,发展为包括民族发展的历史在内的生存世界,在晚期,他更把这个生存世界的结构概括为"天、地、神、人"的四重合一。总之,"世界"不能离开人的生存,不能从主体与客体对立的角度去理解,所谓"世界"是人与生存环境全部联系的总和,凡与人的生存无关的一切都不是"世界"。他说:"世界从来不是立于我们面前让我们观看的对象","一块石头没有世界,植物与动物也没有世界","但农妇却有一个世界"。③ 所谓"大地",原文是地球(Erde),海德格尔时常用的就是这个意义,但又不限于此,

---

① [德]海德格尔:《林中路》(德文版),克洛斯特曼出版社1950年版,第24页。
② 同上。
③ 同上书,第30页。

有时指自然现象,如风、雨、雷、电、阳光、海浪,等等;有时指艺术作品的承担者,相当于通常所说的材料,如石头、木头、金属、色彩、语言、音响,等等。严格地说,他所谓"大地"实指无生命的纯物。由于"大地"这个概念具有形象比喻的性质,读海德格尔的书,有时应分别情况来理解,有时又需要综合地来理解。

海德格尔认为,艺术作品排除了器具的有用性,这就揭示了器具的本质,为我们建立了一个世界,向我们昭示着真理。梵高的画正因为不是农鞋有用性的描写,不是模仿和再现,才使我们注意到农鞋的存在本身,农妇的"世界"才显现出来,才使我们从艺术形象上看到了农妇生存的真相和意义。为了进一步说明艺术的特征和价值,海德格尔又极富想象力地为我们举了一个古希腊神殿的例子。你看,古希腊神殿这座建筑艺术作品,它屹立在"大地"之上。它向我们敞开了一个"世界",这里有神的形象,成为一个神圣的领域,它伸向天空,向四面八方开放,它的围地和条条道路通向远方,同时它又把有关联的一切聚拢于自身,构成了一个整体。在这个整体里,有诞生和死亡、灾难和祝福、胜利和耻辱、坚忍和衰退,于是这神殿便成为人类存在的命运形象(Die Gestalt des Geschickes)。正是由于神殿的创造,正是在神殿的"世界"里,古希腊民族才为实现其自身的使命而回归自身,团结在一起。在海德格尔看来,艺术是民族的象征,是人类存在本质的形象表达,它不仅揭示个人的生存和命运,而且揭示民族的、人类的历史和命运,揭示"世界"的本质和意义。

然而希腊神殿不是空中楼阁,它是屹立在"大地"之上的。海德格尔说:"神殿作品屹立于此,它敞开一个世界,同时又使这个世界回归于大地。如此大地自身才显现为一个家园般的基础。"①由于"大地"的支撑、保护,"大地"就成为神殿的一部分,"大地"在神殿敞开的"世界"中得到了显现,因此"大地是显现和保护之地"②,"世界"建基于"大地","大地"通过"世界"而伸出,"作品使大地进入世界的敞开之中,并使它保持于此。作品使大地成为大地"③。海德格尔认为,"世界"的本质是敞开,是开放性;"大

①　[德]海德格尔:《林中路》(德文版),克洛斯特曼出版社1950年版,第28页。
②　同上书,第31页。
③　同上书,第32页。

地”的本质是自我归闭,是封闭性。“世界”和“大地”的对立是一种抗争,这是敞开和封闭、澄明和遮蔽的斗争。作品就是这种抗争的承担者,而真理就发生在这种对立和抗争之中。在斗争中存在者整体显现出来,这显现就是美,也就是真理发生的一种方式。总之,由于艺术具有建立“世界”和显现“大地”两大特征,因此艺术便具有揭示“世界”的意义和人生真理的价值。

在这个基础上,海德格尔还进一步提出了一系列重要的美学见解,其中有两点是尤其值得重视的。

第一,他认为,艺术是真理的发生,这就意味着作品总是言说,而言说就是诗,因此一切艺术作品都是诗,艺术本质上是诗意的。所谓诗意的就是不同凡俗的、富有创造性的。他说,艺术打开了敞开之地,这里的万物不同于日常之物,因为言说是这样一种言说,它准备了可说的,而把不可说的带进了世界。他把“艺术是诗意的”称作一大发现。

第二,他认为,艺术是一种创造,艺术高于技术,艺术家高于工匠,但对于伟大的艺术和作品,艺术家无足轻重。他反对把创造看作天才的主体活动。在他看来,艺术创造活动就是“汲取”,艺术家几乎像一条在创作中毁掉自身的通道。更重要的是,他认为,艺术不仅是创造,它还是一种保存。是真理在作品中的创造性保存。艺术的真理不仅保存在作品中,它还经过鉴赏、评论、诠释得以保存。艺术归根结底是历史性的。作为历史性的艺术,它是真理在作品中的创造性保存。艺术不仅在外在意义上拥有历史,它还在时代的变迁中改变历史、矫正历史。在建立历史的意义上,艺术就是历史。

在提出以上一些看法之后,海德格尔重新审视了“艺术是真理自行置入”这个艺术定义。他认为,这个定义很容易引起歧义,似乎真理设定了主体与客体。因此,他把这个定义发展为一个新的艺术定义,即“人民历史性生存的创造和保存就是艺术”①。显然,这是一个高度肯定了艺术价值的定义。

海德格尔的美学思想十分丰富,这里我们不能全面介绍。从哲学基础上来看,海德格尔的美学毫无疑问是唯心主义的。他的许多美学观点,如艺

---

① ［德］海德格尔:《林中路》(德文版),克洛斯特曼出版社 1950 年版,第 64 页。

术先于艺术作品和艺术家,艺术是一条通道等,在柏拉图、普洛丁、荣格等人那里也都是可以找得到的。他的存在哲学试图取消、否定物质与精神、主体与客体的分别和对立,实际上这只能是一种哲学的玄想。在没有人以前,物质世界早已存在,人和意识都是物质长期进化过程中的产物,这是客观的事实。当然,在人产生之后,主体与客体、物质与意识不仅有分别、对立的一面,还有统一、同一的一面,问题是海德格尔夸大了这一面,并把主客体的统一体当成了世界的本体。在这种唯心主义哲学的基础上不可能真正解决艺术的本质问题。但是,我们不能由此作出简单的全盘否定。在海德格尔高度抽象的、被人称为"哲学呓语"的背后充分肯定了艺术对于人生、历史、社会的价值和意义,而这一点又是与他对现代科技社会的批判和对人类未来发展的忧虑紧密联系在一起的。他认为,现代科技的发展,主体性原则的膨胀,给人类带来了无穷的灾难,人被技术统治,成为商品和工具,丧失了完满的人性,尤其是对大自然的掠夺,严重破坏了人类生存的基本条件。然而艺术却能维护人类生存的根基,因为艺术是超功利的,它只昭示存在的真理。艺术把人的世界立于大地之上,它只丰富我们的世界,而不把世界作为对象加以掠夺。艺术既是人的历史生存的创造,又是人的历史生存的保存。因此,海德格尔寄希望于用艺术来拯救现代社会,他呼唤着新的时代和诗人。海德格尔在现代西方的巨大影响,盖源于他对现代社会发展的关切。他向人类发出了警告,这是有积极意义的。但是,把科技与艺术绝然对立,显然也是错误的。海德格尔提出了问题,如果不拘泥于他那晦涩难懂的字句,我们更重视的倒是他对艺术和艺术家的分析所启示的人生真理。晚年的海德格尔特别重视诗人荷尔德林,他特别赞赏诗人如下的诗句:

　　充满劳绩,但人诗意地
　　居住在此大地上。

是的,人生在世,个人的生命是短暂的,犹如来去匆匆的过客,他要"居住",而且要"诗意地居住",他要像艺术那样,不去掠夺、破坏这个世界,而是以自己充满劳绩的创造丰富我们的世界,使大地和生命得到不断的繁荣。一切对我们这个世界的非人的掠夺和破坏必须立即住手,让所有善良的人们都能"诗意地居住"。这或许就是海德格尔的美学真正要告诉我们的东西。海德格尔的美学是深刻的,他不愧是现代伟大的哲人和美学家。

二 萨特的美学思想

存在主义美学的另一重要代表人物是萨特（Jean-Paul Sartre，1905—1980年）。他是法国著名作家和哲学家。萨特出生于巴黎，早年受胡塞尔、克尔凯郭尔、尼采和海德格尔等人的影响，后来提出现象学的本体论，试图把胡塞尔现象学的意识论和海德格尔的基本本体论调和起来。第二次世界大战后至20世纪50年代末，他又吸收马克思主义，试图把马克思主义和存在主义调和为"真正的人学"。但是正如他晚年在《七十岁自画像》中所说，他一生中一以贯之的是无政府主义和存在主义。这也正是他的美学思想的政治基础和哲学基础。

萨特的哲学著作主要有：《存在与虚无》（1943年）、《存在主义是一种人道主义》（1946年）、《辩证理性批判》（1960年）等。主要美学著作有：《想象》（1936年）、《想象心理学》（1940年）、《什么是文学》（1947年）以及关于象征派诗人波德莱尔、荒诞剧作家让·热内和现实主义小说家福楼拜的三部专著、对美国作家福克纳和法国存在主义作家加缪的评论等。此外，他还写过大量小说和剧本，如《恶心》（1938年）、《墙》（1939年）、《苍蝇》（1943年）、《恭顺的妓女》（1946年）、《魔鬼与上帝》（1951年）等。

萨特美学的突出特点，是把美学问题看作有关人、人的命运和人的自由问题。在他那里，美学和伦理学、美和自由是紧密结合在一起的。他的存在主义哲学把存在区分为两类，一种是我以外的世界的存在，这是"自在的存在"，它是偶然的、荒谬的，它既独立于上帝又独立于精神，既不可解释、不可知又不可改变，因此它是一种多余的、令人恶心的存在。另一种是"自为的存在"即人的自我存在、人的主观意识，这才是真正的存在。因为正是人的主观意识才在人与人、人与物之间建立起主客体之间的关系，使人成为绝对自由的、能动积极的创造主体。他认为，人不是物，人的存在不能受任何概念的规定，因此，对人来说，"存在先于本质"，人有按照自己的意志塑造自身的"选择自由"，人是由自己造就成的东西。在萨特看来，人的审美活动就是这种绝对自由的创造活动，其目的就在于追求自由，这是他美学思想的核心。显然，萨特的哲学和美学具有浓厚的主观唯心主义和唯意志主义色彩。

1. 美是一种非现实的想象的价值

萨特认为,外在的客观世界是令人恶心的,其中没有美的位置。美只存在于想象世界。在《想象心理学》中,他说:"美的东西不可能是作为感觉经验到的东西,就其本性,是世界之外的东西。"①又说:"实在的东西永远也不是美的,美只是适用于理想事物的一种价值,它意味着对世界本质结构的否定。"②并且说:"我们称为美的东西就是那些非实在的东西的形象表现。"③在他看来,外在于人的自然和生活不仅不美,而且还令人恶心。他的小说《恶心》中的主人公洛丁根,拾起海边的石头感到恶心,看见落到水塘边的一张纸感到失去了自由,于是他苦恼地说:"我害怕和事物发生关系。"这可说是萨特观点的一个很好的注脚。不过萨特并非完全不讲自然美和生活美,但他认为自然和生活中的事物必须经过"意识的虚无化",也就是说,要在意识的作用下化为想象中的形象,由自在的存在变成自为的存在,这时才能成为自然美和生活美。他强调,这并非通常所谓对生活采取一种"审美态度",而是使事物"堕进了虚无",完全化成了虚象。例如一位女人的美,就是她在我们想象中的虚象,这虚象已使她变成纯粹中性的、非实在的女性,这也就是我们何以为之倾倒而又对她不产生欲念的原因。从根本上说,萨特只承认想象的美,他认为艺术美就是由艺术家的意识创造出来的想象美。因此艺术作品是一种非现实,具有超功利性,艺术美高于自然美和生活美。他说:"自然美在任何方面都不能与艺术美相比较。"④萨特关于美的本质的这些看法,从根本上否定了美的客观性,否定了自然和生活中的美,他把美看成了一种由艺术家的想象创造出来的主观的、非现实的价值。但他始终强调美是一种创造,认为美是内容和形式的统一,不是单元素的,美对于人的意义在于自始至终是显示,美能揭示人的命运,等等,这对反对形式主义美学仍有积极意义。

---

① ［法］萨特:《想象心理学》(英文版),瑞德尔出版社 1950 年版,第 275 页。
② 同上书,第 277 页。
③ 同上书,第 287 页。
④ 柳鸣九编选:《萨特研究》,中国社会科学出版社 1981 年版,第 10 页。

2. 审美是对人的自由的肯定

从存在先于本质这一基本原则出发,萨特认为,人先于本质,不受任何本质规定,因此人是绝对自由的创造主体,人的一切活动包括审美活动,目的都在于追求自由。他强调,审美活动根源于自由,又以自由为目的,因而是对人的自由的肯定。艺术家的创作不仅是对艺术家个人自由的肯定,也是对读者自由的肯定。在审美活动中,美感之所以发生,就因为在审美对象上发现了自由。他把美感称作"审美喜悦",并且下定义说:"自由辨认出自身便是喜悦。"①他说:"作家和所有其他艺术家一样企图给予他的读者们一种人们习惯称之为审美快感的感情,至于我,我宁可把它叫做审美喜悦;这一感情一旦出现,便是作品成功的标志。"②他认为,不论创作者的喜悦还是欣赏者的喜悦,都是对自由的肯定,都是"与对于一种超越性的、绝对自由的辨认融为一体的"③。

他还对审美意识进行了现象学的分析,认为审美意识是位置意识和非位置意识的统一。所谓位置意识,是指对象的意向性所决定的意识。这里是指"创造的对象被作为客体给与他的创造者"④。艺术家的审美喜悦就在于被创造的对象给他以享受。位置意识使艺术家意识到世界是一个价值,是向人的自由提出的一项任务。但审美喜悦不只是位置意识,它同时又伴随一种非位置意识,这是从自我产生的意识,即艺术家意识到作品是自己的自由创造的成果,是我把非我的东西变成了价值,是我的自由使这世界得以存在。自由创造满足了我的自由本质,因而也引起了喜悦。萨特认为,在审美喜悦的这种结构中包含着人们的自由之间的一项协定,由于审美喜悦既是对人的自由本质的肯定,又以一种价值的形式被感知,因此"它就包括对别人提出的一项绝对要求:要求任何人,就其是自由而言,在读同一部作品的时候产生同样的快感"⑤。萨特对美感结构的分析颇有启发性。

---

① 柳鸣九编选:《萨特研究》,中国社会科学出版社1981年版,第18页。
② 同上。
③ 同上。
④ 同上书,第19页。
⑤ 同上书,第20页。

3. 艺术作品是对自由的召唤

萨特认为,艺术创作的主要动机"在于我们需要感到自己对于世界而言是本质性的"①。但是,事实上世界是外在于人的客观存在,我们并非存在的生产者,也就是说,我们对于世界并不是本质性的,我们无法在外在现实中感到自己是这个世界的创造者。只有在认识活动中,我们才能感到自己对于世界是本质性的。因为人是万物借以显示自己的手段,由于我们人存在于世,才与外在世界形成复杂的关系,使外在世界的存在得以显示出新的面貌,把麻痹状态中的大地唤醒,因此人是"起揭示作用的"。艺术创作就是一种意识活动,它能揭示世界的存在和意义,满足我们"感到自己对于世界是本质性的"这一需要。他说:"我揭示了田野或海洋的这一面貌,或者这一脸部表情,如果我把它们固定在画布上或文字里,把它们之间的关系变得紧凑,在原先没有秩序的地方引进秩序,并把精神的统一性强加给事物的多样性,于是我就意识到自己产生了它们,就是说,我感到自己对于我的创造物而言是本质性的。"②因此在萨特看来,艺术创作是满足人感觉自己是世界本质的手段,不是现实生活的反映。他认为,艺术创作的冲动来自非理性的心理体验,艺术表现的只是个人的主观感受。在此基础上,他进一步认为,艺术创作对于作者永远是未完成品,只有通过读者的阅读,艺术作品才能存在,艺术家才能体验到自己对于世界是本质性的。因此,正是读者给艺术以生命,作品只是一种召唤。他说:"任何文学作品都是一项召唤。写作,这是为了召唤读者以便读者把我借助语言着手进行的揭示转化为客观存在。"③"作家向读者的自由发出召唤,让它来协同产生作品。"④在他看来,艺术作品的价值就在于召唤自由,使人的自由本质得以实现。

4. 文学介入的原则

在艺术和现实的关系问题上,萨特认为,艺术不是对现实世界的单纯描

---

① 柳鸣九编选:《萨特研究》,中国社会科学出版社 1981 年版,第 3 页。
② 同上。
③ 同上书,第 9 页。
④ 同上。

述,而是对现实世界的否定、超越,艺术作品必须是"以未来的名义对现实的审判"①。萨特既反对机械模仿现实,也反对形式主义、"为艺术而艺术"的观点,他提出了文艺应当介入生活的战斗口号。他说:"文学把你投入战斗;写作,这是某种要求自由的方式;一旦你开始写作,不管你愿意不愿意,你已经介入了。"②这就是说,文艺的本质要求作家介入生活,作家不能对现实冷漠,不能对不正义的行为不偏不倚,相反,他要以自己的愤怒使它们活跃起来,并揭露它们。他指出:"写作的自由包含着公民的自由,人们不能为奴隶写作。"③这就是说,公民的自由是真正的创造和阅读的前提,没有公民的自由,作家就不能进行创作,读者就不能在阅读中进行自由的创造。因此,必须为保卫民主自由而斗争。他认为,只要公民失去自由,成为奴隶,作家就应当搁笔,甚至拿起武器。他说:"有朝一日笔杆子被迫搁置,那个时候作家就有必要拿起武器。"④

萨特是一位伟大的作家,他的美学思想包含了尖锐批判现代资本主义的因素,对现代西方的文艺创作产生了巨大影响。他的文艺作品广泛批判了资本主义现实,表达了人道主义的理想,普遍受到欢迎。但是,他对自由的理解是抽象的,是以存在主义哲学为基础的,这种自由,说到底仍是个人主观意识的自由、非理性的自由,不是建立在对现实世界的正确认识和改造基础上的自由,因此他的否定现实、超越现实等观点仍带有激进的、无政府主义的性质。

第八节　符号论美学

符号论美学产生于20世纪20年代,20世纪50年代在美国成为占统治

---

① 转引自[日]今道友信等:《存在主义的美学》,崔相录、王生平译,辽宁人民出版社1987年版,第230页。

② 柳鸣九编选:《萨特研究》,中国社会科学出版社1981年版,第24页。

③ 同上。

④ 同上。

地位的美学思潮。它的基本特征是把审美和艺术现象归结为文化符号,因而对人文主义和科学主义的美学都有较大的包容性。其主要代表人物是德国的卡西尔和美国的苏珊·朗格。

一 卡西尔的文化哲学美学

卡西尔(Ernst Cassirer,1874—1945 年)是德国著名哲学家、美学家。他生于德国西里西亚的布累斯顿(现为波兰的弗芬利瓦夫)一个犹太富商家庭。早年在柏林、莱比锡、海德堡、马堡等大学学习,曾受业于新康德主义马堡学派的领袖海尔曼·柯亨,并很快成为与柯亨和那托普齐名的马堡学派的三大主将之一。1919 年担任汉堡大学哲学系教授,1930 年起担任该校校长。在汉堡期间,他创立了自己的"文化哲学体系",与马堡学派逐渐分离。1933 年希特勒上台,他愤然辞职,流亡国外。1933—1935 年在英国牛津大学讲学,1935—1941 年任瑞典斯德哥尔摩大学哲学教授,1941 年应邀赴美,先后任教于耶鲁大学、哥伦比亚大学。他一生著述颇丰,但没有专门的美学著作,涉及美学的主要著作有:《符号形式的哲学》(1923—1929 年)、《语言与神话》(1925 年)、《文化科学的逻辑》(1942 年)、《人论——人类文化哲学导引》(1944 年)等。他有关神话和艺术的研究对符号学美学的形成作出了开创性贡献。

1. 文化哲学体系的符号学

卡西尔是新康德主义者。他的"文化哲学体系"是在康德哲学的基本原则上建立起来的,但又与康德哲学有所不同,具有鲜明的现代特征。他认为,康德还没有摆脱传统的认识论,他的理性批判只限于数学和自然科学的范围,还没有为人文科学提供充分的方法论基础。因此,他把康德的理性批判发展为文化批判,认为哲学研究应当扩展到整个人文领域,不能只研究理性认识,还应当研究神话思维、语言思维、宗教思维、艺术直观等的文化功能。他的文化哲学体系及其符号论,就是这种文化研究的成果。

卡西尔文化哲学体系的中心是人的问题。他认为,哲学实质上是人类学或人类哲学。自苏格拉底以来,"人是什么"一直是哲学研究的一个重要问题。哲学家们提出了各种各样关于人的定义。其中占支配地位的是"人是理性的动物"这个定义。但理性远不能概括人的本质,对人自身的认识至今有如迷宫,而且越来越充满疑问和困惑。在分析各种关于人的定义之后,他指出关于人的定义不能是一种实质性的定义,只能是一种功能性的定义。他把人与动物加以比较,人和动物都有感受器系统和效应器系统,这是共同的,但人还有第三种系统即符号系统,这是动物所没有的。符号系统的存在,表明人有一种发明符号并运用符号进行活动和创造的能力,人的思维和行为都是符号化的,人通过符号创造了语言、神话、艺术、宗教等全部文化,构成了人类经验的交织之网,展现出一个丰富多彩的世界,改变了整个的人类生活。"人不再生活在一个单纯的物理宇宙之中,而是生活在一个符号宇宙之中。"①因此,符号活动才是人与动物相区别的本质特征。由此,卡西尔修正了关于人的传统定义。他指出:"对于理解人类文化生活形成的丰富性和多样性来说,理性是个很不充分的名称,但是,所有这些文化形式都是符号形式。因此,我们应当把人定义为符号的动物来取代把人定义为理性的动物。只有这样,我们才能指明人的独特之处,也才能理解对人开放的新路——通向文化之路。"②

卡西尔的文化哲学体系是以符号论为中心建立起来的。什么是符号呢?他说:"所有在某种形式上或在其他方面能为知觉揭示出意义的一切现象都是符号。尤其是当知觉作为对某些事物的再现或作为意义的体现,并对意义作出揭示之时。"③这就是说,符号的背后总隐藏着意义,符号的功能就在于揭示意义。符号不是实体性的,而是功能性的,它不是个别事实的复制或模拟,而带有某种模糊、抽象的普遍性,但又不是概念。符号不同于信号,信号属于物理世界,符号属于人的精神世界,是人的意识的创造,动物可以对信号作出生理的条件反射,但不懂得符号的精神意义。相反,人不但发明了符号,把自己的精神客观化,使自我得以显现,使本来混沌的世界变得清晰有序、有意义,能为人所把握,而且还能运用符号创造文化,建设一个

---

① [德]恩斯特·卡西尔:《人论》,甘阳译,上海译文出版社 1985 年版,第 33 页。
② 同上书,第 34 页。
③ [德]卡西尔:《符号形式之哲学》(德文版)第 1 卷,苏尔坎普出版社 1923 年版,第 109 页。

人自己的世界，使人不断地自我解放，达到理想的境界。所以，正是符号活动使人脱离了动物界而成其为人。他指出："人的突出特征，人与众不同的标志，既不是他的形而上学本性，也不是他的物理本性，而是人的劳作（work）。正是这种劳作，正是这种人类活动的体系，规定和划定了'人性'的圆周。语言、神话、宗教、艺术、科学、历史，都是这个圆的组成部分和各个扇面。因此，一种'人的哲学'一定是这样一种哲学：他能使我们洞见这些人类活动各自的基本结构，同时又能使我们把这些活动理解为一个有机整体。"①卡西尔的文化哲学体系就是这样一个以"人—符号—文化"为基本公式的哲学体系。

2. 神话与艺术

卡西尔的美学是符号美学。他把人类文化的各种形式——神话、语言、宗教、艺术、科学、历史等都看作符号形式，认为这些符号形式从不同层次上历史地展开了人的生命，实现了人的本质，是人的本质的客观化。他说："在神话中见到的是想象的客观化，艺术是一个直觉或观照的客观化过程，而语言和科学则是概念的客观化。"②

卡西尔十分重视神话研究。他认为，从发生学上看，神话和语言是最古老的，神话是"一种无意识的虚构"③，它发展了人的想象能力，后来便衍生为宗教和艺术，语言则发展了人的逻辑推理能力，后来形成了各门科学知识，因此神话与艺术有近亲关系，神话研究对于解决艺术的起源和本质问题有重大的意义。但是，尽管有这种发生学的联系，我们却不能不看到神话与艺术仍有区别。神话具有一种双重结构，它不仅有想象的、创造的要素，还兼有一个理论的要素。神话思维与科学思维都是寻求同样的东西——实在，所以，在神话的想象中，总暗含着一种相信的活动，即对它的对象的实在性的相信，没有这种相信，神话就失去它的根基。但艺术想象却是一种审美静观；正如康德所说，艺术的审美静观"对于它的对象之存在还是不存在是

---

① ［德］恩斯特·卡西尔：《人论》，甘阳译，上海译文出版社 1985 年版，第 87 页。
② ［德］恩斯特·卡西尔：《语言与神话》，于晓等译，生活·读书·新知三联书店 1988 年版，第 167 页。
③ ［德］恩斯特·卡西尔：《人论》，甘阳译，上海译文出版社 1985 年版，第 93 页。

全然不关心的"①。随着人类科学知识的增长、逻辑思维的发展,神话和神话时代已成为过去,但神话的想象和创造的要素,却被艺术保留下来,艺术成了发展人的想象和创造能力的重要领域,这也正是艺术的伟大的历史使命。

卡西尔符号美学的中心问题仍然是艺术的本质和特征问题。他说:"艺术可以被定义为一种符号语言,但这只是给了我们共同的类,而没有给我们种差。"②这就是说,艺术是一种特殊的符号语言,那么,艺术不同于其他符号形式的特点何在呢?他说:"科学在思想中给予我们以秩序;道德在行动中给予我们以秩序;艺术则在对可见、可触、可听的外观的把握中给予我们以秩序。"③可见,艺术的根本特点在于它具有直观形象的感性形式,是"在形式中见出实在"④。艺术不同于科学,科学依赖抽象思维,是在思想、概念中把握实在,而艺术容不得抽象和概念,"它并不追究事物的性质或原因,而是给我们以对事物形式的直观"⑤。艺术"描述的不是事物的物理属性和效果而是事物的纯粹形象化的形态和结构"⑥。科学意味着抽象,而抽象会使实在变得贫乏。例如牛顿的一条万有引力规律,似乎就可以包含并解释物质宇宙的全部结构。相反,艺术家的审美经验则是因人而异、无限丰富的。没有什么"客观眼光"这样的东西,一切都凭个人气质来领悟,不同的画家画不出"相同的"景色。赫拉克利特说"太阳每天都是新的",这句格言对科学家的太阳不适用,但对艺术家的太阳则是真的。卡西尔既不赞成艺术模仿说,也不赞成情感表现说。他认为,艺术既非单纯的再现,也非单纯的表现,而是我们内在生命的具体化、客观化,是内在生命的真正显现,是对实在的发现和理解。科学发现的是"真",艺术发现的是"美"。他说:"当我们沉浸在对一件伟大的艺术品的直观中时,并不感到主观世界和客观世界的分离,我们并不是生活在朴素平凡的物理事实的实在之中,也不完全生

---

① [德]恩斯特·卡西尔:《人论》,甘阳译,上海译文出版社 1985 年版,第 96 页。
② 同上书,第 213—214 页。
③ 同上书,第 213 页。
④ 同上书,第 216 页。
⑤ 同上书,第 183 页。
⑥ 同上。

活在一个个人的小圈子内。在这两个领域之外我们发现了一个新王国——造型形式、音乐形式、诗歌形式的王国;这些形式有着真正的普遍性。"①这就是说,艺术是独立于主观世界和客观世界之外的一个纯粹形式的王国。但是,"艺术的形式并不是空洞的形式"②,它是人类经验的组织和构造,"艺术可以包含并渗入人类经验的全部领域"③。它不是对各种人生问题的逃避,而是人性或生命本身的实现。"艺术使我们看到的是人的灵魂最深沉和最多样化的运动。……我们在艺术中所感受到的不是哪种单纯的或单一的情感性质,而是生命本身的动态过程,是在相反的两极——欢乐与悲伤,希望与恐惧,狂喜与绝望——之间的持续摆动过程。使我们的情感赋有审美形式,也就是把它们变为自由而积极的状态。"④总之,在卡西尔看来,艺术是一种构造形式的活动,它一方面是生命的自我构造,另一方面又是对生活和自然世界的构造,这种构造活动的结果便凝结为"纯粹的形式",因此,艺术作品就是人性或内在生命在直观、形象的感性形式中的显现,在对艺术作品纯形式的审美直观中,人可以看到自己,也可以看到整个世界。

卡西尔的符号美学是从康德的先验唯心主义美学出发的,但他把艺术与人类全部文化活动联系起来加以考察,充分肯定了艺术的社会性,艺术与人生的密切联系,对艺术的起源、本质、特征做了深入的研究,开辟了美学研究的新方向,是现代西方美学的重大成果之一。他的美学直接启发了苏珊·朗格。

二　苏珊·朗格的符号论美学

苏珊·朗格(Susanne K. Langer,1895—1982 年),美国著名哲学家、符号论美学家。她生于纽约,父母系德国移民。早年师从怀特海、卡西尔,并获哲学博士和文学博士学位,后来在哥伦比亚大学、纽约大学等校任教。她

---

① 　[德]恩斯特·卡西尔:《人论》,甘阳译,上海译文出版社 1985 年版,第 185 页。
② 　同上书,第 212 页。
③ 　同上书,第 201 页。
④ 　同上书,第 189 页。

完善和发展了卡西尔的艺术符号论。主要著作有:《哲学新解》(1942 年)、《符号逻辑导论》(1953 年)、《情感与形式》(1953 年)、《艺术问题》(1957 年)、《心灵:论人类情感》(1967 年)等。

1. 艺术是人类情感符号的创造

在卡西尔符号论的基础上,苏珊·朗格对符号与信号做了严格区分。她指出,信号是事件的一部分,是指令行动的某物或某一种方法,它为动物和人类所共有;符号与信号虽然有密切的关系,但其本质截然不同。符号比信号高级。一般信号只包含三个基本要素:主体、信号、客体。符号却包含四个基本要素:主体、符号、概念、客体。这就是说,符号包含了概念活动,符号不像信号那样只停留在当下的、个别的物的表面,它已具有某种从个别上升为一般的抽象能力。动物的行为只凭信号,只有人才能发明利用理解符号。所以符号为人所独有,符号行为是人类的本质特征。

苏珊·朗格进一步区分了语言符号和情感符号。她认为,语言是具有典型意义的符号体系,凭借它,人类才能进行思维、记忆,才能描绘事物,再现事物间的关系,揭示各类事物间相互作用的规律。所以,语言在人类生活中起着非常重要的作用。它是一种推理的逻辑符号体系,它可以表达确切的事物、确切的关系、确切的过程和确切的状态,包含着语言与对象的同一性原则。但是,语言并非万能,它有明显的局限性,它不能有效地呈现那种你中有我、我中有你的交错和有机的状态。而我们称之为"内在生命"的东西即情感恰恰呈现出这样一些特征。所以,语言不能表达情感。这样人凭借符号能力创造出了服务于情感表现的另一种符号,由此而产生了艺术。所以,艺术就是将人类情感呈现出来供人观赏,把人类情感转变为可见或可听的形式的一种符号手段。我们可以将艺术符号称为"表现符号体系",以区别于语言的"逻辑符号体系"。这样,苏珊·朗格就从生成的角度,论述了艺术产生的必然性。

朗格给艺术下了一个明确的定义:艺术即人类情感符号的创造。这是她最富有独创性的美学命题。朗格认为,艺术符号具有表现情感的功能,表现性是一切艺术的共同特征。但是,艺术表现的情感并非个人的情感,而是一种人类普遍情感,它来自个人,而又脱离个人,是个人具体情感的抽象物。所谓艺术是人类情感符号的创造,就是说艺术是对人类情感本质的反映,而这种反映是以人类符号形式出现的。由此,朗格批判了表现主义关于艺术是自我表现的理论。她认为"纯粹的自我表现"不需要艺术形式,自我表现其实是一种"自我发泄",只停留在和动物一样的信号行为的水平上,而不是艺术。艺术所表现的,是人类情感的本质,是人类的普遍情感。但这并不意味着,艺术就排斥个人情感,艺术的情感形式是对个人具体情感的抽象,它们之间是一般与个别的关系,具有相同的结构。

朗格认为,艺术的创造不同于一般物质产品的制造,它不是物质材料的综合,而是借想象力和情感符号创造出现存世界所没有的新的"有意味的形式",来表现人生的普遍情感。因此,艺术创造实质上是一种艺术的抽象,创造出非现实的"幻象"或"虚象"。艺术抽象不同于科学抽象,它不是从具体经验中抽象出概念,使客观实在概念化,而是消除现实形象的实在性,排除其与现实的一切联系,使其成为一种纯粹的感性虚象而突现出来,进而成为表现人类情感的符号。在这个基础上,朗格对各类艺术不同的"基本幻象"进行了分析。她认为,绘画、雕塑、建筑等造型艺术的基本幻象是"虚幻的空间";音乐艺术的基本幻象是"虚幻的时间",这与人的内在生命律动相合拍;舞蹈艺术的基本幻象是"虚幻的力",它是在连续的虚幻时间中呈现于视觉的"虚幻空间",与人的生命力相合拍;诗歌和戏剧都是一种虚幻的经验和历史,只不过前者是一种回忆的模式,而戏剧是一种命运的模式,是一种可见的关于未来的幻象。这种分析其实也就是以艺术的"基本幻象"给艺术分类。这种艺术分类在一定程度上揭示了艺术的一些特征,但却不够完善,有些牵强。

2. 生命形式和艺术直觉

生命形式是朗格美学理论中很重要的一个概念。她认为情感实际上就是一种集中、强化了的生命。如果要使某种创造出来的符号(一个艺术品)

激发人们的美感,就必须使自己作为一个生命活动的投影或符号呈现出来,必须使自己成为一种与生命的基本形式相类似的逻辑形式。这种逻辑形式即生命形式,是与人类的普遍情感相一致的。它有以下几个特征:(1)有机性。即生命体的每一部分都紧密结合,不可分离。(2)运动性。即生命不断新陈代谢,永不停息地运动。(3)节奏性。即运动过程是一种有规律的呈现各种周期性的运动。(4)生长性。即每一个生命体都含有自己生长、发展和消亡的规律。朗格认为艺术与生命形式相一致,所以,艺术如同生命体,也具有上述四个方面的基本特征;艺术创作必须遵循"生命形式"的规律,使艺术"看上去像一种生命的形式"[1]。能体现出"生命的意味"。

朗格关于直觉问题的论述也是很重要的。与把直觉看作无意识、非理性的观点不同,朗格认为,直觉是一种基本的理性活动。由这种活动导致的是一种逻辑的或语义上的理解,它包括对各式各样的形式的洞察,或者说包括着对诸种形式的特征、关系、意味、抽象形式和具体事例的洞察和认识。它的产生比信仰更加古远;信仰关乎着事物的真假,直觉只与事物的外表呈现有关。所以直觉又是对事物"外观"的直接洞察力。它在经验的基础上形成,表现为顿悟,不假造于概念和推理,但包含某种理解,所以并不神秘。在艺术中,直觉就是对艺术作品的生命意味的直接把握和评价,因此,它对艺术的创造和欣赏都是非常重要的。

关于苏珊·朗格的基本美学思想大致介绍这些。总之,苏珊·朗格发展了卡西尔的符号理论,把符号论美学提高到了一个新的水平,她对表现主义、形式主义、直觉主义的一些批评是合理的,她重视美学与现代艺术经验的结合,也是积极的。但她的美学的哲学基础仍是唯心主义的。她把艺术归结为人类的普遍情感,作为和"生命形式"合拍的符号现象,否认艺术与社会生活的联系,排除了人的社会性、历史性,说到底仍是抽象的人性论。她的美学有一个内在的矛盾,即她一面把艺术看作符号,一面又说艺术以自身为目的,艺术符号只代表自身,其实符号的根本意义就在于代表另一物,

---

[1] [美]苏珊·朗格:《艺术问题》,滕守尧、朱疆源译,中国社会科学出版社1985年版,第56页。

如果只代表自身，就谈不上是符号。所以，朗格的符号论美学也受到一些批评，她把艺术归结为情感符号仍有片面性。

第九节　格式塔心理学美学

格式塔心理学美学是在格式塔心理学的基础上发展起来的一个美学流派。格式塔心理学（Gestalt Psychology）又名完形心理学。"格式塔"是德文"Gestalt"一词的音译，原意为"形态"或"构形"。格式塔心理学将心理现象视为有机整体，认为整体虽由各个部分组成，但它并不等于部分之和而是大于部分之和，并且认为，整体先于部分并决定部分的性质。这就是所谓"格式塔质"。格式塔心理学强调心理实验，是一种现代的实验心理学。

格式塔心理学的理论先驱是奥地利心理学家冯·艾伦费尔斯，他于1890年首次提出"格式塔质"的概念，创始人和代表人物则是德国心理学家韦特默（1880—1943年）、柯勒（1887—1967年）和考夫卡（1886—1941年）。他们的心理学思想同美学的关系都很密切，其著作也大都涉及艺术问题，但以完形心理学为基础系统深入地研究美学和艺术问题并作出重大理论贡献的，还是阿恩海姆。

鲁道夫·阿恩海姆（Rudolf Arnheim，1904—2007年），当代著名心理学家、美学家，格式塔心理学美学流派的代表人物。1904年生于德国柏林，1928年毕业于柏林大学并获哲学博士学位。1940年不堪纳粹的专制暴政移居美国，1946年加入美国国籍。阿恩海姆是美国心理学会的成员，并三度出任过该学会的心理学与艺术分会的主席，他也是美国美学学会的成员，出任过1959—1960年度该学会的主席。他广泛地研究了许多与美学有关的心理学课题，著述颇丰，主要的理论专著有：《艺术与视知觉》（1954年）、《作为艺术的电影》（1956年）、《视觉思维》（1961年）、《朝着艺术的心理学》（1960年）等等。

一 美学思想的心理学原则

1.知觉结构说

审美体验的根源是什么？审美对象与审美情感的关系又是怎样的？在这样的问题上美学家们历来看法不一。联想主义的审美观认为,审美体验的根源在于主观联想,只有通过主观的联想才能将审美知觉中的各个因素联结起来成为完整的审美情感体验。阿恩海姆从完形心理学出发,对这种审美观持反对态度。他认为,审美知觉并不像联想主义认为的那样是初级的、零碎的、无意义的,而是本身就显示出一种整体性、一种统一的结构,情感和意义就渗透于这种整体性和统一结构之中,知觉结构就是审美体验的基础。

阿恩海姆认为,知觉结构是一种特殊的"力的结构",也就是一种对力的感受结构。其具体含义有以下几个方面:

首先,审美体验是一种对力的体验。阿恩海姆认为,审美是对于对象的一种情感体验,而只有对象所包含的力才能给主体以刺激并产生情感的体验。他说:"与有机体关系最为密切的东西,莫过于那些在它周围活跃着的力——它们的位置、强度和方向。这些力的最基本属性是敌对性和友好性,这样一些具有敌对性和友好性的力对我们感官的刺激,就造成了它们的表现性。"①其次,审美体验中的力是一种"具有倾向性的张力"。阿恩海姆不同意莱辛在其名著《拉奥孔》中提出的艺术应当表现"有包孕的顷刻"的美学观点,他认为这种顷刻并不能表现整个动作,审美并不是对于运动的知觉,而是对于"具有倾向性的张力"的知觉。这种"具有倾向性的张力"并不是一种真实存在的物理力及由此引起的运动,而是人们在知觉某种特定的形象时所感知到的力,它具有扩张和收缩、冲突和一致、上升和降落、前进和后退等基本性质。他举例说,在正方形中有一个偏离中心的黑色圆面,这个圆面"永远被限定在原定位置上,不能真正向某一方向运动,

---

① ［美］鲁道夫·阿恩海姆:《艺术与视知觉》,滕守尧、朱疆源译,中国社会科学出版社1984年版,第620页。

然而,它却可以显示一种相对于周围正方形的内在张力。这一张力,也与上述所说的位置一样,并不是理智判断出来的,也不是想象出来的,而是眼睛感知到的,它像感知到的大小、位置、亮度值一样,是视知觉活动的不可缺少的内容之一"①。阿恩海姆认为,这种不动之动的"张力",就是表现性的基础、艺术的生命和审美体验的前提。

图　　1

　　最后,张力结构是由知觉对象本身的结构骨架决定的。阿恩海姆将审美体验中的"力"归结为一种"心理力",但他并不认为这种力的产生是纯粹主观的。他反对那种"把对艺术品的理解完全看作是一种主观作用的思潮",认为审美对象都具有一种客观的结构骨架,为美的欣赏与创造提供一个坚实的基础②。这种结构骨架就是由审美对象的形状、颜色、光线以及矛盾冲突所构成的力的图式。阿恩海姆以米开朗琪罗的《创造亚当》为例来说明结构骨架所形成的力。如图 2 所示,这幅画主要由上帝和亚当两个人物组成,他们的形象构成一个倾斜的四边形的主要轴线的构架,其倾斜性形成了一种由右到左、由上到下的张力,这张力由上帝伸出的手臂传导到亚当的手臂之上,"这样一来,那生命的火花就好像从上帝的指尖跳到了亚当的指尖,从而完美地再现了生命由创世者身上输送到他的创造物上面的题材"③。

---

　　①　[美]鲁道夫·阿恩海姆:《艺术与视知觉》,滕守尧、朱疆源译,中国社会科学出版社1984 年版,第 3 页。
　　②　同上书,第 113 页。
　　③　同上书,第 630 页。

图 2

此外,阿恩海姆还认为,审美体验中的"具有倾向性的张力"在本质上是生理力的心理对应物。他说,张力"就是大脑在对知觉刺激进行组织时激起的生理活动的心理对应物"①,具体来说就是,知觉对象对主体形成一种极强的刺激,主体的大脑皮层对外部刺激进行完形的组织工作,这就是生理力与外部作用力的斗争过程,最后将对象改造成某种知觉式样。

2. 大脑力场说

如上所述,阿恩海姆把审美体验看作是由外在刺激而产生的生理力的心理对应物,这样生理力就成为审美体验的关键所在,成为沟通外在物理力与内在心理力的中介。在他看来,这种生理力完全由大脑皮质的积极活动所形成。在他之前,格式塔心理学借用现代物理学电磁学中有关"场"的理论,提出了"心理—物理场"的概念,而"心理—物理场"之所以能够成立主要是由于大脑力场的作用,因此他们又将这一理论更明确地表述为"心理—生理—物理场"。阿恩海姆继承了这种观点,认为"当一个刺激式样投射到这个作为力场的大脑视觉区域时,就会打乱这个'场'中的平衡分布状态。一经被打乱后,场力又会去极力恢复这种平衡状态"②。大脑力场的这种恢复平衡状态的努力就是它的特有的完形组织作用。他认为,在审美知觉中,大脑不是对于对象被动的复制,而是对于事物整体进行积极的把握。大脑的这种完形组织活动是按照韦特默组织原则进行的,这些组织原则主

---

① [美]鲁道夫·阿恩海姆:《艺术与视知觉》,滕守尧、朱疆源译,中国社会科学出版社 1984 年版,第 573 页。
② 同上书,第 87 页。

要包括相近原则、相似原则、方向原则和闭合原则等,阿恩海姆进而指出,其中相似原则是更为基本的原则,其他原则都是总的相似性原则的特殊表现。

3.同形同构说

这一理论由韦特默首先提出。他认为,凡是引起大脑的相同皮质过程的事物,即使在性质上截然不同,但其力的结构必然相同,这就是所谓的同形同构说或异质同构说。阿恩海姆进一步将这一理论运用于审美,从世界的统一性和物理现象、精神现象与社会现象的内在协调的整体性着眼,来理解同形同构说和审美对象的情感表现性问题。他说,"我们发现,造成表现性的基础是一种力的结构,这种结构之所以会引起我们的兴趣,不仅在于它对那个拥有这种结构的客观事物本身具有意义,而且在于它对于一般的物理世界和精神世界均有意义。像上升和下降、统治和服从、软弱和坚强、和谐和混乱、前进和退让等等基调,实际上乃是一切存在物的基本存在形式"①。显然,阿恩海姆认为,在物理现象、精神现象和社会现象中存在着共同的力的结构和基调,这就是它们都具有情感表现性和相互间构成内在统一性的原因。也就是说,因为一切现象中相同结构的力都可在大脑皮质中引起类似的电脉冲,这样与人的情感活动同构的物理现象与社会现象也就具有了情感表现性。总之,阿恩海姆通过同形同构说告诉我们,所谓审美的情感体验就是审美对象的力的结构与某种情感活动的力的结构相同并在审美主体的大脑皮质中引起某种相同的电脉冲,从而使审美主体产生情感的体验。

基于这种崭新的审美理论,阿恩海姆不满那种将一切审美现象都归因于人的主观联想的做法,对很多问题提出了自己的解释。在他那里,审美联想与审美共鸣之所以发生,是因为审美对象同审美主体所曾经历的某种情感生活在形式结构上的相同;审美通感则是由于各种不同的审美知觉尽管其质料相异,但却有着共同的形式结构;而审美比喻的内在机制也是在于相关事物具有的基本式样相同的力。这些观点无疑会给我们一定启发。针对

---

① 〔美〕鲁道夫·阿恩海姆:《艺术与视知觉》,滕守尧、朱疆源译,中国社会科学出版社1984年版,第625页。

移情派美学的代表人物立普斯对多利克式石柱的著名分析,阿恩海姆指出:
"一根神庙中的立柱,之所以看上去挺拔向上,似乎是承担着屋顶的压力,并
不在于观看者设身处地的站在了立柱的位置上,而是因为那精心设计出来的
立柱的位置、比例和形状中就已经包含了这种表现性。只有在这样的条件
下,我们才有可能与立柱发生共鸣(如果我们期望这样做的话)。而一座设计
拙劣的建筑,无论如何也不能引起我们的共鸣。"①这种分析是很独到的。

二 关 于 艺 术

阿恩海姆以知觉结构说、大脑力场说,特别是同形同构说为理论根据,
对艺术、艺术思维和现代派艺术的特性等重要问题进行了探讨,提出了自己
的见解。

基于自己的理解,阿恩海姆给艺术所下的定义是这样的:"艺术的本
质,就在于它是理念及理念的物质显现的统一。"②这里所说的"理念",即
指对于对象在知觉中整体把握的情感表现性和思想意义等,而"理念的物
质显现"则指艺术家凭借某种物质媒介所选取的用以表现这一整体把握的
形式结构。他认为理念与理念的物质显现应做到异质同形,如他所说,艺术
"要求意义的结构与呈现这个意义的式样的结构之间达到一致。这种一致
性,被格式塔心理学家称为'同形性'"③。阿恩海姆还主张艺术创作可以
摒弃细节的真实,直接表现一事物的整体性和本质。他说过,"一件作品要
成为一件名副其实的艺术品就必须满足下述两个条件:第一,它必须严格与
现实世界分离;第二,它必须有效地把握住现实事物的整体性特征"④。可
以看出,这种定义对于东方书法艺术和古代象征艺术比较适合,当然最适合
的还是西方现代派抽象艺术,但对于现实主义艺术却并不合适,这无疑是其
片面之处。由于阿恩海姆认为艺术形象可以不必是生活的图画,但却必须

---

① [美]鲁道夫·阿恩海姆:《艺术与视知觉》,滕守尧、朱疆源译,中国社会科学出版社
1984 年版,第 624 页。
② 同上书,第 185 页。
③ 同上书,第 75 页。
④ 同上书,第 189 页。

呈现出某种力的结构的形式,这样,在他那里,艺术的作用就既不是再现世界,也不是给人快感,而是给人们提供一种把握外部世界和人类自身的方式,当然这种把握要凭借着对艺术作品所呈现出的力的结构规律的抽象才能达到。

关于艺术思维,阿恩海姆认为,基于自身特有的把握整体性的完形机能,知觉可以创造出一种与对象相对应的一般形式结构。这种作为知觉抽象产品的一般形式结构并不是知觉对象的原原本本的再现,而是对它的创造性加工改造,具有整体性和普遍性的特点,这正是概念所具有的特性,因此阿恩海姆又称之为"知觉概念"。阿恩海姆认为这种知觉概念是艺术思维的基础,只有按照知觉的本能反应创造,从知觉概念出发,着重把握对象的知觉表现性质,才是真正的艺术思维方式。当然艺术思维不能只停留在知觉阶段,它还必须将知觉到的内容再现出来,他指出,"艺术抽象的心理学不仅包括知觉问题,而且包含再现问题。知觉一事物并不等于再现一事物"[1]。在他看来,知觉概念是艺术思维的基础,再现概念则是艺术思维的完成。那么,什么是"再现概念"呢?阿恩海姆说:"'再现概念'指的是某种形式概念。通过这种形式概念,知觉对象的结构就可以在某种特定性质的媒介中被再现出来。"[2]可见,所谓"再现概念"就是在艺术创作中通过某种物质媒介将知觉概念再现出来,使之物态化,具有可见的外在形式。

现实主义艺术与现代派艺术到底孰优孰劣?这在当代是一个很尖锐的问题。阿恩海姆对西方现代派抽象艺术采取一种为之辩护和褒扬的态度。与此相反,他认为现实主义艺术充其量不过是"对应该如此或能够如此存在的事物所进行的真实模仿"[3]。而他对这种"真实模仿"十分厌恶,认为这无异于艺术生命的自杀。因为现实主义艺术运用透视法将立体的事物在平面上加以表现,这样做表面上看是逼真的,但却只是从一个角度对事物一瞬间形态观察的结果,反映的是事物的一个侧面,并不能表现对于对象整体性反映的知觉概念。而现代派艺术则完全摒弃了现实主义艺术的透视法,

① 刘纲纪、吴櫵编:《美学述林》第一辑,武汉大学出版社 1983 年版,第 322 页。
② [美]鲁道夫·阿恩海姆:《艺术与视知觉》,滕守尧、朱疆源译,中国社会科学出版社 1984 年版,第 228 页。
③ 同上书,第 160 页。

只从创造知觉概念的同构等价物的艺术要求出发,将正面与侧面、远处与近处、过去与未来全都集中在一个平面上,给人一种强烈的整体的印象。阿恩海姆对于这种抽象艺术十分欣赏,他认为,现代派艺术最主要的优点就在于直接地表现自然结构的本质,而现实主义却只能通过现实的形象间接地表现。

综上所述,阿恩海姆所代表的格式塔心理学美学是一种"自下而上的美学",它自觉地将有机整体的方法运用于美学研究,推进了心理学美学的发展,为美学研究注入了一种新鲜血液。但它仅用大脑皮质的电脉冲反应将形式与情感、人与对象联系起来,忽视了审美现象的社会性,表现出一定的生物社会学的倾向。格式塔心理学美学作为西方现代派抽象艺术的理论根据,虽然很好地概括了抽象艺术特别是视觉艺术的审美特征,但却将之推广到一切艺术领域,未免有失偏颇。

第十节　社会批判美学

1923 年,德国法兰克福大学成立了一个社会研究所,以该所及其刊物《社会研究》杂志为中心,逐渐形成了一个学派,即"法兰克福学派"。这个学派自称从马克思主义的立场出发,来解释现代社会生活的各个方面,由此形成了一整套理论,统称"社会批判理论",其美学理论即为"社会批判美学"。这个美学流派的主要代表人物有马尔库塞、阿多诺、本雅明和洛文塔尔等人,其中尤以马尔库塞和阿多诺影响最大。

一　马尔库塞的美学思想

马尔库塞(Herbert Marcuse,1898—1979 年)是原籍德国的美国著名哲学家、政治家和美学家。他生于柏林一个犹太资产阶级家庭,早年就读于柏林大学和弗莱堡大学,是胡塞尔和海德格尔的学生。1933 年加入法兰克福大学社会研究所,在霍克海默领导下研究哲学。同年,希特勒上台,他经瑞士、法国前往美国。1934—1940 年在哥伦比亚大学社会研究所工作。第二次世界大战后在哥伦比亚、哈佛等大学任教,专心研究和著述。由于他写过许多触及当代资本主义社会现实问题的著作,20 世纪 60 年代末被奉为"学生造反运动"和"新左派"的"明星和精神之父",成为少数在世就对时代产生巨大影响的思想家之一。他的学术政治思想有一个发展过程。早期主要致力于把黑格尔的辩证法、海德格尔的存在主义和马克思主义结合起来,主要著作有:《历史唯物主义现象学概要》(1928 年)、《历史唯物主义的基础》(1932 年)等;20 世纪三四十年代,他试图创立一种黑格尔主义的马克思主义,主要著作有:《哲学和社会批判理论》(1937 年)、《理性与革命》(1941年);20 世纪 50 年代以后,他转向用弗洛伊德主义补充、发展马克思主义,主要著作有:《爱欲与文明》(1955 年)、《苏联的马克思主义》(1958 年)、《单向度的人》(1964 年)、《论解放》(1968 年)、《反革命与造反》(1972年)、《作为现实形式的艺术》(1972 年)、《论艺术的永恒性——对一种特定马克思主义美学的批判》(1977 年,翌年易名《审美之维》)。他的美学思想主要见于后期著作,《审美之维》是其美学代表作。

马尔库塞的美学思想是建立在他对当代资本主义社会的分析和批判基础之上的。他认为,当代资本主义现实的发展,已使马克思的无产阶级革命理论成为"神话",一场新的革命已经来临,艺术必须为这场新的革命服务。他称自己的美学为"革命美学""解放美学"。

马尔库塞认为,当代资本主义社会已经不同于以前的社会,它已成为一个"单向度"的社会。所谓"单向度"的社会即无对立面或否定面的社会,这是现代科学技术进步和相应的统治制度、统治方式完善化所造成的。这就是说,当代发达的工业社会已成为一个具有强大的同化和整合能力的系统,它使一切对立面和否定因素都消解了,社会失去了否定面,变成了"单向度"的社会;人也失去了个人的生活,完全屈从于技术与社会的统治,变成了"单向度"的人,丧失了合理地批判社会现实的能力,形成了单一化和畸形化的意识和行为模式,以致整个当代社会的文明,包括科学、艺术、哲学、日常思维、政治体制、经济和工艺各个方面,全都成了"单向度"的。在这样一个以"单向度"为基本特征的当代社会中,由于必要劳动时间的缩短、闲暇时间的增多,以及统治阶级实行福利政策等原因,无产阶级已被同化,革命性已丧失殆尽,它不再是现存社会的对立面,反而安于眼下安逸的生活,与资本家结为一体。这样,马克思的革命理论就失去了基础,成了过时的东西。

马尔库塞尖锐批判了当代资本主义社会。他把弗洛伊德主义和马克思主义结合起来,认为这是一个全面压抑人的原始本能的社会、极权主义的社会、异化的社会、违反人性的社会;社会、技术对人的全面统治已把个人变成物,变成纯粹的工具。他指出,这个社会是不合理的,应当进行一场新的革命,把人从不自觉的奴隶境况中解放出来,这场新的革命不同于以往的暴力革命,这是一场本能革命、感觉革命,是主体意识和观念的变革,也就是"文化革命"。这场革命应当依靠那些尚未被社会完全同化和整合的"新左派"、青年学生、嬉皮士、流氓无产者等,即那些处于当代社会边缘具有造反精神的人。他十分重视和强调艺术和美学在这场革命中的作用。在他看来,艺术和美学由于自身追求自由等特点,具有摧毁现实根本结构的政治潜能。

马尔库塞既批判了资产阶级的美学,又批判了所谓正统马克思主义的美学,他提出了一系列美学观点,试图创立一种服务于本能革命或感觉革命的美学。他的主要美学思想可以归纳为以下几点:

第一,审美和艺术是对现实的超越。在《爱欲与文明》和《单向度的人》中,马尔库塞依据弗洛伊德关于快乐原则和现实原则表现了本能与文明、感情和理性的对立这一理论,把当代文明社会描绘成"压抑性理性统治"的、丧失了自由的异化社会。他认为,必须摆脱这种压抑性现实原则的支配,征服和废除理性统治的异化,才能使人类进入非压抑状态,获得幸福和自由。人有两种心理功能可以使人超越现实,摆脱压抑性原则,这就是幻想和想象,而这两种心理功能的运用集中表现在人类的审美活动和艺术活动之中。由于审美活动和艺术活动是一种想象,它本质上就是非现实的,是现实的异在,是一种否定的力量。由此他极力强调审美和艺术是对现实的超越、否定、反抗和大拒绝。他认为,审美和艺术以非压抑性为目标,追求感性的快乐原则,创造的是非压抑的世界,能使性欲本能得到升华,抵抗理性的现实原则,以达到感性和理性的统一。他说:"艺术就是反抗。"[①]"它是大拒

---

① [美]赫伯特·马尔库塞:《爱欲与文明——对弗洛伊德思想的哲学探讨》,黄勇、薛民译,上海译文出版社 1987 年版,第 105 页。

绝——抗议现实的东西。"①艺术对现实原则提出了挑战,是对现实原则的彻底否定。因此,"艺术使自己具有革命的性质"②,具有摆脱压抑的解放功能。在他看来,审美和艺术的价值和意义,就在于消除文明对感性的压抑,通过艺术秩序的建立,重建人与自然、主观与客观、感性与理性相和谐的非压抑性秩序,实现"人的解放"。

第二,审美形式理论。这是马尔库塞美学思想的核心。他认为,艺术与现实以及其他人类活动相区别的特质,不在内容,也不在纯形式,而在于"审美形式"。艺术作品不是内容和形式的机械统一,也不是一方压倒另一方,而是内容向形式的生成,内容变成了形式,这样生成的形式就是审美形式。他认为,一方面,审美形式是对既成社会现实的超越和升华,与现实相间离,具有自主性的品格,它不依附于任何阶级,也不为任何阶级服务,是彻底独立自主的,具有永恒的价值。另一方面,审美形式又是对现实的改造和重建,它蕴含着否定和拒绝异化现实的艺术的政治潜能,能促成新感觉和新意识的产生,破坏既成的社会现实,创造出不同于既成世界的新世界,具有使人解放的作用。他说:"我认为艺术的政治潜能在于艺术本身,即在审美形式本身。此外,我还认为,艺术通过其审美的形式,在现存的社会关系中,主要是自律的。在艺术自律的王国中,艺术既抗拒着这些现存的关系,同时又超越它们。因此,艺术就要破除那些占支配地位的意识形式和日常经验。"③并且说:"持久的审美倾覆——这就是艺术之道。"④

第三,建立新感性。这是马尔库塞提出的一个十分著名的口号。所谓新感性是与旧感性相对立的。旧感性是受理性压抑的感性,是丧失了自由的感性。新感性是在审美和艺术活动中造就的、彻底摆脱了旧感性的完全自由的感性,是人的原始本能得以解放的感性。马尔库塞所讲的新感性包含了性欲,因此他被视为西方"性解放"的鼓动者,但公平地说,他讲的新感

---

① ［美］赫伯特·马尔库塞:《单向度的人——发达工业社会意识形态研究》,张峰、吕世平译,重庆出版社1988年版,第54页。

② ［美］赫伯特·马尔库塞:《爱欲与文明——对弗洛伊德思想的哲学探讨》,黄勇、薛民译,上海译文出版社1987年版,第108页。

③ ［美］赫伯特·马尔库塞:《审美之维》,李小兵译,生活·读书·新知三联书店1989年版,第203—204页。

④ 同上书,第179页。

性不限于性欲,他曾明确批评展现女性肉体的《花花公子》杂志是"资产阶级道德的腐败"①。在他看来,感性是审美和艺术的原初功能。他说:"美学的根基在其感性中。美的东西,首先是感性的,它诉诸于感官,它是具有快感的东西,是尚未升华的冲动的对象。不过,美占据的位置,可能处于已升华的客观性和尚未升华的客观性之间。美不是直接的、具有机能特性的性欲对象(这种性欲对象甚至会阻止尚未升华的冲动),而且,在另一极端上,一个数学的公理仅以其高度的抽象、构形的意义,也可以说是'美'的。美的不同涵义,似乎皆归诸于'形式'这个概念。"②不仅如此,他更强调建立新感性是一种政治实践和人类解放的必由之路。他指出:"新感性已成为一个政治因素。"③"革命必须同时是一场感觉的革命,它将伴随社会的物质方面和精神方面的重建过程,创造出新的审美环境","培养一种新的感官系统"。④ 他认为,审美和艺术不但是对现实的超越和否定,同时又是对现实的改造和重建,其原因就在于审美和艺术能够培养和造就新感性,给人提供新的感受、新的语言、新的生存方式,使人从理性的压抑下彻底解放,达到新秩序和新世界的建立和肯定。建立新感性是马尔库塞激进的社会革命论的重要组成部分,具有鲜明的政治色彩。他指出,新感性已经变成了实践,它不但出现在反对暴力和剥削的斗争中,而且出现在"青年人在社会主义阵营中抨击认真精神:用超短裙反对机关干部,用摇滚乐反对苏维埃现实主义。强调一个社会主义社会可能而且应当是轻松的,'愉快的,好玩的'"⑤。

第四,对苏联"马克思主义美学"的批判。马尔库塞在《审美之维》中,主要从三个方面对马克思主义美学进行了批判。他指的是苏联流行的马克思主义美学。首先,他批评关于经济基础决定上层建筑的理论,认为它违背了辩证法,屈从于物化的现实,忽视了艺术超越特殊社会条件的永恒性品

---

① [美]赫伯特·马尔库塞:《审美之维》,李小兵译,生活·读书·新知三联书店 1989 年版,第 148 页。

② 同上书,第 123 页。

③ 同上书,第 106 页。

④ [美]赫·马尔库塞等:《现代美学析疑》,绿原译,文化艺术出版社 1987 年版,第 59 页。

⑤ 同上书,第 49—50 页。

质,贬低了主体的整个主观性领域在反对现实、超越现实方面的积极作用,抹杀了艺术的自主性和特殊规律。其次,他否认无产阶级革命艺术的存在和艺术的阶级性。他认为,艺术作为革命的武器,其政治潜能体现在艺术质量上,不依赖于任何阶级,阶级性只表明"题材"的性质,而不是构成艺术品的要素,艺术品的要素是"人性",因此关于艺术阶级性的命题业已过时,不符合当代资本主义的现状。再次,他反对现实主义的艺术模仿论。他认为,艺术对现实的模拟是一种批判性的模拟,不是直线的机械照相。艺术是对现实的超越,艺术的真实性是异在性的存在,艺术的解放作用在于突破既存现实和对新世界的展望。因此不能说现实主义是"最切合社会关系的艺术形式,因此是'正确'的艺术形式"①。

马尔库塞的美学是他的社会批判理论的一部分。马尔库塞从当代社会发展的角度强调审美和艺术在改造人类自身和推动社会进步方面的价值和意义,提出了一些重要的美学问题,这是值得重视的。他的社会批判理论和美学的基础是嫁接在马克思主义上的弗洛伊德主义。他主张的是抽象人性、本能、爱欲和非理性,对现实采取的是绝对否定的激进态度,他所标榜的绝对自由的无压抑的理想社会只能是一个乌托邦。所以,他的美学归根到底是唯心主义的,具有反理性、反现实的性质。在西方,他被普遍看作当代"文化激进主义"的典型代表,他的美学被评价为乌托邦式的激进的浪漫主义或反现实主义。还应当一提的是,并非任何反对资本主义的人都是马克思主义者。马尔库塞对当代资本主义社会的分析和批判虽然有助于把握现时代的某些特征,但这种分析和批判毕竟是片面的、极端的,他夸大了科技进步造成的社会病态,把当代工业社会描绘成无阶级对立的社会,以抽象人性反对现实的一切,这不但不符合实际,而且必然导致悲观主义和盲动主义。他在《单向度的人》一书的末尾说:"社会批判理论并不拥有能弥合现在与未来之间裂缝的概念,不作任何许诺,不显示任何成功,它只是否定。因此,它想忠实于那些毫无希望地已经献身和正在献身于大拒绝的人们。"②可见,否定一切、"大拒绝"这就是马尔库塞的结论。然而马克思主

————————

① 〔美〕赫·马尔库塞等:《现代美学析疑》,绿原译,文化艺术出版社 1987 年版,第 4 页。

② 〔美〕赫伯特·马尔库塞:《单向度的人——发达工业社会意识形态研究》,张峰、吕世平译,重庆出版社 1988 年版,第 216 页。

义从来也不否定一切,对待资本主义社会亦然。

二 阿多诺的美学思想

阿多诺(Theodor Wiesengrund Adorno,1903—1969 年)是德国著名的哲学家、社会学家、美学家和音乐理论家,是法兰克福学派的重要领袖人物之一。他生于莱茵河畔法兰克福一个葡萄酒商家庭,自幼热爱音乐和哲学,1924 年获法兰克福大学哲学博士学位,大学毕业后曾致力音乐技巧研究,1931 年以后去法兰克福大学任教,第二次世界大战期间流亡国外,1938 年加入法兰克福学派,在设于美国哥伦比亚大学的社会研究所工作,1950 年随霍克海默回法兰克福大学,协助重建社会研究所,1953 年起担任该所所长,并于 1963 年兼任德国社会学协会主席。1969 年在学生运动中不幸逝世。阿多诺著述甚丰,由梯德曼编辑的《阿多诺全集》共 23 卷。主要哲学著作有:《启蒙的辩证法》(1947 年,与霍克海默合著)、《棱镜:文化批判和社会》(1955 年)、《黑格尔研究三讲》(1963 年)、《否定的辩证法》(1966年)、《社会批判论集》(1967 年)等。主要美学著作有:《克尔凯郭尔:美的构造》(1933 年)、《现代音乐的哲学》(1948 年)、《新音乐哲学》(1949 年)、《音乐社会学导论》(1968 年)、《文学笔记》(共 3 卷,1966—1969 年)和《美学理论》(1970 年)等。

阿多诺的美学时常被称作"否定的美学",它是以其"否定的辩证法"为哲学基础的。他说:"否定的辩证法是一个蔑视传统的术语"①。在他看来,以往的辩证法,包括恩格斯所讲的自然辩证法都是错误的,因为它们都把辩证法归结为肯定,因而要求同一性、总体性和体系性,不了解正确的认识方法应当是否定的辩证法。他所谓否定的辩证法只有否定,没有肯定,是一种主观的辩证法,他不承认自然界有客观的辩证法,更不承认主观辩证法是客观辩证法的反映。他认为否定的辩证法就是"矛盾地思考矛盾","不断否定",它不追求认识论的同一性、总体性、体系性,是一种"崩溃的逻辑"。总之,事物总是不断地"走向反面",没有什么肯定。从这种观点出发,他认为

---

① ［德］阿多诺:《否定的辩证法》(英文版),劳特里奇出版社 1973 年版,第 9 页。

人类追求进步的历史就是不断走向反面的历史,正是由于人试图以科学技术的手段控制自然和社会,才给人类不断地带来灾难,以致达到当代工业社会中技术统治、人性丧失、全面异化的悲惨境况。他认为,当代现存社会已发生严重的病变,应当彻底否定,以拯救现实所异化掉的人性内容,艺术应当作为中介参与对社会的批判,造成"震惊"的审美效果,使被现实压抑得麻木的心灵恢复人性。

阿多诺的这种否定的美学是以艺术与现实、艺术与社会的关系问题为中心的。他的美学代表作《美学理论》所研究的核心问题,就是艺术和审美经验同社会现实的关系问题。这是一种"艺术社会学"。阿多诺比马尔库塞更熟悉艺术,尤其是音乐,他对现代艺术的发展表现了更多的关心和兴趣,所以他的美学更多涉及了具体艺术领域,是很丰富的。这里我们仅介绍一二。

第一,艺术和反艺术。在《美学理论》中,阿多诺对传统美学进行了批判,他从现代艺术经验出发,对艺术的本质作了重新界定。他认为,从本质特征上看,艺术是不同于现实的东西,他称之为"异样事物"(das Andere),因此艺术不能用是否正确反映现实来衡量。他说:"艺术对于社会是社会的反题,是不能直接从社会中推演出来的。"①这就是说,艺术具有自主性,是对既定现实的离异。而从艺术的社会功能看,艺术又有否定性,也就是说,艺术是对既定现实的否定,是一种否定性力量,是与现实进行斗争的实践方式。他说:"艺术不仅是比现存的统治者更好的实践的统治者,而且同时也是一种对为了现存制度,在现存制度的统治下残酷的自我保存这一实践所进行的批判。艺术揭穿了艺术为了自我而生产的谎言,它在劳动的魔力之外自选一个实践的位置。幸福的许诺的意义远远超出了被迄今为止的实践所倒置了的幸福的位置:幸福似乎凌驾于实践之上。艺术作品中的否定性力量测出了横隔在实践和幸福之间的深渊。"②阿多诺对艺术本质双重性的这种看法和马尔库塞的观点是一致的。他所谓"离异"也就是超越,所谓"否定"也就是反抗或大拒绝。

---

① [德]阿多诺:《美学理论》(德文版),苏尔坎普出版社 1970 年版,第 19 页。
② 同上书,第 26 页。

阿多诺不仅对艺术的本质作了重新界定,他还对艺术的内容、形式、真实性、技巧、风格、自然美等传统美学范畴作了重新界定,尤其是他突出研究了现代艺术的审美特点问题。他认为,现代艺术已不同于传统艺术,艺术的黄金时代随着现代社会造成的人性异化而荡然无存,充斥于现代资本主义市场的现代艺术已具有反艺术的审美特征。阿多诺提出了反艺术这个概念,但并没有给它明确的定义,可是其基本含义是清楚的。他认为,反艺术是社会变迁的产物,现代社会的全面异化是反艺术产生的直接根源。他说:"坚持自己的概念,排拒消费的艺术,过渡为反艺术。"①这里所说的"消费的艺术",是指那些迎合大众口味而投放市场成为商品的艺术,阿多诺认为,这是文化工业的产物,它已丧失艺术的美学原则,不能给人真正的美的享受,反而加深异化现实对人的奴役。反艺术拒斥消费的艺术,坚持自己之为艺术,反对把自己变成消费品和商品,于是就把自己变成了反艺术。因此,反艺术是社会危机和艺术危机的表征。他认为,反艺术概念所包含的艺术危机有两种,即"意义的危机"和"显现的危机"。前者指艺术作品的意义受到了否定,后者表示现代艺术已无法依赖传统的艺术表现手法,必须在艺术观念和技巧手法上脱胎换骨。为了摆脱危机,现代艺术走上了两条道路:一条是艺术作品心理化、幻想化的道路,即印象主义的道路;另一条是物化的道路,即自然主义的道路。质言之,反艺术是对现代资本主义社会异化现实的抗争,是对文化工业操纵艺术的反应,是消费艺术的对立面。

阿多诺是现代艺术和现代文化的批判者,他对现代资本主义文化扼杀人的智力、才华,把人和艺术都变成商品等异化现象作过许多尖锐的批评。但他并不是悲观主义者,他通过"反艺术"概念的提出,对现代主义艺术流派,如印象主义、表现主义、立体主义、达达主义以及荒诞派等的出现和存在的合理性作了美学上的辩护,并对其社会批判功能在否定异化现实、塑造新的社会主体方面的功能,寄予了深切的厚望。

阿多诺的美学具有鲜明的现代特征,但他并没有简单地抛弃传统。他认为,现代艺术的危机还在于"模仿的禁忌"。艺术创造的根本道路仍在模

---

① [德]阿多诺:《美学理论》(德文版),苏尔坎普出版社1970年版,第503页。

仿(当然这不是机械地模仿),由此艺术才会有自然的感性的源泉、基础和动因,也才具有否定、对抗现实的力量。但在,现代极权主义社会中,资本主义统治阶级出于加强对人的控制的需要,竭力用商品化的消费意识扼杀主体的自我意识,以致主体缺乏对世界真实本相的理解,无法确切地模仿这个世界。模仿的禁忌是资本主义统治阶级的意志限制、压抑人的正常发展的产物。为了对抗异化的现实,必须恢复模仿原则在艺术创作中的地位,表现个人在世界中的经验。这种经验发自主体的深层意识,具有人类内在精神性的价值,它必将成为揭示人类生存处境荒谬性的动力,形成反叛现实的艺术作品。

第二,关于音乐美学。阿多诺的音乐美学思想是他的美学思想的重要组成部分。他自幼热爱音乐,对音乐深有研究。他提出了音乐和社会的整体性原则,认为音乐和社会是一个相互制约的整体,音乐的存在和演变是由社会现实决定的,反过来又对社会现实起拯救作用。他说:"音乐的经验,不单纯是音乐的,而且还是社会的经验。"①音乐语言就不是纯粹的自然物质材料,而具有一定的社会内容,是在社会历史的永恒变化和发展中得以形成和演变的。传统音乐的失势,来自观众反应方式的退化,而这种退化又是由于现代工业社会的音乐消费实践造成的。而现代音乐之所以能顶住这种退化而得以幸存,是由于它已具有不同于传统音乐的表现方式和新的审美特征,因此虽然现实社会异化了,使人失望了,但现代艺术以其音乐表现内容和形式的否定性处理,能够间接挽回人们在现实中失去的希望,从而起到拯救绝望的作用。现代音乐的新的审美特征主要表现在:其一,它有一种"先期出现的幻想要素",能够展示一种现实中还没有,但人们期望它出现的东西;其二,现代音乐有一种"指向他物"的特性,能把欣赏者引向现实中非实存的希望;其三,现代音乐使用的是一种无意义的语言,它是一种无概念的艺术形式,能通过表现生活意义的丧失,使人类意识客观化,从而"最真实"地表现人们绝望的事实。所有这些特征表明,现代音乐本质上是超验化的,是超脱了异化现实的,因此它能使人在欣赏中与现实中所失去的真实内容相交往,挽回现实中泯灭的希望。

---

① ［德］阿多诺:《论流行音乐》,载《哲学与社会科学研究》(德文版)1941年第9卷刊。

阿多诺的美学也是社会批判美学,与马尔库塞的美学一样,具有反对当代资本主义异化现实和乌托邦的性质,同时也具有反对传统美学的现代特征。他比马尔库塞更注重现代艺术问题的研究,涉及更多具体的美学问题,也更富有启发性。

第十一节　结构主义美学

结构主义作为一种文化、哲学思潮,出现于 20 世纪 40—50 年代,60 年代后在法国取代了存在主义而达于鼎盛,70 年代起逐渐衰落,为后结构主义等其他思潮所代替。结构主义并不是一个统一的哲学流派,其核心思想是把一切事物都看成处在一定的系统结构之中,认为任何事物只有在系统整体中才能获得其意义,并把结构分析作为观察、研究、分析事物和现象的基本思路与方法,力图发现事物背后的结构模式。结构主义方法的运用不限于哲学领域,它已广泛渗透于语言学、人类学、心理学、社会学、历史学、美学、文学批评等各个人文学科。结构主义试图以此达到人文学科的科学化。

结构主义美学由语言学演化而来,其先驱是瑞士著名语言学家索绪尔,他对 20 世纪 20 年代俄国形式主义和 30 年代布拉格结构主义传统也有继承和发展。结构主义美学的前期代表是法国人类学家列维-斯特劳斯,另外精神分析学家雅克·拉康、历史哲学家米歇尔·福柯和马克思主义理论家路易·阿尔都塞也有不同程度的贡献;后期代表是罗兰·巴特、A.J.格雷马斯、茨维坦·托多罗夫、克劳德·布莱蒙和热拉尔·热奈特等人,他们主要从文学理论和批评方面发展了结构主义美学,其中罗兰·巴特的成就最为卓著。下面分别介绍一下列维-斯特劳斯与罗兰·巴特的主要美学思想。

一　列维-斯特劳斯的结构主义神话研究

列维-斯特劳斯(Claude Levi-Strauss,1908—2009 年)是法国著名的人

类学家、哲学家,结构主义运动的开创者与主要代表之一。他生于比利时布鲁塞尔一个犹太家庭,后迁居法国凡尔赛。早年就读于巴黎大学,1932年获哲学教师任教资格证书,到一所中学任教。1934年到1939年受聘巴西圣保罗大学人类学教授,多次深入巴西内地对许多印第安人原始部落进行调查研究,这种考察有助于他后来提出的思想。1942年赴美国任教于纽约新社会研究学院,1944年开始担任法国驻美大使馆文化参赞。1947年回国后获巴黎大学文学博士学位,并先后担任巴黎人类博物馆副馆长、法兰西学院社会学教授,1973年被选为法兰西学院院士。他的主要著作有:《语言学与人类学的结构分析》(1945年)、《亲属关系的基本结构》(1949年)、《热带的忧郁》(1955年)、《神话的结构研究》(1955年)、《结构人类学》(1958年)、《野性的思维》(1962年)和《神话学》(共4卷,1964—1971年)等。

列维-斯特劳斯的结构主义理论主要来源于索绪尔、俄国形式主义和布拉格结构主义者雅各布逊和美国转换生成语言学家乔姆斯基,因为后二者的语言理论都是在索绪尔基础上的发展,这里也就不作介绍了。索绪尔在其代表作《普通语言学教程》中主要提出了以下思想:第一,是对言语和语言进行区分,认为言语是个别的人在具体情境中所说的话、写的书,而语言则是指抽象的语法规则和惯例,是使表层言语具有意义的深层结构。第二,强调语言的符号性质,认为这种符号性质是由能指即语音形象和所指即概念内容两方面的关系确定的。能指和所指的关系既是任意的又是约定的,符号的意义与外在事物无关,只有在符号的系统即语言的整体结构中才能见出。第三,强调语言的差异对立,认为音位的二元对立是语言的基本结构。语言中任何一项的意义都不是自足的,而是取决于它与上下左右其他各项的对立。第四,指出语言是历时性和共时性的统一,强调语言结构的完整性。需要指出的是,他所谓的历时性并不是指语言的历史性,而是指一句话说出来的先后次序,所以他又把这种历时性说成是一种句段的和水平的关系;他所谓的共时性,也并非是指一句话中的语词的同时存在,而是指这句话中的语词与这句话外的相同或相近的语词同时存在,所以他又把这种共时性说成是一种联想的和垂直的关系。

列维-斯特劳斯将这种语言学理论泛化、发展成为一种普遍的哲学理论和文化理论,因为他认为语言的深层结构"同时构成文化现象(使人和动物区别开来)的原型,以及全部社会生活形式借以确立和固定的现象的原型"①。他将这一从语言学中吸收而来的结构主义方法,严格贯彻到他的神话研究之中。他认为,神话同人类一切社会活动和社会生活一样,都具有双层结构,其中内在结构支配着外在结构。神话的表面意义总是不同于真实意义,而他的神话研究就是要发现在神话表面似乎或然性的无规则的变动之下隐藏着的稳定的深层结构。列维-斯特劳斯对这种深层结构的解释就是人类心灵中存在的共同的"下意识结构",这种下意识结构不是孤立的个人的下意识,而是类似于荣格的"集体无意识"的人类共同的心理结构。正是由于此,神话才具有同诗歌完全不同的可转换性,它使得神话的虚构价值即使通过最差劲的翻译也始终保存着,无论人们对先民的语言文化如何无知,都能感知并理解全世界各民族的神话。

神话种类繁多而又大量重复,如何从纷乱杂多的表面内容来把握其深层结构呢?列维-斯特劳斯进行神话分析的方法是,先分析个别的神话,把神话故事分解成尽可能短的句子即"神话素";然后把所有这些句子按历时、共时的原则分别加以纵横排列和比较,以便找出它们共同的"关系的集束"。他认为一切关系都可以还原为两项对立关系,而神话的实质就是人企图加以调解这些对立关系的一种密码,或"中间项",通过这种对立关系,人们可以看到人与自然和社会生活中的许多矛盾、荒谬的现象。他在《神话学》中运用上述原则对美洲印第安人的 813 个神话传说一一进行了结构主义的分析,但其内容十分庞杂,下面我们仅以他对俄狄浦斯神话所作的结构分析为例,来看看其神话学的概貌。为了论述方便,先把这个神话简述一遍。

卡达摩斯之妹欧罗巴被天帝宙斯骗走,他于是到处寻妹,途中杀死一条毒龙,引起斯巴托人互相残杀,后在那里建立忒拜城。卡达摩斯的后代拉布达考斯之子莱奥斯统治忒拜时,神谕告诉莱奥斯其子将要弑父娶母,于是他将婴儿遗弃,但却被一牧羊人送给无子的科任托斯国王。俄狄浦斯王子长

---

① 转引自[英]特伦斯·霍克斯:《结构主义和符号学》,瞿铁鹏译,上海译文出版社 1987年版,第 25 页。

现代西方美学的主要流派

成后被神谕告知自己将弑父娶母,他逃出国境后与莱奥斯相遇发生矛盾,失手打死了亲父。俄狄浦斯在忒拜城外遇见了狮身人面兽斯芬克斯,解答了"早上用四只脚走路,中午用两只脚走路,晚上用三只脚走路,脚最多的时候,正是速度和力量最小的时候"这一斯芬克斯之谜。这一隐谜的谜底是人。他杀死了斯芬克斯,因为解救了忒拜城,就被推为忒拜国王,娶了母亲。后来神降瘟疫,俄狄浦斯按神谕知道了自己的乱伦行为,他自己刺瞎双眼,流浪远方,其母自缢。他的两个儿子厄特克勒斯与波吕涅克斯为争夺忒拜王位而相互残杀身亡,妹妹安提戈涅不顾禁令埋葬了哥哥波吕涅克斯,遭囚禁而自杀。

列维-斯特劳斯把以上神话分解为若干句子即神话素,从历时与共时两方面加以排列,得到如下图表。

卡达摩斯寻找妹妹欧罗巴 俄狄浦斯与其母结婚 安提戈涅埋葬其兄	斯巴托人互相残杀 俄狄浦斯杀死了父亲莱奥斯 厄特克勒斯兄弟互相残杀	卡达摩斯杀死毒龙 俄狄浦斯杀死了狮身人面斯芬克斯	拉布达考斯=瘸子莱奥斯=左撇子俄狄浦斯=肿脚

他认为,这四列,每一列都包括几个属于同一集束的关系,每一列都可以看作一个结构要素单元。他认为第一列"是以过高估计血缘关系为共同特征的";第二列"过低估价了血缘关系";第三列涉及人杀死一些怪物,因为怪物是大地所生的,人要杀死怪物才能生存,所以其"共同特征是对人类由大地起源的否定";第四列是神话主人公姓名的含义,它们显示出一个共同的特点是行走与笔直行动的困难,这暗示人类从大地深处出现时要么不会走,要么行走极不方便,所以其共同特征是"坚持人类由大地起源"。最后他推论第三、四列的关系与第一、二列的关系是一致的,都是两个对立项,这两组对立项透露出俄狄浦斯神话的深层结构是人类生于大地还是人类生于男女血缘关系两种对立观念的调解。他总结说:"我们发现的是关于人的起源的两种对立意见的一个奇怪的逻辑表述:一种观念是人生于大地,另一种观念是人生于男女。在这些神话传说中,通过想象把二者等同起来,从

— 543 —

而解决了这个冲突。"①他还指出尽管俄狄浦斯神话的各种传本有些情节并不相同,但却都稳定地保持着上述基本结构。

可以看出,列维-斯特劳斯是将神话作为一个客观的整体系统进行由表及里的结构分析,并且他也打破了以往神话研究的地域限制,力图发现全世界神话传说的普遍结构。尽管他的理论存在诸多不足,具体结论也难得普遍赞同,但他无疑开拓了神话研究的新领域,提供了一种神话研究的新的思路和方法。

列维-斯特劳斯的美学贡献主要就是他的神话学研究,不过他也提出过一些对于艺术及艺术欣赏的看法。他把艺术放在科学与神话的关系之中来论述,认为艺术是"处于科学知识和神话或巫术思想二者之间的。因为一般都知道,艺术家既有些像科学家,又有些像修补匠:他运用自己的手艺做成一个物件,这个物件同时也是知识对象"②。这就是说,艺术是一种处于科学的概念和神话的记号中间的东西,是这二者的综合,一方面具有概念的特点,另一方面又具有形象的特点。他还谈到了艺术与神话的区别,认为"产生神话的创造行为与产生艺术作品的创作活动正相反","艺术从一个组合体(对象+事件)出发达到最终发现其结构;神话则从一个结构出发,借助这个结构,它构造了一个组合体(对象+事件)"。③ 简要地说,就是神话通过结构创造事件,艺术是通过事件去揭示结构,这种通过事件去揭示结构的过程,就是艺术家的创作过程。至于艺术欣赏,列维-斯特劳斯认为,欣赏者对艺术的欣赏经历了创作者对艺术的创作同样的过程,这个过程包含着满足智欲和引起快感两个方面。所谓满足智欲,就是通过艺术作品所呈现的事件去发现结构,对艺术作品有一个整体把握。而所谓美感则是欣赏者心目中所形成的结构与事件的统一,结构相当于我们通常所说的必然、真、合规律性,而事件则相当于我们通常所说的自由、善、合目的性,因此他所说的美感情绪就是真与善、必然与自由、合规律性与合目的性的统一,这无疑是很深刻的。

---

① [法]列维-斯特劳斯:《结构人类学》(法文版),普隆出版社 1958 年版,第 215—217 页。

② [法]列维-斯特劳斯:《野性的思维》,李幼蒸译,商务印书馆 1987 年版,第 29 页。

③ 同上书,第 33—34 页。

二　罗兰·巴特的结构主义叙述学

罗兰·巴特(Roland Barthes,1915—1980 年),法国著名的文学批评家、理论家和社会学家,结构主义的代表人物之一,也是后结构主义的创始人之一。1915 年生于法国瑟堡,后迁居巴黎。因早年多病,靠自修接受高等教育。1952 年入法国科学研究中心从事词汇学与社会学的研究,但主要围绕文学问题。1976 年起任法兰西学院教授,1980 年死于车祸。他一生著述甚丰,主要作品有:《写作的零度》(1953 年)、《米舍莱》(1954 年)、《神话学》(1957 年)、《论拉辛》(1963 年)、《批评论文集》(1964 年)、《叙事作品的结构分析》(1966 年)、《批评与真实》(1966 年)、《符号学原理》(1968 年)、《S/Z》(1970 年)、《萨德、傅立叶、罗耀拉》(1971 年)、《文本的快感》(1975 年)、《巴特论巴特》(1975 年)等。

巴特一生的文学理论和美学思想复杂多变,大致可划分为两个时期,其标志就是他的名著《S/Z》(1970 年)的发表。前期是他的结构主义思想逐步成熟的时期;后期是他逐步背离结构主义思想转向后结构主义或解构主义的时期。

1. 前期巴特

同列维-斯特劳斯一样,结构语言学也是巴特的结构主义叙述学的理论基础。他借用了索绪尔语言和言语的区分原则,提出了文学叙事作品与其背后的叙述模式和规则的区分,并认为语言的结构是文学作品的结构的基础。在他看来,文学作品是作家的言语,是由语言生化出来的,语言不仅为作家构筑文学作品提供了规则和惯例,而且也为文学作品所涉及的范围划定了疆域。那么如何从各种叙事作品(相当于言语)中发现其共同的叙述形式(相当于语言)呢? 巴特认为叙述学的结构分析就是先将叙述话语(作品)分解成三个层次,然后加以结合或重组,构成叙述话语的系统整体。

巴特将叙事作品分为三个描述层。第一层是功能层。他认为功能是叙事作品可切割的最小单位,也是三层中的最低层,一切叙事作品都是由种种功能组成的。功能是一个内容或意义单位,而不是指意义的表达方式。功能可以体现为叙述话语中的句子,也可以体现为小于句子的单位(如句组、单词等)或大于句子的单位(如词组、段落乃至整部作品)。巴特将功能又分为两大类,即分布类和结合类。分布类是指处于同一层次的相关单位,以莫泊桑的《项链》为例,借项链的相关单位是丢项链和还项链,借钱的相关单位是还钱。结合类不同于分布类,它不能在功能层中得到说明,只有在行动层或叙述层才能得到理解。它可以是作品中人物的性格、情感、叙述气氛和所蕴含的哲理,也可以是提供一定知识的信息。为了说明这两类功能如何结合的问题,巴特还提出了"序列"概念。他认为,"一个序列是一连串合乎逻辑的、由连带关系结合起来的核心。序列始于一个与前面没有连带的项,终于另一个没有后果的项"①。又说,"序列由功能组成,有始有终,归在一个名称下面,本身构成一个新的单位,随时可以作为另一较大序列的简单的项而发挥作用"②。总之,叙事作品就是由若干序列即功能群连接、交错而组合起来的,小序列又成为大序列的一个项。第二层是行动层即人物层,这一层主要研究作品中的人物结构和分类关系。在他看来,不能把人物只当作心理本质的承担者,而应当作行动主体。他强调行动并不是指作品中人物的细小行动,而是指由人物统领着的大的动作,如欲望、交际与斗争。他认为一部叙述作品可以简化为几个行动者和几个大的功能,但这种解释仍不完满,行动者及其行动最后必须由叙述层即由话语来完成。第三层就是叙述层即话语层,话语作为最高层其实是功能人物层的整合,话语使作品成为作品。文学的研究就到话语为止,因为超过了叙述层就是外界,也就进入社会、经济、思想意识等其他符号学体系了。这样在巴特那里,叙事作品的功能组成序列,序列组成行动,行动作为人物的特征而归入叙述层,功能、行动、叙述三个层次最后就在叙述层中获得了各自的意义,达到了叙事作品的整体统一和结合。

　　巴特将他的结构主义叙述学理论充分运用于文学批评实践之中,《论拉辛》就是这么一部专著。他首先对拉辛的剧本进行分割、打碎,然后将同

---

　　①　[法]罗兰·巴特:《叙事作品的结构分析导论》,载江西省文联文艺理论研究室编:《外国现代文艺批评方法论》,江西人民出版社1985年版,第268页。
　　②　同上书,第269页。

一类情节集中起来,形成一束束关系丛,最后再对这些关系进行分析,以发现拉辛剧本的整体结构。通过这样一系列过程,巴特发现"拉辛的剧本并不像法国文学界一贯认为的那样,是磨光的镜子,用于以道德的目光看待世界,而是'拉辛式的人类学'的基础,这种人类学的关于复杂而高度模式化的主题'对立'系统,产生了各种各样闻所未闻的(或被压抑了的)心理结构"①。那么这种对立系统和心理结构是什么呢? 巴特将其概括为一个公式:"A 对 B 拥有全权。A 爱 B,却不为 B 所爱。"他认为,这个公式既揭露了人物之间关系的两元对立,也揭露了人的心理结构的两元对立。因为人物之间的关系与人的心理有着相同的结构,正是由于人的心理结构中的两元对立,特别是人的情欲的两元对立,才决定着人物关系的两元对立,决定着世界结构的两元对立。在此基础上,巴特揭示了拉辛戏剧的本质,他认为拉辛的戏剧不是爱的戏剧,而是暴力的戏剧;不是道德的戏剧,而是情欲的戏剧;不是充满着澄明的一片和谐,而是充满了神秘的黑暗与惨淡的光明的斗争。因为戏剧的这种两元对立结构与欣赏者的两元对立的心理结构有着同构关系,所以才引发了人的美感。

以上就是巴特结构主义叙述学的主要观点。应当承认,巴特力图用结构分析方法发现并建立叙事作品的结构模式的努力是可贵的,对于叙述学这门新学科的创立也确有重要启示,但他始终是在用语言学的方法来探讨叙事作品的结构,只把文学作品看成一个纯语言性的封闭自足系统,这难免有些牵强和简单化了,我们通过他对拉辛作品的分析,也可看到这一点。

2. 后期巴特与后结构主义

1970 年,《S/Z》的出版,标志着巴特从结构主义转向后结构主义,这部著作也成为解构批评的理论典范之一。在这部书中,巴特开始特别强调读者对于文本的作用,他认为由于读者处于历史发展中,所以文本的结构和意义也就处在历时性的变化和开放之中,解构就应该成为一切文本的属性。巴特将文本分为"阅读性文本"与"创造性文本"两种,他认为阅读性文本是

---

① [英]特伦斯·霍克斯:《结构主义和符号学》,瞿铁鹏译,上海译文出版社 1987 年版,第 113 页。

静态的,其能指和所指的关系是固定的,读者对于文本的关系是被动的,要么接受文本,要么拒绝文本。而创造性的文本则处于动态之中,能指和所指之间没有固定的关系,其意义是无限多元和蔓延扩张的,读者对于文本的关系不是被动地接受,而是能动地创造,即允许读者发挥自己的作用,去领会能指的神奇功能,去领略写作的乐趣。在他看来,创造性文本即现代派作品才是真正的文本;而阅读性文本即古典作品,尤其是现实主义作品是过时的、僵死的、没有存在价值的。巴特还指出,从根本上说,现实主义作品并不是不能解构,并不是不具有可写性,它只是以自己的形式,用所谓的事实把可写性压抑下去、隐藏起来了。为了揭示解构的普遍性,巴特专选现实主义大师巴尔扎克的作品《萨拉辛涅》来进行分析,其用意十分明显。限于篇幅,我们这里不再转述。需要指出的是,巴特所谓的创造性文本,并不是指作者的创造,相反他认为作者对于作品的形成没有太大的作用,"作者已死"是他的著名口号。那么创造性文本究竟是谁的创造呢? 他认为是通过读者的阅读使文本不断产生新的意义,读者的阅读对创造性文本的产生具有决定性的作用。为了形成创造性文本,巴特提出读者阅读时应采取一种"评注"的方法,即把文本的各部分分割开来,然后再组装到一起,但组装的结果不是像过去那样发现作品的整体结构,而是要发现作品的新的意义,即形成一个新的创造性文本。

可以看出,在后期巴特那里,原来结构主义所主张的结构的整体性和稳固性已经解体,结构已被赋予了崭新的开放性和发展性。这恰是后结构主义的精髓和基本思想,巴特本人也因此成为后结构主义的创始人和代表人物之一。

后结构主义或解构主义最早出现于 20 世纪 60 年代,原为结构主义者的巴特、福柯、拉康后来都转向了后结构主义,而法国文学批评家、美学家、哲学家德里达(Jacques Derrida,1930—2004 年)更是其主要代表人物。他于 1967 年连续推出的《书写语言学》《言语与现象》《写作与差异》等著作,为后结构主义的形成和发展奠定了理论基础。

德里达的解构思想建基在继承和批判结构主义的基础理论——索绪尔语言学——之上。如前所述,索绪尔认为语言符号由两个不可分的方面组成,一是语言形象,一是概念内容,即能指和所指。他认为能指与所指的关系是任意的,二者并不存在固有的、必然的、内在的联系。这是任意性原则,此外,语言符号还有区分性原则,符号内部是能指和所指的区分,外部是一符号与他符号的区分,一个符号的性质就是在这纵横两方面的区别中产生的。德里达认为,索绪尔的任意性与区分性只涉及能指;既然符号中能指和所指是一个不可分割的整体,那么任意性和区分性原则就不应该只涉及能指,而必然要包括所指。他认为必须用能指与所指之间的横向关系来代替能指与所指之间一一对应的纵向关系,能指不再涉及超越它自身以外的实体、事物或思想观念(即所指),它只涉及其他的能指。在德里达看来,语言实质上是一种自我参照的系统,它酷似一种漫无头绪的游戏,各种因素都在其中相互作用变化,但其中任何一种因素都不是一清二楚的,所有的因素都是互为痕迹。在此基础上,德里达又重新审视了共时性和历时性的概念,他认为索绪尔实质上只重视共时性,其实对一种说明的关键在于必须对同时存在的东西作历时性的说明,共存只有在延续中才能得到说明和理解,真正的同时性必须是空间与绵延的统一、空间与时间的交叉。德里达还对以往将言语凌驾于书写之上的"声音中心主义"进行了批判,将西方传统思想中言语与书写的等级制度颠倒过来,证明等级制度实际上并不存在。这样,原有的语言结构也就丧失了合法性,建基于其上的西方追求整体—结构—中心—本源的思维模式和整个文化传统也就理所当然地受到质询和怀疑。德里达将自古希腊以来的西方形而上学传统称为"逻各斯中心主义",并对其展开了激烈地抨击和批判。在逻各斯中心主义者看来,存在着关于世界的客观真理,科学和哲学的目的就在于认识这种真理,而德里达认为逻各斯中心主义这种要求返回真理、不作任何歪曲地直接面对真理的渴望只不过是一种没有可能的、自我毁灭的梦想。

　　总之,在德里达所代表的后结构主义那里,西方两千年的文化传统都无一例外地遭到拆解,被视为历史的垃圾而弃之不顾,这种对无中心性、无体系性、无明确意义性的追求,只能使现代思想领域成为一片荒原,没有了任何人类赖以生存的精神、价值、生命、意识、真理和意义。这显然有其偏激之处,其彻底的虚无主义立场并不足取。事实上,近年来后结构主义也已渐趋衰微,当然这并不意味着我们可以忽视它,作为人类文明链条上的重要一环,我们应当给以重视。

第十二节　解释学美学

解释学美学是在胡塞尔现象学和海德格尔的存在主义哲学的基础上发展起来的一个美学流派。它于 20 世纪 60 年代初在德国兴起,其创立者和主要代表人物是伽达默尔。它一出现很快就在欧美得到传播,引起很大反响,并直接引发了接受美学等新的流派。现在它已成为一股重要的国际性的美学思潮。美国的赫什、法国的利科尔等人,都是重要的代表。

解释学"Hermeneutic"一词最早出现在希腊文中,它的词根"Hermes"(赫尔墨斯)是希腊神话中宙斯和众神的信使,他不仅向人传递神的信息,而且还是一个解释者,负责对神谕加以解释和阐发,使众神的旨意变得可知而为人接受。因此"解释学"一词的最初含义就是解释,使隐藏的含义显示出来,由不清楚变得清楚①。

在西方,解释学的历史源远流长。从古希腊到 18 世纪,它一直是解释古典文献和《圣经》文本求得正确理解的一种方法和技巧,颇类似我国古代的训诂注疏,还不是一门独立的学科。直到 19 世纪,古代解释学才由德国神学家施莱尔马赫和生命哲学家狄尔泰发展为近代解释学,成为一门具有认识论和方法论普遍意义的学科。近代解释学的基本特点是客观主义,强调忠实客观地把握文本和作者的原意。施莱尔马赫侧重寻找避免误解的方法,狄尔泰强调要通过个人的生命体验达到比原作者对文本更正确的理解。海德格尔批判了狄尔泰的客观主义,认为狄尔泰的生命体验是以存在者和存在的分立为基础的,而实质上解释活动是"此在"的一种存在方式,这样他就否定了作为认识论和方法论的近代解释学,为作为本体论的现代解释学奠定了基础。伽达默尔的解释学及其美学就是在海德格尔的启发下发展起来的。

---

① 另说,据柏拉图在《克拉底鲁》篇记载,赫尔墨斯除担任宙斯和众神的信使外,还是主司道路、科学、发明、口才和幸运之神,同时又是一个骗子、贼人和阴谋家,所以他的解释也真伪难辨,因此更需要解释。

伽达默尔(Hans-Georg Gadamer,1900—2002年)是继海德格尔之后当代最主要的德国哲学家。他生于马堡一个科学家家庭。青年时代曾在慕尼黑大学学习,后来在马堡、莱比锡、法兰克福等大学任教,曾为海德堡大学荣誉教授。他著述丰富,广泛涉及哲学、哲学史、美学、艺术和文化各个领域。主要著作有:《柏拉图的辩证伦理学》(1931年)、《柏拉图与诗人》(1934年)、《歌德与哲学》(1947年)、《真理与方法》(1960年)、《短论集》(共4卷,1967—1971年)、《黑格尔的辩证法》(1971年)、《科学时代的理性》(1981年)等。其中,《真理与方法》是伽达默尔解释学的奠基之作,也是他的美学代表作。伽达默尔亲身经历两次世界大战给人类造成的灾难,他的哲学和美学体现了他对人类历史的全面反思和对人类命运和未来的探索。

一 哲学解释学的基本概念和原则

伽达默尔称自己的解释学为哲学解释学。它也不同于古典解释学,不是关于理解的方法、技巧的研究。他说:"我的著作在方法上是立足于现象学基础之上,这是毫无疑问的。"①"我的哲学解释学仅仅在于,遵循后期海德格尔的思路,并用新的方法达到后期海德格尔的思想。"②因此,他的解释学运用的是胡塞尔现象学的方法,是对后期海德格尔思想的继承和发展。海德格尔认为,理解不是把握一个客观事实,因此理解不是客观的,而是主观的,不可能具有客观有效性。不仅如此,理解本身还是历史性的,它取决于一种在先的理解,即所谓前理解,有所谓"前结构",也就是说,理解要以前理解和前结构为前提。伽达默尔赞同海德格尔的这一观点,但他强调"说到底,一切理解都是自我理解"③。由此,他进一步提出了"理解的历史性""视界融合""效果历史"等主要概念,丰富和发展了海德格尔的思想。

伽达默尔认为,理解的历史性包含三方面因素:①在理解之前就已存在的社会历史因素;②理解对象的历史构成;③由社会实践决定的价值观念。在他看来,理解的历史性构成了偏见(Vorurteil)。偏见是特定历史条件的

---

① [德]伽达默尔:《真理与方法》(德文版),(出版社不详)1960年版,"第二版序言"。
② 《伽达默尔选集》(德文版)第2卷,(出版社不详)1960年版,第10页。
③ [德]伽达默尔:《哲学解释学》(英文版),(出版社不详)1977年版,第55页。

产物,它先于个人,是任何人都无法避免的,同时它又是合法的,因为偏见不同于错误,它是经过历史的选择在传统中保存下来的。所以偏见不是消极的,而是积极的,正是偏见成为我们全部理解的前提和出发点,它为我们提供了历史的视界。总之,在伽达默尔看来,任何理解都必然包含某些合法的偏见。他的这一历史理解性的思想又被称为"合法的偏见"说。

伽达默尔进一步提出了"视界融合"的概念。他认为,理解的过程和实质不是对"文本"的复制,而是所谓视界融合(Horizontverschmelzung)。其含义是说,在文本的作者原初视界和解释者现有视界之间存在着不可消除的差距,因此理解的过程就是把过去和现在这两种视界交织融合在一起,达到一种既包含又超出"文本"和理解者的原有视野的新的视界。而这新的视界就又构成新的前理解,成为进一步理解的起点。这样也就造成了一个理解有赖于前理解、前理解又有赖于理解的循环,这就是所谓"解释学的循环"(Der hermeneutische Kreis)。与古典解释学不同,在古典解释学中,这一概念是指对文本整体含义的理解依赖于对部分的理解,对部分的理解又依赖于对整体的理解。在伽达默尔这里,文本整体的含义不再是固定不变的作者的原意,它被置于全部流动生成的历史文化发展的前后关联之中,所谓整体只具有完全相对的本体论的意义。在古典解释学那里,解释学循环使理解陷入"自相矛盾"的困境,解释者的主观理解被视为消极的东西。在伽达默尔这里,解释学循环是理解不可避免的现象,前理解是积极的。在古典解释学那里,理解追求的是文本的原意。在伽达默尔这里,理解追求的是历史此在的本体。

伽达默尔认为,一切理解的对象都是历史的存在,都处于不断生成变化的过程之中,不是外在于人的客体。他说:"真正的历史对象不是一个客体,而是自身和他者的统一,是一种关系。在这种关系中,同时存在着历史的真实和历史理解的真实。一种正当的解释学必须在理解本身中显示历史的真实。因此我就把所需要的这样一种历史叫做'效果历史'。理解本质上是一种效果历史的关系。"①这就是说,历史不是纯然客观的事件,但也不是纯主观的意识,而是历史的真实和历史的理解二者的相互的作用,即效

---

① [德]伽达默尔:《真理与方法》(德文版),(出版社不详)1960年版,第274—275页。

果。因此,历史总是含着意识,不是客观的。他说,"效果历史"这个概念有两重性,它"一方面指在历史进程中获得并被历史规定的意识;另一方面指对这种获得和规定的意识"①。在伽达默尔看来,文本或理解对象在不同时代有不同的效果;解释本身就是参与历史;一切历史都是现代史,理解过去就意味着理解现在和把握未来。

伽达默尔的这些基本概念完全排斥了以主体和客体二分为基础的认识论和方法论,构成了他的哲学解释学的基本原则。他的哲学解释学提供了一整套以本体论为基础的崭新的把握世界的方式。

二 艺术经验中的真理问题

伽达默尔哲学解释学所要解决的根本问题是真理问题。他的《真理与方法》一书的书名,就标示着海德格尔的真理概念与狄尔泰的方法概念的对立。他在该书序言中说,解释学现象从来就不是一个方法问题,理解的现象渗透到了人类世界的一切方面,不能把它归结为某种科学方法。该书的出发点就是要在现代科学范围内抵制对科学方法的万能要求,寻求立于科学方法之外的经验方式。在他看来,人们一向抬高科学真理,把科学方法视为万能,这种情形于今尤烈。因此,他重新提出真理问题。他认为,科学真理并非普遍适用,不能解决人生在世的根本问题。在哲学、艺术、历史、语言等非科学方法的领域里也存在着真理。因此,他的解释学就是要探讨这些不能用科学方法加以证实的真理的经验方式。《真理与方法》一书就分别研究了艺术经验、历史经验和语言领域中的真理。有关艺术经验中的真理的探究即美学,他的美学是他的哲学解释学的极其重要的组成部分。他认为,"美学必须在解释学中出现","解释学在内容上尤其适用于美学"。②

伽达默尔首先对传统的审美意识进行了批判。这一批判是通过对康德的评价展开的。他认为,康德在美学上首创了审美意识的自主性,这是一个伟大的贡献,但是,康德把美看成纯主观的,把艺术看作与概念、知识相对立

---

① [德]伽达默尔:《真理与方法》(德文版),(出版社不详)1960年版,"第二版序言"。
② [联邦德国]H.G.伽达默尔:《真理与方法》,王才勇译,辽宁人民出版社1987年版,第242页。

的,这就导致了彻底的主体化,导致了艺术与真理的隔离,完全排除了真理问题。伽达默尔对此提出了质问:"在艺术中难道不应当有认识吗？ 在艺术经验中难道不存在真理的要求吗？ 这种真理要求无疑与科学要求不同,它也不从属于科学真理的要求。然而,美学的任务难道不就在于确定艺术经验是一种独特的认识方式吗？ 这种认识方式不同于提供给科学的最终数据,科学从这些数据出发建立起对自然的感性认识,它也不同于一切道德上的理性认识,而是一般地也不同于一切概念的认识,但它确实是一种传导真理的认识,难道不是如此吗？"①伽达默尔认为,艺术也是一种认识,艺术中也有真理,而且是科学所无法企及的真理。因为依据海德格尔的美学,艺术显现的是存在的真理,艺术的真理具有本体论的意义。

伽达默尔十分强调艺术真理的本体论地位。他认为,审美理解实质上就是对艺术真理的理解,也就是对世界本体——存在的理解。艺术作品作为审美理解的对象,实际上就是存在的敞开,它使我们直面一个世界。在对艺术作品进行欣赏、理解、解释的时候,一方面,艺术最直接地对我们说话,它同我们有一种神秘的亲近,把握着我们的存在,使我们觉得同艺术融合无间;另一方面,我们也在不断地揭示艺术作品的意义,从中看到自身的存在状况,仿佛同自己照面。而艺术作品本体意义的发现是无止境的,新的理解和新的含义会不断涌现。因此审美理解实质上就是艺术作品和解释者、欣赏者之间不断地对话,是存在意义的不断揭示。

三　艺术作品本体论

在批判康德美学和发扬海德格尔美学的基础上,伽达默尔提出了自己的艺术作品本体论。他的这一理论在《真理与方法》中,是通过对游戏、创造物和审美的时间性的现象学分析来表述的。后来在《美的现实性》一文中,他又把这三个方面的分析概括为游戏、象征、节日三个基本概念,并指出,目的是以这三个概念来阐明艺术经验的人类学基础。

伽达默尔首先分析了游戏这个在美学中具有重大意义的概念。在美学

① 　[德]伽达默尔:《真理与方法》(德文版),(出版社不详)1960年版,第93页。

史上,如康德、席勒的游戏说都只从主体意义上揭示游戏概念,因此游戏就被看作行为、创造或欣赏的心态以及主体性的自由等。伽达默尔抛弃了这种做法,他从本体论的角度把游戏从主体论的传统中解脱出来,把它看作是艺术作品本身的存在方式。因此,在伽达默尔那里,游戏就是艺术或艺术作品,他对游戏的分析也就是对艺术或艺术作品的分析。伽达默尔指出,通常人们认为游戏者是游戏的主体,游戏是通过游戏者才得到表现的。而实际上,游戏具有一种独特的本质,它独立于游戏者的意识,因此游戏的真正主体就是游戏本身。游戏总是一种来回重复的运动,具有“自我同一性”,它无目的又含目的,具有“无目的的理性”这一极为重要的特质。也就是说,人的理性设置游戏的目的,并有意识地追求这一目的,但又巧妙地超越了这种追求目的的理性,以游戏自身为目的。因此“游戏最终只是游戏运动的自我表现而已”①。另外,“游戏始终要求与别人同戏”②。也就是说,游戏要求观看者的参与,观者不只是看客,他也成了游戏的一部分。因此“游戏也是一种交往的活动”③。通过对游戏的这种分析,伽达默尔肯定了艺术的独立自主性、自我表现性,并把艺术看成是一种理解和交往活动。他指出,把艺术作品与欣赏者隔绝是错误的,现代艺术的特征之一就在于打破艺术与观众之间的审美距离(他极力称赞布莱希特的史诗剧理论),艺术作品只有在理解中才真正存在,“同戏者”始终主动地用真实的感受、真实的经验充实着艺术作品。

　　伽达默尔进一步又把游戏看作创造物。作为创造物,游戏(艺术作品)有了独立而超然的特征,它是从游戏者(艺术家)的行为中分离出来的,这时它面对的是观照者,其意义不是从游戏者(艺术家)而是从观照者规定的,所以游戏者(艺术家)消失了。不仅如此,艺术作品还为我们创造出一个非现实的世界,“创造物是在自身中封闭的另一个世界”④,它有自身的尺

---

　　① ［德］H.G.伽达默尔:《美的现实性——作为游戏、象征、节日的艺术》,张志扬等译,生活·读书·新知三联书店 1991 年版,第 37 页。

　　② 同上。

　　③ 同上。

　　④ ［联邦德国］H.G.伽达默尔:《真理与方法》,王才勇译,辽宁人民出版社 1987 年版,第 163 页。

度,不能用模仿的真实性来衡量,它超越了现实的真实性,比现实更真实,这是一种可能的、未被确定的、期望的真实。同时创造物还意味着具有观念性,是一个"意义的整体",可以被反复表现、反复理解。在伽达默尔看来,艺术的意义即艺术经验中的真理,它不同于科学的真理或命题的真理。艺术本质上是象征的,所谓"创造物"也就是象征物。他赞成歌德的话:"一切都是象征",认为这是解释学观念最全面的阐述。

伽达默尔还以节日为例分析了艺术作品的时间性。他认为,艺术作品及其理解存在于历史时间之中,同节日的时间结构有内在的一致性。节日是什么?节日就是庆祝。然而节日之为节日并不是因为它从前存在,而是因为人们年复一年地庆祝,每一次庆祝都各不相同,它"是在演变和复现中获得其存在的"①。同时节日庆典又是为观者存在的,是由观者的认同和参与规定的。所以"对节日庆典的时间经验其实就是一种庆祝,是一种独特的现在时间"②。艺术作品和节日庆典一样,它在历史长河中不论经过怎样的变迁,流传下来总是立于现在之列,与现在之物并存,始终保持作品本身的同一性,它也是在反复的认同和参与中才存在的。因此,艺术的时间性就是现在性。由于艺术作品总是现在时的,是与现在同时存在的,所以又称作同时性。艺术作品之所以具有现在性、同时性,关键在于观照者的认同。"认同并不只是指与同时存在于那里的其他事物的共同并存。认同就是参与。认同于某个事物的人,他就完全地知道该事物本来是怎样的。认同在派生的意义上就意味着某种主体行为方式,即'认同于某物',因而,观照活动就是一种真正的参与方式。"③通过对艺术作品时间性的分析,伽达默尔强调艺术作品是在观照者的认同和参与下不断生成的,对艺术作品的感受和领悟永远是新颖独特的,因此艺术的现在性或同时性,是艺术具有永久价值和魅力的基础。

从伽达默尔对游戏、创造物和时间性的分析可以看出,他把艺术作品始终看作是一种独特的存在方式,艺术的本质与特征取决于观照者的理解、认

---

① [联邦德国]H.G.伽达默尔:《真理与方法》,王才勇译,辽宁人民出版社1987年版,第179页。

② 同上书,第178页。

③ 同上书,第181页。

同和参与,艺术的意义和真理不是离开人而孤立存在的,也不是静止不变的,而是在人类的历史长河中不断生成、演变和呈现出来的,它是一个无限的历史过程。所以人类的艺术和审美活动归根到底是人类的一种历史性的解释活动和交往活动,其价值和意义不在于模仿现实,也不在于表现主观情感,而在于不断地揭示存在的真理。伽达默尔美学的突出特点就在于强调审美理解的历史性。

伽达默尔的解释学美学是现代西方美学最主要的成就之一,是对美学史的重大贡献。他的美学具有鲜明的时代特点,是建立在对现代艺术发展状况的沉思基础之上的。什么是艺术? 从塞尚等人开始的现代绘画到20世纪新出现的五花八门的现代艺术,尤其是所谓抽象画艺术、无对象艺术和反艺术等等,究竟是不是艺术? 现代艺术是粗野的恶作剧吗? 今天在艺术中到底发生了什么? 艺术是不是如黑格尔所说真的成了过去? 为什么现在有的艺术衰落了,有的艺术崛起了? 现代艺术和伟大的传统艺术的关系到底是怎样的? 艺术的合理性何在? 所有这些令世人困惑不解的问题,伽达默尔都思考了。他认为,这些问题是现时代向哲学思维提出的重大课题。旧的审美意识和美学已经不能说明现代艺术发展的事实,必须加以清理、反思和批判,现代艺术不只与传统艺术相对抗,二者还有实质上的相互关联。问题是:"什么是艺术?""人们如何才能理解什么是过去的艺术,什么是今天的艺术,并用一个共通的总括的概念把两者联系起来?"[1]伽达默尔所提出的正是艺术的本质问题,这是美学的根本问题。为了解决这个根本问题,他不但对整个西方美学史,而且对整个西方社会文化思想的历程进行了反思,从而建立了他的解释学的哲学和美学。在他的哲学解释学中美学起着决定性的作用。毫无疑问,他的美学是对20世纪现代艺术的辩护,但这种辩护并不是出自褊狭的眼界和个人兴趣,而是出自深广的视野和对当代社会、当代艺术发展的关切,因而他的美学具有全面反传统的性质,达到了时代的高度。他对审美和艺术现象的考察不是孤立的、静止的,而是在人类历史的全部关联中进行的,因而他的美学具有强烈的历史感,包含了很多辩证

---

[1] [德]H.G.伽达默尔:《美的现实性——作为游戏、象征、节日的艺术》,张志扬等译,生活·读书·新知三联书店1991年版,第28页。

的积极的因素。他重视真理问题,强调艺术经验包含真理,不仅对于反对美学和艺术中的主观主义、相对主义、形式主义和唯美主义,而且对于反对现代社会中的科技万能论或科技至上主义,都有积极的意义。所有这些都是我们应当充分肯定和重视的。当然,伽达默尔的美学仍有重大的缺陷,这主要是其哲学基础仍是唯心主义的。首先,他从海德格尔的主客不分的本体论出发,只能陷入唯心史观,不可能真正把握真实的历史,因此,历史在他那里是抽象地发展的;其次,在认识论上,他过分夸大了主观意识的作用和理解的历史性,只从主观方面来规定艺术作品的本质,否认了艺术作品的客观标准,明显具有主观唯心主义和相对主义的倾向;最后,他没有真正承认社会实践是审美和艺术活动的根源,相反却以主观的解释活动代替了客观的社会实践。

　　伽达默尔的美学在西方也已受到一些批评,如美国的文学理论家赫施和尤尔等人,就曾揭露了他的美学中的一些内在矛盾。但直到目前,其影响仍是巨大的。20世纪60年代后半期,德国兴起的以尧斯和伊瑟尔为代表的"接受美学",美国的"读者反应批评"等流派,都直接受到了伽达默尔美学的启发。

简短的结束语

20 世纪西方美学的主要美学流派，我们就暂时介绍到这里。至此，我们已讲授了自古希腊罗马以来直到 20 世纪 60 年代，西方各个历史时期主要美学家的主要美学思想。马克思主义美学史另有专门的课程，不在我们的讲授之内。但是，毫无疑问，马克思主义美学在 20 世纪美学的发展中占有重要的历史地位，有着极大的影响。马克思主义美学如同马克思主义哲学一样，本质上是现代的，是在现代生活中发生作用，体现了时代精神的。20 世纪 80 年代以来，我国美学界有些人否认马克思主义美学的现代性，他们把马克思主义美学归之为所谓"传统美学"，盲目吹捧现代西方美学，认为只有现代西方美学才符合时代精神，才是最先进的美学。这种看法是我们所不能赞同的。现代西方美学的代表人物的确都打着反传统的旗帜，他们反对所谓"传统美学"，从现代社会和现代艺术的实际出发，对历史进行反思，其中包含了许多积极的、合理的东西，但是，这种反传统往往带有偏激的否定一切的性质，而事实上，他们不可能也并没有完全割断与历史传统的联系，相反，却总是从历史上寻找立论的根据。这也说明传统与革新并不是绝然对立的。现代西方美学反对的"传统美学"自然包括马克思主义美学，为了揭示现代西方美学的特征，"传统美学"这个概念当然是可以使用的，但是，严格说来，所谓"传统美学"这个概念并不科学，至少是十分模糊的，它抹杀和掩盖了唯物与唯心、先进与落后的对立和区别，是试图超出唯物主义与唯心主义的表现。

　　但是,我们认为,马克思主义美学不应当是僵死的、凝固的、教条主义的。它的体系应当是开放的,应当随着时代的进步不断地向前发展。我们必须尊重历史的辩证发展,认真总结历史经验,绝不能简单化地对待历史。整个西方美学的历史发展过程表明,作为一种社会意识形态——美学,它的面貌和形态,它的范畴、概念和体系,总要随着时代的变迁、社会历史文化条件的改变而不断地变化发展。现代西方美学有其产生的历史必然性,它是西方美学发展的最新成果。在 20 世纪,美学不是衰落了,而是向前发展了、深化了。现代西方美学所提出的许多关于现代艺术和现代社会的问题,也是马克思主义美学应当研究的问题。对待现代西方美学,我们不应当采取全盘否定的态度,而应当给以辩证地分析,批判地吸取其积极的、合理的因素,用以丰富和发展马克思主义美学。历史已跨入 21 世纪,现代科学技术的迅速进步、社会生活的日新月异,正在不断地改变着人类审美活动和艺术活动的方式,美学也必将出现重大的变革。我们的目标是建设具有中国特色的、适应现代要求的马克思主义的美学体系。美学的前途是光明的。

后　记

　　《西方美学史教程》已出版二十余年了，这期间再版过一次，并多次印刷，还出了繁体字版，1996 年获北京大学第五届科学研究成果著作二等奖。

　　本书原是为哲学系本科生写的一部教材，时间跨度较大，从古希腊罗马直到 20 世纪 60 年代，目的是为了适应西方美学史教学的需要，满足青年学生及美学爱好者了解包括现代西方美学在内的西方美学的迫切愿望。不少高校把它列为教学用书，我还收到了一些读者尤其是青年朋友的热情来信。看来这本书还是有益的、受欢迎的。

　　2020 年，本书入选人民出版社《人民文库（第二辑）》并重新修订再版，这是对本书价值的高度肯定。在这次修订过程中，主要对全书引文及注释做了重新校订，使之更加准确。

　　感谢我的学生包晓光、张彦红、马利怀、陈刚，以及陈剑澜、黄应全、徐涟、文兵，他们为本书的写作和出版做了许多工作，也给了我不少鼓励和克服困难的勇气。师生情谊是令人难忘的。感谢本书责编王森为本书出版付出的辛勤劳动。感谢邬旭杰女士帮助核查了本书的全部德文资料。

　　由于篇幅有限，时间仓促，书中难免有疏漏和不足之处，敬请专家、读者批评指正。

李醒尘

2020 年 12 月于北大燕北园

责任编辑：王　淼

装帧设计：肖　辉　王欢欢

图书在版编目（CIP）数据

西方美学史教程/李醒尘 著. —北京：人民出版社，2021.6

（人民文库. 第二辑）

ISBN 978－7－01－022707－8

Ⅰ.①西…　Ⅱ.①李…　Ⅲ.①美学史-西方国家-教材　Ⅳ.①B83-095

中国版本图书馆 CIP 数据核字（2020）第 239261 号

西方美学史教程

XIFANG MEIXUESHI JIAOCHENG

李醒尘　著

人民出版社 出版发行

（100706　北京市东城区隆福寺街 99 号）

北京新华印刷有限公司印刷　新华书店经销

2021 年 6 月第 1 版　2021 年 6 月北京第 1 次印刷

开本：710 毫米×1000 毫米 1/16　印张：35.75

字数：545 千字

ISBN 978－7－01－022707－8　定价：99.00 元

邮购地址 100706　北京市东城区隆福寺街 99 号

人民东方图书销售中心　电话（010）65250042　65289539